U0306192

胡麻高产高效栽培
理论与技术研究

◎ 高玉红　牛俊义　郭丽琢　等 著

中国农业科学技术出版社

图书在版编目（CIP）数据

胡麻高产高效栽培理论与技术研究／高玉红等著．—北京：中国农业科学技术出版社，
2019.4

ISBN 978-7-5116-4146-5

Ⅰ．①胡…　Ⅱ．①高…　Ⅲ．①胡麻-高产栽培-栽培技术　Ⅳ．①S565.9

中国版本图书馆 CIP 数据核字（2019）第 072154 号

责任编辑　崔改泵
责任校对　马广洋

出 版 者　中国农业科学技术出版社
　　　　　北京市中关村南大街 12 号　邮编：100081
电　　话　（010）82109194（编辑室）　（010）82109702（发行部）
　　　　　（010）82109709（读者服务部）
传　　真　（010）82106650
网　　址　http://www.castp.cn
经 销 者　各地新华书店
印 刷 者　北京建宏印刷有限公司
开　　本　889 mm×1 194 mm　　1/16
印　　张　28　彩页　6 面
字　　数　860 千字
版　　次　2019 年 4 月第 1 版　2019 年 4 月第 1 次印刷
定　　价　150.00 元

《胡麻高产高效栽培理论与技术研究》

著 者 名 单

主　　著：高玉红　牛俊义　郭丽琢

副主著：方子森　赵　利　杨　萍　高珍妮

　　　　谢亚萍　剡　斌　崔政军

参著人员：（按姓氏笔画排序）

王一帆　王鹏飞　牛俊义　方子森

可　佳　孙芳霞　杨　波　杨　萍

杨天庆　李亚娇　李春春　吴　兵

张中凯　赵　利　高玉红　高珍妮

郭　芳　郭丽琢　剡　斌　崔红艳

崔政军　彭之东　谢亚萍　燕　鹏

序

胡麻是我国重要的优质油料作物和特色农产品，其籽粒含有丰富的 α-亚麻酸、木酚素、亚麻胶、多酚、甾醇、维生素 E 等功能性营养成分，具有强身益智、提高免疫力、预防心脑血管疾病等功效，广泛应用于保健食品、化妆品、医药、化工等行业。我国既是世界胡麻主产国，也是消费大国。近年来，随着人们对胡麻油保健作用的认识日益加深，需求量逐年增大。因此，大力发展我国胡麻生产，满足不断增长的市场需求，对提高人们生活水平、改善人体健康、促进农村经济发展均具有十分重要的意义。

20 世纪以来，我国胡麻生产从注重提高单产，逐渐转向产量和品质、效益与环保、环境友好与绿色农业等目标的协调统一，这对胡麻栽培的相关研究也提出了更高的要求。为了实现新时期胡麻生产的新目标，甘肃农业大学胡麻抗逆高效生产调控理论与技术研究团队依托国家现代农业产业技术体系，以绿色增产增效、减肥减药、提质增效为突破口，在系统调研我国胡麻产业面临问题的基础上，深入分析了胡麻生产中存在的技术难题，围绕提高单产、改善品质、提高水肥利用率、增强抗逆性、降低成本、提高效益、实现绿色环保等方面的问题，对胡麻轮作倒茬、间作套种、水分运筹、养分管理、杂草生态及化感作用、高产高效抗逆栽培生理等进行了系统研究，从土壤微生态、生理生化、碳氮代谢等方面阐明了胡麻产量低而不稳的生态学和生理学原因以及胡麻与环境条件之间的关系，明确了胡麻需水需肥规律、肥水管理策略，提出了"以保苗增密、氮磷调水、补钾防倒、配施生物有机肥增粒增重增质"为关键的胡麻提质增效综合调控技术并大面积应用于生产，显著提高了我国胡麻的产量和品质，降低了生产成本，对促进我国胡麻高产高效生产做出了突出贡献。

为了总结胡麻生产技术研发及应用的经验，凝练研究方向，更好地解决影响我国胡麻生产发展的技术问题，该团队总结了近十年来的研究成果，编写成《胡麻高产高效栽培理论与技术研究》一书。全书汇编了胡麻抗旱抗倒、节肥控药、绿色增产的栽培理论创新及调控技术研究最新进展，是一本理论与实践紧密结合，具有较高学术水平的著作，也是特色油料产业技术体系养分管理与高效施肥岗位团队工作者集体智慧的结晶。该书对进一步深入研究胡麻有关科学问题、制订高产高效栽培技术具有重要的参考价值。

国家特色油料产业技术体系首席科学家

河南省农业科学院研究员

2019 年 3 月

前　言

胡麻是油用亚麻的俗称，是世界性的特色油料作物之一，其籽粒富含 α-亚麻酸、木酚素、亚麻胶、多酚、植物甾醇、维生素 E 等多种功能性营养成分。胡麻油富含不饱和脂肪酸，被国内外营养专家誉为"陆地上的鱼油"和"油中之王"。随着社会的发展和人们生活水平的不断提高，不饱和脂肪酸含量高且富含功能性营养成分的胡麻油越来越受人们青睐。榨油后的饼粕营养丰富，还可作为畜禽饲料。籽粒中特色生物活性成分独特的药理和保健作用，使得胡麻籽被广泛应用于医药原料、保健食品和化妆品原粉。胡麻油良好的延展性、干燥性和胡麻胶优异的乳化性、发泡性及泡沫的稳定性等，使得胡麻还被广泛应用于油漆、油墨、染料、涂料、制革等化工产业。随着其籽粒活性成分功能的深化研究，以及关键和特色活性成分的分类加工、特性化加工和高值化加工工艺的日臻完善，胡麻籽产业必将迎来新一轮的健康快速发展。

近年来我国胡麻种植面积仅次于加拿大和印度，居世界第三位；年均总产量仅次于加拿大，居世界第二；年均单产居世界第六位。西北地区的甘肃、宁夏、新疆和华北地区的内蒙古、山西、河北等地是我国胡麻的主产区。因受资源禀赋等影响，我国胡麻的产量低而不稳，创新高产高效栽培技术对促进胡麻产业发展具有良好的推动作用。

在长期的教学和研究中，我们一直关注胡麻栽培理论和应用技术的进展，并在相关方面进行了诸多探索性研究。最早开展胡麻栽培研究是在 1986 年，本书作者参与了甘肃省科技项目"农作物综合增产栽培技术体系研究"，在定西、白银和天水等地进行了一系列的胡麻田间试验研究和示范工作。此后，胡麻的栽培研究逐步深入。2011 年以来，我们有幸加入了国家胡麻产业技术体系和国家特色油料产业技术体系，依托体系的营养与施肥岗位和养分管理与高效施肥岗位，在胡麻的水肥运筹等方面进行了系列化的综合性研究。此外，我们还承担了国家自然科学基金"钾素对胡麻木质素代谢的调控及其抗倒伏功能研究""基于 APSIM 模型的旱地胡麻生长模拟及产量预测模型研究""胡麻磷高效利用机制及调控途径研究"及甘肃省自然科学基金"胡麻倒伏机理及抗倒伏调控技术研究"等项目。近十余年来，在胡麻高产栽培等相关研究方向上，已培养了 7 名博士和 17 名硕士，研究涉及胡麻生理、生态、种植制度和栽培技术等。尽管部分结果在国内外期刊上已发表，但大量研究结果并未系统整理。本书的目的就是系统总结这些研究成果，以期对同行的研究工作起到参考作用。

本书在介绍胡麻高产栽培相关理论与技术的研究应用现状基础上，主要总结了国家胡麻产业技术体系营养与施肥岗位和特色油料产业技术体系养分管理与高效施肥岗位团队人员近十年近百项（次）的田间试验和模拟试验研究结果，从土壤微生态、胡麻营养生理、水分生理、光合生理、逆境生理和碳氮代谢等方面，深入、系统地介绍了水分运筹、养分管理、水肥及密度间的互作、间作套种、轮作倒茬、杂草生态位及化感作用等对胡麻籽粒产量和品质的调控效应，解析了胡麻产量低而不稳的生态学和生理学原因；对研制优化的旱薄地和灌溉农田高产稳产、节本增效和提质环保的栽培技术体系进行了系统阐述；从氮、磷、钾肥料三要素的角度解析了主产区胡麻的养分吸收、累积规律和营养调控效果，从优化旱区的降水利用和灌区节水农作的视角构建了节水灌溉的水分管理策略，从绿色环保的目标出发筛选了节肥（化肥）控药的适宜生物有机肥品种及杂草防除的化感物质，从逆境响应的角度提出了密度调控和水分、氮肥、钾肥合理运筹的抗倒栽培技术体系，从强化互补和弱化竞争为基本的技术依据选配了胡麻间作套种的适宜复合群体结构，从茬口的季节特性、肥力特性和感染病虫草害特性的适宜度上构建了产区主栽作物和胡麻间的适宜轮连作模式。在此基础上，集成研制并提出了旱区"以保苗增密、氮磷调水、补钾防倒、配施生物有机肥增粒增重提质"为关键的胡麻提质增效综合调控技术。

本书由国家胡麻产业技术体系营养与施肥岗位和国家特色油料产业技术体系养分管理与高效施肥岗位全体团队人员参与撰写，统稿由高玉红教授完成。鉴于作者的能力和水平有限，研究工作还有许多不足之处，敬请各位专家、同行批评指正。由于编著时间仓促，书中疏漏和不足之处在所难免，恳请读者提出宝贵批评意见。

在本书即将出版之际，非常感谢国家产业技术体系的领导和同事们对我们工作的悉心指导和支持。感谢各位博士和硕士研究生在执行试验时的辛勤付出！

著　者

2019 年 1 月

目　　录

缩略语中英文对照表

序号	英文全称	缩写词	中文名称
1	Nitrogen	N	氮
2	Potassium	K	钾
3	Calcium	Ca	钙
4	Magnesium	Mg	镁
5	Control	CK	对照
6	Non-grains	NG	非籽粒
7	Translocation efficiency	TE	转移率
8	Nitrogen harvest index	NHI	氮收获指数
9	Phosphorus harvest index	PHI	磷收获指数
10	Free amino acid	FAA	游离氨基酸
11	Soluble protein	SP	可溶性蛋白
12	Nitrate reductase	NR	硝酸还原酶
13	Glutamine synthetase	GS	谷氨酰胺合成酶
14	Phenylalanine ammonia-lyase	PAL	苯丙氨酸转氨酶
15	Cinnamyl alcohol dehydrogenase	CAD	肉桂醇脱氢酶
16	4-coumarate：CoA ligase	4CL	4-香豆酸：CoA 连接酶
17	Tyrosine ammonia-lyase	TAL	酪氨酸解氨酶
18	Peroxidase	POD	过氧化物酶
19	Superoxide Dismutase	SOD	超氧化物歧化酶
20	Malondialdehyde	MDA	丙二醛
21	Chlorophyll	Chl	叶绿素
22	Chlorophyll a	Chl a	叶绿素 a
23	Chlorophyll b	Chl b	叶绿素 b
24	Leaf area index	LAI	叶面积指数
25	Non-structure carbohydrate	NSC	非结构性碳水化合物
26	Water-soluble carbohydrate	WSC	可溶性糖
27	Land equivalent ratio	LER	土地当量比
28	Oil flax land equivalent ratio	Lo	胡麻土地当量比
29	Soya land equivalent ratio	Ls	大豆土地当量比
30	Oil flax interspecies competition	Ao	胡麻的种间竞争力
31	Soya interspecies competition	As	大豆的种间竞争力
32	Oil flax competition ratio	CRO	胡麻的竞争比率
33	Soya competition ratio	CRS	大豆的竞争比率
34	Principal Component Analysis	PCA	主成分分析
35	Crop rotation	R	轮作

（续表）

序号	英文全称	缩写词	中文名称
36	Continuous flax	ContF	胡麻连作
37	Stubble	SB	茬口
38	Soil depth	SD	土层深度
39	Interaction between stubble and soil depth	SB×SD	茬口和土层深度间的互作效应
40	Interaction between crop rotation and soil depth	R×SD	轮作与土层深度间的互作效应

第一章 绪 论

第一节 胡麻生产概况

胡麻（*Linum usitatissimum* L.）又称油用亚麻，属亚麻属亚麻科一年生双子叶草本植物，是一种古老的、重要的油料作物，具有极高的农业和经济价值。在世界各地有广泛种植。世界胡麻主要生产国依次是加拿大、中国、印度、美国和欧盟。据统计，2008—2014 年，世界年均种植面积 2 249.6 万 hm²，年均总产量 2 159.1 万 t，年均单产 963.20 kg·hm⁻²。我国胡麻主要分布在西北地区的甘肃、宁夏、新疆和华北地区的内蒙古、山西、河北等省、自治区；青海、陕西两省次之，西藏、云南、贵州、广西、广东等地区也有零星种植。年种植面积 32.31 万 hm²，仅次于加拿大和印度，居世界第三位；年均总产量 35.98 万 t，仅次于加拿大，居世界第二；年均单产 1 116.07 kg·hm⁻²，分别是加拿大、美国和俄罗斯年均单产的 79.53%、92.98% 和 93.31%，居世界第六位（中国农村统计年鉴，2013）。甘肃省全省播种面积 9.70 万 hm²，总产 15.1 万 t，播种面积占全国的 30.50%，总产占全国的 38.67%，产量和播种面积均居全国首位（甘肃农村年鉴，2013）。

胡麻籽主要成分是油脂和蛋白质，其含油率达 35%~45%，其中人体必需的不饱和脂肪酸（α-亚麻酸为主）含量高达 60%。由于胡麻籽富含亚麻胶，可以做食品添加剂、化妆品原粉、医药原料等；同时胡麻籽皮中含有丰富的生理活性物质木酚素，其含量是其他普通作物的 75~800 倍，胡麻籽中还富含有膳食纤维，对控制肥胖有一定作用。胡麻籽在抗炎症、降低糖尿病的发病率方面起着重要作用。胡麻油富含 α-亚麻酸和多种不饱和脂肪酸，在增强人体智力、促进脑发育，预防心血管疾病、抗病，预防结肠癌、前列腺癌、乳腺癌等方面发挥着重要作用；胡麻油中微量营养成分维生素 E 具有抗衰老、抗氧化和提高免疫力的功能；由于胡麻油具有快速干燥的特性，常用在亮光漆、涂料、油墨、油布和香皂的制作中（Bakry，2012）。

随着社会的发展，油脂由起初的膳食基础，为人们提供能量，到今天的能量和营养物质的供应者，维生素的载体，同时又是人体必需脂肪酸、氨基酸的提供者。随着人们生活水平的提高，饮食营养结构的改善，以及对心血管病和各种肿瘤的预防，使油脂消费正在悄悄发生着量和质的变化，对饱和脂肪酸含量较低的植物油的需求大大增加。特别是对含有功能成分、不饱和脂肪酸含量高的植物油的需求更是剧增。在这种情形下，有"油中之王"美誉的亚麻油越来越受人们青睐，同时带来的是对胡麻需求的大幅增加。2001—2007 年，我国胡麻年均单产高于世界平均水平 7.20%，但低于美国和加拿大，是其年均单产的 78.65% 和 78.77%（张辉等，2009）。我国胡麻农业生产的现状，决定了胡麻产业的发展首先要大幅度提高产量，只能通过胡麻单产的提高来提升胡麻总产。胡麻也是甘肃省重要的经济作物和油料作物之一，但产量较低，究其原因，除受土壤瘠薄和气候干旱等因素影响外，还与受胡麻耐瘠传统观念的影响、施肥量较低有重要关系。胡麻是需肥相对较多又不耐氮肥的作物，合理施用氮肥可大幅度提高干物质产量和经济系数，进而显著地提高籽粒产量和含油量。磷肥对全面提高光合性能，增加单株蒴果数和千粒重，提高胡麻生物产量和经济系数起很大作用；磷肥合理施用可以提高胡麻品质。

氮、水是生命活动的基本元素，氮素和水在胡麻的生产成本投入中远超出其他要素，决定着胡麻生产的发展。我国农业生产中氮肥的施用几十年来增加了数百倍，不仅增加了粮食产量，获得了一定的经济效益，同时也产生一些负面效应；特别在我国长江珠三角地区，近些年来化肥用量持续增加，但粮食产量却并没有呈现大幅度增加，产量反而在下降，化肥利用率一般在 28% 左右。氮肥利用率偏低和大量的氮素损失将导致地下水污染、江河湖泊的富营养化及全球气候变暖等诸多环境问题，严重影响着人类的可持续发展。水肥是与作物的生长发育联系最紧密的两个因素。因此，灌水和施氮一直都是农业生产研究中最受关注的问题，同时又是农业管理生产中十分重要的技术措施。当前，我国乃至全球都面临着人口、粮食、资源和环境的多重压力，怎样提高资源利用率，特别是提高农业水资源的利用率一度成为关键性问题。水分和氮肥是否高效利用，直接决定农产品的产量和经济效益。

大量研究表明，覆盖种植技术有利于土壤水分的保蓄和利用，调节了土壤温度，促进了作物生长发育，显著提高了农作物的产量，是我国半干旱地区重要的栽培方式之一。地膜覆盖栽培技术通过阻碍大气与土壤的水气交流、防止土壤水分的蒸发、增加了土壤地温等，而在一定程度提高了干旱和半干旱区的农业经济效益。相关研究表明，不同地膜颜色因对太阳辐射波段的吸收和反射不同，致使土壤蒸发强度存在差异，进而对土壤含水量和土壤温度的影响产生差异。起垄耕作通过改变局部地区地表地形和表面积，提高了降水利用率，改变土壤与大气热交换的发生，增加了土壤温度。地膜覆土栽培方式，高温时期通过阻挡太阳辐射保持了土壤水分，低温时期则降低了土壤热量的散失。有必要研究覆盖对旱作农业区胡麻土壤水热效应及生长发育和产质量形成的影响。此外，豆科/禾本科间作体系中存在氮的互补作用，可促进作物的生长，提高土壤中的氮营养的利用效率。胡麻立体种植中缺乏适宜的带型、密度等田间配置技术和水肥管理技术，研究和推广胡麻高效的立体种植技术，是水资源持续开发和胡麻产业持续发展的迫切需要。轮作倒茬是用地养地相结合的一种农业措施，可以有效协调作物之间养分吸收的局限性，增加土壤养分，改善根系分泌物质，减少自毒作用，改善根际微生物群落结构，提高土壤酶活性的同时降低土传病害的发生。研究轮作对旱地胡麻土壤养分及其生物学特性，胡麻产量及其经济效益的影响，对于提高旱作农业区农民收入、改善土壤环境具有一定的理论与实际意义。

第二节　国内外相关研究进展

一、氮肥作用下作物增密潜力的研究进展

（一）施氮和密度对作物光合能力的影响

施氮和种植密度不仅显著影响作物个体光合特性，也对群体光合特性有重要影响。研究作物个体和群体光合特性是研究作物生长发育的重要方法。施氮量和播种密度均能显著增加小麦单株绿叶面积，一定施氮水平下，小麦叶片含氮量高有利于提高单叶光合速率。作物干物质生产主要来源于光合作用，叶绿素的高低决定了光合作用的强弱，氮是影响叶绿素含量的重要因素之一，氮不仅能提高叶绿素含量和光和速率，还能延缓叶片衰老和光合功能衰退。增密可提高胡麻叶面积指数、光合势和产量。密度过大则导致群体茎叶荫蔽，不能充分利用光能，净同化率下降，造成减产。

光合作用是作物产量形成的重要机制，氮肥可延缓叶片衰老进程，提高光合速率。光合作用的强弱与叶面积大小、光合势强弱及叶绿素含量多少密切相关，在一定范围内反映了栽培技术是否合理。叶绿素含量是反映光合强度的重要指标，间接影响作物干物质积累和籽粒产量。合理的栽培措施能促进作物干物质积累，增加干物质从营养体向籽粒转运，达到高产量。合理的群体结构能够使个体光合速率始终持续在较高水平；群体过密，叶片互相庇荫，不能充分进行光合作用，导致后期光合效率低及同化物减少（薛吉全等，2002）。

（二）施肥和密度对作物干物质积累与分配的影响

花前贮藏在营养器官中的碳水化合物再转运及花后同化物是小麦籽粒干物质主要来源，在一定范围内，产量随干物质积累量的增加而提高。因此，可通过合理密植等栽培措施来增加干物质积累量，从而提高产量。增施氮肥可提高冬小麦干物质积累量（Guo D，2008），丛新军等（2004）研究发现，

密度过低会引起群体不足，花前营养器官干物质积累过少，不能够为籽粒提供足够转运物质，导致减产；种植密度过大会影响有效分蘖、穗粒数及千粒重，降低生物产量，导致减产。冯尚宗等（2015）认为，在选用耐密植品种和氮肥充足的基础上，通过增加种植密度建立高密度大群体，充分发挥密植作物增密潜力。赵会杰等（2003）研究认为增密超过一定范围，降低了碳同化物的同化速率和同化物运输分配效率，籽粒的运转量减少，导致减产。

（三）施氮和密度对作物非结构性碳水化合物的影响

非结构性碳水化合物（NSC）是植物光合作用主要产物和贮存能量的主要形式及植物生长代谢的重要能量来源，淀粉和可溶性糖是非结构性碳水化合物的重要组成成分，它们是构成产量的物质基础。氮素对小麦碳同化有着重要的影响，科学合理施用氮肥与小麦碳素的高效利用关系密切；而碳素积累量与转运量、转运率直接影响作物产量。在一定范围内施用氮肥会对植物的光合作用和非结构性碳水化合物在源库间分配造成影响，增施氮肥能够促进叶中可溶性糖的转运，在可溶性糖保持较低浓度时，对光合作用具有一定的促进作用，使更多的碳水化合物转运到籽粒中；增加种植密度时，提高氮肥的施用量，利于茎秆中的碳水化合物向籽粒转移，从而增加籽粒饱满度及产量。田智慧等（2008）研究表明，在不同施氮量下适当降低种植密度及提高花后施肥量，有利于促进灌浆前中期茎秆中贮存的 NSC 再分配和籽粒形成。淀粉和可溶性糖是构成籽粒产量的主要物质，特别是花前的贮藏物质和花后光合作用对籽粒产量形成有重要意义。两者对籽粒的贡献率因胡麻生育期间环境条件不同而不同。如果胡麻在灌浆期间由于群体竞争而导致日照不足、缺氮和 CO_2 浓度下降等影响，贮存物质比例会大大降低。植物茎秆中贮藏的非结构性碳水化合物与作物产量形成有重要关系，它不仅参与籽粒灌浆，还对籽粒灌浆启动及充实有非常重要的作用。研究非结构性碳水化合物的积累、分配及对籽粒的贡献率能更好地掌握作物生长动态，对于作物高产稳产具有重要意义。

（四）施氮和密度对作物氮素积累和分配的影响

氮素是植物体内重要的、生长发育必不可少的营养元素。干物质累积多少与氮素积累分配有密切关系，氮素分配包含植株各器官间的分配，以及同一器官内不同功能氮的分配。地上部氮素积累量决定了氮素吸收效率的高低，产量高低与成熟期氮素累积量有密切关系，作物体内氮素含量因器官部位、发育时期不同而异，在一定范围之内，籽粒产量随氮素吸收量的增加而提高，超过一定范围，产量不再提高或下降。氮肥的不合理使用，不但增加了农业生产成本和资源浪费，而且导致氮肥利用效率降低，导致作物产量和品质下降。过高的密度能提高营养生长阶段的氮素累积，但由于生殖生长阶段氮素转移效率低，不利于向籽粒转移，导致减产。施氮量和种植密度是相互协调的，在较高氮肥条件下，增加种植密度有利于群体有效利用氮肥。

（五）施氮和密度对作物氮肥利用效率的影响

在氮肥供应充足的条件下，植株中氮素积累有一半左右或更高来自土壤。胡麻喜氮而又不耐高氮，可以通过少施氮而多次施氮的方式来提高胡麻的籽粒产量。胡麻中氮素累积量在盛花期达到高峰，施氮利于胡麻对氮素养分的吸收进而提高籽粒产量。一定范围内施氮提高了营养器官氮素转移量、转移率和对籽粒的贡献率，若超过这个范围，就阻碍了胡麻氮素的再分配和转运及后期营养器官向生殖器官再转运效率，导致减产。因此，研究胡麻对氮素的吸收利用规律，能为胡麻的施肥和高效栽培提供理论依据。

（六）施氮和密度对作物产量的影响

氮肥和密度能调控植物的群体发育，进而影响产量形成。合理氮肥管理有利于促进作物生长发育，获得高产（李志玉等，2007）；密度是影响作物群体结构和调节库源代谢的重要因素，同一施氮条件下，胡麻株高、分枝数和单株蒴果数均随密度的增大而降低；同一密度条件下，高氮和适氮处理的分枝数、单株蒴果数和单株粒重均高于不施氮处理（刘栋等，2015）。密度为 450 万粒·hm^{-2} 有利于株高、分枝数和单株蒴果数等农艺性状的提高；而施氮 75 kg·hm^{-2} 有助于分枝数、单株蒴果数和单株粒重的提高。单位面积有效果数、果粒数、千粒重是构成胡麻产量的三因素，三者相互协调才能获得高产。王利娟等（2015）研究表明，较高密度可最大限度地发挥胡麻群体优势并提高产量，胡麻产量随密度的加大呈先增后减趋势，单株蒴果数、蒴果籽粒数、千粒重均随密度的增加而减少。

二、作物氮磷营养规律及其碳氮代谢特征研究进展

（一）氮磷营养规律及其利用效率

1. 氮累积、分配、转运规律及氮素利用效率

氮是植物生长发育中最重要的营养元素，也是油料作物主要的能量利用和输入消费物质，其吸收受氮肥施用量、土壤状况和环境因素的影响（Gan，2010）。

（1）其他作物氮累积、分配及转运规律。作物体内氮素含量和分布常因器官部位、发育时期的不同而有很大差异，而且各部位在不同发育时期都可能发生氮素再分配，这种变化主要与生长中心的转移有关。如基部叶片的氮素转运到上部扩展的叶片，尤其是开花后，大量氮素从营养器官再分配到籽粒。旱地小麦对氮素养分的吸收主要集中在返青至开花期，此阶段吸收的氮素占全生育期的60%以上，是养分供应的关键时期。冬小麦植株中氮素含量随生育期的延长而降低，氮素累积量总体呈增加趋势。大豆生育期植株中氮素累积量呈增加趋势，到成熟期植株氮素积累达到最大值。基肥一次性施入造成肥料氮滞留在大豆营养器官中较多，茎叶中肥料氮比例为37%，荚果中只有51.6%；追施氮肥，茎叶中肥料氮只占21.9%，而荚果中肥料氮则达71.8%，说明后期追肥可以促进肥料氮向荚果中的运转。大田油菜籽粒发育所需的氮素中大约有73%来自于营养器官氮素的再分配。

（2）其他作物氮素利用效率。氮肥过量，一方面使得作物植株中氮浓度过高，形成所谓的"奢侈累积"；一方面对土壤、水体和大气造成污染，严重影响环境和人体健康。氮肥施用不足，影响作物生长发育，进而影响作物产量和品质。为了使得氮肥的施用与作物植株的需要相同步，必须解决氮肥的合理施用，提高氮素利用效率。

（3）胡麻氮素累积、分配和转运规律。国内外学者有关氮肥对胡麻的研究较少，主要集中于纤维用亚麻上，有关胡麻氮磷营养的研究主要集中在肥料的施用量及配比上。相对而言，油料作物需要更多的氮素营养。胡麻是需肥较多又不耐高氮的作物，氮素供应适当，有助于增加单株蒴果数，促进丰产；有机无机肥配合施用可以促进胡麻对氮素的吸收，成熟期籽粒中氮素来自营养器官的比例因品种、栽培条件和气象条件而异。

2. 磷素累积、分配及转运规律

（1）其他作物磷累积、分配及转运规律。磷素在作物体内吸收、累积、分配和转运，在其他作物上亦有深入研究。鲁剑巍等（2005）研究得出，油菜成熟期各器官中磷含量均随磷肥用量增加而增加，其中茎秆中磷含量增加幅度最大，其次是角壳中幅度较大；对籽粒中含磷量的影响程度较小，适宜的施磷能促进大豆植株对磷素的吸收。施用磷肥冬小麦植株中磷的吸收可增加8%；Gan等（2010）研究得出，籽粒中磷素从花后开始迅速累积。杨勇等（2012）研究得出，油菜磷累积量随磷肥施用量增加而增加，成熟期籽粒中磷占地上部磷素养分的79.8%~82.8%，茎秆中占9.8%~12.5%，角壳中只占6.9%~7.7%（李银水等，2011）。

（2）其他作物磷素利用效率。为了追求提高产量，磷肥的施用从20世纪50年代以来一直在持续增加。磷肥的不合理施用，导致了东亚和西欧的农田土壤里累积了大量磷（MacDonald，2011），这种情形危及到环境和粮食安全（Cordell，2009）。为了能在提高产量的同时保护环境和资源，就必须使得在磷肥输入最低的同时保证农业产出最大；Harbi等（2013）研究指出，施磷量6 kg·hm^{-2}时，小麦产量最高，磷素利用效率也最高。

（3）胡麻磷素累积、分配和转运规律。关于胡麻中磷素吸收、累积、转移和分配，前人也做过一些研究。戴庆林等（1982）研究表明，胡麻磷素吸收前期相对缓慢，且前期吸收的磷主要储存于

籽粒中；磷素为开花、受精、结实提供营养，比例失调将造成每个蒴果平均粒数明显下降；由开花期到成熟期，磷、钾所占比例明显增大，磷和钾营养比例适当，有助于脂肪的正常积累，提高脂肪含量。有机无机肥配合施用，可以促进胡麻植株对磷素的吸收。胡麻植株磷素累积量在整个生育期符合logistic 方程（戴庆林等，1981）。

（二）氮磷对农作物氮代谢的影响

氮代谢是作物最基本的代谢过程，其在生育期间的动态直接影响光合产物的形成、转化及矿质营养的吸收、蛋白质合成等。氮代谢主要体现在代谢产物叶绿素、游离氨基酸、可溶性蛋白及其相关酶（谷氨酰胺合成酶、谷氨酸合成酶和硝酸还原酶等）生理生化指标的变化上。施氮可促进夏玉米氮代谢关键酶 NR、GS 的活性，使茎秆维持适度较低的 C/N，从而保证"流"的畅通。胡立勇（2005）研究表明，氮素施用量适宜，油菜角果叶绿素量增加，叶绿素 a/b 值升高，氮同化增强，籽粒快速增重期谷氨酰胺合成酶活性显著增强。油菜植株内游离氨基酸含量随着施氮量的增加而持续增加。适当提高氮素水平既能增加作物各器官中可溶性蛋白质和游离氨基酸的含量，又能提高硝酸还原酶和谷氨酰胺合成酶氮素同化酶的活性；氮素水平过高虽能提高硝酸还原酶和籽粒蛋白质含量，但谷氨酰胺合成酶（GS）活性下降。施磷能提高小麦花后旗叶氮素同化有关酶（硝酸还原酶、谷氨酰胺合成酶和谷氨酸脱氢酶）活性，促进开花时旗叶中的游离氨基酸积累以及灌浆过程中向籽粒的运转，增加茎和叶鞘中可溶性蛋白质含量。叶绿素含量、可溶蛋白含量均随磷素营养吸收效率的提高而增大。作物植株中游离氨基酸含量和叶绿素含量均随施磷量的增加而增加。

（三）氮磷肥与碳代谢产物的关系

1. 叶绿素

光合作用是植物重要的生理过程，是植物物质代谢和能量转化的最初源泉，而叶绿素是光合作用中最重要的色素，在光合作用过程中起到接收和转换能量作用，在一定程度上叶绿素含量的高低会直接影响叶片捕光的能力（刘嘉君，2011）。用 SPAD-502 型叶绿素仪测定的 SPAD 值与单位面积叶绿素含量及叶片含氮量呈极显著正相关关系（Swiader，2002），因此，可以直接将测定的 SPAD 值作为田间实时快速了解叶片叶绿素含量及氮素状况的重要指标。杨晴等（2009）研究表明，增施氮磷肥有助于促进叶绿素合成，延缓叶绿素降解，并能提高产量，对品质的形成具有显著的调节作用。当施磷量达到 375 kg·hm^{-2} 时，叶绿素 b 含量又下降。从氮、磷、钾、有机肥 4 因子对叶绿素含量影响的主效应可看出，氮影响最大，其曲线斜率最大，与叶绿素含量的关系呈凸型二次曲线；磷对叶绿素含量的影响最小，其关系近于直线且平坦；钾主效应稍大于磷；有机肥随着施用量的增加叶绿素仍有增加的趋势。

2. 可溶性糖

糖是高等植物的主要代谢产物之一，在植物体内的含量和种类极其丰富（黎建玲，2005）。糖作为代谢的中间产物或终产物调节了植物生长、发育、抗性形成等多个生理过程（赵江涛，2006）。可溶性糖不仅是高等植物的主要光合产物，而且是碳水化合物代谢和暂时贮藏的主要形式，在植物代谢中占有重要位置，是植物体内一种重要的抗逆境调节物质。植物为了适应逆境条件，如干旱、低温，也会主动积累一些可溶性糖，降低渗透势和冰点，以适应外界环境条件的变化。前人研究表明，可溶性糖具有提高细胞渗透势，降低细胞水势，降低冰点，减少水分流失，参与组分分子连接，稳定细胞壁、酶和作为细胞能源的作用（杨勇，2012）。随着氮肥用量的增加，可溶性糖含量和总量都呈增加的趋势，而磷肥对可溶性糖含量和总量的影响没有表现出一致的规律（李书华，2009）。吴国欣等（2012）认为适当增加氮肥用量对植株可溶性糖质量分数有一定的促进作用，用量过多反而不利于提高。对于磷肥用量而言，少量的磷肥完全供应给地下部分的根系吸收利用，当用量适宜时，才达到提高叶片可溶性糖质量分数的目的。蔗糖是最常见的可溶性糖，是光合作用形成的第一个碳水化合物。蔗糖的合成是在细胞质中进行的，它不仅是光合同化物与能量的运输和贮藏形式，更可以在干旱环境中使叶绿体周围的液体玻璃化以降低细胞的水势、抵抗不良环境。单独提高施氮量和施磷量均能使植株不同器官中的蔗糖浓度升高。

3. 淀粉

作物体内碳水化合物大约占干物质总量的90%~95%。而碳水化合物中含量较高且能够互相转化和再利用的主要是蔗糖、淀粉和还原糖。淀粉是植物体中贮存的养分，主要存在于种子和块茎中，各类植物中的淀粉含量都较高。淀粉含量属于数量性状，受遗传基因和栽培环境多因素控制。施肥与胡麻淀粉含量关系的研究很少，对小麦、玉米、水稻等方面的研究较多，但结论不一。施氮、磷、钾都增加籽粒淀粉含量，其中施钾效果最为明显，适量施用氮肥可有效提高总淀粉含量和支链淀粉含量，却不利于直链淀粉含量的积累。不施氮肥或过量施氮肥均可引起总淀粉和支链淀粉含量的下降，却有利于提高直链淀粉含量。磷肥有助于总淀粉和支链淀粉的积累，提高支链和直链淀粉的比值，较高水平钾肥显著提高籽粒中支链淀粉含量（曹昌林，2011）。

（四）氮磷肥与叶面积的关系

作物单产的高低不仅取决于出叶数及其光合能力，更主要地取决于叶面积的组成及其消长状况。叶面积指数（LAI）是反映群体光合性能的重要指标，维持全生育期尤其是结实后较高的叶面积指数是胡麻高产的基础。施肥作为重要的农业措施之一，不仅改善了土壤肥力和性状，还改变了作物叶面积指数，进而影响光合碳同化过程及产量。作物产量的90%~95%都来自于叶绿体内光合作用形成的有机物质，其中光能是作物光合作用的转换对象和反应条件，LAI及冠层光合有效辐射都是影响光能利用和产量的重要因素。氮肥作种肥或早期追肥单株总叶面积增加显著，这说明氮对胡麻叶片生长有重要作用。有研究表明，相同磷钾肥施肥水平下，叶面积指数随氮肥施用量的增加而增大，但氮肥施用量超过一定水平时，叶面积指数减少，磷、钾肥也与氮肥表现出同样的趋势，氮肥、磷肥和钾肥对叶面积指数的影响为：氮肥>磷肥>钾肥（陈莉，2009）。

（五）氮磷肥与胡麻干物质积累及分配的关系

群体干物质积累是产量形成的物质基础，干物质积累量的增加有利于提高籽粒产量，开花后干物质的积累最为重要。作物生物量分配不但会影响作物自身光能的获取、养分和水分的吸收等功能，而且还会对作物产量形成产生重要影响（张学林，2013）。适量施用氮肥可以促进营养体内的氮素向籽粒转运，从而对籽粒氮的贡献率保持在较高的水平（Zhao，2004）。

（六）氮磷肥与籽粒灌浆的关系

灌浆是产量形成的最终过程，所有栽培措施产生的效应及品种特性均在灌浆过程中得以集中表现。研究发现，水稻籽粒灌浆所需要的营养物质主要是由抽穗后叶片的光合作用新制造出来的（肖启银，2006）。作物的经济产量主要取决于籽粒灌浆形成过程中植株光合产物的生产、运转及向籽粒中的分配和积累。多穗多粒、熟相好，快速灌浆期启动早，灌浆速率、灌浆持续期、籽粒体积增长的速率和千粒质量协调，是获得高产稳产的重要指标。一般认为，籽粒灌浆除受遗传控制外，还受栽培条件和气象条件等环境因素影响。不同施肥水平下作物灌浆进程符合Logistic生长曲线，呈"慢—快—慢"即"S"形变化。灌浆速率与粒重呈正相关，灌浆持续天数与粒重关系不大（张平平，2012）。赵秀兰（2006）发现氮磷（钾）肥施用对于籽粒降落值的提高依基因型，却存在一个界限水平与配比问题，并非氮磷（钾）肥施用量越高越好，氮磷（钾）素平衡配施是形成最高降落值的关键。

（七）氮磷对作物产量的影响

1. 氮磷对其他作物产量的影响

已有大量研究表明，氮对作物产量有极大影响。氮肥提高了油菜、向日葵、冬小麦的产量。关于磷肥对作物生长、产量的影响，前人做了大量报道，诸如玉米、水稻、油菜等（李银水等，2011）。氮磷钾配施可提高冬油菜干物质积累量，增加角果粒数、千粒重和产量。氮磷钾硼肥配合施用油菜产量平均可达2 590 kg·hm^{-2}（邹娟等，2009）。赵海波（2010）等研究表明，施氮量（N）和磷（P）

量分别为 300 kg·hm^{-2}和 150 kg·hm^{-2}时，超高产冬小麦可获得 $1.0×10^4$ kg·hm^{-2}的超高产水平。

2. 氮磷对胡麻籽粒产量的影响研究

松生满等（2007）研究认为，磷酸二铵 135 kg·hm^{-2}能显著增加胡麻单株有效果数、每果粒数和千粒重及产量。影响旱地胡麻产量的因素由大到小依次为施磷量、施氮量、种植密度（令鹏，2010）。科学合理施肥可大幅度提高胡麻籽粒产量，以氮、磷、钾肥增产效果最为显著。在旱地胡麻施肥适宜的氮磷配比可提高胡麻籽粒产量，但具体的施肥配比因不同区域的土壤条件而差异较大，生产上应针对当地土壤养分情况确定最佳施肥量。Grant（2012）等研究得出，合理施用磷肥，可提高胡麻籽粒中锌的浓度，进而提高胡麻籽粒的品质；在种植密度适宜的情形下，较低氮肥可以提高凉爽气候下胡麻籽粒产量；当氮肥用量在 107～179 kg·hm^{-2}时，随氮肥量的增加胡麻籽粒产量和出油率都增加；氮肥在提高胡麻籽粒产量中发挥着重要作用，氮磷肥配合施用显著提高胡麻籽粒产量。

三、有机肥与化肥配施研究现状

（一）有机肥与无机肥配施对土壤肥力的影响

肥料的施入必然会引起土壤中养分含量的变化，不仅造成对应施入元素的含量发生变化，也可导致非对应施入元素的变化。土壤中的矿质态氮和有效磷在有机肥与化肥配施处理以后释放的比较平稳，利于作物吸收。有机肥与无机肥配施明显地提高了稻田土壤中有机质、全氮和碱解氮等养分含量，增大了土壤的养分容量，增强了土壤对养分的供应强度。有机无机肥料长期配合施用可显著提高土壤中的微生物氮量，促进了微生物的活性。鲁彩艳等（2007）通过长期定位试验研究不同施肥制度对土壤供氮潜力的影响，结果表明：有机无机相结合可有利于土壤供氮能力明显增强，增幅达81.76%；此外，与长期施用有机肥或化肥相比，有机无机肥配施能明显提升土壤的供氮潜力。Ehiokhilen 等（2009）研究认为，在大幅减少施用化肥的同时，采用有机与无机肥料配合施肥的模式可以显著降低灌溉水的渗漏和硝态氮的淋溶。

（二）有机肥与无机肥配施对作物生长发育的影响

有机肥中富含生理活性物质，有利于刺激作物生长，如增强根系的呼吸功能，促进对各种养分的吸收。有机肥也能提高作物的抗逆性、适应性、抗旱性和抗寒性及抗倒伏能力。孙世超等（2002）研究表明，施用生物有机肥不仅促进大豆的生长发育，而且能使大豆提前成熟，还可以改良土壤和增加大豆产量。沈宏等（1998）研究表明：饼肥、尿素配施可以增加叶片中的叶绿素和还原糖含量，促进了烤烟旺盛生长，特别是根系干重的增加。有机肥与化肥相互作用，对大豆花期的根瘤数和植株的鲜重有较大影响，促进了植株的生长发育，增产效果明显。鸡粪和豆粕混合肥的施用促进菜用毛豆的地上部干物质的积累，与单纯施用化肥相比，地上部干物质量显著增加。张睿等（2007）研究认为，与常规施肥相比，小麦生育后期不同叶位功能叶片的光合速率在氮、磷与有机肥配合施用下得到明显的提高，防止了小麦的早衰。白玲等（2014）研究发现：有机无机肥配施可以显著提高棉花生长中后期干物质积累与养分吸收量。可见，有机肥与无机肥配施可以促进作物的生长发育，提高了作物的光合能力，增加了干物质的积累量，最终使作物的经济产量和生物学产量得以明显提高，更好地改善了产量的结构。

（三）有机肥与无机肥配施对作物产量的影响

有机肥和无机肥的配施能充分发挥肥料的交互作用，降低成本，保证作物稳定增产和实现农业的可持续发展（叶景学等，2004）。有机肥可以改善土壤的理化性质，增加土壤有机质含量，与施用化肥相比，有机肥与化肥配施的增产效果显著（Liu，2010）。李菊梅等（2005）研究证明，有机无机肥配合施用后使水稻的增产效果显著，还有利于维护生态环境，明显降低了氮肥对环境的污染。管建新等（2009）通过 4 年的定位试验研究了不同施肥水平对水稻产量的影响，结果发现：有机肥与无机肥处理的早稻和晚稻的平均产量最高，高达 57 205 kg·hm^{-2}，显著高于单施化肥和单施有机肥的处理。侯红乾等（2011）指出，在有机肥与无机肥配施条件下，有利于红壤稻田的增产和稳产，并且较多的有机肥更有利于培肥土壤、实现持续增产。有机肥合理施用具有明显的增产作用，有机肥与化肥相比，可以促进作物生长，这主要原因是有机肥利用程度更高，可以增强土壤培肥能力，促进土壤供氮能力的提升，使土壤可以循序渐进地为作物提供氮素，满足作物每个生育时期的养分需求。所以，有机肥可以给作物生长的各个生育时期提供充足的养分供给，给作物提供一个良好的根际生长环境，并且可以使土壤肥力显著提高，增加产量。因此，科学合理的有机肥与无机肥配施是提高作物产量的最佳施肥措施。

（四）有机肥与无机肥配施对作物品质的影响

大量研究表明，有机肥与无机肥配合施用能明显改善作物的品质。樊虎玲等（2005）研究了黄土高原旱地小麦在施用有机肥后，营养品质得到了改善，面团强度和弹性在一定程度上有所增强，化肥和有机肥配合施用的效果更佳。有机肥与无机肥配合施用对经济类、蔬菜类作物的品质也有较大的影响。在施用化肥的基础上，增施有机肥可以减少硝酸盐在土壤和蔬菜上的积累，增加氮肥利用效率，提高产量，改善蔬菜品质（Olaniyi，2009）。有机无机肥配施可降低萝卜中的硝酸盐含量，增加维生素 C 和可溶性蛋白以及可溶性糖含量。有机肥不仅可以使农作物产量得以提高，而且在其品质改善等方面也有明显作用。贾辉辉等（2015）在小麦不同品种上研究表明，与对照（不施肥）比较，施有机肥的处理的小麦籽粒品质明显得到改善。有机肥在改善作物品质方面的作用是其他肥料不可取代的，有机肥可以改良土壤、调节土壤理化性状，为农作物品质的形成创造良好的生长生境。因此，有机肥对改善农产品品质、提高农产品营养价值具有重要作用。

（五）有机肥与无机肥配施对水分利用效率的影响

良好的水分和养分供应是保证作物高产的基本条件。水肥之间存在耦合效应，合理的施肥在"以肥调水"中起着十分重要的作用，肥料的增产作用不仅在肥料自身，还在其与土壤水分的互作。有机无机肥配施集两者之所长，在培肥地力、增加作物产量等方面比两者单独施用的效果更佳，不仅可以对土壤的物理结构有较好的改善，还可以提高作物的水分生产效率。曹靖等（2000）指出，氮磷与有机肥配施有利于提高土壤供水比例，促进冬小麦对土壤供水的吸收利用，从而减少小麦生长过程中的水分亏缺程度，使水分利用效率得到明显提高。陈刚等（2012）研究认为，有机肥和化肥合理配施能改善作物的营养状况，增加对深层地下水的吸收量，显著提高玉米的产量和水分利用效率。肥料的单施或配施可明显增加作物的土壤水分利用率，同时也增加了土壤的耗水量，进而加剧土壤的干燥化程度。在适宜氮肥运筹的基础上配施有机肥，不但增加土壤有机质和养分的含量，而且可以增强土壤的蓄水保肥性。利用农业废弃物制作的有机无机复混肥可以增加夏玉米和冬小麦的产量，提高水分利用效率，且在夏玉米上施用后的水分利用效率提高幅度高于在冬小麦上施用的水分利用效率提高幅度。在黄土旱塬区有机无机肥配施和秸秆还田与化肥配施旱地农业生产中具有显著的增产和提高水分利用效率的作用。研究认为（张绪成等，2016），合理比例的生物有机肥替代化肥，可以提高土壤供水比例，促进农作物对合理的吸收利用土壤中的水分，同时可以调节作物自身营养，提高农作物对深层地下水的充分吸收，可以提高作物的水分利用效率和产量。

（六）有机肥与无机肥配施对肥料利用率的影响

肥料利用率的高低是衡量农业生产施肥是否科学合理的一项重要指标。有机肥与无机肥配合施用对肥料利用率的影响，主要表现在对氮素利用率的影响上。土壤中的氮肥经过微生物作用变成铵态氮和硝态氮，除部分被农作物吸收利用外，有很大一部分通过淋失、反硝化、NH_3 挥发等途径从土壤中损失，造成氮素利用率普遍偏低。施氮量、轮作制度、土壤条件、作物品种和气候条件及施肥方法等对氮肥利用率的影响较大。与单施无机肥相比，无机肥配施适量有机肥有利于提高作物水分利用效率、改善了土壤理化性质，加速了有机肥的矿化，从而促进作物对氮素的吸收利用，增加了氮肥利用效率。

四、作物灌水及水肥互作研究进展

(一) 作物灌水对作物产量形成研究现状

我国水资源总量较少，农业用水浪费严重，灌溉水利用率低，加之气候变化，干旱频发，农业用水短缺成为制约我国农业发展的瓶颈。在有限的农业水资源条件下，如何提高作物灌水效率，发展节水灌溉，人们已做了较多的研究工作。适度水分亏缺可以提高作物产量，促进作物对深层土壤水的利用，提高水分利用率和灌溉效率。小麦耗水量随灌水量的增加而增加，产量和水分利用效率则随总耗水量的增加先升高后降低。灌水时期也直接影响到水分利用效率，不同生育阶段缺水对作物产量的影响不同，需水关键期水分亏缺可能导致较大的减产。关于灌水对作物生长、产量及水分利用效率的影响在小麦、玉米、马铃薯、大豆等作物上已有研究（肖俊夫等，2011），而在胡麻方面的研究较少。在胡麻的栽培种植中，春季干旱常常影响着胡麻的正常播种和出苗。5月中下旬前后的干旱对甘肃省胡麻产量的影响最大，此时胡麻正处于现蕾、开花后的关键生育时期，对水分的需要最为迫切，在春旱发生频率>50%的地方，胡麻产量明显偏低。可见，根据胡麻的需水规律科学合理灌水是保证胡麻高产稳产的关键所在。然而，近年来在胡麻种植方面普遍存在灌水次数过多、灌水量偏大，水资源严重浪费的现象，引起胡麻贪青晚熟、倒伏和病虫害大量发生，最终导致胡麻减产，同时也不利于胡麻油分的积累。

(二) 作物水氮利用研究现状

氮是作物生长发育需求较高的元素，紧靠土壤中的氮素并不能满足作物的生长需求，而施用氮肥就成了必要的途径。据调查统计，氮肥的施用量自从20世纪90年代以来不断增加，1980年全国化肥施用总量达到1 269.4万t，其中氮肥934.2万t。然而，由于人为因素导致氮肥的施用量和施用方式或其他配套措施的不合理，氮肥利用率一直很低。当前，氮肥利用率在一些农业生产水平发达地区能够超出50%以上，农业生产水平不发达地区氮肥利用率一般在50%以下，我国的氮肥利用率只有发达国家的2/3，很多高产地域还不到30%（邱建军，2008）。

(三) 作物水氮利用的背景与意义

作为影响作物生长发育的两个关键因素水分和氮素，二者的促进效应能够叠加，也可以相互抑制对方效应的发挥，在这种复杂的效应下影响作物的生长发育。水分能够影响土壤的结构、改变植物体内养分元素的运输，参与生理生化变化，在多种因素的影响下氮素、水分之间具有了某种特殊而复杂的关系。土壤含水量的降低，会造成离子的运输扩散速度下降，同时是否在适宜生育时期进行水分供应，直接影响到作物的株高、茎粗，水分是作物体内的营养物质合成的参与者，同时影响作物根系的离子运输，从而对作物养分的吸收与产量的形成产生较大影响。恰当的施肥措施可提高土壤蓄水保墒能力，促进植物根系生长，充分利用土壤中深层次的水分从而降低因蒸发而散失的水分。水肥之间的耦合作用与土壤水分、肥料用量、土壤肥力状况有密切关系。较低肥力的田地增加施肥量，提高的作物产量比施肥前增加一倍，而增加灌溉量对产量的提升效果则不明显；较高肥力田地继续施肥，产量的增产效果相比较之前反而明显降低，灌水与施肥效果都不显著，且灌水与施肥对产量存在一定的耦联关系。程宪国等（1996）研究表明，水分胁迫下冬小麦养分的运输和扩散都会受到抑制，造成作物的营养状况不良；养分胁迫下减缓了作物株高、茎粗等发育，使得作物对水分的利用能力下降，不能充分利用有限的水分。因此，调整水肥耦合效应，通过施肥提高水分利用效率，合理灌溉提高氮肥利用效率，是提高作物产量，达到高产稳产的重要手段。

水分利用效率是衡量作物对水分有效利用的一个重要指标，不同作物的需水规律不同，一味增加灌水并不会达到预期的效果，反而会造成水资源浪费、倒伏、破坏土壤结构等诸多问题。肥效的充分利用对提高作物水分有效利用有明显作用，增施不同的肥料都可以显著提高作物的水分利用效率，其中增施氮肥对提高水分利用效率的效果最为显著，水分利用效率随氮肥用量增加而增加。施肥能够明显提高作物产量，增加作物的水分利用效率，但缺水状况往往影响肥效的发挥，缺水状况越严重肥效发挥的作用越小。氮是蛋白质、酶、激素等的必需元素，缺氮会造成土壤贫瘠。作物产量随着施氮量的增加并未出现大幅提高，氮肥利用率却明显降低，并没有达到预期的理想效果。作物产量和灌水量、水分利用效率之间的关系较为复杂，在农业生产中增加灌水量、增施氮肥并没有随着投入增加而获得理想的效益。水肥对作物水分的有效利用及产量均有显著作用，其中，施肥能够提高水分利用效率，两者表现正相关，而灌水量过多会降低水分利用效率，两者表现负相关；适当灌溉及合理施肥是提高作物水分利用效率的关键，水肥高效耦合是提高水肥利用效率的最佳途径。

前人对胡麻的研究大多是不同灌水或者施肥对胡麻生产种植的影响，由于单一水、肥因素的研究并不能满足农业生产的需求，很多学者开始对水、肥之间的互作效应进行深入研究并取得很多成果。水、肥之间确实具有一定的交互作用，水分胁迫会限制养分的运输，影响肥效的有效发挥，水分太多则明显导致肥料的淋失和倒伏；肥量不足会限制生理生长和营养生长，影响水分利用率、产量的提高。寻找到恰当的灌溉量和施氮量配比方案对农业生产具有重要意义。

（四）水氮耦合对作物生长发育及产量的影响

水分、产量两者的互作效应往往大于单一因素对产量的影响，增施肥料可以改变土壤缺氮状况，使微生物活动更活跃；增加灌水能为养分的吸收创造良好的条件，实现以肥控水、以水促根的目标。水分和养分作为一对相互制约、互相促进的因子共同影响干旱、半干旱地区的农业生产，水分作为养分运输的载体能够提高养分的利用效率，养分反过来促进作物生长发育使作物能更好地利用水分，提高水分利用效率。降雨作为一个不可控因素，干旱半干旱地区降雨的季节性变化容易引起不确定性的干旱胁迫，在严重干旱胁迫的条件下水分是限制作物生长发育和产量的主要因素，施肥效果不显著，但在轻度干旱条件下，施肥对作物产量的增加有显著效果（于亚军等，2005）。把水分胁迫下的作物生物量与氮素胁迫下的作物生物量进行比较，降水量低于 200 mm 时，水分胁迫下的作物生物量小于氮素胁迫下的作物生物量，水分是作物的生物量主要限制因素；降水量在 200~400 mm 时，水分限制下的作物生物量大于氮素限制下的作物生物量，氮素是作物生物量主要限制因素。

不同肥力土壤条件下水分、肥料对产量的影响不尽相同，灌水与施肥和产量之间有明显的联系。有机质含量低较的土壤，氮肥限制作物产量的提高，因此提高施肥量会使作物产量显著提高，而水分的增加对产量的增产效果没有肥料明显；在有机质含量较高的土壤施氮肥的增产效果不明显，施肥与灌水效果都表现明显降低。增加氮肥施用量会显著提高作物产量。并且不同肥料、肥料的不同用量及不同肥料之间的相互搭配对作物生长发育和产量的影响不尽相同。施肥量保持在特定范围内，作物产量随氮肥施用量增加而提高，当超过某一定值时产量反而会下降（徐学选等，1999）。氮肥对穗粒数增多有显著促进作用。在产量方面，水、氮、磷影响大小依次为水>氮>磷，水的效应大于磷和氮，灌水量增加导致肥效随之提高。有研究表明，作物产量均随降水量变化呈现波动性变化，往往是在不同施氮量条件下，高产农田土壤水分减少趋势明显，产量较高田块的产量不能稳定容易形成波动（李玉山等，2001）。综上所述，只有在适宜范围内对水肥进行合理调控，水肥才能高效互作，从而达到高产、优质、节水的目的。作物光合产物的分配同时受到水分和氮素的影响，同时光合作用又反过来影响作物对水分和养分的吸收和利用，研究干旱地区作物水分、氮素关系对提高干旱地区作物生产力水平是十分有意义的。

（五）水肥耦合对土壤水分的影响

目前大多数研究倾向于对如何提高肥料利用率的研究，从而忽略了水分这个更为重要的影响因子，水分在水肥互作效应中的变化趋势往往对肥效的发挥有显著影响。土壤含水量与作物生长发育具有十分密切关系，它在农作物的生长发育中起着十分重要的作用，但其在农业生产中的作用至今仍不是十分清楚，显得非常复杂。水分和养分之间具有协同效应。在不同水氮耦合方式下，作物耗水量总体变化趋势不变，不同种类作物的耗水规律存在一定差异，耗水量表现相似的规律。由于灌溉次数和灌溉时期影响作物对土壤水分的有效利用，对作物水分利用效率和产量都有显著的影响，所以科研工作者们对此做了大量研究。灌水量越多耗水量相应就会越大，但耗水量没有一味随灌水量的增加而增加。在相同氮肥处理下，不仅是全生育期土壤耗水量，还是各个阶段土壤耗水量，都与灌水量呈现很好的正相关性。灌水量越多，反而会造成水资源的浪费，水分利用效率越低，Hebbar 等（2004）研究了不同灌溉施肥条件下水肥互作对番茄生理指标的影响。滴灌施肥对根、茎的生长有明显促进作用，同时为氮、磷、钾的吸收奠定了良好基础，单株果实数量也得到明显地增加，肥料利用率也随之提高。在低灌、中灌和高灌三个水平条件下，氮肥平均利用率中灌>低灌>高灌，表明中灌最利于肥效的发挥，水分过高造成氮肥的流失浪费，水分过低抑制了肥效发挥。高氮容易造成氮素的流失浪费反而使氮肥利用率显著降低。谢忠奎（2000）研究表明，土壤含水量波动比较大的土层主要集中在 0~60 cm。李国振等（2001）研究表明，在 0~20 cm 土壤层内，冬小麦消耗的水分中灌溉水所占比重最大；40 cm 以下土壤水分含量的变化则不明显。当灌溉或降水后，由于表层土壤水分含量高，表层土壤是根系吸水的主要区域，当土壤相对干燥时，由于根系的向水性，根系向下延伸，吸水的区域则会向土壤深层移动。

（六）水肥耦合对土壤氮素的影响

水是氮素转运的载体，水分过多或者匮缺，氮素均不能被植物充分有效利用，氮的吸收量减少，利用率降低。合理的灌溉量可以促进作物根系生长、叶片光合需求，提高蒸腾速率，因此会加快对氮素的吸收速率，提高其利用效率。施肥可以有效地改善水分有效利用，灌水也可以有效地改善对肥料的有效利用。在不同的田间肥料管理措施下，肥料通过影响作物的生长发育从而影响其对水分的吸收利用，而土壤水分状况又反过来影响肥料的有效发挥，同时还对养分在土壤中的转运、累积起着非常重要的作用。氮肥的大量使用加上过量灌溉会使土壤中氮大量累积并且逐年向土壤深层移动。土壤硝态氮是土壤中作物吸收氮的一种有效形式，其较难附着在土壤颗粒上却容易随水分的运输发生淋溶。所以土壤硝酸盐表层积聚的问题普遍存在，而水肥是保护土地生产力的两个关键因子，灌溉方式影响土壤水分分布和硝态氮分布，灌水量很大程度上影响其持有量。袁静超等（2011）研究表明，较低灌溉限额下，施肥量对不同土壤硝态氮影响较小；灌溉限额和肥料对不同土层硝态氮累积量的影响均达到显著水平，影响效果大小为肥料>水分>水肥交互。中灌条件土壤中氮的含量大于低灌条件和高灌条件，高灌水处理使得冬小麦产量下降，土壤中的全氮、硝态氮含量也有所降低并不利于其高产的形成。合理的水肥管理模式对于防止土壤硝酸盐积聚具有重要意义，合理施肥及灌水，可以降低硝态氮在土壤中的累积量，提高肥料的利用效率，降低生产投入获得较大经济效益。氮肥过量引起了植株体内硝酸根离子含量升高，同时由于离子之间的拮抗作用，限制了植株对钙等离子的吸收，容易产生缺钙生理病害。土壤中硝酸根离子残留量增多，进而造成其盐碱化加重。

（七）水氮耦合条件下作物水肥利用效率研究进展

水分和养分作为两个关键性因子影响作物株高、茎粗、干物质积累及产量形成。土壤肥力不足以及不合理施肥均严重限制了胡麻产量及水肥利用效率的提高。通过合理调控水肥，能够有效改善有限水资源的利用效率以及肥效的发挥，实现作物优质、高产。

1. 水氮耦合对作物水分有效利用的影响

不同作物的水分有效利用能力不同，水分利用效率（WUE）越高，其对干旱的抗逆性越强，WUE 是形成较高生产水平的重要指标之一。WUE 较高情况下获得的产量也较大，有时也会出现相反的现象。较高的 WUE 出现于水分轻度、中度亏缺期间，而较高的产量往往出现在充足供水的农田环境。正确的氮、磷、钾配施措施不仅能够达到作物对养分的需求，而且能够改善作物不同生育时期对水分的需求状况，促进养分的吸收，提高叶片光合速率和作物的 WUE。研究表明，在干旱缺水的农田里增加肥料施用量能够提高作物对水分的有效利用和底墒利用率，特别是增施氮肥是提高水分利用效率的重要措施之一，随氮肥用量提高，WUE 也在不断提高，两者呈直线关系。水分能够提高肥料的肥效发挥，干旱情况下降水量的增多，会使肥效得到充分发挥，增加作物产量。相同施肥条件下随着田地干旱程度的不同，肥效的增产效应不同，超过一定干旱程度肥效会显著下降。麦田土壤水分总体动态变化趋势不因施肥的增加而改变，但施肥可以显著提高小麦的产量和水分利用效率（李裕元等，2000）；极度干旱缺水条件，增施磷明显提高了小麦的产量和提高对水分的有效利用；在水分匮缺不严重时，氮素的作用比施磷的作用显著（黄明丽等，2002）。

2. 水氮耦合对作物氮素有效利用的影响

氮素影响胡麻的品质，调控整个生育进程，氮素过量造成胡麻前期疯长后期倒伏。氮肥是作物产量的主要限制因子，我国近年来为获高产而施用氮肥超出了化肥总用量的60%（中国农业统计年鉴，2012）。不恰当的灌溉施肥方式，导致农作物对氮的有效利用很低。较高的水分和氮肥投入不仅造成氮素和硝酸盐的大量损失，而且对产量的持续增加效果不明显。施用氮肥是增加作物产量的主要措施，在小麦实际生产中，合理施氮能促进小麦生长发育，提高小麦籽粒产量。李久生等（2005）研究表明，施氮量不断升高的同时冬小麦氮素积累量也在升高，但是氮肥利用率却在下降；了解掌握其对氮素吸收、累积及转运特点，可以通过合理的施肥投入来满足小麦的生长进程，还能改善氮肥肥效的发挥，从而在农田生产中实现较低投入获得高产出。

增施氮肥总体上可以改变各生育阶段作物对氮的吸收量。施氮额度在 $0 \sim 225 \ kg \cdot hm^{-2}$，小麦茎叶干重、籽粒产量、氮的利用率都随氮肥施用额度的增加而升高，但氮素的肥效发挥随着氮肥施用额度的增加而下降（易时来，2006）。当施氮额度大于 $150 \ kg \cdot hm^{-2}$ 时，氮素含有量增加效果不明显，随施氮额度增加，氮肥的利用效率下降明显。施氮能够明显地提高氮素在籽粒的累积，在水分胁迫下，水分匮缺不利于氮素在作物体内的运输和籽粒氮素积累并且降低了籽粒产量。较好的土壤水分状况可提高氮素向籽粒中转移的比例，使总氮素、生物产量升高。王声斌等（2002）研究表明，在高灌处理下，冬小麦的氮素积累及氮肥的利用率较高；在低灌处理下，氮肥的损失量则较多，低灌导致氮肥在施肥初期损失量过大，这是造成低灌条件下氮素损失总量较大的主要原因。在不同生育期对作物进行灌水，作物表现出对氮素利用效率也不同。因而，合理的水肥措施能提高氮素利用率，增加作物产量。

五、作物抗倒伏特性对栽培措施的响应研究

（一）作物抗倒伏特性研究

1. 作物抗倒伏形态特性研究

高产是农业工作者追求的主要目标之一，提高产量必须具备足够的源，即充足的生物产量，高秆作物具有良好的群体通风透光条件，能容纳更多的叶片等，对促进增产具有一定的作用。但随着产量的不断提高，高产与倒伏的矛盾日益突出。一般认为，植株越高，重心高度上升，根系对地上部分的支撑能力降低，同时茎秆易受到风雨等外力的作用而折断，茎秆基部承受茎秆上部物质重量的能力减小，抗倒伏能力降低。而对小麦、玉米等茎秆由节和节间组成的作物而言，基部节间长度、穗下节间长度和节间数目影响植株生理生化机能的发挥，从而影响植株的抗倒伏能力（章忠贵，2010）。植株矮化可降低株高和重心高度，提高植株的抗倒伏能力，以往矮化育种的历史就是抗倒育种的过程，无论是高秆品种还是矮秆品种，均以株高较高的品种易发生倒伏，而半矮秆品种比常规品种有更强的抗倒性。株高并非造成倒伏的直接原因，作物倒伏性存在明显的品种间差异，高秆品种不一定发生倒伏，矮秆也不一定抗倒。由于试验材料、试验场地和栽培措施的不同，对于株高与作物抗倒伏性方面所得的结论不尽相同。水稻倒伏指数与基部节间长度呈显著正相关（杨艳华等，2011），小麦品种抗倒伏性进行研究后发现，株高、第二节间长度是决定小麦茎倒伏指数的主要因素，并与倒伏指数呈显著正相关。重心高度占株高的比例对抗倒伏性能也有一定影响，重心高度/株高越大，说明植株枝、叶、花及果实等多分布于茎秆上部，对茎秆基部的支撑力要求高，易发生倒伏，而重心高度/株高越小，说明茎秆下部质量较大，对植株具有较强的稳固作用，不易倒伏。陈新军等（2007）研究发现，抗倒伏性能强的油菜品种株型紧凑，重心高度/株高较小，综上所述，在确保不倒的前提下，应适当增加株高、提升重心高度，以此来保证生物量的增加。

作物的茎秆呈圆柱形，其结构主要包括髓、木质部、形成层、韧皮部和表皮等。茎秆中分生组织活跃，木质部、韧皮部发达，则茎秆粗壮、茎壁厚实，茎秆的干物质含量高，机械强度大，抗倒伏能力强。水稻抗倒伏能力与基部茎秆粗度、厚度分别呈极显著正相关，茎秆的表皮细胞壁厚、层次多、厚度大，有利于抗倒伏，茎壁厚度与抗弯折断力之间呈正相关。小麦倒伏性与基部茎粗呈显著负相关，茎壁厚是抗倒伏大麦品种的基本形态特征。单纯用基部节间的粗度、茎壁厚度不能有效评价抗倒伏性的强弱，可能由于这些指标不能体现茎秆密度的差异。

植株地上和地下部的质量不仅反映植株的大小，而且还是组织器官物质充实程度的指标。地上部质量越大，重心越高，植株自身的重量使植株产生向下弯曲的力量，对基部茎秆的支持能力要求越高，倒伏的风险增加。在小麦生产实践中发现，植株上部的重量过大，使茎秆不能承受，引发茎秆弯曲和倒伏（刘金平等，2012）。水稻地上部质量对植株产生一种扭力，扭力作用于整个茎秆，扭力会引起断茎的发生（宁金花等，2013）。谷子抽穗前地上部质量较轻，发生倒伏后可通过自身的调节恢复直立，抽穗后植株质量增加，茎秆自身的调节能力很难使植株恢复直立生长。植株地上部质量对倒伏性影响是双向的，植株鲜重增加的同时茎秆质量也在增加，从而使茎秆密度增加，秆强提高，抗倒伏能力提升。与易倒伏小麦品种相比，抗倒伏能力强的品种具有较高的单株鲜重（陈晓光等，2011）。

2. 作物抗倒伏力学特性研究

作物是否发生倒伏决定于使植株下弯的力与茎秆抗弯折力之间的对比。使植株下弯的力分为2种：外力和内力，外力包括风、雨及其他物体的按压等；内力包括植株自身的重量使植株产生向下弯曲的力量以及根系对地上部分的支撑力。植株茎秆的抗弯折能力是茎秆硬性和弹性的综合体现，对于茎秆抗弯折力测量、计算方面进行了很多研究，小麦倒伏发生的内因主要是小麦茎秆抗折力弱，茎秆抗折力增大，小麦茎秆抗倒伏能力增强（卢昆丽等，2014）。丰光等（2010）研究认为，茎秆拉力、穿刺力与倒伏性具有极显著相关性，穿刺力是影响茎秆倒伏的主要因素，可作为衡量玉米倒伏的指标。抗倒力可以准确反映植株的抗倒伏性能。作物根系对地上部的固定和支持作用对倒伏的影响很大。作物根茬从土壤中垂直拔出所需的力即根拔力，能间接地反映根系发达程度，因土壤结构的变化可能会使结果有很大出入。

3. 作物抗倒伏茎秆生理生化特性研究

作物茎秆的生理生化成分含量对其硬性和弹性影响很大，因而决定着茎秆抗倒伏能力的强弱。组成植物细胞壁的主要成分有纤维素、半纤维素、木质素、微纤丝、蛋白质及其他碳水化合物。水稻茎秆可溶性糖含量增加，促进茎秆充实度增加，提高了水稻抗倒伏能力。细胞壁是植物的骨骼，因而作为细胞壁主要成分的纤维素、半纤维素和木质素含量对维持茎秆机械强度具有明显的促进作用。在油菜高产育种中也已将木质素含量作为其抗倒伏能力的判断依据。对不同小麦品种的细胞壁成分进行分析，发现品种间纤维素含量有显著差异，抗倒伏性最强的品种纤维素含量最高。有研究结果表明，抗倒品种茎秆的半纤维素和木质素含量均高于不抗倒品种（Tripathi，2003）。木质素含量的提高能够提高茎秆的机械强度，增加其抗压、抗倒伏能力。然而，资料中也有的结果与上述观点并不一致。Kokubo等（1989）认为抗压程度大、抗倒能力强的大麦品种其木质素含量低，并指出木质素含量不一定是茎秆机械特性的直接指标。因此，有必要对茎秆的组成成分进行深入、系统的研究，以阐明不同品种抗倒伏性不同的真正生理原因。在植物体中，木质素是地球上仅次于纤维素的大分子有机物，含量在15%～36%。作为一种酚类多聚体，在细胞壁木质化过程中，木质素会渗入到细胞壁中，填充于纤维素构架中，增强了细胞壁的硬度，强化了细胞的机械支持力或抗压强度，促进了植物机械组织的形成，是维管植物细胞壁的重要组成成分，具有机械支持、水分运输、逆境防御和抵抗病菌侵袭等重要生物学功能，其含量与茎秆抗倒伏性密切相关。

茎秆中矿质元素的含量对倒伏也有一定的影响。易倒伏品种茎表皮中硅含量低于抗倒伏品种，硅元素在细胞壁中的沉积可增加茎秆机械强度,增强植株的抗倒伏性。钾对促进茎秆维管束发育、增加机械组织厚度、提高茎秆纤维素和木质素含量具有重要作用。水稻茎秆中 SiO_2、K_2O 的含量与茎壁厚度和茎秆抗折力呈显著或极显著的正相关性,充足的硅、钾营养使茎秆强度增大,抗倒伏能力提升。作物茎秆中微量元素的含量对抗倒伏性也存在一定影响,研究发现水稻基部茎秆的倒伏指数与基部节间镁含量呈正相关,与钙含量呈负相关(Kaur,2001)。

（二）栽培措施对抗倒伏特性的影响

1. 灌水对作物抗倒伏特性的影响

灌溉或雨水过多,导致土壤水分含量过多,削弱根系的稳固性,同时土壤通透性差,呼吸受抑制,影响生活组织的正常代谢,对根系发育有不良影响,从而导致倒伏更为敏感。积水田和沼泽地通气性差、高湿,特别明显地加重倒伏。但是土壤通气性和土壤结构也影响氮肥的供应,这又减轻倒伏,因此这些因素对倒伏的影响不易区分。第一,土壤水分过多使植株营养器官生长过旺,茎叶徒长,植株之间郁闭,影响光合生产效率,从而抑制生殖生长,导致减产;第二,灌水过多,茎秆细胞壁变薄,茎秆拉长,抗折力降低,水过多使地上部茎叶生长过盛,增加茎秆的承重;再者,灌水过多使根系呼吸作用下降,抑制根的生长,使根的支撑能力降低,引起倒伏,进而造成减产。

2. 施肥对作物抗倒伏特性的影响

氮是作物体内蛋白质、核酸和叶绿素的重要组成成分,能促进作物的茎叶生长,提高产量。增施氮肥使营养器官生长过旺,茎叶徒长,植株鲜重增加,加大茎秆的承重量,增加作物倒伏风险。同时植株之间郁闭,影响光合生产效率,从而抑制生殖生长。施氮量过少,植株茎秆细弱,茎秆抗折力小,经不起风雨,易发生倒伏。过多的氮肥还会污染环境,并且使产出的投入增加,因此科学合理地施氮很有必要。在各种作物上大量的研究早已证明丰富的氮素供应促进倒伏,氮素对倒伏的效应主要是由于其对基部节间的影响。对半矮秆小麦和大麦的研究,施用高剂量氮肥促进了植株长高,而且影响根系的发育。加重倒伏的因素之间还有明显的协同效应,如水浇地增施 N 肥比旱地更易倒伏;同样的增施肥料,高密度比低密度条件下易倒伏(张志才等,2006)。

过量施用磷肥也会造成倒伏,小麦施用磷肥后提高了茎秆中氮含量而降低了木质素含量,单施磷肥会增加倒伏风险(黄增奎等,1989)。K 肥可以增加压碎强度和皮层厚度,促进碳水化合物的合成和运输,减少茎秆中非蛋白氮积累,使机械组织发达,增强茎秆强度,提高抗倒伏能力,减少茎秆的衰老和茎倒伏的百分比,K 肥减轻了茎的腐烂和破碎。随着 N 或 N、P 肥施用量的增加,倒伏率明显增加,当施 N、P 肥的同时增加 K 肥可以明显减少倒伏;因此各种元素对倒伏还存在互作用(管延安等,1998)。

作物吸收硅后形成硅化细胞,提高植物细胞壁强度,株型挺拔茎叶直立,利于密植,提高叶面的光合作用,有利于通风透光和有机物的积累。硅素能提高植株叶绿素含量、延长生育期促进植物生长,由此硅肥改变了作物的群体结构,对作物的增产潜力有很大的影响。硅化细胞的形成使作物表层细胞壁加厚,角质层增加,从而增强对病虫害的抵抗能力。其他矿质元素 Ca、Mg 等也与茎秆抗倒伏性相关。北条良夫(1983)认为,Ca、Mg 等被植物吸收后,通过其他生理作用有间接提高茎秆强度的作用。研究表明不倒伏品种茎中果胶物质及 Ca、Mg 等亲果胶物质含量均高于倒伏品种。有些微量元素(如硼、锰、锌)影响氧化还原过程的性能,促进茎秆机械组织发育,因而也能减少作物的倒伏。施肥不合理也易造成倒伏,重视 N、P 肥使用,忽视 K 及 B、Si 等微量肥料的使用,特别是单施氮磷肥会增加倒伏,而增施钾肥则减轻倒伏(田保明等,2006)。

3. 种植密度对作物抗倒伏特性的影响

种植密度过大,会加剧水稻个体间水、肥、光、气、热的竞争,使群体前期生长过于繁茂,个体发育失调,茎秆细弱,单位节重降低,基部节间非正常伸长而诱发倒伏。种植密度对提高作物产量具有重要的作用,但倒伏率增加是提高种植密度的主要后果,因此合理协调种植密度、产量和倒伏之间的关系显得格外重要。陈晓光(2011)研究表明,种植密度对小麦倒伏时期、倒伏程度、株高、节长、茎粗、茎秆基部抗折力、茎秆解剖学特征、茎秆生化成分含量等都有一定的影响，小麦茎秆抗倒伏能力随种植密度的增加而减小。王成雨等（2012）研究得出，高密度处理的冬小麦其重心高度、基部节间长度显著增加，节间直径、厚度、充实度和机械强度显著降低，茎秆纤维素、木质素含量和C/N及木质素合成相关酶活性降低，抗倒伏性能减弱。杨世民等（2009）研究发现，随着密度的增加，水稻茎秆抗倒伏能力降低。较低的种植密度还能使茎秆基部节间纤维素和木质素含量增高（郭玉华等，2003），从而提高抗倒伏能力。

4. 植物生长调节剂对作物抗倒伏特性的影响

植物生长调节剂是调控植物生长发育的重要技术手段，可对植物的性状进行"修饰"，如矮化植株、改变株型等，还可促进插枝生根、抑制器官脱落、控制性别和向性，对植物细胞的伸长和分裂起到调控作用，并可打破或促进休眠，调节气孔开闭，提高植物的抗逆性。农业生产中有多种植物生长调节剂应用于抗倒伏，如CCC（矮壮素）、乙烯利、多效唑和烯效唑等，其对作物放倒增产的机理大致相同，都是通过抑制节间伸长、矮化植株、促进茎壁增厚、茎秆机械组织发达、使茎秆粗壮、株型紧凑，从而增强作物的抗倒伏能力。合理利用多效唑可有效控制小麦株高，防止倒伏发生，使产量增加（陈晓等，2011）。研究表明，多效唑可使水稻茎秆内的纤维素和木质素含量增加，茎秆机械组织增厚，提高抗倒伏性能。烯效唑能使水稻和大麦的基部节间缩短增粗，茎秆重量增加，从而提高植株的抗倒伏能力（何荣鹤等，1995）。

5. 其他种植措施对作物抗倒伏特性的影响

打顶、抑芽、打顶+抑芽对胡麻均有一定的防倒作用，但以打顶+抑芽的防倒效果最好。打顶+抑芽可降低胡麻株高、重心高度和倒伏指数，增强茎秆抗折力和胡麻植株最大承载力，减少冠层重量，茎秆增粗，胡麻植株抗倒伏能力增强。陈双恩等（2010）研究发现，在快速生长期至现蕾期对胡麻培土，可降低重心高度和倒伏程度，产量增加。培土对抗倒伏能力差的品种效果好于抗倒伏能力小的品种。

六、间作体系氮素吸收利用特性及种间关系的研究

（一）间套作的产量优势

1. 作物种间相互关系

当两种作物同时种植在同一地块上，作物之间就会产生竞争作用和促进作用，当两种作物对资源、养分等产生竞争时，如果超过现有的资源供应，就会出现两种可能性：一种是两作物的产量相当而达到平衡，另一种可能是一种作物被另一种作物排挤掉而提高产量。当两种作物之间发生促进作用时，间作系统中一种作物会通过自身的特性改变周围的局部环境，同时这种环境可以对另外一种作物的生长发育提供良好的条件，从而达到两作物的互利生长，以致提高作物产量。间作中作物种间关系可以分为三种：一是相互抑制作用，即当两种作物间作时的产量均低于各单作的产量；二是相互促进作用，即两种作物在间作中的产量均高于单作产量；三是补偿效应，即当一种作物的间作产量低于单作产量，另一种作物的间作产量高于单作产量，这种情况下，间作系统中竞争能力强的作物被称为优势作物组分，竞争能力弱的称作弱势作物组分。由于豆科和禾本科作物的根系在土壤中的分布不同，因而在土壤不同根层的养分吸收利用不同，且两种作物对养分的吸收利用区域也不同，从而降低了作物之间的竞争。在玉米/大豆间作系统中，玉米通过对大豆行土壤养分和水分吸收利用，提高了光合速率，促进了玉米的生长，但是抑制了大豆的生长，说明玉米与大豆之间既有竞争又有互利（吕越等，2014）。

间作作物的种间关系主要由作物的生态学特征、供给方式以及资源的供给量来决定，当两种作物对资源的需求在时间和空间上有一定差异，而且作物对资源的需求和资源的供给在时间和强度上存在较高的吻合度时，种间互补作用较强，间作优势会越明显。不同作物在间作系统中的株行距、占地比和作物共生期的长短形成对不同空间的利用，从而产生竞争（刘正芳等，2012）。竞争是间作产量不

同于单作的重要原因，施氮可以缓解种间竞争强度。关于间作套种系统中作物种间关系的研究，人们的目的是了解作物在间套系统中的间套优劣势，从而充分发挥间套作的增产效果以及对资源的可持续利用。

2. 间套作增产作用

间套作是一个具有生产力高而且可持续发展的体系，尤其是豆科和非豆科间作体系，它不仅能够高效利用光、热、水、养分等资源，而且还能从共生固氮体系中吸收氮，这样除了能减小氮的投入外，还能减小过量施氮对环境的污染。产量优势与间套作的种植体系有密切的关系，换句话说，有了种间相互作用才有可能形成体系产量优势。间套作是否增产，有不同的看法。研究表明，相比单作，间套作不仅不能增加产量，反而降低了产量（Lu，2012）。在生产力水平较低的情况下，间套作能够充分利用养分等资源，减少病虫害的发生，提高作物总产量。在豌豆和大麦的间作系统中，大麦产量提高了 25% ~ 38%（Luckhaus，2009）。李玉英等（2011）研究发现，在蚕豆/玉米间作系统中，间作玉米和蚕豆的产量比单作分别提高 30% 和 31%。小麦/玉米、蚕豆/玉米以及小麦/大豆三种间作系统均具有明显的产量优势，与单作相比，三种间作系统中各作物间作籽粒产量均高于单作。要获得间作产量优势，必须要有合理的作物搭配和优良的作物种类。综上所述，间作系统可以提高作物的产量。

3. 种间竞争能力的研究方法

（1）土地当量比（Land Equivalent Ratio，LER）。所有的间套作系统并非都具有产量优势，评价一个间套作系统的间作优势有以下几个标准：第一，间套作系统中主要的作物必须获得最佳产量，另一种作物只需获得一定产量，比如豆科作物；第二，间套作系统的总产量必须高于在单作种植模式下的各作物产量之和（Yiping，1998）。LER 经常作为评价作物产量优势的指标之一，它的定义为：同一农田中两种或两种以上作物间混作时的收益与各个作物单作时的收益之比率。用公式可以表示为：

$$LER = a\ \text{作物间作产量}/a\ \text{作物单作产量} + b\ \text{作物间作产量}/b\ \text{作物单作产量}$$

当 $LER > 1$ 时，说明间作具有产量优势，当 $LER < 1$ 时，则说明间作无产量优势。

（2）种间资源相对竞争能力（Aggressivity）。前人根据间套作系统中两种作物相关产量来计算得的值作为衡量间套作中作物对资源竞争能力大小的指标。计算公式为：

$$A_{ab} = Y_{ia}/(Y_{sa} \times F_a) - Y_{ib}/(Y_{sb} \times F_b)$$

式中，A_{ab} 为相对于作物 b、作物 a 对资源的竞争能力；Y_{ia} 和 Y_{ib} 分别指间作系统总面积上作物 a 和作物 b 的间作产量；Y_{sa} 和 Y_{sb} 分别指作物 a 和作物 b 的单作产量；F_a 和 F_b 分别指作物 a 和作物 b 所占的间套作面积比例。当 $A_{ab} > 0$ 时，表明作物 a 比作物 b 对资源的竞争能力强；反之，$A_{ab} < 0$ 表明作物 b 的资源竞争力强于作物 a。

（3）种间营养竞争比率（Nutrition Competition Ratio，NCR）。营养竞争比率是衡量间作系统中一种组分作物相对于另一种组分作物对养分吸收能力强弱的指标。以作物对氮素养分的竞争能力为例，A 作物相对于 B 作物的氮素营养竞争能力（NCR_{ab}）可以用公式表示为：

$$NCR_{ab} = [N_{ia}/(N_{sa} \times F_a)] \div [N_{ib}/(N_{sb} \times F_a)]$$

式中，NCR_{ab} 为作物 a 相对作物 b 的氮素营养竞争比率，N_{ia} 和 N_{ib} 分别为间套作种植模式下的作物 a 和 b 的吸氮量，N_{sa} 和 N_{sb} 分别为单作条件下作物 a 和 b 的吸氮量；F_a 和 F_b 分别为间套作条件下作物 a 和作物 b 所占的面积比例。当 $NCR_{ab} > 1$，表明作物 a 比作物 b 的氮营养竞争能力强；反之 $NCR_{ab} < 1$，表明作物 a 比 b 的氮营养竞争能力弱。

（二）间套作系统的氮营养特点

1. 间套作系统对氮素吸收利用的影响

大量研究表明，禾本科和豆科间作体系相比其他间作体系能获得更多的氮素营养。Jensen（1996）在豌豆与大麦的间作体系中发现，大麦对土壤氮营养的竞争是豌豆的 19 倍，而对肥料氮的竞争则为豌豆的 11 ~ 16 倍，豌豆体内的氮素，在间作条件下来源于空气的氮占 82%，在单作条件下来源于空气的氮占 62%，说明禾本科作物的氮素来源主要是土壤和肥料，豆科作物的氮素来源主要靠自身的生物固氮，对空气氮的依赖程度间作相比单作更大。在收获时，间作豌豆的固氮量为 $5.1\ g\cdot hm^{-2}$，单作豌豆则为 $17.7\ g\cdot hm^{-2}$，说明在该体系中，大麦的竞争作用对豌豆的固氮产生了负作用。Elabbadi（1996）等在羽扇豆和黑麦的间作中研究发现，间作羽扇豆体内来源于大气的氮高达 96%，明显高于单作，但是固氮量却是单作的 50%，由此得出，豆科作物体内固定大气中的氮由于禾本科作物对土壤氮和肥料氮的竞争表现为间作大于单作，但是，间作豆科作物的固氮量和固氮酶活性却降低了。

2. 间套作系统对土壤氮素营养的影响

在间套作系统中，由于不同作物组分对养分的竞争能力不同、对养分的敏感程度不同以及共生期的长短不同，所以不同作物根系在土壤中的分布以及生理生化特征也不同，因而间套作组分可以利用不同土壤区域、层次及不同形态养分，降低作物组分的竞争作用，促进间套作优势的形成。大量研究表明，在禾豆间作体系中，豆科作物通过自身的生物固氮特性，减少对土壤氮素的吸收，同时豆科作物还能通过氮素转移向禾本科作物提供氮营养，减缓禾本科作物对土壤氮素的消耗，提高了间作禾本科作物土壤速效氮的含量。高粱与大豆间作系统中，间作土壤的有机氮矿化势比单作和休闲时显著提高，间作矿化需要的时间也比单作短，供氮能力间作土壤明显高于单作土壤（Wani，1996）。有研究表明，作物在间作、轮作及带状种植和单作种植模式下，间作氮肥利用率高于单作，损失率低于单作。在不同作物配置的间作体系中，间作土壤无机氮含量随施氮量的增加而显著增加，但在作物生长后期，间作土壤的无机氮含量和累积量显著低于单作。在蚕豆/玉米间作体系的研究中，间作土壤无机氮随施氮量的增加而显著增加，随作物生长而降低，在蚕豆与玉米的共生期，土壤无机氮在间作和单作种植模式下无显著差异，当蚕豆收获后，玉米生长后期的土壤无机氮，单作显著高于间作。李文学等（2001）研究发现，在小麦/玉米和蚕豆/玉米间作体系中，无论是单作还是间作，土壤剖面硝态氮的累积量随施氮量的增加而增加，在相同施氮水平下，土壤中硝态氮的累积量表现为单作大于间作。郝艳茹等（2002）对小麦/玉米间作研究中发现，在间作种植模式下，玉米根际土壤全氮含量增加，小麦根际土壤全氮含量降低，不同隔根方式下，根际土壤全氮含量大小为：隔板>隔网>间作。

3. 间套作系统中氮素营养促进的可能机制

生态位理论认为，不同的生态因子在生态系统中占据不同生态位。在间套作系统中，合理搭配不同的生物种群，保证各个组分占据各自适宜的生态位，最终使物流和能流向有利于"三个效益"的方向发展。具体来讲，生态位差异会使作物组分对资源的竞争减弱，包括两方面的含义。第一，限制因子来源不同但为同一资源，而且间作作物组分对资源的利用存在时间差，对养分吸收利用的峰值时间也不同，保证在某一时刻对养分的需求不会在一定程度上超出养分供应速率，竞争作用会降低。第二，限制因子为不同资源但满足同一需求，如非豆科作物利用硝态氮和铵态氮，而豆科作物利用空气中的氮气，各自占据了不同的生态位，同样也缓解竞争作用。豆科作物通过残留物的分解和根系淀积等方式把所固定的氮向与之间作的非固氮作物的转移称为氮转移。间作系统中的氮素效益在一定程度上由转移的氮素数量和转移时间决定。朱树秀（1994）等研究表明，氮素转移量的大概范围约为禾本科作物氮吸收量的 2.2%~58%。Stern 通过 ^{15}N 同位素标记研究发现，氮素转移量的大概范围在 $25\sim155\ kg\cdot hm^{-2}$。间套作作物的根系分布特征、生长及吸收活力等均影响着豆科作物的生物固氮和氮素转移，影响氮转移数量的因素很多。艾为党等（2000）在花生/玉米间作中利用菌丝桥对氮转移的研究表明，花生向玉米转移的氮量占花生固氮量的 3%。因此，在氮转移的研究中，不同作物组合和间作方式是不能忽视的。一般认为，豆科作物的固氮量随土壤含氮量的增加而减少，在土壤环境介质中，高浓度硝态氮是抑制豆科作物共生固氮的重要因素。在豆科与非豆科作物的间作系统中，由于非豆科作物对土壤有效氮具有较强的竞争能力，从而可能会降低土壤硝态氮浓度，最终促进了豆科作物的共生固氮。硝态氮含量主要影响根瘤的呼吸速率和固氮酶活性，当硝态氮不足时，根瘤呼吸速率和固氮酶活性降低。通常，能降低光合作用的因素也会降低固氮作用。由于禾本科作物具有较高的株高，在生长中会对豆科作物产生遮光，从而降低了豆科作物的光合速率，使寄主向根瘤运输的碳水化合物数量降低，最后影响了根瘤固氮酶活性和固氮量。

（三）豆科作物结瘤固氮

1. 影响豆科作物固氮的因素

影响豆科作物生物固氮的主要因素有以下几点：第一，不适宜作物生长的土壤含水量。有研究表明，豆科作物根瘤数和根瘤重会随着土壤含水量的降低而显著下降（李春杰等，2000），原因可能是豆科作物的根毛由于缺水而减少，使豆科作物根系感染受到抑制。在浸水条件下，由于豆科作物根系获得氧气较小，使得作物处于厌氧环境中，土壤中微生物的厌氧发酵产物等影响了结瘤固氮（鲍思伟等，2001）。第二，矿质营养元素。其中氮营养一般对豆科作物的根瘤固氮有抑制作用，随施氮量的增加抑制作用越严重，在豆科作物生长前期施氮会严重影响豆科作物的结瘤固氮，若在生长后期施氮，抑制作用则不明显。在豆科作物的生长发育中，适量的氮肥可以作为其固氮结瘤的"启动氮素"，所以低浓度的氮素可以提高豆科作物的固氮能力，使单株根瘤数和根瘤重增加。豆科作物结瘤和保持固氮酶活性需要豆科作物吸收更多的磷营养，尤其是结瘤数量较多的茎瘤植物，因为磷的主要作用是在植物体内能量的传递和转化。在调节寄主植物细胞膜渗透及一系列同化过程中，钾元素起了一定的作用，同时促进了豆科作物的固氮。豆科作物根瘤固氮酶的重要组分是钼铁蛋白，因而对植物固氮具有重要作用。钴能提高固氮酶活性和增加固氮强度（戴建军等，1999）。第三，温度的影响，温度过低会使作物的结瘤固氮能力下降，同时也会造成生物量的下降（Ahlawat，1998），温度过高，豆科作物的侧根和根毛会减小，导致侵染和结瘤受阻、根瘤快速退化以及固氮期缩短。第四，重金属盐的影响，高浓度的重金属盐使固氮酶活性降低，低浓度的重金属盐则能提高其活性（赵春燕等，2001）。除上述影响因子外，土壤 pH 值、CO_2 浓度、土壤类型、根瘤菌种类等对豆科作物固氮也产生影响。

2. 豆科作物氮转移的途径

随着人们对生物固氮的研究，固氮量的测定方法也有了改进。能精确测定生物固氮量的方法：总氮差异法、自然丰度法、氮差异法、酰脲相对含量法、$\triangle\delta^{15}N$ 测定方法、^{15}N 同位素稀释法、^{15}N 同位素自然丰度法、乙炔还原法，但是这些方法比较昂贵，适宜于对固氮能力定性评价的一些简单方法：生物量比较法和根瘤观测法。在实际应用中，我们应该根据实验要求，比较各种方法的优缺点来进行选择最适宜的方法进行研究，因为从应用条件和使用范围上看，有些方法仅仅能测定豆科作物瞬时的固氮量，而有些方法适合于测定豆科作物全生育期的固氮量。前人的大量研究发现，固氮作物与非固氮作物间作，会出现氮素转移现象。即豆科作物通过自身或根际土壤把自身固定的氮转移到非固氮作物，或者豆科作物残留在土壤中被下茬作物吸收利用，这种现象称为氮转移。研究者（Kessel，1988）在大豆/玉米的间作系统中采用根系分隔法研究发现，用 ^{15}N 标记的土壤中，大豆根际土壤中的一部分 ^{15}N 转移到了玉米植株。要发生氮素转移，必须满足两个条件：第一，豆科作物必须具有较强的固氮能力，而且能够把空气中的氮通过自身固氮变为土壤的有效氮。第二，在固氮作物与非固氮作物的间作系统中，两作物之间必须具有有效的转移途径。有研究发现，氮转移的途径一般有两种：一是通过根系的相互接触，间作体系中两作物之间发生氮转移。二是豆科作物通过吸收利用自身从空气中固定的氮，把自身的残留物留于土壤被当季非豆科作物在生长后期利用，或被下茬作物吸收利用。氮素转移的四种可能机制：第一，豆科作物根系分泌的水溶性氮化合物，可以直接转移给非豆科作物；第二，豆科作物根瘤产生的根际沉积物或脱落的衰老根系直接转移给非豆科作物；第三，通过菌丝桥发生转移；第四，豆科作物枝叶脱落物，腐化分解后转移给非豆科作物。

七、轮作模式对农田土壤理化性状及作物产量的调控

（一）作物轮作研究概况

农业生产要有连续性，它要求我们既要注重当年丰收，又要考虑持续增产。为此必须把用地与养地结合起来。轮作是用地养地相结合的一种生物学措施，大量试验证明轮作可以协调不同作物之间养

分吸收的局限性，提高土壤养分的有效性，并通过根系分泌的变化，减少自毒作用，改善根际微生物群落结构，减少土传病虫害的发生，提高土壤酶的活性。随着科学技术的不断发展，人们认识水平的不断提高，特别是发现玉米—豌豆轮作比玉米连作产量增加，并且轮作周期越长，增产效果越明显（孟磊，2005）。与轮作相对的是连作，人们为了追求经济利益，作物连作现象普遍，其对农业生产影响颇大。连作可使作物产量降低、品质下降、改变土壤微生物区系、土传病虫害加重等，但是不同作物对连作反应也存在着差异。由于连作危害严重，国内外许多学者从不同的角度开展了连作障碍机理的研究。日本学者龙岛基于前人的研究成果，将连作障碍的原因归纳为五大因子（龙岛康夫，1965）：①土壤养分的消耗；②土壤反应异常；③土壤物理性状的恶化；④来自植物的有害物质；⑤土传病害和线虫。王飞等（2013）则认为，在这五大因子中，连作障碍的最重要原因是土传病害和线虫，而其他4种则是加重病害的辅助因子。通过对连作障碍机理进行了土壤养分、酶活性方面的研究表明，连作导致土壤理化特性恶化，酶活性降低，微生物多样性减少（娄翼来等，2007）。连作导致农田有机质含量降低，土壤中某种元素消耗过多，易造成土壤营养失衡，产生缺素症，影响作物的正常生长发育。连作不利于氮素的维持，而轮作换茬能有效缓解土壤氮素消耗。各种作物的秸秆、残茬、根系和落叶等是补充土壤有机质和养分的重要来源，但不同的作物补充供应的数量不同，质量也有区别。如禾本科作物有机碳含量多，而豆科作物、油菜等落叶量大，不仅有机碳含量多，还能给土壤补充氮素。有计划地进行禾本科与豆科轮作，有利于调节土壤碳、氮平衡，还具有调节和改善耕层物理状况的作用。经过对轮作和连作的比较研究，人们逐渐认识到轮作对人类健康及生态健康带来的益处。

（二）不同作物轮作对作物产量的影响

作物产量是一个系统管理水平与土壤生产力的综合反映。不同的轮作系统对产量的影响不同，轮作的经济效益一般是通过提高单产实现的。学者就轮作对作物产量的影响做了大量研究，昝亚玲等（2010）研究发现，玉米—小麦轮作，土壤残留的锌没有提高小麦产量的作用；而大豆—小麦轮作，土壤残留的锌有提高小麦生物量和产量的作用，在此试验中，锌为作物所需元素，在不同轮作系统中，这种元素对产量的影响不同。说明不同前茬作物对后茬作物养分的吸收和利用有一定的影响。但也有学者持不同看法，Najafinezhad等（2009）在研究轮作和小麦茬对作物产量的影响中发现轮作对产量和产量构成没有显著的影响，但是对土壤氮、磷、钾等养分有显著的影响。轮作对作物的影响并不一定表现在产量上，由于试验条件不同，轮作对土壤和作物的影响表现也不尽相同。在油菜—小麦轮作系统中，如果油菜的频率较高会使得下一茬口的油菜减产25%（Hilton，2013）。众多学者先后对轮作条件下的土壤水分和养分等进行了研究，揭示了轮作系统中养分、水分的运移规律，总结了耕作措施、水、养分和微生物等因素对轮作系统中作物产量的影响，均表明轮作产量高于连作。表明轮作总体来说可以保持稳产或增产，前茬作物对后茬作物产量的影响随着前茬作物的不同而异。

（三）轮作对土壤肥力的影响

1. 轮作对土壤有机质的影响

土壤有机质是土壤组分中最活跃的部分，是土壤肥力的基础。作为植物养分的主要来源，土壤有机质可以促进作物的生长发育，改良土壤结构，同时还可增加土壤吸热能力，提高土壤肥力，创造适宜的土壤松紧度，提高土壤的保水保肥能力，促进土壤微生物的活动。不同作物具有不同的根系，而且对营养、水和空气需求也不同。温度和湿度是决定植物生物量的主要因素，同时随着土壤类型的不同，也决定着土壤有机质的含量及其在不同土地利用方式下的变化速率。中国耕作学科主要奠基人孙渠先生倡导"用地养地"，即通过合理间套复种和种植高产作物来发挥土地潜力，又要善于调养和培肥地力，通过土壤耕作、施肥、轮作换茬等手段，创造持续高产的条件。国内外学者针对轮作对土壤有机质的影响做了大量研究。King等（2018）研究表明，增加作物多样性可以增加土壤有机碳含量。作物轮作中增加豆科类养地作物比例将明显地改善土壤养分状况，培肥土壤。豆科作物茬口的土壤养分状况优于小麦茬口，而且其茬口的培肥作用、累加效应显著。土壤中丰富的有机质是实现作物高产的前提，连作对土壤有机质消耗量大，而轮作能够维持有机质含量的平衡。在小麦—豌豆的单序轮作中，豌豆茬土壤有机质比小麦茬增加 13.6%。Jarecki 等（2018）经过研究玉米连作以及玉米—燕麦—苜蓿轮作发现，多样性作物种植可以增加土壤有机碳含量。如果旱地和水田的土壤条件均适宜于微生物的活动，水田土壤的有机碳的分解速率和分解量比旱地土壤的高。与豆科作物参与的轮作相比，非豆科作物轮作显著提高了土壤有机质含量，休闲田显著降低了土壤有机质含量。不同作物残留的有机质种类和数量都不同，豆科作物、禾本科作物的枯枝落叶和根系等残茬遗留在土壤中的相对较多，三叶草、豆科等作物残留有机质的数量多，并富含钙质，而且还能通过根瘤菌固定空气中的氮素，提高土壤中氮素含量，避免土壤有机质的下降。农业的可持续发展在于永续地利用土地，但不可避免的是由于收获物夺取了土壤养分及雨水侵蚀淋溶使土壤养分流失而造成地力减退，为此增进地力的根本途径是增加有机质和改良土壤理化性质。在轮作中安排有多年生牧草，特别是在豆科牧草和禾本科牧草混播的情况下，不仅能显著提高地力，改良土壤理化性质，而且可以得到大量的优质厩肥，使得土壤有机质增加。

2. 轮作对土壤养分的影响

土壤速效养分主要来自土壤有机质的矿化和施入土壤中肥料的速效成分，这部分养分是作物养分的直接来源，也是土壤重要的属性之一，其含量高低直接影响农业生产和环境安全。土壤速效养分随土温的上升、微生物活动的加快而分解释放量逐渐增多。轮作大大提高了对整个土壤养分的利用率，从而增大了土壤养分的有效化。何琳（2008）等在烤烟上的研究表明，烤烟连作 7 年导致耕层有机质和速效钾含量积累，而亚表层的速效氮、速效磷、速效钾含量均出现不同程度的亏缺。土地利用方式的不同，影响土壤氮素的矿化、运输和植物的吸收利用，最终造成土壤中氮的不确定性。不同土地的利用方式对土壤氮素空间分布具有一定影响。国内外对不同土地利用方式下土壤全氮与微生物氮已进行了大量研究。土地利用方式不仅影响到土壤中养分元素的利用效率，而且对不同土地单元中氮、磷等营养元素的滞留与转化也产生影响。马艳梅等（2006）通过 16 年长期轮作和连作的定位试验表明：不施肥情况下，轮作区土壤全磷降幅最大，大豆连作土壤中的 Ca_2-P 降幅最大；而小麦连作区土壤有效磷降幅最大；在施有机肥的情况下，轮作土壤有效磷增幅最小，土壤磷组分以轮作土壤中的 Ca_2-P 增幅最大。轮作有改善低含氮量土壤氮素的营养作用。在以雨养农业为主的旱塬农业区，通过建立合理的轮作制度来提高作物对水分和养分的利用，一直是众多学者倡导的观点。在轮作制中，种植豆科作物和施用厩肥是作物氮素供应的主要途径。由于氮肥增产效果显著，土壤氮素供应逐渐转移到施用化学氮肥上。连作土壤的有机质、全氮、全磷、全钾、碱解氮、速效磷、速效钾均处于较低的养分水平。大量的研究表明，土地利用方式、田间管理措施和耕作方式均是影响土壤肥力变化的重要因素。钱成等（2005）研究表明，不同轮作方式对土壤化学和生物学过程具有显著不同的影响，轮作周期内，春青稞→春油菜、春小麦→春油菜轮作对以细菌为主导的土壤微生物的生长与繁殖具有显著的促进作用，耕层土壤有机质、全氮、全磷也会升高。在农业生产中，除了尽可能地蓄水保墒，发挥降水的生产潜力外，培肥地力、增加土壤养分含量成为促进作物产量持续增长，实现产量潜势的主要措施。

3. 土壤 pH 值对轮作的响应

自 20 世纪 80 年代以来我国主要农田土壤已出现显著酸化的现象。尤其是复种指数高、肥料用量大等特殊原因，土壤酸化的趋势更明显。了解了土壤的酸碱性有助于对土壤的供肥能力有较为准确的判断；同时，通过改变作物的种植方式来了解土壤酸碱性变化，不仅具有理论意义，而且具有生产实践意义。土壤酸碱性不仅直接影响作物的生长，而且与土壤中元素的转化和释放，以及微量元素的有效性等都有密切关系。种植方式对土壤 pH 值的变化影响明显。胡宗达等（2008）在四川雅安连续两年种植扁穗牛鞭草发现，土壤 pH 值下降明显。董炳友等（2002）通过不同施肥措施对连作大豆的研究表明，大豆长期连作可使白浆土 pH 值下降，长期施化肥和秸秆还田 pH 值下降幅度大于不施肥和施有机肥处理。秸秆还田能够使得土壤有机质增幅较大，进而分解生成的有机酸较多，增加了土壤溶液的酸度。酸度的增加对某些固定磷的化合物具有一定的溶解力，并能削弱黏土矿物对磷、钾的固定作用，从而提高土壤中固定态磷、钾的有效性。

（四）不同轮作模式对土壤生物学特性的影响

1. 轮作对土壤酶的影响

土壤酶是土壤组分中最活跃的有机成分之一，土壤酶和土壤微生物是土壤代谢的驱动力，对土壤养分转化、有机物质的累积与分解起着重要作用，可以表征不同的土地利用方式对土壤质量的影响，是土壤肥力评价的重要指标之一。土壤酶对作物轮作、残留物管理和土壤压实、耕翻等不同土壤管理措施的效果比较敏感，轮作与连作对土壤酶活性的影响不同。土壤酶的活性和种类间接反映了土壤中各种生物化学过程的强度和方向。前人研究认为农作物连作存在连作障碍，原因为作物根系常在生长过程中释放自毒物质而不利于后茬的生长，同时连作引起氧化还原酶等酶活性降低不利于土壤中营养元素有效性的发挥。国内外有关学者研究认为，轮作对土壤酶活性的影响因轮作作物种类的不同及土壤类型的差异而不同。轮作的土壤脲酶活性和中性磷酸酶活性均高于连作。谢泽宇等（2017）研究表明，苜蓿和粮食作物轮作模式在降低土壤过氧化氢酶和蛋白酶活性的同时，提高了土壤硝酸还原酶活性。高粱和玉米参与的轮作系统土壤酶活性高于马铃薯参与的轮作系统（虎德钰等，2014）。合理轮作能促进土壤生物化学过程，有利于提高土壤酶活性。土壤酶的活性与土壤理化特性、肥力状况和农业措施有着显著的相关性。大豆连作可以导致多种土壤酶活性的降低，其中转化酶和脲酶活性降低的幅度最大，草木樨连作、玉米连作与轮作相比，酶活性有下降趋势，但是没有大豆那么明显。施肥增强了轮作和连作土壤的酶活性，在肥料的作用下，连作对土壤酶活性的不利影响有所减小，但是连作影响仍旧存在。综上，连作和轮作对土壤酶活性的影响众学者观点不同。

2. 轮作对土壤微生物的影响

微生物是土壤的重要组成部分，释放多种酶类，参与土壤有机质降解、腐殖质合成和养分循环等生物化学过程。研究结果表明，作物连作所造成的连作障碍主要来自于土壤生物环境。那么轮作对土壤微生物有什么影响呢？不同的学者研究结果不同。季尚宁等（1996）研究发现大豆连作障碍很大程度上来自于土壤生物学因素的变化，连作引起土壤微生物区系变化。对于同一种作物或近亲作物连作会造成土壤微生物种群结构失衡。这种说法有点勉强，如果假设土壤微生物播种之前是处于相对平衡状态，那么无论种植什么作物，无论轮作还是连作都会打破这种平衡状态。马铃薯长期连作根际细菌数量减少，但真菌数量增加（刘高远等，2014）。随着连作年份的增加，根际微生物的种群数量和多样性降低。相反，轮作能有效阻断病原菌寄主，降低作物病害发生。土壤微生物数量和种群随种植植物的种类不同而发生变化，作物根系分泌物和凋落物对土壤微生物的种群结构产生重要影响，并与土传病害密切相关。作物轮作能减轻病虫害，而连作则加重病虫害，在很大程度上是由于连作改变了土壤生物环境造成的；其中，土壤微生物环境的变化起主导作用。长期作物连作会导致土壤养分失衡、土壤生物活性下降、微生物群落结构发生变化等问题。轮作能有效调节土壤微生物区系，有利于微生物群落的多样性和稳定性的提高，最终改善了土壤的微生态环境。轮作更有利于作物根系对土壤养分的吸收，从而促进微生物的生长和繁殖，有研究报道人参与紫穗槐轮作，土壤真菌、放线菌及细菌均有变化，而细菌种群类型变化最明显。轮作对土壤细菌和酶的影响不明显，主要影响了土壤真菌的数量。Sun等（2016）研究发现，玉米—大豆轮作提供了土壤真菌和细菌的比例。土壤微生物区系对土壤质量有很大的影响，一般认为细菌型土壤是土壤肥力提高的一个生物学标志，真菌型土壤是地力衰竭的标志，真菌数量增加，意味着病虫害加重，因为真菌容易引起一些土传病害。农业生产中，作物连作所造成的负面影响如产量下降、品质降低、出现病虫害等现象，在很大程度上与土壤微生物环境有关。土壤微生物对外界条件变化敏感，其数量和种类受耕作制度、土壤层次、植被、土壤肥力、气候变化及土壤类型等诸多因素的影响，它可以直接及时反映土壤养分状况。因此，可以通过选择种植制度和种植模式来调控土壤微生物，进而改善土壤肥力。

八、农田杂草群落生态位及其化感作用研究现状

杂草是指那些除了人为的栽培作物外，与栽培作物一起生长的、具有野生特性的植物。它是伴随作物的生产而产生的，是长期适应当地作物、气候、土壤等生态条件而生存的结果。杂草是农业生产的大敌，杂草除了与作物竞争光照、水分、养分和空间外，还是某些害虫的中间寄主，是作物减产和品质降低的主要原因之一。胡麻种子较小，苗期生长慢，易受杂草抑制。即使在成株期，胡麻也不能像谷物那样在地面上形成大面积的遮阴，加之传统的管理又以粗放型为主，因此就给杂草的生长提供了一个良好的机会。因此，杂草的危害成为胡麻生产中的突出问题，严重地影响了胡麻的产量和质量。

（一）生态位理论概述

1. 生态位概念的历史沿革

20 世纪 30—40 年代，生态位概念的研究处于相对沉寂时期。1957 年，生态学家 Hutchinson 描述生态位为：一个生物单位（个体、种群或物种）生存条件的总集合体。并用坐标表示影响物种的环境变量，建立了生态位的多维超体积模式。后来，他提出基础生态位在生物群落中能够为某一物种所栖息的理论上的最大空间和实际生态位为一个物种实际占有的生态位空间。由于 Hutchinson 强调的不单是生态位的生境含义，而且包括了生物的适应性和生物与环境相互作用的方式，更能反映生态位的本质，被生态学界普遍接受，为现代生态位理论研究奠定了基础。20 世纪 80 年代生态位研究继续成为热点，国内也开始全面介绍生态位理论并开展相关研究。物种在生态环境中的生态位是指该物种在一定生态环境里的入侵、定居、繁衍、发展以至衰退、消亡等每个时段上的全部生态学过程中所具有的功能地位。生态位是生物单元在特定生态系统中，与环境相互作用过程中所形成的相对地位和作用，该理论被认为是自然科学和社会科学的高度综合。有人提出了针对植物病害系统中病原物的生态位定义，即在一定的植物病害系统中，某种病原物在其病害循环的每个阶段上的全部生态学过程中所具有的功能地位。总之，生态位概念自提出以来，经历了一个多世纪的发展和深化，但至今仍未形成明确公认、可适用的概念模式和理论体系。

2. 生态位计测方法

生态位测度的方法很多，如生态位宽度、生态位重叠、生态位体积及生态位维等。其中生态位宽度和生态位重叠是描述物种的生态位与物种生态位间关系的重要数量指标。

3. 生态位宽度

生态位宽度又称生态位广度、生态位大小。不同学者对生态位宽度的定义不同。生态位宽度是有限资源的多维空间中为一物种或一群落片段所利用的比例。余世孝等（1994）认为物种生态位宽度是物种在分室上分布与样本在分室的频率分布之间的吻合度。

4. 生态位理论在农田杂草研究中的意义和应用

生态位是研究植物种群和群落生态的重要理论之一，目前已广泛地应用于物种间关系、生物多样性、群落结构及演替、种群进化和生物与环境关系等许多方面，并取得了丰硕的成果。生态位宽度可反映不同杂草在农田生态系统中的生态适应幅度。一般来说，生态位宽度较大的杂草，对环境资源利用的多样性较高，适应性强，发生面积广，数量多，成为本区的优势杂草。生态位重叠可以作为不同杂草对生态条件要求的相似程度。因此，应用生态位理论和方法，研究杂草的生态位宽度和生态位重叠值，能揭示不同杂草对农田环境资源利用的多样性和生态学相似性程度，基于杂草对除草剂敏感性的资料，可以预测一定种类的除草剂长期单一使用后农田杂草群落的演替方向，将为合理选择使用除草剂提供指导。

在杂草生态位研究方面，前人开展了有关生态相似关系、生态位、主要杂草种群消长动态、杂草群落等方面的研究，通过对主要杂草生态位的分析，明确了主要杂草的生态适宜范围及对生态环境要求的相似程度，为当地预测杂草的演替及除草剂的选择提供了理论依据。而目前对兰州地区胡麻田杂

草群落消长动态和生态位的研究未见报道。本研究拟通过对兰州地区胡麻田杂草生态位的计测，确定优势杂草及其对生态环境要求的相似程度，可为除草剂的合理配制和优化使用提供科学依据，有效防止杂草群落的演变，延缓抗性杂草的产生和蔓延，为农业的可持续发展提供依据。

（二）植物化感作用研究现状

化感作用是自然界中的一种普遍现象，它是指一种植物通过向环境中释放化学物质而对另一种植物（或微生物）产生有益或有害的作用。许多植物（包括作物和杂草）均被报道有化感效应存在，这是物种进化过程中竞争生存的必然。农业生产中的间作套种、轮作、前后茬搭配，残茬的处置和利用以及作物和杂草的关系等，都存在化感作用。

1. 化感作用的研究历史

早在公元 1 世纪，博物学家 Pliny 就在 *Natural History* 中记载了许多植物的化感现象。1937 年，德国科学家 Molish 通过对果园老化问题的研究，指出树木释放挥发性的化感物质是导致果园老化的原因，并首次提出了化感作用这一概念。20 世纪 60 年代末，Slama 针对美国产的滤纸饲养的红蝽长不大的原因研究时，发现了昆虫保幼激素——保幼酮，从而揭示了昆虫和植物间存在的交互化学关系，奠定了植物化感学科。1972 年周昌弘针对作物自毒作用，探讨作物连作后减产的原因，揭示出自毒作用是影响水稻和甘蔗产量的重要因素。直到 20 世纪 90 年代，我国植物化感作用才正式开展。学者们先后对小麦、玉米、大豆、水稻、茶树、番茄等作物的化感作用（潜力）进行了研究，包括自毒作用、化感物质对种子萌发及幼苗生长的影响、化感物质的分离提取等方面的研究，取得了丰硕的成果。在化感物质对杂草的研究方面，报道了不同生长时期沙打旺不同部位及其植株的化感作用，毛苕子对 3 种杂草种子萌发和幼苗生长的化感抑制作用，空心莲子草水浸液对黑麦草和高羊茅发芽和幼苗生长的影响，不同土壤水分条件下生长的巨桉对紫花苜蓿的化感作用。

2. 化感物质的类型

化感物质是生物体内产生的非营养性物质，主要是植物的次生代谢物质。这些化感物质经过环境媒介进入植物体内，通过影响植物的生理生化过程，影响植物的生长发育，最终完成其化感作用。化感物质可归为 14 类，分别为：①水渗性有机酸、直链醇、脂肪族醛和酮；②简单不饱和内酯；③长链脂肪酸和多炔；④苯醌、蒽醌和复醌（醌类化合物）；⑤简单酚、苯甲酸及其衍生物；⑥肉桂酸及其衍生物；⑦香豆素类；⑧类黄酮；⑨单宁类；⑩类萜和甾类化合物；⑪生物碱和氰醇；⑫硫化物和芥子油苷；⑬嘌呤和核苷；⑭氨基酸和多肽。通常也将化感物质分为 4 类：酚类、萜类、生物碱和糖苷类（李绍文等，2001），一般认为酚类和类萜类化合物是高等植物的主要化感物质。因为它们分别是水溶性和挥发性物质的典型，与雨雾淋溶和挥发是化感物质的主要释放方式相吻合。

（三）化感物质向自然界释放的途径

1. 淋溶

植物地上部分（活体或死亡植株）受雨、露、雾霭等自然水分的淋洗，会将其在代谢过程中分泌的一些有机酸、糖、氨基酸、类糖物质、赤霉酸、植物碱及酚类化合物等影响植物生长的化感物质淋溶下来，直接落在其他植物上或进一步渗入到土壤，对其他植物产生影响（凌冰等，2001）。水溶性的化感物质是很容易被淋溶到环境中，油溶性的化感物质虽然在水中的溶解度很小，但在其他物质的作用下，也可以被雨雾淋溶到环境中。经雨雾淋溶途径释放化感物质的作用范围往往有限，但一些典型的化感树种，如胡桃树，树冠的大小几乎成为抑制其他植物生长的面积范围。

2. 挥发

许多植物都可以向环境释放挥发性物质（多单萜、倍半萜等）而影响临近植物的生长发育。如苹果和梨释放的挥发物质能抑制马铃薯的发芽，有些灌木能释放挥发性物质而影响周围草类的生长。凌冰等（2001）研究表明，飞机草挥发油对黑麦、萝卜、水稻、白菜和四季豆等植物的生长均有抑制作用。植物残株同样可以释放挥发性的化感物质。车轴草类植物残株释放出的挥发性分子显著地抑制洋葱、胡萝卜和番茄等作物的种子萌发和幼苗生长发育（Bradow，1990）。

3. 根系分泌

根系分泌是指健康完整的活体植物根系向土壤中释放化学物质（一些无机离子和有机化合物），从而对邻近植物产生影响。一般来说，新根和未木质化的根是分泌化学物质的主要场所。研究表明，菊科植物洋艾的根部游离出来的物质，能显著抑制其他植物的生长。小麦幼苗在无菌条件下分泌的核苷酸量占整个根干重的 0.5%~1%，占根尖干重的 2%~4%；蚕豆根部在 5 h 内分泌的腺嘌呤、胞苷和尿核苷的量也达到根干重的 0.1%（李绍文等，2001）；有研究认为，温带谷类植物每天根部分泌的化学物质都在每克根干重的 50~150 mg 范围内（Chou，1992）。谷类作物的化感作用主要是通过根分泌的途径进入土壤的。

4. 植物残体分（降）解

植物凋落物的花、果、枝、叶和收获后留在田地中的残茬和作为覆盖用的秸秆经过雨水淋溶和/或微生物分解而释放出化感物质，对周围植物起化感作用。腐解的水稻秸秆水提物可延缓水稻胚根和植株生长，而且在腐解的第一个月内抑制作用最强，之后抑制作用逐渐降低。水稻、小麦、玉米、向日葵、豆类等残株都能产生大量的化感物质影响自身或其他作物或杂草的生长发育（张学文等，2007）。

5. 种子萌发和花粉传播

种子萌发和花粉在风或昆虫作用下的传播也是化感物质释放到环境中的有效途径。许多植物的种子中含有大量的次生代谢物质，种子萌发时，释放次生物质进入土壤中，并在微环境中维持一定的浓度，对土壤微生物或其他植物种子产生影响，确保自身在合适的环境下发芽。植物的花粉中也含有某些化感物质，通过花粉的传播，从而抑制其他植物的生长。如黄瓜、番茄、小麦等在萌发过程中能释放化感物质而使与它们共存的其他植物种子不能或难以有效地萌发。值得一提的是，在植物生长发育的过程中，化感物质往往是几种途径同时释放，并非通过某一途径单独起作用。如对胜红蓟、蟛蜞菊、毛果破布草等研究发现，它们均可通过 4 种方式释放其体内产生的多种化感物质，从而影响周围植物的生长（方芳等，2004）。

（四）化感作用的特点

1. 化感作用的选择性

化感作用的选择性是指某种化感物质只对一种或几种植物起作用，而对其他植物不起作用。如加拿大一枝黄花水浸液可以抑制长梗白菜种子的发芽，但不抑制辣椒、萝卜种子的发芽；黑胡桃产生的胡桃醌抑制苹果树的生长，但不抑制梨树、桃树、李树的生长（王璞等，2001）。黄瓜和西瓜的根系分泌物对自身产生自毒作用，但对黑籽南瓜的生长则有促进作用（黄京华等，2001）。

2. 化感作用的浓度效应

化感物质对同一植物的生理生化代谢及生长常常表现出"高抑低促"的浓度效应，即浓度高时产生抑制效应、浓度低时产生促进作用。对叔丁基苯甲酸在高浓度时抑制小麦、玉米的根系生长，在低浓度时则促进根系生长。香草酸、阿魏酸、对羟基苯甲酸在浓度为 25 mg·L^{-1} 时对棉花种子的发芽都表现出促进作用，但在浓度为 50 mg·L^{-1} 时香草酸开始表现出对发芽的抑制作用，当浓度为 750 mg·L^{-1} 时，3 种化感物质均使棉花的发芽率降低 50% 左右。

3. 化感作用的复合效应

在自然生态环境下，化感作用是许多物质共同作用的结果。化感物质常含有多种成分，它们共同作用对受体植物产生抑制或促进作用，即化感作用的复合效应。王璞和赵秀琴（王璞等，2001）的研究发现对羟基苯甲酸、阿魏酸和香草酸的混合物抑制棉花种子萌发的临界浓度明显低于其中任何一种酚酸单独作用时的临界浓度，说明 3 种物质之间存在协同效应。高羊茅的粗提物能抑制斑豆、绿豆等植物种子萌发和生长，但将粗提物分离纯化后，各成分的抑制活性不如混合物强（黄京华等，2001）。周志红等（1998）研究番茄植株中的化学成分的化感效应时，发现邻苯二甲酸二异辛酯、邻苯二甲酸二丁酯、水杨酸甲酯单独作用时化感效应不明显，但与水杨酸混合后，作用大大加强。

4. 化感作用的阶段性

研究表明，植物的化感作用强度随着生长阶段和组织类型而变化，即不同植物及同一植物不同生长发育阶段所表现的化感作用是不同的。一般由营养生长期到开花期化感强度上升。如胜红蓟和寸芒不同生长时期水溶物的化感作用是有差异的（罗丽萍，1999）。扬麦158和扬麦10号水浸液对千金子种子的萌发有抑制作用，但对幼苗生长无抑制作用（董晓尧等，2005）。

（五）化感作用的机制

1. 影响细胞膜透性，抑制植物对养分的吸收

细胞膜是化感物质作用的初始位点，化感物质降低了细胞膜中的巯基含量，破坏了膜的完整性，使根对养分的吸收下降，细胞内物质大量外渗，渗出液的电导率增加。如：酚酸类物质能改变膜的透性。水杨酸可改变膜透性，引起燕麦组织的 K^+ 外渗（Juan，1999）。苯丙烯酸和对羟基苯甲酸能抑制黄瓜根系对 K^+、NO_3^-、$H_2PO_4^-$ 离子的吸收作用，养分外渗速度加快，组织外渗相对电导率逐渐提高。

2. 抑制细胞生长和分化

Ortega 等（1988）研究证明：化感物质能显著地影响植物细胞的生长和分化。如挥发性的萜类化合物能减少刚萌发的黄瓜种子胚根和下胚轴的伸长，并显著地降低细胞的分化。Aliotta 等（1993）研究证明：香豆素能够抑制萝卜根分化细胞的伸长。在水稻化感作用下，一些稗草的胚根、幼芽形态发生变化，生长畸形，地上和地下部分生长失调（林文雄等，2001）。

3. 对植物激素代谢的影响

化感物质也能影响植物体内生长激素的平衡。刘秀芬等（2001）发现，阿魏酸能引起小麦幼苗体内生长素、赤霉素、细胞分裂素大量积累，抑制了幼苗的生长，并造成脱落酸含量升高。Kaur 等（2005）研究表明，酚酸类物质可以抑制山葵过氧化物酶与吲哚乙酸反应，阻止吲哚乙酸降解，使之在细胞内积累。曾任森等（1996）研究表明，多酚类化感物质可以减少键合的赤毒素（GA）的增长，而单酚类化感物质则可以促进键合的脱落酸（ABA）的增长。

4. 化感物质对酶活性的影响

化感物质主要通过改变酶（蛋白酶和蛋白水解酶、接触酶、过氧化物酶、磷酸化酶、蔗糖酶、纤维素酶、唬拍酸脱氢酶等）的活性，进而影响其功能的发挥。Politycka（1996）用化感物质处理黄瓜幼苗，能够明显增加过氧化物酶（POD）和超氧化物歧化酶（SOD）的活性。阿魏酸处理发芽的玉米种子后，幼苗水解酶、麦芽糖酶、磷脂酶、蛋白酶活性显著降低（Devi，1992）。用0.05%的异丁酸、丁酸和异戊酸及这3种物质的混合物处理莴苣种子，结果这几种酸在抑制发芽和幼苗生长的同时，ADP酶、多酚氧化酶活性也受到抑制，但却大大提高了过氧化物酶活性（柴强等，2003）。水稻器官水浸液能显著抑制稗草体内超氧化物歧化酶（SOD）、过氧化氢酶（CAT）、硝酸还原酶和谷氨酰胺合成酶的活性（Leather，1986）。

5. 对光合作用的影响

化感物质对植物体光合作用的影响，主要表现为它可引起气孔关闭、叶绿素含量和光合速率的降低。肉桂酸、苯甲酸、对羟基苯甲酸等都能对叶绿体造成伤害，使叶片失绿，植物光合作用下降。用阿魏酸、香豆酸和香草酸处理大豆，大豆植株的干重减少，植株的叶绿素含量也降低。酚酸能降低长豇豆叶绿素 a 和叶绿素 b 的比例，使其更有效地吸收可见光谱，提高光合作用速率（Inderjit et al，1992）。酚酸类化感物质（香豆素、咖啡酸等）都能对高粱、大豆等作物的光合作用产生负效应。Jose 等（1998）在研究胡桃醌对玉米和大豆生理特性的影响时发现，该物质在浓度大于 5. 10 mol·L^{-1}时，便可显著降低两作物光合速率。

6. 对呼吸作用的影响

一般认为，化感物质主要通过影响植物呼吸链，抑制线粒体中 ATP 酶的活性，抑制线粒体中 ATP 的形成，影响氧化磷酸化过程，从而使受体植物呼吸作用受到影响。如影响植物的氧吸收过程、

电子转移、NADH 的氧化作用及 ATP 和 CO_2 的产生等。Padhy 等（2000）研究表明，用桉树叶片水提液处理珍珠小米种子，种子的呼吸速率下降。玉米根经胡桃酮处理 1h，呼吸作用减弱 90% 以上。挥发性萜可减弱燕麦和黄瓜线粒体的呼吸作用（Ortega，1988）。

7. 对蛋白质合成的影响

Baziramakenga 等（1997）在研究大豆根对磷酸盐和甲硫氨酸吸收时指出，苯甲酸、肉桂酸、香草酸以及阿魏酸降低了大豆根对 ^{32}P 和甲硫氨酸的吸收，而香豆酸和对羟基苯甲酸增加了对 ^{32}P 和甲硫氨酸的吸收。所有的酚酸类物质都降低了 ^{32}P 向 DNA 和 RNA 的整合，除香豆酸和香草酸外，其他酚酸类物质对甲硫氨酸向蛋白质整合起抑制作用。这表明酚酸类物质对核酸以及蛋白质合成的影响是其影响植物生长的机制之一。

8. 对水分吸收和利用的影响

在生长介质中加入阿魏酸会抑制番茄、黄瓜根系对水分的吸收，而且抑制作用随阿魏酸含量的增加而增大（Holappa，1991）。Barkosky（1993）通过水杨酸对植物和水分关系的影响研究，表明当作物长期处于化感物质的临界浓度下时，植物吸收和利用水分的能力会降低。

9. 对矿质营养吸收的影响

丁香酸、咖啡酸和原儿茶酸可降低豇豆对 N、K、P、Fe 和 Mo 等主要元素的吸收能力，但对 Mg 的吸收不受影响。黄瓜根系分泌物主要的化感物质组分——丙烯酸和对羟基苯甲酸能抑制根系对 K^+、NO_3^-、$H_2PO_4^-$ 的吸收。综合前人的研究成果，李寿田等（2001）认为，化感作用的机制为：化感物质首先作用于细胞膜，然后通过细胞膜上的靶位点，再将化感物质的胁迫信号传递到细胞内，从而引起植物体内的激素水平、离子吸收和水分吸收等改变，进而影响植物的光合作用、呼吸作用以及细胞分裂和伸长，从而对植物的生长发育产生影响。

（六）影响化感作用的因素

化感作用主要取决于植物本身，但植物的化感作用必须在环境中才能得以表现，所以环境因子（包括生物因素和非生物因素）对植物的化感作用有重要影响。

1. 遗传因素

化感作用主要取决于植物本身的种类。对作物而言，还取决于不同品种产生和释放化感物质的种类。不同品种化感作用（潜力）上有差异，朱旺生等（2004）研究发现：不同白三叶品种产生和释放酚类化感物质的能力不同，使各品种浸提液中酚类化感物质的浓度也不同，导致不同品种间受体萌发率、幼苗生长抑制率表现一定的差异。

2. 环境因子

（1）植物密度。植物密度涉及植物对资源的竞争，植物种植密度与化感作用的关系与主体植物密度和客体植物密度有关。一般来说，当主体植物密度相对较高时，能产生和释放较多的化感物质，使化感物质浓度升高，增强对客体植物的化感作用。如随着水稻密度增加，无芒稗的株高和植株干重可显著地降低，对其化感作用增强（徐正浩，2004）。同时，受体植物的密度对主体化感作用的效力也有重大影响，高密度的受体植物能够有效地增加其对化感作用的抗性。这是因为当客体植物密度增大时，化感物质的总量在所有客体植物中平均分配，对单株客体植物的化感作用小。反之，当客体植物种植浓度较低时，单株客体植物所吸收的化感物质则多，因而对其化感作用就大。

（2）植物生长周期和不同生长阶段。在生态系统中，植物在不同的生长发育时期，显示的化感潜力是不同的。胡飞等（2002）研究表明：胜红蓟不同生育期水溶物表现出不同的化感作用能力，在开花期化感作用较强。植物不同生长阶段其次生物质是有差异的，植物表达化感潜力都有一个关键的时期。韩利红等（2007）发现，生长早期紫茎泽兰化感作用较弱，随着生长发育时期的延长，紫茎泽兰化感作用增强。

（3）植物生境和气候因子。植物生境对植物化感作用的方式和结果都有显著的影响。如在干旱地区，挥发性化感物质容易释放，而在多雨地区，易溶于水的化感物质被淋溶。季节的变化也会影响植物的化感作用。植物的化感作用在夏季最强烈，而在春秋季则明显较弱。温度也是影响化感作用的重要气象因素之一。温度过高或过低，都可能影响植物释放化感物质的浓度及化感作用。胡飞等（2002）研究表明，在不利于受体植物生长的温度下，胜红蓟化感作用增强，而且受体植物本身抵御化感作用的能力也会降低。高粱在低降水地区能更显著地抑制杂草，说明低湿度增强高粱的化感作用。同样，海岸地带许多灌木能显示化感作用，与这些地区低湿和高温气候条件显著相关。在水分胁迫时（缺水），化感物质对受试植物的活性也会增加。紫外线照射能使植物的化感物质含量增加，化感作用增强。

（4）动物和微生物侵袭。在生态系统中植物常常会受到动物和微生物的侵袭。当植物受到侵袭后，会产生和释放次生物质，对邻近植物的生长发育带来一定的影响。研究表明，植物在受到害虫伤害后体内的酚类化合物会增加。当作物遭受甲虫、蚜虫、真菌侵袭（侵染）时，体内皂苷类化合物会大幅升高。

（5）土壤因子。土壤因子对化感作用影响很大，土壤结构、土壤营养条件及土壤微生物等对化感物质的产生、释放、滞留和累积都具有密切的相关性。土壤结构对化感物质的滞留和积累有重大影响。在沙质等疏松的土壤中，由于土壤的通透性大，化感物质易于迁移流失，化感物质的浓度低，化感作用就弱。但紧密的土壤结构又会造成化感物质的堆积，产生自毒作用。土壤中缺硼、硫、氮都会使向日葵各组织中绿原酸含量升高，缺磷会使其根系分泌更多的酚类物质。在营养胁迫下，向日葵对恶性杂草反枝苋种子萌发的抑制作用明显增强。氮或磷的缺乏能使植物增加萜类挥发油含量，但若同时缺乏氮和磷，则萜类挥发油的含量比分别缺乏时增加得更多。

（6）农药和人工化学品。随着农药、化肥和除草剂在农业生态系统中的大量投入，重金属、废水等导入生态系统，并在生态系统中积累，从而影响植物的代谢，使植物产生和释放次生代谢物质，对周围植物产生化感作用。

（七）化感作用的应用

印度学者 Narwa 指出，化感作用研究主要有三大作用，即提高粮食作物、蔬菜、水果和森林系统的生产力；减少现代农业生产的负面效应；为子孙后代保留未受污染的自然环境和具有高生产能力的土地资源。

1. 指导植物育种

由于不同品种间化感作用强度差异较大，因此在评价不同品种作物的化感作用潜力后，先鉴定出化感物质的种类，然后用生物技术手段，测定控制这些化感物质分泌的基因编码，通过传统的育种手段和现代生物工程技术相结合，将作物的化感性状基因导入优良品种中，来提高作物的化感作用潜力，培育出既能实现高产优质高效，又能在田间条件下自动抑制杂草的优良作物品种，或通过化感育种选育成对自毒或化感作用有着很强抵抗能力的作物品种。

2. 建立合理的耕作制度

由于植物化感作用不仅表现在植物之间互相抑制，还表现在许多植物之间具有相互促进的作用，因此利用化感作用可以合理指导作物间作和混作。例如小麦和麦仙翁混作能使小麦增产。洋葱与甜菜、马铃薯与菜豆、小麦与豌豆套种均能增产（赵静，1996）。合理的作物间套轮作方式既可提高作物产量又可防治杂草。利用作物轮作可以在施加少量农药的情况下有效地控制杂草。而植物化感作用在种植制度应用中的潜力，主要在于茬口的合理安排和复合群体的设计。种植制度中如果忽视茬口特性会导致土壤有毒物质积累、养分偏耗、土壤理化性状恶化等现象，而这些现象均与化感物质的作用紧密相关。因此，将促进后茬作物生长的作物设计为前茬作物，而将对后茬作物有抑制或自毒作用的作物设计为后茬作物，对合理的茬口选择和优化种植制度起到重要作用。

3. 指导作物残株管理

利用作物的残株来控制杂草是农业生产中常用的一个手段。由于许多植物的残株具有很强的化感作用，其水浸液能抑制杂草的生长。因此利用植株覆盖和秸秆还田等植物残株管理模式，不但可以控制杂草，同样也可以达到对植物病害的控制。

4. 开发杀虫剂、杀菌剂和除草剂

植物的很多次生代谢物具有多种功能，利用植物次生代谢物质具有多样性和复杂性、不易产生抗性、易于在自然界循环中降解、对人畜极安全的特点，从自然界中寻找杀虫剂、杀菌剂和除草剂，已成为研发环境相容性杀虫剂、杀菌剂和除草剂的一条重要途径。从除虫菊花中提取的除虫菊酯是最古老的杀虫剂之一，对昆虫有触杀和麻痹作用，至今仍在使用。目前控制杂草最直接和有效的方法仍然是使用化学除草剂，而化学除草剂在自然界中一般不具有相应的微生物降解途径，导致农药残毒在环境中累积，并通过物质循环进入食物链。而且，除草剂使用一定时间后，杂草往往会产生抗性。化感作用是研究植物源除草剂的基本依据，利用化感物质开发新一代环境安全或生态安全的除草剂意义重大。

5. 指导环境生物治理和植被群落演替研究

近年来，我国城市的中小水域富营养化成为一个严重的环境问题，常用的杀藻剂硫酸铜由于需要重复使用，会造成重金属污染。化感作用是自然界中的一种普遍现象，农业生产中的间作套种、轮作、前后茬搭配，残茬的处置和利用以及作物和杂草的关系等，都存在化感作用。但关于杂草对胡麻的化感效应研究国内外未见报道。因此，本研究拟利用生态位理论研究胡麻田杂草种类及消长规律，揭示其杂草群落的结构和种间关系；研究优势杂草对胡麻的化感效应，揭示化感物质的释放途径、化感物质种类及化感作用的机理。通过上述研究，对胡麻田杂草的综合管理和除草剂的合理使用提供理论依据，确保最大限度地提高胡麻的产量和品质。

第二章　选题背景、研究内容与方法

一、选题背景

胡麻具有较强的耐寒、耐瘠薄、抗旱、适应性广等特性，在农业生产中具有其他作物不可替代的作用。籽粒中的亚麻胶是一种非常重要的原材料，被广泛应用于工业、医学及食品等行业。胡麻油中含有的 α-亚麻酸，对人体具有非常重要的作用，它是人的体内所必不可少的一种不饱和脂肪酸，可以使人体对癌等病的免疫力提高。近年来，随着国民生活质量的提高改善，市场上对食用油的需求量增大，尤其对高品质的食用油的需求越来越大，使胡麻种植面积不断扩大，种植效益不断提升，胡麻的生产已经成为调整种植结构的重要作物之一。但是长期以来，产量低而不稳、含油量低，是制约胡麻进一步发展的主要原因。究其原因，除受土壤瘠薄和气候干旱等因素影响外，还与施肥不合理、栽培技术跟不上有关，造成产量不高、生产率低、资源浪费、环境污染等一系列问题。目前，我国胡麻施肥技术、栽培技术、种植模式方面的研究远远落后于其他主要农作物，仅达到棉花20世纪60年代的水平。胡麻是需肥相对较多又不耐肥的作物，高水肥管理下，极易发生倒伏。因此，迫切需要改进施肥及其综合栽培技术，改善种植模式，以提高胡麻产量，改善胡麻品质。

我国胡麻主要分布在西北和华北黄土高原地区，并且大多数种植在干旱、瘠薄的土地上。胡麻虽然耐瘠，但高产仍需要较多的肥料，适宜的养分供应是提高胡麻产量和改善品质的基础。胡麻需氮量比一般谷类作物多，每形成 100 kg 胡麻籽，大约需氮 3.75 kg、磷 1.25 kg、钾 2.75 kg。适时满足胡麻生长对氮肥的需要是增产的重要措施；磷对胡麻花蕾的形成和种子油分含量高低的影响较大；充足的钾素供应能使胡麻植株健壮，减轻病害，有利于降低倒伏导致的减产损失。要实现胡麻增产，必须增施肥料，以补充土壤养分的不足。目前生产中，土壤瘠薄是限制胡麻高产的主要因素之一，而盲目施肥引起的养分供应不协调又常常导致施肥的技术经济效益下降。探讨胡麻的需肥规律，根据胡麻的需肥规律和土壤肥力进行配方施肥，是胡麻生产中亟须解决的栽培技术问题。

随着胡麻籽粒中 α-亚麻酸、木酚素、亚麻胶及膳食性纤维等品质性状的研究和深加工利用技术的成熟，以胡麻为原料进行油脂、药品、保健品及化妆品的加工已经成为国际上的研究热点。20世纪后期，随着我国耕作制度的改革、吨粮田的开发、高产耐肥品种的推广、复种指数的提高、绿肥种植面积的缩小、有机肥料施用的减少以及化肥大量应用，作物产量大幅提升的同时，土壤自有肥力下降，土壤中营养元素特别是中、微量元素的缺乏量不断增加，制约了作物产量的进一步提高，产品质量差，且经济效益低。随着人们对健康和环境问题的日益关注，近年来，有机栽培在世界范围内迅速发展，高价值有机农产品的市场份额不断扩大。开展胡麻有机栽培，可在保护环境的同时，提供营养且安全的胡麻加工产品，提高胡麻种植的附加值，满足日益增长的市场需求。有机栽培是提高胡麻原料安全性和价值的有效途径，是胡麻高值化利用技术的重要内容。

农田覆盖作为一项历史悠久的作物栽培技术，在占全世界耕地36.4%的旱地农业生产中具有十分重要的地位。多年来全国各地对不同作物地膜覆盖方式、地膜覆盖效应、增产效应等进行深入细致的研究，研究表明，地膜覆盖有明显减少蒸发、增加土壤含水量、提高地温、抑制杂草、增加土壤有益微生物数量的作用，增产效果显著。特别是地膜覆盖的增温效应，带动了各地长生育期作物和品种的推广，改变了种植结构，作物产量和效益实现大幅度提高。目前，我国已经成为世界上地膜覆盖栽培作物面积最大的国家。地处黄土高原旱作农业区的甘肃省，旱地面积 239.1

万 hm²，约占耕地面积的 70%，自然降水极其贫乏，有效水资源紧缺。干旱的农业生态条件令地膜覆盖栽培技术迅速在全省各地大面积普及。但随着地膜覆盖栽培作物面积的不断扩大，农田残膜污染问题日益严重，对农业可持续发展构成严重威胁。因此，农田旧膜的再次利用开始被关注。随着胡麻籽油市场的需求增长及农民种植结构的调整，迫切需要改进种植技术。开展旱地胡麻覆盖方式（新膜、秸秆、旧膜及覆土作为覆盖物）、覆盖膜颜色、地膜可降解性对农田生态效应的调控及作物生理和产量效应研究，对于作物覆盖栽培、生态环境与资源保护以及社会的可持续发展等多方面都具有一定的意义。

我国胡麻因各产区气候条件的差异，胡麻产量的变幅较大。在温度变化一定的条件下，胡麻产量随降水的增加而增加，产量与水分供给状况密切相关。和充足供水相比，现蕾期受旱的减产率最大，达 26.7%。甘肃河西走廊、新疆伊犁河谷以及甘肃、宁夏的引黄灌区，补充灌溉和立体种植是提高胡麻产量和土地利用效率的关键措施之一。而胡麻生产上较高的灌溉定额和不适宜的水肥供给节奏，致使灌溉水和肥料之间的耦合程度很低，造成了极大的水资源浪费。研究和推广胡麻节水灌溉技术是水资源持续开发和胡麻产业持续发展的迫切需要。研究发现，豆科/禾本科间作体系中存在氮的互补作用，豆科/非豆科间作立体种植通过豆科作物的固氮作用供给作物部分氮素需求，促进作物的生长，还可高效利用土壤中的氮营养，豆科/非豆科间套作是一种可以推广和示范的种植体系。此外，胡麻立体种植中缺乏适宜的带型、密度等田间配置技术和水肥管理技术，胡麻带田的高产高效种植缺乏技术支撑。研究和推广胡麻高效的立体种植技术，是水资源持续开发和胡麻产业持续发展的迫切需要。因此，探讨胡麻/玉米、胡麻/大豆的适宜带型、密度等田间配置技术，研究胡麻/大豆间作体系的养分竞争和促进的关系，揭示间作作物种间氮营养促进作用的机理，为促进间作套种这种具有中国特色的高产高效种植方式的进一步优化和发展提供了科学依据。

耕作方式和种植模式是农业生产中影响土壤质量的最直接因素。在农业生产过程中一方面为了追求高产大量使用农药化肥，另一方面，随着经济的发展和农产品的商品化，使得高产高效益品种单一连作种植在我国非常普遍，这些举措忽略了对生态环境的影响，严重影响了土壤健康，进而危及环境和人类健康。黄土高原是土壤退化最严重的区域，坡地、土壤类型、降雨特征以及不适宜的农事操作共同作用导致了严重的水土流失和土壤退化。有计划地进行轮作，有利于调节土壤碳、氮平衡，还具有调节和改善耕层物理状况的作用。作物轮作在提高经济效益和作物产量的同时，还可以减少土壤侵蚀、提高或保持土壤肥力以及作物对氮素的利用效率。马铃薯、春小麦与其他作物轮作是胡麻主产区的主要轮作模式。因此，结合当地的种植制度以及气候和降水特征，研究胡麻不同轮作模式下土壤肥力、土壤生物学活性以及物理特性的时空效应，揭示轮作对土壤养分及其生物学特性对不同胡麻轮作系统下的响应机制，探讨胡麻高产高效的种植模式，对于提高胡麻产量效益、改善土壤环境具有一定的理论与实际意义。

因此，本项目针对当前我国胡麻生产中存在的施肥不合理，化肥施入过量，高产栽培技术体系不健全，种植模式单一，水肥利用效率不高，产量低而不稳，品质不佳等一系列问题，系统开展了胡麻施肥技术、绿色种植综合技术、节水减肥灌溉制度、立体种植模式、抗倒伏栽培技术、一膜两年用胡麻综合栽培技术及胡麻轮作模式等提质增效高产栽培技术体系研究，旨在为胡麻高产、高效、优质的栽培管理措施提供一定的理论依据和技术指导。

二、试验区基本情况

试验区一、甘肃省兰州市榆中县良种繁殖场（92°13′N，108°46′E）。当地气候属于温带大陆性半干旱气候区，平均海拔 1 876 m，年均气温为 6.7℃，年均降水量 382 mm，试验期间降雨量如表 2-1 所示，年蒸发量 1 450 mm，无霜期 146 d 左右，日照时数 2 563 h。试验区地处黄土高原丘陵沟壑区，试验地常年精耕细作，土质较好。供试土壤为黄绵土，0~30 cm 土壤的理化性状如表 2-2 所示。

表 2-1 兰州试验区胡麻生长季降水量月分布情况 （mm）

Tab. 2-1 Monthly rainfall during oil flax growing season in the research area

年份	3月	4月	5月	6月	7月	8月	合计
2012	17.5	28.1	52.2	40.4	118.9	38.5	295.6
2013	0.0	9.0	66.1	47.2	134.6	48.0	304.9
2014	9.8	81.1	22.2	64.0	69.4	35.3	281.8
2015	14.9	16.6	53.3	33.7	50.1	14.5	183.1

表 2-2 兰州试验区供试田土壤基本理化性状

Tab. 2-2 Basic physical-chemical properties of experiment field

试验年份	有机质（g·kg^{-1}）	全氮（mg·kg^{-1}）	碱解氮（mg·kg^{-1}）	速效磷（mg·kg^{-1}）	速效钾（mg·kg^{-1}）	pH值
2012	17.13	0.94	38.65	24.37	132.66	7.80
2013	19.64	1.10	46.25	21.39	142.32	8.00
2014	15.56	1.20	59.01	23.83	177.67	7.90
2015	16.56	1.10	58.82	13.83	162.81	7.80

试验区二、甘肃省定西市农业科学院西寨油料试验站（34°26′N，103°52′E）。该基地海拔 2 050 m，年平均气温 6.3℃，年日照时数 2 453 h，年无霜期 213.3 d，年均降水量 390 mm，试验期间降水量如表 2-3 所示，年蒸发量 1 450 mm。试验地为梯田，土壤为黄绵土，试验地常年精耕细作，土质较好。0~30 cm 土壤的理化性状如表 2-4 所示。

表 2-3 定西试验区胡麻生长季降水量月分布情况 （mm）

Tab. 2-3 Monthly rainfall during oil flax growing season in the research area

年份	3月	4月	5月	6月	7月	8月	合计
2014	10.2	77.8	12.9	69.9	39.0	82.6	292.4
2015	5.0	16.0	30.0	37.0	52.0	55.0	195.0

表 2-4 定西试验区供试田土壤基本理化性状

Tab. 2-4 Basic physical-chemical properties of experiment field

试验年份	有机质（g·kg^{-1}）	全氮（mg·kg^{-1}）	碱解氮（mg·kg^{-1}）	速效磷（mg·kg^{-1}）	速效钾（mg·kg^{-1}）	pH值
2014	20.01	0.72	55.64	20.71	114.15	8.06
2015	9.12	0.99	48.99	27.11	107.99	8.17

试验区三、会宁县会师镇南嘴村旱川地试验（35°38′N，105°03′E）。该试验区海拔 1 759 m，年均气温 8.3℃，无霜期 155 d，≥10℃的有效活动积温 2 664℃左右，年降水量 356.70 mm，试验期间降水量如表 2-5 所示。土壤类型为黄绵土，地力均匀，肥力中等。供试试验田土壤基本养分含量如表 2-6 所示。

表 2-5 会宁试验区胡麻生长季降水量月分布情况 （mm）

Tab. 2-5 Monthly rainfall during oil flax growing season in the research area

年份	3月	4月	5月	6月	7月	8月	合计
2015	12.0	33.8	82.2	26.9	76.9	46.2	278.0
2016	9.1	27.2	76.0	34.4	34.4	22.3	203.4
2017	6.5	34.6	46.2	53.4	35.1	26.4	202.2

表2-6　供试土壤的基本理化性状

Tab. 2-6　Physical and chemical properties of the used soil

年份	有机质（g·kg⁻¹）	全氮（g·kg⁻¹）	速效磷（mg·kg⁻¹）	碱解氮（mg·kg⁻¹）	速效钾（mg·kg⁻¹）	pH 值
2015	9.01	0.70	36.80	25.11	106.78	8.09
2016	9.12	0.78	37.10	24.36	108.12	8.17
2017	6.59	1.67	37.40	25.06	107.99	8.12

试验区四、河北省张家口市张北县喜顺沟乡（40°57′N，114°10′E）。该试验区海拔 1 450 m，年均气温 3.2 ℃，年日照时数 2 300～3 100 h，≥10 ℃积温 1 320～2 200℃，年辐射量 140 kJ·cm⁻²，无霜期 90～120 d。年均降水量为 392.70 mm，试验期间降水量如表 2-7 所示，年均蒸发量为 1 722.60 mm。土壤类型为黏壤土，供试试验田土壤基本养分含量如表 2-8 所示。

表2-7　张北试验区胡麻生长季降水量月分布情况　　　　　　　　　　　　（mm）

Tab. 2-7　Monthly rainfall during oil flax growing season in the research area

年份	5月	6月	7月	8月	9月	合计
2011	29.8	83.6	62.1	41.0	27.1	243.6
2012	36.1	63.2	67.9	29.6	85.5	282.3

表2-8　张北试验区供试田土壤基本理化性状

Tab. 2-8　Basic physical-chemical properties of experiment field

试验年份	有机质（g·kg⁻¹）	全氮（mg·kg⁻¹）	碱解氮（mg·kg⁻¹）	速效磷（mg·kg⁻¹）	速效钾（mg·kg⁻¹）	pH 值
2011	15.31	0.79	66.31	6.85	97.81	8.12
2012	8.44	0.59	57.26	13.12	109.81	8.26

三、研究内容

（1）通过研究不同施肥（N、P、K 肥）处理下密度对胡麻各器官的干物质积累分配、运转规律、叶片光合特性、可溶性糖和淀粉含量、养分积累与运转、肥料吸收利用规律，产量及产量构成因子的影响，探讨不同施氮量和播种密度下胡麻的光合特性变化规律，明确非结构性碳水化合物的积累规律和对籽粒的贡献率，明确种植密度及密肥互作与籽粒产量之间的关系，为胡麻高产高效栽培提供理论依据。

（2）通过田间试验，研究胡麻营养特性及需肥规律，明确胡麻 N、P、K 养分的吸收、转运特点及对胡麻产质量的调控作用；研究氮代谢中间产物（叶片叶绿素、游离氨基酸、可溶性蛋白）及氮代谢相关酶［谷氨酰胺合成酶（GS）、硝酸还原酶（NR）］活性的变化规律，探讨胡麻氮代谢中间产物及其相关酶活性之间的关系；探索氮对土壤水热状况及胡麻产量、质量的调控效应；明确水氮耦合对胡麻生长及产量、质量的影响，探明氮磷配施对旱地胡麻水肥利用及产量的调控效应；提出胡麻提质增效生产的 N、P、K 施肥配比和施肥技术。

（3）通过田间有机肥种类筛选及化肥减量、有机肥替代化肥对胡麻产质量的影响研究，提出适宜胡麻绿色生产的化肥施用量及有机肥替代化肥比例。通过降解地膜和覆盖方式对旱地胡麻土壤水热状况、各器官干物质积累与分配规律、养分积累及分配规律、产量及品质的影响研究，提出适宜胡麻生产的高效的配套降解地膜和覆盖方式，形成胡麻绿色种植综合技术体系。

（4）通过研究胡麻灌水制度和水分与肥料的耦合效应，探明灌水对胡麻各生育时期土壤水分、各器官干物质积累规律的调控效应，探讨灌水对胡麻籽粒产量和水分利用效率的影响；研究水肥耦合对胡麻养分积累规律、胡麻生长发育、产质量及水分利用效率的影响，挖掘灌水、施肥对不同胡麻品种水分及产量的调控效应；提出胡麻节水减肥的高效灌溉制度。

（5）通过研究施氮对胡麻/大豆间作体系氮素吸收利用、施氮对胡麻/大豆间作系统土壤硝态氮及干物质生产的影响，探讨施氮对胡麻/大豆间作效应，探明胡麻间套玉米、大豆等作物的互作机理及复合群体的资源利用效率，明确不同种植模式的适宜带型、密度、水肥管理等技术参数，形成胡麻立体种植模式的技术体系。

（6）研究灌溉量和施氮量对油用亚麻茎秆抗倒性能，探讨种植密度对油用亚麻茎秆抗倒伏性的调控效应，探明胡麻不同品种的抗倒伏特性及种植密度、水氮耦合措施对胡麻抗倒性能及产质量的影响，明确不同品种抗倒伏差异形成的原因和栽培措施对胡麻倒伏的调控效应，提出胡麻抗倒伏栽培技术体系。

（7）研究不同胡麻轮作模式对土壤理化性质、土壤生物学特性、土壤细菌群落多样性的调控效应，明确土壤养分、生物化学特性以及微生物群落结构的相互关系，探明不同轮作模式对作物产量的调控效应，揭示旱作农田土壤养分及其生物学特性对不同胡麻轮作模式的响应机制，提出适宜于旱作区胡麻种植的轮作模式。

（8）通过田间调查，确定兰州地区胡麻田的杂草种类、消长动态，计算杂草的生态位，从而确定出优势伴生杂草；按照伴生杂草植物形态特征上的异同及其具有的不同生活型和生长习性，对杂草进行分类，研究不同形态特征和不同生活型和生长习性杂草在胡麻田间的优势大小，确定杂草防除重点；以胡麻为受体，以前3位优势伴生杂草不同部位——地上部、根系和全株为供体植物，采用生物测定法，从根长、苗高、根鲜重和苗鲜重等指标进行综合试验，筛选出对胡麻化感作用最强的杂草及化感作用最强的部位，并明确其化感物质的释放途径和优势杂草化感物质对胡麻的作用机理。

四、试验设计与方法

试验一、密度和氮肥互作试验设计。试验于2014—2015年在定西和张家口进行。采用二因素随机区组试验设计，试验因素为氮肥和密度。氮设3个水平，分别为：N_0—0 kg N·hm^{-2}（不施氮），N_1—75 kg N·hm^{-2}（适氮），N_2—150 kg N·hm^{-2}（高氮）；密度设3个水平，分别为：D_0—450万株·hm^{-2}，D_1—750万株·hm^{-2}，D_2—1 050万株·hm^{-2}。共9个处理，重复3次。处理代号分别为：T1—N_1D_1；T2—N_1D_2；T3—N_1D_3；T4—N_2D_1；T5—N_2D_2；T6—N_2D_3；T7—N_3D_1；T8—N_3D_2；T9—N_3D_3；氮肥尿素（N，46%），按2:1比例在播前和现蕾期分别施入。各小区磷、钾肥的施用量各为75 kg P_2O_5·hm^{-2}和52.5 kg K_2O·hm^{-2}。磷、钾肥品种分别为过磷酸钙（P_2O_5，18%）和硫酸钾（K_2O，34.3%），均作为基肥施入。胡麻品种选用陇亚杂1号，条播，播深3 cm，行距20 cm。小区长5 m，宽4 m，面积20 m^2。全生育期不灌水，其他管理方式同一般大田。

试验二、密度和磷肥互作试验设计。试验于2014—2015年在白银和乌兰察布进行。试验因素为磷肥和密度。磷设3个水平，分别为：P_1—0 kg P_2O_5·hm^{-2}（不施磷），P_2—90 kg P_2O_5·hm^{-2}（适磷），P_3—180 kg P_2O_5·hm^{-2}（高磷）；密度设3个水平，分别为：D_1—450万株·hm^{-2}，D_2—750万株·hm^{-2}，D_3—1 050万株·hm^{-2}。共9个处理，重复3次。处理代号为：T1—P_1D_1；T2—P_1D_2；T3—P_1D_3；T4—P_2D_1；T5—P_2D_2；T6—P_2D_3；T7—P_3D_1；T8—P_3D_2；T9—P_3D_3；磷肥品种选用当地使用的主要品种，全部作基肥；各小区氮、钾肥的施用量各为75.0 kg P_2O_5·hm^{-2}和52.5 kg K_2O·hm^{-2}。氮、钾肥品种分别为尿素和硫酸钾，均作为基肥施用。胡麻品种选用陇亚杂1号，条播，播深3 cm，行距20 cm。小区长5 m，宽4 m，面积20 m^2。全生育期不灌水，其他管理方式同一般大田。

试验三、密度和钾肥互作试验设计。试验于2014—2015年在平凉和鄂尔多斯进行。试验因素为钾肥和密度。钾设3个水平，分别为：K_1—0 kg K_2O·hm^{-2}（不施钾），K_2—45 kg K_2O·hm^{-2}（适钾），K_3—90 kg $K_2O \cdot hm^{-2}$（高钾）；密度设 3 个水平，分别为：D_1—450 万株·hm^{-2}，D_2—750 万株·hm^{-2}，D_3—1050 万株·hm^{-2}。共 9 个处理，重复 3 次。处理代号为：T1—K_1D_1；T2—K_1D_2；T3—K_1D_3；T4—K_2D_1；T5—K_2D_2；T6—K_2D_3；T7—K_3D_1；T8—K_3D_2；T9—K_3D_3；钾肥品种选用硫酸钾，全部作基肥；各小区氮、磷肥的施用量各为 75.0 kg N·hm^{-2} 和 90.0 kg $P_2O_5 \cdot hm^{-2}$。氮、磷肥品种分别为尿素和普通过磷酸钙，均作为基肥施用。胡麻品种选用陇亚杂 1 号，条播，播深 3 cm，行距 20 cm。小区长 5 m，宽 4 m，面积 20 m^2。全生育期不灌水，其他管理方式同一般大田。

试验四、磷素试验设计。试验于 2011—2012 年在河北省张家口市张北县喜顺沟乡进行。试验采取单因素随机区组设计，设施磷（P_2O_5）0 kg·hm^{-2}（P_0）、35 kg·hm^{-2}（P_{35}）、70 kg·hm^{-2}（P_{70}）和 105 kg·hm^{-2}（P_{105}）4 个处理，3 次重复。以 P_0 为对照（CK），供试肥料为重过磷酸钙（P_2O_5，46%），全部一次性基施。小区面积 20 m^2（4 m×5 m）。各处理按照当地农业部门技术人员确立的最佳施肥量施入氮肥和钾肥。氮肥选用尿素（含纯 N 46%），2/3 基肥，1/3 于现蕾前追施，施入量：90 kg·hm^{-2}（N）；钾肥选用硫酸钾（K_2O，50%），基施，施入量为 K_2O 90 kg·hm^{-2}。供试胡麻品种为坝选 3 号，种植密度为 750 万株·hm^{-2}，人工条播，播深 3 cm，行距 20 cm。苗期使用精喹禾灵乳油 60 ml+立清乳油 80 ml 喷雾防除田间杂草。所有处理均未进行灌溉。其他管理方式同一般大田。

试验五、氮素试验设计。于 2011—2012 年在河北省张家口市张北县喜顺沟乡进行。试验采取单因素随机区组设计，设施氮（N）0 kg·hm^{-2}（N_0）、45 kg·hm^{-2}（N_{45}）、90 kg·hm^{-2}（N_{90}）和 135 kg·hm^{-2}（N_{135}）共 4 个处理，3 次重复，以 N0 为对照（CK），供试肥料为尿素（N，46%），2/3 基肥，1/3 于现蕾前追施。小区面积设置为 20 m^2（4 m×5 m）。

各处理按照当地农业部门技术人员确立的最佳施肥量施入磷肥和钾肥。磷肥选用重过磷酸钙（P_2O_5，46%），全部基施，施入量为 P_2O_5 70 kg·hm^{-2}，钾肥选用硫酸钾（K_2O，50%），基施，施入量为 K_2O 60 kg·hm^{-2}。供试胡麻品种为"坝选 3 号"。种植密度为 750 万株·hm^{-2}，人工条播，播深 3 cm，行距 20 cm。苗期使用精喹禾灵乳油 60 ml+立清乳油 80 ml 喷雾防除田间杂草。所有处理均未进行灌溉。其他管理方式同一般大田。

试验六、氮磷互作试验设计。于 2013 年在甘肃省兰州市榆中县良种场灌溉地进行。试验采取二因素完全随机区组设计。氮肥设 3 个水平，分别为：0 kg·hm^{-2}（N_0）、75 kg·hm^{-2}（N_1）、150 kg·hm^{-2}（N_2）；磷肥设 3 个水平，分别为：0 kg·hm^{-2}（P_0）、75 kg·hm^{-2}（P_1）、150 kg·hm^{-2}（P_2）。9 个处理，3 次重复。小区面积为 20 m^2（4 m×5 m），氮肥（尿素，含纯 N 46%），2/3 基肥，1/3 于现蕾前追施。过磷酸钙（P_2O_5，12%）和硫酸钾（K_2O，50%）基施，钾肥施入量为 52.2 kg·hm^{-2}（K_2O）。各小区灌溉定额均为 5.4 m^3（分茎 2.4 m^3+现蕾 1.8 m^3+盛花 1.2 m^3）。胡麻品种选用"陇亚杂 1 号"，种植密度为 750 万株·hm^{-2}，人工条播，播深 3 cm，行距 20 cm。其他田间管理同当地大田生产。

试验七、有机肥替代化肥试验设计。于 2015 年在甘肃省兰州市榆中县良种场灌溉地进行。试验采用单因素完全随机区组设计，设不施肥 CK（T1）；单施化肥（T2）；单施肉蛋白生物有机肥（T3）；单施氨基酸配方有机肥（T4）；30%肉蛋白生物有机肥替代化肥（T5）；30%氨基酸配方有机肥替代化肥（T6）；60%肉蛋白生物有机肥替代化肥（T7）；60%氨基酸配方有机肥替代化肥（T8）；90%肉蛋白生物有机肥替代化肥（T9）；90%氨基酸配方有机肥替代化肥（T10）。除对照外各处理 N、P、K 施用总量相同，分别按 N 90 kg·hm^{-2}、P_2O_5 75 kg·hm^{-2}、K_2O 52.5 kg·hm^{-2}，T3~T10 处理用量根据其全氮含量计算肉蛋白生物有机肥施用量，具体施肥情况见表 2-9。磷、钾肥用化肥补充。N、P、K 肥分别选用尿素（N，46%）、过磷酸钙（P_2O_5，18%）和硫酸钾（K_2O，50%），氮、磷、钾肥均作为基肥施用，肉蛋白生物有机肥（由石家庄金太阳生物有机肥有限公司生产，总养分：N=3%，P_2O_5=2%，K_2O=1%，有机质≥30%），氨基酸配方有机肥（由白银丰宝农业科技有限公司生产，总养分：N=15%，P_2O_5=12%，K_2O=8%，有机质≥20%）撒施到各小区内，并翻耕入土。

每个处理重复 3 次。小区长 5 m，宽 4 m，面积 20 m²。胡麻品种选用张亚 2 号，种植密度为 750 万株·hm⁻²，条播，播深 3 cm，行距 20 cm。各小区灌溉量一致，均为 1 200 m³·hm⁻²，于分茎期灌溉。其他田间管理措施同一般大田。

表 2-9　不同小区具体施肥情况　　　　　　　　　　　　　　　（kg. hm⁻²）

Tab. 2-9　Specific application of fertilizer in different plots

处理	N	P₂O₅	K₂O	肉蛋白生物有机肥	氨基酸配方有机肥
T1	0.0	0.0	0.0	0.0	0.0
T2	90.0	75.0	52.5	0.0	0.0
T3	0.0	0.0	0.0	3 000.0	0.0
T4	0.0	0.0	0.0	0.0	600.0
T5	63.0	57.0	43.5	900.0	0.0
T6	63.0	53.4	38.1	0.0	180.0
T7	36.0	39.0	34.5	1 800.0	0.0
T8	36.0	31.8	23.7	0.0	360.0
T9	9.0	21.0	25.5	2 700.0	0.0
T10	9.0	10.2	9.3	0.0	540.0

试验八、抗倒伏机理研究试验设计。于 2013—2014 年在甘肃省兰州市榆中县良种场灌溉地进行。试验采用单因素试验设计方法，选取 10 个抗倒伏性能不同的胡麻品种，分别为：V₁—定西 22，V₂—天亚 9 号，V₃—陇亚 11 号，V₄—陇亚 10 号，V₅—陇亚 8 号，V₆—陇亚 9 号，V₇—轮选 3 号，V₈—定亚 23，V₉—陇亚杂 1 号，V₁₀—张亚 2 号。10 个处理，3 次重复，小区面积 28 m²。种植密度为 900 万株·hm⁻²，条播，播深 3 cm，行距 20 cm。施肥量为 N 112.5 kg·hm⁻²、P₂O₅ 75 kg·hm⁻²、K₂O 52.5 kg·hm⁻²；氮、磷、钾肥品种分别为尿素、过磷酸钙和硫酸钾。磷、钾肥均作为基肥施用；氮肥的 2/3 作为基肥，1/3 作为追肥于现蕾前追施。灌溉定额均为 2 700 m³·hm⁻²（分茎 1 200 m³·hm⁻²+盛花 1 500 m³·hm⁻²）。其他田间管理措施同一般大田。

试验九、灌溉水高效利用技术试验设计。于 2013—2014 年在甘肃省兰州市榆中县良种场灌溉地进行。以灌水定额和灌溉时间为试验因素，采用不均衡方案。共 8 个处理，见表 2-10。

表 2-10　灌溉方案　　　　　　　　　　　　　　　　　　　　　（m³·hm⁻²）

Tab. 2-10　The scheme of irrigation

处理	灌溉定额	灌水次数及灌水定额
O	900	1 次：分茎 900
A	1 200	1 次：分茎 1 200
X	1 500	2 次：分茎 900、盛花 600
Y	1 800	2 次：分茎 1 200、盛花 600
B	2 100	2 次：分茎 900、盛花 1 200
Z	2 400	3 次：分茎 900、现蕾 900、盛花 600
D#	2 700	3 次：分茎 900、现蕾 900、盛花 900
F#	3 000	3 次：分茎 900、现蕾 1 200、盛花 900

品种选用陇亚杂 1 号。施 N 112.5 kg·hm⁻²，P₂O₅ 75 kg·hm⁻²，K₂O 52.5 kg·hm⁻²；氮、磷、

钾肥品种分别为尿素、过磷酸钙和硫酸钾。磷、钾肥均作为基肥施用；氮肥的 2/3 作为基肥，1/3 作为追肥于现蕾初期追施。种植密度为 750 万株·hm^{-2}，条播，播深 3 cm，行距 20 cm。小区长 5 m，宽 4 m，面积 20 m^2，3 次重复。小区间隔 80 cm，区组间隔 100 cm。小区和区组间隔处夯实。四周设 1 m 的保护行。灌溉水通过管道引入各小区内，管道上安装水表，通过水表进行计量。

试验十、灌水次数及灌水定额试验设计。于 2012 年在甘肃省兰州市榆中县良种场灌溉地进行。以灌水定额和灌溉时间为试验因素，采用不均衡方案。共 7 个处理，见表 2-11。

表 2-11 灌溉方案 ($m^3·hm^{-2}$)

Tab. 2-11 The scheme of irrigation

处理	灌溉定额	灌水次数及灌水定额
A	1 200	1 次：分茎 1 200
X	1 500	2 次：分茎 900、盛花 600
Y	1 800	2 次：分茎 1 200、盛花 600
B	2 100	2 次：分茎 900、盛花 1 200
Z	2 400	3 次：分茎 900、现蕾 900、盛花 600
C	2 700	2 次：分茎 1 200、盛花 1 500
D	2 700	3 次：分茎 750、现蕾 1 050、盛花 900
E	3 300	2 次：分茎 1 500、盛花 1 800
F	3 300	3 次：分茎 900、现蕾 1 350、盛花 1 050
G	3 300	4 次：分茎 750、现蕾 900、盛花 900、青果（成铃）750

品种选用陇亚杂 1 号。施 N 112.5 kg·hm^{-2}、P_2O_5 75 kg·hm^{-2}、K_2O 52.5 kg·hm^{-2}；氮、磷、钾肥品种分别为尿素、过磷酸钙和硫酸钾。磷、钾肥均作为基肥施用；氮肥的 2/3 作为基肥，1/3 作为追肥于现蕾初期追施。种植密度为 750 万株·hm^{-2}，条播，播深 3 cm，行距 20 cm。小区长 5 m，宽 4 m，面积 20 m^2，3 次重复。小区间隔 30 cm，区组间隔 40 cm。小区和区组间隔处夯实。四周设 1m 的保护行。灌溉水通过管道引入各小区内，管道上安装水表，通过水表进行计量。

试验十一、灌溉时期和灌水量试验设计。于 2012 年在甘肃省兰州市榆中县良种场灌溉地进行。采用单因素随机区组设计方法。试验设置 3 个灌水时期，分别为分茎期、现蕾期和盛花期；分茎期为 2 025 $m^3·hm^{-2}$ 的灌水量处理，现蕾期设 2 025 $m^3·hm^{-2}$、2 700 $m^3·hm^{-2}$ 的 2 个灌水量处理，盛花期设 2 700 $m^3·hm^{-2}$、3 375 $m^3·hm^{-2}$、4 050 $m^3·hm^{-2}$ 的 3 个灌水量处理，由此构成 T1、T2、T3、T4、T5、T6 处理，以不灌水为对照（CK），共 7 个处理（表 2-12）。小区面积为 7 m×4 m＝28 m^2，随机区组排列，3 次重复。小区之间，留 1.5 m 的隔离区。基肥用量为 N 90 kg·hm^{-2}，P_2O_5 75 kg·hm^{-2}，K_2O 53 kg·hm^{-2}。所施肥料为尿素（N，46.4%）、磷酸二铵（N，46%；P_2O_5，18%）、硫酸钾（K_2O，52%）。供试胡麻品种为陇亚杂 1 号，3 月 22 日播种，8 月 7 日收获。播种密度为 750 万株·hm^{-2}，人工条播，播深 3 cm，行距 20 cm。灌水量用水表计量，灌溉方案见表 2-12，其他管理方式同一般大田。

表 2-12 灌溉方案 ($m^3·hm^{-2}$)

Tab. 2-12 The scheme of irrigation

处理	灌溉时间			灌溉定额
	分茎期	现蕾期	盛花期	
CK	0	0	0	0
T1	2 025	0	0	2 025

处理	灌溉时间			灌溉定额
	分茎期	现蕾期	盛花期	
T2	0	2 025	0	2 025
T3	0	2 700	0	2 700
T4	0	0	2 700	2 700
T5	0	0	3 375	3 375
T6	0	0	4 050	4 050

试验十二、水氮耦合试验设计。于 2013—2014 年在甘肃省兰州市榆中县良种场灌溉地进行。试验采用裂区设计方法，以灌溉量和氮肥施用量为试验因素。灌溉量为主处理，氮肥施用量为副处理。灌溉量设 3 个水平，分别为：W_1— 1 800 $m^3 \cdot hm^{-2}$（分茎 1 200 $m^3 \cdot hm^{-2}$+现蕾 600 $m^3 \cdot hm^{-2}$），W_2— 2 700 $m^3 \cdot hm^{-2}$（分茎 1 200 $m^3 \cdot hm^{-2}$+盛花 1 500 $m^3 \cdot hm^{-2}$），W_3— 3 300 $m^3 \cdot hm^{-2}$（分茎 1 200 $m^3 \cdot hm^{-2}$+现蕾 1 200 $m^3 \cdot hm^{-2}$+盛花 900 $m^3 \cdot hm^{-2}$），灌溉水通过管道引入各小区内，管道上安装水表，通过水表进行计量；氮设 4 个水平，施用纯氮量分别为：0 $kg \cdot hm^{-2}$（N_0）、37.5 $kg \cdot hm^{-2}$（N_1）、112.5 $kg \cdot hm^{-2}$（N_2）、225 $kg \cdot hm^{-2}$（N_3），共 12 个处理，3 次重复。小区面积 20 m^2（4 m×5 m）。氮肥用尿素（N，46%），2/3 作基肥，1/3 作为追肥于现蕾前追施。磷、钾肥的施用量均为 P_2O_5 75 $kg \cdot hm^{-2}$；K_2O 52.5 $kg \cdot hm^{-2}$，磷、钾肥品种分别为普通过磷酸钙和硫酸钾，磷、钾肥均作为基肥施用。胡麻品种选用陇亚杂 1 号，种植密度为 750 万株·hm^{-2}，人工条播，行距 20 cm，播深 3 cm，苗期人工除草。其他田间管理措施同一般大田。

试验十三、灌水条件下胡麻抗倒伏性试验设计。试验于 2013—2014 年在甘肃省兰州市榆中县良种场灌溉地进行。试验采用裂区设计方法，以灌溉量和氮肥施用量为试验因素。灌溉量为主处理，氮肥施用量为副处理。灌溉量设 3 个水平，分别为：W_1— 1 800 $m^3 \cdot hm^{-2}$（分茎 1 200 $m^3 \cdot hm^{-2}$+现蕾 600 $m^3 \cdot hm^{-2}$），W_2— 2 700 $m^3 \cdot hm^{-2}$（分茎 1 200 $m^3 \cdot hm^{-2}$+盛花 1 500 $m^3 \cdot hm^{-2}$），W_3— 3 300 $m^3 \cdot hm^{-2}$（分茎 1 200 $m^3 \cdot hm^{-2}$+现蕾 1 200 $m^3 \cdot hm^{-2}$+盛花 900 $m^3 \cdot hm^{-2}$），灌溉水通过管道引入各小区内，管道上安装水表，通过水表进行计量；氮设 4 个水平，施用纯氮量分别为：0 $kg \cdot hm^{-2}$（N_0）、37.5 $kg \cdot hm^{-2}$（N_1）、112.5 $kg \cdot hm^{-2}$（N_2）、225 $kg \cdot hm^{-2}$（N_3），共 12 个处理，3 次重复。小区面积（4 m×5 m）20 m^2。氮肥用尿素（N，46%），2/3 作基肥，1/3 作为追肥于现蕾前追施。磷、钾肥的施用量均为 P_2O_5 75 $kg \cdot hm^{-2}$；K_2O 52.5 $kg \cdot hm^{-2}$，磷、钾肥品种分别为普通过磷酸钙和硫酸钾，磷、钾肥均作为基肥施用。胡麻品种选用陇亚杂 1 号，种植密度为 750 万株·hm^{-2}，人工条播，行距 20 cm，播深 3 cm，苗期人工除草。其他田间管理措施同一般大田。

试验十四、品种、密度、灌水互作试验设计。试验于 2013—2014 年在甘肃省兰州市榆中县良种场灌溉地进行。试验采用二因子随机区组设计方法，选用胡麻品种和种植密度为试验因素。品种设 2 个水平，分别为：V_1—晋亚 10 号、V_2—轮选 3 号；种植密度设 3 个水平，分别为：D_1—525 万株·hm^{-2}、D_2—750 万株·hm^{-2}、D_3—975 万株·hm^{-2}。6 个处理，3 次重复，小区面积 16 m^2。各小区施肥量均为 N 112.5 $kg \cdot hm^{-2}$、P_2O_5 75 $kg \cdot hm^{-2}$、K_2O 52.5 $kg \cdot hm^{-2}$。氮、磷、钾肥品种分别为尿素、过磷酸钙和硫酸钾。磷、钾肥均作为基肥施用；氮肥的 2/3 作为基肥，1/3 作为追肥于现蕾前追施。灌溉定额均为 2 700 $m^3 \cdot hm^{-2}$，于分茎、现蕾、盛花期分别灌 1 200 $m^3 \cdot hm^{-2}$、900 $m^3 \cdot hm^{-2}$和 600 $m^3 \cdot hm^{-2}$。其他田间管理措施同一般大田。

试验十五、胡麻/大豆间作试验设计。于 2014—2015 年在甘肃省兰州市榆中县良种场灌溉地进行。试验采用随机区组设计，分别为胡麻单作、大豆单作及胡麻/大豆间作下不施氮、习惯施氮（N，150 $kg \cdot hm^{-2}$，根据当地胡麻总施氮量确定）和减量施氮（N，75 $kg \cdot hm^{-2}$），共设置 9 个处理

（表2-13），3次重复。大豆采用大豆根瘤菌剂拌种（根瘤菌剂购自秦皇岛领先生物股份有限公司），磷肥、钾肥和2/3氮肥均作为基肥一次性施入，1/3氮肥在胡麻现蕾期前追施。磷、钾肥的施用量分别为P_2O_5 90.0 kg·hm^{-2}、K_2O 52.5 kg·hm^{-2}。间作与单作种植密度一致，灌溉制度和其他管理同当地常规管理。

表 2-13　不同种植模式的氮肥施用量　　　　　　　　　　　　　　　（kg·hm^{-2}）

Tab. 2-13　Nitrogen application rates under different planting patterns

种植模式	施肥处理	施氮总量	底肥	追肥
	N_0	0	0	0
胡麻单作	N_1	75	50	25
	N_2	150	100	50
	N_0	0	0	0
大豆单作	N_1	75	50	25
	N_2	150	100	50
	N_0	0	0	0
胡麻大豆间作	N_1	75	50	25
	N_2	150	100	50

　　单作胡麻：平作，播种密度为750万株·hm^{-2}，行距20 cm，小区面积为20 m^2（4 m×5 m）；单作大豆：平作，播种密度19.8万株·hm^{-2}，分行种植，行距30 cm、株距15 cm，小区面积为20 m^2（4 m×5 m）；胡麻间作大豆：胡麻带宽80 cm，种4行，行距20 cm；大豆带宽60 cm，种2行、行距30 cm、株距15 cm，小区面积为21 m^2（4.2 m×5.0 m），一个间作带宽1.4 m，每小区共3个组合带（图2-1）。其中一个组合带为作物生长期间的取样带，另两个为作物成熟时的计产带。

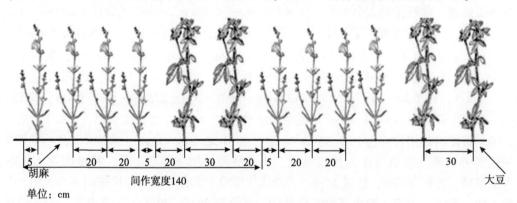

图 2-1　胡麻／大豆间作中作物分布示意图

Fig. 2-1　Schematic diagram of oil flax／soybean intercropping system

　　供试胡麻品种为陇亚杂1号（*Linum usitatissimum* L.），大豆（*Glycine max* L.）品种为银豆2号。供试肥料为尿素（N，46%）、过磷酸钙（P_2O_5，20%）、硫酸钾（K_2O，52%）。

　　试验十六、胡麻／大豆带型配置试验设计。于2011—2012年在白银和乌兰察布灌溉地进行。试验采用二因素随机区组设计，设胡麻密度和带型2个因素，每个因素各设3个水平，其中胡麻密度分别为600万株·hm^{-2}、750万株·hm^{-2}、900万株·hm^{-2}，胡麻／大豆的3种带型结构如：①带田幅宽100 cm，其中胡麻种3行，占40 cm，行距20 cm，大豆种2行，占60 cm，行距40 cm。②带田幅宽110 cm，其中胡麻种4行，占60 cm，行距20 cm，大豆种2行，占50 cm，行距30 cm。③带田幅宽120 cm，其中胡麻种4行，占60 cm，行距20 cm，大豆种2行，占60 cm，行距40 cm。

试验共 9 个处理，即：A—带田幅宽 100 cm，胡麻种植密度 600 万株·hm^{-2}；B：带田幅宽 110 cm，胡麻种植密度 600 万株·hm^{-2}；C—带田幅宽 120 cm，胡麻种植密度 600 万株·hm^{-2}；D—带田幅宽 100 cm，胡麻种植密度 750 万株·hm^{-2}；E—带田幅宽 110 cm，胡麻种植密度 750 万株·hm^{-2}；F—带田幅宽 120 cm，胡麻种植密度 750 万株·hm^{-2}；G—带田幅宽 100 cm，胡麻种植密度 900 万株·hm^{-2}；H—带田幅宽 110 cm，胡麻种植密度 900 万株·hm^{-2}；I—带田幅宽 120 cm，胡麻种植密度 900 万株·hm^{-2}。

试验设 3 次重复，每小区 4 个带幅，小区长 5 m，小区间隔 30 cm。在试验地同时种植单作陇亚杂 1 号、银豆 2 号作为对照，陇亚杂 1 号亩播量为 5.0 kg，播种密度为 750 万株·hm^{-2}；银豆 2 号采用宽行 80 cm、窄行 40 cm 宽窄行种植，株距和带田中相同均为 10 cm，密度为 19.8 万株·hm^{-2}。试验施 262.5 kg·hm^{-2}、225 kg·hm^{-2}尿素作为基肥。在胡麻快速生长期结合第一次浇水追肥 150 kg·hm^{-2}的尿素，在胡麻盛花期结合第二次浇水追肥 75 kg·hm^{-2}的尿素，在大豆的鼓粒期结合第三次浇水追肥 150 kg·hm^{-2}的尿素。单作施肥水平与带田相同。试验四周设保护区。

试验十七、胡麻/大豆带田灌水量和施氮量试验设计。于 2013—2014 年在榆中灌溉地进行。试验采用的胡麻/大豆的带田结构为带宽 120 cm，其中胡麻种 4 行，占 60 cm，行距 20 cm；大豆种 2 行，行距 30 cm，间距 15 cm。试验采用二因素随机区组设计，设胡麻不同灌水次数（每次灌水 1 200 m^3·hm^{-2}）和施氮量 2 个因素，其中灌水次数分快速生长期浇一次水（W$_1$）、快速生长期和盛花期各浇一次水（W$_2$）、快速生长期、盛花期和青果期各浇一次水（W$_3$）共 3 个水平；施肥量分 3 个水平，总量分别为 75kg·hm^{-2}（N$_1$）、150kg·hm^{-2}（N$_2$）和 225 kg·hm^{-2}（N$_3$），均分基肥（2/3）和快速生长期追肥（1/3）两次施入。快速生长期的施肥结合灌水进行。试验共 9 个处理，即：T1—W$_1$N$_1$，T2—W$_2$N$_1$，T3—W$_3$N$_1$，T4—W$_1$N$_2$，T5—W$_2$N$_2$，T6—W$_3$N$_2$，T7—W$_1$N$_3$，T8—W$_2$N$_3$，T9—W$_3$N$_3$。

试验十八、胡麻/玉米带田灌水量和施氮量试验设计。于 2013—2014 年在榆中灌溉地进行。试验采用的胡麻/玉米的带田结构为带宽 160 cm，其中胡麻种 6 行，占 100 cm，行距 20 cm；玉米种 2 行，行距 30 cm，间距 15 cm。试验采用二因素随机区组设计，设胡麻不同灌水次数（每次每亩浇水 80 m^3）和施氮量 2 个因素，其中灌水次数分快速生长期浇一次水（W$_1$）、快速生长期和盛花期各浇一次水（W$_2$）、快速生长期、盛花期和青果期各浇一次水（W$_3$）共 3 个水平；施肥量分 3 个水平，总量分别为 120 kg·hm^{-2}（N$_1$）、180 kg·hm^{-2}（N$_2$）和 240 kg·hm^{-2}（N$_3$），均分基肥（2/3）和快速生长期追肥（1/3）两次施入。快速生长期的施肥结合灌水进行。试验共 9 个处理，即：T1—W$_1$N$_1$，T2—W$_2$N$_1$，T3—W$_3$N$_1$，T4—W$_1$N$_2$，T5—W$_2$N$_2$，T6—W$_3$N$_2$，T7—W$_1$N$_3$，T8—W$_2$N$_3$，T9—W$_3$N$_3$。各小区磷、钾肥的施用量均为 P$_2$O$_5$ 112.5 kg·hm^{-2}、K$_2$O 52.5 kg·hm^{-2}。磷、钾肥品种分别为磷酸二铵和硫酸钾，均作为基肥施用。设 3 次重复，每小区 3 个带，小区长 5 m，小区四周打 30 cm埂间隔，试验四周设保护区 1 m。胡麻品种常用陇亚杂 1 号、玉米品种采用陇单 10 号（或采用当地适宜品种）。

试验十九、胡麻/玉米带田密度和带型试验设计。于 2013—2014 年在榆中灌溉地进行。试验采用二因素随机区组设计，设胡麻密度和带型 2 个因素，每个因素各设 3 个水平，其中胡麻密度分别为 600 万株·hm^{-2}、750 万株·hm^{-2}、900 万株·hm^{-2}，胡麻/玉米的 3 种带型结构如：①带田带宽 140 cm，其中胡麻种 4 行，占60 cm，行距 20 cm；玉米种 2 行，行距 40 cm；间距 20 cm。②带田带宽 160 cm，其中胡麻种 5 行，占 80 cm，行距 20 cm；玉米种 2 行，行距 40 cm；间距 20 cm。③带田带宽 170 cm，其中胡麻种 6 行，占 100 cm，行距 20 cm，玉米种 2 行，行距 30 cm；间距 20 cm。

试验共 9 个处理，2 个对照，即：T1—带田带宽 140 cm，胡麻种植密度 600 万株·hm^{-2}；T2—带田带宽160 cm，胡麻种植密度 600 万株·hm^{-2}；T3—带田带宽 170 cm，胡麻种植密度 600 万株·hm^{-2}；T4—带田带宽 140 cm，胡麻种植密度 900 万株·hm^{-2}；T5—带田带宽 160 cm，胡麻种植密度 900 万株·hm^{-2}；T6—带田带宽 170 cm，胡麻种植密度 900 万株·hm^{-2}；T7—带田带宽 140 cm，胡麻种植密度 750 万株·hm^{-2}；T8—带田带宽 160 cm，胡麻种植密度 750 万株·hm^{-2}；T9—带田带宽 170 cm，

胡麻种植密度 750 万株·hm^{-2}；T10—玉米单种，种植密度 6.7 万株·hm^{-2}，采用 40 cm、80 cm 宽窄行种植，株距 25 cm；T11—胡麻单种，种植密度 750 万株·hm^{-2}行距 20 cm。

试验设 3 次重复，每小区 3 个带幅，小区长 5 m，小区间隔 30 cm。乌兰察布地区胡麻品种采用陇亚 10 号、玉米品种采用大地 1 号。白银地区胡麻品种采用陇亚杂 1 号、玉米品种采用沈单 16。在试验地同时种植单作胡麻、玉米作为对照，胡麻品种播量 75 kg·hm^{-2}，玉米品种采用 40 cm、80 cm 宽窄行种植，株距为 25 cm，密度为 6.75 万株·hm^{-2}。试验施 262.5 kg·hm^{-2}磷酸二铵、225 kg·hm^{-2}尿素作为基肥施入。在胡麻快速生长期结合第一次浇水追肥 150 kg·hm^{-2}的尿素，在胡麻盛花期结合第二次浇水追肥 75 kg·hm^{-2}的尿素，在玉米的灌浆期结合第三次浇水追肥 300 kg·hm^{-2}的尿素。单作施肥水平与带田相同。试验四周设保护区 1 m。

试验二十、水肥耦合试验设计。试验于 2015 年在甘肃省兰州市榆中县良种繁育场进行。试验采取裂区设计，主区为灌溉量设 3 个水平，分别为：W$_1$— 2 250 m^3·hm^{-2}（分茎 1 275 m^3·hm^{-2}+盛花 1 275 m^3·hm^{-2}），W2— 3 225 m^3·hm^{-2}（分茎 1 395 m^3·hm^{-2} + 现蕾 915 m^3·hm^{-2} + 盛花 915 m^3·hm^{-2}），W3— 3 900 m^3·hm^{-2}（分茎 1 462.5 m^3·hm^{-2} + 现蕾 1 462.5 m^3·hm^{-2} + 盛花 975 m^3·hm^{-2}）；灌溉水通过管道引入各小区内，管道上安装水表，通过水表进行计量。氮设 4 个水平，分别为 N$_0$—0 kg·hm^{-2}，N$_1$—112.5 kg·hm^{-2}，N$_2$—225 kg·hm^{-2}，N$_3$—337.5 kg·hm^{-2}，其中，N$_1$、N$_2$、N$_3$的氮肥施用时期均为 2/3 基肥和现蕾初期 1/3 追肥。共 12 个处理，重复 3 次。共 36 小区。每小区长×宽＝5 m×4 m，面积 20 m^2，小区间隔 30 cm；区组间隔 40 cm；四周设 1 m 的保护行。各小区磷、钾肥的施用量均为 P$_2$O$_5$ 112.5 kg·hm^{-2}、K$_2$O 52.5 kg·hm^{-2}。磷、钾肥均作为基肥施用。种植密度为 750 万株·hm^{-2}，采用条播方式，播种深度 3 cm，行距 20 cm，供试胡麻品种为陇亚杂 1 号。田间管理同当地大田生产。

试验二十一、覆盖方式试验设计。试验于 2015—2016 年在会宁县会师镇南嘴村的旱川地进行，试验设 10 个处理（表 2-14），覆膜处理：均全地面覆盖，膜宽相同（膜宽 120 cm）；起垄者均微垄（垄高 8 cm、垄宽 5 cm）；膜面覆土时均为 1 cm。秸秆覆盖：秋季秸秆全地面覆盖，播前去掉播种行秸秆，留下空行秸秆，平作、穴播。常规种植：无任何覆盖、穴播，各处理行距为 15 cm，穴距为 11 cm，每穴播 10 粒，每公顷 60.6 万穴。选用旱地高产胡麻品种陇亚杂 1 号，小区长 6.3 m，宽 3 m，面积 18.9 m^2，3 次重复。各处理氮、磷施用量相同，采用当地最佳施肥量：N 112.5 kg·hm^{-2}，P$_2$O$_5$75 kg·hm^{-2}。

表 2-14 试验处理

Tab. 2-14 Experiment treatments

处理编号	处理
T1	白膜微垄覆土
T2	黑膜微垄覆土
T3	白膜微垄不覆土
T4	黑膜微垄不覆土
T5	白膜覆土
T6	白膜不覆土
T7	黑膜覆土
T8	黑膜不覆土
T9	秸秆覆盖
T10	常规种植

试验二十二、降解膜氮肥互作试验设计。试验于 2017—2018 年在会宁县会师镇南嘴村的旱川地

进行，试验设地膜种类和施氮两个因素。地膜种类设 5 个水平：不覆膜（露地，P_0）、普通地膜（P_1）、生物降解膜 P_2（厚度 0.008 mm）、生物降解膜 P_3（厚度 0.010 mm）和生物降解膜 P_4（厚度 0.012 mm），地膜幅宽均为 120 cm；施氮设 3 个水平：不施氮（N_0）、施用化学氮肥（N_1）、化肥氮和有机氮肥配施（N_2），施用氮肥的 N_1 和 N_2，氮素用量均为 N 120 kg·hm^{-2}，N_2 水平为 2/3 化学氮肥+1/3 有机氮肥，其中化学氮肥为尿素，有机氮肥为商品肥料肉蛋白。共 15 个处理，三次重复，45 个小区。小区长 6.7 m，宽 3 m，面积 20.1 m^2。各处理施磷总量为 P_2O_5 75 kg·hm^{-2}、施钾总量为 K_2O 52.5 kg·hm^{-2}。N_2 处理下施用化学磷肥 P_2O_5 48.06 kg·hm^{-2}，施用化学钾肥 K_2O 38.91 kg·hm^{-2}，剩余磷肥和钾肥由有机肥提供。磷、钾化肥的品种分别为过磷酸钙和硫酸钾，氮、磷、钾肥均作为基肥施用。先施肥后覆膜，覆膜后穴播。种植密度为 600 万株·hm^{-2}，行距 15 cm，穴距 11 cm，每穴播 10 粒种子（每公顷播 60.6 万穴），播深 3 cm。

试验二十三、轮作模式试验设计。于 2011—2012 年在定西进行。本试验方案是以英国洛桑试验站（Rothamsted Experimental station，现称 Rothamsted Research，洛桑研究所）世界著名的长期定位试验（至今已有 150~170 年的历史）为模板，以加拿大农业与农业食品部的 1955 年至今的长期定位试验为参照，以本试验的具体内容和目的为依据设计的。处理包括 4 年为一轮的轮作模式，每个模式有 4 个 phase 在同一年中同时出现。胡麻是本研究的主要议题，胡麻在轮作中出现的频率有 100%、50%、50% 和 25% 四个梯度（表 2-15）。并且以所示 4 个基本处理共产生了 13 个处理（不同轮作模式），另加一个空白对照（分为两半，一半正常耕作，一半不耕作），每个处理 3 个重复，小区面积 15 m^2。

表 2-15　本试验设计的基本处理
Tab. 2-15　Basic treatments of experimental design

年份及项目	处理			
	B1	B2	B3	B4
2013（A1）	胡麻	胡麻	小麦	小麦
2014（A2）	胡麻	小麦	胡麻	马铃薯
2015（A3）	胡麻	马铃薯	马铃薯	小麦
2016（A4）	胡麻	胡麻	胡麻	胡麻
胡麻所占比例	100%	50%（Ⅰ）	50%（Ⅱ）	25%

胡麻品种为定亚 22 号，种植密度为 750 万株·hm^{-2}；马铃薯品种新大平，种植密度为 5.25 万株·hm^{-2}；小麦品种甘春 25 号，种植密度为 375 万株·hm^{-2}。氮、磷施用量采用当地最佳施肥量：胡麻为 N 112.5 kg·hm^{-2}、P_2O_5 112.5 kg·hm^{-2}；马铃薯为 N 225 kg·hm^{-2}、P_2O_5 150 kg·hm^{-2}；小麦为 N 150 kg·hm^{-2}、P_2O_5 112.5 kg·hm^{-2}；氮、磷均作为基肥施用。

试验二十四、根系分泌物化感作用试验设计。于 2011 年在甘肃省农业科学院兰州农场（103°53′E、36°06′N）。在 9 个直径 12 cm 的培养皿中培养地肤，每个培养皿中铺 2 张滤纸后加入 6 ml 蒸馏水，每 3 个培养皿分为一组。先向其中的 3 个培养皿中加入 200 粒地肤种子，另 3 个培养皿中加入 300 粒地肤种子，最后 3 个培养皿中加入 400 粒地肤种子。然后把所有培养皿放在人工智能培养箱中 25 ℃恒温保湿光照培养（光照 12 h，黑暗 12 h）14 d。在种子萌发过程中每天加 3 ml 蒸馏水，保持滤纸湿润。14 d 后把地肤的幼苗取出，在原有滤纸上再加一层滤纸，然后加入 5 ml 蒸馏水，随机数 25 粒胡麻种子，均匀分布在皿内。另外再取 3 个培养皿（未种植地肤的）作为对照。在胡麻萌发过程中，每天加 5 ml 蒸馏水保持滤纸湿润，第 3 天统计发芽势，第 7 天统计发芽率，并挑选第 1 天萌发种子的幼苗 10 株，用吸水纸吸干水分，用直尺测定每株幼苗的根长和苗高，用电子天平称量根鲜重和苗鲜重。然后分别计算各个对照和处理的发芽指数和活力指数、单株根鲜重和苗鲜重。

试验二十五、地上部挥发物化感作用试验设计。于 2011 年在甘肃省农业科学院兰州农场（103°53′E、36°06′N）。将洗净晾干的新鲜地肤植株地上部茎叶，分别称取 50 g、100 g 和 150 g，置于干燥器（直径 30 cm、高 50 cm）底部，上层放上垫有滤纸的培养皿（直径为 90 mm），用移液管在滤纸上加入 8 ml 水后，均匀放入 25 粒胡麻种子，培养皿不加盖，然后密封干燥器，在人工气候箱内培养，培养温度为（25±1）℃，12/12（B/H）。共培养 7 d（每天于固定时间打开干燥器通气 30 min）后，每天统计发芽数，7 d 后测定胡麻的根长、苗高、根鲜重和苗鲜重。以下层不放东西的为对照，每个处理 3 次重复。

试验二十六、地肤地上部枯落物化感作用试验设计。于 2011 年在甘肃省农业科学院兰州农场（103°53′E、36°06′N）。枯落物水浸提液的制备：准确称取一定量风干的地肤地上部枯落物，加入 10 倍于其重量的蒸馏水，充分摇匀，20℃下浸泡 48 h，间歇震荡，最后过滤，得 0.100 gFW·ml^{-1} 浓度的水浸提液母液，再稀释为 0.012 5、0.006 3 和 0.003 2 g FW·ml^{-1}，于 4℃冷藏备用。

试验二十七、地肤地上部腐解物化感作用试验设计，于 2011 年在甘肃省农业科学院兰州农场（103°53′E、36°06′N）。腐解物的制备：2010 年 6 月，在甘肃省农业科学院胡麻试验田采集地肤地上部茎叶带回实验室备用。另外，同时采集该试验田荒地（前茬小麦）30~60 cm 的土层土壤，过筛后作为腐殖土。准确称取地肤地上部茎叶 150 g、300 g 和 450 g，剪成 2 cm 的小段，将上述茎叶小段以茎叶：土壤质量比为 2.5%、5% 和 7.5% 三个浓度梯度混合后置于 27 cm×19 cm 的花盆，每个花盆浇 1 500 ml 水，然后每个花盆用黑色塑料包住。腐解过程在日光温室内进行，腐解 3 个月。每种处理 3 次重复。腐解 3 个月后，将腐解花盆内的腐殖土阴干后备用。将事先挑选好的胡麻种子直播于上述各处理盆中，以没有混入地肤地上部茎叶的作为对照。每盆 60 粒种子，每种处理 3 次重复。出苗后每盆定株 20 株，45 d 后每盆挑选最大的 10 株测定株高和茎粗（分别用钢卷尺和游标卡尺测定）、主根长、植株及根系鲜重、干重。

五、试验测定项目

（一）植株指标测定

1. 形态指标测定

各生育时期每小区取具有代表性且长势相近的植株 20 株，测定以下指标：

（1）株高。用直尺测量茎秆基部齐泥处至麻株顶梢的距离。

（2）茎粗、壁厚。用游标卡尺测定。

（3）重心高度。用直尺测量茎秆基部齐泥处至该茎（带分枝、叶、花、果）平衡支点。

（4）茎秆抗折力。采用深圳 SANS 公司制造的 CMT2502 型微机控制电子万能试验机测定。

（5）茎秆强度。在植株距地面 20 cm 高处采用日本产秆强测定器（DIK-7401）测定。

2. 生理生化指标测定

（1）植株干重。采用烘干法测定。

开花后营养器官干物质转运的计算公式如下：

营养器官开花前贮藏同化物转运量＝花期干重－成熟期干重

营养器官开花前贮藏同化物转运率（%）＝（花期干重－成熟期干重）/花期干重×100

开花后同化物输入籽粒量＝成熟期籽粒干重－营养器官花期贮藏物质转运量

对籽粒产量的贡献率（%）＝花期营养器官贮藏物质转运量/成熟期籽粒干重×100

（2）叶面积测定。采用 LI-3100C 叶面积测量仪测定。

叶面积指数的计算：

叶面积指数＝［公顷实有株数×单株叶面积（m^2）］·10 000 m^{-2}

光合势的计算：

光合势（×10^4·m^2·d·hm^{-2}）＝1/2（L_1+L_2）×（t_2-t_1）

式中，L_1、L_2 和 t_1、t_2 为前后 2 次测定的叶面积和时间。

（3）叶片叶绿素含量测定。参照邹琦（2000）的方法测定。

$$叶绿素 a（Chl a）=（12.21A_{663}-2.81A_{646}）×V/（1\ 000\ m）$$

$$叶绿素 b（Chl b）=（20.13A_{646}-5.03A_{663}）×V/（1\ 000\ m）$$

$$叶绿素 Chl = Chl a + Chl b$$

式中，A 为吸光值，V 为提取液总体积（ml），m 为叶片鲜重（g）。

（4）非结构性碳水化合物测定。于胡麻各生育时期各器官可溶性糖和淀粉含量测定，参照邹琦（2000）的方法测定。蔗糖含量采用蒽酮法测定（邹琦，2000）。

非结构性碳水化合物（NSC）相关指标的计算方法：

花前 NSC 转运量（CT）= 开花期植株营养官 NSC 积累量-成熟期植株营养器官 NSC 积累量

花前 NSC 转运效率（%）= 花前 NSC 转运量/开花期 NSC 积累量×100

花前 NSC 对籽粒中 NSC 的贡献率（%）= 花前 NSC 转运量/籽粒中 NSC 积累量×100

花后 NSC 对籽粒中 NSC 的贡献率（%）=（成熟期植株中 NSC 积累量-开花期植株总 NSC 积累量）/籽粒中 NSC 积累量×100

3. 植株养分含量测定

（1）氮磷钾含量测定。采用 $H_2SO_4-H_2O_2$ 消煮，氮素含量采用凯氏定氮法测定，磷素含量采用钼锑钪比色法测定，钾素含量采用火焰光度法测定（鲍士旦，2000）。

养分吸收与分配的计算：

氮素积累量=某器官的干物质重量×该器官中氮素含量/100

氮素的转移量（PM，$mg·株^{-1}$）= 花期茎、叶和非籽粒（包括花蕾、花、蒴果皮等）中氮的积累量-成熟期茎、叶和非籽粒中氮的积累量

氮素的转移率（%）= PM/花期相应器官中氮的积累量×100

氮素的贡献率（%）= PM/成熟期籽粒中氮的累积量×100

肥料利用率的计算：

肥料表观利用率（ARE）=（施肥区植物吸收养分量-无肥区植物吸收养分量）×100/施肥量

肥料农学利用率（AUE）=（施肥区产量-无肥区产量）/施肥量

肥料生理利用率（PUE）=（施肥区产量-无肥区产量）/（施肥区植株吸收养分量-无肥区植株吸收养分量）

氮肥偏生产力（$kg·kg^{-1}$）= 籽粒产量/施氮量

磷钾肥相关计算同氮肥。

（2）游离氨基酸含量测定。采用茚三酮法测定（邹琦，2000）。

（3）可溶性蛋白测定。采用考马斯亮蓝 G-250 法测定（邹琦，2000）。

（4）植株酶活性指标测定。硝酸还原酶（NR）和谷氨酰胺合成酶（GS）活性测定参照李合生（2000）方法测定。苯丙氨酸转氨酶（PAL）活性，采用张志良（2003）的方法；酪氨酸解氨酶（TAL）酶液的提取同 PAL，参照刘晓燕（2007）的方法；4-香豆酸：CoA 连接酶（4CL）活性测定，参照 Knobloch 和 Hahibrock（1975）的方法；肉桂醇脱氢酶（CAD）活性测定，参照 Morrison（1994）的方法；POD 酶活性的测定采用愈创木酚法（Moerschbacher，1988）。

（5）茎秆生理生化指标测定。木质素含量测定采用 Klason 法（1988），纤维素含量测定采用张志良的方法（2003），可溶性糖和淀粉含量测定采用蒽酮比色法（邹琦，2000），采用 $H_2SO_4-H_2O_2$ 消煮和凯氏定氮法测定样品含氮量（浓度），K 含量的测定采用火焰光度计法，Ca、Mg 含量的测定采用原子吸收分光光度法（鲍士旦，2000）。

4. 作物产量指标测定

（1）灌浆指标。盛花期在每个小区内做标记（尽量能够代表整个小区），灌浆开始后，以标记蒴

果为标准，每个小区采 20 个蒴果，测其直径，在 80 ℃烘干后称重，数籽粒数，称籽粒的重量。然后进行数据处理如下：用 Logistic 方程 $Y=K/(1+ae^{-bt})$ 对籽粒生长过程进行拟合，其中灌浆开始后持续天数 (t) 为自变量，灌浆过程中籽粒干物质累积增长量即千粒重 (Y) 为因变量，K 为累积最大值、a、b 为常数。该方程对时间求一阶导数得到灌浆速率方程 $v(t)=Kabe^{-bt}/(1+ae^{-bt})^2$，根据 Logistic 方程和灌浆速率方程的一级和二级导数，推导出灌浆高峰期起始 (t_1) 和结束时间 (t_2)，灌浆终期 (t_3) 即 Y 达 99%K 的时间，籽粒灌浆渐增期 (T_1)、快增期 (T_2) 和缓增期持续时间 (T_3)，以及灌浆持续天数 $T(d)$ 和籽粒平均灌浆速率 $R(g/d)$。

$$t_1=[\ln a-\ln(2+1.732)]/(-b);t_2=[\ln a+\ln(2+1.732)]/(-b);t_3=-(4.5951+\ln a)/b$$

$$T_1=t_1；T_2=t_2-t_1；T_3=t_3-t_2；T=t_3$$

（2）产量测定。收获时在每小区随机选取 30 株植株样，带回到实验室进行考种。分别测定每株有效果数、果粒数、千粒重。收获时按小区单打单收，测得小区籽粒产量和生物产量。收获指数＝籽粒产量/生物产量。

（3）品质测定。收获后，每个小区取胡麻籽粒 400 g，在甘肃省农业科学院近红外仪品质测定中心测定籽粒含油率、亚麻酸、亚油酸、硬脂酸、油酸及棕榈酸的含量。

（二）土壤指标测定

1. 土壤养分测定

（1）土壤理化性质的测定（鲍士旦，2000）土壤容重测定采用环刀法测定；土壤有机质测定采用 $H_2SO_4-K_2Cr_2O_7$ 外加热法；土壤全氮测定采用凯氏定氮法；土壤全磷测定采用 $HClO_4-H_2SO_4$ 消煮法；土壤硝态氮测定采用酚二磺酸比色法；土壤氨态氮测定采用 KCl 浸提-蒸馏法；土壤速效磷测定采用 $0.5\ mol\ L^{-1}NaHCO_3$；土壤速效钾测定采用 NH_4OAc 浸提，火焰光度计法；土壤 pH 值的测定采用电极法。

$$土壤硝态氮含量（mg·kg^{-1}）=C·V·ts/(m·k)$$

式中，C—为浓度（$\mu g·ml^{-1}$）；V—显色液的体积（ml）；ts—分取倍数；m—鲜土质量（g）；k—土样换算成烘干土样的水分换算系数。

$$土壤硝态氮绝对累积量（kg·hm^{-2}）=土层厚度（cm）×土壤容重（g·cm^{-3}）×土壤硝态氮含量（mg·kg^{-1}）/10$$

$$土壤硝态氮相对累积量（\%）=某层硝态氮绝对累积量/整个剖面硝态氮累积量×100$$

（2）土壤水分利用效率的测定（吴兵，2012）。分别于胡麻播种前、现蕾期、青果期及收获成熟期用土钻取 0~140 cm 土层的土壤样品，每 20 cm 为一层。取出土壤样品后立即装入铝盒，称量湿重；然后在 110 ℃下烘干至恒重，再称量其干重，并测量铝盒重量。相关计算公式如下：

$$土壤含水量（\%）=\frac{测得土壤湿重（g）-测得土壤干重（g）}{测得土壤干重（g）-铝盒重量（g）}×100；$$

$$土壤贮水量（mm）=10×土层厚度（cm）×土壤容重（g·cm^{-3}）×土壤含水量（\%）；$$

耗水量：$ET_{1-2}=10\sum\gamma_iH_i(\theta_{i1}-\theta_{i2})+M+P_0+K$，$(i=1，2，3\cdots，n)$，

式中，ET_{1-2} 表示阶段耗水量；i 表示土层的编号；n 表示总的土层数量；γ_i 表示第 i 层土壤容重；H_i 表示第 i 层土层厚度；θ_1 和 θ_2 分别表示：第 i 层土壤段初和末的土壤含水量，以占干重的百分数计；M 表示时段内的灌水量；P_0 表示时段内的有效降雨量；K 表示时段内的地下水补给量，当地下水埋深>2.5m 时，K 可忽略不计，本试验地下水在几十米下，所以 $K=0$。

耗水强度与水分利用效率可依下式计算：

$$耗水强度（mm·d^{-1}）=\frac{各阶段耗水量（mm）}{各阶段生育时期天数（d）}$$

$$水分利用效率（kg·hm^{-2}·mm^{-1}）=\frac{籽粒产量（kg·hm^{-2}）}{作物全生育时期的总耗水量（mm）}$$

2. 土壤微生物测定

（1）土壤生物化学特性相关指标的测定。土壤微生物生物量碳、氮的测定采用熏蒸提取—容量分析法（李振高，2008）；土壤脲酶的测定采用靛酚蓝比色法（关松荫，1986）；土壤过氧化氢酶的测定采用容量法（姚槐应，2006）。以上指标均在一个轮作周期后分 0~10 cm、10~30 cm 土层测定。

（2）土壤微生物多样性的测定。根据 16S rRNA 是原核生物核糖体 30S 小亚基的组成部分，它包含 10 个保守区和 9 个高变区，其中保守区为细菌共有，而高变区则有种属特异性，其基因序列随着菌种间的亲缘关系不同而有一定差异。利用高变区核酸序列的差异，鉴定细菌系统发育和分类。按照这一特征设计 16S rDNA 引物，并扩增、测序来鉴定样本中的微生物种类（Pei et al, 2010）。安诺优达 16S rDNA 测序分析平台，采用高通量测序技术（Illumina），具有所需样本量少、高通量和高精确性等特点，一次性获得几百万条的 16S rDNA 序列，并利用生物信息学分析方法进行快速的物种鉴定。

（3）土壤微生物基因组 DNA 的提取和纯化。利用 CTAB 方法对各土壤样品基因组 DNA 进行提取，完成基因组 DNA 抽提后，利用 1%琼脂糖凝胶电泳检测 DNA 样品是否有降解以及杂质，Nano-Photometer 分光光度计检测样品纯度；Qubit 2.0 Flurometer 检测 DNA 样品浓度。

（4）PCR 扩增。①土壤细菌 16S rDNA V3+V4 区片段的扩增，将纯化后的 DNA 作为模板，选用细菌通用引物 338F（ACTCCTACGGGAGGCAGCA）和 806R（GGACTACHVGGGTWTCTAAT）扩增 16S rDNA V3+V4 区片段，PCR 反应采用 TranGen AP221-02（TransStart FastPfu DNA Polymerase），20 μl反应体系；5×FastPfu Buffer 4 μl，2.5 mM dNTPs 2 μl，正向引物（5 μM）0.4/0.8 μl，反向引物（5 μM）0.4/0.8 μl，FastPfu Polymerase 0.4 μl，Template DNA 10 ng，补 ddH$_2$O 至 20 μl。PCR 反应在 ABI GeneAmp 9700 型 PCR 仪上进行。扩增体系为：95℃变性 2 min，95 ℃变性 30 s，55 ℃退火 30 s，72 ℃延伸 45 s，共 30 个循环，72 ℃延伸 10 min，10 ℃保存备用。②土壤真菌 ITS1-ITS2 区片段的扩增：将纯化后的 DNA 作为模板，扩增 ITS1-ITS2 区片段，选用真菌通用引物 ITS1 1737F（GGAAGTAAAAGTCGTAACAAGG）和 ITS2-2043R（GCTGCGTTCTCATCGT C）。20 μl 反应体系；5×FastPfu Buffer 4 μl，2.5 mM dNTPs 2 μl，正向引物（5 μM）0.4/0.8 μl，反向引物（5 μM）0.4/0.8 μl，FastPfu Polymerase 0.4 μl，Template DNA 10 ng，补 ddH$_2$O 至 20 μl。PCR 反应在 ABI Gene-Amp 9700 型 PCR 仪上进行。扩增体系为：95 ℃变性 2 min，95 ℃变性 30 s，58 ℃退火 30 s，72 ℃延伸 45 s，共 33 个循环，72 ℃延伸 10 min，10 ℃保存备用。

（5）生物信息学分析流程 对数值中质量较低的序列进行过滤。低质量碱基是指碱基质量小于 20 的碱基，将一条 Read 序列上质量高于 20 的碱基数占碱基总数的百分比小于 80%的 Reads 过滤掉。通过重叠关系将双末端测序得到的成对序列组成一条序列，符合条件的序列为目标序列，然后进行 OUT 聚类分析和物质分类分析。基于 OUT 可以进行多样性指数分析，基于分类信息，可以在各分类水平上进行群落结构的统计分析。

（三）间套作指标测定

1. 生长的库源关系计算

计算作物的生长率、干物质分配比率、营养器官开花前贮藏同化物运转量、营养器官开花前贮藏同化物运转率、开花后同化物输入籽粒量和对籽粒产量的贡献率（姜东，2004）。计算公式如下：

（1）作物绝对生长率

$$作物绝对生长率 = \frac{W_2 - W_1}{T_2 - T_1}$$

式中，$W_2 - W_1$ 表示一定期间内每平方米土地面积上植株干重的净增长，$T_2 - T_1$ 为两次测定期间的间隔天数。

（2）不同器官干物质分配比率（%）=不同器官干物质量/植株单株总干物质量×100

（3）营养器官开花前贮藏同化物运转量=开花期干重－成熟期干重

（4）营养器官开花前贮藏同化物运转率（%）=（开花期干重－成熟期干重）/开花期干重×100

（5）开花后同化物输入籽粒量＝成熟期籽粒干重－营养器官花前贮藏物质运转量

（6）对籽粒产量的贡献率＝开花前营养器官贮藏物质转运量（或开花后同化物量）/成熟期籽粒干重×100%

2. 豆根瘤数目和根瘤干重

在大豆花芽分化期、盛花期、鼓粒期等3个时期取样，每个小区取5株植株，先将地上部分自子叶痕处取下，再用铁锹掘取整段土体，装入尼龙网袋，用水浸泡后快速冲洗干净根系，迅速剥落根系上的根瘤，泥水过钢筛，收集根瘤，计数，用吸水纸吸干根瘤表面的水分，然后用分析天平进行称重，最后于80℃烘干至恒重并称取根瘤干重。

（1）间作优势计算。土地当量比（LER）用于衡量相同面积下的间作优势，计算公式：

$$LER = (Y_{ai}/Y_{as}) + (Y_{bi}/Y_{bs})$$

式中，Y_{ai} 和 Y_{bi} 分别代表间作总面积上 a 和 b 作物收获期的单株生物量或产量，Y_{as} 和 Y_{bs} 分别代表单作时 a 和 b 作物收获期的单株生物量或产量。当 $LER>1$，表明间作有优势；当 $LER<1$ 为间作劣势。为分析生物量当量比和产量当量比的差异，进一步比较两作物的收获系数，即作物产量与总生物量的比值。

（2）种间相对竞争能力的计算。该指标表示一种作物相对于另一种作物的资源竞争能力大小，计算公式为：

$$A_a = (Y_{ai}/Y_{as}) - (Y_{bi}/Y_{bs}), A_b = (Y_{bi}/Y_{bs}) - (Y_{ai}/Y_{as})$$

式中，Y_{ai} 和 Y_{bi} 分别代表间作总面积上 a 和 b 作物收获期产量，Y_{as} 和 Y_{bs} 分别代表单作时 a 和 b 作物收获期的产量。当 $A_a=0$，表明这两种作物的竞争力相同；当 $A_a>0$，表明作物 a 占据优势，相反，作物 b 占据优势。

（3）竞争比率的计算。该指标是评价物种之间竞争的一种指标（Dhima，2007），计算公式为：

$$CR_a = LER_a/LER_b, CR_b = LER_b/LER_a$$

式中，$CR_a>1$，表明物种 a 比物种 b 竞争能力强；$CR_a<1$，表明物种 a 比物种 b 竞争能力弱。

（四）杂草生态位及化感作用指标测定

1. 杂草发生率

在没有进行人工防除杂草和施用除草剂的试验小区进行杂草调查，试验区总面积 0.67 hm²，在此范围内随机选取面积为 337.5 m² 的田块 3 块进行调查，调查时间为胡麻生长期（4月到7月上旬）。每 7~10 d 调查一次，采用倒置"W"5 点取样法，共 15 个样方，每个样方面积为 0.25 m²（50 cm×50 cm），样方中杂草全部挖出并装入密封的塑料袋内，在室内辨认杂草种类，数出杂草株数，用直尺量其高度并做记录。

（1）杂草发生频率（Population Frequence，PF）。测定区域出现某种杂草时，该杂草的 PF 取 1，反之取 0，该区域所有杂草的 PF 值的和代表该区域杂草的种类。

杂草频度（Frequency）＝某种杂草出现的样方数/调查样方的总数

相对频率（Relative Frequence，RF）＝某种杂草 PF 值/该区域杂草种类值

杂草种群密度（Population Density，PD）＝某种杂草的株数/测定区域面积

相对密度（Relative Density，RD）＝某种杂草株数/区域内所有物种总数

杂草相对丰度（Relative Abundance，RA）$= RF_{ith} + RD_{ith} = \dfrac{PF_{ith}}{\sum\limits_j PF_{jth}} + \dfrac{PD_{ith}}{\sum\limits_j PD_{jth}}$

式中，RA—相对丰度；RF—相对频率；RD—相对密度；ith—第 i 种杂草；jth—第 j 种杂草

（2）生态位宽度。采用 Levins（1995）的公式：$B = -(\sum\limits_{i=1}^{s} pi \ln pi)/\ln s$，其中 $P_i = N_i/N$，即一个物种在一个资源状态下所占的比例。N_i 为物种在第 i 个资源状态的数目（时间生态位宽度研究时为

12 个时间单元，空间生态位宽度研究时为 15 个样方，垂直生态位宽度研究时为 4 个株高资源序列），N 为物种在所有资源状态中的数目（12 个时间单元或 15 个样方或 4 个株高资源序列），s 为资源状态总数（本研究分别为 12、15、4）。

（3）生态位重叠。采用 Schoener（1974）重叠指数：$C_{ih} = 1 - \dfrac{1}{2} \sum \left| \dfrac{N_{ij}}{N_i} - \dfrac{N_{hj}}{N_h} \right|$

式中，C_{ih} 等于 i 种和 h 种之间的生态位重叠指数；N_{ij} 等于 i 种（杂草）在 j 资源等级中的数值；N_i 等于 i 种在所有资源等级中的数值；N_{hj} 等于 h 种（杂草）在 j 资源等级中（同上）的出现数值；N_h 等于 h 种在所有资源等级（同上）中的数值。生态位重叠指数的变化范围从 0~1，0 表示完全不重叠，1 表示百分之百重叠。

以上数据处理均利用 Microsoft Excel 计算生态位宽度值和生态位重叠值。

2. 种优势杂草不同部位水浸提液对胡麻化感作用研究

2009 年，于地肤、狗尾草、藜盛花期，在甘肃农业科学院胡麻试验田，采用倒置"W"法，选取 5 个样点，在每个样点挖取健康地肤植株 4~5 株，所有样点植株混在一起，剔除腐叶、枯叶后用清水快速冲洗后阴干；最后从阴干植株上收集根系、地上部茎叶和整株。

（1）水浸提液的制备。将供体植株分为地上部、根系和全株 3 部分，分别用剪刀剪成 2 mm 的小段，各称取 40 g，装入棕色瓶中，然后向每瓶中加 400 ml 蒸馏水，充分摇匀，20 ℃下浸泡 48 h，间歇震荡，最后过滤，得 0.100 gFW·ml^{-1} 浓度的水浸提液母液，再稀释为 0.050 gFW·ml^{-1}、0.025 gFW·ml^{-1}，于 4 ℃冷藏备用。

（2）试验方法。挑选大小一致、健康、无破损和无霉变的胡麻种子，并用干净的滤纸擦净后备用。取直径为 12 cm 的培养皿，垫上 2 层滤纸，分别加上 10 ml 不同浓度的稀释液，对照为蒸馏水，随机数 25 粒胡麻种子，均匀分布在皿内，每个处理 3 次重复，在人工智能培养箱中 25 ℃恒温保湿光照培养：光照 12 h，黑暗 12 h。种子萌发过程中，每天加 10 ml 蒸馏水（CK）或不同浓度的稀释液（试验组）保持滤纸湿润，第 3 天统计发芽势，第 7 天统计发芽率，并挑选第 1 天萌发种子的幼苗 10 株，用吸水纸吸干水分，用直尺测定每株幼苗的根长和苗高，用电子天平称量根鲜重和苗鲜重。分别计算各个对照和处理的发芽指数和活力指数、单株根鲜重和苗鲜重，其中各项指标的计算方法如下：

发芽率（GR,%）=（7d 内正常发芽的种子数/供试种子总数）×100

发芽势（GE,%）=（前 3d 内正常发芽种子数/供试种子总数）×100

发芽指数 $GI = \sum (G_t / D_t)$　　G_t 表示在第 t 天种子的发芽数；D_t 代表相应的发芽天数

活力指数 $VI = GI \times S$　　S 为第 7 天测得的整株幼苗鲜重（g）

参照 Williamson 等（1988）的方法，以化感作用抑制率（RI）作为化感作用的研究指标为：

$$RI（\%）=（T_i - T_0）/T_0 \times 100$$

式中，T_i 为测试项目的处理值，T_0 为对照值。$RI \geq 0$ 表示具有促进作用，$RI < 0$ 表示具有抑制作用。RI 绝对值越大，其化感作用潜力（促进或抑制作用）越大。

综合效应（SE）：是供体对同一受体 8 个测试项目（发芽势、发芽率、发芽指数、活力指数、根长、苗高、根鲜重、苗鲜重）的对照抑制百分率（RI）的算术平均值。

3. 化感物质对胡麻盛花期生理生化指标测定

（1）水浸提液的制备。准确称取 40 g 的经粉碎处理的地肤地上部材料，加 10 倍的蒸馏水于 20 ℃培养箱中浸提 24 h，浸提液抽滤过滤。用上述抽滤液配制成 0.1 g·ml^{-1}、0.05 g·ml^{-1}、0.025 g·ml^{-1} 溶液，每种浓度浇灌 300 ml 于受体胡麻植株上，每个处理 3 次重复，处理后于 24 h、36 h、48 h、60 h、72 h 分别采样，-80 ℃冷冻保存，用于 SOD、POD 活性测定及 MDA 含量测定。

（2）酶活性的测定方法。超氧化物歧化酶（SOD）的活性和过氧化物酶（POD）活性和丙二醛（MDA）含量测定参照邹琦的方法（2000）。

第三章 胡麻高产密植理论与技术

胡麻是我国干旱半干旱地区的主要油料经济作物。胡麻籽是 α-亚麻酸和木酚素含量最高的植物资源，胡麻油含有大量人体必需的不饱和脂肪酸——亚油酸和亚麻酸（Pali et al，2014）。中国作为世界第二大胡麻生产国和最大的进口国，对胡麻需求旺盛，随着胡麻需求量的增加，个体和群体的矛盾、肥料随意施用与精准生长的矛盾也逐步加深和激化，要进一步提高胡麻产量，调节精细施肥后个体与群体发育之间的关系，是获得高产优质的必要保证。

作物产量是作物品种遗传特性和栽培环境条件相互作用的结果。在各种栽培措施中，合理密植和适量施肥是提高作物产量的重要措施。种植密度是作物群体结构的重要特征，建造良好的群体结构即合理密植能改善作物对光、肥、水资源的利用效率与库、源的平衡过程，不仅有利于群体内的气体交换，还能提高籽粒产量。对于密植作物，产量形成需要发挥群体优势，建立适宜的群体结构确保密植作物高产（雷海霞，2011）。

氮肥、种植密度是人为容易控制的因素，是作物生产重要的栽培措施，盲目增加氮肥施用量和种植密度，不仅带来资源的浪费，还会引发一系列环境问题。氮肥和种植密度不仅影响作物地上群体性状，还会对地下群体的性状造成影响，进而影响作物对氮素的吸收利用，最终对作物的产量及其形成造成影响。明确这些调控因子对胡麻生理机制及其氮肥利用效率的影响，可为胡麻充分发掘深层土壤的潜力，从而减少氮肥浪费，提高氮肥利用率提供理论依据。

胡麻是对磷敏感的作物，但由于在我国胡麻生产中的盲目施肥或土壤中磷含量的差异，常发生磷不足或分配不合理的现象。导致胡麻单位面积产量仅为 900 kg·hm^{-2} 左右，是美国和加拿大年均单位面积产量的 78.65% 和 78.77%（张辉等，2009）。合理施用磷肥是经济有效提高胡麻籽粒产量的重要农艺措施之一（Rogério et al，2013）。

钾是胡麻主要营养元素之一，以离子态存在的钾参与许多生命活动和生化过程，钾离子在植物根和地上部之间可以循环流动，缺钾将显著影响胡麻籽粒产量和纤维质量。施钾促进了胡麻干物质及钾养分向籽粒的转运，且随施钾量增加，胡麻籽粒产量先增加后减少。在没有发生倒伏的情况下，胡麻籽粒产量随密度增加而增加，种植密度增大胡麻产量增加。适宜的施钾量可以有效促进作物生长发育和产量形成，用量过少或过多都会对植株生长发育和籽粒产量产生不利影响。

鉴于此，本文分别开展了不同施氮水平、不同施磷水平、不同施钾水平下胡麻增密潜力研究，得出以下结论。

第一节 密肥对胡麻干物质积累、运转与分配的影响

一、密肥对胡麻干物质积累的影响

（一）氮肥和密度对胡麻干物质积累量的影响

由表 3-1 可知，不同施氮量和种植密度下胡麻单株、单位面积的干物质积累量均随生育时期推进不断增加。在苗期，各处理间的单株干物质积累量未达到差异性显著水平；在现蕾期和花期，不施氮和施氮 75 kg·hm^{-2} 水平下，450 万株·hm^{-2} 处理的单株干物质累积量较 1 050 万株·hm^{-2} 分别高 33.33%、11.63% 和 50.65%、52.24%；在施氮 150 kg·hm^{-2} 水平下，中密度处理的单株干物质累积

量高于低密度和高密度，分别高 15.91%、59.38% 和 24.24%、132.75%。随着生育时期推进，群体矛盾逐渐加剧，在子实期和成熟期，同一施氮水平下，增加种植密度胡麻的单株干物质累积量反而减小。而单位面积的干物质累积量在全生育期均表现出在同一施氮水平下，高密度处理高于低密度处理，分别高 70.26% ~ 135.07%、43.95% ~ 79.16%、37.53% ~ 57.40%、56.67% ~ 86.10% 和 56.64% ~ 133.72%。

表 3-1　不同施氮量下种植密度对胡麻干物质积累的影响
Tab. 3-1　Effects of nitrogen rate under planting density on dry matter accumulation of oil flax

	处理	苗期	现蕾期	花期	子实期	成熟期
单株干物质 （g）	N_0D_0	0.07a	0.44b	1.16a	1.81a	2.33a
	N_0D_1	0.07a	0.42b	0.97bc	1.66bc	1.79d
	N_0D_2	0.07a	0.33d	0.77d	1.28d	1.61e
	N_1D_0	0.08a	0.43b	1.02b	1.74ab	2.18b
	N_1D_1	0.07a	0.42b	0.89c	1.59c	2.01c
	N_1D_2	0.06a	0.38c	0.67e	1.24d	1.79d
	N_2D_0	0.07a	0.44b	0.99b	1.87a	2.20b
	N_2D_1	0.08a	0.51a	1.23a	1.66bc	2.06c
	N_2D_2	0.06a	0.32d	0.53f	1.23d	1.85d
单位面积干物质 （$kg \cdot hm^{-2}$）	N_0D_0	133.18e	980.35c	3 414.77b	4 994.65c	6 378.13d
	N_0D_1	191.03c	1 238.30b	3 428.64b	5 792.48b	6 376.85d
	N_0D_2	313.06a	1 756.40a	4 696.15a	7 905.42a	9 990.63a
	N_1D_0	120.24ef	698.08d	2 082.99d	3 458.73d	4 509.61e
	N_1D_1	172.51cd	1 175.81b	3 052.51c	4 965.89c	6 568.09d
	N_1D_2	230.79b	1 245.35b	3 278.61bc	5 418.85bc	7 773.64b
	N_2D_0	81.88g	597.33d	1 406.44e	2 602.52e	3 163.87g
	N_2D_1	96.61fg	1 026.60c	2 136.99d	3 071.95de	3 642.98f
	N_2D_2	139.41de	1 032.52c	2 108.76d	4 843.40c	7 394.71c

（二）钾肥和密度对胡麻干物质积累的影响

表 3-2 表明，胡麻干物质积累量显著受钾肥和密度的影响。盛花期前后，胡麻干物质积累的最高值在 K_2D_2 处理下获得，分别为 4 152.20 $kg \cdot hm^{-2}$ 和 3 862.08 $kg \cdot hm^{-2}$；最低干物质积累在 K_1D_1 处理下获得，分别为 2 609.23 $kg \cdot hm^{-2}$ 和 1 882.47 $kg \cdot hm^{-2}$。在不同施钾条件下，与 D_1 相比，D2 和 D_3 处理下，盛花期前干物质积累分别平均提高了 25.35% 和 15.38%；盛花期后干物质积累分别平均提高了 28.28% 和 7.39%。不同密度下，K_2 和 K_3 处理与 K_1 相比，盛花期前干物质积累分别平均提高了 36.42% 和 18.21%；盛花期后干物质积累分别平均提高了 52.39% 和 53.69%。可见，在本试验中，与密度相比，钾肥对干物质积累的影响较大。K_2D_2 组合显著提高了花后干物质积累，为籽粒产量进一步提高奠定基础。胡麻盛花期前干物质积累率高于盛花期后积累率（表 3-2）。盛花期前，干物质积累率最高值在 K_1D_1 处理获得，为 58.09%，最低在 K_2D_2 处理获得，为 51.81%，相差 6.28%；盛花期后最高积累率在 K_2D_2 处理获得，为 48.19%，最低在 K_1D_1 处理获得，为 41.91%。可见，K_2D_2 处理促进了胡麻干物质积累，提高了盛花期后干物质积累率。

表3-2 不同钾肥和密度下胡麻干物质积累

Tab. 3-2 Accumulation of dry matter under different potassium levels and densities of oil flax

处理	干物质积累量(kg·hm⁻²)		积累率（%）	
	盛花期前	盛花期后	盛花期前	盛花期后
K_1D_1	2 609.23e	1 882.47e	58.09a	41.91c
K_1D_2	2 981.54d	2 494.20d	54.45b	45.55b
K_1D_3	2 611.31e	2 040.12e	56.14ab	43.86c
K_2D_1	3 081.87c	2 545.06d	54.77b	45.23bc
K_2D_2	4 152.20a	3 862.08a	51.81c	48.19a
K_2D_3	3 954.86b	3 371.67c	53.98b	46.02b
K_3D_1	3 865.36b	3 335.39c	53.68b	46.32b
K_3D_2	3 971.44b	3 601.86b	52.44c	47.56a
K_3D_3	4 032.57ab	2 924.94d	57.96a	42.04c

二、密肥对胡麻干物质运转的影响

（一）氮肥和密度对胡麻花前干物质运转及其对籽粒贡献率的影响

由表3-3可知，在同一施氮量下，高密度处理的营养器官开花前贮藏同化物转运量高于低密度处理，分别高71.46%、43.06%和49.31%；同一密度条件下，随着施氮量的增加营养器官开花前贮藏同化物转运量逐渐减少。在同一施氮水平下，胡麻营养器官开花前贮藏同化物转运率和对籽粒贡献率随密度的影响变化趋势是一致的。在不施氮条件下，低密度与中密度处理间的营养器官开花前贮藏同化物转运率和对籽粒贡献率均无显著差异性，种植密度由450万株·hm⁻²增加到1 050万株·hm⁻²，胡麻的营养器官开花前贮藏同化物转运率和对籽粒贡献率分别提高了8.83%和7.04%；在施氮量为75 kg·hm⁻²条件下，种植密度由450万株·hm⁻²增加到750万株·hm⁻²，胡麻的营养器官开花前贮藏同化物转运率和对籽粒贡献率分别提高了10.19%和14.92%，种植密度由750万株·hm⁻²增加到1 050万株·hm⁻²，胡麻的营养器官开花前贮藏同化物转运率和对籽粒贡献率分别降低了16.87%和23.74%；在施氮量为150 kg·hm⁻²条件下，种植密度由450万株·hm⁻²增加到1 050万株·hm⁻²，胡麻的营养器官开花前贮藏同化物转运率和对籽粒贡献率分别降低了19.77%和29.02%。

表3-3 不同处理对开花后营养器官干物质再分配量的影响

Tab. 3-3 Effects of different treatment on dry matter accumulation after to grain

处理	营养器官开花前贮藏同化物转运量（kg.hm⁻²）	营养器官开花前贮藏同化物转运率（%）	开花前贮藏同化物对籽粒贡献率（%）	开花后贮藏同化物对籽粒贡献率（%）
N_0D_0	1 124.24c	22.43c	35.09d	64.91c
N_0D_1	1 365.78b	23.51c	35.63d	64.37c
N_0D_2	1 927.62a	24.41b	37.56c	62.44d
N_1D_0	772.33d	22.27c	32.91e	67.10b
N_1D_1	1 219.68bc	24.54b	37.82c	62.17d
N_1D_2	1 104.87c	20.40d	28.84f	71.16a
N_2D_0	722.65d	27.77a	46.03a	53.97f
N_2D_1	796.55d	25.96b	41.87b	58.14e
N_2D_2	1 079.00c	22.28c	32.67e	67.33b

在同一施氮水平下，就胡麻花后贮藏同化物对籽粒贡献率而言，它与密度对胡麻营养器官开花前贮藏同化物对籽粒贡献率变化趋势是相反的。在不施氮条件下，低密度与中密度处理间的花后贮藏同

化物对籽粒贡献率均无显著差异性，种植密度由 450 万株·hm^{-2} 增加到 1 050 万株·hm^{-2}，胡麻的营养器官花后贮藏同化物对籽粒贡献率降低了 3.81%；在施氮量为 75 kg·hm^{-2} 条件下，种植密度由 450 万株·hm^{-2} 增加到 750 万株·hm^{-2}，胡麻的营养器官花后贮藏同化物对籽粒贡献率降低了 7.93%，种植密度由 750 万株·hm^{-2} 增加到 1 050 万株·hm^{-2}，胡麻的营养器官花后贮藏同化物对籽粒贡献率提高了 14.46%；在施氮量为 150 kg·hm^{-2} 条件下，种植密度由 450 万株·hm^{-2} 增加到 1 050 万株·hm^{-2}，胡麻的营养器官花后贮藏同化物对籽粒贡献率提高了 24.75%。

（二）不同钾肥和密度下胡麻地上部干物质转运

由表 3-4 看出，钾肥和密度不同程度促进胡麻地上部干物质转移。胡麻叶和蒴果皮中干物质转运量大于茎中转运量，平均高出 2.21 倍。叶和蒴果皮中干物质转运量在 K_2D_2 处理时最高，为 909.41 kg·hm^{-2}，茎中在 K_3D_2 处理时最高，为 286.54 kg·hm^{-2}。在不同施钾下，D_2 和 D_3 处理与 D_1 相比，叶和蒴果皮与茎中转运量分别提高 5.81% 和 2.49% 及 7.12% 和 4.18%。不同密度下，与 K_1 相比，K_2 和 K_3 处理下，叶和蒴果皮与茎中转运量分别提高 14.41% 和 12.58% 及 13.34% 和 18.30%。胡麻叶和蒴果皮中干物质转运率大于茎中转运率，平均高出 16.06%。叶和蒴果皮中转运率在 K_1D_1 处理时最高，为 42.33%，在 K_2D_2 处理时最低，为 33.24%；茎中转运率在 K_2D_2 处理最低，为 17.78%，在 K_3D_3 处理最高，为 24.65%。不难看出，在 K_2D_2 处理时叶和蒴果皮及茎中转运量最高而转运率最低，表明 K_2D_2 处理促进了胡麻花前干物质向籽粒转运。

表 3-4 不同钾肥和密度下胡麻干物质转运

Tab. 3-4 Translocation of dry matter of oil flax under different potassium levels and densities

处理	转运量（kg·hm^{-2}）			转运率（%）		
	叶+蒴果皮	茎	叶+蒴果皮+茎	叶+蒴果皮	茎	叶+蒴果皮+茎
K_1D_1	728.28e	211.95d	940.22e	42.33a	22.38ab	64.71a
K_1D_2	815.88c	258.99b	1 074.87c	41.56a	20.19b	61.75ab
K_1D_3	775.31d	247.33c	1 022.64d	41.23a	22.04ab	63.27a
K_2D_1	856.80b	271.98a	1 128.78b	38.70ab	21.05b	59.75b
K_2D_2	909.41a	274.15a	1 183.56a	33.24c	17.78c	51.02c
K_2D_3	887.53a	267.97ab	1 155.50ab	37.12b	20.97b	58.09b
K_3D_1	887.42a	281.28a	1 168.70a	36.14b	23.45a	59.59b
K_3D_2	890.96a	286.54a	1 177.50a	34.59c	22.51a	57.10b
K_3D_3	874.87ab	281.89a	1 156.76ab	34.62c	24.65a	59.27b

（三）不同钾肥和密度下胡麻干物质转运对籽粒产量的贡献率

叶和蒴果皮中干物质转运对籽粒的贡献率大于茎对籽粒的贡献率（图 3-1）。叶和蒴果皮和茎中干物质转运对籽粒的贡献率在 K_1D_1 处理时最高，为 46.18%；在 K_2D_2 处理时最低，为 40.28%。可见，K_2D_2 处理下，籽粒产量的 59.72% 来自盛花期后同化产物的积累和转运。表明 K_2D_2 处理源库关系协调，籽粒产量最高。

三、密肥对胡麻干物质分配的影响

（一）不同氮肥和密度下胡麻地上部干物质分配比率

如图 3-2 所示，不同处理下胡麻苗期叶片的干物质积累量占地上部总干物质重的 59.56% ~ 65.91%，随着生育进程的推进叶片的分配率逐渐下降，而茎秆分配率逐渐增加，在花期达到最大值。此后，茎秆分配率逐渐下降，而花果中的分配率却大量增加。在苗期，各处理间的叶片和茎秆干物质分配率差异性不显著，但叶片分配率高于茎秆分配率。在现蕾期，高氮低密度处理的茎秆分配率最大，为 55.27%；而茎秆分配率最大的是高氮高密度处理。在花期胡麻的茎秆分配率达到最大值，占

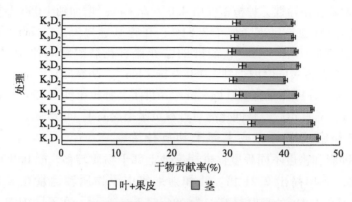

图 3-1　钾肥和密度对干物质转运及籽粒贡献的影响

Fig. 3-1　Effect of potassium and density on dry matter translocation to seed contribution of oil flax

地上部干物质积累总量的 51.44%~58.25%。在子实期，花果分配率达到最大，占地上部干物质累积总量的 35.09%~42.05%。

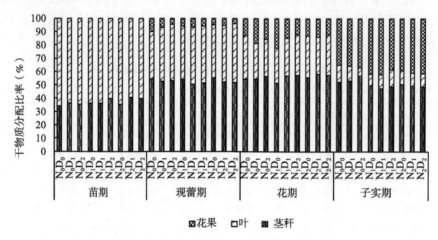

图 3-2　不同施氮量和种植密度对胡麻地上部干物质分配比率的影响（定西）

Fig. 3-2　Effects of nitrogen rate and planting density on dry matter distribution ratio of oil flax（Dingxi）

由图 3-3 可知，N_3D_1 处理在苗期和盛花期叶片干物质积累分配比例最大，分别占到 65.05% 和 34.13%，但和其他处理相比，差异均不显著。N_3D_1 处理在现蕾期叶片干物质积累分配比例为 41.81%，在各个处理中为最高，其与 N_3D_2 处理差异不显著，与其他处理均存在显著性差异。成熟期 N_3D_1 处理蒴果干物质占总干重比率最大。可见，N_3D_1 处理有利于胡麻生长前期叶片的生长，可增强光合作用。

（二）不同氮肥和密度下成熟期胡麻干物质再分配

由表 3-5 可以看出，胡麻成熟期的干物质在各器官中的分配量及比例均以籽粒为最高，茎秆+叶片次之，果壳最低。在不施氮条件下，各密度处理的胡麻干物质在籽粒中的分配量以低密度为最高，较中、高密度分别高 53.52% 和 39.74%，高密度处理的籽粒分配比例与低密度处理无显著差异性，但高于中密度；不同密度处理下的果壳分配量及分配比例均无差异显著性；而干物质在茎秆+叶片中分配量随着密度的增加而减少，分别下降了 14.29% 和 35.71%，分配比例以中密度为最高，高于低密度和高密度处理，分别高 12.77% 和 20.19%。在施氮量 75 kg·hm^{-2} 水平下，种植密度由 450 万株·hm^{-2} 增加到 1 050 万株·hm^{-2}，胡麻干物质在籽粒中的分配量降低了 12.5%，而分配比例无差异显著性；不同密度处理下的果壳分配量以低密度为最高，分配比例以高密度为最高；干物质在茎秆+叶片中分配量随着密度的增加而减少，高密度较低密度下降了 25.84%，分配比例以中密度为最高，显著高于高密度处理。

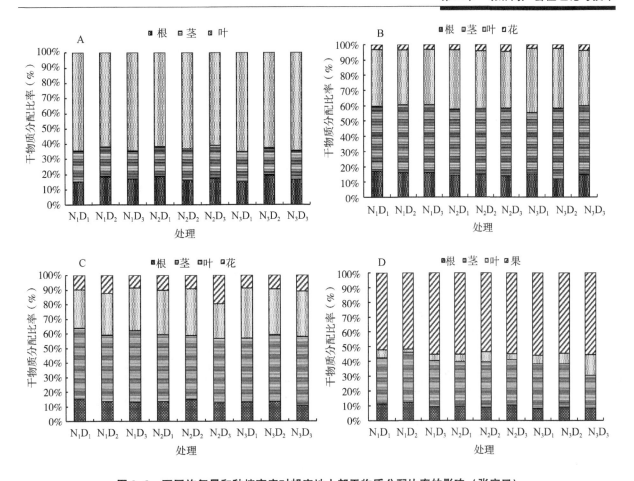

图 3-3　不同施氮量和种植密度对胡麻地上部干物质分配比率的影响（张家口）

Fig. 3-3　Effects of nitrogen rate and planting density on dry matter distribution ratio of oil flax（Zhangjiakou）

注：A—苗期；B—现蕾期；C—花期；D—成熟期

在施氮量为 150 kg·hm^{-2} 水平下，各密度处理的胡麻干物质在籽粒中的分配量以低密度为最高，较中、高密度分别高 14.43% 和 8.82%，高密度处理的籽粒分配比例显著高于低密度处理；干物质在茎秆+叶片中分配量及分配比例随着密度的增加而减少，分别下降了 13.00%、37% 和 7.43%、26.00%。施氮量为 150 kg·hm^{-2} 时，高密度处理的胡麻干物质在籽粒的分配量及分配比例均为最高。

表 3-5　不同施氮量和种植密度对胡麻成熟期干物质在不同器官中分配的影响

Tab. 3-5　Effects of nitrogen rate and planting density on dry matter distribution in different organs of oil flax at maturity

处理	籽粒		果壳		茎秆+叶片	
	干重（g·株$^{-1}$）	比例（%）	干重（g·株$^{-1}$）	比例（%）	干重（g·株$^{-1}$）	比例（%）
N_0D_0	1.09 a	46.90 b	0.27 a	11.66 ab	0.98 a	41.44 bcd
N_0D_1	0.71 d	39.76 c	0.24 ab	13.52 a	0.84 b	46.73 a
N_0D_2	0.78 d	48.44 b	0.21 ab	13.68 ab	0.63 c	38.88 cd
N_1D_0	1.04 ab	47.76 b	0.25 a	11.63 ab	0.89 b	40.61 cd
N_1D_1	1.02 ab	50.90 ab	0.17 b	8.43 c	0.82 b	40.68 cd
N_1D_2	0.91 c	50.52 ab	0.22ab	12.32 ab	0.66 c	37.16 de
N_2D_0	1.11 a	50.28 ab	0.09 c	4.22 d	1.00 a	45.50 ab
N_2D_1	0.97 bc	46.93 b	0.23 ab	10.96 b	0.87 b	42.12 bc
N_2D_2	1.02 b	55.35 a	0.17 b	10.98 b	0.63c	33.67 e

（三）不同磷肥和密度下成熟期胡麻干物质再分配

由图3-4可以看出，胡麻成熟期的干物质在各器官中的分配比例均以茎秆和籽粒为最高，果壳次之，叶片最低。各处理果壳分配比例以不施肥低密度最高，较其他处理高27.55%～43.96%，其他处理间无显著差异；叶片分配比例以不施肥低密度最低，不同处理间无显著差异。在不施磷条件下，各密度处理的胡麻干物质在籽粒中的分配比例以中密度为最高，与高密度处理无显著差异，较低密度显著增加20.16%；干物质在茎秆中分配比例刚好与籽粒相反，以中密度最低，较低密度、高密度分别下降了7.86%和2.73%。在施磷量90 kg·hm^{-2}水平下，胡麻干物质在籽粒中的分配比例D_1与D_3无显著差异，D_2较D_1、D_3显著增加9.86%和8.99%；干物质在茎秆分配比例以中密度最低，较D_1、D_3显著降低8.15%和8.17%。在施磷量为150 kg·hm^{-2}水平下，各密度处理的胡麻干物质在籽粒中的分配比例以高密度最高，与中密度无显著差异，较低密度显著增加6.55%；干物质在茎秆中分配比例以低密度最高，较中、高密度分别增加6.37%和5.41%。

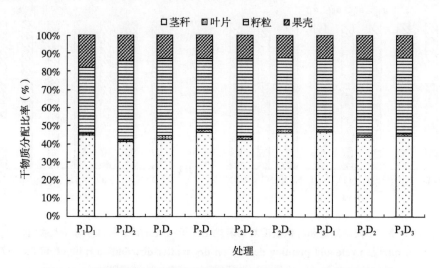

图3-4　不同磷肥和种植密度下胡麻成熟期干物质在不同器官中的分配

Fig. 3-4　Effects of phosphorus application rate and planting density on dry matter distribution in different organs of oil flax at maturity

（四）不同钾肥和密度下成熟期胡麻干物质再分配

由图3-5可知，胡麻成熟期的干物质在各器官中的分配比例均以茎秆和籽粒为最高，果壳次之，叶片最低，根居于果壳和叶片之间。不同处理下果壳和叶片干物质分配比例无显著差异。在K_1水平下，各密度处理的胡麻干物质在籽粒中的分配比例以低密度为最高，与高密度处理无显著差异，较中密度显著增加7.87%；干物质在茎秆中分配比例以中密度最高，较低密度、高密度分别增加了4.08%和2.92%；在根中的分配比例与茎秆一致，较低密度、高密度分别显著增加29.58%和37.90%。在K_2水平下，胡麻干物质在籽粒中的分配比例D_1最高，D_2、D_3处理间无显著差异，D_1较D_2、D_3显著增加3.39%和4.75%；干物质在茎秆分配比例各处理间无显著差异；在根中的分配比例D_1、D_3处理间无显著差异，D_2较D_1、D_3显著增加8.81%和15.77%。在K_3水平下，各密度处理的胡麻干物质在籽粒中的分配比例以D_2最高，与D_3无显著差异，较D_1显著增加4.15%；干物质在茎秆中分配比例以低密度最高，较中密度、高密度分别增加4.30%和3.49%；在根中的分配比例D_1较D_2、D_3显著增加11.32%和11.90%。

图3-6为不同钾肥和种植密度下成熟期干物质在各器官中的分配比例，由图可知，胡麻成熟期的干物质在各器官中的分配比例均以茎秆最高，籽粒次之，叶片最低。不同处理下果壳干物质分配比例无显著差异。在K_1水平下，各密度处理的胡麻干物质在籽粒中的分配比例以低密度为最高，较低、高密度显著增加8.59%和8.21%；干物质在茎秆和叶片中的分配比例与籽粒相反，以低密度最低，较中密度、高密度分别下降了5.32%、1.53%和20.92%、28.37%；根的分配比例中密度与高密度处

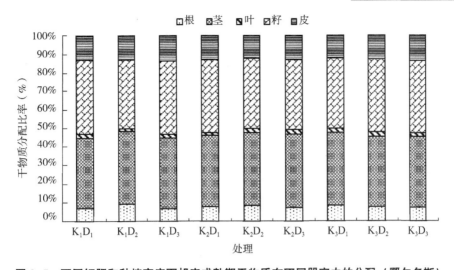

图 3-5　不同钾肥和种植密度下胡麻成熟期干物质在不同器官中的分配（鄂尔多斯）

Fig. 3-5　Effects of potassium application rate and planting density on dry matter distribution in different organs of oil flax at maturity（Eerduosi）

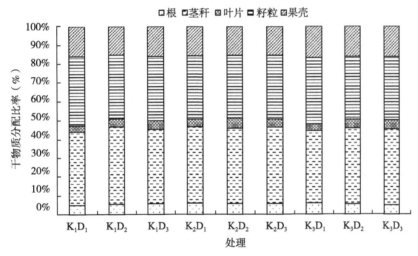

图 3-6　不同钾肥和种植密度下胡麻成熟期干物质在不同器官中的分配（平凉）

Fig. 3-6　Effects of potassium application rate and planting density on dry matter distribution in different organs of oil flax at maturity（Pingliang）

理间无显著差异，较低密度分别显著增加 11.57% 和 15.44%。在 K_2 水平下，胡麻干物质在籽粒、茎秆、根中的分配比例无显著差异，干物质在叶片中的分配比例以 D_2 最大，较 D_1、D_3 显著增加 34.90% 和 25.27%。在 K_3 水平下，各密度处理的胡麻干物质在籽粒中的分配比例以 D_1 最高，较 D_2、D_3 显著增加 5.76% 和 4.43%；在茎秆和叶片中的分配比例以低密度最低，较中密度、高密度分别下降了 5.26%、4.93% 和 21.34%、24.78%；根中干物质分配比例以低密度最高，较中、高密度分别显著增加 12.54% 和 21.78%。

第二节　不同氮肥和密度下胡麻生理指标特征

一、不同氮肥和密度对胡麻光合生理指标的影响

（一）不同氮肥和密度对胡麻叶面积的影响

如图 3-7 所示，不同施氮量和种植密度下胡麻的单株叶面积均符合"慢—快—慢"变化趋势，

在花期达到最大且各处理间差异性显著。在不施氮水平下，花前胡麻的单株叶面积均是中密处理高于低密度和高密度处理，而花后的单株叶面积均随密度的增加而减小；在施氮量为 75 kg·hm^{-2} 和 150 kg·hm^{-2} 水平下，高密度处理的单株叶面积均低于低密度处理。随着生育时期的推进，各处理养分需求不断增大，在花期和子实期，与不施氮相比，施氮量 75 kg·hm^{-2} 处理胡麻的单株叶面积分别平均提高了 31.71% 和 58.95%；与施氮量 75 kg·hm^{-2} 相比，施氮量 150 kg·hm^{-2} 处理胡麻的单株叶面积分别平均提高了 8.69% 和 52.95%。这表明，在同一施氮水平下，增密降低了胡麻的单株叶面积；而增施氮肥却提高了胡麻的单株叶面积。

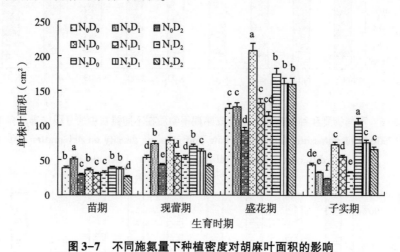

图 3-7 不同施氮量下种植密度对胡麻叶面积的影响

Fig. 3-7 **Effects of nitrogen rate and planting density on leaf area per plant of oil flax**

注：不同小写字母表示差异显著（$P<0.05$）。下同。

（二）不同氮肥和密度对胡麻叶面积指数的影响

不同施氮量和种植密度下胡麻各生育时期的叶面积指数如图 3-8 所示，随生育时期推进表现出先增加后降低的趋势。在苗期，不施氮条件下，种植密度由 450 万株·hm^{-2} 增加到 750 万株·hm^{-2}，胡麻的叶面积指数提高了 96.00%，种植密度由 750 万株·hm^{-2} 增加到 1 050 万株·hm^{-2}，胡麻的叶面积指数降低了 10.32%；在施氮量为 75 kg·hm^{-2} 和 150 kg·hm^{-2} 条件下，种植密度由 450 万株·hm^{-2} 增加到 1 050 万株·hm^{-2}，胡麻的叶面积指数分别提高了 108.77% 和 30.44%；在同一密度下，胡麻的叶面积指数随着施氮量的增加而下降。在三种不同施氮水平下，增密均能提高胡麻现蕾期和花期的叶面积指数。在中密度和高密度水平下，现蕾期胡麻的叶面积指数随施氮量的增加而减少。在子实期，不施氮条件下，低密度与中密度处理间的叶面积指数无显著差异性，种植密度由 450 万株·hm^{-2} 增加到 1 050 万株·hm^{-2}，胡麻的叶面积指数提高了 23.58%；在施氮量为 75 kg·hm^{-2} 条件下，低密度与高密度处理间的叶面积指数无显著差异性，种植密度由 450 万株·hm^{-2} 增加到 750 万株·hm^{-2}，胡麻的叶面积指数提高了 20.26%；在施氮量为 150 kg·hm^{-2} 条件下，低密度与中密度处理间的叶面积指数无显著差异性，种植密度由 450 万株·hm^{-2} 增加到 1 050 万株·hm^{-2}，胡麻的叶面积指数提高了 74.68%。这表明，增施氮肥降低了胡麻花前的叶面积指数，而提高了胡麻花后的叶面积指数；在高的施氮条件下，增加种植密度能提高胡麻花后的叶面积指数。

（三）氮肥和密度对胡麻光合势的影响

由表 3-6 可以看出，不同处理下胡麻各生育阶段的光合势及全生育期总光合势差异性均达到显著水平。各生育阶段的光合势表现出单峰曲线的变化趋势，在盛花期—子实期各处理胡麻的光合势均达到最高。在播种—苗期生育阶段，不施氮条件，种植密度由 450 万株·hm^{-2} 增加到 750 万株·hm^{-2}，胡麻的光合势分别提高了 96.38%，种植密度由 750 万株·hm^{-2} 增加到 1 050 万株·hm^{-2}，胡麻的光合势降低了 9.99%；在施氮量为 75 kg·hm^{-2} 条件下，种植密度由 450 万株·

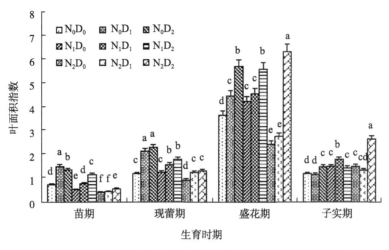

图 3-8　不同施氮量下种植密度对胡麻叶面积指数的影响

Fig. 3-8　Effects of nitrogen rate and planting density on leaf area index per plant of oil flax

hm^{-2} 增加到 750 万株·hm^{-2}，胡麻的光合势提高了 42.78%，种植密度由 750 万株·hm^{-2} 增加到 1 050 万株·hm^{-2}，胡麻的光合势提高了 45.59%；在施氮量 150 kg·hm^{-2} 条件下，低密度和中密度处理的胡麻光合势无显著差异性，种植密度由 450 万株·hm^{-2} 增加到 1 050 万株·hm^{-2}，胡麻的光合势提高了 30.77%。从苗期到子实期的三个生育阶段，同一施氮条件下，胡麻的光合势均表现为随着密度的增加而增加，增加幅度为 10.34%～124.85%。在子实期—成熟期生育阶段，在不施氮和施氮量 150 kg·hm^{-2} 条件下，低密度和中密度处理的胡麻光合势无显著差异性；种植密度由 450 万株·hm^{-2} 增加到 1 050 万株·hm^{-2}，胡麻的光合势分别提高了 23.93% 和 74.58%；在施氮量为 75 kg·hm^{-2} 条件下，种植密度由 450 万株·hm^{-2} 增加到 750 万株·hm^{-2}，胡麻的光合势提高了 20.06%，种植密度由 750 万株·hm^{-2} 增加到 1 050 万株·hm^{-2}，胡麻的光合势降低了 19.81%。在同一施氮水平下，种植密度由 450 万株·hm^{-2} 增加到 1 050 万株·hm^{-2}，胡麻全生育期的总光合势提高了 13.59%～100.27%。

表 3-6　不同施氮量下种植密度对胡麻的光合势的影响　　　　（10^4·m^2·d·hm^{-2}）

Tab. 3-6　Effects of nitrogen rate and planting density on photosynthetic potential of oil flax

处理	播种—苗期	苗期—现蕾期	现蕾期—花期	花期—子实期	子实期—成熟期	总光合势
N_0D_0	24.01 d	11.08 d	37.01 c	56.78 e	8.61 d	137.49 f
N_0D_1	47.15 a	20.51 a	50.14 b	65.62 d	8.38 d	191.77 c
N_0D_2	42.44 b	20.47 a	60.62 a	83.61 b	10.67 c	217.84 a
N_1D_0	17.53 e	10.20 e	41.59 c	66.67 d	10.72 c	146.71 e
N_1D_1	25.03 d	13.39 c	46.54 c	73.96 c	12.87 b	171.79 d
N_1D_2	36.44 c	16.62 b	55.87 b	81.61 b	10.32 c	200.85 b
N_2D_0	14.07 f	7.85 f	25.90 e	46.32 f	10.78 c	132.51 f
N_2D_1	14.49 f	9.71 e	30.74 d	67.99 d	9.58 cd	104.92 g
N_2D_2	18.40 e	10.80 de	57.96 a	104.15 a	18.82 a	210.12 a

（四）氮肥和密度对胡麻叶绿素的影响

从表 3-7 可以看出，不同施氮量和种植密度下的胡麻叶片中叶绿素 a 的含量均符合单峰曲线变化趋势，在现蕾期达到最高。在苗期，不施氮和施氮量为 75 kg·hm^{-2} 条件下，低密度与高密度处理间的胡麻叶片中叶绿素 a 含量均无显著差异，种植密度由 450 万株·hm^{-2} 增加到 750 万株·hm^{-2}，分别提高 7.14% 和 22.14%；在施氮量为 150 kg·hm^{-2} 条件下，中密度与高密度处理间的胡麻叶片中叶绿素 a 含量无显著差异性，种植密度由 450 万株·hm^{-2} 增加到 1 050 万株·hm^{-2}，叶绿素 a 含量提高 21.92%。在现蕾期，不施氮条件下，种植密度由 450 万株·hm^{-2} 增加到 750 万株·hm^{-2}，胡麻叶片中叶绿素 a 含量降低了 2.85%，种植密度由 750 万株·hm^{-2} 增加到 1 050 万株·hm^{-2}，叶绿素 a 含量提高 5.86%；在施氮量为 75 kg·hm^{-2} 条件下，增密对胡麻叶片中叶绿素 a 含量无显著差异性；在施氮量为 150 kg·hm^{-2} 条件下，低密度与高密度处理间的胡麻叶片中叶绿素 a 含量无显著差异性，种植密度由 450 万株·hm^{-2} 增加到 750 万株·hm^{-2}，降低了 5.90%。在花期，不施氮和施氮量为 75 kg·hm^{-2} 条件下，低密度与中密度处理间的胡麻叶片中叶绿素 a 含量均无显著差异性，种植密度由 450 万株·hm^{-2} 增加到 1 050 万株·hm^{-2}，提高 7.54% 和 17.65%；在施氮量为 150 kg·hm^{-2} 条件下，种植密度由 450 万株·hm^{-2} 增加到 750 万株·hm^{-2}，胡麻叶片中叶绿素 a 含量降低了 10.08%；种植密度由 750 万株·hm^{-2} 增加到 1 050 万株·hm^{-2}，提高 31.78%。在子实期，不施氮条件下，低密度与中密度处理间的胡麻叶片中叶绿素 a 含量无显著差异性，种植密度由 450 万株·hm^{-2} 增加到 1 050 万株·hm^{-2}，提高了 28.77%；在施氮量为 75 kg·hm^{-2} 条件下，种植密度由 450 万株·hm^{-2} 增加到 1 050 万株·hm^{-2}，胡麻叶片中叶绿素 a 含量提高了 10.94%；在施氮量为 150 kg·hm^{-2} 条件下，种植密度由 450 万株·hm^{-2} 增加到 1 050 万株·hm^{-2}，提高了 5.29%。胡麻叶片中叶绿素 b 含量变化与叶绿素 a 含量相似，呈先增加后下降的趋势，在现蕾期达到最大值，但各处理的叶绿素 b 含量明显低于叶绿素 a 的含量。胡麻的叶绿素总含量和叶绿素 a 含量的变化趋势一致，在现蕾期达到最大。全生育期高氮高密度处理的总叶绿素含量均高于低氮处理，分别高 24.86% ~ 28.82%、2.44% ~ 12.5%、7.86% ~ 19.10% 和 13.85% ~ 57.45%。

表 3-7　不同施氮量下种植密度对胡麻叶绿素含量的影响　　　　　　　　　　（mg·g^{-1}FW）

Tab. 3-7　Effects of nitrogen rate and planting density on chlorophyll content in leaf of oil flax

项目	处理	苗期	现蕾期	花期	子实期
	N_0D_0	1.40 c	2.81 b	2.52 c	1.46 e
	N_0D_1	1.50 b	2.73 c	2.59 c	1.81 d
	N_0D_1	1.42 bc	2.89 a	2.71 b	1.88 d
	N_1D_0	1.40 c	2.89 a	2.38 d	1.92 d
叶绿素 a	N_1D_1	1.71 a	2.87 ab	2.35 d	2.01 cd
	N_1D_2	1.45 bc	2.87 ab	2.80 a	2.13 bc
	N_2D_0	1.46 bc	2.88 a	2.38 d	2.27 ab
	N_2D_1	1.72 a	2.71 c	2.14 e	2.33 a
	N_2D_2	1.78 a	2.84 a	2.82 a	2.39 a
	N_0D_0	0.34 bc	0.66 e	0.36 e	0.42 c
	N_0D_1	0.60 d	0.64 e	0.58 ab	0.59 b
	N_0D_1	0.25 d	0.80 d	0.47 c	0.58 b
	N_1D_0	0.37 ab	0.90 ab	0.37 de	0.58 b
叶绿素 b	N_1D_1	0.32 bc	0.77 d	0.50 bc	0.58 b
	N_1D_2	0.30 cd	0.91 cd	0.59 ab	0.73 a
	N_2D_0	0.31 bc	0.86 bc	0.40 cd	0.62 b
	N_2D_1	0.32 bc	0.61 e	0.46 cd	0.65 bc
	N_2D_2	0.41 a	0.93 a	0.61 a	0.61 b

（续表）

项目	处理	苗期	现蕾期	花期	子实期
	N_0D_0	1.73 c	3.47 d	2.88 c	1.88 e
	N_0D_1	1.76 c	3.36 e	3.16 b	2.42 d
	N_0D_1	1.70 c	3.69 b	3.18 b	2.60 cd
	N_1D_0	1.77 c	3.78 a	2.75 c	2.50 d
总叶绿素	N_1D_1	2.03 b	3.63 c	2.85 c	2.46 d
	N_1D_2	1.75 c	3.68 b	3.39 a	3.14 a
	N_2D_0	1.77 c	3.74 a	2.79 c	2.78 bc
	N_2D_1	2.04 b	3.32 e	2.60 e	3.00 ab
	N_2D_2	2.19 a	3.78 a	3.43 a	2.96 ab

二、氮肥和密度对胡麻非结构性碳水化合物（NSC）的影响

（一）氮肥和密度对胡麻可溶性糖（WSC）的影响

由表3-8可看出，开花期胡麻各器官中WSC含量依次为非籽粒（蕾、花、花柄、蒴果皮、果柄和果轴等）>茎>叶；成熟期植株各器官中WSC含量依次为籽粒>茎>非籽粒（蕾、花、花柄、蒴果皮、果柄和果轴等），且各处理成熟期各器官中WSC含量均显著低于开花期。在花期，不施氮条件下，种植密度由450万株·hm^{-2}增加到1 050万株·hm^{-2}，胡麻的叶片WSC含量提高了8.05%，茎和非籽粒中WSC含量分别降低了15.03%和11.33%；在施氮75 kg·hm^{-2}条件下，种植密度由450万株·hm^{-2}增加到1 050万株·hm^{-2}，胡麻的叶片和茎中WSC含量分别降低了18.72%和11.46%，非籽粒中WSC含量提高了11.20%；在施氮150 kg·hm^{-2}条件下，与低密度相比，中密度和高密度处理胡麻的叶片中WSC含量分别降低了14.99%和8.71%，种植密度由450万株·hm^{-2}增加到1 050万株·hm^{-2}，茎和非籽粒中WSC含量分别提高了28.22%和14.68%。

成熟期，在不施氮水平下，提高种植密度，胡麻茎和非籽粒中WSC含量分别降低了6.38%和9.99%，籽粒中WSC含量提高了6.98%；在中氮水平下，中密度比低密度和高密度处理籽粒中的WSC含量高19.00%和1.75%，增加胡麻种植密度，茎和非籽粒中WSC含量分别提高了53.39%和10.39%；在高氮水平下，胡麻茎、籽粒和非籽粒的WSC含量分别表现为$D_1>D_3>D_2$、$D_2>D_1>D_3$和$D_2>D_3>D_1$。

表3-8 开花期和成熟期植株不同器官可溶性糖含量 （g·kg^{-1}）

Tab. 3-8 Concentration of water-soluble carbohydrate in different organs of plant at flowering andmaturity

处理	花期			成熟期		
	叶	茎	非籽粒	茎	籽粒	非籽粒
N_0D_0	21.75 d	30.08 b	55.69 a	18.80 a	79.85 h	38.33 e
N_0D_1	22.38 c	26.83 c	50.50 b	18.30 b	84.13 f	35.06 f
N_0D_2	23.50 b	25.56 d	49.38 c	17.60 c	85.42 e	34.50 f
N_1D_0	24.46 a	25.56 d	44.46 e	11.93 f	76.71 i	41.29 d
N_1D_1	22.65 c	23.94 e	45.25 d	13.05 e	91.29 a	43.54 b
N_1D_2	19.88 e	22.63 f	49.44 c	18.30 b	89.75 b	45.58 a
N_2D_0	23.42 b	24.42 e	38.56 f	18.25 b	86.51 d	42.42 c
N_2D_1	19.94 e	25.75 d	39.21 f	13.12 e	89.13 c	45.46 a
N_2D_2	21.38 d	31.31 a	44.22 e	14.35 d	83.54 g	45.13 a

（二）不同氮肥和密度对胡麻淀粉含量的影响

由表3-9可知，开花期胡麻各器官中淀粉含量依次为非籽粒>茎>叶；成熟期植株各器官中淀粉含量依次为籽粒>非籽粒>茎，且成熟期各处理各器官中淀粉含量均显著高于花期。在花期，与不施氮相比，施氮量75 kg·hm^{-2}的处理叶片和非籽粒中淀粉含量分别降低了23.30%和37.64%，茎中的淀粉含量却提高了20.47%。在不施氮条件下，种植密度由450万株·hm^{-2}增加到1 050万株·hm^{-2}，胡麻的叶片、茎和非籽粒淀粉含量分别降低了15.54%、13.53%和20.64%；在施氮75 kg·hm^{-2}条件下，种植密度由450万株·hm^{-2}增加到1 050万株·hm^{-2}，胡麻的叶片、茎和非籽粒淀粉含量分别降低了18.39%、16.87%和47.04%；在施氮150 kg·hm^{-2}条件下，种植密度由450万株·hm^{-2}增加到1 050万株·hm^{-2}，胡麻的叶片和非籽粒淀粉含量分别提高了25%和40.35%，而茎中的淀粉含量却降低了9.33%。

到成熟期，与不施氮相比，施氮量75 kg·hm^{-2}的处理非籽粒和籽粒中淀粉含量分别提高了24.07%和14.09%，而茎中的淀粉含量却降低了10.92%；施氮量150 kg·hm^{-2}的处理非籽粒和籽粒中淀粉含量分别提高了34.61%和26.94%，而茎中的淀粉含量却降低了21.25%。同一施氮水平，提高种植密度，胡麻茎中淀粉含量分别降低了28.78%、10.93%和9.33%，籽粒中淀粉含量降低了10.58%、14.26%和7.95%。在不施氮水平下，种植密度由450万株·hm^{-2}增加到1 050万株·hm^{-2}，胡麻的非籽粒淀粉含量降低了8.11%；在中氮和高氮水平下提高种植密度，胡麻的非籽粒淀粉含量分别增加了20.81%和7.40%。

表3-9　开花期和成熟期植株不同器官淀粉含量差异　　　　　　　　　（g·kg^{-1}）

Tab. 3-9　Concentration of starch in different organs of plant at flowering and maturity

处理	花期			成熟期		
	叶	茎	非籽粒	茎	非籽粒	籽粒
N_0D_0	1.10 a	1.33 f	8.09 a	9.53 a	9.50 e	22.35 f
N_0D_1	1.04 b	1.33 f	7.33 b	8.91 b	9.19 f	21.21 g
N_0D_2	0.94 c	1.15 g	6.42 c	7.40 d	8.73 g	20.88 h
N_1D_0	0.87 d	1.66 a	6.59 c	8.12 c	10.09 d	26.44 c
N_1D_1	0.80 e	1.55 b	3.53 f	7.56 d	11.74 c	24.41 d
N_1D_2	0.71 f	1.38 e	3.49 f	7.32 de	12.19 b	22.67 e
N_2D_0	0.88 d	1.50 c	4.56 e	7.03 ef	11.75 c	28.44 a
N_2D_1	0.94 c	1.44 d	5.51 d	6.88 f	12.51 a	27.18 b
N_2D_2	1.10 a	1.36 ef	6.40 c	6.43 f	12.65 a	26.18 c

（三）氮肥和密度对胡麻NSC积累规律的影响

由表3-10可见，胡麻花期地上部非结构性碳水化合物（NSC，即可溶性糖和淀粉）各器官所占比例依次是茎>叶>非籽粒；而成熟期主要储存在籽粒中，其次是茎秆，非籽粒中的含量最小。可见花后NSC大量地向籽粒中转运，贮藏在籽粒中。在花期，与不施氮相比，施氮量75 kg·hm^{-2}的处理叶片、茎和非籽粒中非结构性碳水化合物总量分别平均下降28.83%、37.92%和36.90%；施氮量150 kg·hm^{-2}的处理叶片、茎和非籽粒中非结构性碳水化合物总量分别平均下降51.73%、49.6%和68.07%。在不施氮条件下，种植密度由450万株·hm^{-2}增加到1 050万株·hm^{-2}，胡麻的叶片、茎和非籽粒NSC含量分别提高了51.63%、20.69%和43.02%；在施氮75kg·hm^{-2}条件下，种植密度由450万株·hm^{-2}增加到1 050万株·hm^{-2}，与低密度相比，中密度和高密度处理的叶片和茎中NSC含量分别提高了49.89%、42.54%和51.84%、54.87%，且中密度与高密度处理间未达到差异显著水平，而非籽粒中NSC含量无差异显著性；在施氮150 kg·hm^{-2}条件下，种植密度由450万株·hm^{-2}增加到 1 050 万株·hm^{-2}，胡麻的叶片和茎中 NSC 含量分别提高了 28.46% 和 48.40%，而非籽粒中 NSC含量差异性不显著。

至成熟期，与不施氮相比，施氮量 150 kg·hm^{-2} 的处理茎和籽粒中非结构性碳水化合物总量分别平均提高了 45.31% 和 21.61%。在不施氮水平下，增加种植密度，胡麻茎中 NSC 含量降低了 18.11%，非籽粒中的 NSC 含量无差异显著性，而籽粒中 NSC 增加了 21.37%；在施氮 75 kg·hm^{-2} 条件下，增加种植密度，胡麻的茎、非籽粒和籽粒 NSC 含量分别提高了 54.42%、56.93% 和 28.15%；在施氮150 kg·hm^{-2} 条件下，增加种植密度，胡麻的茎、非籽粒和籽粒 NSC 含量分别提高了 39.18%、84.87%和 30.77%。各处理胡麻花后 NSC 积累量以高氮高密度处理为最高，达到 137.44 kg·hm^{-2}，除与中氮高密度处理无差异显著性外，显著高于其他处理，分别高 17.09% ~ 65.76%。

表 3-10　开花期和成熟期不同器官非结构性碳水化合物积累总量　　　　　　　　（kg·hm^{-2}）

Tab. 3-10　Accumulation of non-structure carbohydrate（NSC）of each plant organ at anthesis and maturity

处理	花期			成熟期			花后 NSC 积累量
	叶	茎	非籽粒	茎	非籽粒	籽粒	
N_0D_0	41.70 b	58.44 b	28.52 b	75.54 a	24.34 c	110.87 e	82.08 c
N_0D_1	42.80 b	56.63 c	37.18 a	74.44 a	25.45 c	146.52 b	113.81 b
N_0D_2	63.23 a	70.53 a	40.79 a	61.86 b	25.19 c	134.56 b	47.06 d
N_1D_0	26.61 d	29.07 g	23.59 bc	33.67 d	17.60 e	86.24 f	58.25 d
N_1D_1	39.90 c	44.14 d	22.18 c	50.11 c	20.03 d	150.03 a	113.94 b
N_1D_2	37.93 c	45.02 d	21.43 c	73.87 a	40.86 a	120.02 d	130.34 a
N_2D_0	18.95 f	20.32 h	7.93 d	32.30 d	14.80 f	90.91 f	80.81 c
N_2D_1	25.38 d	33.84 f	13.24 d	30.44 d	16.59 e	85.05 f	59.62 c
N_2D_2	26.49 d	39.38 e	12.85 d	53.11 c	31.73 b	131.31 c	137.44 a

（四）氮肥和密度对胡麻 NSC 转运规律的影响

由表 3-11 可知，随施氮量增加胡麻花前营养器官 NSC 的转运量逐渐下降，与不施氮相比，在施氮量 75 kg·hm^{-2} 和 150 kg·hm^{-2} 条件下花前营养器官 NSC 转运量平均下降 15.33% 和 27.31%；在不施氮条件下，种植密度由 450 万株·hm^{-2} 增加到 1 050 万株·hm^{-2}，胡麻的花前营养器官 NSC 转运量提高了 19.24%；在施氮量 75 kg·hm^{-2} 和 150 kg·hm^{-2} 条件下，中密度比低密度和高密度处理花前营养器官 NSC 转运量高 16.11%、49.43% 和 12.04%、18.80%。胡麻花前营养器官 NSC 的转运效率随施氮量增加而提高，与不施氮相比，在施氮量 150 kg·hm^{-2} 条件下花前营养器官 NSC 转运效率平均提高了 46.32%；在不施氮条件下，与中密度相比低密度和高密度处理胡麻的花前营养器官 NSC 转运效率提高了 5.78% 和 20.04%，低密度和高密度处理间无显著差异性；在施氮量 75 kg·hm^{-2} 和150 kg·hm^{-2} 条件下，种植密度由 450 万株·hm^{-2} 增加到 1 050 万株·hm^{-2}，胡麻花前营养器官 NSC转运效率分别下降了 41.15% 和 29.65%。

各处理胡麻花前营养器官非结构性碳水化合物均比花后对籽粒中非结构性碳水化合物的贡献率小。在同一施氮量下，各处理花前营养器官 NSC 对籽粒中 NSC 的贡献率与其转运效率变化趋势一致。不施氮条件下，与中密度相比低密度和高密度处理胡麻花后营养器官 NSC 对籽粒的贡献率均降低了5.97% 和 4.98%；在施氮量 75 kg·hm^{-2} 和 150 kg·hm^{-2} 条件下，种植密度由 450 万株·hm^{-2} 增加到1 050 万株·hm^{-2}，胡麻花后营养器官 NSC 对籽粒贡献率分别提高了 21.91% 和 11.57%。各处理间胡麻花后营养器官 NSC 对籽粒贡献率以高氮高密度为最高，达 83.61%，与中氮高密度处理无显著差异性且显著高于其他处理。以上结果表明，NSC 对籽粒的贡献主要在花后，适当提高种植密度和氮肥用量可提高花后营养器官 NSC 对籽粒中 NSC 的贡献率。

表 3-11　植株不同器官 NSC 的转运效率及花前花后植株 NSC 对籽粒的贡献率　（%）

Tab. 3-11　Translocation efficiency of NSC and contribution rate of

NSC to grain at pre-anthesis and after-anthesis

处理	花前 NSC 转运量	花前 NSC 转运效率	花前 NSC 对籽粒中 NSC 的贡献率	花后 NSC 对籽粒中 NSC 的贡献率
N_0D_0	41.79 c	32.51 f	25.96 c	74.04 c
N_0D_1	45.56 b	34.39 e	21.26 d	78.74 b
N_0D_2	49.83 a	28.65 f	25.18 c	74.82 c
N_1D_0	39.55 d	50.09 b	32.26 a	67.74 e
N_1D_1	45.92 b	43.25 c	20.99 d	79.01 b
N_1D_2	30.70 g	29.48 f	17.42 e	82.58 a
N_2D_0	32.55 f	55.45 a	25.09 c	74.94 c
N_2D_1	36.47 e	50.35 b	29.74 b	70.26 d
N_2D_2	30.70 g	39.01 d	16.38 e	83.61 a

第三节　不同施肥量和密度下胡麻养分积累运转

一、密肥对胡麻养分积累的影响

（一）不同氮肥和密度对胡麻氮素积累的影响

胡麻全生育期对氮素的吸收利用是一个系统工程，其各个生育阶段氮素积累量对胡麻的氮素利用效率有着非常重要的影响。由表 3-12 可知，苗期—现蕾期氮素积累量为 15.08~31.73 kg·hm^{-2}，占整个生育期氮素积累量的 17.72%~20.08%；现蕾期—花期氮素积累量为 16.48~58.19 kg·hm^{-2}，占整个生育期氮素积累量的 17.56%~54.48%；花期—子实期氮素积累量为 3.48~54.47 kg·hm^{-2}，占整个生育期氮素积累量的 3.35%~50.68%；苗期—现蕾期氮素积累量为 4.44~29.51 kg·hm^{-2}，占整个生育期氮素积累量的 3.64%~34.89%。以上结果表明，氮素积累高峰期与干物质积累高峰期相同，现蕾期—子实期是氮素积累量最多的生育阶段。

表 3-12　种植密度和氮肥水平对胡麻各生育阶段氮素积累量的影响

Tab. 3-12　Effects of different treatment on nitrogen accumulation during different growth periods of oil flax

处理		苗期—现蕾期		现蕾期—花期		花期—子实期		子实期—成熟期	
氮肥水平（kg·hm^{-2}）	种植密度（万株·hm^{-2}）	积累量（kg·hm^{-2}）	积累比例（%）	积累量（kg·hm^{-2}）	积累比例（%）	积累量（kg·hm^{-2}）	积累比例（%）	积累量（kg·hm^{-2}）	积累比例（%）
	450	17.95 c	17.72 d	55.90 a	54.98 a	9.51 c	9.63 d	18.15 c	17.68 d
0	750	23.83 b	20.62 c	58.19 a	50.45 b	3.87 c	3.35 d	29.51 a	25.57 b
	1 050	31.73 a	20.78 c	48.19 c	41.26 c	15.04 c	12.89 c	21.79 c	18.66 d
	450	16.03 c	20.98 c	33.65 b	43.77 c	14.83 c	18.74 c	13.06 d	16.71 d
75	750	23.96 b	21.18 c	37.82 b	33.49 d	28.11 b	24.81 b	23.12 b	20.51 c
	1 050	25.61 b	21.19 c	41.05 b	33.61 d	50.95 a	41.78 a	4.44 g	3.64 f
	450	15.08 c	22.71 c	16.48 c	23.14 e	14.82 c	20.79 c	24.81 b	34.89 a
150	750	23.98 b	27.18 c	17.00 c	19.89 e	37.22 b	43.54 a	7.25 f	8.49 e
	1 050	24.70 b	28.08 a	19.43 c	17.56 e	55.47 a	50.68 a	10.33 e	9.04 e

在同一氮肥水平下，增加种植密度提高了苗期—现蕾期的氮素积累量；在低氮和高氮水平下，苗期—现蕾期氮素积累比例随密度增加而提高。在现蕾期—花期，同一氮肥水平下各处理的氮素积累量差异性不显著，不施氮处理显著高于中氮和高氮水平处理；各处理的氮素积累比例与氮素积累量规律相似。花期—子实期，在施氮量 75 kg·hm^{-2} 和 150 kg·hm^{-2} 条件下，增加种植密度提高了氮素积累量和氮素积累比例，分别提高了 70.89%、73.28% 和 55.15%、58.98%。在子实期—成熟期，低氮中密度处理的氮积累量显著高于其他处理，分别高 16.94%~84.95%。

（二）不同氮肥和密度下胡麻植株氮素累积量

由图 3-9 可以看出，胡麻植株氮素的累积量随生育进程推进逐渐增加。在不施氮水平下，种植密度由 450 万株·hm^{-2} 提至 1 050 万株·hm^{-2}，胡麻的氮素累积量在苗期、现蕾期、花期、子实期和成熟期分别提高了 57.18%、47.79%、20.82%、19.61% 和 18.09%。在施氮量 75 kg·hm^{-2} 水平下，种植密度由 450 万株·hm^{-2} 提至 1 050 万株·hm^{-2}，胡麻的氮素累积量在苗期、现蕾期、花期、子实期和成熟期分别提高了 66.31%、44.56%、30.01%、46.55% 和 38.82%。在施氮量 150 kg·hm^{-2} 水平下，种植密度由 450 万株·hm^{-2} 提至 1 050 万株·hm^{-2}，胡麻的氮素累积量在苗期、现蕾期、花期、子实期和成熟期分别提高了 46.53%、42.49%、30.18%、46.09% 和 40.39%。

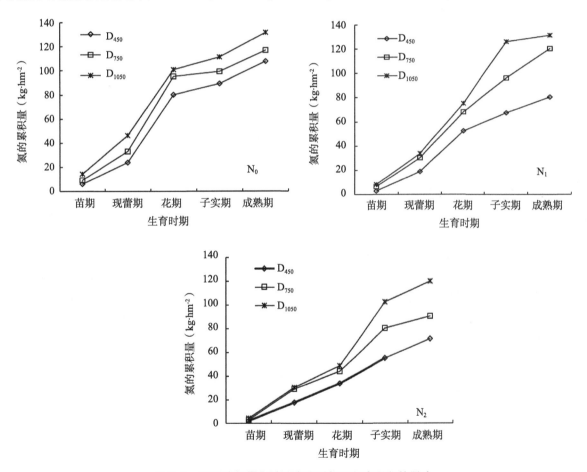

图 3-9　不同施氮量和种植密度对胡麻氮素累积的影响

Fig. 3-9　Effects of nitrogen rate and planting density on nitrogen accumulation amount of oil flax

（三）不同钾肥和密度下胡麻植株钾素累积量

胡麻植株地上部分钾积累随钾肥和密度的增加而增加（表 3-13）。盛花期前钾的积累量在 K$_3$D$_3$ 处理时最高，为 159.94 kg·hm^{-2}，在 K$_1$D$_1$ 处理时最低，为 107.20 kg·hm^{-2}；盛花期后钾的积累量在 K$_2$D$_2$ 处理时最高，为 77.91kg·hm^{-2}，在 K$_1$D$_1$ 处理时最低，为 41.46 kg·hm^{-2}。在不同施钾下，

D_2 和 D_3 处理与 D_1 相比，盛花期前后钾积累分别平均提高了 10. 24% 和 13. 58% 及 16. 70% 和 12. 60%。不同密度下，K2 和 K3 处理与 K1 相比，盛花期前后钾积累分别平均提高了 17. 44% 和 34. 96% 及 58. 90% 和 64. 22%。盛花期前，钾的积累率在 K_1D_1 处理时最高，为 72. 11%，在 K_2D_2 处理时最低，为 63. 21%；盛花期后，钾的积累率在 K_1D_1 处理时最低，为 27. 89%，在 K_2D_2 处理时最高，为 36. 79%。表明钾的积累主要在盛花期前。

表 3-13　不同钾肥和密度下胡麻钾积累

Tab. 3-13　Accumulation of potassium of oil flax under different potassium levels and densities

处理	钾积累量（kg·hm^{-2}）		钾积累率（%）	
	盛花期前	盛花期后	盛花期前	盛花期后
K_1D_1	107. 20 e	41. 46 d	72. 11 a	27. 89 c
K_1D_2	111. 32 d	45. 96 d	70. 78 a	29. 22 c
K_1D_3	115. 15 cd	46. 19 d	71. 37 a	28. 63 c
K_2D_1	120. 65 c	64. 77 c	65. 07 b	34. 93 b
K_2D_2	133. 86 b	77. 91 a	63. 21 c	36. 79 a
K_2D_3	137. 35 b	70. 85 b	65. 97 b	34. 03 ab
K_3D_1	135. 27 b	65. 82 c	67. 27 b	32. 73 b
K_3D_2	155. 11 a	76. 92 a	66. 85 b	33. 15 b
K_3D_3	159. 94 a	76. 69 a	67. 59 b	32. 41 b

二、密肥对胡麻养分运转的影响

（一）不同氮肥和密度下花后营养器官氮素转运对籽粒的贡献

由表 3-14 可知，开花前营养器官贮藏氮素转运对籽粒的贡献率占 24. 24%~72. 26%，开花后光合同化的氮素对籽粒的贡献率在 27. 74%~75. 76%，表明籽粒氮素主要来源于开花前氮素转移。种植密度、施氮量对开花前贮藏氮素转运量、转运率和对籽粒的贡献率以及花后氮素的吸收量和贡献率的影响均达到显著差异水平。在不施氮条件下，中密度处理的籽粒氮素积累量显著高于其他处理，增加种植密度可提高花前营养器官氮素贮藏再转运量而降低花后氮素生产量。在施氮量为 75 kg·hm^{-2} 条件下，籽粒氮素积累量最高的为中密度处理，增加种植密度可降低花前营养器官氮素转运量、转运率和花后氮素生产量，提高了花前营养器官氮素对籽粒的贡献率。在施氮量为 150 kg·hm^{-2} 条件下，增加种植密度可提高氮素积累量和花前营养器官氮素对籽粒的贡献率，降低了花前营养器官氮素转运率和花后氮素生产量。施氮量为 150 kg·hm^{-2} 条件下的花后氮素对籽粒的贡献率均高于不施氮处理。以上结果表明，增加种植密度可提高花前营养器官氮素贮藏再转运，增施氮肥可以提高花后氮素积累量，但导致花前营养器官贮藏氮素向籽粒的转运率下降，不利于同化物向籽粒的转运。

表 3-14　种植密度和氮肥水平对胡麻开花后营养器官氮素向籽粒转运的影响

Tab. 3-14　Effects of nitrogen rate and planting density on nitrogen from vegetative organs to grain after anthesis of oil flax

处理		成熟期籽粒氮素积累量（kg·hm^{-2}）	花前营养器官氮素贮藏再转运			花后氮素吸收	
施氮量（kg·hm^{-2}）	密度（万株·hm^{-2}）		转运量（kg·hm^{-2}）	转运率（%）	贡献率（%）	吸收量（kg·hm^{-2}）	贡献率（%）
0	450	67. 00 e	39. 34 b	49. 01 b	57. 21 b	29. 28 b	42. 79 d
	750	90. 92 a	39. 80 b	49. 47 b	57. 46 b	29. 45 b	42. 54 d
	1 050	80. 57 c	57. 45 a	56. 75 a	72. 26 a	22. 00 c	27. 74 e

（续表）

处理		成熟期籽粒氮素积累量（kg·hm⁻²）	花前营养器官氮素贮藏再转运			花后氮素吸收	
施氮量（kg·hm⁻²）	密度（万株·hm⁻²）		转运量（kg·hm⁻²）	转运率（%）	贡献率（%）	吸收量（kg·hm⁻²）	贡献率（%）
75	450	53.12 f	25.23 c	46.61 d	37.49 d	40.02 a	62.51 b
	750	87.87 b	25.58 c	37.58 e	48.64 c	27.04 bc	51.36 c
	1 050	71.60 d	17.76 d	23.66 f	53.57 c	15.36 d	46.43 cd
150	450	53.24 f	13.61 e	40.01 e	24.24 e	42.40 a	75.76 a
	750	48.69 f	21.19 d	48.03 c	31.51 e	46.07 a	68.49 b
	1 050	79.83 c	14.04 e	28.92 f	34.72 d	26.44 bc	65.28 b

（二）不同钾肥和密度下胡麻地上部钾转运

胡麻地上部钾转运量随施钾量增加而增加，随密度增加先升高后降低（表3-15）。叶和蒴果皮中钾转运量大于茎中转运量，平均高出1.11倍。叶和蒴果皮及茎中钾转运量 K_2D_2 处理最高，为30.28 kg·hm⁻²；K_1D_3 最低，为22.38 kg·hm⁻²。在不同施钾下，D_2 和 D_3 处理与 D_1 相比，叶和蒴果皮及茎中转运量分别提高8.05%和2.41%。不同密度下，K2 和 K3 处理与 K1 相比，叶和蒴果皮及茎中转运量分别提高19.21%和21.94%。叶和蒴果皮中钾转运率高于茎中转运率，平均高出22.02个百分点。叶和蒴果皮中转运率最高在 K_1D_1 处理下获得，为39.25%，最低在 K_2D_2 处理下获得，为34.56%；茎中转运率在 K_1D_3 最高，为16.77%，在 K_3D_2 最低，为12.65%。表明在 K_3D_2 处理时，籽粒中钾主要来自盛花期后的积累，而非营养器官的转运。

表3-15 不同钾肥和密度下胡麻钾转运

Tab. 3-15 Translocation of potassium of oil flax under different potassium levels and densities

处理	转运量（kg·hm⁻²）			转运率（%）		
	叶+蒴果皮	茎	叶+蒴果皮+茎	叶+蒴果皮	茎	叶+蒴果皮+茎
K_1D_1	16.43 b	7.74 b	24.17 c	39.25 a	16.54 a	55.79 a
K_1D_2	16.91 b	7.92 b	24.83 c	38.17 a	15.91 a	54.08 a
K_1D_3	15.25 c	7.13 c	22.38 d	39.03 a	16.77 a	55.80 a
K_2D_1	17.76 b	8.59 ab	26.35 b	36.22 b	14.82 b	51.04 b
K_2D_2	20.75 a	9.53 a	30.28 a	34.56 c	13.77 b	48.33 c
K_2D_3	18.99 ab	9.46 a	28.45 ab	35.92 b	14.26 b	50.18 b
K_3D_1	18.52 b	9.39 a	27.91 b	36.91 b	13.78 b	50.69 b
K_3D_2	20.39 a	9.24 a	29.63 a	35.12 bc	12.65 c	47.77 c
K_3D_3	20.22 a	9.27 a	29.49 a	35.83 b	14.34 b	50.17 b

（三）不同钾肥和密度下胡麻籽粒钾累积量及转运对籽粒钾的贡献

籽粒中钾积累量随钾肥和密度而变化（图3-10）。在同一施钾水平下，籽粒钾的积累量随密度增加而升高；在 D_1 和 D_3 处理下，随施钾量增加先升高后降低，在 D_2 处理下，随施钾量增加而升高。籽粒中钾积累量在 K_2D_2 最高，为51.57kg·hm⁻²，在 K_1D_1 时最低，为34.51kg·hm⁻²。与 K_1D_1 相比，K_2D_2 提高了49.44%。钾肥和密度影响着钾的转运。叶和蒴果皮中钾转运对籽粒的贡献率大于茎对籽粒的贡献率（图3-11）。叶和蒴果皮及茎中干物质转运对籽粒的贡献率在 K_1D_1 处理时最高，为70.03%；在 K_2D_2 处理时最低，为58.72%。可见，K_2D_2 处理籽粒中的钾来自盛花期后积累的占

47.22%，大于其他处理，来自盛花期前营养器官中转移的钾所占比率较小。

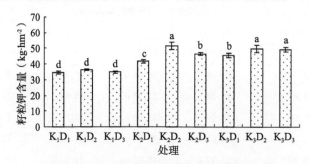

图3-10 钾肥和密度对胡麻籽粒钾含量的影响

Fig. 3-10 Effect of potassium and density on potassium in seed of oil flax

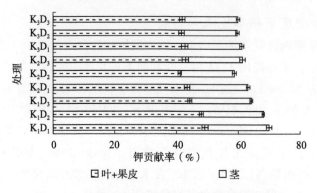

图3-11 钾肥和密度对钾转运对籽粒贡献的影响

Fig. 3-11 Effect of potassium and density on potassium translocation to seed of oil flax

第四节 施氮增密对胡麻产量及肥料利用率的影响

一、密肥对胡麻主要形态性状的影响

（一）磷肥用量和种植密度对胡麻主要形态性状的影响

施磷在一定程度上能够显著促进胡麻生长发育，施磷后株高、分茎数和有效分枝数都随施磷量的增加先增加后下降（表3-16）。与不施磷相比，施磷（P_2O_5）90 kg·hm^{-2}和180 kg·hm^{-2}时，株高、分茎数和有效分枝数分别平均增加了3.53%和0.40%，11.76%和25.49%以及2.09%和6.12%。施磷显著降低了胡麻秕籽率，与不施磷相比，P2和P3秕籽率显著降低55.76%和49.60%。在同一施磷水平下，密度的增加显著降低了胡麻的分枝数和分茎数，与低密度相比，中密度分别下降了3.13%和6.67%，高密度分别下降了3.29%和6.67%；随密度增加，胡麻秕籽率显著增加，与低密度相比，中密度、高密度分别平均增加了55.88%和65.56%（$P<0.05$）。

表3-16 磷肥用量和种植密度对胡麻主要形态性状的影响

Tab. 3-16 Effect of phosphorus application and planting density on morphology characteristics of oil flax

处理	株高（cm）	分茎数（个）	分枝数（个）	秕籽率（%）
P_1D_1	58.60b	0.56b	6.91b	8.50c
P_1D_2	58.00b	0.53b	6.71bc	10.70b
P_1D_3	55.80c	0.44c	6.49c	14.90a
P_2D_1	60.80a	0.60ab	7.13b	4.50f

（续表）

处理	株高（cm）	分茎数（个）	分枝数（个）	秕籽率（%）
P_2D_2	58.90b	0.56b	6.89b	5.00e
P_2D_3	58.80b	0.56b	6.49c	5.60e
P_3D_1	59.30ab	0.70a	8.07a	2.30g
P_3D_2	57.40bc	0.68a	7.07b	7.20d
P_3D_3	56.40c	0.53b	6.20c	7.70d

（二）钾肥用量和种植密度对胡麻主要形态性状的影响

施钾显著促进了胡麻生长发育，施钾后株高、工艺长度和有效分枝数都随施钾量的增加而显著增加（表3-17）。与不施钾相比，施钾（K_2O）45 kg·hm^{-2}和90 kg·hm^{-2}时，株高、工艺长度和有效分枝数分别平均增加了11.47%和18.76%，13.37%和24.22%以及9.90%和18.39%。相同钾肥情况下，密度的增加显著降低了胡麻的株高和有效分枝数，与低密度相比，中密度分别下降了11.80%和38.88%，高密度分别下降了16.68%和46.92%；随密度增加，胡麻工艺长度显著提高，与低密度相比，中密度、高密度分别平均提高了6.54%和14.33%。

表3-17　钾肥用量和种植密度对胡麻主要形态性状的影响

Tab. 3-17　Effect of potassium application and planting density on morphology characteristics of oil flax

处理	株高（cm）	工艺长度（cm）	每株有效分枝数（个）
K_1D_1	58.50c	32.97e	5.03a
K_1D_2	53.23d	34.13e	3.00b
K_1D_3	51.81d	36.03d	2.67c
K_2D_1	69.70a	36.43d	5.53a
K_2D_2	57.33c	39.27c	3.23b
K_2D_3	55.23cd	41.30b	3.01b
K_3D_1	70.67a	39.07c	5.85a
K_3D_2	64.87b	42.30b	3.80b
K_3D_3	58.63c	46.83a	3.03b

二、密肥对胡麻产量构成因子的影响

（一）氮肥用量和种植密度对胡麻产量构成因子的影响

氮肥水平和种植密度对胡麻籽粒产量三要素的影响均达到显著水平（表3-18）。增加种植密度可提高单位面积有效果数，降低果粒数和单株有效果数。在不施氮条件下，种植密度由450万株·hm^{-2}增加到1 050万株·hm^{-2}，单位面积有效果数提高了19.29%，果粒数、千粒重和单株有效果数分别降低了9.39%、7.80%和21.27%。在施氮量为75 kg·hm^{-2}和150 kg·hm^{-2}条件下，种植密度由450万株·hm^{-2}增加到1 050万株·hm^{-2}，单位面积有效果数分别提高了59.24%和89.85%，单株有效果数分别降低了27.17%和32.78%，果粒数分别降低了10.27%和17.10%。千粒重在中氮水平时，中密度高于低密度和高密度，分别高5.08%和3.88%；在高氮水平下，无显著性差异。

与不施氮相比较，在施氮量75 kg·hm^{-2}水平下，低密度和中密度处理的单位面积有效果数分别降低了20.88%和5.12%，而高密度提高了5.62%；果粒数无明显差异；千粒重提高了7.30%、2.94%和17.72%。与施氮量75 kg·hm^{-2}相比较，施氮量150 kg·hm^{-2}的处理，低密度、中密度和高密度单位有效果数降低了17.91%、42.49%和2.12%；低密度、中密度果粒数提高了2.93%和3.24%，而高密度降低了4.90%；千粒重分别提高了6.15%、4.06%和7.53%。

表 3-18 不同处理对胡麻籽粒产量构成因子的影响（定西）

Tab. 3-18 **Effects of different treatment on yield and yield components of oil flax（Dingxi）**

氮肥水平 （kg·hm⁻²）	种植密度 （万株·hm⁻²）	单株有效 果数（个）	有效果 数（个·m⁻²）	果粒数 （粒）	千粒重 （g）	收获指数 HI
0	450	12.60 c	3 474.79 d	7.35 b	8.08 d	0.32 cd
	750	11.98 d	4 174.16 b	7.07 c	8.85 c	0.35 bc
	1 050	9.92 f	4 145.20 bc	6.66 d	7.45 e	0.35 bc
D	450	13.80 b	2 749.42 e	7.50 ab	8.67 c	0.34 bc
	750	12.71 c	3 960.41 c	7.10 c	9.11 b	0.38 b
	1 050	10.05 f	4 378.11 a	6.73 d	8.77 c	0.29 d
150	450	16.2 a	2 257.02 f	7.72 a	9.67 a	0.44 a
	750	12.33 c	2 277.60 f	7.33 b	9.48 a	0.34 bc
	1 050	10.89 e	4 284.99 b	6.40 e	9.43 a	0.36 bc

由表 3-19 可知，不同施氮水平下密度对胡麻果粒数、千粒重无显著影响，但显著影响胡麻单株有效蒴果数和产量。施氮量一定时，单株有效蒴果数随种植密度的增加而下降，在不施氮条件下，种植密度由 450 万株·hm⁻² 增加到 1 050 万株·hm⁻²，单株有效蒴果数降低了 29.87%，在施氮量为 75 kg·hm⁻² 和 150 kg·hm⁻² 条件下，种植密度由 450 万株·hm⁻² 增加到 1 050 万株·hm⁻²，单株有效果数分别降低了 41.88% 和 50.61%。密度一定时，随施氮量的增加而增加，种植密度分别在 450 万株·hm⁻²、750 万株·hm⁻²、1 050 万株·hm⁻² 时，施氮 150 kg·hm⁻² 较不施氮、施氮 75 kg·hm⁻² 分别显著增加 112.99%、40.77%，108.96%、55.56% 和 19.12%、50.00%。产量以施氮 150 kg·hm⁻²，种植密度 1 050 万株·hm⁻² 时最高，较不施氮高 39.48%~46.48%，较适氮高 8.17%~12.97%。

表 3-19 不同处理对胡麻籽粒产量及产量构成因子的影响（张家口）

Tab. 3-19 **Effects of different treatment on yield and yield components of oil flax（Zhangjiakou）**

氮肥水平（kg·hm⁻²）	种植密度（万株·hm⁻²）	单株有效果数（个）	每果粒数（粒）	千粒重（g）
N₁	D₁	7.7e	8.8a	6.2a
	D₂	6.7f	8.2a	6.0a
	D₃	5.4g	8.4a	6.0a
N₂	D₁	11.7c	8.1a	6.2a
	D₂	9.0d	8.4a	5.8a
	D₃	6.8f	8.5a	5.8a
N3	D₁	16.4a	8.7a	6.4a
	D₂	14.0b	8.7a	5.9a
	D₃	8.1de	8.4a	6.3a

（二）磷肥用量和种植密度对胡麻产量构成因子的影响

由表 3-20 可知，磷肥用量和种植密度对胡麻有效蒴果数和千粒重影响显著，对蒴果籽粒数无显著影响。密度相同的情况下，施磷后有效蒴果数明显高于不施磷处理，在 D₁ 密度下，有效蒴果数随施磷量的增加而增加，与不施磷相比，施磷分别增加 3.78% 和 9.10%；在 D₂、D₃ 密度下，施磷量的增加先升高后下降，与不施磷相比，施磷分别增加 10.57% 和 0.66%，5.42% 和 8.73%。同一施磷水平下，低密度千粒重高于高密度，中、高密度分别下降了 9.09%、8.95%（P₁），5.80%、7.68%（P₂），13.76%、4.59%（P₃）。在相同施磷肥的情况下，中密度提高了胡麻有效蒴果数，较低密度增加 9.63%、19.90% 和 1.14%；高密度降低了胡麻有效蒴果数，较低密度增加 10.58%、1.25%

和 10.89%。

表 3-20　磷肥用量和密度对胡麻产量构成因子的影响
Tab. 3-20　Effect of phosphorus application rate and planting density on yield components of oil flax

处理	单株有效蒴果数（个）	每果籽粒数（粒）	千粒重（g）
$P1D_1$	20.88d	8.09a	6.93a
$P1D_2$	22.89b	8.40a	6.30b
$P1D_3$	18.67e	8.64a	6.31b
$P2D_1$	21.11c	8.40a	6.90a
$P2D_2$	25.31a	8.49a	6.50b
$P2D_3$	21.40c	8.44a	6.37b
$P3D_1$	22.78b	8.05a	6.76ab
$P3D_2$	23.04b	8.62a	5.83c
$P3D_3$	20.30d	8.31a	6.45b

（三）钾肥用量和种植密度对胡麻产量构成因子的影响

由表 3-21 可知，钾肥用量和种植密度对胡麻产量构成因子及产量影响显著。密度相同的情况下，施钾后有效蒴果数和千粒重均明显高于不施钾处理。有效蒴果数随施钾量的增加而增加，与不施钾相比，施钾（K_2O）45 kg·hm^{-2} 和 90 kg·hm^{-2} 处理下分别平均增加了 17.91% 和 29.79%；每果籽粒数在低密度和高密度下随施钾量的增加而增加；中密度下，每果籽粒数和千粒重在施钾 45 kg·hm^{-2} 时最高；千粒重在低密度和高密度下随施钾量增加而提高，在中密度下随施钾增加先升高后降低。在相同钾肥的情况下，密度的增加显著降低了胡麻有效蒴果数，与低密度相比，中密度、高密度分别下降了 10.63% 和 15.57%。

表 3-21　钾肥用量和密度对胡麻产量构成因子的影响
Tab. 3-21　Effect of potassium application rate and planting density on yield components of oil flax

处理	单株有效蒴果数（个）	每果籽粒数（粒）	千粒重（g）
K_1D_1	13.33cd	7.45b	7.20b
K_1D_2	12.70d	7.42b	7.24b
K_1D_3	11.67d	7.06c	7.23b
K_2D_1	16.30b	7.58ab	7.34b
K_2D_2	14.27c	7.94a	7.78a
K_2D_3	14.00c	7.51ab	7.48ab
K_3D_1	18.33a	7.59ab	7.40ab
K_3D_2	15.90b	7.29bc	7.62a
K_3D_3	14.83bc	7.54ab	7.56a

三、密肥对胡麻籽粒产量的影响

（一）氮肥用量和种植密度对胡麻籽粒产量的影响

由图 3-12 可知，胡麻籽粒产量变化幅度在 1 355.50～1 789.75 kg·hm^{-2}。在不施氮和施氮量为 75 kg·hm^{-2} 条件下，种植密度由 450 万株·hm^{-2} 增加到 1 050 万株·hm^{-2}，胡麻籽粒产量分别提高了 11.90% 和 5.51%。在施氮量为 150 kg·hm^{-2} 条件下，种植密度由 450 万株·hm^{-2} 增加到 750

万株·hm⁻²，胡麻籽粒产量降低了2.13%；种植密度由750万株·hm⁻²增加到1 050万株·hm⁻²，胡麻籽粒产量提高了12.39%。与不施氮相比，施氮量150 kg·hm⁻²的处理在低密度、中密度和高密度下胡麻籽粒产量分别提高了11.90%、2.80%和18.00%；施氮量150 kg·hm⁻²处理与75 kg·hm⁻²的处理相比较，在低密度、中密度和高密度下胡麻籽粒产量分别提高了7.12%、3.04%和11.67%。在不施氮条件下，各处理的收获指数差异性不显著，在施氮量为75 kg·hm⁻²和150 kg·hm⁻²条件下，种植密度由450万株·hm⁻²增加到1 050万株·hm⁻²，胡麻的收获指数分别降低了14.71%、和18.18%。

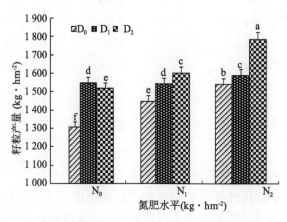

图3-12 不同施氮量和种植密度对胡麻产量的影响（定西）

Fig. 3-12 Effects of nitrogen rate and planting density on grain yield of oil flax（Dingxi）

由图3-13可知，与不施氮相比，施氮量150 kg·hm⁻²在低密度、中密度和高密度下胡麻籽粒产量分别提高了28.18%、30.87%和39.48%；施氮量150 kg·hm⁻²处理与75 kg·hm⁻²的处理相比较，在低密度下胡麻籽粒产量下降了4.92%，中密度和高密度下胡麻籽粒产量分别提高了1.20%、12.97%。N_1水平下，胡麻籽粒产量随密度的增加而增加，D_2、D_3较D_1显著增加4.71%和5.02%；N_2水平下，胡麻籽粒产量随密度的增加先增后减，D_2较D_1高0.44%，D_3较D_1显著降低3.83%；N_3水平下，胡麻籽粒产量随密度的增加持续增加，D_3最高，较D_1、D_2分别显著增加6.91%和14.27%。由此可见，在施氮75 kg·hm⁻²时，中密度产量最高，高密度产量反而下降，可能是因为供氮不足造成；在施氮150 kg·hm⁻²时，高密度产量最高，此时，氮素不再是限制产量增加的因素。

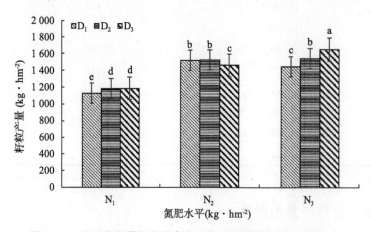

图3-13 不同施氮量和种植密度对胡麻产量的影响（张家口）

Fig. 3-13 Effects of nitrogen rate and planting density on grain yield of oil flax（Zhangjiakou）

（二）磷肥用量和种植密度对胡麻籽粒产量的影响

不同密度处理下产量表现为$D_2>D_3>D_1$。不同施磷处理下产量表现为，P2> P3>P1。不同处理以

T5 产量最高，较不施磷高 4.63%~11.11%，较施高磷增加 2.73%~18.41%，综合考虑农艺性状和产量，试验区种植密度 750 万株·hm⁻²、施磷 90 kg·hm⁻² 为宜，在降低成本的同时能获得较高的产量（表 3-22）。

表 3-22　不同处理对胡麻产量的影响
Tab. 3-22　Effects of different treatment on yield of oil flax

处理	小区产量（kg）			平均（kg）	折合公顷产量（kg）
	I	II	III		
P_1D_1	3.22	2.75	2.62	2.86	1 431.45d
P_1D_2	2.87	3.57	3.29	3.24	1 620.00ab
P_1D_3	3.18	2.96	3.00	3.05	1 525.50c
P_2D_1	3.74	3.12	2.71	3.19	1 594.50ab
P_2D_2	3.43	3.33	3.14	3.30	1 695.00a
P_2D_3	3.21	3.18	2.98	3.12	1 560.00b
P_3D_1	3.43	3.12	2.93	3.16	1 579.50b
P_3D_2	3.30	3.43	2.87	3.20	1 600.50ab
P_3D_3	3.56	3.52	3.08	3.39	1 650.00a

（三）钾肥用量和种植密度对胡麻籽粒产量的影响

与不施钾处理相比，施钾处理的籽粒产量均有显著提高，在 0~90 kg·hm⁻² 范围内，随施钾量增加，胡麻籽粒产量显著增加，低密度和高密度的产量均以 90 kg·hm⁻² 处理最高；而中密度籽粒产量在施钾 45 kg·hm⁻² 处理最高，在 90 kg·hm⁻² 处理时有所下降。在施钾量相同的情况下，胡麻籽粒产量随密度增加先升后降。3 个密度条件下，胡麻籽粒产量差异最大值出现在施钾 45 kg·hm⁻² 处理，该钾肥用量下，提高种植密度，胡麻籽粒产量分别提高了 9.98% 和 1.12%。可见，中密度条件下，胡麻籽粒产量最高（表 3-23）。

表 3-23　不同钾肥和密度对胡麻产量的影响（鄂尔多斯）
Tab. 3-23　Effects of different treatment on grain yield of oil flax

处理	小区产量（kg）			平均（kg）	折合公顷产量（kg）
	I	II	III		
K_1D_1	4.30	3.43	4.49	4.07	2 036.00e
K_1D_2	4.27	4.56	5.49	4.77	2 387.00d
K_1D_3	4.87	4.68	4.05	4.53	2 267.01d
K_2D_1	5.34	5.38	5.31	5.34	2 671.67c
K_2D_2	5.72	5.88	6.03	5.88	2 938.33a
K_2D_3	5.38	5.52	5.39	5.43	2 715.00b
K_3D_1	5.36	5.72	5.58	5.55	2 776.68b
K_3D_2	5.88	5.62	5.59	5.70	2 848.33a
K_3D_3	5.54	5.33	5.81	5.56	2 780.00b

表 3-24 为平凉 2014 年、2015 年钾肥密度试验对产量的影响，由表可知，两年间均以 T8 处理产量最高，较不施肥高 6.88%（2014 年）和 10.37%（2015 年），较其他处理高 0.69%~13.53%（2014 年）和 0.93%~10.37%（2015 年）。在 D_2 种植密度下，以 K_3D_2 配合模式为最佳，平均产量

最高；在 D_1 密度下，互作效应不明显，平均产量最低；在 D_3 密度下，以 K_2 水平产量较高。综合钾肥和种植密度对胡麻产量的影响，胡麻产量并不是随着种植密度和施肥量的增大而增大，而是在互作效应最佳的方式下，综合效益最好，试验区种植密度 750 万株·hm^{-2}、施钾 90 kg·hm^{-2} 为宜，在降低成本的同时能获得较高的产量。

表 3-24　不同钾肥和种植密度对胡麻产量的影响（平凉）

Tab. 3-24　Effects of different potassium application rate and planting density on grain yield of oil flax（Pingliang）

年份	处理	产量 [kg·$(20m)^{-2}$]			平均（kg）	产量（kg·hm^{-2}）	5%	1%
		I	II	III				
	K_1D_1	4.55	4.57	4.61	4.57	2 287.17	c	C
	K_1D_2	4.69	4.68	4.71	4.69	2 346.83	c	BC
	K_1D_3	4.79	4.87	4.90	4.86	2 427.67	a	A
	K_2D_1	4.31	4.33	4.28	4.31	2 153.17	d	D
2014	K_2D_2	4.74	4.72	4.72	4.73	2 364.17	b	BC
	K_2D_3	4.80	4.85	4.82	4.82	2 412.17	ab	AB
	K_3D_1	4.44	4.54	4.45	4.48	2 237.67	c	BC
	K_3D_2	4.88	4.91	4.88	4.89	2 444.50	a	A
	K_3D_3	4.78	4.79	4.82	4.80	2 397.50	b	B
	K_1D_1	2.69	2.66	2.54	2.63	1 315.00	b	B
	K_1D_2	2.61	2.73	2.81	2.72	1 358.33	b	AB
	K_1D_3	2.87	2.71	2.68	2.75	1 376.67	b	AB
	K_2D_1	2.60	2.58	2.76	2.65	1 324.67	b	AB
2015	K_2D_2	2.83	2.88	2.91	2.88	1 438.00	a	A
	K_2D_3	2.73	2.68	2.68	2.70	1 349.00	b	AB
	K_3D_1	2.75	2.75	2.80	2.77	1 384.00	b	AB
	K_3D_2	2.92	2.81	2.98	2.90	1 451.33	a	A
	K_3D_3	2.71	2.68	2.88	2.76	1 379.17	b	AB

四、密肥对胡麻肥料利用率的影响

（一）氮肥用量和种植密度对胡麻氮肥利用率的影响

由表 3-25 可知，不同处理下的氮素利用效率、氮素收获指数及籽粒含氮量均有显著差异性。与不施氮相比，施氮量 75 kg·hm^{-2} 的处理氮素利用效率平均降低了 8.04%；与施氮量 150 kg·hm^{-2} 相比，氮素利用效率平均提高了 8.67%。在不施氮条件下，与低密度相比较，中密度胡麻的氮素利用效率提高了 5.74%；在施氮量 75 kg·hm^{-2} 条件下，与低密度相比较，高密度胡麻的氮素利用效率降低了 17.76%；在施氮量 150 kg·hm^{-2} 条件下，增密对胡麻的氮素利用效率影响无显著差异。氮素收获指数与籽粒含氮量的比值是氮素利用效率。与不施氮相比，施氮量 75 kg·hm^{-2} 的处理氮素收获指数平均降低了 2.53%；与施氮量 150 kg·hm^{-2} 相比，氮素收获指数平均提高了 11.05%。与不施氮相比，施氮量 75 kg·hm^{-2} 和 150 kg·hm^{-2} 的处理籽粒含氮量平均分别提高了 16.33% 和 23.33%。在不施氮条件下，与低密度相比较，中密度处理胡麻的籽粒含氮量提高了 4.72%，与高密度无显著差异性；在施氮量为 75 kg·hm^{-2} 条件下，增加种植密度胡麻的籽粒含氮量提高了 3.76% 和 2.19%；在施氮量为 150 kg·hm^{-2} 条件下，提高种植密度对籽粒含氮量影响无显著差异。与不施氮相比，施氮量

75 kg·hm^{-2}和施氮量 150 kg·hm^{-2}的处理氮素利用效率平均分别降低了 50.77%和 70.90%。与低密度相比较，增加种植密度胡麻的氮素利用率平均分别提高了 23.52%和 21.54%。综合以上结果，增密可提高氮素吸收效率，进而提高氮素的利用率。

表 3-25　种植密度和氮肥水平对胡麻氮素利用率的影响

Tab. 3-25　Effects of nitrogen rate and planting density on nitrogen use efficiency and its relevant index of oil flax

处理		氮素利用率（kg·kg^{-1}）	氮素利用效率（kg·kg^{-1}）	氮收获指数（%）	籽粒含氮量（%）
施氮量（kg·hm^{-2}）	密度				
N$_1$	D$_1$	15.22c	14.64c	44.39d	3.03d
	D$_2$	19.66a	15.48a	49.31ab	3.18c
	D$_3$	18.00b	15.02abc	46.34cd	3.08d
N$_2$	D$_1$	6.66f	14.81abc	47.22bc	3.19c
	D$_2$	10.61d	14.53c	48.13bc	3.31ab
	D$_3$	8.78e	12.18d	39.71e	3.26b
N3	D$_1$	4.46g	15.38ab	51.67a	3.36a
	D$_2$	4.16f	14.72bc	48.56bc	3.30ab
	D$_3$	6.78f	15.02abc	49.76ab	3.31ab

（二）磷肥用量和种植密度对胡麻磷肥利用率的影响

由表 3-26 可知，胡麻磷肥农学利用率随着施磷量的增加而下降，与 90 kg·hm^{-2}处理相比，施磷 180 kg·hm^{-2}时，低密度下降 54.60%，中密度下降 58.54%，高密度下降 34.25%；同一施磷水平下，随种植密度的增加先升高后下降，中密度高于低密度和高密度，较低密度分别高 61.64%（P$_2$）和 105.02%（P$_3$），较高密度分别高 47.62%（P$_2$）和 29.28%（P$_3$）。胡麻磷肥偏生产力变化趋势与农学利用率变化一致，与施磷 90 kg·hm^{-2}处理相比，施钾 180 kg·hm^{-2}时，低密度下降 50.47%，中密度下降 51.33%，高密度下降 48.70%；同一施磷水平下，随种植密度的增加先升高后下降，中密度高于低密度和高密度，较低密度分别高 6.30%（P$_2$）和 8.65%（P$_3$），较高密度分别高 4.46%（P$_2$）和 3.09%（P$_3$）。可见，在施磷 90 kg·hm^{-2}处理时，胡麻磷肥利用率大于 180 kg·hm^{-2}处理；且在施钾 90 kg·hm^{-2}基础上适当提高种植密度，能够增加胡麻磷肥的偏生产力。

表 3-26　磷肥用量和种植密度对胡麻磷素利用率的影响　　　　　　　　　　（kg·kg^{-1}）

Tab. 3-26　Effect of phosphorus application rate and planting density on

phosphorus efficiency of oil flax

处理	磷肥农学利用率	磷肥偏生产力
P$_1$D$_1$	—	—
P$_1$D$_2$	—	—
P$_1$D$_3$	—	—
P$_2$D$_1$	1.81b	17.72a
P$_2$D$_2$	2.93a	18.83a
P$_2$D$_3$	1.43bc	17.33a
P$_3$D$_1$	0.82d	8.78b
P$_3$D$_2$	1.21c	9.17b
P$_3$D$_3$	0.94d	8.89b

注：—表示缺值。下同。

（三）钾肥用量和种植密度对胡麻钾肥利用率的影响

由表3-27可知，胡麻钾肥农学利用率随着施钾量的增加而下降，与45 kg·hm^{-2}处理相比，施钾90 kg·hm^{-2}时，低密度下降41.74%，中密度下降58.16%，高密度下降42.75%；随种植密度的增加而减小，中密度下平均降低22.27%，高密度下平均降低29.97%。胡麻钾肥偏生产力随着施钾量的增加而下降，与施钾45 kg·hm^{-2}处理相比，施钾90 kg·hm^{-2}时，低密度下降48.03%，中密度下降51.53%，高密度下降48.80%；随种植密度的增加而不同程度增加，中密度下平均增加7.45%，高密度下平均增加1.11%。可见，在施钾45 kg·hm^{-2}处理时，胡麻钾肥利用率大于90 kg·hm^{-2}处理；且在施钾45 kg·hm^{-2}基础上提高种植密度，增加了胡麻钾肥的偏生产力。

表3-27 钾肥用量和种植密度对胡麻钾素利用率的影响（鄂尔多斯） (kg·kg^{-1})

Tab. 3-27 Effect of potassium application rate and planting density on potassium efficiency of oil flax

处理	钾肥农学利用率	钾肥偏生产力
K_1D_1	—	—
K_1D_2	—	—
K_1D_3	—	—
K_2D_1	14.13a	59.37b
K_2D_2	12.25a	65.30a
K_2D_3	9.96b	60.33b
K_3D_1	8.23b	30.85c
K_3D_2	5.13c	31.65c
K_3D_3	5.70c	30.89c

由表3-28可知，在K_2、K_3水平下，随密度的增加钾肥农学利用效率先增加后下降，K_2水平下，D_1、D_3较D_2分别显著降低了48.26%、18.58%（2014）和92.31%、72.16%（2015）；K_3水平下，D_1、D_3分别显著降低了70.99%、16.36%（2014）和25.24%、97.09%（2015）；当密度相同时，随着施钾水平的提高，钾肥农学利用效率也随之下降，D_2、D_3水平下，K_3较K_2分别降低了43.75%、42.22%（2014）和62.27%、96.05%（2015）。而钾肥偏生产力变化趋势与农学利用率相似，在同一施钾水平下，随施钾量的增加先增后减，密度相同时，随施钾量的增加而降低。在K_2、K_3水平下，D_2密度偏生产力最高，较D_1、D_3高5.45%、2.02%，9.25%、1.95%（2014）和8.56%、6.60%，4.88%、5.29%（2015）。两个生长季钾肥农学利用率和偏生产力均以K_2D_2最高，即在中钾中密度条件下，胡麻对钾肥的利用率最高，高钾将产生浪费。

表3-28 钾肥用量和种植密度对胡麻钾素利用率的影响 (kg·kg^{-1})

Tab. 3-28 Effect of potassium application rate and planting density on potassium efficiency of oil flax

年	处理	钾肥农学利用率	钾肥偏生产力
	K_1D_1	—	—
	K_1D_2	—	—
	K_1D_3	—	—
	K_2D_1	2.98cd	50.83b
2014	K_2D_2	5.76a	53.60a
	K_2D_3	4.69b	52.54a
	K_3D_1	0.94e	24.86c
	K_3D_2	3.24c	27.16c
	K_3D_3	2.71d	26.64c

（续表）

年	处理	钾肥农学利用率	钾肥偏生产力
	K_1D_1	—	—
	K_1D_2	—	—
	K_1D_3	—	—
	K_2D_1	0.21d	29.44a
2015	K_2D_2	2.73a	31.96a
	K_2D_3	0.76c	29.98a
	K_3D_1	0.77c	15.38b
	K_3D_2	1.03b	16.13b
	K_3D_3	0.03e	15.32b

五、讨论与结论

（一）不同施肥量和密度下胡麻干物质积累运转

研究发现，在一定的种植密度范围内，作物的单株干物质随着密度的增加而下降，开花后营养器官同化物向籽粒的转运量及其对籽粒的贡献率与密度表现为正相关，高密度条件下不能获得高的生物产量主要是由于净光和速率下降造成的。作物合理密植的目的是培育高光效的群体结构，获得高产。氮肥密度试验中，不同施氮量和种植密度下的胡麻的单株、单位面积的干物质累积量均随生育时期推进不断增加。在花期前，施氮量在 $0 \sim 75$ kg·hm^{-2} 范围内，增密降低了单株干物质积累量，施氮为 150 kg·hm^{-2} 处理下，密度为 450 万株·hm^{-2}，单株干物质重提高了 35.75%。随着生育时期推进，由于群体矛盾逐渐加剧，在花期以后，同一施氮水平下，各处理间的单株干物质累积量随着密度的增加而下降。全生育期，单位面积的干物质累积量在同一施氮水平下高密度的处理高于低密度。可见，在增施氮肥条件下，适当增密可提高花前胡麻单株干物质积累，在不施氮和中氮水平下，增密降低了单株干物质积累；在同一施氮水平下，而增密可提高群体干物质积累。在花期胡麻的茎秆分配率达到最大值，占地上部干物质积累总量的 51.44% ~ 58.25%。在同一施氮水平下，增密可提高群体干物质积累，对单株而言，成熟期胡麻籽粒中干物质分配量在高密度下最小，群体的表现与单株相反。在同一施氮量下，高密度处理的营养器官开花前贮藏同化物转运量高于低密度处理，分别高 71.46%、43.06% 和 49.31%；同一密度条件下，随着施氮量的增加营养器官开花前贮藏同化物转运量逐渐减少。就花后贮藏同化物对籽粒贡献率而言，中氮高密度处理高于其他处理，分别高 5.69% ~ 31.85%。因此，增施氮肥和提高种植密度提高了花后干物质同化物向籽粒分配的比例，为高产提供了保证。

在钾肥密度试验中，胡麻植株地上部干物质随钾肥和密度的增加而不同程度增加。在施钾量一定的条件下，随密度增加，干物质积累先升高后降低。在 K_2D_2 处理条件下，胡麻源库关系协调，生长后期干物质生产能力强。钾参与碳水化合物的代谢和转移（Pettigrew，2008）。大量研究表明，施钾可以促进麻疯树干物质转移，提高产量（Tikkoo et al，2013）。李文娟（2009）研究表明，施钾有助于提高干物质向玉米籽粒的转运率，与本试验结果不一致。本试验中，茎转运率范围 17.18% ~ 24.65%，小于 11.23% ~ 33.27%。可能与基因型、生长环境条件及土壤中速效钾含量等有关。钾肥和密度影响着胡麻植株地上部分干物质积累和钾积累。在施钾相同条件下，盛花前后胡麻植株地上部干物质积累量，随密度增加分别升高了 13.56% 和 17.83%；在密度相同情况下，随钾肥增加分别升高了 40.56% 和 53.04%。籽粒产量来自花后干物质积累量增加，籽粒钾来自花后钾积累的量增加。胡麻籽粒产量随钾肥和密度增加而升高，在 K_2D_2 处理时最高，达 2 938.33 kg·hm^{-2}。

籽粒灌浆物质的来源分为两部分：一部分是开花后的同化产物，包括直接输送到籽粒中的光合物和开花后形成的暂贮藏性干物质的再转移;一部分是开花前生产的暂贮藏于营养器官中并于灌浆期间再转移到籽粒中去的同化产物(Maydup et al, 2010)。有研究表明,春玉米籽粒产量在很大程度上取决于后期的光合生产能力,生育后期光合生产的干物质对籽粒的贡献率为 78% ~ 84%(黄智鸿等,2007)。钾肥密度试验中,胡麻生育后期光合生产的干物质对籽粒的贡献率为 53.82% ~ 59.72%。K_2D_2 处理营养器官干物质转运率低,物质转运对籽粒产量的贡献较小,贡献率低。贡献率低不利于籽粒充实,贡献率过高,籽粒"库"对有机物的竞争能力增强,从而影响到"源"与"库"协调关系,最终表现为"源"过度地向籽粒"库"转移光合产物,影响后期光合生产,进而明显影响产量的提高(杨恒山等,2012)。

(二)不同氮肥和密度下胡麻生理指标特征

1. 不同施氮量下增密对胡麻光合生理指标的影响

叶片是作物的主要光合器官,叶片的光合性能对产量的高低起决定作用。因此,适宜的水、肥、密度的增产作用主要在于提高群体叶面积。但是群体叶面积过大,造成田间荫蔽严重,不能充分进行光合,湿度大,叶片脱落增多,导致产量不高;群体叶面积过小,虽然光照条件得到满足,但总的光合产物过少,产量也不会高;所以叶面积大小要适当。叶绿素含量是反映光合强度的重要生理指标,叶片叶绿素含量的高低与光合速率密切相关,它是植物光合作用中传递、吸收和转换光能的物质基础。强大的光合源能获得较高的干物质积累量,有研究表明,产量与最大叶面积指数呈抛物线关系,在一定范围内叶面积越高,干物质积累越多,但过高的叶面积指数不一定就能得到高产(张玉芹等,2011)。王永宏等(2013)指出玉米高产需较高的光合势,在此前提下,吐丝后的光合势越高越有利于提高玉米籽粒产量。多次施用氮肥能提升作物叶片的光合性能,从而达到高产的目的。氮肥密度试验研究结果表明,不同施氮量和种植密度下的胡麻的单株叶面积均呈先升后降的单峰曲线,在花期达到最大。增加种植密度可降低单株叶面积,随着生育时期的推进,由于群体竞争加剧,在花期以后同一种植密度下,胡麻的叶面积随施氮量的增加而变大。胡麻各生育时期的叶面积指数随生育时期推进,表现出先增加后降低的趋势。花期前的叶面积指数在同一施氮条件下均随着密度的增加而提高。增施氮肥提高了高密度的叶面积指数,这可能与氮肥可延长作物生育期有关。胡麻的光合势最高的生育阶段为盛花期—子实期。不同处理下的胡麻全生育期的总光合势均是高密度处理高于低密度处理,分别高 13.59% ~ 100.27%。胡麻叶片中 Chl a、Chl b 及 Chl a+b 均符合单峰曲线变化趋势,在现蕾期达到最高。全生育期,高氮水平下,增密能够提高叶绿素总含量,分别高 24.86% ~ 28.82%、2.44% ~ 12.5%、7.86% ~ 19.10% 和 13.85% ~ 57.45%。

2. 不同施氮量下增密对胡麻 NSC 的影响

可溶性糖作为淀粉合成的底物,籽粒淀粉的积累和作物细胞壁的合成取决于其含量的多少。籽粒的形成过程,是一个分解蔗糖、合成淀粉为主的代谢过程。可溶性糖是作物茎秆中重要贮存物质、高等植物的主要光合产物及植物体内碳水化合物转运、储藏和再利用的主要形式,其含量的高低反映了同化物供应、转运与利用的能力(姜东,2000)。作物灌浆所需物质的主要来源是花前茎秆贮存物质和花后的光合同化物。灌浆初期籽粒的活性和籽粒的灌浆启动主要靠茎秆贮存物质,它的高低,同时反映了水稻光合同化能力和糖代谢活性的高低以及籽粒吸收和转运碳水化合物能力的强弱,因此积累足够的碳水化合物是提高产量的保证,并使其尽量多地转运到籽粒中。

前人研究认为适宜的施氮量和栽插密度可增加水稻抽穗期的糖和淀粉积累量。营养生长阶段合成的非结构性碳水化合物多少决定了作物的果穗数和籽粒充实度。本研究中,不同处理下胡麻成熟期不同器官中 WSC 含量均低于开花期,而淀粉含量与之相反。增加施肥量,降低了胡麻花期的 NSC 总量和花前营养器官 NSC 的转运量,而提高了花后营养器官 NSC 的转运量。施氮量在 0 ~ 75 kg·hm^{-2} 时,胡麻花期叶片和非籽粒中淀粉含量随施氮量的增加而减小,而茎中的淀粉含量却与之相反。高氮条件下,增加种植密度降低了叶片中的 WSC 含量,而提高了茎和非籽粒 WSC 含量;提高了叶片和茎中 NSC 含量,而非籽粒中 NSC 含量无显著影响。可见,NSC 对籽粒的贡献主要在花后,提高种植密度和氮肥用量可提高花后营养器官 NSC 对籽粒中 NSC 的贡献率。

（三）不同施肥量和密度下胡麻养分积累运转

成熟期氮素积累量决定了籽粒产量的高低，即在一定的范围之内，籽粒产量随着氮素吸收量的增加而提高，超过一定范围，籽粒产量不再提高甚至下降。可以通过增加种植密度来提高植株地上部氮素积累量，当超过一定范围后却抑制了地上部氮素积累。Arduini 等（2006）研究表明，增加种植密度降低了单株氮含量，而提高了群体氮含量，这与干物质积累量增加有关。也有人研究认为氮肥的施用量能影响种植密度对氮素吸收量，在施氮和不施氮的条件下分别进行增密处理，结果表明，不施氮增密对植株地上部氮素吸收量没有影响，施氮增密能提高植株地上部氮素吸收量（Ciampitti et al，2011）。氮肥密度试验研究结果表明，在不同施氮处理下，增密可提高胡麻各生育时期地上部氮素积累量；在施氮量为 75 kg·hm^{-2} 和 150 kg·hm^{-2} 时，增密可提高花期—子实期的氮素积累量和氮素积累比例。增施氮肥可提高现蕾期—花期生育阶段植株氮素的累积量，植株氮素累积量的增加主要是由于种植密度的不同造成的。

在不同施氮条件下，增加种植密度可提高胡麻各生育时期地上部氮素积累量；在施氮量为 75 kg·hm^{-2} 和 150 kg·hm^{-2} 时，增密可提高花期—子实的氮素积累量和氮素积累比例。增施氮肥提高了胡麻现蕾期—花期植株氮素累积量，使氮素吸收效率降低了 46.00%~67.58%，而增密提高了氮素吸收效率。增加种植密度可提高花前营养器官氮素贮藏再转运，而增施氮肥却提高了花后氮素累积量，这主要是由于胡麻花前营养器官贮藏氮素向籽粒的转运率降低，阻碍了同化物向籽粒的转运。与低密度相比较，增加种植密度胡麻的氮素利用率分别提高了 23.52% 和 21.54%。

钾的吸收转运直接影响着作物的生长发育状况，从而影响作物的产量。研究认为，玉米钾转运对籽粒养分的贡献率要大于吐丝后钾积累对籽粒养分的贡献率（杨恒山等，2012），与本研究中胡麻钾转运对籽粒的贡献率大于盛花后钾积累对籽粒养分的贡献率相一致。已有研究表明，施钾有助于提高钾养分向玉米籽粒的转运率（李文娟等，2009）。钾肥密度试验中，钾肥促进了胡麻地上部钾的积累量和转运量；但转运率基本不受钾肥影响。K$_2$D$_2$ 处理钾转运对籽粒的贡献较小，贡献率低；但盛花期后钾对籽粒贡献率高，表明胡麻植株生育后期能维持较高的钾吸收能力。

植物体内的钾以离子形态存在，有高度移动性。钾肥密度试验中，籽粒中钾 58.72%~70.03% 来自花前营养器官的转移，29.97%~41.28% 来自花后，籽粒钾随施钾增加而增加。密度相同条件下，施钾处理，营养器官中钾的转运量占籽粒积累量的比例小于不施钾处理。李文娟（2009）研究指出，玉米籽粒养分中 52.4%~100.0% 的钾依赖于营养体的转运。曾祥亮（2011）研究得出，大豆荚果中钾素的 63.49% 来自营养器官的转入。在本研究中，K$_2$D$_2$ 处理的钾转运量高、转运率低，对籽粒贡献率低，花后钾对籽粒贡献率高，表明该处理下胡麻植株生育后期能维持较高的钾吸收能力，为生育后期较好的光合生产和较高的胡麻产量奠定基础。在施钾相同条件下，盛花前后胡麻植株地上部钾积累量随密度增加分别升高了 11.91% 和 14.65%，在密度相同情况下，随钾肥增加分别升高了 26.20% 和 62.01%。随施钾量和密度的增加，胡麻干物质和钾转运量升高，在 K$_2$D$_2$ 处理时取得最高值，分别为 1 183.56 kg·hm^{-2} 和 30.28 kg·hm^{-2}。

（四）密肥对胡麻产量构成因子及籽粒产量的影响

单位面积有效数、果粒数和千粒重是胡麻产量构成的三要素。氮肥水平和种植密度对胡麻籽粒产量构成因子的影响均达到显著水平。增加种植密度可提高单位面积有效果数，降低果粒数和单株有效果数。与不施氮相比较，在施氮量 75 kg·hm^{-2} 水平下，低密度和中密度处理的单位面积有效果数分别降低了 20.88% 和 5.12%，而高密度提高了 5.62%；果粒数无明显差异；千粒重提高了 7.30%、2.94% 和 17.72%。与施氮量 75 kg·hm^{-2} 相比较，施氮量 150 kg·hm^{-2} 的处理，低密度、中密度和高密度单位有效果数降低了 17.91%、42.49% 和 2.12%；低、中密度果粒数提高了 2.93% 和 3.24%，而高密度降低了 4.90%；千粒重分别提高了 6.15%、4.06% 和 7.53%。

稀植可降低作物群体竞争，为个体生长提供良好的条件，有利于千粒重和籽粒产量的提高。令鹏

（2010）研究认为，干旱地露地胡麻适宜种植密度为 995 万粒·hm^{-2}，增产能达到 36.44%。分茎数、主茎分枝数、蒴果数及单株粒重均随密度的增加逐渐减少，千粒重的变化不大。本试验中，不同施氮量和种植密度处理下的胡麻籽粒产量与单位面积有效蒴果数、果粒数及千粒重均呈极显著正相关关系，而进行回归方程分析时，胡麻籽粒产量与单位面积有效蒴果数和果粒数呈负效应，且单位面积的有效果粒数最为明显。这里的负效应主要是由于种植密度引起的。增加种植密度提高了胡麻单位面积有效果数，降低果粒数、单株有效数及千粒重。在高氮条件下，增密可提高胡麻籽粒产量而降低了其收获指数。在不同处理下，增加种植密度提高了胡麻单位面积有效果数，降低果粒数、单株有效果数及千粒重。不同施氮量和种植密度处理下的胡麻籽粒产量与单位面积有效蒴果数、果粒数及千粒重均呈极显著正相关关系，而进行多元回归分析时，胡麻籽粒产量与单位面积有效蒴果数和果粒数呈负效应，且单位面积的有效果粒数最为明显。在 150 kg·hm^{-2} 条件下，增密胡麻籽粒产量提高了 12.39%，收获指数降低了 18.18%。

胡麻种植密度的增加，虽然在一定程度上抑制了胡麻单株的有效分枝数、有效蒴果数等，但是在养分和水分适宜的情况下，随着密度的增加，群体的叶面积指数和光能利用率大幅度提高，充分发挥了胡麻的群体效应，最终表现为产量的增加（朱珊，2013）。合理密植能提高胡麻叶片光合作用的规模和时间，进而提高胡麻产量，在适宜的养分条件下，作物产量表现最佳。钾肥密度试验中，在施钾 0~90 kg·hm^{-2} 的范围内，胡麻籽粒产量，在低密度和高密度的产量均以 90 kg·hm^{-2} 处理为最高；而中密度在施钾 45 kg·hm^{-2} 处理为最高。适量施钾提高了胡麻籽粒产量，可能与胡麻光合作用和呼吸作用增强，为蛋白质和籽粒的形成提供了较多 ATP，增强了碳水化合物向籽粒的转移和库的容量有关（Tikkoo，2013）；另一方面，适量施钾增加籽粒千粒重，促进了产量的提高。

（五）密肥对胡麻肥料利用率的影响

肥料利用率是衡量肥料施用是否合理的一项重要指标。籽粒产量和氮素利用效率高低关键在于生殖生长阶段的生长发育，它们也受花前营养器官氮素向籽粒的再转运以及开花后氮素的同化的影响。前人研究指出（Fred，1997），增施氮肥能够提高小麦的氮素吸收、花前氮同化量及花后氮转运量，但却阻碍氮素转运效率，不利于同化物向籽粒的分配，从而导致氮素利用效率下降。不施氮肥会使小麦各生育时期的氮素吸收强度降低，导致减产，但却提高了氮素利用效率和氮素再分配效率，增施氮肥可提高氮素在营养器官中的分配量和比例，而籽粒中的分配比例、开花后营养器官氮素转运率以及贡献率均降低。本研究中通过种植密度和氮肥用量来调控胡麻的氮素代谢。结果表明，增施氮肥，使氮素吸收效率降低了 46.00%~67.58%，而增密提高了氮素吸收效率。增加种植密度可提高花前营养器官氮素贮藏再转运，而增施氮肥却提高了花后氮素累积量，这主要是由于胡麻花前营养器官贮藏氮素向籽粒的转运率降低，阻碍了同化物向籽粒的转运。与低密度相比较，增加种植密度胡麻的氮素利用率分别提高了 23.52% 和 21.54%。

综合籽粒产量、油产量和肥料利用率因素，适当施用钾肥，不仅可以提高产量，而且可以有效防止过量施用造成本来短缺的钾盐资源的浪费、钾的损失，降低钾肥利用率及带来的生态环境问题。本研究表明，不同施钾水平和密度情况下，胡麻的钾肥利用率发生不同程度变化。胡麻钾肥农学利用率随施钾量和密度的增加而下降，在 45 kg·hm^{-2} 处理时，钾肥的利用率要高于 90 kg·hm^{-2} 时，说明钾肥的增产效应随施钾量的升高而降低。胡麻钾肥偏生产力随施钾量的增加而下降，原因之一是钾肥增加量远远大于产量的增加。在施钾相同情况下，钾肥偏生产力随密度升高先升后降，在施钾 45 kg·hm^{-2} 处理，中密度下最高，达 65.30 kg·kg^{-1}。胡麻栽培中适宜的施钾量和密度是实现节肥增效和高产的关键措施。胡麻生产中，在同等环境条件下，以施钾（K$_2$O）45 kg·hm^{-2}，密度 750 万株·hm^{-2} 为宜。

第四章　胡麻高产施肥理论与技术

第一节　胡麻氮、磷、钾营养规律

氮、磷、钾是作物生长发育必需的三大营养元素，又称作物三要素。氮是植物生长发育中最重要的营养元素，也是油料作物种植中主要的能量利用和输入消费物质。作物体内氮素的含量和分布常因器官部位、发育时期的不同而有很大差异，而且各部位在不同发育时期都可能发生氮素的再分配，这种变化主要与生长中心的转移有关。如根系较老部位的氮素重新转运到正在生长的根尖，基部叶片的氮素转运到上部扩展的叶片，尤其是开花后，大量氮素从营养器官再分配到籽粒。有关胡麻氮磷营养的研究主要集中在肥料的施用量及配比上。相对而言，油料作物需要更多的氮素营养（Lemke et al，2009）。关于胡麻中氮素营养的变化，前人做了一些研究。磷在高等植物光合作用有关的反应、能量传递和氮代谢及抗逆性等方面发挥着重要作用，作物从土壤中吸收的磷大部分在成熟期都转移到了籽粒中。因此，磷是作物光合同化物生产中以及产量和品质形成中最重要的营养元素（Rogério et al，2013）。钾素是作物生长发育必需的大量营养元素之一，是影响作物品质的显著因子。作物各项生理代谢活动只有在适宜钾素水平下才能有效完成。钾积累与分配是作物养分利用的重要过程，缺钾不仅影响植株钾素和干物质的积累，而且影响其在果实中的分配，进而降低产量与品质。适宜的施钾量可以有效促进作物生长发育和产量形成，用量过少或过多都会对植株生长发育和籽粒产量产生不利影响（Niu et al，2011）。关于钾肥对胡麻干物质、钾积累和转运的影响，有研究表明，钾素吸收前期较缓，呈单峰曲线，顶峰出现在植株快速生长期，即出苗后的 35～45 d，月平均吸收速率为 2 760.0 $g \cdot hm^{-2}$，是苗期和枞形期的 13 倍左右。前期吸收的钾素主要分布于茎秆，而不同于氮、磷营养主要贮存于子实中（戴庆林等，1982）。戴庆林等（1981）认为土壤有效钾含量低于 100 $mg \cdot kg^{-1}$ 应该施用钾肥，能够防止倒伏。在土壤肥力中上的高产田中缺钾成为限制产量的首要因素。合理的肥料运筹可以改善作物对水、肥、光的利用，协调胡麻源库关系，促进干物质向籽粒运转和分配。

一、氮营养规律

（一）施氮量对旱地胡麻养分积累、转运及氮素利用率的影响

1. 不同施氮水平对胡麻植株氮积累的影响

（1）不同施氮水平对胡麻各生育阶段氮素吸收强度的影响。胡麻整个生育期氮素吸收强度呈先升高后降低的单峰变化趋势（图4-1）。出苗至枞形期，各处理胡麻的氮素吸收强度均较低，枞形期至现蕾期吸收强度陡然升高，现蕾以后又逐渐降低，直至成熟。胡麻植株氮素吸收强度最大的生长阶段是枞形至现蕾期，与出苗至枞形期相比，吸收强度增加了 10.72～16.54 倍，可见胡麻植株氮素吸收最快的生育时期是现蕾期，胡麻植株营养生长与生殖生长并进的时期是氮素营养吸收强度最大的时期。不同氮肥处理间，在整个胡麻生长期，N_0 与其他氮处理间差异显著（$P<0.05$）；各施氮处理间，生长中期（枞形—盛花）差异较大，苗期和生长后期差异较小。

（2）不同施氮水平对氮素积累量的影响。胡麻植株氮素积累量随生育进程逐渐增加（表4-1）。在整个胡麻生育期，N_0 和低氮处理 N_1 与中高氮处理 N_2 和 N_3 间差异显著（$P<0.05$）。植株氮素积累

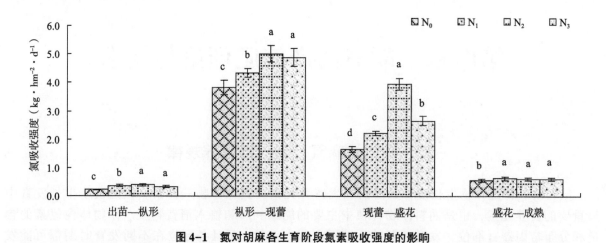

图 4-1 氮对胡麻各生育阶段氮素吸收强度的影响

Fig. 4-1 Effects of different nitrogen level on nitrogen uptake intensity at each development stage of oil flax

注：N_0、N_1、N_2 和 N_3 分别指施氮（N）量为 0、27.6、55.2 和 82.8 kg·hm^{-2}。图中的不同字母表示各处理间的差异达到 5% 显著水平，下同。

量增加最快的时期是现蕾期，与氮素吸收强度最大时期相一致。可见，吸收强度的大小决定了积累量的增加幅度。现蕾期氮素积累量比枞形期增加了 1.93~2.39 倍。在整个生育期，N_2 处理胡麻植株中氮素积累量最多，与 N_0、N_1 和 N_3 相比，分别要高出 40.21%~62.27%、21.08%~51.23% 和 3.86%~11.10%。不同施氮量只是改变胡麻不同生育阶段的氮素养分累积量，总趋势基本一致。

表 4-1 不同氮水平对胡麻植株氮素积累量的影响　　　　　　　　（kg·hm^{-2}）

Tab. 4-1 Effects of different nitrogen level on nitrogen accumulation of oil flax

处理	苗期	枞形期	现蕾期	盛花期	成熟期
N_0	8.87 ± 0.64b	12.80 ± 0.45b	43.42 ± 2.16b	58.28 ± 3.64b	76.94 ± 1.82c
N_1	8.94 ± 0.89b	15.60 ± 0.68b	50.28 ± 3.90ab	70.26 ± 5.46b	91.05 ± 3.08bc
N_2	13.52 ± 0.40a	20.77 ± 1.79a	60.88 ± 3.32a	94.29 ± 2.57a	114.83 ± 6.35a
N_3	13.35 ± 0.22a	19.52 ± 0.21a	58.62 ± 5.37a	84.87 ± 4.37a	105.23 ± 6.04ab

注：不同字母代表 $P<0.05$。

2. 不同施氮水平对胡麻各器官氮转运的影响

（1）成熟期胡麻地上部氮素分配。从表 4-2 可以看出，成熟期胡麻各器官中氮素积累量和分配比例为：籽粒>茎>非籽粒（包括花蕾、花、蒴果皮等）>叶。作物本身有调节体内养分供应、保证每一生长阶段生长中心所需养分之功能，氮素累积量在不同时期不同器官中变化，正是此种调节的一种表现。可以看出籽粒是胡麻成熟期生长中心，在养分的分配上占有绝对优势。成熟期胡麻各器官中氮素积累量随施氮量增加而先升高后降低，各处理中氮素积累量由大到小依次为：$N_2>N_3>N_1>N_0$。氮素积累量不施氮处理 N_0 与施氮处理 N_2 和 N_3 处理间差异显著（$P<0.05$）。成熟期各器官中氮素分配比率，叶和茎中随施氮量增加先减小后增大，在 N_2 处理时分配比率最小；非籽粒中分配比率也是随施氮量增加而减小，至 N_2 处理时减小至稳定；籽粒中氮素分配比率和籽粒中氮素积累量变化趋势完全一致，随施氮量增加而增大，至 N_2 处理时分配比率最高，随之下降。成熟期叶和茎中氮素分配比率表明，在施氮量为 N_2 处理时，叶和茎中转移的氮素量最多。籽粒中氮素积累量和分配比率在施氮量为 N_2 处理时最大，可达 74.27%，说明在这一施氮量时，籽粒中氮素的积累量最多，且占整个植株比率最大。表明适量施氮促进了籽粒中氮素的积累；不施氮、低氮或高氮处理则导致氮素过多地滞留于叶和茎中。

表 4-2　不同氮水平对胡麻成熟期各器官中氮素积累及其分配的影响

Tab. 4-2　Effects of different nitrogen level on nitrogen accumulation and distribution in different organs at maturity stage of oil flax

处理	氮素积累量（mg·株$^{-1}$）				氮素分配比例（%）			
	叶	茎	非籽粒	籽粒	叶	茎	非籽粒	籽粒
N_0	0.93b	5.64b	1.10c	17.98c	3.64a	22.01a	4.28a	70.07c
N_1	1.07ab	6.47ab	1.26b	21.55bc	3.53a	21.42a	4.16ab	70.93bc
N_2	1.25a	7.58a	1.47a	27.97a	3.27a	20.68a	3.92b	74.27a
N_3	1.21a	7.29a	1.31b	25.27ab	3.65a	22.03a	3.92b	73.58ab

（2）不同施氮水平对氮转运的影响。胡麻籽粒中的氮素来源于两部分，一部分为开花前贮存在营养器官（叶和茎）中，于开花后转移到籽粒中的氮素，一部分为开花后植株吸收同化的氮素。表 4-3 显示，N_2 处理叶和茎中氮素转移量和转移率均最高，叶和茎对籽粒中氮素的贡献率都要显著高于 N_0、N_1 和 N_3 处理。氮肥的过量施用不利于叶和茎中氮素养分的转移。叶和茎中 N_2 处理氮素转移量要比其他处理分别高 11.29%~70.98% 和 20.19%~88.95%。叶片中 87.76%~92.03% 的氮素转移到籽粒中，茎中 41.05%~50.19% 的氮素转移到籽粒中。相比较，叶中氮素转移量是茎中的 89.18%~109.07%。叶片中氮素对籽粒贡献率显著高于茎对籽粒贡献率，高出 24.64%~29.14%。籽粒中 69.52%~79.00% 氮素来自叶和茎的转移；21.00%~30.48% 氮素来自从土壤中的吸收。

表 4-3　开花后叶和茎中氮素向籽粒中的转移

Tab. 4-3　Nitrogen translocation from leaf and stem to seed after the flower stage

处理	叶中氮素（kg·hm^{-2}）		茎中氮素（kg·hm^{-2}）		转移量（kg·hm^{-2}）		转移率（%）		贡献率（%）	
	花期	成熟期	花期	成熟期	叶	茎	叶	茎	叶	茎
N_0	28.16d	2.80b	29.05c	16.92b	25.36d	12.13c	89.76b	41.05c	47.10c	22.46b
N_1	34.58c	3.21ab	34.51bc	19.42ab	31.37c	15.09c	90.73b	42.45bc	48.41bc	22.84b
N_2	47.13a	3.76a	45.65a	22.74a	43.36a	22.92a	92.03a	50.19a	57.66a	30.94a
N_3	42.58b	3.62a	40.95ab	21.88a	38.96b	19.07b	91.49b	46.30ab	53.05ab	23.91b

3. 胡麻产量和氮素利用效率变化

由表 4-4 可以看出，随施氮量增加胡麻籽粒产量升高，当产量升高至 2 845.0 kg·hm^{-2} 时，随施氮肥的增加产量下降。N_1、N_2 及 N_3 处理比不施氮肥（N_0）产量分别提高了 10.21%、16.92% 和 15.00%；产量由高到低依次是：$N_2 > N_3 > N_1 > N_0$。氮肥表观利用率随施氮增加先升后降低，N_2 处理氮肥表观利用率最高，达 68.63%，N_2 处理比 N_1 处理表观利用率增加了 34.29%；N_3 处理比 N_2 处理减小 33.14%，氮肥表观利用率由大到小依次是：$N_2 > N_1 > N_3$。氮肥表观利用率说明，施入氮肥中 34.17%~68.63% 被胡麻当季利用。氮肥偏生产力随施氮量的增加而降低。

表 4-4　施氮水平对籽粒产量和氮肥利用率的影响

Tab. 4-4　Effects of different nitrogen level on seed yield of oil flax and nitrogen use efficiency

处理	产量（kg·hm^{-2}）	相对值	表观利用率（%）	氮肥偏生产力（kg·kg^{-1}）
N_0	2 433.33 ± 16.41d	100.00	—	—
N_1	2 681.67 ± 7.26c	110.21	51.10 ± 1.37b	97.16 ± 0.26a
N_2	2 845.00 ± 17.56a	116.92	68.63 ± 1.31a	51.54 ± 0.32b
N_3	2 798.33 ± 3.33b	115.00	34.17 ± 2.94b	33.80 ± 0.04c

4. 小结与讨论

随着作物的生长对养分的需要越来越多，一部分养分在生长期间随生长中心的不同在不同器官间转移。本试验表明，氮素积累随生育期而增加，不同施氮量只是改变作物不同生育阶段的氮素养分累积量，不改变总体变化趋势。氮素吸收强度最大的阶段是从枞形期到现蕾期，随后是从现蕾期到盛花期。积累量增加幅度最大的生长阶段也是枞形期到现蕾期，表明这一阶段是胡麻植株吸收和积累氮素营养的一个关键期；这一时期对氮素的吸收和积累对胡麻产量的最终形成至关重要。保证需肥关键期的养分供应是实现高产的基础，证明了本试验中设定现蕾前追肥十分科学合理。胡麻植株中各器官及整个地上部氮素积累量在 N_2 处理时最高，随之下降，施氮量过高，氮素积累量降低。作物本身有调节体内养分供应、保证生长期中生长中心所需养分之功能。当作物从营养生长进入生殖生长时，养分从营养器官向生殖器官转移，促进生殖器官生长发育，在生长期间养分的转移就是作物自我调节的一种表现。胡麻籽粒中的氮素来源于两部分，一部分为开花前贮存在营养器官叶和茎，于开花后转移到籽粒中的氮素，一部分为开花后植株从土壤中吸收的氮素。在本试验中，胡麻籽粒中 47.10% ~ 57.66% 的氮素来源于叶，22.46% ~ 30.94% 的氮素来源于茎，从土壤中吸收的氮素占 21.00% ~ 30.48%。从营养器官向籽粒转移的氮素接近小麦上的 59.0% ~ 79.0%（Nikolic et al，2012）。施氮显著增加了叶和茎中氮素的转移量、转移率和对籽粒中氮素的贡献率，在施氮水平达 N_2 时转移量、转移率和对籽粒中氮素的贡献率达最大值，随后施氮量增加均开始减小，说明氮肥过量施用不利于氮素的再分配和转运，减弱了胡麻各营养器官花期储藏氮素向籽粒的再运转能力，影响胡麻籽粒产量的形成，可能是 N_3 处理产量下降的原因。成熟期胡麻籽粒中氮素积累量占植株氮素总量的 70.07% ~ 73.58%，低于小麦和油菜籽粒中氮素的分配比率（Nikolic et al，2012）。氮肥可增加胡麻的籽粒产量，随着施氮量的增加，胡麻籽粒产量增加，增加到 2 845.0 kg·hm^{-2} 时，随氮肥量的增加，产量下降。可见适宜的氮肥施用量可以提高胡麻产量，与油菜、冬小麦、大豆等作物上的研究相一致。与不施氮相比，施氮量为 27.6 kg·hm^{-2}、55.2 kg·hm^{-2} 和 82.8 kg·hm^{-2}，胡麻籽粒产量分别提高了 10.21%、16.92% 和 15.00%。随施氮量增加，氮肥偏生产力持续下降，原因之一是氮肥增加的量远远大于产量的增加。胡麻氮肥表观利用率随施氮量增加先增加后降低，分别达 51.10%、68.63% 和 34.17%；可见施氮量 55.2 kg·hm^{-2} 时，氮肥当季的吸收利用率最高；施氮量 82.8 kg·hm^{-2} 时，有 65.83% 的氮肥未被当季作物吸收利用。肥料用量和施肥时期是施肥技术的核心，也是影响氮肥利用率的首要因素。随着施氮量的增加，胡麻籽粒产量增加，但当施氮量达一定值，胡麻籽粒产量降低。氮肥过量施用是导致胡麻产量降低和肥料利用率下降的重要原因之一；过量的氮肥随雨水淋溶、渗漏，最终直接导致地下水污染和江河湖泊的富营养化作用。综合考虑施氮量对胡麻植株氮素吸收、积累和营养器官中氮素转移量、转移率及籽粒贡献率，产量的增产效应，氮肥的利用率及环境保护几个方面，在本试验区同等肥力土壤条件下的胡麻生产中，施氮量控制在 27.6 ~ 55.2 kg·hm^{-2}，现蕾前进行一次追肥为宜。

（二）施氮量对胡麻干物质积累分配及产量的影响

1. 不同施氮水平下胡麻植株地上部分干物质的积累动态

两个试验区不同施氮水平下胡麻植株地上部分干物质积累动态均呈现出"慢—快—慢"增长特征（图4-2）。苗期干物质积累较慢，枞形期后逐渐加快，现蕾期至青果期是干物质积累的高峰期，此后又逐渐平稳。各处理苗期至盛花期干物质积累量均随施氮量的增加而增加。成熟期张家口试验区中氮、高氮、低氮处理胡麻植株干物质积累量分别比对照增加 25.16%、19.28% 和 10.43%；鄂尔多斯试验区中氮、高氮、低氮处理胡麻植株干物质积累量分别比对照增加 23.04%、18.00% 和 7.57%。可见，施氮促进了胡麻干物质积累进程，成熟后中氮水平下胡麻植株干物质积累量最高，不施氮或施氮量过低、过高干物质积累量均减少。

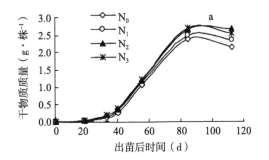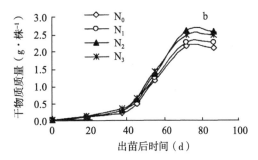

图4-2 不同施氮水平下胡麻植株干物质积累的动态变化（a. 张家口；b. 鄂尔多斯）

Fig. 4-2 Dynamics of plant dry matter accumulation of oil flax under different nitrogen fertilizers treatments（a：Zhangjiakou；b：Ordos）

2. 不同施氮水平下胡麻植株地上部干物质积累模拟

不同施氮水平下胡麻植株干物质积累动态变化均为"S"形曲线（图4-2）。以出苗后时间为自变量、胡麻地上部植株干物质积累量为因变量，对其进行 Logistic 方程模拟。结果表明，2 个试验区不同施氮水平下胡麻地上部植株干物质积累量与出苗后时间的关系均符合 Logistic 方程（表4-5），经 F 检验均达到极显著相关（$F>F_{0.01}$），说明拟合程度良好。

张家口试验区和鄂尔多斯试验区各处理的胡麻植株最高干物质积累速率均出现在盛花期，均为中氮处理的干物质积累速率最大（表4-6），分别达到 0.705 8 g·d⁻¹ 和 0.664 6 g·d⁻¹，说明该处理有利用提高光合速率，增加干物质积累量；苗期至盛花期各处理的胡麻植株干物质积累速率均随施氮量的增加而提高，青果期至成熟期各处理的胡麻植株干物质积累速率均随施氮量的增加而降低，说明施氮导致胡麻完成干物质积累的时间提前，且随施氮量的增加提前时间增多；成熟期鄂尔多斯试验区的胡麻植株干物质积累速率平均达到 0.051 1 g·d⁻¹，比张家口试验区的干物质积累平均速率（0.040 1 g·d⁻¹）高出 27.43%，这是由于张家口试验区供试胡麻品种落叶性较强所致；鄂尔多斯试验区胡麻各生长时期平均干物质积累速率始终高于张家口试验区，这是由于其供试品种生长期（101 d）短于张家口供试品种（123 d）所致。

表4-5 不同施氮水平下胡麻植株地上部干物质积累 Logistic 模型

Tab. 4-5 Logistic equations of oil flax dry matter accumulation under different nitrogen fertilizers treatments

试验地点	处理	模拟方程	R^2	F
张家口	N_0	$y=2.277\ 9/(1+e^{7.821\ 3-0.003\ 6\ x})$	0.989 1**	181.40**
	N_1	$y=2.422\ 4/(1+e^{11.367\ 4-2.208\ 3x})$	0.995 6**	457.48**
	N_2	$y=2.646\ 5/(1+e^{20.523\ 6-0.310\ 8x})$	0.984 4**	135.05**
	N_3	$y=2.594\ 2/(1+e^{91.120\ 3-1.421\ 8x})$	0.977 8**	87.90**
鄂尔多斯	N_0	$y=2.176\ 3/(1+e^{8.187\ 2-0.153\ 8x})$	0.995 1**	403.31**
	N_1	$y=2.313\ 1/(1+e^{8.243\ 7-0.153\ 9x})$	0.994 3**	374.90**
	N_2	$y=2.623\ 3/(1+e^{9.802\ 5-0.194\ 9x})$	0.995 7**	464.23**
	N_3	$y=2.633\ 5/(1+e^{9.791\ 3-0.069\ 4x})$	0.954 5**	41.92**

注：** 表示 $P<0.01$。

表 4-6　不同施氮水平下胡麻植株地上部干物质积累速率　　　　　　　　　　（g·d⁻¹）

Tab. 4-6　Dry matter accumulation rate of above-ground parts of oil flax under different nitrogen fertilizers treatments

试验地点	处理	苗期	枞形期	现蕾期	盛花期	青果期	成熟期
张家口	N_0	0.042 5	0.128 2	0.213 8	0.515 9	0.489 7	0.073 6
	N_1	0.047 1	0.147 5	0.247 9	0.574 3	0.389 7	0.047 1
	N_2	0.048 9	0.164 3	0.284 7	0.705 8	0.369 8	0.036 3
	N_3	0.050 2	0.171 6	0.301 1	0.675 4	0.355 8	0.003 3
	平均值	0.047 2	0.152 9	0.261 9	0.617 9	0.401 3	0.040 1
鄂尔多期	N_0	0.065 6	0.233 0	0.364 8	0.583 3	0.563 3	0.081 5
	N_1	0.067 0	0.242 7	0.384 7	0.606 1	0.410 5	0.058 3
	N_2	0.077 1	0.262 5	0.417 8	0.664 6	0.370 3	0.037 4
	N_3	0.080 3	0.276 5	0.426 6	0.656 6	0.359 7	0.027 1
	平均值	0.072 5	0.253 7	0.398 5	0.627 7	0.426 0	0.051 1

张家口试验区和鄂尔多斯试验区胡麻各处理干物质积累速率直线增长开始时间差异分别为 2.35 d 和 2.22 d, 终止时间差异分别为 3.42 d 和 2.84 d, 持续时间差异分别为 5.65 d 和 4.83 d（表 4-7）。其中, 中氮处理的胡麻植株干物质积累速率直线增长持续时间与对照相比差异最大, 高氮处理的次之, 低氮处理的最小。张家口试验区低、中、高氮处理的胡麻植株干物质最大增长速率分别比对照高出 0.87%, 2.30% 和 1.23%; 鄂尔多斯试验区低、中、高氮处理的胡麻植株干物质最大增长速率分别比对照高出 0.71%, 2.39% 和 1.30%。均为中氮处理的干物质增幅最大, 高氮处理的次之, 低氮处理的最小。各施氮处理的胡麻植株干物质最大增长速率出现的时间均比对照提前, 中氮处理的最早, 高氮处理的次之, 低氮处理的最小。

表 4-7　不同施氮水平下胡麻植株地上部干物质积累特征

Tab. 4-7　Dry matter accumulation characteristics of above-ground parts of oil flax under different nitrogen fertilizers treatments

试验地点	处理	t_1 (d)	t_2 (d)	t_0 (d)	V_{max} (g·d⁻¹)	T (d)
张家口	N_0	42.17	80.68	38.51	1.061 1	68.92
	N_1	40.40	82.61	42.21	1.070 3	65.51
	N_2	39.94	84.10	44.16	1.085 5	64.24
	N_3	39.82	83.73	43.91	1.074 2	64.62
	平均值	40.58	82.78	42.20	1.071 3	65.72
鄂尔多期	N_0	40.76	71.18	30.42	1.068 7	66.96
	N_1	39.48	72.28	32.80	1.076 3	64.38
	N_2	38.77	74.02	35.25	1.094 2	63.95
	N_3	38.54	73.02	34.48	1.090 3	64.26
	平均值	39.39	72.63	33.24	1.084 4	64.16

注: t_1、t_2 为干物质积累增长直线起止时间（出苗后时间）; t_0 为持续时间; V_{max} 为最大增长速率; T 为大增长速率（V_{max}）出现的时间。

3. 不同施氮水平下胡麻地上部干物质的分配规律

张家口试验区胡麻植株苗期低、中、高氮处理的叶片干物质分配比率分别比对照高出 0.77%、0.84%、0.93%, 随施氮量增加差异逐渐加大（图 4-3）; 枞形期继续保持此趋势, 但与苗期比较,与对照差异明显缩小；现蕾期也继续保持此趋势，但与枞形期比较，与对照差异增大，这是由于现蕾前追施氮肥、促进了胡麻营养生长所致；盛花期仍保持此趋势，但与现蕾期比较，与对照差异缩小；青果期低中高氮处理的胡麻叶片干物质分配比率分别比对照降低18.02%、24.34%和25.17%，花果干物质比率分别比对照增加3.20%、1.67%和1.88%，茎秆干物质分配比率也相应降低；成熟期各处理的胡麻植株干物质分配基本呈现出同样的比率。可见，施氮促进了胡麻生长前期叶片的生长，增强了光合作用，促进了产量的提高，但未改变干物质分配比率的最终结果，且低氮容易引起叶片的早衰。

鄂尔多斯试验区胡麻植株苗期低中高氮处理的叶片干物质分配比率分别比对照高出2.48%、2.84%和3.20%（图4-4）；枞形期和现蕾期继续保持此趋势；盛花期虽仍保持此趋势，但与整个营养生长期比较，与对照差异缩小。低中高氮处理的胡麻花果干物质分配比率分别低于对照3.15%、9.06%和15.35%，说明施氮导致胡麻植株贪青；青果期低中高氮处理的胡麻叶片干物质分配比率仍比对照增加34.08%、27.80%、14.80%，花果干物质比率分别比对照增加0.41%、0.61%和2.04%，茎秆干物质分配比率也相应降低；成熟期低、中氮处理的胡麻叶片干物质分配比率分别比对照增加8.91%和5.45%，高氮处理的比对照降低3.96%；低、中、高氮处理的胡麻花果干物质比率分别比对照降低8.91%、5.45%和3.96%。可见，该试验区胡麻转入生殖生长后，干物质分配比率与张家口试验区的结果略有差异，这可能是由于供试品种生育期较短以及调查采样时间不一所致。

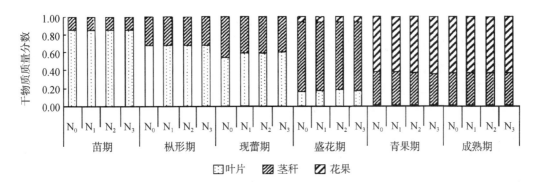

图4-3　不同施氮水平下胡麻植株地上部干物质分配比率（张家口）

Fig. 4-3　Dry matter distribution ratios of above-ground parts of oil flax under different fertilizers treatments（Zhangjiakou）

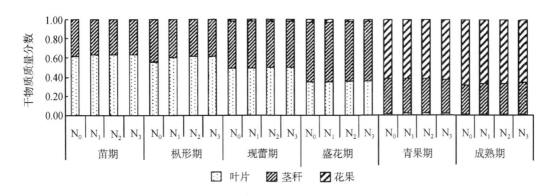

图4-4　不同施氮水平下胡麻植株地上部干物质分配比率（鄂尔多斯）

Fig. 4-4　Dry matter distribution ratios of above-ground parts of oil flax under different fertilizers treatments（Ordos）

4. 不同施氮水平对胡麻的产量及其构成因子的影响

张家口试验区低中高氮处理的胡麻单株有效果数量分别比对照显著增加6.90%、18.10%和13.38%（表4-8）；千粒重分别比对照显著增加4.55%、6.23%和3.87%；单株产量分别比对照显著增加 16.18%、30.56% 和 22.45%；果粒数未见显著变化。鄂尔多斯试验区低、中、高氮处理的胡麻单株有效果数量分别比对照显著增加 8.94%、13.56%、12.16%；千粒重分别比对照显著增加 1.01%、2.50% 和 1.56%；单株产量分别比对照显著增加 10.07%、16.48% 和 13.84%；果粒数也未见显著变化。由 2 个试验区结果可知，施氮通过提高单株有效果数量和千粒重增加胡麻产量。

表 4-8　不同施氮条件下胡麻单株产量及其构成因子

Tab. 4-8　Yield components and output of oil flax under different nitrogen fertilizers treatments

试验地点	处理	有效果数（个·株⁻¹）	果粒数（粒）	千粒重（g）	单株产量（g）	增幅（%）
张家口	N_0	15.75±0.35b	8.33±0.67a	5.94±0.02a	0.78±0.04b	
	N_1	16.84±1.74a	8.67±0.52a	6.21±0.02b	0.91±0.06a	16.18
	N_2	18.60±0.51a	8.67±0.34a	6.31±0.03a	1.02±0.10a	30.56
	N_3	17.86±0.12a	8.67±0.58a	6.17±0.04b	0.96±0.07a	22.45
鄂尔多斯	N_0	19.79±0.16c	7.56±0.15a	6.41±0.01d	0.96±0.01b	
	N_1	21.56±0.16a	7.56±0.15a	6.48±0.01c	1.06±0.01a	10.07
	N_2	22.47±0.41a	7.57±0.34a	6.57±0.01a	1.12±0.074a	16.48
	N_3	22.20±0.04a	7.56±0.05a	6.51±0.01b	1.09±0.01a	13.84

试验区各处理小区实际产量及折算的单位面积产量如表 4-9 所示。张家口试验区高中低氮处理胡麻单位面积产量分别比对照显著增加 22.48%、30.84% 和 16.43%；鄂尔多斯试验区高中低氮处理胡麻单位面积产量分别比对照显著增加 14.92%、16.84% 和 10.13%。两个试验区产量增幅均为中氮处理最高，高氮处理次之，低氮处理最低。张家口试验区胡麻施氮处理单位面积产量增幅明显高于鄂尔多斯试验区，这与基础产量（未施氮处理）水平有关。在试验施氮量设计区间内，张家口试验区氮肥农学利用效率在 1.57~4.49 kg·kg⁻¹，鄂尔多斯试验区在 5.07~14.57 kg·kg⁻¹，氮肥农学利用效率均呈随施氮量增加而降低趋势。张家口、鄂尔多斯试验区不同施氮水平下胡麻单株干物质质量与单位面积产量的最优线性回归方程分别为：$y=77.81x+82.25$（$R^2=0.9963$），$y=126.25x-87.79$（$R^2=0.9969$），单位面积产量与单株干物质量呈显著正相关。

表 4-9　不同施氮条件下胡麻单位面积产量及氮肥利用效率情况

Tab. 4-9　Seed yield and nitrogen use efficiency under different nitrogen fertilizers treatments

试验地点	处理	小区产量（kg）	单位面积产量（kg·hm⁻²）	增幅（%）	N 肥效率（kg·kg⁻¹）
张家口	N_0	3.47±0.01d	1 735.0		
	N_1	4.04±0.04c	2 020.0	16.43	0.63
	N_2	4.54±0.14a	2 270.0	30.84	0.59
	N_3	4.25±0.10b	2 125.0	22.48	0.29
鄂尔多斯	N_0	4.87±0.06d	2 433.3		
	N_1	5.36±0.03c	2 681.7	10.13	1.35
	N_2	5.69±0.06a	2 845.0	16.84	1.12
	N_3	5.60±0.01b	2 798.3	14.92	0.66

注：表中的小区产量为 20 m² 的产量，为 3 次重复的平均值。

5. 结论与讨论

通过对不同施氮条件下胡麻全生育期干物质积累动态的模拟，得知胡麻干物质积累量与出苗后时间关系均呈 "S" 形曲线分布，说明施氮并未改变胡麻干物质积累的总体趋势。但施氮明显促进了胡麻干物质积累进程，随施氮量增加干物质积累速度加快。这与胡国智（2011）在其他作物上的研究结果一致。本研究结果表明，在不同施氮水平下，胡麻最高干物质积累速率均出现在盛花期，苗期至盛花期胡麻干物质积累速率随施氮量增加而提高，青果期至成熟期随施氮量增加而降低。中氮水平胡麻干物质积累速率最大。施氮提前了胡麻完成干物质积累的时间，随施氮量的增加胡麻完成干物质积累的时间越早。干物质积累时间与品种生育期、落叶性等特征有关。施氮促进了胡麻生长前期叶片的生长。苗期叶片干物质分配比率最高，随施氮量的增加分配比率增大。此后，叶片干物质分配比率逐渐降低，茎秆干物质分配比率逐渐加大，随施氮量的增大变化趋势增强；盛花期高氮水平促进叶片的早衰，进而影响光合作用和干物质积累总量；现蕾期追施部分氮素，可促进青果期叶片和花果干物质分配比率保持一定的优势，为增大干物质积累量创造了条件。施氮对长生育期胡麻品种干物质分配最终结果无明显影响，对短生育期品种干物质分配影响较大，会造成短生育期品种干物质向茎叶的分配增多，减少向果实的分配。特别是在高氮条件下，容易造成短生育期品种徒长，影响其实现从营养生长向生殖生长的转换。

本研究结果表明，施氮可明显提高胡麻单株有效蒴果数、千粒重和产量。但果粒数无显著变化，这与罗世武等研究结论不尽一致；张家口试验区胡麻基础产量为 1 735.0 kg·hm^{-2}，施氮可显著增产 16.43%～30.84%。鄂尔多斯试验区基础产量为 2 433.3 kg·hm^{-2}，施氮可显著增产 10.13%～16.84%。在本试验氮肥施用量设计区间内，氮肥农学利用效率随氮肥施用量的增加而降低，与胡麻单位面积产量与单株干物质质量呈显著正相关。本研究结果表明，在种植密度 750 万株·hm^{-2}条件下，施氮可显著提高胡麻单位面积产量。基于试验区土壤养分状况，河北省张家口市和内蒙古自治区鄂尔多斯市试验区的最优施氮量分别为 90.0 kg·hm^{-2} 和 36.8 kg·hm^{-2}，可提高胡麻产量 30.84% 和 16.84%。

（三）施氮量对胡麻产量相关生理因子、品质和氮肥利用率的影响

1. 氮肥对产量和产量构成因素的影响

氮肥影响着胡麻籽粒的产量和产量构成因子，见表 4-10。籽粒产量随施氮量增加先升高后降低。与不施肥相比，低氮、中氮和高氮水平下，2011 年胡麻籽粒产量分别提高了 16.4%、30.8% 和 22.5%；2012 年分别提高了 15.3%、23.8% 和 18.8%，除低氮和高氮处理间差异不显著（$P>0.05$），中氮与其他处理差异显著（$P<0.05$）。产量构成因子中单株果数和单株产量随施氮量增加先升高后降低；每果粒数和千粒重受施氮影响不显著。与不施肥相比，低氮、中氮和高氮水平下，2011 年单株果数分别提高了 6.6%、23.5% 和 19.1%，2012 年分别提高了 3.2%、22.6% 和 15.1%；2011 年单株产量分别提高了 23.4%、64.9% 和 37.7%，2012 年分别提高了 10.7%、26.8% 和 12.5%。单株产量不施氮与施氮处理间差异显著（$P<0.05$）。

表 4-10 不同氮肥水平对胡麻籽粒产量及构成因子的影响

Tab. 4-10 Effect of different nitrogen levels on seed yield and yield components in oil flax

年份	处理	籽粒产量（kg·hm^{-2}）	单株果数（个）	每果粒数（粒）	千粒重（g）	单株产量（g）
2011	N$_0$	1 735c	13.6b	8.32ab	6.74a	0.77d
	N$_{45}$	2 020b	14.5b	8.12b	6.50a	0.95c
	N$_{90}$	2 270a	16.8a	8.67a	5.61b	1.27a
	N$_{135}$	2 125b	16.2a	8.82a	6.64a	1.06b
2012	N$_0$	1 536c	9.3b	7.35b	5.23b	0.56c
	N$_{45}$	1 771b	9.6b	7.02bc	6.31a	0.62b
	N$_{90}$	1 902a	11.4a	8.17a	6.13a	0.71a
	N$_{135}$	1 825b	10.7ab	6.75c	6.26a	0.63b

2. 氮肥对胡麻生育时间段的影响

氮肥影响着胡麻不同生育阶段的时间，见表4-11。从出苗—开花期、出苗—成熟期天数和灌浆天数随氮肥施用量的不同而不同。出苗—开花期的天数，随施氮量增加而减少，籽粒灌浆时间随氮肥的增加而增加；2011年，不施氮、低氮和中氮水平下出苗至成熟时间相同，2012年，出苗至成熟时间随氮肥增加而延长。

表4-11 不同氮肥水平下胡麻出苗至开花、出苗至成熟和籽粒灌浆时间
Tab. 4-11 Days from emergence to anthesis, from emergence to maturity, and seed filling period of oil flax under different nitrogen levels

年份	处理	出苗至开花天数（d）	籽粒灌浆天数（d）	出苗至成熟天数（d）
2011	N_0	58a	51b	109b
	N_{45}	57ab	52b	109b
	N_{90}	56b	53b	109b
	N_{135}	56b	57a	113a
2012	N_0	59a	53b	112b
	N_{45}	59ab	54b	113b
	N_{90}	58b	56b	114b
	N_{135}	56b	59a	115a

与不施肥相比，低氮、中氮和高氮水平下，2011年灌浆时间分别延长1.96%、3.92%和11.8%，2012年分别提高了1.89%、5.66%和11.3%；施氮与不施氮相比，出苗至开花时间平均提前了2.56%；出苗至成熟天数，两年平均提高了1.51%。

3. 氮肥对胡麻籽粒油含量及蛋白含量的影响

胡麻籽粒油含量不受施氮水平影响，且处理间差异不显著（$P>0.05$），见图4-5。籽粒油含量在39.6%~41.5%，2011年平均油含量41.2%，2012年平均油含量39.8%。籽粒蛋白质含量随施氮量增加而升高，与不施肥相比，低氮、中氮和高氮水平下，2011年籽粒蛋白质含量分别提高了3.34%、15.6%和37.3%；2012年分别提高了7.25%、12.4%和17.4%。籽粒蛋白质含量在对照与N_{90}和N_{135}处理间差异显著（$P<0.05$），见图4-6。

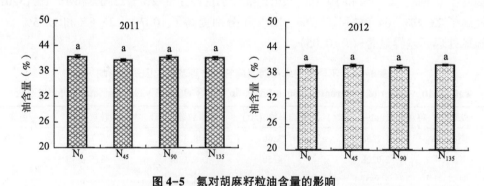

图4-5 氮对胡麻籽粒油含量的影响
Fig. 4-5 Effect of nitrogen on seed oil content in oil flax
注：字母代表处理间差异不显著（$p<0.05$），下同。

4. 氮肥对胡麻生长率及氮吸收率的影响

胡麻生物量生长率、氮吸收率、经济氮吸收率和籽粒氮吸收率随施氮量增加而增加，见表4-12；经济生长率和籽粒生长率最高值出现在中氮水平，变化趋势随氮肥施量的增加先增加后减小。低氮、

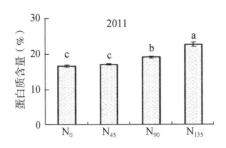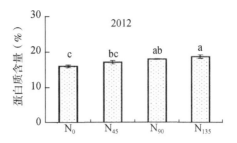

图 4-6　氮对胡麻籽粒蛋白质含量的影响

Fig. 4-6　Effect of nitrogen on protein content in oil flax

中氮和高氮与对照相比，生物量生长率两年平均分别提高了 12.5%、23.9% 和 32.5%；经济生长率分别提高了 14.7%、25.9% 和 16.4%；籽粒生长率分别提高了 10.6%、21.2% 和 9.97%；氮吸收率两年平均分别提高了 19.4%、64.7% 和 87.8%；经济氮吸收率显著增加，分别提高了 26.7%、87.5% 和 107.6%；籽粒氮吸收率也分别提高了 24.6%、80.0% 和 91.5%。

表 4-12　不同氮肥水平下胡麻生长率和氮的吸收率

Tab. 4-12　Growth rate and nitrogen uptake rate of oil flax under different nitrogen levels

年份	处理	生物量生长率 $(g \cdot m^{-2} \cdot d^{-1})$	经济生长率 $(g \cdot m^{-2} \cdot d^{-1})$	籽粒生长率 $(g \cdot m^{-2} \cdot d^{-1})$	氮吸收率 $(mg \cdot m^{-2} \cdot d^{-1})$	经济氮吸收率 $(mg \cdot m^{-2} \cdot d^{-1})$	籽粒氮吸收率 $(mg \cdot m^{-2} \cdot d^{-1})$
2011	N_0	5.27 c	1.60 c	3.40 c	74.4 d	32.5 d	69.2 c
	N_{45}	5.92 b	1.85 b	3.71 b	86.7 c	40.1 c	83.4 b
	N_{90}	6.61 a	2.08 a	4.26 a	122.4 b	61.9 b	126.5 a
	N_{135}	6.98 a	1.88 b	3.86 b	135.9 a	66.7 a	131.5 a
2011	N_0	5.11 d	1.38 b	2.92 c	66.8 d	29.0 d	61.6 d
	N_{45}	5.76 c	1.56 a	3.28 ab	81.7 c	37.9 c	79.5 c
	N_{90}	6.25 b	1.67 a	3.40 a	110.0 b	53.5 b	108.9 b
	N_{135}	6.77 a	1.59 a	3.09 bc	129.1 a	61.0 a	118.9 a

5. 胡麻氮利用效率

随施氮量的增加，氮肥的表观利用率表现为先升高后降低，变化范围在 30.6%~58.5%，从中氮至高氮水平，2011 年表观利用率降低 4.58%，2012 年降低了 2.20%，见图 4-7。氮肥的生理利用率随施氮量增加而减小，2011 年最高氮肥生理利用率 29.1 $kg \cdot kg^{-1}$，2012 年最高氮肥生理利用率 21.6 $kg \cdot kg^{-1}$，见图 4-8。

6. 讨论

合理的施用氮肥是实现作物高产的重要途径之一。氮肥施用不当，养分供应不同步是作物氮素利用率低的主要原因。过高施用氮肥会增加生产成本，不仅浪费资源，氮素的流失还会造成环境污染（Guo et al，2010）。胡麻作为西北和华北地区重要的油料作物，具有重要的营养价值，研究合理的氮肥用量对胡麻生产具有重要的意义。本研究结果表明，随施氮量增加，胡麻籽粒产量先升高后降低；两年间产量变化趋势一致；在施氮量（纯 N）90 $kg \cdot hm^{-2}$ 时产量最高，增产幅度在 23.9%~30.8%。从产量构成因素看，在施氮量（纯 N）90 $kg \cdot hm^{-2}$ 时单株有效果数、每果粒数和单株产量最高，产量的提高是通过单株果数、每果粒数和单株产量来实现的，施氮对千粒重的影响不显著。2012 年产量低于 2011 年，主要是胡麻产量易受气候条件影响，可能与 2012 年胡麻籽粒灌浆期降雨较少，成熟期降雨较多发生倒伏有关。氮肥的施用影响着作物从出苗至开花、开花至成熟及整个生育期的时间。本试验中氮肥缩短了胡麻从出苗至开花时间，延长了胡麻籽粒灌浆时间。灌浆时间的延长，利于光合

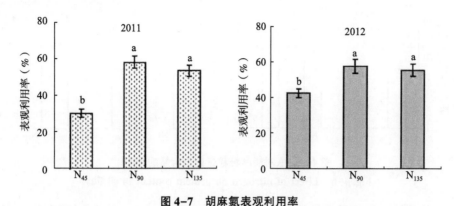

图 4-7　胡麻氮表观利用率

Fig. 4-7　Apparent recovery efficiency of nitrogen in oil flax

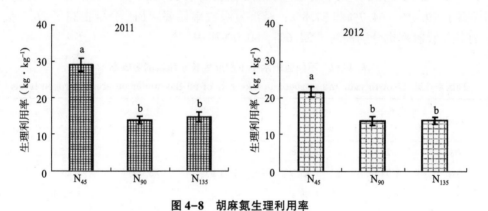

图 4-8　胡麻氮生理利用率

Fig. 4-8　Physiological efficiency of nitrogen in oil flax

同化物向籽粒转移，有利于产量的提高。与不施肥相比，氮肥的施用平均延长了胡麻籽粒灌浆时间为 6.42%。胡麻籽粒油含量比较稳定，不同施氮量之间差异不显著（$P>0.05$），可能与油含量主要与作物自身遗传特性有关。籽粒蛋白质含量随施氮量增加而增加，与肖庆生等（2010）研究相一致。与不施肥相比，籽粒蛋白质含量平均提高了 14.0%。说明施氮促进了氮的吸收，提高了籽粒蛋白质含量。合理施氮不仅可以增产，还可以提高胡麻品质。

　　本研究中随施氮量的增加，促进了胡麻生物生长率、经济生长率、籽粒生长率以及氮吸收率、氮的经济吸收率和籽粒中氮的吸收，说明胡麻生长过程与氮肥密切相关，氮肥促进了胡麻生长发育和氮的吸收率。研究表明，作物的产量与氮素吸收利用密切相关，作物产量提高是以提高植株吸氮量为基础的。但是施氮量对作物氮素吸收和利用的影响存在差异，随施氮量提高，利用效率在决定氮素利用率中比吸收效率更为重要；高氮条件下，利用效率的下降，主要来自于氮素收获指数的下降（Dhugga，1989）。本研究中，氮肥表观利用率随施氮量增加先升高后降低，最高值在 90 kg·hm^{-2} 时获得，说明氮肥表观利用率高时胡麻产量也高；而氮肥生理利用率随施氮量增加大幅度降低。两年间氮肥利用效率变化趋势一致，最高氮肥表观利用率两年间差异不大，而生理利用率差异较大，可能由于氮肥利用率受施肥技术、气象条件等因素的影响有关（张福锁等，2003）。胡麻氮肥表观利用率和氮肥生理利用率的变化表明了胡麻植株对氮的吸收具有饱和性；适宜的施氮量是提高氮肥利用率的有效途径之一。施氮量太低不利于作物高产形成，施氮量的高低必须以提高作物产量和氮肥利用率为目标（王伟妮等，2011）。因此，协调产量、品质和氮肥利用率之间的矛盾，应该在保持作物高产稳产的前提下科学合理施肥，最终实现胡麻高产、优质和氮肥高效利用。

　　综上所述，增施氮肥提高了胡麻产量，增加了产量构成因素的单株果数、每果粒数和单株产量；延长了胡麻灌浆时间，提高了籽粒蛋白质含量，促进了胡麻生长发育和氮的吸收率；结合氮肥利用效率和籽粒品质，旱地胡麻最佳氮肥施量为 90 kg·hm^{-2}。

二、磷营养规律

（一）施磷量对胡麻干物质积累及磷素利用效率的影响

1. 施磷量对胡麻植株地上部干物质积累动态的影响

由表 4-13 可见，胡麻植株地上部干物质日增量因不同施磷水平而异。苗期和枞形期，各处理植株地上部干物质日积累量从高到低依次排序均为 $P_2>P_3>P_1>P_0$。苗期 P_2、P_3 和 P_1 处理地上部干物质日增量比 P_0 处理分别显著提高了 80.21%、28.30% 和 18.30%（$P<0.05$），各施磷处理茎秆干物质日增量均极显著高于对照（$P<0.01$，下同）。P_2 和 P_3 处理叶片干物质日增量也极显著高于对照，干物质日增量大于茎秆。枞形期 P_2、P_3 和 P_1 处理地上部干物质日增量比 P_0 处理分别极显著提高了 123.13%、88.43% 和 65.67%，各施磷处理茎秆、叶片干物质日增量均显著高于对照；现蕾期花蕾、茎秆、叶片以及植株地上部干物质均随施磷量增加日增量极显著增加，但 P_1、P_2 处理叶片干物质日增量与对照比较未表现出显著差异（$P>0.05$）；盛花期蒴果、花蕾以及植株地上部干物质积累仍表现为随施磷量增加日增量显著增加的趋势，叶片干物质积累量出现了负增长。各施磷处理茎秆与叶片干物质净增量均与对照表现出极显著差异，P_1 处理花蕾与花朵干物质积累与对照比较未表现出极显著差异；成熟期籽粒、蒴果皮、蒴果、茎秆以及植株地上部干物质日增量较大，均随施磷量增加增幅加大，且极显著高于对照。叶片干物质日增量继续呈负增长态势，其幅度随施磷量增加而加大，各施磷处理与对照比较均表现出显著差异。

表 4-13　施磷对胡麻各生长时期不同器官干物质日增量的影响　　（mg·株$^{-1}$·d^{-1}）

Tab. 4-13　Eeffect of phosphorus on net dry weight increment per day in different organs of oil flax during the different growth periods

生长阶段（d）	处理	籽粒	蒴果皮	蒴果	花	花蕾	茎	叶	地上部分
苗期	P_0						1.95Cc	2.75Cc	4.70Cc
	P_1						2.65Bb	2.91BCc	5.56BCb
	P_2						3.23Aa	5.23Aa	8.47Aa
	P_3						2.64Bb	3.39Bb	6.03Bb
枞形期	P_0						1.63Bb	1.06Cd	2.68Cd
	P_1						2.44Aa	2.00Bc	4.44Bc
	P_2						2.57Aa	3.41Aa	5.98Aa
	P_3						2.59Aa	2.45Bb	5.05Bb
现蕾期	P_0				0.50Cd		7.39Cc	7.73Bb	15.61Cd
	P_1				0.60Bc		8.34Bb	7.65Bb	16.59BCc
	P_2				0.78Aa		8.87Bb	8.01Bb	17.67Bb
	P_3				0.70Ab		11.69Aa	12.19Aa	24.57Aa
盛花期	P_0			1.06Cc	1.53Cc		21.80Bb	−1.83Cc	22.54Bc
	P_1			1.19Cc	1.59BCc		28.47Aa	−0.86Aa	30.39Ab
	P_2			1.70Bb	2.04Bb		29.50Aa	−1.33Bb	31.91Aab
	P_3			2.33Aa	4.35Aa		29.26Aa	−2.17Dd	33.78Aa
成熟期	P_0	14.16Dd	5.15Dd	19.30Cc			4.56Bd	−2.50Aa	16.38Cc
	P_1	17.20Cc	9.23Cc	26.42Bb			5.24Bc	−2.98Ab	19.74Bb
	P_2	28.26Bb	10.22Bb	38.48Aa			14.66Ab	−3.10Ab	40.20Aa
	P_3	31.88Aa	12.59Aa	44.47Aa			15.37Aa	−4.68Bc	45.24Aa

2. 施磷量对胡麻各器官干物质占总干重比率的影响

如图4-9所示，苗期和枞形期，胡麻叶片干物质积累量占胡麻植株地上部分总干重的52.32%~58.51%。随着植株的生长，茎秆所占比例逐渐增加，叶片所占比例有所下降，至盛花期茎秆干物质所占比率为全生育期最大值，占地上部干物质积累总量的59.84%~63.02%。盛花期以后，花蕾、籽粒干物质积累量增加，茎秆干物质所占比例比苗期、盛花期大幅度下降，蒴果干物质所占比例增加到47.62%~54.54%。

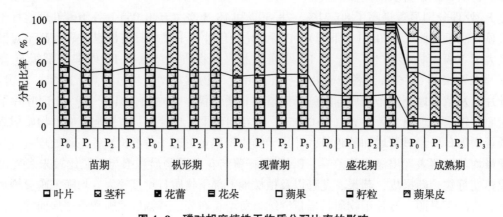

图4-9　磷对胡麻植株干物质分配比率的影响

Fig. 4-9　Dry matter distribution ratio of oil flax under different phosphorus application levels

施磷有利于茎秆干物质积累量的增加。苗期各施磷处理茎秆干物质所占比率比对照增加了2.29~6.19个百分点，枞形期增加了1.92~4.16个百分点，盛花期增加了0.58~0.80个百分点。现蕾期各施磷处理叶片干物质所占比例较高，比对照增加了1.04~1.87个百分点。施磷有利于营养器官花蕾及籽粒干物质积累量的增加。盛花期各处理花蕾干物质分配比率为1.75%~2.68%，P_2处理花蕾干物质分配比率最大；成熟期，各施磷处理蒴果干物质所占比率比对照提高了5.14~6.92个百分点，籽粒干物质所占比率比对照提高了3.30~5.80个百分点，说明施磷促进了营养物质向籽粒的输送过程。

3. 施磷量对胡麻植株地上部磷素积累动态的影响

由表4-14可见，施磷显著增加了胡麻植株地上部磷素积累总量，且随施磷量增加磷素积累量增幅加大。P_1、P_2和P_3处理磷素积累总量分别比P_0处理极显著增加了33.33%、39.66%和78.86%。P_1、P_2和P_3处理籽粒磷素含量分别比P_0处理显著增加了31.19%、36.47%和70.41%（$P<0.05$），蒴果皮磷素含量分别比P_0处理显著增加了24.17%、35.85%和64.17%（$P<0.01$），茎秆磷素含量分别比P_0处理显著增加了39.18%、40.46%和63.40%（$P<0.01$），叶片磷素含量分别比P_0处理显著增加了32.21%、51.54%和168.46%（$P<0.01$）。不同施磷量并未改变胡麻地上部各器官磷素积累的总体趋势，各器官磷素积累规律均为籽粒磷素积累量最大，茎秆次之，再次是叶片，蒴果皮磷素积累量最小。施磷导致各器官磷素含量分配比例发生变化。籽粒磷素分配比例随施磷量增加呈减少趋势，P_1、P_2和P_3处理磷素分配比例分别比P_0处理减少了0.64、0.91和1.92个百分点；P_1、P_2和P_3处理蒴果皮磷素分配比例分别比P_0处理降低了0.79、0.32和0.95个百分点；不同施磷量对茎秆、叶片磷素分配比例产生的影响不同，P_1、P_2处理茎秆磷素分配比例比P_0处理分别增加了0.53、0.17个百分点，而P_3处理叶片磷素分配比例比P_0处理降低了3.18个百分点。P_1处理叶片磷素分配比例比P_0处理降低了0.10个百分点，而P_2和P_3处理叶片磷素分配比例比P_0处理分别增加了1.06、6.05个百分点。

表4-14 磷肥用量对胡麻单株磷素累积量的影响

Tab. 4-14 Effects of phosphorus application rate on phosphorus accumulation of oil flax (Per plant)

处理	籽粒（mg）	蒴果皮（mg）	茎秆（mg）	叶片（mg）	总积累量（mg）	分配比例（%）			
						籽粒	蒴果皮	茎秆	叶片
P_0	4.36Bc	1.20Cc	3.88Cc	1.30Cd	10.74Cc	40.58	11.18	36.15	12.09
P_1	5.72ABb	1.49Bb	5.40Bb	1.72Bc	14.32Bb	39.94	10.39	37.68	11.99
P_2	5.95ABb	1.63Bb	5.45Bb	1.97Bb	15.00Bb	39.67	10.86	36.32	13.15
P_3	7.43Aa	1.97Aa	6.34Aa	3.49Aa	19.21Aa	38.66	10.23	32.97	18.14

以出苗后天数（x）为自变量，胡麻植株地上部干物质积累量（y）和磷积累量（y）为因变量，对其进行 Logistic 方程拟合的结果如表4-15所示。由表4-15可见，不同施磷水平下胡麻干物质积累量和磷积累量与出苗后天数的关系均符合 Logistic 方程，经 F 检验均达到极显著相关（$F > F_{0.01}$），说明方程拟合程度良好，可运用生产和科研实践。

表4-15 不同施磷水平下胡麻植株地上部干物质积累和磷积累 Logistic 模型

Tab. 4-15 The Logistic equation of oil flax dry matter and phosphorus accumulation under different phosphorus application levels

项目	处理	模拟方程	R^2	P
干物质	P_0	$y = 1.4651/(1+e^{5.1847-0.0921x})$	0.9901	0.0099
	P_1	$y = 1.8267/(1+e^{5.0656-0.0875x})$	0.9959	0.0041
	P_2	$y = 3.2805/(1+e^{4.9673-0.0701x})$	0.9979	0.0030
	P_3	$y = 3.0294/(1+e^{5.3361-0.0837x})$	0.9948	0.0052
磷素	P_0	$y = 0.0062/(1+e^{9.5852-0.01891x})$	0.9950	0.0030
	P_1	$y = 0.0100/(1+e^{8.8429-0.1657x})$	0.9935	0.0045
	P_2	$y = 0.0110/(1+e^{8.3761-0.1561x})$	0.9960	0.0058
	P_3	$y = 0.0148/(1+e^{9.5073-0.1756x})$	0.9937	0.0008

4. 施磷量对胡麻产量及收获指数的影响

由表4-16可见，施磷对胡麻叶片、茎秆、蒴果皮干物质积累量及籽粒产量产生不同程度的影响。P_1 处理叶片干物质积累量显著低于对照8.03%（$P < 0.05$），P_2 和 P_3 处理叶片干物质积累量分别比对照显著提高了10.85%和29.50%（$P < 0.01$）；各施磷处理均显著提高了胡麻茎秆、蒴果皮的干物质积累量和籽粒产量，且随施磷量的增加增幅加大（$P < 0.01$）。P_1、P_2 和 P_3 处理茎秆干物质积累量分别比对照显著增加了11.09%、25.11%和28.16%，蒴果皮干物质积累量分别比对照显著增加了37.21%、75.52%和77.59%，籽粒产量分别比对照显著增加了22.29%、50.32%和55.63%。施磷显著提高了胡麻收获指数，与 P_0 处理比较，P_2 处理收获指数增幅最大（0.38），P_3 处理增幅次之（0.37），再次为 P_1 处理（0.36）。灰色关联度分析结果表明，茎秆干物质积累总量与籽粒产量的关联度最大（0.9164），蒴果皮次之（0.9033），叶片最小（0.3893）。

表4-16 不同施磷水平下胡麻产量及收获指数的变化

Tab. 4-16 Effects of phosphorus application rate on seed yield and harvest index of oil flax

处理	籽粒（kg·hm⁻²）		叶片（kg·hm⁻²）		茎秆（kg·hm⁻²）		蒴果皮（kg·hm⁻²）		收获指数
	绝对值	相对值	绝对值	相对值	绝对值	相对值	绝对值	相对值	
P_0	1857Cc	100.0	461BCc	100.0	2326Cc	100.0	723Cc	100.0	0.35
P_1	2284Bb	123.0	424Cd	91.9	2584Bb	111.1	992Bb	137.2	0.36
P_2	2845Aa	153.2	511Bb	110.8	2910Aa	125.1	1269Aa	175.6	0.38

（续表）

处理	籽粒（kg·hm⁻²）		叶片（kg·hm⁻²）		茎秆（kg·hm⁻²）		蒴果皮（kg·hm⁻²）		收获指数
	绝对值	相对值	绝对值	相对值	绝对值	相对值	绝对值	相对值	
P₃	2 890Aa	155.7	597Aa	129.4	2 981Aa	128.2	1 284Aa	177.7	0.37
关联度	—	—	0.389 3	—	0.916 4	—	0.903 3	—	—

5. 施磷量对胡麻磷肥利用率的影响

由表4-17可见，不同施磷水平下胡麻磷肥利用率发生不同程度的变化。各施磷处理磷肥表观利用率从高到低排序依次为 $P_1 > P_3 > P_2$，P_2 处理磷肥表观利用率比 P_1、P_3 处理分别显著下降了8.16、5.40个百分点（$P<0.05$）；各施磷处理磷肥农学利用率从高到低排序依次为 $P_2 > P_1 > P_3$，P_2 处理磷肥农学利用率比 P_1、P_3 处理分别显著提高了15.70%、45.58%（$P<0.05$），说明中磷水平的增产效果最优；各施磷处理磷肥生理利用率从高到低排序与磷肥农学利用率相同，P_2 处理磷肥生理利用率比 P_1、P_3 处理分别显著提高了76.46%和93.84%（$P<0.05$），说明在中磷水平下胡麻吸收磷肥转化为经济产量的能力最强；各施磷处理磷肥偏生产力从高到低排序依次为 $P_1 > P_2 > P_3$，随施磷量的增加胡麻磷肥偏生产力逐步下降。P_1 处理磷肥偏生产力比 P_2、P_3 处理分别提高了37.72%和137.45%（$P<0.05$）。

表4-17　不同施磷水平下胡麻磷肥利用率的变化

Tab. 4-17　Phosphorus use efficiency under different phosphorus application levels

处理	表观利用率（%）	农学利用率（kg·kg⁻¹）	生理利用率（kg·kg⁻¹）	偏生产力（kg·kg⁻¹）
P₁	23.58a	8.60b	36.58b	45.97a
P₂	15.42c	9.95a	64.55a	28.63b
P₃	20.82b	6.93c	33.30c	19.36c

6. 结论与讨论

以往研究证实，磷作为作物生长所需要的主要营养元素，对作物生长发育具有重要的影响。本研究表明，施磷有效地促进了胡麻植株地上部干物质的积累，对苗期和枞形期胡麻叶片和茎秆干物质积累均具有促进作用。现蕾期花蕾、茎秆、叶片以及植株地上部干物质均随施磷量增加日增量显著增加。盛花期和成熟期蒴果干物质日增量逐渐提高，叶片干物质日增量呈现负增长态势，随施磷量增加变幅加大。在胡麻营养生长时期，施磷以促进茎秆和叶片干物质积累为主。进入生殖生长阶段后，以促进蒴果及籽粒干物质积累为主。盛花期是胡麻干物质积累速度最快的时期，其次为成熟期和现蕾期。前人研究表明，养分的吸收是干物质形成和累积的基础，也是籽粒产量形成的基础，大量干物质的形成总是伴随着大量营养物质的吸收与分配（Peng et al, 2005）。磷是植物体内移动性相对较大的营养元素之一，移动量取决于作物生长发育阶段和供磷状况。本研究结果表明，施磷提高了苗期、枞形期胡麻叶片干物质分配比率。随着胡麻生育进程推进，施磷促进了盛花期茎秆干物质分配比率的增加，达到全生育期最大值。施磷保证了现蕾期叶片功能的延续，促进了营养物质向籽粒的输送。成熟期胡麻蒴果干物质分配比率随施磷量的增加而增大，施磷有效地提高了胡麻籽粒产量，这与在玉米、小麦和大豆上的研究结果一致。施磷显著增加了胡麻植株地上部磷素积累总量，随施磷量增加磷素积累量增幅加大。各器官磷素积累均表现为籽粒磷素积累量最大，茎秆次之，再次是叶片，蒴果皮磷素积累量最小。施磷导致各器官磷素含量分配比例发生变化，籽粒磷素分配比例随施磷量增加呈减少趋势，不同施磷量对茎秆、叶片磷素分配比例产生的影响不同。每个处理的 Logistic 曲线拟合的 R^2 值都大于0.9，说明拟合的 Logistic 曲线可用于描述胡麻干物质和磷的积累过程。由 Logistic 方程中的 A 值可以看出，胡麻植株地上部磷累积量随施磷量增加而增加；胡麻植株干物质积累量亦随施磷量增加而增加，但高磷水平低于中磷水平。施磷显著提高了胡麻茎秆、蒴果皮的干物质积累量和籽粒产量，随施磷量增加增幅加大。施磷显著提高了胡麻收获指数，中磷水平胡麻收获指数增幅最大。茎秆干物质积累总量与籽粒产量的关联度最大，蒴果皮次之，叶片最小。

综合产量和肥料利用率因素，适当施用磷肥，不仅能够提高胡麻产量，而且使磷肥具有较高的肥料利用率，有效防止磷肥损失以及因施磷过量而带来的环境问题。本研究结果表明，不同施磷水平下胡麻磷肥利用率发生不同程度的变化。中磷水平下施用磷肥的效果最优，转化为经济产量的能力最强。收获时，高磷水平胡麻籽粒产量最高，中磷水平胡麻收获指数最高。高磷水平显著降低了磷肥农学利用率、生理利用率和偏生产力。磷肥表观利用率高于已有报道的 10%～20%（吴萍萍等，2008）。磷肥表观利用率为 15.42%～23.58%，说明大部分磷素未被当季作物吸收利用而残留在土壤中；淋洗出根层后会污染环境。中磷水平下胡麻磷素表观利用率最低，生理利用率最高，说明胡麻地上部吸收单位肥料磷所获得的籽粒增加量最高。中磷水平下磷肥农学利用率最高，高磷水平下磷肥农学利用率最低，说明磷肥增产效应随施磷量的升高而降低，中磷水平对胡麻的增产效应最大。综合考虑产量、磷肥农学利用率及环境污染等因素，当地胡麻施磷量确定为 99.36 kg·hm^{-2}为宜。

（二）不同供磷水平对胡麻磷素养分转运分配及其磷肥效率的影响

1. 胡麻植株地上部各器官磷的吸收动态

由表 4-18 可见，胡麻植株地上部各器官中磷的日增量因不同施磷水平而异，施磷改变了磷在某一时段内某一器官的日增长量的大小，但没有改变磷在整个生育期内日增量的总体趋势。即无论施磷与否，在盛花期以前胡麻茎、叶中磷的日增长量持续增加，在苗期至现蕾期增长量最大；但随着生殖器官的形成，非籽粒和籽粒部分磷日增长量增加。在盛花期至子实期茎中磷的日增长量大幅度降低，与现蕾期至盛花期相比，最大降幅为 95.61%，最小降幅也为 74.07%，叶的日增长量为负值，表明叶中的磷向外转移；而此时非籽粒和籽粒部分的日增长量达到一生的最大值；生殖生长旺盛期过后（子实期至成熟期），茎中磷的日增长量又增加；茎中磷的日增量子实期至成熟期比盛花期至子实期增幅达 14.76 倍（2011 年）和 60.60 倍（2012 年）；非籽粒和籽粒部分的日增长量降低。

表 4-18　胡麻各生长时期不同器官中磷日增量情况　　　　　　　　（mg·株$^{-1}$·d^{-1}）

Tab. 4-18　Net phosphorus increment per day in different organs of oil flax during the different growth periods

生育阶段（d）	处理	茎		叶		非籽粒		籽粒	
		2011 年	2012 年	2011 年	2012 年	2011 年	2012 年	2011 年	2012 年
出苗—苗期	P_0	0.003 8d	0.002 1d	0.017 4d	0.008 1c				
	P_{35}	0.006 0c	0.002 3c	0.019 9c	0.012 4b				
	P_{70}	0.008 8a	0.003 4a	0.025 9a	0.013 4a				
	P_{105}	0.006 5b	0.002 9b	0.021 7b	0.013 5a				
苗期—现蕾期	P_0	0.028 1c	0.019 0c	0.068 0d	0.062 3c	0.001 6d	0.001 1d		
	P_{35}	0.044 0b	0.030 5b	0.125 7c	0.069 0b	0.002 9c	0.001 9c		
	P_{70}	0.044 2b	0.035 8a	0.156 5b	0.069 3b	0.006 1a	0.003 7a		
	P_{105}	0.052 0a	0.036 2a	0.175 8a	0.080 5a	0.005 0b	0.003 0a		
现蕾期—盛花期	P_0	0.033 8c	0.034 2d	0.004 8d	0.032 6d	0.008 0c	0.008 2d		
	P_{35}	0.048 9b	0.046 8c	0.017 2b	0.083 3c	0.010 4b	0.009 6c		
	P_{70}	0.051 8ab	0.079 1b	0.040 9a	0.117 3a	0.011 0ab	0.013 7b		
	P_{105}	0.053 6a	0.100 1a	0.029 6b	0.129 1a	0.011 5a	0.016 1a		
盛花期—子实期	P_0	0.003 8c	0.001 5c	-0.011 9b	-0.005 1a	0.010 4c	0.012 9c	0.064 6c	0.057 9c
	P_{35}	0.009 5b	0.002 3c	-0.007 1a	-0.015 6b	0.026 0b	0.021 6b	0.098 2b	0.085 0b
	P_{70}	0.011 3ab	0.006 3b	-0.025 4d	-0.016 1b	0.026 6b	0.027 4a	0.147 0ab	0.097 6a
	P_{105}	0.013 9a	0.008 8a	-0.016 3c	-0.020 2c	0.039 7a	0.029 9a	0.160 6a	0.099 9a

（续表）

生育阶段（d）	处理	茎		叶		非籽粒		籽粒	
		2011 年	2012 年	2011 年	2012 年	2011 年	2012 年	2011 年	2012 年
子实期—成熟期	P_0	0.059 9c	0.092 4c	−0.004 7a	−0.014 5a	0.004 3c	0.002 1d	0.016 0b	0.017 5b
	P_{35}	0.095 1bc	0.094 3c	−0.029 9b	−0.022 8b	0.005 5c	0.009 1c	0.017 3b	0.024 5b
	P_{70}	0.114 0b	0.112 6b	−0.038 5b	−0.043 1c	0.009 0b	0.012 9b	0.042 2a	0.079 3a
	P_{105}	0.143 6a	0.124 6a	−0.041 9a	−0.045 1c	0.013 9a	0.014 7a	0.046 3a	0.0715a

注：不同小写字母表示处理间差异显著（$P<0.05$）。下同。

胡麻整个生育期，在苗期，胡麻植株地上部的茎和叶中，磷的日积累量从高到低依次排序为：中磷>高磷>低磷>不施磷，除中磷与高磷处理间差异显著外，其他处理间差异均不显著。而其他各生育阶段，胡麻植株地上部各器官——茎、非籽粒和籽粒中，磷素的日增量均随施磷量的增加而增加，即磷的日增长量为：高磷>中磷>低磷>不施磷，且茎和非籽粒不同施磷水平间差异显著，籽粒中，不施磷与中磷和高磷处理间差异显著，不施磷与低磷处理间差异不显著。与不施磷相比，施磷后胡麻植株各器官磷素的日增长量差异很大，茎中磷素日增长量增加了 2.06%~486.67%，增幅最大的是盛花期至子实期，增幅最小的是子实期至成熟期；叶增加了 8.82%~812.50%，增幅最大的是现蕾期至盛花期，增幅最小的是出苗至苗期；从盛花期开始，叶中磷的日增长量为负值，说明叶片中累积的磷向生殖器官转移；在盛花期至子实期，在中磷处理时转移量最大；在子实期至成熟期，高磷处理转移量与中磷处理转移量差异不显著；非籽粒部分增加了 17.07%~600.00%，增幅最大的是子实期至成熟期，增幅最小的是现蕾期至盛花期；籽粒部分增加了 46.81%~353.14%，增幅最大的是子实期至成熟期，增幅最小的是盛花期至子实期。可见不同器官差异很大，且出现的高峰期也因器官而已。一方面与器官的吸收特性有关，其次还与不同年份间的温度、降水量、外部生长环境有关。

2. 磷素对胡麻植株地上部器官中磷转运的影响

由表 4-19 可以看出，盛花期以后，胡麻茎和非籽粒中磷含量持续增加，没有磷素转移，只有叶片中磷素发生转移。叶片中磷的转移量随施磷量的增加而增加，在施磷量为 70 kg·hm⁻²时达到最高峰值，随后下降。与不施磷处理相比，低磷、中磷和高磷处理磷转移量分别增加了 121.84%、285.63%、250.57%（2011 年）和 115.52%、233.91%、208.62%（2012 年）；施磷处理间比较，中磷处理比低磷处理间磷转移量增加 54.93%~73.83%（$P<0.05$），比高磷处理间磷转移量增加了 8.19%~10.00%（$P<0.05$）。

表 4-19 盛花和成熟期胡麻茎、叶和非籽粒中磷的累积量及转运量情况 （kg·hm⁻²）

Tab. 4-19 Phosphorus at anthesis and maturity in stem, leaf and non-seed of translocation

年份	处理	花期			成熟期			磷转移量		
		茎	叶	非籽粒	茎	叶	非籽粒	茎	叶	非籽粒
	P_0	3.32d	4.72d	0.51d	8.62d	2.98c	2.55d	−5.29a	1.74d	−2.04a
2011	P_{35}	5.14c	7.67c	0.68c	13.32c	3.80b	3.98c	−8.18b	3.86c	−3.30b
	P_{70}	5.59a	10.79a	0.85a	16.36b	4.08ab	5.11b	−10.77c	6.71a	−4.26c
	P_{105}	5.32b	10.28b	0.79b	21.33a	4.18a	5.41a	−16.02d	6.10b	−4.62d
	P_0	2.69d	5.04c	0.47d	10.42d	3.30c	3.22b	−7.73a	1.74d	−2.75a
2012	P_{35}	3.77c	8.02b	0.57c	11.15c	4.26b	3.33b	−7.37a	3.75c	−2.76a
	P_{70}	5.73b	10.67a	0.84b	15.29b	4.92a	5.31a	−9.56b	5.81a	−4.47b
	P_{105}	6.88a	10.55a	0.95a	16.31a	5.17a	5.44a	−9.42b	5.37b	−4.50b

图 4-10 表明不同施磷量对胡麻叶片中磷转移率的影响。由图可知：叶片中磷转移率随施磷量的

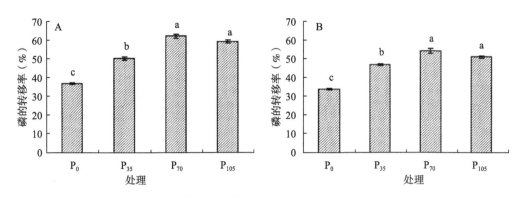

图 4-10 不同磷水平对胡麻叶片中磷转移率的影响

Fig. 4-10 Effect of different phosphorus levels on phosphorus translocation efficiency in leaf of oil flax

注：A 和 B 图分别指 2011 和 2012 年胡麻叶片中磷转移率。图中的不同字母表示各处理间的差异达到 5% 显著水平，下同。

增加而增加，在中磷时达最大值，随之下降。不施磷与低磷处理间差异不显著，与中、高磷处理间差异显著。2011 年低磷、中磷和高磷处理的磷转移率比不施磷处理分别增加了 13.42%、25.20% 和 22.38%；2012 年分别增加了 12.30%、19.606% 和 16.42%。不同施磷处理间比较，中磷处理磷的转移率比低磷处理增加了 7.30%～11.79%（$P<0.05$），比高磷处理磷转移率增加了 2.89%～3.18%（$P<0.05$）。

籽粒中 20.46%～35.93% 的磷素是靠叶片转运而来，从土壤中吸收直接供应的磷素占 64.07%～79.54%（图 4-11、表 4-19 和图 4-12）。从不同处理胡麻磷素在籽粒中累积、磷素转运及转运效率可以看出，施磷显著地促进了磷素在籽粒中的累积，且累积量随着施磷量增加而增加，但中磷和高磷处理间无显著差异。各施磷处理间磷转运效率在 34.04%～62.17%，随施磷量增加而增加，但施磷量超过 70 kg·hm⁻² 时降低，说明过量的施用磷肥不利于磷素的转运，影响作物籽粒产量的形成。

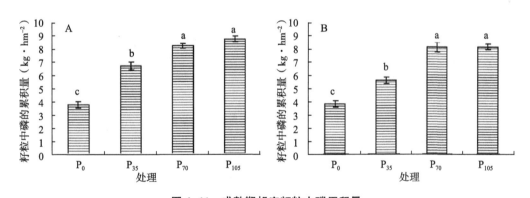

图 4-11 成熟期胡麻籽粒中磷累积量

Fig. 4-11 Phosphorus accumulation in seed of oil flax at maturity

注：A 图和 B 图分别指 2011 年和 2012 年胡麻籽粒中磷累积量。

3. 磷素对胡麻植株地上部磷分配的影响

胡麻地上部各生育时期的磷素吸收和阶段累积占整个生育期比率见图 4-13。图 4-13 表明，胡麻地上部植株中磷素累积比率一直在增加，2011 年，苗期的阶段累积量占整个生育期累积量的 5.87%～8.96%，2012 年占 3.61%～4.72%；在整个生育期占比率最小，可能与苗期胡麻植株开始生长时间短、植株小有关。进入现蕾期后，胡麻开始进入营养生长与生殖生长并进时期，需要吸收大量养分满足生长。所以，从现蕾期开始胡麻植株中磷素累积分配比率持续升高，各个处理累积高峰随施磷量的多少而不同。不施磷、低磷和高磷处理的累积最高峰在成熟期；中磷处理的磷累积高峰期在子

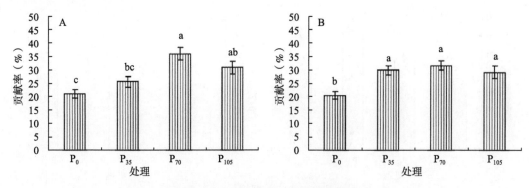

图 4-12 不同磷水平对贡献率的影响

Fig. 4-12 Effect of different phosphorus levels on contribution efficiency

注：A 图和 B 图分别指 2011 年和 2012 年不同磷水平下的贡献率。

实期，2011 年和 2012 年分别为 33.22%和 34.41%。在胡麻植株生长的苗期和现蕾期不施磷和低磷处理占比率较大，说明这两个处理吸收磷较多；进入盛花期以后，胡麻植株对磷素吸收急剧增加，一直到成熟期。从子实期到成熟期，2011 年和 2012 年胡麻植株中磷素累积量分别占整个生育期累积量的 63.58%~70.30%和 60.05%~67.97%。可见，胡麻植株磷素的吸收累积量主要集中在生殖生长后期。

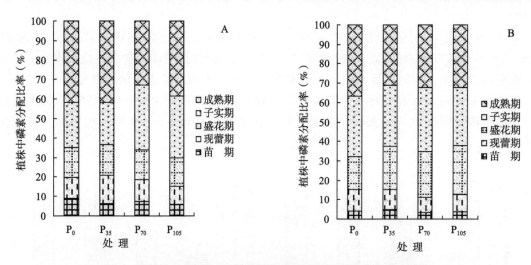

图 4-13 不同时期胡麻植株中磷累积量占整个生育期的分配比率

Fig. 4-13 The distribution ratio of phosphorus accumulation in oil flax with different growth stages

注：A 和 B 分别代表 2011 年和 2012 年胡麻植株中磷累积分配比率。

4. 磷素对胡麻产量和磷肥利用效率的影响

施用磷肥可显著增加胡麻的籽粒产量，但中、高磷处理间产量无显著差异（表 4-20）。低、中、高施磷量与对照比较，籽粒产量分别增加 253.00 kg·hm⁻²、513.00 kg·hm⁻²、560.00 kg·hm⁻²（2011 年）和 251.15 kg·hm⁻²、503.50 kg·hm⁻²和 579.80 kg·hm⁻²（2012 年），增产率分别为 13.09%~28.96%、13.63%~31.46%。当施肥量由 35 kg·hm⁻²增加到 70 kg·hm⁻²时，施肥量增加了 97.14%，而产量增加了 26.53%~27.87%；施肥量由 70 kg·hm⁻²增加到 105 kg·hm⁻²时，施肥量增加了 50.73%，而产量增加了 28.96%~31.46%；磷肥的增加量远远超过产量的增加量。低、中施磷量时，磷肥表观利用率随施磷量的增加提高，施磷（P_2O_5）量为 70 kg·hm⁻²时磷肥表观利用率最高，达 20.22%~20.53%，以后随施磷量的增加而降低；说明 80% 以上的磷肥未被当季作物吸收利用。施磷量较低时，磷肥农学效率随施磷量的增加而增加，施磷量 70 kg·hm⁻²时达最高，随之下降，说明随施磷量的增加磷肥的增产效应先增加而后下降。

表 4-20 施磷对胡麻产量与磷肥利用效率的影响

Tab. 4-20 Effect of P application on the seed yield and phosphorus utilization efficiency of oil flax

年份	处理	产量（kg·hm⁻¹）	增产（%）	磷肥表观利用率（%）	农学效率（kg·kg⁻¹）
2011	P_0	1 933.50c	—	—	—
	P_{35}	2 186.50b	13.09b	17.14c	7.23a
	P_{70}	2 446.50a	26.53a	20.22a	7.43a
	P_{105}	2 493.48a	28.96a	17.78b	5.14b
2012	P_0	1842.75c	—	—	—
	P_{35}	2 013.90b	13.63c	19.77a	7.18a
	P_{70}	2 356.25b	27.87b	20.53a	7.30a
	P_{105}	2 422.55a	31.46a	19.52a	5.32b

5. 讨论

本研究结果表明，不同施磷量只是改变作物不同生育阶段的养分累积量，总趋势基本一致。胡麻苗期有一定时间的缓慢生长阶段，有限的生长速率限制了养分的作用，因而苗期累积量最少；2011年和2012年分别占整个生育期的5.87%~8.96%和3.61%~4.72%。子实期和成熟期茎和叶片中磷日增量发生大幅度变化，主要原因在于子实期籽粒的急剧生长，伴随着大量养分向籽粒转移，成熟期籽粒生长趋于稳定，对养分需求减缓，磷素较多地滞留于营养器官茎中；导致成熟期茎中磷日增量升高。养分的吸收、同化与转运直接影响着作物的生长和发育，从而影响着产量。了解养分吸收动态变化规律，有助于采取有效措施调控作物生长发育、提高产量。本研究中磷营养的转运来自胡麻叶片，不同于玉米（宋海星等，2003）等作物来自叶片和茎秆。随着施磷量的增加，磷素的转运量、转运效率及在籽粒中的比例都降低，说明施用过量的磷不利于磷素向籽粒转运。在中磷处理时，磷素的转运量、转运率及对籽粒的贡献率均最大，2011年和2012年分别为1.79 mg·株⁻¹、1.55 mg·株⁻¹；62.17%、54.11%；35.93%和31.62%。

肥料用量和施肥时期是施肥技术的核心，也是影响磷肥利用率的重要因素。本研究表明，不同施磷量只是改变胡麻不同生育阶段的磷养分累积量，总趋势基本一致。从积累百分率来看，胡麻植株在生殖生长后期的子实期和成熟期积累了全生育期磷累积量的60.05%~70.30%，盛花期、子实期和成熟期累积量占了全生育期的79.02%~92.17%，可见，生殖生长阶段是胡麻吸磷的关键时期，对胡麻产量的形成至关重要。综合考虑肥料的时效性，在施肥技术上，除基肥需适当施磷，以满足生育前期需磷外，在现蕾前追施磷肥是十分必要的。关于磷肥施用基追比有待进一步研究。

磷肥可显著增加胡麻的籽粒产量（表4-20），随着施磷量的增加，作物产量增加，但当施磷量达一定值，作物产量增加不显著。在低、中、高磷处理时，2011年胡麻产量分别增产13.09%、26.53%和28.96%；2012年分别增产13.63%、27.87%和31.46%。可见当施肥量超过70 kg·hm⁻²时，胡麻产量增加不显著。本研究表明，胡麻植株磷素表观利用率随施磷量的增加而降低，中磷处理时最高，2011年和2012年分别为20.22%和20.53%；范围在17.14%~20.53%，低于小麦31.90%和玉米28.90%（李新旺等，2009）；说明80%以上的磷肥未被当季作物吸收利用。施磷量较高时，磷素农学效率随施磷量的增加而下降，中磷处理时最高，2011年和2012年分别为7.43 kg·kg⁻¹和7.30 kg·kg⁻¹；变化趋势和磷肥表观利用率一致，都是先升后降。说明磷肥的过量施用是导致磷肥利用率下降的重要原因之一。磷肥过量施用使得土壤中残留了大量的磷，不仅浪费资源，而且对地下和地表水体构成威胁，污染环境。合理适量的施用磷肥，既可保证农业生产持续发展，又可减少农业系统中磷素的流失，提高磷肥利用效率。

综合考虑，胡麻栽培中磷肥的施用，建议由基施改为播前基施外，现蕾期追施；结合胡麻产量、磷肥表观利用效率及磷肥农学效率，在本试验区，同等肥力土壤条件下，施磷（P_2O_5）量以 70 kg·hm^{-2}适宜。

（三）施磷对胡麻生长率和磷吸收利用率及其产量的影响

1. 磷肥对产量和产量构成因子的影响

磷肥影响着胡麻籽粒的产量和产量构成因子（表4-21和图4-14A）。与不施肥相比，低磷、中磷和高磷水平下，胡麻籽粒产量分别提高了15.11%、20.53%和15.28%。低磷、中磷和高磷水平籽粒产量差异不显著（$P>0.05$）；不施肥与施磷处理间差异显著（$P<0.05$）。产量构成因子中单株蒴果数和每果籽粒数不受施磷影响，千粒重和单株产量随施磷量增加先增加后减小（表4-21）。与不施磷相比，千粒重低磷、中磷和高磷水平分别提高了8.50%、11.67%和10.11%；单株籽粒重分别提高了18.43%、25.88%和24.71%。

表4-21 不同磷肥水平下胡麻籽粒产量构成因子

Tab. 4-21 Seed yield components of oil flax under different phosphorus levels

处理	单株蒴果数（个）	每果籽粒数（粒）	千粒重（g）	单株籽粒重（g）
P_0	18.30 b	9.28 a	5.99 a	0.85 b
P_{75}	21.30 a	7.68 b	6.50 a	1.01 a
P_{150}	20.10 ab	7.39 b	6.69 a	1.07 a
P_{225}	22.20 a	7.53 b	6.60 a	1.06 a

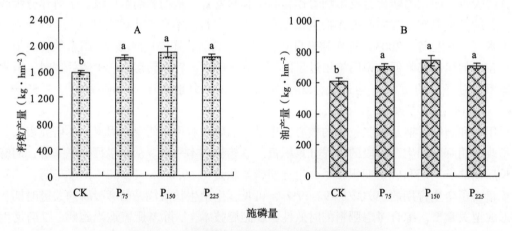

图4-14 不同磷肥水平下胡麻籽粒产量和油产量

Fig 4-14 Seed yield and oil yield under different phosphorus levels

注：图A和B分别是籽粒产量和油产量。

2. 磷肥对胡麻生育期的影响

表4-22 不同磷肥水平下出苗至开花、出苗至成熟和籽粒灌浆时间 （d）

Tab. 4-22 Days from emergence to anthesis, days from emergence to maturity, seed filling period under different phosphorus（P）levels

处理	出苗至开花天数	出苗至成熟天数	籽粒灌浆天数
P_0	77 a	112 b	35 b
P_{75}	76 ab	113 ab	37 ab
P_{150}	75 b	113 ab	38 a
P_{225}	76 ab	114 a	38 a

磷肥影响着胡麻生育期（表4-22）。从出苗至盛花期、出苗至成熟期天数和灌浆天数随磷肥施用，变化不同。从出苗至盛花的天数，随施磷量增加先减小后增加，在中磷水平下，盛花期最早；籽粒的成熟，不施磷先成熟，高磷水平成熟最晚；灌浆时间，随施磷量增加而延长，中磷和高磷水平，灌浆时间相同。随磷肥施用，出苗至开花时间平均提前了1.73%；出苗至成熟时间平均延长了1.73%；灌浆时间平均延长了7.62%。

3. 磷肥对胡麻生长率及磷吸收率的影响

随施磷量增加，生物量生长率、经济生长率和籽粒生长率呈先增加后减小，最高值出现在中磷水平（表4-23）。与不施肥相比，低磷、中磷和高磷处理生物量生长率分别提高了10.01%、11.23%和9.21%；经济生长率分别提高了14.09%、19.47%和13.25%；籽粒生长率分别提高了8.88%、11.02%和6.18%。磷的吸收率、磷的经济吸收率和籽粒磷的吸收率随施量增加而增加，最高值出现在高磷水平（表4-23）。与不施肥相比，低磷、中磷和高磷处理磷的吸收率分别提高了20.36%、36.30%和37.81%；磷的经济吸收率分别提高了29.59%、39.61%和44.32%；籽粒磷的吸收率分别提高了23.68%，29.73%和35.30%。

表 4-23　不同磷肥水平下胡麻生长率及磷的吸收率

Tab. 4-23　Biomass growth rate, economic growth rate, seed growth rate, phosphorus uptake rate, economic phosphorus uptake rate, and seed phosphorus uptake rate of oil flax under different phosphorus levels.

处理	生物量生长率 ($g \cdot m^{-2} \cdot d^{-1}$)	经济生长率 ($g \cdot m^{-2} \cdot d^{-1}$)	籽粒生长率 ($g \cdot m^{-2} \cdot d^{-1}$)	磷的吸收率 ($mg \cdot m^{-2} \cdot d^{-1}$)	磷的经济吸收率 ($mg \cdot m^{-2} \cdot d^{-1}$)	籽粒磷的吸收率 ($mg \cdot m^{-2} \cdot d^{-1}$)
P_0	5.18 b	1.40 b	4.48 b	34.53 c	14.77 b	47.28 b
P_{75}	5.70 a	1.60 a	4.87 a	41.56 b	19.15 a	58.47 a
P_{150}	5.76 a	1.67 a	4.97 a	47.06 a	20.63 a	61.33 a
P_{225}	5.66 a	1.58 a	4.75 ab	47.58 a	21.32 a	63.97 a

4. 磷肥对胡麻籽粒出油率和油产量的影响

灌溉地胡麻籽粒出油率不受施磷影响（表4-24），但籽粒油产量随施磷量增加先增加后减小，最高油产量出现在中磷水平下（图4-14B）。与不施肥相比，低磷、中磷和高磷水平下，胡麻籽粒产量分别提高了15.75%、21.82%和16.21%。不施肥与施磷处理间差异显著（$P<0.05$），施磷处理间差异不显著。油产量的变化趋势相同于产量。

表 4-24　不同磷肥水平下籽粒出油率、磷肥表观利用率、生理利用率和农学效率

Tab. 4-24　Oil content, apparent phosphorus recovery（APR）, physiological efficiency（PE）, and agronomic efficiency（AE）of oil flax under different phosphorus levels

处理	出油率（%）	磷肥表观利用率（%）	生理利用率（$kg \cdot kg^{-1}$）	农学利用率（$kg \cdot kg^{-1}$）
P_0	39.20 a	—	—	—
P_{75}	39.10 a	11.05 a	76.97 a	3.16 a
P_{150}	39.39 a	9.67 ab	48.88 b	2.14 b
P_{225}	39.28 a	6.16 b	46.75 b	1.06 c

5. 磷肥对磷肥利用效率指标的影响

磷肥的表观利用率、生理利用率和农学利用率随施磷量增加而减小（表4-24）。磷肥表观利用率随施磷量增加从11.05%降低到6.16%，减小了4.89个百分点；生理利用率从76.97 kg·kg^{-1}降低到46.75 kg·kg^{-1}，降低了39.25%；农学利用率从3.16 kg·kg^{-1}降低到1.06 kg·kg^{-1}，降低了66.29%。

6. 胡麻籽粒产量与产量构成因子及其相关生理指标相关性分析

产量与产量构成因子及其相关生理指标相关性分析结果见表4-25。胡麻籽粒产量与单株籽粒重、千粒重、灌浆时间、生物量生长率和籽粒生长率呈显著正相关，与经济生长率呈极显著正相关，与每果籽粒数呈显著负相关。在产量构成因子中，单株籽粒重与每果籽粒数呈显著负相关，与千粒重和灌浆时间呈极显著正相关，与生物量生长率、磷的吸收率、磷的经济吸收率和籽粒磷的吸收率呈显著正相关；每果籽粒数与千粒重和生物量生长率呈极显著负相关；千粒重与灌浆时间、生物量生长率、经济生长率、磷的吸收率、磷的经济吸收率和籽粒磷的吸收率呈显著正相关。此外，灌浆时间与磷的经济吸收率、籽粒磷的吸收率呈显著正相关。生物量生长率与经济生长率和籽粒生长率呈显著正相关。籽粒生长率与经济生长率呈显著正相关；磷的吸收率与磷的经济吸收率和籽粒磷的吸收率呈显著正相关。

表 4-25　产量和各项生理特性间的相关分析

Tab. 4-25　Pearson correlations among yield and physiological characteristics.

	单株籽粒重	单株蒴果数	每果籽粒数	千粒重	灌浆时间	生物量生长率	经济生长率	籽粒生长率	磷的吸收率	磷的经济吸收率	籽粒磷的吸收率	产量
单株籽粒重 SWP	—	0.800	-0.990*	0.996**	0.996**	0.965*	0.949	0.886	0.976*	0.990*	0.982*	0.974*
单株蒴果数 NCP		—	-0.814	0.764	0.797	0.771	0.643	0.564	0.768	0.855	0.882	0.695
每果籽粒数 NSC			—	-0.993**	-0.973*	-0.991**	-0.966*	-0.922	-0.936	-0.971*	-0.966*	-0.983*
千粒重 1 000SW				—	0.986*	0.979*	0.973*	0.922	0.960*	0.974*	0.964*	0.990*
灌浆时间 SFP					—	0.937	0.922	0.846	0.992**	0.995**	0.987*	0.954*
生物量生长率 BGR						—	0.982*	0.959*	0.886	0.931	0.923	0.987*
经济生长率 EGR							—	0.986*	0.877	0.896	0.878	0.996**
籽粒生长率 SGR								—	0.785	0.814	0.796	0.967*
磷的吸收率 PUR									—	0.985*	0.976*	0.915
磷的经济吸收率 EPR										—	0.998**	0.933
籽粒磷的吸收率 SPR											—	0.917
产量 Seed yield												—

* 表示在 0.05 水平下的显著性；** 表示在 0.01 水平下的显著性。

7. 结论与讨论

随磷肥的施用，籽粒产量先升高后降低，在中磷水平下（P_2O_5 150 kg·hm^{-2}），产量最高达 1 888.33kg·hm^{-2}，比不施肥提高了 20.53%；磷肥的施用，使籽粒产量平均提高了 16.97%，这一点与 Rogério（2013）的研究结果相一致。磷肥对胡麻籽粒产量的影响，可能与施磷促进了叶绿素合成有关（Alam，2002），叶绿素含量升高，增强了光合能力，进而促进产量提高（Soltangheisi et al，2013）。Pande 等（1970）研究得出，随施磷量增加，胡麻单株蒴果数增加；Sinha（1965）研究得出，随磷肥施用量增加，单株蒴果数减小，在本试验中，磷肥对单株蒴果数没有影响，这与 Hamdi 等人（1971）的研究结果相一致。随氮肥增加，籽粒千粒重减小，千粒重随施磷量增加先增加后减小，与不施肥相比，磷肥的施用，使千粒重平均提高了 10.09%；每果籽粒数不受施磷影响，单株籽粒重随施磷量增加先增加后减小，平均增加了 23.01%。

Dodas（2010）研究得出，氮肥缩短了胡麻从出苗至开花时间，延长了胡麻籽粒灌浆时间。在本试验中，磷肥的施用，缩短了从出苗至开花时间，延长了胡麻籽粒灌浆时间，灌浆时间平均延长了 7.62%。不施肥处理，籽粒灌浆时间短于施磷处理，进而出苗至成熟时间缩短。籽粒灌浆时间对作物生长非常重要，一般而言，籽粒灌浆时间越长，产量越高（Yau，2007）。磷是作物生长中最重要的营养元素之一，显著影响着胡麻生长中干物质的积累和分配。但有关磷对胡麻生物生长率及磷吸收率的影响，鲜见报道。已有研究指出，氮肥提高了旱地油用亚麻生物量生长率、经济生长率及籽粒生长率（Dodas，2010），本试验中灌溉地胡麻生物量生长率、经济生长率及籽粒生长率随磷肥施用量增加先增加后减小，在中磷水平达最高值，与不施肥相比，平均提高了10.15%，15.60%和8.69%。籽粒生长率与生物量生长率比值越大，表明运输能力和籽粒灌浆期间从营养器官给籽粒转运物质的能力越强（Raminez-Vallejo et al，1998）。在本试验中，籽粒生长率与生物量生长率比值在0.84~0.86。磷的吸收率、磷的经济吸收率和籽粒磷的吸收率随施磷量的增加而增加，与不施肥相比，分别平均提高了31.40%，37.84%和29.57%。籽粒磷的吸收率大于磷的吸收率，这一点与籽粒氮的吸收率大于氮的吸收率相一致（Dodas，2010）。本试验中，籽粒磷的吸收率与磷的吸收率的比值大于1.0，表明在籽粒灌浆期间，营养器官中磷大量重新移动到籽粒中。籽粒产量和出油率紧密相关（Dodas，2010）。武杰等（2004）研究表明，增施磷肥，在一定范围内可以提高油菜的出油率，这与本试验中胡麻籽粒出油率不受施磷量影响的结果不相一致。在本试验中，施磷处理油产量平均提高了17.93%，最高油产量在中磷水平（P_2O_5 150 kg·hm^{-2}）下取得，与不施磷相比，提高21.82%。由于出油率不受施磷影响，可见，油产量的增加是由于籽粒产量增加所致，这一点，与前人（Dodas，2010）研究结果相一致。磷肥表观利用率是描述作物对施入土壤中的磷的吸收效率，磷肥的农学效率描述施入土壤中磷肥的增产效率（Hocking et al，2002）。在本试验中，磷肥的表观利用率和农学效率随施磷量增加而减小，这一点与李银水等（2011）在油菜上的研究结果相一致。磷肥的表观利用率和农学效率最高值分别为：11.05%和3.16 kg·kg^{-1}。磷肥的生理利用率是胡麻地上部分吸收单位肥料磷所增加的地上部干物质重，在本试验中，磷肥生理利用率随施磷量增加而减小，最高值76.97 kg·kg^{-1}。灌溉地胡麻磷肥表观利用率、农学效率和生理利用率的变化，反映了植株对磷的吸收有饱和性，当施用磷肥超过其吸收能力后，超额部分不能被吸收利用。这可能也是籽粒产量没有随施磷量增加而持续增加的原因。此外，残留于土壤中的磷会通过地表径流、淋湿和下渗等污染水体和环境。

灌溉地胡麻籽粒产量与经济生长率呈极显著相关；与单株籽粒重、千粒重、灌浆时间、生物量生长率和籽粒生长率呈显著正相关；与单株蒴果数、磷的吸收率、磷的经济吸收率和籽粒磷的吸收率呈正相关；仅与每果籽粒数显著负相关。可见，经济生长率可以作为胡麻高产的指标，这与Dodas（2010）的研究不相一致，产量构成因子中千粒重和单株籽粒重，灌浆时间，生物量生长率和籽粒生长率也可以作为胡麻高产指标。

三、钾营养规律

（一）不同施钾水平对胡麻钾素营养转运分配及产量的影响

1. 不同施钾水平对胡麻各器官钾素积累的影响

由图4-15可见，胡麻植株不同生育阶段各器官钾素积累量因施钾水平而异，尽管不同施钾处理改变了每一生育阶段各器官钾素积累量的大小，但整个生育期内钾素积累量总体趋势并未改变，即无论施钾与否，从出苗至开花期，胡麻根、茎、叶中的钾积累量持续增加，在现蕾期至子实期增长量最大；随着生殖器官的形成，蒴果皮和籽粒的钾素积累量开始增加，在子实期至成熟期，根、茎、叶中钾素的积累量大幅度降低，与现蕾至开花期相比，分别下降17.80%~24.78%、15.10%~22.63%和39.48%~46.13%。

同一生育阶段不同施钾处理间比较，开花前各生育阶段施钾处理的钾素累积量高于不施钾处理，但处理间差异不显著。到开花至子实期，中钾处理下，茎积累的钾素较不施钾、低钾和高钾处理分别高2.58%~53.17%、16.94%~34.58%和-5.70%~21.93%；叶积累的钾素较不施钾、低钾和高钾处理分别高39.40%~90.28%、10.11%~46.92%和1.26%~23.44%；果皮积累的钾素较不施钾、低钾和高钾处理分别高2.59%~44.05%、16.95%~33.65%和-5.70%~40.16%；籽粒积累的钾素较不施钾、低钾和高钾处理分别高55.55%~63.50%、29.55%~40.25%和5.82%~33.33%。到子实至成熟

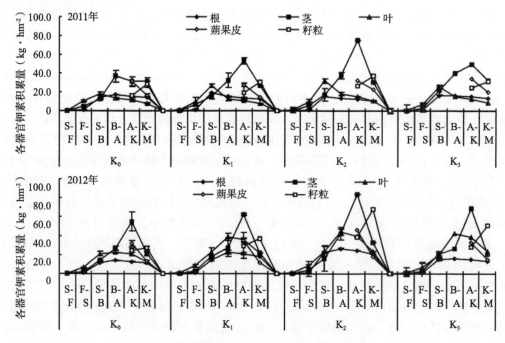

图 4-15　胡麻主要生育阶段各器官钾素积累量

Fig. 4-15　Potassium accumulation amount in different organs at the main growth stages of oil flax

S-F：出苗—枞型期；F-S：枞形期—分茎期；S-B：分茎期—现蕾期；B-A：现蕾期—开花期；A-K：开花期—子实期；

K-M：子实期—成熟期；K_0、K_1、K_2、K_3 代表不同施钾处理，即 K_0：0 kg $K_2O \cdot hm^{-2}$、K_1：18.75 kg $K_2O \cdot hm^{-2}$、

K_2：37.5 kg $K_2O \cdot hm^{-2}$、K_3：56.25 kg $K_2O \cdot hm^{-2}$。下同。

期，中钾处理下胡麻各器官钾素积累量亦高于其他各处理，但处理间差异不显著，说明中钾处理有利于提高胡麻植株花后各器官钾素的积累。

2. 不同施钾水平对胡麻营养器官钾素转运的影响

结合图 4-15、表 4-26、表 4-27 可以看出，现蕾期胡麻根、茎、叶中的钾素积累量持续增加，到开花期开始向果皮和籽粒中转运。与不施钾处理相比，根中钾素的转运量在中钾、高钾处理时分别增加 9.15%～106.83%、14.05%～21.58%；茎中钾素的转运量在低钾、中钾和高钾处理时分别增加 0.54%～28.39%、27.03%～96.91% 和 16.87%～33.69%；叶中钾素的转运量在低钾、中钾和高钾处理时分别增加 0.57%～66.92%、57.22%～93.42% 和 7.89%～80.17%，表明施钾促进了营养器官贮藏钾素向籽粒的转运。不同施钾处理间比较，中钾处理下，根、茎和叶钾素转运量比低钾处理分别增加 19.28%～21.31%、26.34%～53.36% 和 15.87%～56.32%，比高钾处理分别增加-0.16%～70.11%、-4.98%～68.48% 和 7.35%～45.71%，表明中钾处理有利于提高营养器官所积累钾素向籽粒的转运量。由表 4-26、表 4-27 可知，根、茎和叶积累钾素的转运率分别为 17.78%～24.85%、14.82%～23.00% 和 39.40%～46.20%。营养器官根、茎和叶转运钾素对籽粒钾素的贡献率分别为 6.71%～14.12%、11.24%～23.97% 和 17.26%～50.83%，叶对胡麻籽粒钾素积累的贡献较根和茎大。

表 4-26　胡麻营养器官钾素转运量、转运率及转运钾素对籽粒钾素积累的贡献率（2011）

Tab. 4-26　Potassium transportation, potassium transportation rate and contribution rate of vegetative organs to seed potassium accumulation of oil flax（2011）

处理	钾素转运量			钾素转运率（%）			转运钾素对籽粒贡献率（%）		
	根	茎	叶	根	茎	叶	根	茎	叶
K_0	3.06 a	5.55 a	5.19 b	17.78 b	14.82 b	39.40 b	11.09 a	19.54 a	18.37 a
K_1	2.80 a	5.58 a	5.22 b	18.38 b	17.33 ab	41.76 ab	9.49 a	19.13 a	17.26 a

（续表）

处理	钾素转运量			钾素转运率（%）			转运钾素对籽粒贡献率（%）		
	根	茎	叶	根	茎	叶	根	茎	叶
K₂	3.34 a	7.05 a	8.16 a	24.85 a	18.67 a	44.59 a	9.03 a	19.29 a	22.09 a
K₃	3.49 a	7.42 a	5.60 b	21.12 b	18.49 a	40.32 b	11.24 a	23.97 a	19.66 a

表4-27 胡麻营养器官钾素转运量、转运率及转运钾素对籽粒钾素积累的贡献率（2012）

Tab. 4-27 Potassium transportation, potassium transportation rate and contribution rate of vegetative organs to seed potassium accumulation of oil flax（2012）

处理	钾素转运量			钾素转运率（%）			转运钾素对籽粒贡献率（%）		
	根	茎	叶	根	茎	叶	根	茎	叶
K₀	2.78 c	4.86 b	10.49 b	20.33 a	18.55 a	45.80 a	10.11 ab	17.81 a	38.18 ab
K₁	4.74 b	6.24 b	17.51 a	20.87 a	22.56 a	44.71 a	14.12 a	18.06 a	50.83 a
K₂	5.75 a	9.57 a	20.29 a	21.69 a	23.00 a	46.20 a	8.52 b	14.34 ab	29.98 b
K₃	3.38 c	5.68 b	18.90 a	20.81 a	21.63 a	44.68 a	6.71 b	11.24 b	37.06 b

3. 不同施钾水平对胡麻各器官钾素分配的影响

由胡麻不同生育阶段各器官钾素分配比率可知（图4-16、图4-17），随着胡麻生长发育进程的推进，其吸收的钾素在各营养器官内的分配因植株生长中心的转移而发生变化。在开花前，由于器官的迅速建成，钾素在根中的分配以分茎期至现蕾期最高，为23.41%~35.89%；在茎中以现蕾期至开花期最高，为30.95%~55.86%；在叶片中以枞形期至分茎期最高，为52.44%~71.41%。而后随着生育期的推进而逐渐下降。到成熟期，随叶片的衰老和脱落，钾素在叶片中的分配率下降到7.91%~18.34%。可见，钾素在根、茎、叶中的分配表现为先增后降的趋势。钾素在蒴果皮中的分配率由开花期至子实期的18.01%~29.52%，下降到成熟期的9.73%~20.62%；而在籽粒中的分配率由开花期至子实期的15.18%~18.24%开始逐渐增大，到成熟期达到最大，为28.76%~38.54%。

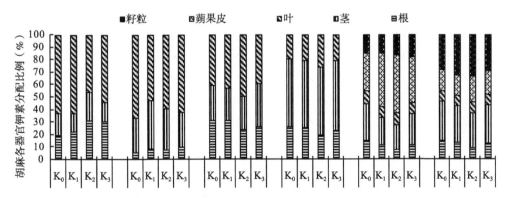

图4-16 胡麻主要生育阶段各器官钾素分配比例（2011）

Fig. 4-16 Potassium distribution proportion in different organs at the main growth stages of oil flax（2011）

现蕾期后，胡麻开始营养生长与生殖生长并进阶级，需要吸收大量养分满足生长。因此，从现蕾期开始根、茎、叶器官之间钾素分配趋于均衡，且其钾素积累高峰因施钾量的不同而出现在不同的生育阶段。各处理间比较，中钾处理下胡麻根、茎和叶中钾素的分配率较低，而籽粒中钾素的分配率较高，较不施钾、低钾和高钾处理下的钾素在籽粒中的分配比率在成熟期的增幅分别为16.57%~31.20%、1.08%~26.80%和0.46%~13.93%。开花期以后，随着蒴果皮和籽粒中钾素积累量的增加，分配到营养器官中的钾素逐渐减少，开花至子实期蒴果皮中钾素的积累量较籽粒中大，而成熟期分配到蒴果皮中的钾素明显减少，籽粒中的钾素分配量达到最大。

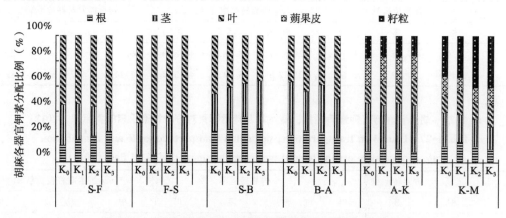

图 4-17　胡麻主要生育阶段各器官钾素分配比例（2012）

Fig. 4-17　Potassium distribution proportion in different organs at the main growth stages of oil flax（2012）

4. 不同施钾水平对胡麻籽粒产量及其构成因素的影响

由表 4-28 可见，不同施钾处理对胡麻籽粒产量及其构成因素影响较大。各处理下，单株蒴果数由多到少的排序依次为：$K_2>K_3>K_1>K_0$，其中：K_2 处理单株有效果数达到 16.70 个，显著高于其他处理 0.06%~12.79%（$P<0.05$），与 K_0 处理差异显著。千粒重和单株籽粒产量从大到小的排序同单株有效蒴果数，K_2 处理分别高于其他处理 0.17%~11.57% 和 2.50%~38.98%（$P<0.05$）。每果粒数从大到小的排序依次为 $K_2>K_1>K_3>K_0$，且 K_2 处理较其他处理最大高出 7.03%。K_0、K_1、K_3 各处理单株蒴果数、每果粒数、千粒重均小于 K_2 处理，其库容量小，单株籽粒产量显著小于 K_2 处理。

表 4-28　施钾对胡麻籽粒产量及其构成因素的影响

Tab. 4-28　Effects of potassium-fertilizer application on seed yield and its components in oil flax

年份	处理	单株有效果数（个）	每果粒数（粒）	千粒重（g）	单株籽粒产量（g）	籽粒产量（kg·hm⁻²）	增产（%）
2011	K_0	15.20 b	8.33 b	5.31 b	0.68 c	1 861.50 b	—
	K_1	16.83 a	8.63 a	5.39 b	0.78 b	2 141.50 ab	14.90 b
	K_2	16.93 a	8.67 a	5.88 a	0.87 a	2 416.50 a	30.11 a
	K_3	16.92 a	8.13 c	5.87 a	0.82 a	2 293.00 a	23.13 ab
2012	K_0	15.01 b	8.10 b	5.27 b	0.59 B	1 159.50 C	—
	K_1	16.22 ab	8.26 ab	5.31 b	0.66 ab	1 433.50 ab	24.12 a
	K_2	16.47 a	8.45 a	5.56 a	0.75 a	1 502.50 a	29.93 a
	K_3	16.35 a	8.19 b	5.40 ab	0.70 a	1 338.00 b	15.65 b

注：同一年份的同列数据后不同字母者表示 $P<0.05$ 水平上差异显著。

施用钾肥可显著增加胡麻籽粒产量，各施钾处理间产量差异不显著（表 4-28）。低、中和高施钾量与对照比较，籽粒产量分别增产 14.90%~24.12%、29.93%~30.11% 和 15.65%~23.13%。当施肥量由 18.75 kg·hm⁻² 增加到 37.5 kg·hm⁻² 时，施肥量增加了 100%，而产量增加了 29.93%~30.11%；施肥量由 37.5 kg·hm⁻² 增加到 56.25 kg·hm⁻² 时，施肥量增加了 50%，而产量增加了 15.65%~23.13%，钾肥的增加量远远超过产量的增加量。不同年际间比较，各处理下 2012 年胡麻籽粒产量较 2011 年明显降低，降幅达 33.06%~41.64%，其中高钾处理减产幅度最大，达 41.66%，这可能是由于不同年份的气候环境和作物生长状况等因素的不同所致。

5. 讨论与结论

本研究表明，不同施钾量影响胡麻各生育阶段钾素养分积累，但变化趋势基本一致。枞形期，因胡麻经历较长时间缓慢生长阶段,限制了养分的吸收,钾素积累量最少,全株钾素平均积累量占整个生育期的 2.69%~7.69%。分茎期前,钾素积累主要集中在叶片,分茎至开花期集于叶和茎,子实到成熟期籽粒的钾积累量迅速上升,但茎秆中的钾含量仍然很大。养分的吸收、同化与转运直接影响着作物的生长发育,从而影响产量。研究表明,因作物不同,其转运器官各有差异。小麦(沈学善等,2012)钾素养分转运器官为叶片、茎秆和颖壳,玉米(李文娟等,2009)钾素养分转运器官为叶片。而本研究表明,根、茎和叶都是胡麻钾营养转运的主要器官,较不施钾处理,根、茎、叶钾素转运量在低钾、中钾与高钾处理下均不同程度的增加,表明施钾促进了营养器官贮藏钾素向籽粒转运。不同施钾处理间比较,中钾处理下根、茎和叶钾素转运量较低钾处理分别增加 19.28%~21.31%、26.34%~53.36%和 15.87%~56.32%,较高钾处理分别增加 -0.16%~70.11%、-4.98%~68.48%和 7.35%~45.71%,表明中钾处理有利于提高营养器官所积累钾素向籽粒的转运量,这可能是由于胡麻群体从开花到成熟阶段随钾肥用量增大,吸钾数量和强度在减少,但由于“库”的需求拉力和钾移动性强的原因,植株就会更多地动用根、茎和叶中储存的钾素来满足籽粒充实的生理代谢。根、茎和叶等营养器官对籽粒钾素的贡献率分别为 6.71%~14.12%、11.24%~23.97%和 17.26%~50.83%,可见叶对胡麻籽粒钾素积累的贡献较根和茎大。

大田作物的生长受降水、气温、生长环境等的影响较大,本研究中各处理 2012 年胡麻籽粒产量较 2011 年明显降低,降幅达 33.06%~41.64%。究其原因,主要是由于作为喜冷凉长日照作物,胡麻具有较强的耐寒力,且种子发育需低温春化作用,以延缓其内部脂肪的消耗。而张家口市气候资料显示,2012 年 3—4 月的日平均气温较 2011 年高出 1.31℃,极不利于胡麻春化作用,致使地上部分生长过快,植株扎根不深,易引起受旱减产。同时,现蕾期至开花期是胡麻生长最旺盛、耗水量最多的关键时期。正值胡麻现蕾期前后的 6 月份,2012 年试验区降水较 2011 年减少 20.40 mm,形成“卡脖旱”,导致植株矮小、分枝少,造成蒴果少、结粒率下降。而到 9 月份的胡麻收获期,较 2011 年,降水量却高出 58.40 mm,造成胡麻贪青晚熟,从而影响产量。

适宜的钾肥施用量能够提高胡麻籽粒产量,有效防止钾肥损失以及避免因施钾过量而带来的环境问题。低、中和高施钾量与对照比较,籽粒产量分别增产 14.90%~24.12%、29.93%~30.11%和 15.65%~23.13%,中钾处理增产幅度最大,高钾处理反而有所降低,因此,生产上要注重钾肥的适量施用。开花期是胡麻钾素营养转运分配的关键时期。根、茎和叶是钾素营养转运的主要器官,叶的转运率最大。不同施钾水平下,胡麻钾素营养转运分配存在差异,其中,中钾处理下各器官转运分配能力强,尤其是茎和叶钾素合成和积累较多。结合胡麻钾素积累、转运与分配规律以及籽粒产量,综合考虑研究区域的生态环境、土壤肥力及品种特性的差异,在本试验区同等肥力土壤条件下,胡麻的钾肥适宜用量为 37.5 kg $K_2O \cdot hm^{-2}$。

(二) 供钾水平对胡麻花后干物质转运分配及钾肥利用效率的影响

1. 供钾水平对胡麻花后干物质积累的影响

胡麻花后单株干物质积累量不受供钾影响均呈现先升后降的变化趋势,现蕾至子实期干物质增加速度较快,之后略有下降(图 4-18、图 4-19)。处理间比较,K_2 处理的干物质积累量分别高出 K_0、K_1、K_3 处理 10.41%~42.93%、8.24%~35.78%、7.34%~31.71%($P<0.05$,下同)。施钾可以显著增加胡麻花后干物质积累量。胡麻花后干物质的积累量在开花初期增重较慢,到盛期快速增加,子实期后增重较平稳。其中现蕾期 K_0 处理与其他各处理间差异显著,K_1、K_2、K_3 处理分别较 K_0 处理增重 18.09%~36.22%、23.54%~42.91%和 20.38%~43.36%($P<0.05$);盛花期和子实期 K_2 处理干物质的积累量最高,分别高出 K_0 处理 1.21~1.96 倍和 0.87~1.35 倍;成熟期各处理间差异不显著,干物质积累量的大小依次为 $K_2>K_3>K_1>K_0$。

2012 年胡麻干物质积累量较 2011 年均有所增加,K_0、K_1、K_2、K_3 处理较 2011 年分别增重 3.52%~11.14%、9.83%~14.37%、7.52%~13.95%、6.27%~12.42%($P<0.05$),2012 年各处理干物质积累量平均高出 2011 年 1.61~1.72 倍。

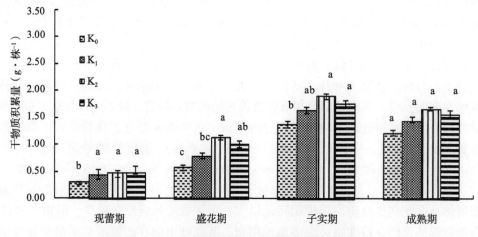

图 4-18　不同处理胡麻单株干物质积累动态（2011）

Fig. 4-18　The dynamics of dry matter accumulation per plant of different treatments of oil flax（2011）

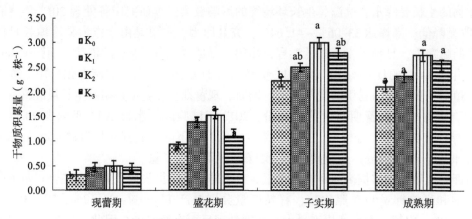

图 4-19　不同处理胡麻单株干物质积累动态（2012）

Fig. 4-19　The dynamics of dry matter accumulation per plant of different treatments of oil flax（2012）

2. 供钾水平对胡麻各器官干物质积累的影响

由图 4-20 可知，随着胡麻花后生长进程的推进，茎、果实、全株干物质的积累量均呈"先增后减"的趋势，而叶片干物质积累量持续下降，表明在花后植株积累的同化物从源端向库端转运，并于盛花至子实期达到峰值，之后有所下降。试验区两年的研究结果基本一致，各试验处理下胡麻茎部积累的干物质在盛花期比成熟期分别高出 31.24%～43.42%、15.76%～24.64%、11.58%～22.25%、16.32%～23.48%；盛花期各处理胡麻全株干物质的积累量达到整个生育期的峰值，K_2 处理最高达每株 1.08～1.58 g；单株胡麻现蕾期、盛花期茎部积累的干物质分别为 0.24～0.29 g、0.62～0.72 g，而同期根部仅为 0.02～0.07 g、0.10～0.15 g。两年的试验结果均表明，各器官的干物质主要积累在叶、茎部，分别占全株干物质积累量的 29.85%～37.24%、32.11%～56.78%。

3. 供钾水平对胡麻各器官干物质分配的影响

花后胡麻干物质在各器官的分配比例随生长中心的转变而变化（表 4-29、表 4-30）。开花初期叶和茎是植株的生长中心，在现蕾期至盛花期，各处理胡麻植株叶和茎干重占全株地上部总干重的 21.21%～31.40% 和 56.59%～72.76%。现蕾期茎积累的干物质各处理差异显著，K_1、K_2、K_3 处理分别高出 K_0 处理 38.54%～76.13%、22.48%～47.84%、31.73%～42.87%（$P < 0.05$）。进入盛花期后，植株的生长中心逐渐转向生殖器官，茎、叶干物质分配比例逐渐下降的同时，果实和籽粒的干物质分配比例不断增大，成熟期各处理根、叶、茎、籽粒积累干物质均差异显著，K_0、K_1、K_2、K_3 处理单

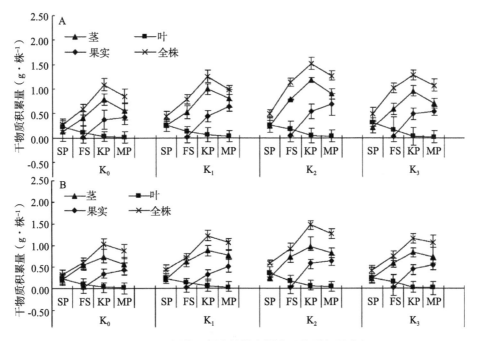

图4-20 不同处理胡麻植株各器官干物质积累动态

Fig 4-20 The dynamics of dry matter accumulation in organs of different treatments of oil flax

株胡麻籽粒上积累的干物质量依次为0.14~0.26 g、0.25~0.43 g、0.37~0.54 g、0.24~0.52 g，表明施钾有利于胡麻籽粒干物质的积累，但过量会导致籽粒产量下降。

现蕾期，干物质在叶中的分配率为23.12%~29.92%，在茎中的分配率为61.17%~72.76%，表明茎是胡麻植株花前干物质转运的"临时库"。随着籽粒灌浆的进行，各施钾处理下胡麻干物质在叶、茎中的分配率逐渐下降，在子实期分别下降到8.35%~14.09%和42.67%~49.33%。盛花期，胡麻植株中绝大多数同化物已从叶片转运到茎中贮藏，成熟期籽粒的分配率在15.26%~25.94%，表明在本试验条件下，成熟期光合同化物向籽粒中的转运率仍较低，促其从叶、茎向籽粒转移进而提高籽粒产量的潜力仍很大。

表4-29 不同供钾水平胡麻干物质在各器官中的分配比例（2011）

Tab. 4-29 Distribution of dry matter among organs in different potassium-fertilizer levels（2011）

器官	处理	花后主要生育期			
		现蕾期	盛花期	子实期	成熟期
叶	K_0	23.12a	21.21b	13.26a	13.89a
	K_1	25.03a	23.37ab	15.63a	12.26a
	K_2	29.92a	28.75a	14.09a	10.97b
	K_3	27.27a	26.51a	13.28a	12.82a
茎	K_0	72.76a	69.65a	48.12a	45.81a
	K_1	72.14a	62.41a	49.33a	49.76a
	K_2	70.71a	68.54a	42.67c	49.52a
	K_3	71.09a	68.51a	45.29b	47.21a

（续表）

器官	处理	花后主要生育期			
		现蕾期	盛花期	子实期	成熟期
果实	K_0	0.89c	23.41d	28.22a	
	K_1	1.23b	26.05c	32.78a	
	K_2	2.78a	35.01a	36.11a	
	K_3	1.64b	29.37b	32.83a	
籽粒	K_0		15.81c	19.46c	
	K_1		14.03c	22.54b	
	K_2		20.93b	25.94a	
	K_3		17.52b	22.61b	

表4-30　不同供钾水平胡麻干物质在各器官中的分配比例（2012）

Tab. 4-30　Distribution of dry matter among organs in different potassium-fertilizer levels（2012）

器官	处理	花后主要生育期			
		现蕾期	盛花期	子实期	成熟期
叶	K_0	26.21a	27.34a	11.47a	10.13a
	K_1	27.24a	28.50a	10.56a	10.18a
	K_2	29.18a	31.40a	8.35b	8.16b
	K_3	28.23a	28.44a	10.52a	9.38a
茎	K_0	61.17a	63.49a	44.76b	41.75a
	K_1	64.14a	64.81a	45.60b	41.89a
	K_2	66.16a	56.59b	49.00a	42.15a
	K_3	64.23a	65.54a	43.62b	39.48b
果实	K_0	—	0.59b	21.45b	21.28b
	K_1	—	1.03a	21.57b	22.36b
	K_2	—	1.18a	23.48a	25.35a
	K_3	—	1.24a	20.59c	22.41b
籽粒	K_0	—	—	14.55c	15.26c
	K_1	—	—	16.53b	16.43bc
	K_2	—	—	18.41a	19.52a
	K_3	—	—	17.44b	17.54b

4. 供钾水平对胡麻干物质转运的影响

开花后，胡麻叶、茎等营养器官中积累的干物质不同程度地向生殖器官转移（表4-31、表4-32）。其中，茎干物质输出最多，其转运量为0.24~0.29 g，移动率为21.36%~23.77%，转运率为11.23%~33.37%，移动率较叶高11.85%~27.23%，对籽粒的贡献最大。K_2水平叶的转运量为0.10~0.14 g，分别高出K_0、K_1和K_3水平13.15%~36.30%、11.22%~30.81%和10.41%~29.20%（$P<0.05$）。茎秆、果皮在绿色时，也具有合成和积累同化产物的能力，并随着籽粒的灌浆逐渐将其所储备的部分同化物转移到籽粒中。K_1、K_2和K_3处理单株胡麻果皮干物质转运量每株分别为0.02~

0.04 g、0.02~0.07 g 和 0.02~0.04 g，分别高出 K_0 水平 4.37%~9.10%、3.78%~8.51% 和 2.07%~10.99%（$P<0.05$）；K_2 水平果皮的转运量为 0.07~0.22 g，移动率为 16.78%~19.76%，转运率为 8.51%~22.37%（$P<0.05$）。说明施钾可以不同程度的促进各器官干物质向籽粒的转运。

表 4-31 不同供钾水平胡麻各器官干物质的转运状况（2011）
Tab. 4-31 Transportation of dry matter among organs in different potassium-fertilizer levels（2011）

器官	处理	最大干重（g·株$^{-1}$）	成熟干重（g·株$^{-1}$）	转运量（g·株$^{-1}$）	移动率（%）	转运率（%）
叶	K_0	0.16±0.04c	0.15±0.03b	0.01±0.01b	7.76±2.26b	2.70±0.53c
	K_1	0.25±0.03b	0.23±0.04a	0.02±0.01b	7.34±3.83b	3.19±0.97c
	K_2	0.40±0.01a	0.26±0.03a	0.14±0.04a	35.54±8.61a	15.97±5.03a
	K_3	0.31±0.06b	0.24±0.06a	0.06±0.05b	21.09±13.64ab	10.06±2.15b
茎	K_0	0.65±0.12c	0.55±0.14a	0.10±0.07a	15.46±9.40b	11.23±3.58a
	K_1	1.09±0.24ab	0.80±0.11a	0.29±0.14a	25.61±8.10a	18.67±8.30a
	K_2	1.34±0.47a	1.10±0.63a	0.24±0.17a	21.36±16.38a	12.48±7.87a
	K_3	0.87±0.12ab	0.77±0.17a	0.10±0.07a	12.15±7.95b	11.30±7.47a
果皮	K_0	0.92±0.05a	0.89±0.04a	0.04±0.02b	3.81±2.02bc	6.46±2.58b
	K_1	0.89±0.13a	0.79±0.17a	0.10±0.09b	12.09±9.37a	15.18±9.01ab
	K_2	1.36±0.64a	1.15±0.72a	0.22±0.08a	19.76±13.19a	22.37±11.52a
	K_3	1.15±0.36a	1.07±0.36a	0.07±0.01b	7.00±3.11b	10.22±4.81ab

表 4-32 不同供钾水平胡麻各器官干物质的转运状况（2012）
Tab. 4-32 Transportation of dry matter among organs in different potassium-fertilizer levels（2012）

器官	处理	最大干重（g·株$^{-1}$）	成熟干重（g·株$^{-1}$）	转运量（g·株$^{-1}$）	移动率（%）	转运率（%）
叶	K_0	0.48±0.19a	0.42±0.17a	0.06±0.03a	13.56±7.06ab	7.45±4.36a
	K_1	0.56±0.20a	0.53±0.19a	0.04±0.01a	6.35±1.13b	3.96±1.23a
	K_2	0.36±0.06a	0.26±0.06a	0.10±0.02a	27.97±5.02a	12.21±0.96a
	K_3	0.59±0.25a	0.51±0.25a	0.08±0.06a	14.19±12.26ab	11.96±9.79a
茎	K_0	0.86±0.12b	0.67±0.12b	0.19±0.01a	12.14±3.54a	22.82±1.37a
	K_1	1.17±0.08ab	0.89±0.14b	0.27±0.07a	18.95±6.98a	30.69±6.91a
	K_2	1.00±0.28b	0.82±0.25b	0.29±0.03a	23.77±2.37a	33.37±2.50a
	K_3	1.62±0.46a	1.38±0.38a	0.24±0.13a	22.46±6.30a	35.26±23.99a
果皮	K_0	0.39±0.05a	0.34±0.04a	0.03±0.03a	9.53±5.46ab	5.21±2.82a
	K_1	0.49±0.03a	0.44±0.03a	0.04±0.01a	12.51±2.45ab	5.85±1.49a
	K_2	0.44±0.15a	0.37±0.16a	0.07±0.01a	16.78±6.16a	8.51±1.32a
	K_3	0.52±0.08a	0.49±0.08a	0.04±0.01a	13.60±0.95b	6.99±1.51a

5. 供钾水平对胡麻籽粒产量构成因素及钾肥利用效率的影响

由表 4-33 可知，不同施钾处理对胡麻籽粒产量构成因素影响较大。各处理单株蒴果数从大到小的排序依次为：$K_2>K_3>K_1>K_0$，其中：K_2 处理单株有效果数达到 16.70 个，显著高于其他处理 0.06%~12.79%（$P<0.01$），与 K_0 处理差异显著；千粒重和单株籽粒产量从大到小的排序同单株有效果数，K_2 处理分别高于其他处理 0.17%~11.57% 和 2.50%~38.98%（$P<0.01$）；每果粒数从大到小的排序依次为 $K_2>K_1>K_3>K_0$，且 K_2 处理较其他处理最大高出 7.03%。K_0、K_1、K_3 各处理单株蒴果数、每果粒数、千粒重均小于 K_2 处理，其库容量小，单株籽粒产量显著小于 K_2 处理。

表4-33 施钾对胡麻籽粒产量构成因素的影响

Tab. 4-33 Effects of potassium-fertilizer application on seed yield and its components of oil flax

年份	处理	单株有效果数（个）	每果粒数（粒）	千粒重（g）	单株籽粒产量（g）
2011	K_0	15.20b	8.33b	5.31b	0.68c
	K_1	16.83a	8.63a	5.39b	0.78b
	K_2	16.93a	8.67a	5.88a	0.87a
	K_3	16.92a	8.13c	5.87a	0.82a
2012	K_0	15.01b	8.13b	5.27b	0.59b
	K_1	16.22ab	8.26ab	5.31b	0.66ab
	K_2	16.47a	8.45a	5.56a	0.75a
	K_3	16.35a	8.19b	5.40ab	0.70a

施用钾肥可显著增加胡麻的籽粒产量，各施钾处理间产量差异显著（表4-34）。低、中、高施钾量与对照比较，2011年和2012年籽粒产量增产率分别为14.90%~30.11%、15.65%~29.93%。当施肥量由18.75 kg·hm^{-2}增加到37.5 kg·hm^{-2}时，施肥量增加了100%，产量增加了29.93%~30.11%；施肥量由37.5 kg·hm^{-2}增加到56.25 kg·hm^{-2}时，施肥量增加了50%，产量增加了15.65%~23.13%，钾肥的增加量远远超过产量的增加量。各施钾处理钾肥农学利用率从高到低排序依次为$K_2 > K_1 > K_3$，K_2处理的钾肥农学利用率比K_1、K_3处理分别显著提高了3.28%~17.38%、81.51%~92.70%（$P<0.05$）；施钾处理钾肥偏生产力和钾肥吸收利用率从高到低排序依次为$K_2 > K_1 > K_3$，随施钾量的增加，钾肥偏生产力和钾肥吸收利用率在增加，施钾量37.5 kg·hm^{-2}时达最高，随后下降。结果说明随施钾量的增加钾肥的增产效应先增加而后下降，即中钾水平的增产效果最优。

表4-34 施钾对胡麻籽粒产量与钾肥利用效率的影响

Tab. 4-34 Effects of potassium-fertilizer application on yield and potassium-fertilizer utilization efficiency of oil flax

年份	处理	籽粒产量（kg·hm^{-1}）	增产率（%）	钾肥农学利用率（kg·kg^{-1}）	钾肥偏生产力（kg·kg^{-1}）	钾肥吸收利用率（kg·kg^{-1}）
2011	K_0	1 861.50b	—	—	—	—
	K_1	2 141.50ab	14.90b	14.33a	54.21b	50.67b
	K_2	2 416.50a	30.11a	14.80a	64.44a	65.21a
	K_3	2 293.00a	23.13ab	7.68b	40.77c	39.45c
2012	K_0	1 159.50c	—	—	—	—
	K_1	1 433.50ab	24.12a	14.61ab	36.45b	50.35b
	K_2	1 502.50a	29.93a	17.15a	41.16a	61.49a
	K_3	1 338.00b	15.65b	3.17b	23.79c	21.33c

6. 讨论与结论

本研究表明，不同施钾水平下胡麻各生育期单株干物质总积累量呈"先升后降"的变化趋势，且在中钾水平下干物质总积累量最大，较不施钾、低钾和高钾处理分别高出10.41%~42.93%、8.24%~35.78%和7.34%~31.71%。茎和叶是干物质积累的主要器官，分别占全株干物质总量的29.85%~37.24%、32.11%~56.78%。这与前人的结论相一致。在各施钾处理下，2012年胡麻干物质积累量较2011年均有所增加，K_0、K_1、K_2、K_3处理较2011年分别增重3.52%~11.14%、9.83%~14.37%、7.52%~13.95%、6.27%~12.42%。但各处理下2012年胡麻籽粒产量较2011年明显降低，降幅达33.06%~41.64%，其中高钾处理减产幅度最大，达41.65%，低钾处理减产幅度最小，为 33.06%。究其原因，一方面是由于不同年份气候差异所致，2011 年张家口市年平均气温 6.5 ℃，比常年偏高 0.3 ℃，年平均降水量 320.90 mm，比往年偏少 19%，而 2012 年全市降水量创 9 年来最高纪录，雨热同季，有利于生物量的形成。另一方面可能是由于钾肥的后效作用。关于肥料的后效作用学术界目前仍存在争议，前人研究表明：磷肥对玉米增收的后效作用在 2~3 年后即达到最高；有机肥残留养分的后效作用至少在 3 年以上才有所体现；油菜施硼后的第 3 季具有后效作用，但增产效果并不显著。我国钾肥利用率仅为 30%~35%，钾对胡麻产量的后效作用可能与环境条件如降水、土壤物理性状、温度、光照有关，究其深入原因，还需进一步探讨。营养器官干物质积累、分配与转移量决定作物籽粒产量。而花后营养器官的同化产物在籽粒产量中所占的比例，能测度花后"源"的供应能力和同化产物的运输状况。本研究表明，胡麻盛花期至子实期是籽粒产量形成的关键时期，叶片与茎秆是向籽粒（库）提供同化物的主要"源"。现蕾期，干物质在叶、茎部的分配率分别为 23.12%~29.92% 和 61.17%~72.76%；子实期，分别下降到 8.35%~14.09% 和 42.67%~49.33%，转运到籽粒中的干物质量为全株的 4.11%~15.58%。籽粒产量的形成是在特定栽培措施下，源、库相互作用、相互制约的结果，协调好"源""库"关系，促进物质向库器官分配是提高产量的关键。各器官中，主茎干物质输出最多，转运率高达 11.23%~33.37%，叶片次之。各处理花后茎秆的干物质分配率随着生育进程呈下降趋势，表明在灌浆过程中茎中贮藏的同化物逐渐向籽粒库转运。籽粒积累的干物质在整个灌浆过程中呈增加趋势，说明在盛花期后籽粒是活性最大的库。玉米在小喇叭口期以前干物质主要分配在叶片，之后，茎、叶、鞘的干物质转移与分配是玉米籽粒产量形成的重要因素。

通过肥料的合理配施达到养分之间的平衡是实现资源高效、作物高产及环境风险规避的重要途径。不平衡的养分投入是导致中国化肥低效和严重环境问题的主要诱因。李新旺等研究认为，长期合理配施氮、磷、钾能全面提高土壤氮、磷、钾含量和作物产量。本研究表明，在氮、磷肥施用量最佳的条件下，不合理的施钾均不同程度地导致胡麻部分花蕾因得不到充足的营养而脱落，单株蒴果数减少，使同化物较多地分配和滞留在营养器官上，造成营养的无谓浪费。本试验中，K_0、K_1、K_3 各处理单株蒴果数、每果粒数、千粒重均小于 K_2 处理，其库容量小，籽粒产量显著小于 K_2 处理，且 K_2 处理下施用钾肥的效果最优，转化为经济产量的能力最强。K_3 处理显著降低了钾肥农学利用率、钾肥偏生产力和钾肥吸收利用率，K_2 处理的钾肥农学利用率、钾肥偏生产力和钾肥吸收利用率最高，分别为 14.80~17.15 kg·kg⁻¹、41.16~64.44 kg·kg⁻¹ 和 61.49~65.21 kg·kg⁻¹，说明钾肥增产效应随施钾量的升高而先升高后降低，中钾水平对胡麻的增产效应最大。因此，合理的钾肥施用量能够提高胡麻根系活力，促进胡麻对氮、磷的吸收和积累，促进同化物向生殖器官的转运与分配，有利于经济产量的形成。

盛花期至子实期是胡麻植株生物产量和籽粒"库"形成的关键时期，叶和茎是籽粒充实的主要源器官，对籽粒产量的贡献最大。不同施钾水平下胡麻干物质积累和转运存在着显著差异，其中，中钾处理下各器官干物质积累和转运能力强，尤其是茎干物质合成和积累较多，具有较充足的"源"，后期转运量和转运率高。因此，结合胡麻产量、钾肥农学利用率、钾肥偏生产力及钾肥吸收利用率，综合考虑研究区域的生态环境、土壤肥力及品种特性差异，在本试验区同等土壤肥力条件下，胡麻的钾肥适宜用量为 K_2（37.5 kg·hm⁻²）处理。

第二节　胡麻碳氮代谢特征

碳与氮是作物体内两大重要元素，碳、氮代谢是植物体内主要的两大代谢，对于作物的生长发育尤为重要，二者既相互促进又相互制约，氮代谢为合成蛋白质与核酸等重要生命物质提供氮源；碳代谢主要为细胞的新陈代谢提供碳骨架与能量，同时碳代谢与氮代谢会竞争同化力和光合碳代谢反应的中间产物，对于多种作物来说，只有协调好碳氮代谢之间的平衡才能得到优质高产的目的作物。

一、胡麻光合面积和叶绿素含量的变化及其与产量的关系

（一）氮磷配施下胡麻茎、叶中叶绿素含量的变化

植物体内的叶绿素主要分布在茎和叶中，叶绿素含量的高低决定植物的光合能力，叶绿素含量越稳定越有利于光合作用。氮磷配施下胡麻茎、叶中叶绿素含量如图 4-21 所示，随生育时期均呈"单峰"变化，在盛花期达最大，叶片中叶绿素的含量约为茎中的 3 倍。叶中叶绿素的含量在苗期随施氮量的增加而提高，随施磷量的增加先升高后降低，氮磷配施时各处理叶绿素的含量在苗期为 1.67~2.52 mg·g^{-1}，N_2P_2 最大，N_0P_2 最小，除 N_0P_1 外，其余处理比不施肥（N_0P_0）提高 1.31%~50.32%；现蕾期叶绿素总的变化趋势同苗期，各处理叶绿素的含量为 2.11~3.07 mg·g^{-1}，N_2P_2 最大，N_0P_0 最小，各施肥处理比不施肥提高 5.17%~45.03%；盛花期叶绿素总的变化趋势也同苗期，各处理叶绿素的含量为 2.16~3.09 mg·g^{-1}，N_2P_2 最大，N_0P_0 最小，各施肥处理比不施肥提高 4.87%~43.09%，现蕾期到盛花期各处理叶中叶绿素含量变化不显著；子实期氮磷对叶中叶绿素含量的影响不确定，各处理叶绿素的含量为 0.76~1.30 mg·g^{-1}，N_2P_0 最大，N_2P_1 最小，各施肥处理比不施肥提高 8.35%~68.48%。

茎中叶绿素的含量各个时期随氮磷施用量的增加而提高，氮磷配施时，现蕾期与盛花期在低氮（75 kg·hm^{-2}）水平下随施磷量降低，其中苗期为 0.54~0.69 mg·g^{-1}，N_2P_2 最大，各处理比不施肥提高 2.53%~25.55%；现蕾期为 0.59~0.72 mg·g^{-1}，N_2P_2 最大，各施肥处理比不施肥提高 1.13%~22.45%，苗期到现蕾期各处理茎中叶绿素含量变化不明显；盛花期为 0.62~0.87 mg·g^{-1}，N_2P_2 最大，各施肥处理比不施肥提高 1.80%~40.47%；子实期为 0.28~39.80 mg·g^{-1}，N_2P_2 最大，各处理比不施肥提高 3.81%~39.26%。

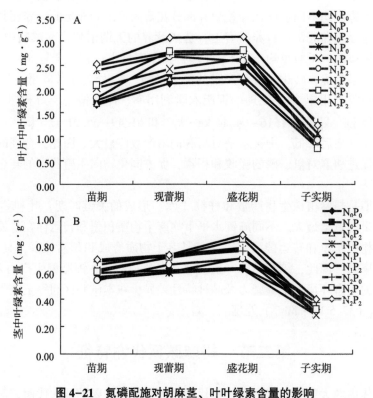

图 4-21 氮磷配施对胡麻茎、叶叶绿素含量的影响

Fig. 4-21 Effect of leaf and stem chlorophyll content of oil flax under nitrogen combined and phosphorus

可见，高氮（150 kg·hm⁻²）和高磷（150 kg·hm⁻²）配施茎、叶中叶绿素含量在整个生育期内基本均最大，即最有利于茎、叶中叶绿素的积累。单施高氮有利于胡麻茎、叶中叶绿素的积累，施氮（单施或与磷配施）有利于叶绿素含量的提高，且低氮（75 kg·hm⁻²）比高氮有利；施磷有利于胡麻茎、叶中叶绿素的积累，高磷利于茎中叶绿素含量的提高，低磷（75 kg·hm⁻²）有利于叶中叶绿素含量的提高；从苗期—子实期，茎、叶中叶绿素的含量各配施处理基本均大于不施肥，高氮和低磷有利于叶和结实前茎中叶绿素的积累，低氮高磷有利叶和开花后茎中叶绿素的积累，较低水平的氮或磷配施更利于茎中叶绿素含量提高，较高水平的氮或磷配施更利于叶中叶绿素含量的提高。成熟期茎、叶中叶绿素大量分解，含量很低，且对植株的生长发育意义不大。

（二）氮磷配施下单株叶面积的变化

胡麻单株叶面积随生育进程呈先升后降的"单峰"曲线变化趋势（图4-22），且各处理叶面积都在盛花期达最大，盛花期植株的生长基本停止，较大的叶面积是强同化能力的标志之一，是给灌浆提供旺盛同化物运输的必要保证。不同的生育时期不同施肥处理的单株叶面积不同，其中，苗期各处理叶面积为37.50~44.43 cm²·株⁻¹，N₂P₂最大，N₂P₁、N₂P₁和N₁P₁次之，均显著高于其他处理，N₁P₂最小；现蕾期叶面积随施肥量的增加而提高，且施氮比施磷处理提高得快，各施肥处理叶面积为94.84~126.66 cm²·株⁻¹，比不施肥（N₀P₀）提高20.08%~60.36%，N₂P₂最大；盛花期叶面积随氮量的增加而提高，即N₂>N₁>N₀，随施磷量的增加先降低后提高，各处理叶面积为133.96~180.98 cm²·株⁻¹，N₂P₀最大，N₁P₀次之，各处理均比不施肥显著提高；子实期叶面积随施氮量的增加而提高，随施磷量的增加而降低，各处理叶面积为68.84~113.04 cm²·株⁻¹，N₂P₀、N₁P₀和N₂P₁比不施肥显著提高。

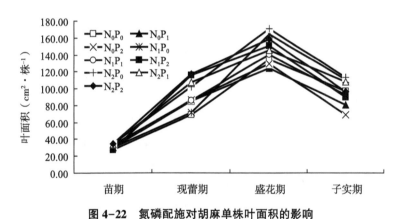

图4-22　氮磷配施对胡麻单株叶面积的影响
Fig. 4-22　Effects of per plant leaf area of oil flax under nitrogen combined and phosphorus

（三）氮磷配施下叶绿素含量和叶面积与产量性状的相关性分析

叶绿素含量和叶面积的大小在胡麻产量形成过程中起至关重要的作用，它们与产量及其构成因子的关系可通过相关性分析进行说明。由表4-35可见，叶绿素含量和叶面积与产量及其构成因子均呈正相关。氮磷配施下叶中叶绿素含量与单个蒴果重的相关性最好，在苗期、现蕾期和盛花期均呈极显著（P<0.01，下同）相关，相关系数分别为0.865 0**、0.937 3**、0.953 3**，可分别用拟合方程Y=7.349 8+16.451 7X，Y=-8.569 1+19.361 8X，Y=-14.824 7+21.368 4X对单果重和叶绿素含量的关系进行很好的描述；现蕾期和盛花期叶中叶绿素含量与产量构成因子的相关性比其他时期好，盛花期最好，叶中叶绿素含量与千粒重和产量相关不显著。氮磷配施下茎中叶绿素含量与所有产量构成因子在盛花期显著相关，相关系数分别为0.773 2*、0.835 0**、0.684 9*、0.823 5**、0.846 9**，相关性可分别用拟合方程Y=-14.926 7+49.802 4X、Y=4.394 4+4.911 2X、Y=3.172 1+51.258 9X、Y=-0.524 765+1.897 3X、Y=5.826 7+1.817 2X进行较好的描述；与有效蒴果数和单果籽粒数在现

蕾期也显著相关，相关系数分别为 0.750 8*、0.705 8*，相关性可分别用拟合方程 $Y=-27.871 8+74.653 8X$、$Y=3.753 4+6.408 7X$ 进行较好的描述。

叶面积与有效蒴果数、单株产量、千粒重和产量的相关性在现蕾期最好，相关系数分别为 0.915 1**、0.798 6**、0.722 4*、0.977 0**，与单个蒴果重的相关性在盛花期最好，相关系数为 0.821 0**，单果籽粒数与叶面积的相关性在各个时期均不显著，且相关性随生育时期变弱；叶面积与有效蒴果数、单个蒴果重、单株产量、千粒重和产量的相关性可分别用拟合方程 $Y=-4.706 9+0.285 591X$、$Y=-7.235 6+0.329 660X$、$Y=0.047 673+0.008 917X$、$Y=6.470 2+0.007 515X$ 和 $Y=839.481 6+10.059 5X$ 进行较好的描述。

表 4-35　光合指标与产量构成因子的关系

Tab. 4-35　The correlation among photosynthesis index and yield components

项目		有效蒴果数（个）	单果籽粒数（粒）	单个蒴果重（mg）	单株产量（g）	千粒重（g）	产量（kg·hm⁻²）
茎中叶绿素含量（mg·g⁻¹）	S	0.469	0.498 1	0.396 1	0.482 3	0.369 7	0.297 9
	B	0.750 8*	0.705 8*	0.462 1	0.61	0.628 4	0.587
	A	0.773 2*	0.835 0**	0.684 9*	0.823 5**	0.846 9**	0.539 1
	K	0.488 5	0.286 6	0.629 5	0.431 4	0.201 5	0.491 9
叶中叶绿素含量（mg·g⁻¹）	S	0.478 6	0.515 7	0.865 0**	0.456 2	0.318 8	0.219 6
	B	0.757 0*	0.653 9	0.937 3**	0.754 5*	0.649 7	0.620 8
	A	0.746 4*	0.713 1*	0.953 3**	0.727 7*	0.645 6	0.544 9
	K	0.369 7	0.308 4	0.639 6	0.238 7	0.048 2	0.262 5
单株叶面积（cm²）	S	0.592 3	0.624 7	0.660 9	0.552	0.476 4	0.298 7
	B	0.915 1**	0.555 4	0.627	0.798 6**	0.722 4*	0.977 0**
	A	0.466 9	0.369 2	0.821 0**	0.297 3	0.174 5	0.286 1
	K	0.208 1	0.041 7	0.623 1	0.166 6	0.021 3	0.016

注：S—苗期；B—现蕾期；A—盛花期；K—子实期；*和**分别表示在 5%和 1%水平上显著。下同。

可见，单个蒴果重与结实前叶中叶绿素含量密切相关，现蕾期和盛花期叶中叶绿素的含量可以作为反应产量形成情况的指标。叶中叶绿素含量对产量的影响在现蕾期和盛花期最关键，通过改善氮磷配施方式提高现蕾期和盛花期叶中叶绿素含量来进一步提高产量是可行的。有效蒴果数、单株产量、千粒重与现蕾期叶面积大小密切相关，单个蒴果重与盛花期叶面积大小密切相关，单果籽粒数与叶面积关系不大。叶面积大小既可以通过影响产量构成因子间接影响胡麻的产量，也可以直接显著的影响产量的高低，即可通过改善氮磷配施方式提高叶面积进一步提高胡麻产量。

二、氮磷配施下茎、叶中蔗糖含量及其与产量的关系

（一）氮磷配施下茎、叶中蔗糖含量的变化

如图 4-23 所示，单施氮时，茎中蔗糖含量在苗期和成熟期 $N_1>N_2>N_0$，N_1 分别为 18.96 mg·g⁻¹、13.86 mg·g⁻¹，比不施肥分别提高 51.22%、88.97%，在现蕾期—子实期 $N_2>N_1>N_0$，N_2 分别为 47.99 mg·g⁻¹、23.59 mg·g⁻¹、16.07 mg·g⁻¹，比不施肥分别提高 31.91%、31.56% 和 31.18%；叶中蔗糖含量在苗期—盛花期 $N_1>N_2>N_0$，N_1 分别为 11.96 mg·g⁻¹、17.00 mg·g⁻¹、14.86 mg·g⁻¹，比不施肥分别提高 5.08%、21.01%、12.74%，子实期 $N_2>N_0>N_1$，N_2 为 12.60 mg·g⁻¹，比不施肥分别提高 10.12%，成熟期 $N_2>N_1>N_0$，N_2 为 9.99 mg·g⁻¹，比不施肥提高 13.84%。单施磷时，茎中蔗糖含量在苗期表现为 $P_1>P_2>P_0$ 的变化趋势，P_1 最大，为 15.72 mg·g⁻¹，比不施肥

提高 25.38%，现蕾期—成熟期 $P_2>P_1>P_0$，P_2 分别为 47.61 mg·g^{-1}、23.30 mg·g^{-1}、16.82 mg·g^{-1} 和 11.57 mg·g^{-1}，比不施肥分别提高 30.86%、29.95%、37.32% 和 57.84%；叶中蔗糖含量在苗期表现为 $P_1>P_0>P_2$，P_1 为 15.72 mg·g^{-1}，比不施肥提高 4.07%，现蕾期—成熟期表现为 $P_1>P_2>P_0$，P_1 分别为 17.85 mg·g^{-1}、16.71 mg·g^{-1}、14.86 mg·g^{-1} 和 10.03 mg·g^{-1}，比不施肥分别提高 27.06%、26.79%、29.84% 和 14.29%。

氮磷配施时，茎中蔗糖含量在苗期 N_1P_2 最大，为 18.62 mg·g^{-1}，比不施肥提高 14.20%，在现蕾期—子实期 N_2P_2 最大，分别为 50.13 mg·g^{-1}、29.32 mg·g^{-1}、19.89 mg·g^{-1}，比不施肥分别提高 32.32%、63.50% 和 62.35%，在成熟期 N_1P_1 最大，为 12.71 mg·g^{-1}，比不施肥提高 73.40%；叶中蔗糖含量在苗期—成熟期均 N_2P_2 最大，分别为 13.84 mg·g^{-1}、22.73 mg·g^{-1}、21.34 mg·g^{-1}、16.82 mg·g^{-1}、12.09 mg·g^{-1}，比不施肥分别提高 21.58%、61.80%、61.92%、47.04% 和 37.68%。可见，茎中蔗糖含量在苗期和成熟期各处理中 N_1P_0 最大，在现蕾期—子实期各处理中 N_2P_2 最大；叶中蔗糖含量在苗期—成熟期各处理中均 N_2P_2 最大，其中苗期 N_1P_2、N_2P_1 和子实期 N_1P_0 比不施肥小。即 150 kg·hm^{-2} 氮和 150 kg·hm^{-2} 磷配施有利于茎和现蕾期—子实期叶中蔗糖的积累，单施 75 kg·hm^{-2} 氮利于苗期和成熟期叶中蔗糖的积累。

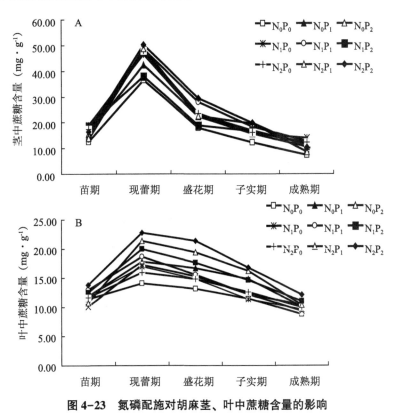

图 4-23 氮磷配施对胡麻茎、叶中蔗糖含量的影响

Fig. 4-23 Effect of leaf and stem sucrose content of oil flax under nitrogen combined and phosphorus

（二）氮磷配施下茎、叶蔗糖含量与产量性状相关性分析

不同氮磷配施水平下，茎、叶中蔗糖的含量与产量及其构成因子的关系如表 4-36 所示，茎中蔗糖的含量与产量及其构成因子基本呈正相关，其中与单果籽粒数在现蕾期和盛花期显著相关，在子实期极显著相关，相关系数 R 分别为 0.775 7*、0.745 5*、0.912 8**；与各产量构成因子在子实期呈显著或极显著相关，相关系数 R 分别为 0.815 3**、0.912 8**、0.688 4*、0.797 6*、0.878 7**。叶中蔗糖的含量与产量及其构成因子均呈正相关，在苗期相关不显著；在现蕾期与有效蒴果数、单果籽粒数和产量显著相关，与单株产量和千粒重极显著相关，相关系数 R 分别为 0.795 4*、0.765 6*、

0.746 1*、0.881 5**、0.934 3**；在盛花期与有效蒴果数和产量显著相关，与单株产量和千粒重极显著相关，相关系数 R 分别为 0.744 4*、0.743 4*、0.931 0**、0.899 0**；在子实期与千粒重和产量显著相关，与单株产量极显著相关，相关系数 R 分别为 0.753 3*、0.737 5*、0.844 4**；在成熟期与单果籽粒数、单果重和千粒重显著相关，与有效蒴果数、单株产量和产量极显著相关，相关系数 R 分别为 0.676 5*、0.755 6*、0.781 5*、0.855 5**、0.805 1**、0.830 1**。

表 4-36　蔗糖含量与产量构成因子的关系

Tab. 4-36　The correlation among sucrose content and yield components

项目		有效蒴果数	单果籽粒数	单个蒴果重（mg）	单株产量（g）	千粒重（g）	产量（kg·hm⁻²）
茎中蔗糖含量（mg·g⁻¹）	S	0.190 2	0.301 2	0.399 2	0.021 9	-0.016 6	0.239 7
	B	0.457 4	0.775 7*	0.572 7	0.477 5	0.498 8	0.133 0
	A	0.522 1	0.745 5*	0.587 4	0.501 5	0.542 7	0.237 0
	K	0.815 3**	0.912 8**	0.688 4*	0.797 6*	0.878 7**	0.626 1
	M	0.129 6	0.513 4	0.358 9	-0.255 8	-0.130 0	-0.043 8
叶中蔗糖含量（mg·g⁻¹）	S	0.480 1	0.351 4	0.627 1	0.367 0	0.358 6	0.407 1
	B	0.795 4*	0.765 6*	0.638 2	0.881 5**	0.934 3**	0.746 1*
	A	0.744 4*	0.633 7	0.592 6	0.931 0**	0.899 0**	0.743 4*
	K	0.642 7	0.401 6	0.418 0	0.844 4**	0.753 3*	0.737 5*
	M	0.855 5**	0.676 5*	0.755 6*	0.805 1**	0.781 5*	0.830 1**

注：-表示负相关。

茎中蔗糖含量与单果籽粒数在现蕾期—子实期均呈显著相关性，可以通过改善施肥方式提高这段时间茎中蔗糖的含量来增加单个蒴果中的籽粒数；在盛花期与所有产量构成因子均显著相关，可以通过改善施肥方式提高该时期茎中蔗糖的含量来增加产量。叶中蔗糖的含量在现蕾期—成熟期与产量及其构成因子的相关性均较好，与单株产量、千粒重和产量显著相关；在成熟期与产量及其构成因子均显著相关，因此通过改善施肥方式提高成熟期叶中蔗糖的含量对增产的意义最大。

三、非结构性碳水化合物生产、转移分配及其与产量关系

（一）氮磷配施下植株不同部位 NSC 积累量的变化

由表 4-37 可见，施氮均能提高花期叶片、茎和花蕾的非结构性碳水化合物（NSC，即可溶性糖和淀粉）的积累总量、可溶性糖积累量和淀粉积累量，$N_2>N_1>N_0$，处理间差异显著。成熟期 N_1 能显著提高茎和籽粒中 NSC 的积累总量、可溶性糖积累量和淀粉积累量，N_2 仅提高了茎中 NSC 积累总量。施磷提高了开花期叶片、茎和花蕾 NSC 的积累总量、可溶性糖积累量和淀粉积累量，可溶性糖积累量比不施肥显著提高，淀粉积累量和 NSC 的积累总量只有部分处理比不施肥显著提高；成熟期茎中 NSC 的积累总量、可溶性糖积累量和淀粉积累量比不施肥提高，但差异不显著；籽粒中 NSC 的积累的总量和淀粉积累量 $P_1>P_2$，氮磷配施提高了花期叶片、茎和花蕾以及成熟期茎和籽粒 NSC 的积累总量、可溶性糖和淀粉积累量，且磷与 N_2 配施时提高显著。总之，NSC 的积累总量花期茎中占 17.71%~22.34%，叶片占 11.39%~19.24%，花蕾、果实中占 59.45%~69.67%；成熟期 70.53%~79.23% 的 NSC 贮存在籽粒中，茎中含有 20.77%~29.47%。开花和成熟期胡麻源器官和库器官中 NSC 分配比例的变化表明，开花后 NSC 在源器官茎中和库器官籽粒中的比例均比开花前提高，这是源器官叶中的 NSC 向茎和籽粒中转移的结果。

表 4-37 氮磷配施对胡麻不同器官开花期和成熟期可溶性糖和淀粉累积的影响 （mg·g^{-1}）

Tab. 4-37 Accumulation of water-soluble carbohydrate（WSC）and starch in different organs of oil flax at anthesis and maturity under combined application of nitrogen and phosphorus

项目	施肥量		花期			成熟期	
			叶	茎	花蕾	茎	籽粒
WSC	N$_0$	P$_0$	30.79±2.87de	46.90±4.57d	142.38±1.60c	20.18±3.00d	105.67±1.67c
		P$_1$	40.32±1.08cd	54.40±4.60bcd	146.39±4.53c	18.11±2.34d	122.45±0.97a
		P$_2$	29.21±2.96e	48.54±3.87cd	164.29±3.27b	19.06±2.19d	96.40±2.71de
	N$_1$	P$_0$	59.60±5.09a	62.64±0.92ab	148.99±1.28c	28.80±1.62bc	120.36±2.53a
		P$_1$	33.99±2.49de	62.45±4.31ab	172.94±2.40ab	25.55±3.72cd	102.80±2.69cd
		P$_2$	34.17±3.66de	46.14±0.82d	175.93±5.11a	20.89±2.99cd	92.76±2.61e
	N$_2$	P$_0$	62.05±2.32a	66.00±2.08a	165.99±2.66ab	38.84±1.97a	97.49±2.22de
		P$_1$	47.97±1.98bc	66.72±0.90a	165.23±3.90b	40.89±2.48a	109.20±3.45bc
		P$_2$	54.32±4.19ab	58.05±2.95abc	171.40±3.13ab	34.14±2.78ab	114.85±2.67ab
Starch	N$_0$	P$_0$	23.63±1.20e	25.63±0.88e	362.30±2.89e	73.93±4.26e	314.63±2.03de
		P$_1$	24.63±2.73de	43.32±2.64ab	371.97±3.53de	76.60±2.00de	318.30±4.51d
		P$_2$	26.97±1.20de	47.97±4.33a	378.97±6.06cd	86.60±4.62bcd	313.63±3.48de
	N$_1$	P$_0$	27.63±2.40cde	31.30±0.58cde	385.63±4.06bc	99.27±0.67a	328.30±1.00bc
		P$_1$	36.63±4.84ab	38.97±1.45bc	389.97±3.53abc	80.60±4.16cde	306.63±5.67e
		P$_2$	31.30±2.65bcd	36.63±0.67bcd	378.63±2.33cd	92.60±3.06abc	316.30±1.15de
	N$_2$	P$_0$	34.97±1.76abc	44.97±1.33ab	394.30±3.06ab	85.27±5.46cde	318.97±2.19cd
		P$_1$	25.30±1.53de	33.63±2.33cde	392.63±4.26ab	97.93±1.76ab	330.30±2.65ab
		P$_2$	40.30±2.65a	28.30±6.00de	398.30±0.58a	87.27±5.81abcd	339.63±1.67a
NSC	N$_0$	P$_0$	54.42±2.11e	72.54±5.04e	504.68±2.70f	94.12±6.92e	420.30±3.55c
		P$_1$	64.96±3.77cd	97.72±7.24abc	518.36±1.00e	94.71±4.33e	440.75±4.75ab
		P$_2$	56.18±3.03de	96.51±8.20bcd	543.25±4.13cd	105.66±4.12de	410.04±5.94c
	N$_1$	P$_0$	87.24±2.69b	93.94±0.73bcd	534.62±2.98d	128.07±0.97ab	448.66±3.43ab
		P$_1$	70.63±4.19c	101.42±5.50ab	562.91±5.72ab	106.15±0.85de	409.43±8.34c
		P$_2$	65.47±1.27c	82.78±1.45de	554.56±4.74bc	113.49±2.02cd	409.06±3.38c
	N$_2$	P$_0$	97.02±1.15a	111.97±1.14a	560.29±5.71ab	124.11±5.87bc	416.46±4.39c
		P$_1$	73.27±0.93c	100.36±3.13abc	557.87±0.49b	138.82±4.22a	439.50±1.36b
		P$_2$	94.62±5.97ab	86.35±3.06cde	569.70±2.86a	121.41±5.84bc	454.48±3.87a

注：不同小写字母表示处理间差异显著（$P<0.05$）；WSC—可溶性糖；Starch—淀粉。下同。

（二）氮磷配施下植株 NSC 的转移和分配

施肥提高了开花前后非结构性碳水化合物（NSC）的积累，各施氮处理间差异显著，各施磷处理间差异不显著，P$_1$>P$_2$>P$_0$，各氮磷配施处理间差异部分显著，且磷与 N$_2$ 配施大于与 N$_1$ 配施。成熟期茎中 NSC 积累量随着施氮和氮磷配施显著增加，随施磷增加不显著；籽粒中 NSC 积累量随着施肥显著增加。花前 NSC 转移效率（TE）为 25.02%~47.98%（表 4-38），对产量的贡献率（CAVG）为 12.40%~31.42%（表 4-39），花后 NSC 对产量的贡献率（AAS）为 59.44%~69.06%，均随着施氮呈升高的趋势，TE 和 CAVG 随施磷先升高后降低，AAS 变化不大；氮磷配施 AAS 显著提高，氮磷等量配施 CAVG 显著提高，TE 提高不显著，其他配施处理降低。表明，随施氮量的增加 NSC 的生产量提高，从而提高了花前 NSC 的转移量和花前花后 NSC 对产量的贡献率，但施氮后分配给单个籽粒的

NSC 的数量呈现降低的趋势；施磷促进 NSC 转化为胡麻籽粒中的主要贮存物质，且与氮配施时这种转化变大，随施磷量的增加分配给单个籽粒 NSC 降低。

表 4-38　氮磷配施下开花前后植株内非结构性碳水化合物的积累和转移

Tab. 4-38　Accumulation and translocation efficiency of non-structure carbohydrate（NSC）at pre-anthesis and post-anthesis under combined application of nitrogen and phosphorus

施肥量		NSC 的积累（kg·hm⁻²）				NSC 转移效率（%）
		开花前	开花后	成熟期		
				茎	籽粒	
N_0	P_0	91.40e	117.04c	59.33e	221.52cd	35.29bcde
	P_1	115.91d	126.71c	59.39e	226.43bc	47.98a
	P_2	100.39e	121.09c	68.34de	205.19e	31.48cde
N_1	P_0	139.82b	157.83a	88.22ab	241.68a	36.76abcd
	P_1	119.02cd	123.65c	70.03de	215.46cde	41.08abc
	P_2	100.82e	126.78c	74.97cd	209.28e	25.55de
N_2	P_0	154.69a	142.13b	87.06b	215.08de	43.78ab
	P_1	132.27bc	163.94a	99.24a	237.32ab	25.02e
	P_2	137.15b	154.59a	83.95bc	246.70a	38.70abc

表 4-39　氮磷配施下胡麻植株开花前后 NSC 对产量和籽粒的贡献

Tab. 4-39　Contribution of non-structure carbohydrate（NSC）to seed yield（CAVG）and amount allocation to each spikelet（AAS）at pre-anthesis and post-anthesis under nitrogen and phosphorus

施肥量		NSC 对产量的贡献率（%）		NSC 对单个籽粒的贡献率（g）	
		花前	花后	花前	花后
N_0	P_0	14.44de	59.95de	0.96ab	1.99a
	P_1	24.88ab	59.44e	0.96ab	1.39b
	P_2	15.54cde	63.01cd	0.67cd	1.13c
N_1	P_0	21.32bcd	66.36abc	1.04a	1.42b
	P_1	22.78b	63.46c	0.57de	0.80d
	P_2	12.40e	64.85bc	0.46e	0.84d
N_2	P_0	31.42a	67.07ab	0.80bc	0.76d
	P_1	13.92e	69.06a	0.62cde	0.95cd
	P_2	21.55bc	64.28bc	0.55de	0.77d

（三）植株内非结构性碳水化合物与产量及其构成因子的关系

开花前后 NSC 的积累量与产量及其构成因子均呈正相关。花前和花后 NSC 的积累量仅与单个蒴果重显著相关，相关系数分别为 0.741 8* 和 0.721 3*（表 4-40），与其他产量构成因子的相关性均不显著。可见，提高 NSC 的积累量可以提高单个蒴果重，提高花后 NSC 的积累量对单果籽粒数、单株产量和千粒重也有提高，但是对增产意义不大。

表 4-40　非结构性碳水化合物与产量构成因子的关系

Tab. 4-40　Relationships among non-structure carbohydrate content（NSC）and yield components

产量构成因子	NSC 的积累（mg·g⁻¹）	
	花前	花后
有效蒴果数（个）	0.389 7	0.400 3
单个蒴果重（mg）	0.741 8 *	0.721 3 *
单果籽粒数（粒）	0.456 0	0.508 5
单株产量（g）	0.334 6	0.610 6
千粒重（g）	0.185 5	0.520 8
产量（kg·hm⁻²）	0.141 7	0.203 6

四、结论与讨论

氮磷配施胡麻茎、叶片叶绿素含量和叶面积全生育期均呈"单峰"曲线变化，在盛花期达最大，叶片中叶绿素的含量约为茎中的 3 倍。叶中叶绿素的含量在苗期、现蕾期和子实期随施氮量的增加而提高，随施磷量的增加先升高后降低，氮磷配施时叶片中叶绿素含量与磷的关系不明确，子实期氮磷对茎中叶绿素含量的影响不确定，苗期—现蕾期高氮（150 kg·hm⁻²）高磷（150 kg·hm⁻²）配施最大，子实期单施高氮最大，比不施肥均显著提高；茎中叶绿素的含量在各生育时期均随氮磷单施量的增加而提高，随氮磷配施量的增加部分处理显著提高。叶绿素含量与产量及其构成因子均呈正相关。叶中叶绿素含量与单个蒴果重在苗期—盛花期均呈极显著相关，与产量构成因子的相关在现蕾期和盛花期最好，与千粒重和产量相关不显著；茎中叶绿素含量与产量构成因子在盛花期显著相关，与有效蒴果数和单果籽粒数在现蕾期显著相关。

不同生育时期各处理单株叶面积在苗期相差不大，现蕾期随施肥量的增加而提高，且氮比磷提高得快，各施肥处理比不施肥均显著提高；盛花期叶面积随施氮量的增加而提高，随施磷量的增加先降低后提高，除单施磷肥处理外，其余处理比不施肥显著提高；子实期叶面积随施氮量的增加而提高，随施磷量的增加而降低，仅单施氮和高氮低磷（75 kg·hm⁻²）配施比不施肥显著提高，苗期和现蕾期高氮高磷配施最大，盛花期和子实期单施高氮最大。叶面积与产量及其构成因子均呈正相关，与有效蒴果数、单株产量、千粒重和产量的相关性在现蕾期最好，与单个蒴果重的相关性在盛花期最好，与单果籽粒数相关不显著。

氮磷配施时茎、叶中蔗糖含量的变化均为"升—降"，转折点在现蕾期。高氮高磷配施有利于茎和现蕾期—子实期叶中蔗糖的积累，单施低氮（75 kg·hm⁻²）利于苗期和成熟期叶中蔗糖的积累。茎中蔗糖含量与单果籽粒数在现蕾期—子实期显著相关，与所有产量构成因子在盛花期显著相关；叶中蔗糖的含量现蕾期—成熟期与单株产量、千粒重和产量显著相关，成熟期与产量及其构成因子均显著相关。施氮能够提高花期叶片、茎、花蕾和成熟期茎中 NSC 的积累总量，降低了籽粒中 NSC 的积累总量；施磷显著提高了花期叶片、茎和花蕾 NSC 的积累总量，对成熟期茎中 NSC 的积累总量略有提高，籽粒中 NSC 的积累总量仅低磷有显著提高；氮磷配施提高了开花期叶片、茎和花蕾以及成熟期茎和籽粒的 NSC 积累的总量，且磷与高氮配施时提高显著。花前 NSC 的转移效率为 25.02%～47.98%，对产量的贡献率为 12.40%～31.42%，花后 NSC 对产量的贡献率为 59.44%～69.06%，三者均随施氮升高，前两者随施磷先升高后降低，后者略有升高；氮磷配施时花后 NSC 对产量的贡献率显著提高，氮磷等量配施时花前 NSC 对产量的贡献率显著提高，花前 NSC 的转移效率略有提高。施肥后分配给单个籽粒的 NSC 的数量降低，开花前后 NSC 的积累量与产量及其构成因子均呈正相关。

NSC 的积累总量花期茎、叶和花蕾中的分配比例为 4：3：13，成熟期籽粒和茎所占比例为 3：1，开花后 NSC 在茎和库器官籽粒中的比例均比开花前提高，这是源器官叶中的 NSC 向茎和籽粒中转移的结果。增加施氮量能明显增加胡麻茎、叶中可溶性糖的含量，增加施磷量仅能够增加茎前期可溶性糖的含量，氮磷配施有利于茎、叶中可溶性糖的积累。氮磷的施用量是通过影响淀粉的组成进一步影响淀粉的含量。本试验胡麻淀粉含量的转折点为盛花期，比可溶性糖晚一个时期，说明可溶性糖在转化为淀粉的同时，还转化为其他成分向籽粒中转移，因此提前降低。氮磷单施或配施均有利于胡麻茎、叶中淀粉的积累，其中氮磷单施仅不利于现蕾前叶中淀粉的积累。可见，随施氮量的增加 NSC 的生产量提高，从而提高了花前 NSC 的转移量和花前花后 NSC 对产量的贡献率，但施氮后分配给单个籽粒的 NSC 的数量呈现降低的趋势；施磷促进 NSC 转化为胡麻籽粒中的主要贮存物质，且与氮配施时这种转化变大，所以随施磷的增加分配给单个籽粒的 NSC 的数量降低。

第三节　氮对土壤水热状况及胡麻产质量的影响

氮肥与水资源的高效管理很大程度决定了氮肥利用率及作物氮素的分配。协调农田水氮管理，发挥水氮协同效应，通过提高水分利用效率来促进氮肥吸收是当前农业生产中的重要措施。覆膜和氮肥都能显著提高土壤含水量。地膜和氮肥互作在提高土壤温度的同时，可以促进作物生长及土壤养分的释放，使得氮肥间接影响土壤温度。

一、地膜及氮肥种类对土壤水肥热状况的影响

(一) 地膜种类对土壤水分含量的影响

从图 4-24 可以看出，在不同覆盖处理下，0~200 cm 土壤含水量均较对照提高，但水分的增加主要体现在 0~100 cm 土层。从不同生育时期来看，覆膜可提高苗期土壤 0~20 cm 土层的含水量，P_1、P_2、P_3、P_4 处理较不覆膜（P_0）处理分别提高 52.25%、25.2%、23.35% 和 30.06%，其中，普通地膜（P_1）处理下的含水量最高。分茎期开始，胡麻生长发育逐渐加快，需水较多，0~20 cm 土壤含水量较苗期整体下降，但四种覆膜处理的含水量依然高于不覆膜处理，而 20~40 cm 土层的含水量较苗期有所提高，40~80 cm 土层含水量较之降低，说明覆膜具有较好的保墒提墒效应。从现蕾期开始，由于温度的升高和降水量减少，0~40 cm 土层含水量快速下降，此时覆膜处理的保水能力高于不覆膜处理，P_1、P_2、P_3、P_4 处理较不覆膜（P_0）处理分别提高 28.08%、26.34%、26.39% 和 24.69%。而从盛花期开始，普通地膜处理下土壤 0~40 cm 土层的含水量逐渐低于不覆膜处理和覆可降解地膜的处理，P_1 较 P_0、P_2、P_3 和 P_4 盛花期分别降低了 12.75%、30.02%、36.35% 和 21.69%，青果期分别降低了 14.69%、27.48%、23.02% 和 21.45%，成熟期分别降低了 26.14%、24.24%、24.39% 和 22.80%，说明普通地膜主要提高了生育前期土壤 0~40 cm 的含水量；从盛花期开始，可能因为普通地膜条件下胡麻植株较降解地膜和不覆膜处理的植株高大，蒸腾较大，因而需水较多，而可降解地膜虽然开始降解，但仍具有一定的保墒能力。说明普通地膜和可降解地膜在苗期—现蕾期均表现出较好的保水能力。

(二) 地膜种类对土壤温度的影响

由图 4-25 可知，胡麻全生育期 0~25 cm 土层的温度整体呈现出"S"形变化趋势，覆膜与否不影响此变化趋势，但覆膜对苗期和成熟期土壤温度影响的差异最为明显。由于苗期外界气温低，覆膜的增温效果明显，其中，覆膜对苗期 0~5 cm 土层增温效果最为明显，P_1、P_2、P_3、P_4 处理较不覆膜（P_0）处理分别提高 9.21%、8.35%、7.81%、7.99%；分茎期，P_1、P_2、P_3、P_4 4 个覆膜处理 0~25 cm 的平均温度较不覆膜（P_0）处理分别高 1.04 ℃、0.5 ℃、0.67 ℃、0.83 ℃；从现蕾期开始，随着胡麻叶面积的增大，田间密闭程度增加，透光率减小，覆膜增温效果减弱，0~25 cm 的平均温度表现为 $P_1 > P_2 > P_3 > P_4 > P_0$，$P_1$、$P_2$、$P_3$、$P_4$ 4 个覆膜处理分别较 P_0 高 1.57℃、1.23℃、1.15℃、0.84℃；而盛花期，0~25 cm 的平均温度表现为 $P_1 > P_3 > P_2 > P_4 > P_0$，$P_1$、$P_2$、$P_3$、$P_4$ 4 个覆膜处理分别较 P_0 高 1.42 ℃、0.32 ℃、0.5 ℃ 和 0.76 ℃；说明现蕾—盛花期，覆膜增温效果开始减弱。从现

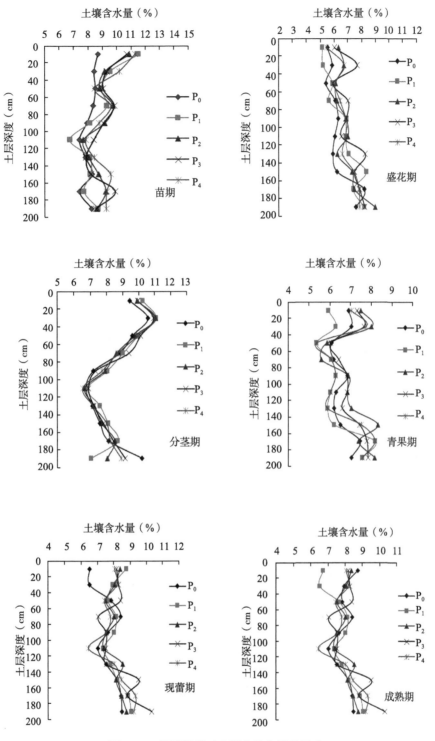

图 4-24　地膜种类对土壤水分含量的影响

Fig. 4-24　Effect of film mulching on soil moisture content

蕾期开始，降解地膜开始出现破裂降解，但仍具有一定的保温效果，三种可降解地膜之间现蕾和盛花期的增温效果无显著差异，总体低于普通地膜；在青果期，胡麻叶面积达到最大值，土壤温度呈现 $P_1>P_2>P_0>P_4>P_3$ 的趋势，此时普通地膜（P_1）和降解地膜（P_2）表现为正增温，降解地膜（P_4 和 P_3）表现为负增温。成熟期，随着叶片的衰老，叶面积减小，使得透光率增加，普通地膜覆盖下 0~5 cm、10~15 cm、20~25 cm 土层的温度高于可降解地膜和不覆膜处理，0~5 cm 分别较 P_0、P_2、P_3、P_4 高 1.47 ℃、1.4 ℃、1.2 ℃、2.05 ℃，10~15 cm 分别较 P_0、P_2、P_3、P_4 高 1.99 ℃、1.98 ℃、

1.95 ℃和2.01 ℃，20~25 cm 分别较 P_0、P_2、P_3、P_4 高2.11 ℃、2.31 ℃、1.8 ℃和2.36 ℃，其中 0~5 cm、10~15 cm、20~25 cm 3个土层的温度3种降解地膜与不覆膜处理无明显差异，说明随着降解地膜逐渐降解，保温能力逐渐呈降低的趋势。

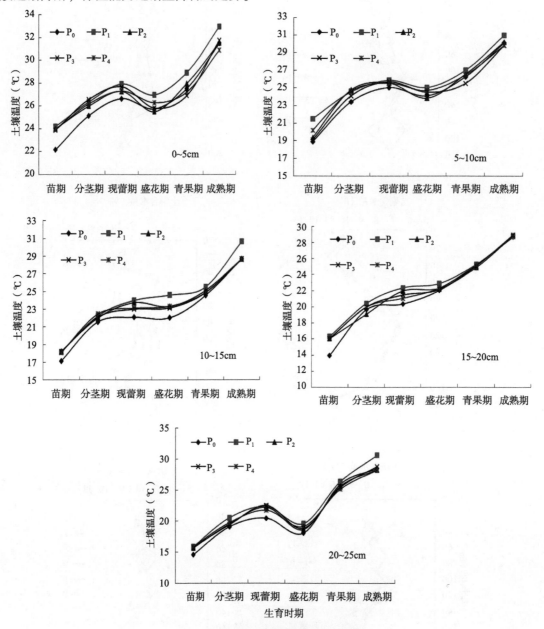

图 4-25　地膜覆盖对土壤温度的影响

Fig. 4-25　Effect of film mulching on soil temperature

（三）地膜及氮肥种类对土壤养分状况的影响

如表4-41和图4-26所示，耕层土壤铵态氮在胡麻生育期内均表现为下降的趋势，其中，覆膜对胡麻全生育期土壤铵态氮含量影响均不显著，施肥显著影响苗期、盛花期、青果期和成熟期铵态氮含量，覆膜和施肥对土壤铵态氮互作效应不显著。氮肥配施条件下，苗期 N_1 处理土壤中铵态氮含量平均显著高于 N_2 处理13.86%；分茎期和现蕾期则分别表现为 $N_1 > N_2 > N_0$ 和 $N_2 > N_1 > N_0$，但 N_1 和 N_2 之间的差异均不显著，说明从现蕾期开始，有机氮肥中有机质开始分解转化为矿质氮，补充了土壤一定量的铵态氮；盛花期和青果期，土壤中的铵态氮均表现为（N_2、N_1）$> N_0$（$P < 0.05$），N_2 处理在盛花期和青果期分别较 N_0 处理高24.84%和47.93%，有机无机肥配施和单施无机肥之间无显著差

异；成熟期，有机无机肥配施的效果越来越明显，表现为：$N_2 > N_1 > N_0$（$P<0.05$），有机无机肥配施处理较单施无机肥和不施肥处理分别高 38.33%、58.9%（$P<0.05$）。上述变化趋势表明，施肥可提高土壤中的铵态氮，而有机肥对铵态氮的提高作用表现在生育中后期，随有机质的分解而逐渐表现出来。

表 4-41　覆膜和施肥互作对土壤铵态氮的影响

Tab. 4-41　Effects of film mulching and fertilization on ammonium nitrogen content in soil

处理	苗期	分茎期	现蕾期	盛花期	青果期	成熟期
P	NS	NS	NS	NS	NS	NS
N	*	NS	NS	*	*	*
P×N	NS	NS	NS	NS	NS	NS

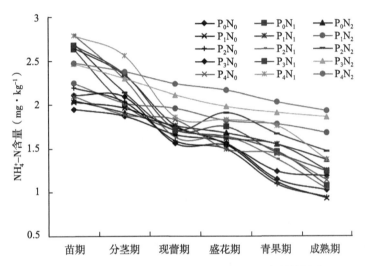

图 4-26　覆膜和氮肥施用对耕层土壤铵态氮含量的影响

Fig. 4-26　Effect of film mulching and nitrogen fertilizer on ammonium nitrogen content in plough layer

由表 4-42 和图 4-27 可知，耕层土壤硝态氮含量在全生育期呈现为苗期至分茎期下降较快，之后趋于平缓。覆膜对现蕾期、青果期和成熟期耕层土壤硝态氮含量的影响显著，施肥对除分茎期之外的其他各生育时期均有显著影响，覆膜和施肥两者之间无显著的互作效应。不同覆盖方式下，生育前期即苗期和分茎期土壤硝态氮含量无显著差异。现蕾期，各覆盖方式之间差异显著，具体表现为：P_4（4.68 mg·kg^{-1}）>P_2（4.26 mg·kg^{-1}）>P_1（4.22 mg·kg^{-1}）>P_3（3.93 mg·kg^{-1}）>P_0（3.63 mg·kg^{-1}）（$P<0.05$），盛花期同样表现为 $P_4>P_2>P_1>P_3>P_0$，说明覆膜有助于提高土壤中的硝态氮含量，而较高的硝态氮有利于胡麻的氮素养分吸收及生长。盛花期，覆膜处理下土壤硝态氮含量虽然高于不覆膜处理，但不显著。青果期和成熟期，各覆盖方式之间差异显著，两个生育时期的具体变化趋势分别为 $P_4>P_0>P_1>P_2>P_3$ 和 $P_2>P_0>P_3>P_1>P_4$（$P<0.05$），青果期只有降解地膜 P_4 而成熟期则是降解地膜 P_2 处理下的硝态氮含量显著高于不覆膜，其他覆膜处理硝态氮含量均显著低于不覆膜处理，进一步说明土壤中较高的硝态氮有利于胡麻的吸收，使得生育后期覆膜与否间的差异变小。

不同施肥处理下，施用氮肥显著影响除分茎以外其他生育时期耕层土壤硝态氮的含量。苗期土壤硝态氮含量表现为单施无机氮肥（N_1）处理>有机无机氮肥配施（N_2）处理>不施肥处理（N_0），N_1 分别较 N_2 和 N_0 高 0.57 mg·kg^{-1} 和 2.14 mg·kg^{-1}（$P<0.05$）；现蕾期，N_1 和 N_2 之间无显著差异，但都显著高于不施肥（N_0）处理，分别较其高出 0.6 mg·kg^{-1} 和 0.58 mg·kg^{-1}（$P<0.05$）；盛花期和青果期则都表现为 $N_2>N_1>N_0$。从盛花期开始，有机无机肥配施处理下的硝态氮含量逐渐上升，单施无机氮肥下的土壤硝态氮含量开始低于有机无机肥配施，成熟期仍然表现为 $N_2>N_1>N_0$（$P<0.05$）。生育期内硝态氮含量的变化趋势，表明不仅施肥提高了土壤的供肥能力，而且有机无机氮肥配施比单施无机肥有利于氮素养分的均匀释放，特别是旺盛生长阶段保持较高的有效养分含量，利于胡麻营养环境条件的改善及其生长。

表 4-42　覆膜和施肥互作对土壤硝态氮的影响

Tab. 4-42　Effects of film mulching and fertilization on nitrate nitrogen content in soil

处理	苗期	分茎期	现蕾期	盛花期	青果期	成熟期
P	NS	NS	*	NS	*	*
N	*	NS	*	*	*	*
P×N	NS	NS	NS	NS	NS	NS

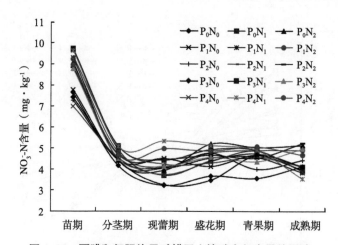

图 4-27　覆膜和氮肥施用对耕层土壤硝态氮含量的影响

Fig. 4-27　Effect of film mulching and nitrogen fertilizer on nitrate content in plough layer

由表 4-43 可知，覆膜方式显著影响青果期和成熟期的土壤有机质含量，氮肥对胡麻全生育期的土壤耕层有机质均有显著影响；覆膜和不同氮肥配比对土壤耕层有机质的互作效应不显著。覆膜与否及不同覆盖材料没有显著影响苗期、分茎期、现蕾期和盛花期的土壤有机质含量，表明营养生长阶段及生殖生长前期覆膜造成的水热差异（图 4-24、图 4-25）尚未造成土壤有机质转化的差异。青果期，普通地膜（P_1）和三种降解地膜（P_2、P_3、P_4）处理下土壤有机质含量均显著高于不覆膜（P_0）处理，分别较（P_0）高 $0.35\ g\cdot kg^{-1}$、$0.4\ g\cdot kg^{-1}$、$0.53\ g\cdot kg^{-1}$ 和 $0.535\ g\cdot kg^{-1}$（$P<0.05$），覆膜处理之间无显著差异，总体表现为：$P_4>P_3>P_2>P_1$。成熟期，降解地膜（P_4）处理下土壤有机质含量高于降解地膜（P_3）处理，显著高于其他地膜处理和不覆膜处理，较 P_3 高 $0.101\ g\cdot kg^{-1}$，较 P_2、P_1、P_0 处理高 $0.28\ g\cdot kg^{-1}$、$0.35\ g\cdot kg^{-1}$ 和 $0.65\ g\cdot kg^{-1}$（$P<0.05$），说明覆膜，尤其是覆盖可降解地膜（P_4）可有效提高成熟期土壤有机质。有机质含量的这种变化与覆膜与否及覆盖材料对土壤水热的影响即对土壤微生物分解转化活动的强弱密切相关。

表 4-43　覆膜和氮肥施用对耕层土壤有机质的影响　　　　　　　　　　　　（$g\cdot kg^{-1}$）

Tab. 4-43　Effect of film mulching and nitrogen fertilizer on organic matter content in plough layer

处理		苗期	分茎期	现蕾期	盛花期	青果期	成熟期
P×N							
P_0	N_0	5.08c	4.76bc	5.61ab	4.70e	4.70e	4.62g
	N_1	8.26ab	5.93abc	6.74ab	5.61cd	5.15e	5.30def
	N_2	5.50abc	5.59abc	7.05ab	6.52ab	5.98cd	6.06c

（续表）

处理		苗期	分茎期	现蕾期	盛花期	青果期	成熟期
P_1	N_0	7.13abc	5.81abc	4.84b	5.00cde	5.00e	4.85fg
	N_1	5.84abc	5.90abc	6.45ab	5.60cd	5.68d	5.61cde
	N_2	7.43abc	7.18a	6.06ab	6.52ab	6.37abc	6.44b
P_2	N_0	5.76abc	4.62bc	4.93b	5.08cde	5.00e	4.92fg
	N_1	8.27ab	5.91abc	6.59ab	5.61cd	5.61d	5.61cde
	N_2	7.12abc	7.87a	7.87a	6.59ab	6.29bc	6.59b
P_3	N_0	6.15abc	4.69bc	5.15b	4.93de	4.92e	4.92fg
	N_1	8.26ab	5.82abc	6.66ab	5.54cd	5.83d	5.76cd
	N_2	7.43abc	6.34ab	7.66a	6.59ab	6.69abc	6.97a
P_4	N_0	6.22abc	4.77bc	4.85b	4.93de	5.03e	5.15ef
	N_1	6.82abc	3.84c	6.30ab	5.84bc	5.62d	5.60cde
	N_2	8.48a	6.97ab	7.73a	6.90ab	6.77a	7.20a
P		1.42ns	1.98ns	0.81ns	0.098ns	0.43*	0.58*
N		8.41*	13.71*	18.82*	10.93*	8.37*	11.81*
P×N		3.732ns	1.77ns	0.64ns	0.039ns	0.063ns	0.104ns

在不同氮肥配比下，苗期的土壤有机质含量表现为单施无机氮肥（N_1）处理和有机无机肥配施（N_2）处理下土壤有机质含量无显著差异，但都显著高于不施肥（N_0）处理，较 N_0 分别高 23.39% 和 18.45%（$P<0.05$）；分茎期则表现为 N_2 显著高于 N_1 和 N_0，而 N_1 和 N_0 之间无显著差异；从现蕾期到成熟期，则均表现为 $N_2>N_1>N_0$（$P<0.05$）。这种变化趋势说明有机无机肥配施和单施无机肥均有提高土壤有机质的效果，但有机无机肥配施效果大于单施无机肥，施用有机肥后土壤有机质含量的提高，有助于土壤水热状况的调节。

二、地膜及氮肥种类对胡麻产量构成因素的影响

从表 4-44 可以看出，覆膜显著影响胡麻的分枝数、单株蒴果数、蒴果籽粒产量、千粒重和收获指数；而施肥水平仅显著影响分枝数、单株蒴果数和单株产量，而不影响蒴果籽粒数、千粒重和收获指数；覆膜和施肥对分枝数、单株蒴果数和蒴果籽粒数的互作效应显著。覆膜和施肥组合下，P_4N_2 处理的分枝数显著高于不覆膜不施肥（P_0N_0）处理 145%（$P<0.05$），P_3N_2 处理的单株蒴果数较不覆膜不施肥（P_0N_0）处理高出 137%（$P<0.05$），P_0N_2、P_1N_0、P_1N_1 三个处理的蒴果籽粒数较籽粒数最少的 P_4N_1 处理分别多 24.37%、25.85% 和 24.81%（$P<0.05$）。

不同覆膜方式下，胡麻分枝数表现为：$P_4>P_3>P_2>P_1>P_0$（$P<0.05$），说明普通地膜和降解地膜覆盖均有利于胡麻分枝数的增加，且降解地膜优于普通地膜，三种降解地膜之间差异显著，其中降解地膜（P_4）最有利于分枝数的增加；单株蒴果数表现为：P_4、$P_3>P_2>P_1>P_0$（$P<0.05$），单株蒴果籽粒数表现为不覆膜和普通地膜显著高于三种降解地膜，而不覆膜和普通地膜之间无显著差异，说明覆膜在一定程度上会降低胡麻蒴果籽粒数；覆膜显著影响胡麻单株籽粒产量，具体表现为：P_3、$P_4>P_2>P_1>P_0$（$P<0.05$），P_3、P_4、P_2、P_1 处理分别较 P_0 高出 34.43%、31.80%、21.80% 和 11.48%（$P<0.05$），且三种降解地膜处理下的单株产量显著高于普通地膜处理，P_3、P_4、P_2 处理分别较 P_1 处理高出 20.51%、17.65% 和 8.82%（$P<0.05$）；千粒重表现为普通地膜和降解地膜均显著高于不覆膜处理，P_4、P_3、P_2、P_1 处理分别较 P_0 高出 7.77%、7.57%、8.34% 和 8.74%（$P<0.05$），各覆膜处理之间无显著差异；收获指数表现为 P_2 处理显著高于不覆膜处理，其他地膜处理与 P_2 和 P_0 之间

无显著差异。可见，覆膜显著增加了分枝数、单株蒴果数和千粒重，且可降解地膜对分枝数、单株蒴果数的增加作用优于普通地膜。

表 4-44　地膜及氮肥种类对胡麻产量构成因子的影响

Tab. 4-44　Effect of plastic film and nitrogen fertilizer types on yield components of oil flax

处理		分枝数 （个·株$^{-1}$）	单株蒴果数 （个）	单蒴果籽粒数 （个）	籽粒产量 （g·株$^{-1}$）	千粒重 （g）	收获指数
P×N							
P_0	N_0	11j	9.3g	7.73abcd	0.576 5f	5.059 0b	0.14b
	N_1	12i	10.3fg	7.96abc	0.621 3ef	5.132 1b	0.15ab
	N_2	13i	11.0ef	8.37a	0.635 4ef	5.265 7ab	0.16ab
P_1	N_0	14h	11.7f	8.47a	0.660 2ef	5.353 0ab	0.16ab
	N_1	17g	15.0d	8.40a	0.7084bcde	5.495 6ab	0.15ab
	N_2	17g	14.7d	7.97abc	0.680 6de	5.506 3ab	0.14b
P_2	N_0	18f	15.7d	8.07ab	0.684 2cde	5.521 4ab	0.15ab
	N_1	20e	17.3c	7.90abc	0.783 1abcd	5.535 5ab	0.18a
	N_2	25bc	20.3b	6.77e	0.762 9abcd	5.545 1ab	0.17ab
P_3	N_0	21d	18.3c	7.43bcde	0.787 3abc	5.555 4ab	0.18a
	N_1	25b	21ab	7.13cde	0.833 2a	5.576 6ab	0.17ab
	N_2	27a	22a	6.9e	0.837 9a	5.578 5ab	0.16ab
P_4	N_0	24c	20.3b	7.13cde	0.772 2abcd	5.669 9a	0.17ab
	N_1	25b	20.7b	6.73e	0.796 3ab	5.726 4a	0.17ab
	N_2	27a	21.3ab	7.07de	0.843 9a	5.752 2a	0.16ab
P		*	*	*	*	*	*
N		*	*	NS	*	NS	NS
P×N		*	*	*	NS	NS	NS

施肥后胡麻分枝数显著增加，具体表现为 $N_2>N_1>N_0$（$P<0.05$），其中 N_2、N_1 分别较不施肥处理高 22.64% 和 12.12%，可降解膜 P_2、P_3、P_4 下 N_2 的分枝数均显著高于 N_1，表明可降解膜 P_2、P_3、P_4 与有机无机氮肥配施对分枝的形成具有较好的耦合作用；施肥对单株蒴果数的影响与分枝数一致；施肥显著影响单株籽粒产量，N_2、N_1 分别较不施肥处理高 8.05% 和 7.47%（$P<0.05$），N_2、N_1 处理之间无显著差异，千粒重和收获指数均表现为 $N_2>N_1>N_0$，说明有机无机肥配施较单施无机肥对千粒重和收获指数具有增加的影响趋势。

三、地膜及氮肥种类对胡麻产量及水分利用效率的影响

由表 4-45 可知，覆膜显著影响胡麻籽粒产量和 WUE；氮肥种类也显著影响籽粒产量和 WUE；而覆膜和氮肥对籽粒产量、耗水量以及 WUE 互作效应均不显著。

在不同覆膜条件下，籽粒产量为 $P_4>P_3>P_2>P_1>P_0$，P_4 处理下的籽粒产量达到 789.06 kg·hm^{-2}，较 P_0 显著高 30.19%（$P<0.05$），覆普通地膜和可降解地膜之间的籽粒产量差异不显著；覆膜处理间的 WUE 呈现 $P_2>P_4>P_1>P_3>P_0$ 的趋势，各覆膜处理均显著高于不覆膜处理，覆膜处理之间无显著差异；覆膜对耗水量影响不显著，但总体表现为 $P_0>P_1>P_2>P_3>P_4$ 的趋势，说明覆膜可以有效降低胡麻耗水量，有利于田间水分的保持。地膜覆盖具有显著的促生作用，覆膜下籽粒产量增加及水分利用效率提高的作用显著，但这种促生作用与地膜种类及其降解特性无关。

不同氮肥水平下，胡麻籽粒产量表现为 N_2 高于 N_1，显著高于 N_0 处理 9.69%（$P<0.05$），N_2、N_1 之间没有显著差异；WUE 表现为 N_2 和 N_1 均显著高于 N_0，分别较 N_0 处理高 13.27% 和 10.36%（$P<0.05$），而 N_2、N_1 之间没有显著差异，施肥虽对耗水量无显著影响，但表现为 $N_0>N_2>N_1$ 的趋势，说明施肥处理下的胡麻耗水量较不施肥处理少，有利于田间水分的保持。氮肥施用的增产作用及水分利用效率提升作用显著，但无机有机肥配施与单纯施用无机肥间无显著差异。

表 4-45　不同地膜及氮肥种类下胡麻产量、耗水量、水分利用效率

Tab. 4-45　Seed yield, water consumption and water use efficiency of oil flax under different plastic film and nitrogen fertilizer types

处理		产量（kg·hm^{-2}）	耗水量（mm）	水分利用效率（kg·hm^{-2}·mm^{-1}）
P×N				
P_0	N_0	564.88c	128.25a	4.41c
	N_1	619.67bc	125.62a	4.97bc
	N_2	633.75bc	127.97a	4.97bc
P_1	N_0	782.80a	127.26a	6.15ab
	N_1	737.24ab	126.83a	5.81ab
	N_2	758.22ab	126.03a	6.02ab
P_2	N_0	694.50abc	122.26a	5.68abc
	N_1	817.69a	122.89a	6.68a
	N_2	822.07a	127.22a	6.51a
P_3	N_0	720.15ab	126.18a	5.72abc
	N_1	730.85ab	128.48a	5.63abc
	N_2	794.25a	121.84a	6.52a
P_4	N_0	726.30ab	126.49a	4.98bc
	N_1	822.31a	123.39a	6.65a
	N_2	818.56a	125.81a	6.51a
P		*	NS	*
N		*	NS	*
P×N		NS	NS	NS

四、结论与讨论

普通地膜覆盖可提高胡麻苗期—现蕾期 0~40 cm 的土壤含水量；盛花期开始，覆盖普通地膜的土壤含水量低于降解地膜处理，三种降解膜保水能力之间无显著差异。覆膜显著提高了苗期—盛花期和成熟期的土壤温度，苗期—盛花期，普通地膜和三种降解地膜的增温效果无显著差异，后期随着降解地膜的降解，三种降解地膜的增温能力逐渐低于普通地膜；青果期因田间密闭程度增加，透光率减小，使得覆膜增温效果减弱。覆盖可降解地膜兼顾了普通地膜对生育前期的保墒保温效果。乔海军等（2008）研究显示，生物降解膜可有效提高播种至拔节期玉米田的土壤温度和水分，但抽雄期后降解地膜与不覆膜处理间土壤温度和水分基本相同。在玉米生长前期，可降解地膜和普通地膜处理下土壤的温度和水分均明显高于不覆膜处理，而生育后期，可降解地膜与不覆膜处理间土壤温度、水分均无明显差异。本研究显示，覆盖可降解地膜和普通地膜均可提高胡麻生育前期土壤水分和温度，后期普通地膜的增温保墒效果高于降解地膜和不覆膜处理，这与前人研究结果类似。

覆膜不影响土壤铵态氮含量但显著提高了生殖生长初期土壤的硝态氮含量。施肥可提高土壤中的

铵态氮和硝态氮含量；生育前期，无机氮肥单施的提高作用大于无机有机氮肥配施，而生育中后期则相反。有机无机肥配施和单施无机肥均有提高土壤有机质的效果，但配施效果大于单施。不同氮肥配施对玉米各生育时期硝态氮含量影响显著，苗期—拔节期，土壤耕层硝态氮含量均为单施无机氮肥处理最高，而从孕穗期开始，有机无机肥配施处理的硝态氮含量明显增加，且高于单施无机氮肥处理。王亚艺等（2015）研究表明，施用适量有机肥可缓解土壤有机质含量的降低，在总施氮量一定的条件下，有机无机肥配施的土壤有机质降低了11.0%，而仅施用化肥的处理土壤有机质含量下降18.4%。本试验表明，单施无机氮肥时，胡麻田苗期土壤速效氮和有机质含量高于有机无机肥配施，生育中后期则表现为有机无机氮肥配施高于单施无机氮肥处理，这与前人的研究基本一致。因此，选择合适的有机无机肥配施，是提高土壤肥力的关键。

覆膜显著增加了分枝数、单株蒴果数和千粒重，且可降解地膜对分枝数、单株蒴果数的增加作用优于普通地膜。施肥后胡麻分枝数、单株蒴果数及籽粒产量显著增加；有机无机肥配施较单施无机肥对千粒重和收获指数具有增加的影响趋势。覆膜和施肥互作下，P_4N_2 的分枝数，P_3N_2 的单株蒴果数以及 P_0N_2、P_1N_0、P_1N_1 的蒴果籽粒数最高。作物产量取决于光合源的充足程度及库容量的大小，是由各产量构成因素共同决定的。优化协调产量性能参数，实现产量性能参数间的相互补偿作用，充分发挥产量性能参数的共效差异补偿机制是形成高产的重要途径之一。本研究表明；覆膜显著影响胡麻的分枝数、单株蒴果数、蒴果籽粒数、千粒重以及收获指数，施氮水平显著影响胡麻的千粒重，覆膜和施氮水平对蒴果籽粒数具有显著的互作效应。覆膜可显著提高玉米穗长、穗粗、穗粒数以及千粒重，其中，降解地膜（0.006 mm）处理下玉米的穗长、穗粗、穗粒数以及千粒重均显著高于不覆膜处理（$P<0.05$），效果与普通地膜相当，这与本研究一致。刘益仁等（2012）研究表明，有机无机肥配施处理下的水稻有效穗数、穗粒数以及千粒重均高于不施肥处理，但结实率低于不施肥处理。本研究表明，不施肥处理下的蒴果籽粒数高于施肥处理，说明有机无机肥配施有利于提高胡麻其他产量构成因素，但降低了胡麻结实率，导致蒴果籽粒数的降低。张礼军等（2017）研究发现，施肥和覆膜组合模式对小麦产量构成因素均有不同程度的提高，其中，对千粒重互作效应显著。本研究亦表明，覆膜和氮肥互作对胡麻分枝数、单株蒴果数以及蒴果籽粒数互作效应显著。

地膜覆盖具有显著的促生作用，覆膜下籽粒产量增加及水分利用效率提高的作用显著，但这种促生作用与地膜种类及其降解特性无关。氮肥施用的增产作用及水分利用效率提升作用显著，但无机有机肥配施与单纯施用无机肥间无显著差异。大量研究表明，普通地膜和降解地膜相比露地均能显著提高作物产量和水分利用效率。本研究表明，覆膜可显著提高胡麻产量和水分利用效率，而覆膜和氮肥配比对其产量、耗水量和水分利用效率的互作效应不显著。

第四节　覆盖方式对土壤水热状况及胡麻生长的影响

胡麻是干旱半干旱地区的主要经济作物。近年来，随着人们生活水平提高及对胡麻油营养价值认知的深入，胡麻的需求量与经济价值不断增加，产区种植面积不断扩大。如何实现水热资源的同步协调，让耕层土壤水肥得到补偿和可持续利用，是有效解决旱区低产问题的一个重要方向。大量研究表明，覆盖种植技术有利于土壤水分的保蓄和利用，调节了土壤温度，促进了作物生长发育，显著提高了农作物的产量，是我国半干旱地区重要的栽培方式之一。地膜覆盖栽培技术通过阻碍大气与土壤的水气交流、防止土壤水分的蒸发、增加了土壤地温等，而在一定程度提高了干旱和半干旱区的农业经济效益。旱作农业中农业生产面临的主要问题是水资源匮乏、旱灾频繁、农业生产技术落后等问题。胡麻覆盖种植水热效应的相关研究很少，国内有关胡麻生长、养分吸收累积及产量对地膜和秸秆、膜色、覆膜起垄与覆土与否响应的系统研究，尚未见报道。本研究通过田间试验，探讨秸秆与地膜、白膜与黑膜、覆盖时起垄及覆土与否对土壤水热效应及胡麻生长的影响，以充实胡麻覆盖栽培的理论，筛选旱区胡麻适宜的覆盖栽培种植模式，为制定旱区胡麻高产栽培的技术体系提供参考依据。

一、不同覆盖方式下胡麻田土壤水分动态变化

（一）不同覆盖方式对土壤水分垂直变化的影响

从图 4-28 可以看出，在不同覆盖处理下，0~200 cm 土壤含水量较对照均有提高，总体随土层的加深呈先降后升的趋势，主要体现在 0~100 cm 土层。从胡麻不同生育时期来看，苗期，覆土和微垄的处理土壤含水量高于其他覆盖处理。0~40 cm 土层各处理土壤含水量呈下降趋势，其中，黑膜覆土（T7）、白膜微垄覆土（T1）明显高于其他覆膜处理，且分别比对照显著增加 37.9%、34.4%，比秸秆覆盖显著增加 36.0%、32.0%。40~100 cm 土层，各处理土壤含水量随土层加深不断上升，处理间无显著差异，但对照低于各覆盖处理。100~200 cm 土层的变化趋势和 40~100 cm 土层相似，除个别土层外，整体呈上升趋势。从地膜颜色和覆膜方式来看，在 0~100 cm 土层，所有黑膜覆盖处理的平均土壤含水量较白膜覆盖处理提高 0.8%、微垄较平作提高 4.1%、不覆土较覆土提高 0.2%。说明，胡麻苗期对土壤水分需求相对较少，各处理间土壤含水量整体差异较小，微垄各处理可明显提高苗期土壤的含水量。现蕾期，由于此时期降水较少，0~20 cm 土层含水量快速下降，此时黑膜平作覆土（T7）处理保水能力显著高于白膜微垄不覆土处理（T3）和对照（$P<0.05$），说明随着气温的升高，不同地膜颜色和是否覆土均可对 0~20 cm 土层的水分进行显著的调节。在 20~100 cm 土层，除 40~60 cm 土层为明显下降趋势，其他土层均呈上升趋势，可能由于胡麻植株生长加快，需水量增加，导致此土层土壤水分上移。从 0~100 cm 土层平均土壤含水量来看，各黑膜覆盖处理平均比白膜覆盖处理提高 2.3%、微垄比平作提高 3.6%、覆土比不覆土提高 3.8%。由此可见，随着气温升高，覆土处理对土壤的保水效应逐渐体现。开花期，胡麻进入生殖生长阶段，植株生长旺盛，为植株需水敏感时期，持续高温使植物蒸腾作用强烈，导致土壤含水量减小，因此，各处理土壤含水量呈下降趋势并向下延伸至 0~60 cm 土层，黑膜微垄覆土（T4）处理整体表现均高于其他覆盖耕作处理。60~100 cm 土层，黑膜微垄处理均显著高于对照和秸秆覆盖（T9）（$P<0.05$），其中 0~100 cm 土层平均土壤含水量表现为黑膜覆盖处理比白膜提高了 3.8%、微垄比平作提高 10.4%。由此可知，在胡麻进入需水临界期时，黑膜微垄处理能提供更有利的土壤环境，保障了后期籽粒灌浆的水分需求。青果期，胡麻籽粒的形成时期，水分缺失会严重影响籽粒的灌浆质量和品质。在 0~100 cm 土层间，黑膜覆盖处理平均含水量较白膜高出 7.5%、微垄比平作提高 12.9%、覆土比不覆土提高 5.2%。其中黑膜垄作覆土（T2）、黑膜平作（T8）处理显著高于对照（$P<0.05$），增幅为 25.2% 和 9.2%，但白膜不覆土处理下的土壤含水量低于对照，说明在生殖生长阶段，地膜颜色可显著影响土壤含水量。成熟期，各处理在 0~60 cm 土层土壤含水量表现为下降趋势，覆盖处理与对照间差异不显著（$P>0.05$），生育后期覆盖处理对土壤水分的调控相对减小。60~200 cm 土层依然为总体上升的趋势。综上所述，在胡麻全生育期，各覆盖处理均可提高土壤的含水量，以黑膜+微垄处理效果最佳，特别是进入生殖生长阶段，覆盖能在胡麻对水分需求最紧迫的时期提供适宜的土壤水分环境，可有效避免早衰现象的发生，为胡麻的增产增收奠定良好的基础。

（二）不同覆盖方式对胡麻全生育期土壤贮水量的影响

从图 4-29 可知，全生育期不同覆盖方式下，0~200 cm 土层贮水量整体表现为随胡麻生育进程的推进逐渐下降，营养生长阶段覆盖处理与对照相比保水优势明显，生育后期地膜覆盖处理的贮水量快速下降，且大部分地膜覆盖处理低于对照。苗期—现蕾期，0~200 cm 土层贮水量黑膜平作不覆土（T8）、白膜微垄不覆土（T3）显著高于对照（$P<0.05$），增幅分别为 10.1% 和 6.0%，各微垄覆膜处理平均贮水量高于平作覆膜处理 1.8%、白膜比黑膜提高 1.1%、不覆土比覆土提高 2.9%。其中白膜+微垄处理比白膜+平作平处理的贮水量平均提高了 3.3%。由此可知，在胡麻植株快速生长阶段微垄和不覆土的覆盖方式有助于蓄集有效降水，提高土壤墒情，为胡麻营养器官的生长发育提供有利的土壤环境。开花期—成熟期为胡麻对水肥需求最为迫切阶段，各处理土壤贮水量均出现下降态势，以地膜覆盖最明显。青果期的土壤贮水量表现出升高的趋势，原因是在试验年度 7 月中旬试验所在地

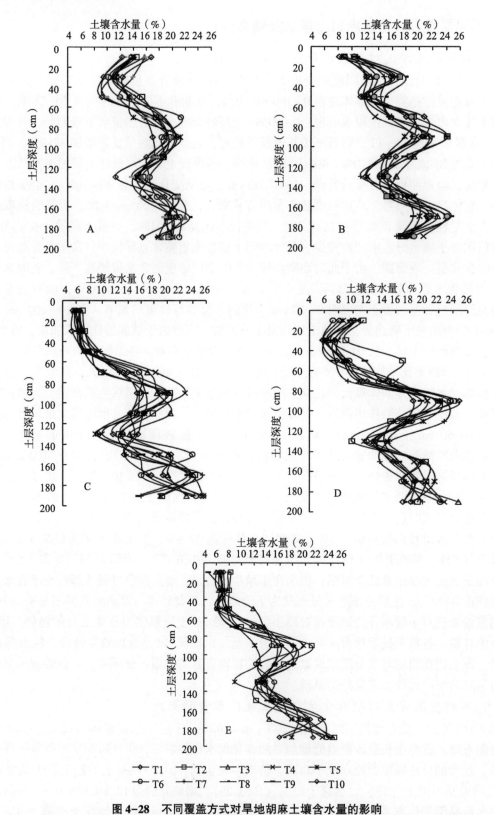

图 4-28 不同覆盖方式对旱地胡麻土壤含水量的影响

Fig. 4-28 Effects of different mulching on soil moisture content of oil flax in dryland

注：A—苗期；B—现蕾期；C—开花期；D—青果期；E—成熟期

20 mm以上的降水量导致土壤贮水量的增加。在成熟期阶段，黑膜微垄不覆土（T4）处理土壤贮水量优势最显著，比对照高出 4.5%，其他覆盖处理土壤贮水量与对照间均无显著差异。从全生育期各处理 0~200 cm 土层平均土壤贮水量的变化可知，开花期之前，微垄+不覆土处理可有效改善土壤墒情，促进作物营养器官的生长；开花期—成熟期，黑膜+微垄处理可有效保持土壤墒情，为胡麻高产奠定良好的水分基础。

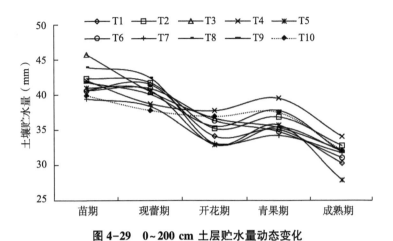

图 4-29 0~200 cm 土层贮水量动态变化

Fig. 4-29 Dynamical changes of soil water storage in 0-200 cm soil layer

二、不同覆盖方式下土壤温度的动态变化

（一）不同覆盖方式对不同土层温度的影响

由图 4-30 可以看出，随胡麻生育时期的推进 0~25 cm 土层土壤平均温度呈上升趋势，苗期—现蕾期覆盖的处理土壤温度上升较快，开花期—成熟期逐渐变缓，覆盖处理在 0~10 cm 土层土壤温度显著高于露地。从不同土层来看，5 cm 土层土壤全生育期温度变幅最大，极差为 13.38 ℃。苗期，黑膜平作覆盖方式土壤温度显著增加，其中黑膜平作不覆土（T8）、黑膜平作覆土（T7）处理日平均温度分别比对照显著高出 3.25 ℃和 2.88 ℃（$P<0.05$）。现蕾期，由于气温的升高，白膜+平作处理地温明显高于黑膜与微垄处理。开花期—成熟期，各处理间温差缩小，白膜平作不覆土（T6）处理增温效果优于其他覆盖处理，较对照平均增高 0.96 ℃。全生育期 5 cm 土层白膜覆盖平均地温比黑膜覆盖增温 0.22 ℃、微垄比平作高 0.97 ℃、不覆土比覆土增高 0.04 ℃。由此可知，5 cm 土层，黑膜平作处理和白膜平作处理增温效果显著。10 cm 土层，各覆盖处理间土壤温度差异最显著，苗期—现蕾期，白膜平作不覆土（T6）日均温仍高于其他各处理。两生育时期平均地温比对照高出 3.22 ℃。开花期—成熟期，覆膜处理日平均土壤温度均高于对照，膜色间温差减小。胡麻全生育期白膜覆盖处理 10 cm 土层平均温度比黑膜覆盖高 0.79 ℃、平作比微垄增高 0.77 ℃。可以看出，10 cm 土层白膜+平作处理增温效果最明显。15 cm 土层，苗期白膜各处理土壤温度均高于黑膜各处理，其中，白膜覆盖较黑膜覆盖平均增加 1.32 ℃。现蕾期—成熟期，各处理间温度差异变小，可能是随着植株生长，茂密枝叶使遮阴度增大阻碍了太阳辐射，减小其对 10 cm 以下土壤温度的影响，15~25 cm 土层，各处理土壤温度均下降显著，但是各处理的土壤温度随着生育时期的推进呈逐渐上升趋势，各覆盖处理对深层土壤温度影响甚小，各处理间土壤温度差异不显著。综上所述，覆盖处理可显著影响 0~10 cm 土壤温度，白膜平作不覆土（T6）处理由于膜色和不覆土的栽培特点，可明显增大阳光的辐射系数、透光率、反射率及导热率，因此提高了 0~25 cm 土层的平均温度。

（二）不同覆盖方式下胡麻全生育期 0~25 cm 土层土壤温度的日变化

由图 4-31 可以看出，不同时刻 0~25 cm 土层土壤平均地温差异较大，白膜+不覆土处理在早上 8:00 增温效果明显，在 12:00、14:00 所有覆膜处理中，垄作+覆土处理表现为降温效应，18:00 覆土、秸秆覆盖表现出良好的保温效应，各覆膜处理与对照相比，不同时刻均有增温效果。苗期，早上

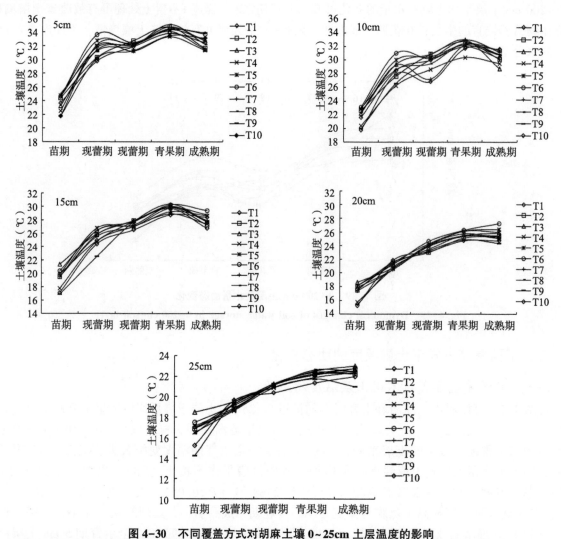

图 4-30　不同覆盖方式对胡麻土壤 0~25cm 土层温度的影响

Fig. 4-30　Effect of different coverage on the temperature of 0-25 cm soil layer of oil flax soil

8:00白膜不覆土覆盖方式下土壤温度显著高于对照，增幅为 1.52~2.88 ℃。12:00随气温的快速升高，土壤温度均明显增高，其中，白膜平作不覆土（T6）处理增温速率最快，较对照显著高出 3.73 ℃，其他覆膜处理比对照和秸秆覆盖高出 0.93~3.61 ℃，14:00各处理的土壤温度均达到一天中最高值。18:00各处理土壤温度开始出现下降趋势。以上研究表明，苗期白膜+不覆土处理能有效增高土壤 0~25 cm 土层平均温度，减少因气温寒冷造成胡麻出苗率低及植株生长发育受阻的问题。现蕾期，上午8:00，白膜平作覆土处理（T6）土温较对照显著高出 1.12 ℃（$P<0.05$）；12:00白膜平作覆盖方式显著高于白膜微垄覆盖，增幅为 0.72~1.91 ℃，秸秆覆盖增温最慢，比对照低 0.31 ℃；14:00，微垄覆膜处理平均地温较平作覆膜处理下降 1.53 ℃、覆土比不覆土下降了 0.42 ℃。其中白膜微垄覆土（T1）比白膜平作不覆土（T6）低 2.62 ℃，说明在高温时，垄作+覆土方式可有效降低地膜覆盖下的土壤温度。18:00，气温下降明显，各处理土壤温度均出现了不同程度的下降，此时大部分覆膜处理平均地温低于秸秆覆盖。由此可知，在高温时刻，微垄覆土覆膜方式与其他覆膜方式相比可有效降低土壤温度；在气温较低时，秸秆覆盖具有优异的保温效果。开花期—成熟期，土壤温度变化趋势较一致，在早上 8:00、18:00时黑膜覆土处理显著高于黑膜不覆土处理，平均增高 0.51~1.54 ℃，黑膜+覆土处理表现出良好的保温效果，12:00至 14:00，白膜平作+不覆土处理温度显著高于黑膜垄作+覆土处理 0.75~1.75℃，说明覆土处理对土壤温度的调节因气温的变化而异，兼有保温和降温的影响效

果。由此可知，覆盖方式在不同时刻对土壤温度影响效应有所不同，各生育时期黑膜覆土覆盖处理和秸秆覆盖在18:00对土壤起到明显的保温效果，8:00—12:00白膜不覆土处理的增温速率最快，14:00气温较高时，地膜覆盖方式下，垄作+覆土处理表现为降温效应，可防止地膜覆盖下土壤长时间高温导致植株脱水、器官老化的发生。

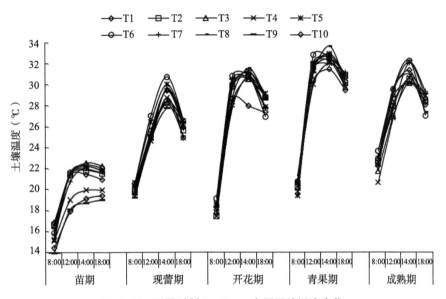

图4-31　不同时刻0~25 cm土层平均温度变化

Fig. 4-31　Soil temperature（0-25 cm）changes at different times

三、不同覆盖方式对胡麻生长发育的影响

（一）不同覆盖方式对胡麻出苗率的影响

从图4-32可以看出，胡麻田间出苗率总体表现为地膜覆盖>秸秆覆盖>露地，且不同覆盖处理间差异显著。其中黑膜微垄不覆土（T4）处理出苗率最高（70.5%），较对照显著高49.3%（$P<0.05$）；白膜微垄覆土（T1）、黑膜不覆土（T8）均可显著提高胡麻的出苗率；秸秆覆盖和黑膜平作覆土（T7）处理为覆作方式中出苗率最低。总体来看，不覆土处理平均比覆土处理的出苗率增加18.3%、垄作比平作增加11.2%、黑膜比白膜增加0.8%。由此可知，覆土可显著降低胡麻的田间出苗率，微垄栽培方式较平作有利于胡麻田间出苗率的提高，膜色对胡麻出苗率的影响不明显。

（二）不同覆盖方式对胡麻株高的影响

由表4-46可以看出，各覆盖方式对胡麻株高均有不同程度的影响。苗期—开花期，覆盖栽培下胡麻植株迅速增高，花期之后各处理茎秆的伸长生长逐渐减缓且差异明显变小。苗期各覆膜处理的株高均显著高于对照和秸秆覆盖，白膜微垄覆土（T1）和白膜平作不覆土（T6）处理较对照分别增加77.1%、75.3%。各覆膜处理间白膜平作覆土（T5）显著低于白膜微垄覆土（T1）和白膜平作不覆土（T6）11.4%~12.6%，其他覆膜处理间差异不显著。现蕾期，黑膜微垄覆土（T2）处理的株高增加最显著，比对照显著增加31.2%，秸秆覆盖的效果则介于地膜与对照之间。开花期，白膜平作处理株高增长速率显著低于其他覆膜处理（$P<0.05$），但仍高于对照，增幅为26.0%。青果期—成熟期，胡麻株高增加逐渐减缓，各覆盖处理间无显著差异，白膜微垄覆土（T1）株高最高，较对照增加了18.0%，较秸秆覆盖则增加10.8%。全生育期来看，白膜覆盖处理株高平均较黑膜覆盖处理增高0.8%、微垄较平作增高0.6%、覆土较不覆土增高2.5%。由此可知，胡麻株高的增长主要在开花

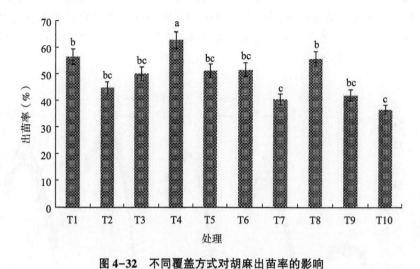

图 4-32　不同覆盖方式对胡麻出苗率的影响

Fig. 4-32　Effect of different mulching methods on flax emergence rate

期之前，开花期后增长逐渐放缓，以白膜微垄覆土处理增高效果最显著。

表 4-46　不同覆盖方式对胡麻株高的影响　　　　　　　　　　　　　（cm）

Tab. 4-46　Effects of different mulching patterns on plant height of oil flax

处理	苗期	现蕾期	开花期	青果期	成熟期
T_1	23.58a	32.23ab	43.65a	52.95a	53.75a
T_2	22.00ab	35.13a	42.60a	51.07ab	52.53a
T_3	22.28ab	33.25ab	42.85a	50.54ab	51.08a
T_4	21.48ab	33.25ab	42.91a	47.05ab	48.18ab
T_5	21.16b	34.86ab	38.61b	51.57ab	52.46a
T_6	23.83a	32.13b	41.76b	50.12ab	50.53a
T_7	21.88ab	34.54ab	43.58a	50.72ab	51.23a
T_8	20.79ab	32.23ab	43.77a	50.97ab	51.07a
T_9	14.07c	29.20c	38.17b	45.05bc	48.49ab
T_{10}	13.45c	26.80d	31.81c	37.97c	45.25b

（三）不同覆盖方式对胡麻茎粗的影响

由表 4-47 可知，不同覆盖方式均能促进胡麻茎秆的横向生长，开花期前，地膜覆盖方式下胡麻茎粗增长速率较快，开花期后，秸秆覆盖处理的茎粗增长明显。苗期—开花期，微垄覆膜处理茎粗明显快于平作覆膜处理，平均增长 6.4%，其中白膜微垄覆土（T1）、黑膜微垄不覆土（T4）处理的茎粗显著比对照增长了 24.4% 和 22.9%。青果期—成熟期，各处理间胡麻茎粗差异变小，但白膜微垄覆土（T1）、白膜微垄不覆土（T3）的茎粗仍显著高于对照（$P<0.05$），此时，秸秆覆盖的茎粗则迅速增长并显著高于对照 4.0%。由此可知，地膜+微垄覆盖方式可有效促进胡麻茎秆的生长发育，使植株更加健壮，一定程度增强了胡麻抵抗自然灾害的能力。

表 4-47 不同覆盖方式对胡麻茎粗的影响 （mm）
Tab. 4-47 Effect of different mulching patterns on stem diameter of oil flax

处理	苗期	现蕾期	开花期	青果期	成熟期
T_1	1.92ab	2.15b	2.60a	2.81a	3.19a
T_2	1.97ab	2.39a	2.55ab	2.69a	2.95b
T_3	2.10a	2.12b	2.54ab	3.08a	3.08a
T_4	1.84ab	2.03b	2.57ab	2.59a	2.85bc
T_5	1.98ab	2.26ab	2.33c	2.64a	2.83bc
T_6	1.95ab	2.04b	2.43bc	2.52b	2.86b
T_7	1.87ab	1.92c	2.47b	2.55b	2.82bc
T_8	1.77ab	1.79cd	2.49b	2.53b	2.75c
T_9	1.54bc	1.88c	2.52ab	2.63ab	2.87b
T_{10}	1.41c	1.77d	2.09d	2.57b	2.76c

（四）不同覆盖方式对胡麻生育时期的影响

由表 4-48 可知，覆膜覆盖均可促进胡麻的生长发育，白膜平作不覆土处理可明显加快胡麻的生育进程。播种—出苗期，各覆膜处理的生育天数均显著少于秸秆覆盖和对照处理（$P<0.05$），白膜不覆土（T6）、白膜微垄不覆土（T3）处理的生育时期分别比对照提前 4.6 d、3.7 d，且出苗时间早于各黑膜处理。出苗—现蕾期，黑膜平作覆土（T7）处理明显的迟于其他覆膜处理，白膜平作不覆土（T6）处理生育期显著比黑膜覆土（T7）和对照提前了 4.6 d、5.3 d。现蕾—开花期，各覆盖处理间的生育天数差异减小，白膜平作与白膜微垄覆盖方式的生育时期明显比黑膜平作、黑膜微垄提前了 0.4~0.9 d、0.4~0.7 d，各覆膜处理均显著比对照的生育时期提前（$P<0.05$）。开花—青果期，白膜平作不覆土（T6）处理花期显著比对照和秸秆覆盖提前 3.9 d、3.5 d 结束。各覆膜处理间趋势与前时期相类似。青果—成熟期，秸秆覆盖和对照的成熟期比覆膜处理推迟了 2.5~2.8 d，白膜不覆土（T6）成熟日期依然早于其他覆膜处理 0.5~2 d。全生育期来看，对照、秸秆覆盖处理生育期天数显著长于覆膜处理，说明对照和秸秆覆盖整个生育时期的推进明显慢于覆膜处理；黑膜覆盖处理生育期总天数平均比白膜延长 9.3 d、微垄比平作延长 3.3 d、覆土比不覆土延长 1.8 d。生育期的延长，延长了籽粒的灌浆周期，为高产奠定了良好的基础。

表 4-48 不同处理对胡麻生育阶段及生育期的影响 （d）
Tab. 4-48 Effects of different treatments on growth stage and growth period of oil flax

处理	播种—出苗	出苗—现蕾	现蕾—开花	开花—青果	青果—成熟	总天数
T1	13.8bc	31.2ab	15.2b	11.3bc	24.3bc	95.1bc
T2	15.0b	32.2ab	15.9b	12.2ab	25.7ab	101.7b
T3	13.0c	29.1bc	15.1b	10.4c	24.8bc	89.0c
T4	14.6b	30.0bc	15.5b	12.0ab	24.6bc	96.9bc
T5	13.2bc	29.5bc	15.5b	10.1c	24.2bc	88.8c
T6	12.1c	27.8c	15.0b	9.7c	23.7c	84.8d
T7	15.5b	32.4a	15.9b	10.5bc	25.4ab	100.5b
T8	15.2b	29.7bc	15.9b	10.3bc	24.5bc	95.6bc
T9	17.3a	33.4a	16.1ab	13.2a	26.2a	107.2a
T10	16.7a	33.1a	16.6a	13.6a	26.5a	107.5a

（五）不同覆盖方式对胡麻叶面积指数的影响

胡麻叶面积指数（LAI）能反映出群体结构和群体对光能的利用率高低。由表4-49可知，在开花期之前，各覆盖方式LAI均随着生育时期的推进显著增大，白膜覆盖处理LAI平均比黑膜覆盖处理增加17.0%、微垄比平作增加30.9%。LAI的快速增长，提高了胡麻的采光效能，为干物质的积累奠定了基础。进入生殖生长后，白膜覆盖处理叶面积指数下降明显，白膜平作覆土（T5）处理LAI比黑膜垄作覆土（T2）下降33.3%，说明白膜覆盖个别处理在胡麻的生育后期叶片有早衰现象的发生。由此可知，白膜+垄作覆盖方式有利于胡麻生育前期叶面积指数的快速增长，黑膜覆盖各处理的叶面积指数在胡麻生育后期表现降幅较小，保证了后期植株较好的光合性能，有利于产量的形成。

表4-49　不同覆盖方式对胡麻叶面积指数的影响

Tab. 4-49　Effects of different mulching methods on leaf area index of oil flax

处理	苗期	现蕾期	开花期	青果期
T1	0.9ab	1.8bc	2.9a	1.7ab
T2	0.7b	1.9b	2.8a	2.0a
T3	1.1ab	2.4a	2.7ab	1.7ab
T4	1.2a	1.7bc	2.4ab	1.8ab
T5	1.0ab	2.0b	2.6ab	1.5b
T6	1.1ab	1.3cd	2.2bc	1.7ab
T7	0.8ab	1.2cd	2.1bc	1.9a
T8	1.3a	1.5c	2.5ab	1.8ab
T9	0.6c	1.2cd	2.2bc	1.8ab
T10	0.5c	1.0d	1.8c	2.1a

（六）不同覆盖方式对胡麻叶绿素含量的影响

由表4-50可知，地膜覆盖可显著提高胡麻叶片的叶绿素含量，且含量随胡麻生育时期的推进呈先升后降单"峰"形变化趋势。苗期，各覆膜处理之间叶绿素含量的差异不明显，但均显著高于秸秆覆盖和对照。其中黑膜不覆土（T8）、黑膜覆土（T7）处理的叶绿素含量较对照显著高出35.8%、35.0%。现蕾期，各处理间叶绿素含量的差异增大，黑膜覆盖处理平均比白膜覆盖增加2.5%、微垄比平作处理增加1.4%、覆土比不覆土处理增加0.5%。其中，白膜平作覆土（T5）、黑膜平作覆土（T7）处理的叶绿素含量显著高于对照，分别高出54.4%和51.7%。进入开花期后，各处理间的叶绿素含量无显著差异。青果期，各覆膜处理叶绿素含量开始出现下降趋势，秸秆覆盖的叶绿素含量高于各地膜覆盖处理，但差异不显著。由此可知，地膜覆土处理可显著提高叶片的叶绿素含量，增强植物的光合能力，但是开花期之后秸秆覆盖下的叶片叶绿素含量的增高，更利于后期光合产物的形成。

表4-50　不同覆盖方式对胡麻叶绿素含量的影响　　　　　　　　　　　　（mg·g⁻¹FW）

Tab. 4-50　Effects of different mulching methods on chlorophyll content of oil flax

处理	苗期	现蕾期	开花期	青果期
T1	45.17a	59.73ab	55.43b	49.33ab
T2	44.97a	59.23ab	56.63b	47.63ab
T3	46.23a	59.37ab	51.03c	46.23ab
T4	45.37a	58.90ab	53.93c	46.73ab

（续表）

处理	苗期	现蕾期	开花期	青果期
T5	44.97a	61.87a	46.43d	52.60a
T6	46.47a	57.23ab	51.40c	46.23ab
T7	46.40a	60.80a	56.27b	53.07a
T8	46.53a	58.00bc	56.27b	44.80b
T9	37.17b	56.23c	60.73a	52.77a
T10	34.37b	40.07d	57.23b	53.83a

四、不同的覆盖方式对胡麻地上部干物质的影响

（一）不同覆盖方式下胡麻地上部干物质量的动态变化

由图4-33可见，不同覆盖方式下胡麻地上部干物质的积累量均高于露地。不同覆盖方式之间，白膜覆盖平均比黑膜覆盖增加7.4%、微垄比平作增加11.2%、覆土比不覆土增加4.7%；地膜>秸秆>对照；但不同的生育时期干物质的积累及增长趋势有所不同。苗期，黑膜覆盖处理普遍低于白膜覆盖处理，其中白膜微垄不覆土（T3）处理的干物质积累量显著比黑膜微垄不覆土（T4）增加46.0%。现蕾期，白膜平作覆土（T5）、白膜微垄不覆土（T3）处理的干物质积累量显著高于对照，分别较对照提高了64.6%和58.2%。开花期，由营养生长转向生殖生长，除T5处理外，各覆盖处理显著高于对照。青果期，各处理干物质的积累量迅速上升，地膜覆膜处理干物质积累量均显著高于对照。白膜覆盖处理的干物质积累量平均较黑膜覆盖处理增加6.4%，微垄与平作间无明显差异，覆土较不覆土增加9.3%。其中以白膜微垄覆土（T1）处理干物质积累量最高，比对照高出53.0%。成熟期，各微垄覆盖处理的干物质量明显高于平作覆盖处理，以白膜微垄处理干物质积累量最高，其中白膜微垄覆土（T1）和白膜微垄不覆土（T3）处理分别比对照提高了88.0%和83.0%。由此可见，膜色可显著影响营养生长阶段干物质的积累，白膜覆盖可显著促进干物质的积累；进入生育后期，微垄栽培方式可明显提高干物质的积累，以白膜和微垄处理的平均干物质积累量较高，有利于胡麻产量的提高。

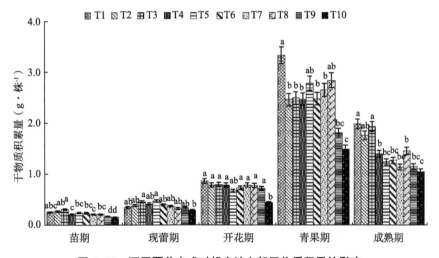

图4-33　不同覆盖方式对胡麻地上部干物质积累的影响

Fig. 4-33　Effects of different mulching methods on dry matter accumulation in aboveground parts of oil flax

（二）不同覆盖方式对胡麻全生育期干物质积累速率的影响

如图4-34所示，不同覆盖方式下胡麻干物质积累速率总体变化趋势为开花期之前各处理间的差异较小，开花期之后差异明显加大。苗期至开花期，各处理干物质积累速率平稳增长，以微垄覆膜处理下的干物质积累速率最高，白膜微垄覆土（T1）处理的干物质积累速率比对照显著高出39.5%。青果期，各处理干物质积累速率均达到最高值，T1、T8、T5处理的干物质积累速率显著高于对照，分别是对照的2.6倍、2.2倍和1.2倍。成熟期，由于各个处理不同程度的落叶出现，所以，此时期各处理间干物质积累速率无明显差异。全生育期，白膜覆盖处理平均积累速率比黑膜覆盖处理增加7.8%、微垄比平作增加13.7%、覆土比不覆土增加7.6%。以上结果表明，白膜+微垄覆盖方式可显著提高胡麻干物质的积累速率。

图4-34 不同覆盖方式对胡麻干物质积累速率的影响

Fig. 4-34 Effect of different mulching methods on dry matter accumulation rate of oil flax

（三）不同覆盖方式下胡麻干物质的分配规律

由表4-51可知，不同覆盖方式下干物质的分配随胡麻生育进程的推进而有所差异。开花期前，茎的分配比例呈上升趋势，叶则逐渐减小；开花之后，各处理蒴果的干物质分配比例迅速上升，其中，白膜覆盖处理向蒴果分配比例比黑膜增加6.4%、微垄比平作增加39.9%、不覆土比覆土增加1.2%。苗期，由于白膜覆盖生长发育快于黑膜覆盖，因此，白膜平作处理叶的干物质比重显著比黑膜平作处理增加了9.0%~16.7%。现蕾期，各处理间分配比重差异减小，但秸秆覆盖和对照向茎的分配比重仍显著低于各覆膜处理，降幅在2.5%~8.0%。开花期，覆膜各处理在茎和花的分配比重显著高于对照，其中白膜微垄覆土（T1）向茎和花的分配比重比对照高出7.2%和3.7%。青果期—成熟期，黑膜覆盖方式向蒴果分配的干物质比重最高，其中黑膜平作不覆土（T8）处理显著比对照高出1.2%~15.7%。由此可知，白膜覆盖在生育前期能促进植株各器官的生长发育，黑膜+微垄覆盖方式的干物质向蒴果分配比例高于其他处理，有利于籽粒产量的提高。

表4-51 不同覆盖方式对胡麻干物质分配的影响　　　　　　　　　　（%）

Tab. 4-51 Effect of different mulching methods on distribution of dry matter in different organs

处理	苗期		现蕾期		开花期			青果期			成熟期		
	茎	叶	茎	叶	茎	叶	花	茎	叶	蒴果	茎	叶	蒴果
T1	33.0b	67.0b	52.1ab	47.9b	54.9a	30.2c	14.9a	50.1ab	11.5c	38.4ab	58.3a	6.0c	35.7b
T2	27.6bc	72.4ab	53.7a	46.3b	54.1ab	32.0bc	13.8ab	50.8ab	12.7c	36.5ab	56.3ab	7.9b	35.8b

（续表）

处理	苗期		现蕾期		开花期			青果期			成熟期		
	茎	叶	茎	叶	茎	叶	花	茎	叶	蒴果	茎	叶	蒴果
T3	29.1bc	70.9b	52.2ab	47.8b	53.7ab	32.6bc	13.7ab	48.4ab	15.1ab	36.5ab	56.1ab	5.4c	38.5ab
T4	33.5b	66.5b	50.4b	49.6b	53.1b	32.9bc	14.0ab	49.3ab	14.4b	36.3ab	50.8bc	7.1b	42.2a
T5	22.3c	77.7a	49.9b	50.1ab	49.6b	37.1ab	13.3ab	52.4a	14.0b	33.6b	52.6b	7.5b	39.9ab
T6	26.6c	73.4a	49.8b	50.2ab	55.0a	31.5bc	13.5ab	46.8ab	12.8c	40.4a	57.2ab	8.5ab	34.3b
T7	35.6ab	64.4bc	54.3a	45.7c	53.4b	34.0b	12.7b	50.8ab	13.2b	36.1ab	55.3b	5.7c	39.0ab
T8	39.0a	61.0c	53.9a	46.1bc	55.1a	30.9c	14.0ab	45.7ab	13.2b	41.1a	52.1b	6.4c	41.5a
T9	27.4bc	72.6ab	46.3c	53.7a	49.7b	35.1b	15.1a	48.9ab	16.9a	34.2b	49.0c	14.2a	36.8b
T10	28.3bc	71.7ab	47.9c	52.1a	47.7b	41.1a	11.2b	44.8b	15.2ab	39.9ab	56.8ab	17.4a	25.8c

五、不同覆盖方式对胡麻氮素的吸收与分配的影响

（一）不同覆盖方式下植株氮的积累总量

从图 4-35 可以看出，不同的生育时期胡麻对氮素的吸收积累差别较大，覆盖处理在全生育期与对照相比均可提高氮素的吸收积累，全生育期呈"S"形增长趋势。苗期—开花期，氮素的吸收积累较缓慢，青果期，氮素的积累量快速增长，黑膜覆盖处理平均氮素积累量比白膜覆盖处理增加1.1%、微垄比平作增加 8.8%、覆土比不覆土增加 11.7%。其中白膜微垄覆土（T1）比白膜平作覆土（T5）增加 11.5%，白膜平作覆土（T5）比白膜平作不覆土（T6）显著增加 29.1%，成熟期植株开始衰败，氮吸收速率减缓。表明生育前期白膜较黑膜促进了氮素积累量，后期则相反；垄作+覆土较平作+不覆土、地膜覆盖较秸秆覆盖更利于氮素的积累。

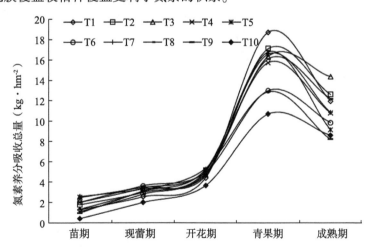

图 4-35　不同覆盖方式下氮素的吸收积累动态的影响

Fig. 4-35　Effect of mulching treatments on nitrogen uptake and accumulation

（二）不同覆盖方式下胡麻各器官氮的分配

由表 4-52 可看出，随着胡麻生育进程的推进，植株氮素的积累量逐渐增加，氮素在各器官的分配比例有明显的差异。在开花期之前，胡麻叶片中氮的积累显著增加，开花期之后逐渐降低，茎的氮积累则与叶的增长趋势相反。到青果期，叶和茎的氮积累达到峰值，之后向生殖器官转移，籽粒氮积

累量增大。苗期，白膜覆盖处理茎秆的氮素分配比例平均比黑膜覆盖增高 7.7%。现蕾期，白膜覆盖处理叶的氮素分配比例较黑膜增高 0.9%。进入生殖生长阶段后，各处理间叶和茎氮的分配差异减小，地膜覆盖处理向叶和茎的分配比重呈逐渐下降趋势，秸秆覆盖和对照向叶和茎分配比重则无明显变化。成熟期，黑膜覆盖处理氮素向籽粒分配比例平均比白膜覆盖处理提高 7.1%、不覆土比覆土提高 0.9%、微垄比平作提高 2.2%。其中黑膜平作覆土处理（T7）显著比白膜平作覆土处理（T5）增高 16.6%。覆膜处理氮素向籽粒的分配比例均显著高于对照，微垄覆膜栽培处理的籽粒氮素分配比例显著比对照增加了 12.3%。说明在进入生殖生长后，黑膜+垄作覆盖方式可提高氮素从营养器官向生殖器官内的分配积累量，有利于胡麻籽粒的建成。

表 4-52　不同覆盖方式下各器官氮素的分配率　　　　　　　　　（%）

Tab. 4-52　Nitrogen allocation rate of each organ under different mulching patterns

处理	苗期		现蕾期		开花期		青果期			成熟期		
	叶	茎	叶	茎	叶	茎	叶	茎	果	叶	茎	果
T1	34.05ab	65.95b	96.38a	3.62d	42.31c	57.69a	8.92c	33.17c	57.91b	11.35a	30.00bc	58.65c
T2	29.79b	70.21ab	94.92bc	5.08ab	45.14b	54.86ab	11.34bc	46.50a	42.16d	8.37ab	28.75bc	62.87b
T3	30.71b	69.29b	95.67b	4.33c	42.52c	57.48a	14.60ab	36.67c	48.73c	5.75c	32.06b	62.19b
T4	35.98ab	64.02b	94.82c	5.18a	49.49ab	50.51b	16.91a	39.94b	43.15d	7.35b	23.38c	69.27a
T5	25.52c	74.48a	95.10b	4.90ab	52.83a	47.17c	12.10b	46.51a	41.39d	7.85b	33.24b	58.91c
T6	28.05b	71.95a	96.56a	3.44d	45.81b	54.19a	10.10bc	27.08d	62.81a	8.57ab	27.82bc	63.61b
T7	40.28a	59.72c	94.58c	5.42a	52.03a	47.97c	10.64bc	47.31a	42.05d	4.53c	19.94d	75.54a
T8	40.56a	59.44c	95.72b	4.28c	40.27c	59.73a	13.47b	37.12bc	49.41c	6.90bc	29.23bc	63.87ab
T9	28.98b	71.02ab	95.17b	4.83b	53.00a	47.00c	17.23a	39.43b	43.34d	3.14c	46.31a	50.55d
T10	28.34b	71.66ab	95.91b	4.09c	50.77ab	49.23b	14.76ab	30.78d	54.46b	6.42c	42.60a	50.98d

六、覆盖方式对胡麻产量构成因子及产量的影响

由表 4-53 可看出，不同覆盖方试显著影响胡麻的产量构成因素及产量。各覆盖处理的单株蒴果数均显著高于对照（*P*<0.05），黑膜微垄覆土（T2）、白膜微垄不覆土（T3）分别比对照增加 64.3% 和 39.9%。各处理间每果籽粒数的差异显著，黑膜不覆土（T8）与白膜覆土（T5）显著比对照增加 12.2%、11.2%。各处理间的千粒重规律有所变化，黑膜微垄覆土（T2）明显高于其他覆膜处理，白膜平作覆土（T5）、秸秆覆盖较对照显著减少了 3.9% 和 3.2%。籽粒产量方面，各覆盖处理显著高于对照，白膜覆土（T5）、黑膜微垄覆土（T2）、白膜微垄不覆土（T3）处理比对照分别增高 32.3%、29.0% 和 28.9%。表现出了较好的增产效果。

表 4-53　覆盖方式对胡麻产量构成因子及产量的影响

Tab. 4-53　Effects of patterns on yield components and seed yield of oil flax

处理	单株蒴果数（个）	每果籽粒数（粒）	千粒重（g）	籽粒产量（kg·hm⁻²）
T1	9.98bc	7.73b	5.57c	617.84c
T2	13.47a	7.33c	6.04a	679.37a
T3	11.47b	7.40bc	5.75ab	679.04a
T4	10.07b	7.67bc	5.86ab	618.64c
T5	10.20b	7.93ab	5.41d	696.50a
T6	8.78cd	7.40bc	5.61c	608.90c

（续表）

处理	单株蒴果数（个）	每果籽粒数（粒）	千粒重（g）	籽粒产量（kg·hm⁻²）
T7	8.69cd	7.87ab	5.60c	566.44d
T8	10.40b	8.20a	5.73b	652.24b
T9	9.84c	7.60bc	5.45d	613.37c
T10	8.20d	7.13c	5.63b	526.60d

七、不同覆盖方式对胡麻水分利用效率的影响

植物水分利用效率（WUE）是衡量植物生长适宜程度的综合生理生态指标，它实质上反映了植物耗水与其干物质生产之间的关系。由表4-54可知，不同覆盖条件处理下胡麻的耗水量及水分利用率存在着显著差异。所有覆盖处理的耗水量均高于对照，其中白膜微垄不覆土（T3）处理和白膜平作覆土（T5）处理显著高于对照3.3%、3.0%。各覆盖处理的水分利用率均显著高于对照，其中，黑膜微垄覆土（T2）处理较对照提高27.6%，白膜处理较黑膜处理平均提高21.8%，微垄较平作提高26.3%，覆土较不覆土提高0.3%。

表4-54　不同覆盖方式对胡麻水分利用效率的影响

Tab. 4-54　Effects of different mulching methods on water use efficiency of oil flax

处理	土壤贮水量（mm）		降水量（mm）	耗水量（mm）	水分利用率（kg·hm⁻²·mm⁻¹）
	播种前	收获后			
T1	40.7	30.3	172.0	182.4±0.4b	3.3±0.2c
T2	42.3	32.8	172.0	181.5±0.2bc	3.7±0.4a
T3	45.8	32.1	172.0	185.7±0.3a	3.6±0.4ab
T4	42.0	34.1	172.0	179.9±0.1c	3.4±0.3bc
T5	41.0	27.8	172.0	185.2±0.4a	3.7±0.2a
T6	40.6	31.0	172.0	181.6±0.6bc	3.3±0.3c
T7	39.4	31.7	172.0	179.7±0.2c	3.1±0.2c
T8	44.0	32.0	172.0	184.0±0.2ab	3.5±0.4b
T9	41.8	31.8	172.0	182.0±0.2b	3.3±0.2c
T10	39.9	32.1	172.0	179.8±0.5c	2.9±0.3d

八、覆盖方式对胡麻品质的影响

不同覆盖处理对胡麻品质影响的结果（表4-55）表明，覆盖处理后胡麻品质有显著性变化，但各覆盖处理间对胡麻品质影响较小。其中，白膜平作不覆土（T6）处理含油率最高，较对照显著提高了1.6%，其余处理与对照则无显著差异。黑膜微垄不覆土（T4）和黑膜平作覆土（T7）处理亚麻酸的含量较对照显著提高了3.8%~4.3%，但白膜平作各处理较对照则降低0.9%~1.0%。在亚油酸含量上黑膜平作覆土（T7）处理显著低于各处理，较秸秆覆盖降低了1.4%。硬脂酸含量各处理间差异有所减小，白膜平作不覆土（T6）处理优势最明显，较秸秆覆盖高1.2%。但秸秆覆盖的油酸含量明显高于其他覆盖处理，较黑膜平作覆土（T7）高出2.5%。各处理间棕榈酸含量无显著性差异。

表 4-55　覆盖方式对胡麻品质的影响　（%）

Tab. 4-55　Effects of coverage on the quality of oil flax

处理	含油率	亚麻酸	亚油酸	硬脂酸	油酸	棕榈酸
T1	37.7bc	44.1b	12.3b	6.0b	30.5b	6.4ab
T2	37.5bc	43.8bc	12.1b	5.6b	31.4ab	6.6ab
T3	38.4ab	44.7ab	12.5b	6.3a	30.0b	6.6ab
T4	38.0b	47.0a	12.5b	6.0b	30.2b	6.9a
T5	38.2b	42.2c	13.1a	5.8b	32.0a	7.0a
T6	39.2a	42.3c	12.9b	6.6b	31.7ab	6.4ab
T7	37.8bc	47.5a	11.8c	6.1ab	29.8c	6.8a
T8	37.3c	44.0b	12.6b	5.7b	31.6ab	6.6ab
T9	38.0b	43.4bc	13.2a	5.4b	32.3a	6.5ab
T10	37.6bc	43.2bc	12.4b	5.7b	31.5ab	6.9a

九、不同覆盖方式下胡麻经济效益的分析

由表 4-56 可知不同覆盖方式下胡麻种植投入及产出。净收入可直接反映出胡麻的种植效益，其中胡麻茎秆按柴出售微垄各处理收入显著提高，较对照平均提高 86.9 元·hm^{-2}，胡麻茎秆按纤出售，各覆膜处理收入大幅增加，且显著高于对照 56.7～283.0 元·hm^{-2}。籽粒收入白膜平作覆土（T5）、黑膜微垄覆土（T2）、白膜微垄不覆土（T3）处理较对照显著提高 1 189.3 元·hm^{-2}、1 069.4 元·hm^{-2}、1 067.1 元·hm^{-2}。但秸秆覆盖净收入增幅显著，较黑膜平作覆土（T7）处理高出 833.0～1 172.5 元·hm^{-2}。

表 4-56　不同种植模式对胡麻经济效益的影响

Tab. 4-56　Effects of cropping patterns on economic benefits of oil flax

处理	成本（元·hm^{-2}）				收入（元·hm^{-2}）			净收入（元·hm^{-2}）	
	种子	肥料	地膜	人工	茎（柴用）	茎（纤用）	籽粒	柴+籽粒	纤+籽粒
T1	21	720	816	160	241.2a	603.1a	4 324.9c	2 849.1bc	3 211.0b
T2	21	720	840	160	213.9a	534.6ab	4 755.6a	3 228.4ab	3 549.2a
T3	21	720	816	160	234.6a	586.6a	4 753.3a	3 270.9ab	3 622.9a
T4	21	720	840	160	170.0b	424.9c	4 330.5c	2 759.4bc	3 014.4b
T5	21	720	816	160	151.1c	377.7c	4 875.5a	3 309.6ab	3 536.2a
T6	21	720	816	160	154.6c	386.5c	4 262.3c	2 699.9c	2 931.8bc
T7	21	720	840	160	138.7c	346.8c	3 965.1d	2 362.8d	2 570.8c
T8	21	720	840	160	177.3b	443.2b	4 565.7b	3 001.9b	3 267.8b
T9	21	720	0	160	140.3cd	350.7cd	4 293.6c	3 532.9a	3 743.3a
T10	21	720	0	160	128.0d	320.1d	3 686.2d	2 913.2b	3 105.3b

十、讨论与结论

在我国西北干旱半干旱地区，覆盖耕作具有较好的保墒效果，可有效提高土壤含水量和水分有效利用效率。本研究表明，覆盖处理均可提高土壤含水量，微垄+覆膜的覆盖方式有助于自然降水的蓄集，减少无效蒸发，改善土壤墒情，全生育期以黑膜微垄不覆土处理的土壤含水量增加最显著。有学

者研究认为，进入生殖生长阶段之后，特别是籽粒灌浆时期，地膜覆盖会因土壤水分分配不平衡，导致灌浆质量低下（乌瑞翔等，2001）。本试验研究表明，随着胡麻生育时期的推进，土壤贮水量逐渐减少，特别是开花期之后，白膜覆盖处理的土壤贮水量普遍出现了明显的下降趋势，但黑膜微垄覆盖方式 0~200 cm 土层平均土壤贮水量优势突出，表明在胡麻籽粒形成的关键时期，黑膜微垄覆盖方式可有效改善因生育前期过度消耗造成的土壤水分亏缺，增加了土壤水分，使之与关键生育时期的需求同步，避免了因地膜覆盖造成的作物生育期内土壤水分分配不均衡引发的作物早衰甚至后期土壤严重脱水问题的发生。地膜+覆土、秸秆覆盖方式一方面减弱土壤与空气的水汽交换，提高了胡麻的抗旱性，同时也阻碍了降水向土壤的下渗，不利于土壤含水量的增加；因此，微垄+不覆土的覆盖方式较适合在时常发生季节性降雨的地区推广，这与朱伟等（2016）等人研究相类似。在进行覆盖种植时，要结合当地的气候特点，选择合适的覆盖方式，才能达到高产稳产的目的。

农作物通过土壤的呼吸作用提供的能量进行养分吸收，一定的范围内，土壤呼吸速率与土壤温度呈正相关的关系。因此，在一定范围内增高土壤温度可促进作物对土壤养分的吸收，实现产量的提高。本研究表明，覆盖处理下的农田土壤，0~25 cm 土层的平均温度均有显著增加，土壤的增温效果与覆盖材料、地膜颜色、是否覆土等均有关系，白膜不覆土处理增温效果最显著，且随气温的上升而增大，但保温性较差；秸秆覆盖则相反，增温慢保温性强。有相关研究报道：在作物生殖生长阶段，土壤长期高温容易使作物的根系老化，甚至出现早衰现象（乌瑞翔等，2001），影响籽粒的灌浆质量。本试验研究表明：胡麻开花期之后，12:00—14:00 各处理的土壤最高温度达到了 33 ℃，平均温度在 30 ℃左右，已不利于胡麻的生长发育，甚至会加速其根系的老化，但是微垄+覆土的覆盖方式通过改变太阳的辐射角度、反射率、透光率和导热率，有效降低了土壤温度，较其他平作不覆土处理土壤温度平均下降 1.06 ℃，防止长时间高温造成植株早衰的发生，延长了籽粒的灌浆期，提高了胡麻的产量。垄作+覆土的覆盖方式既可以在气温较低时表现出保温效应，又可在高温时期起到降温效应，为胡麻的根系生长发育创造出了适宜的土壤环境，增产效果显著。

在胡麻营养生长阶段，各处理氮素吸收量相对较小，但是处理间氮素的积累差异显著，白膜覆盖方式通过胡麻植株快速生长发育，有效提高了对氮素的吸收积累；生殖生长阶段，黑膜微垄覆盖方式提高了灌浆期—成熟期氮素向籽粒的分配比例，明显促进了氮素吸收及由其营养器官向果实的转移。相关研究表明，作物对养分的吸收积累，要通过作物根系不断生长发育来实现（彭少兵等，2002），地膜覆盖方式通过影响土壤环境，充分调动和发挥了土壤肥力的作用，增大了氮素的有效性，促进了植株的生长发育，提高了氮素的吸收（Sun et al，1986）。本研究表明，覆盖方式下胡麻对氮素的吸收积累明显增加，由于覆盖材料的不同，氮素的吸收利用机理有所不同，白膜平作不覆土覆盖处理，前期土壤温度增幅较大，水分消耗量大，前期虽然明显促进了植株的生长发育，提高了氮素的吸收积累量，但是后期根系和植株会较早衰败；而黑膜微垄覆土处理对胡麻的生长促进作用更持久，使其生育后期对氮素的积累和籽粒分配比重显著高于白膜平作不覆土处理，对后期植株的生长和产量形成产生了显著的促进作用。而秸秆覆盖通过秸秆的腐烂分解，增加了土壤有机质含量、提高土壤微生物的活动量、增加养分的供应，但该方式下胡麻植株对氮素的吸收积累小于地膜覆盖。

覆盖方式影响胡麻的出苗率、株高、茎粗、叶面积、干物质积累、叶绿素和生育进程。覆盖种植可有效促进胡麻生育前期的生长发育。胡麻出苗率的高低受土壤水分和温度影响明显，垄作+不覆土处理通过对降水的聚集，缓解了出苗期的"卡脖旱"现象的发生，使胡麻出苗率提升 20%。白膜覆盖处理可有效促进胡麻株高、茎粗的增长，发达的营养器官是作物高产的基础。卜玉山等（2006）研究认为，覆盖种植显著增加作物叶面积的同时，可通过提高叶绿素含量来构建合理的光合体系，从而提高了同化物的转化，增加干物质的积累。本试验研究表明：地膜覆盖可提高胡麻叶面积和叶绿素含量，白膜微垄栽培方式通过生育前期生物量的迅速增加，为生育后期产量的增加奠定了基础。傅兆麟等（2001）研究认为，作物的穗粒重与叶面积呈极显著正相关，开花后的干物质积累量决定籽粒的重量。本试验研究表明：黑膜微垄覆盖方式在胡麻生育后期保持着较高的籽粒干物质积累量和绿叶面积，因此，黑膜+微垄处理有利于籽粒灌浆质量的提高，最终达到高产。覆盖种植可有效促进单株籽粒数、千粒重和产量的形成，胡亚瑾等（2015）研究表明，垄作地膜覆盖处理的产量显著高于露地种植，垄沟覆膜栽培模式可有效聚集降水，增加了表层土壤水分含量，提高了土壤水分的利用效率；高温少雨时期通过土壤深层水分来补充表层土壤含水量，为作物的生长和高产提供了良好的生长环境。本研究表明，微垄+地膜覆盖方式均可显著提高胡麻籽粒产量，其中黑膜微垄覆土和白膜微垄不覆土处理的单株蒴果数、千粒重显著增加，垄作栽培和地覆技术相结合，提高了土壤的持水能力和有效降雨量的蓄集，调节了土壤温度，加大了养分的吸收，促进了胡麻的生长发育，最终籽粒产量得到明显提高。其中白膜微垄不覆土、黑膜微垄覆土处理分别较对照提高29.0%、28.9%，适合在该地区推广。

第五节　氮磷配施对旱地胡麻水肥利用及产量的调控

我国是农业生产大国，化肥消费量和生产量分别居世界第1位和第2位，化肥增产丰收的作用，使得农业生产对化肥有了依赖，长期施用化肥，不仅引起农田生态系统的变化，而且对环境也存在一定的负面影响，传统施肥方式往往因施肥过多而造成浪费，且肥料利用率普遍较低。过去对胡麻生产的重视程度不够，传统的种植模式，管理粗放、只施氮肥或不施用化学肥料，加之胡麻品种老化，使胡麻的产量低而不稳，品质下降（松生满，2007）。在胡麻种植方面仍存在施肥不科学问题，轻视有机肥，在化肥中偏施氮肥，而忽视氮磷配施以及与有机肥配施对胡麻生长发育、养分吸收和产量构成的促进作用。合理增施氮、磷、钾肥能显著增加胡麻籽粒产量，提高籽粒含油率。国内外关于氮肥、磷肥对土壤养分和作物生长的影响做了大量研究，许多研究表明，在一定范围内，增施氮磷肥均能提高作物产量，当超过了既定的范围，增施氮磷肥对产量的增加不再明显甚至会有所降低。与其他作物相比而言，施肥对胡麻产量的影响研究居多，有关氮、磷肥配施对胡麻影响的相关研究比较落后，不合理的施肥在很大程度上限制了胡麻产量的提高。本研究通过设置灌水地、旱地不同氮、磷肥的配施试验，重点探讨不同氮磷肥配施对胡麻干物质积累、可溶性糖含量、养分吸收运转、产量以及水肥效率的影响，以期探索合理的施肥方案，为优化胡麻田间养分管理、提高胡麻生产力提供理论依据。

一、氮磷配施下胡麻光合指标和碳代谢产物变化

（一）胡麻叶绿素含量和光合面积的变化

1. 氮磷配施下旱地胡麻叶片叶绿素含量的变化

由表4-57可知，除个别处理外，氮磷配施叶绿素a含量均高于单施氮磷肥处理和不施肥处理。各生育时期胡麻叶片中叶绿素a的含量表现为，施肥处理的叶绿素a含量均大于不施肥处理，在单施氮肥处理下，其含量随施氮量的增加而增加，在单施磷肥处理下，施磷量的增加对其含量影响不大。在低氮（N_1）处理下，叶绿素a含量随施磷量的增加而增加，在高氮（N_2）处理下，叶绿素a含量随施磷量的增加而减小。整个生育时期内，叶片中叶绿素a的含量在现蕾期达到最大，然后逐渐下降，在成熟期之前，氮磷配施处理胡麻叶片叶绿素a含量均高于单施氮磷肥或者不施肥处理。苗期 N_2P_1 处理叶绿素a含量最大，为 $2.83\ mg \cdot g^{-1}FW$，与 N_2P_2 处理无显著差异，较其他处理分别高40.80、19.41%、14.57%、26.91%、32.86%、21.98 和 5.20%。现蕾期叶片叶绿素a含量表现为 $N_2P_1>N_1P_0\ (N_2P_0)>N_1P_2>N_2P_2>N_0P_1>N_0P_2>N_1P_1>N_0P_0$，其中 N_2P_1 处理较 N_0P_0 处理高8.68%，较单施氮肥高0.35%，较单施磷肥高 3.60%~3.97%。花期 N_1P_1 处理叶绿素a含量最高，显著高于其他处理，较 N_0P_0 高29.95%。子实期叶片开始枯萎变黄，叶绿素a含量迅速下降，N_2P_1 处理叶绿素a含量达 $2.02\ mg \cdot g^{-1}FW$，显著高于其他处理。成熟期叶片中叶绿素a的含量下降到子实期的1/2，此时接近胡麻生育时期的尾声，不同施肥处理对胡麻叶片中叶绿素a含量影响较小，没有明显差异。由上可以看出，高氮（N_2）配施低磷（P_1）处理对胡麻叶片中叶绿素a含量影响较大，利于增加叶片

叶绿素 a 含量。

表 4-57　氮磷配施对旱地胡麻叶片叶绿素 a 含量的影响　　　　　　($\mathrm{mg \cdot g^{-1} FW}$)

Tab. 4-57　Effects of nitrogen combined with phosphorus on chlorophyll a content in leaf

处理	苗期	现蕾期	花期	子实期	成熟期
N_0P_0	2.01 e	2.65 c	1.97 d	1.16 d	0.38 c
N_1P_0	2.37 cd	2.87 a	2.08 d	1.42 cd	0.44 b
N_2P_0	2.47 c	2.87 a	2.13 d	1.51 c	0.48 b
N_0P_1	2.23 d	2.78 b	2.07 d	1.19 d	0.45 b
N_0P_2	2.13 d	2.77 b	2.24 c	1.59 c	0.46 b
N_1P_1	2.32 cd	2.75 b	2.56 a	1.59 c	0.52 ab
N_1P_2	2.69 b	2.86 a	2.26 c	1.71 b	0.42 b
N_2P_1	2.83 a	2.88 a	2.21 c	2.02 a	0.59 a
N_2P_2	2.78 a	2.85 a	2.37 b	1.45 cd	0.52 ab

胡麻生育期叶片中叶绿素 b 的含量变化趋势相同于叶绿素 a，先升高后降低，在现蕾期达到最大（表 4-58）。除成熟期以外，不同施肥方式对各生育时期叶绿素 b 含量的影响均表现为同一个趋势，在 P_0 处理下，叶绿素 b 含量随施氮量的增加而减小；在 N_0、N_1 处理下，叶绿素 b 含量随施磷量的增加而增加；在 P_1 处理下，叶绿素 b 含量随施氮量的增加而增加；在 N_2 处理下，叶绿素 b 含量随施磷量的增加而减小；在 P_2 处理下，叶绿素 b 含量花期之前随施氮量的增加而增加，从花期开始，随施氮量的增加而减小。由表可知，施肥对叶绿素 b 含量的影响并没有对叶绿素 a 含量的影响显著，各生育时期不施肥 N_0P_0 的叶绿素 b 含量并不是最低，而是居于中间地位。

表 4-58　氮磷配施对旱地胡麻叶绿素 b 含量的影响　　　　　　($\mathrm{mg \cdot g^{-1} FW}$)

Tab. 4-58　Effects of nitrogen combined with phosphorus on chlorophyll b content in leaf

处理	苗期	现蕾期	花期	子实期	成熟期
N_0P_0	0.98 b	1.16 d	1.01 a	0.53 b	0.30 a
N_1P_0	0.66 d	1.56 b	0.92 ab	0.47 c	0.24 a
N_2P_0	0.63 d	1.53 b	0.82 b	0.46 c	0.36 a
N_0P_1	0.63 d	1.53 b	1.02 a	0.41 c	0.32 a
N_0P_2	0.82 bc	1.67 a	1.09 a	0.56 b	0.29 a
N_1P_1	0.72 c	1.08 d	0.94 ab	0.69 b	0.34 a
N_1P_2	1.00 b	1.29 c	1.02 a	0.70 b	0.24 a
N_2P_1	1.40 a	1.56 b	0.89 b	0.71 b	0.29 a
N_2P_2	1.31 a	1.38 c	0.84 b	0.48 c	0.30 a

总叶绿素含量随施肥量的增加而增加，与 N_0P_0 处理相比，施肥处理总叶绿素含量均有所提高（表 4-59）。苗期除 N_1P_1 处理外，氮磷配施处理总叶绿素含量高于单施氮磷肥和不施肥处理，N_2P_1 处理总叶绿素含量最大，为 4.23 $\mathrm{mg \cdot g^{-1} FW}$，与 N_2P_2 处理无显著差异，较其他处理分别高 8.68%、0.35%、0.35%、3.60%、3.97%、4.73、0.70% 和 1.05%。现蕾期，不同施肥方式对总叶绿素含量的影响较小，N_0P_0、N_1P_1 处理显著低于 N_1P_2、N_2P_2 处理，而 N_1P_2、N_2P_2 处理又显著低于其他处理。花期，氮磷配施处理总叶绿素含量高于单施氮磷肥和不施肥处理，N_1P_1 处理总叶绿素含量最高，显著高于其他处理，较 N_0P_0 高 29.95%，较单施氮肥高 16.67% ~ 18.64%，较单施磷肥高 5.11% ~

13.27%。子实期总叶绿素含量 $N_2P_1 > N_1P_2 > N_1P_1 > N_0P_2 > N_2P_2 > N_2P_0 > N_1P_0 > N_0P_1 > N_0P_0$，说明高氮低磷处理、低氮高磷处理、低氮低磷以及高磷处理对总叶绿素含量影响较大。成熟期叶片中总叶绿素含量下降到现蕾期的 1/5，不同施肥处理对胡麻叶片中总叶绿素含量影响较小。说明氮磷配施处理较单施氮磷肥和不施肥处理能够显著提高叶片总叶绿素含量。

表 4-59　氮磷配施对旱地胡麻总叶绿素含量的影响　　　　　　　　　　　（mg·g^{-1}FW）

Tab. 4-59　Effects of nitrogen combined with phosphorus on total chlorophyll content in leaf

处理	苗期	现蕾期	花期	子实期	成熟期
N_0P_0	2.99 c	3.81 c	2.98 c	1.69 d	0.68 c
N_1P_0	3.03 c	4.43 a	3.00 c	1.89 c	0.68 c
N_2P_0	3.10 c	4.40 a	2.95 c	1.97 c	0.84 a
N_0P_1	2.86 c	4.31 a	3.09 b	1.60 d	0.77 b
N_0P_2	2.95 c	4.44 a	3.33 ab	2.15 c	0.75 b
N_1P_1	3.04 c	3.83 c	3.50 a	2.28 bc	0.86 a
N_1P_2	3.69 b	4.15 b	3.28 ab	2.41 b	0.66 c
N_2P_1	4.23 a	4.44 a	3.10 b	2.73 a	0.88 a
N_2P_2	4.09 ab	4.23 b	3.21 ab	1.93 c	0.82 ab

2. 氮磷配施下旱地胡麻单株叶面积的变化

由图 4-36 可知，不同施肥方式下，胡麻单株叶面积随生育时期的推进呈先升后降的 "单峰" 曲线变化趋势，峰值出现在花期。花期，植株以生殖生长为中心，较大的叶面积是具备强同化能力的保证。同一生育期不同施肥方式对胡麻单株绿叶面积的影响有所差异，其中，苗期由于胡麻生物量较小，部分氮磷配施和单施氮磷肥处理胡麻单株叶面积差异不显著，高氮低磷（N_2P_1）处理单株叶面积最高，达 35.33 cm^2，显著高于其他处理（$P<0.05$）。现蕾期，胡麻生物量逐渐增加，各处理叶面积迅速上升，氮磷配施较单施氮磷肥和不施肥胡麻单株叶面积变化明显，氮磷配施处理均高于单施氮磷肥和不施肥，N_2P_1 处理叶面积最大（$P<0.05$），为 70.23 cm^2。氮磷配施较单施氮肥高 35.85%~58.97%，较单施磷肥高 4.39%~27.90%，较不施肥高 23.72%~39.18%。花期，胡麻营养生长和生殖生长都进入旺盛阶段，各处理胡麻单株叶面积均达到生育期的最高峰，各处理单株叶面积大小表现为 $N_2P_0 < N_0P_1 < N_0P_0 < N_1P_1 < N_1P_2 < N_0P_2 < N_1P_0 < N_2P_2 < N_2P_1$。子实期胡麻部分叶片枯萎脱落，各处理叶

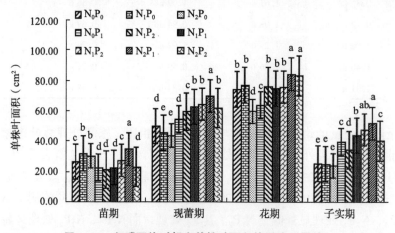

图 4-36　氮磷配施对胡麻单株叶面积的影响（旱地）

Fig. 4-36　Effects of nitrogen combined with phosphorus on per plant leaf area of oil flax (dry land)

面积急剧下降，与花期相比，几乎下降了 1/2，氮磷配施仍然高于单施氮、单施磷肥和不施肥处理，N_2P_1 处理单株叶面积最大（$P<0.05$），为 52.51 cm^2，较 N_0P_0、N_1P_0、N_2P_0、N_0P_1、N_0P_2、N_1P_1、N_1P_2、N_2P_2 处理分别高 102.81%、105.52%、114.73%、30.67%、50.62%、18.36%、8.83% 和 28.86%。说明氮磷配施处理能够显著增加胡麻单株叶面积，为保证产量提供了基础。

（二）氮磷配施下胡麻茎、叶中蔗糖含量变化

1. 氮磷配施下旱地胡麻茎秆中蔗糖含量变化

由图 4-37 可知，胡麻茎秆中蔗糖含量随生育时期的进程呈先升高再降低的变化趋势，现蕾期最高，花期最低，子实期到成熟期除 N_0P_0、N_2P_1、N_1P_2 处理外，其他处理蔗糖含量都下降。苗期 N_0P_2 处理蔗糖含量最高，显著高于其他处理，N_2P_0、N_0P_1、N_1P_1、N_2P_1 处理之间无显著差异，但显著高于 N_0P_0、N_1P_0、N_1P_2、N_2P_2 处理。N_0P_2 处理较其他处理蔗糖含量分别高 43.06%、59.25%、31.75%、25.05%、21.71%、46.90%、12.11% 和 61.77%。现蕾期各处理蔗糖含量大小表现为 $N_2P_1>N_2P_2>N_0P_2>N_0P_0>N_1P_1>N_1P_2>N_2P_0>N_1P_0>N_0P_1$，$N_2P_1$ 处理蔗糖含量最高，为 1.76%，与 N_2P_2 处理差异不显著，显著高于其他处理，N_2P_1 较单施氮肥高 23.11%～27.39%，较单施磷肥高 4.12%～37.57%，较不施肥高 9.52%。花期 N_2P_0、N_1P_0 处理蔗糖含量较其他处理高，分别达到 0.75% 和 0.68%，显著高于其余处理，剩余各处理差异不显著。子实期 N_1P_1 处理最高，N_1P_0、N_2P_0、N_0P_1 次之，N_0P_0 处理最低，其他处理居于 N_1P_0 和 N_0P_0 处理之间。成熟期 N_2P_1 和 N_0P_0 处理较子实期有所上升，其他处理均下降，N_2P_0、N_0P_1、N_0P_2、N_1P_1、N_1P_2 处理蔗糖含量接近，差异不显著，显著高于 N_0P_0、N_1P_0、N_2P_1、N_2P_2 处理，N_0P_0 处理蔗糖含量最低，与 N_1P_0、N_2P_1、N_2P_2 处理差异不显著。

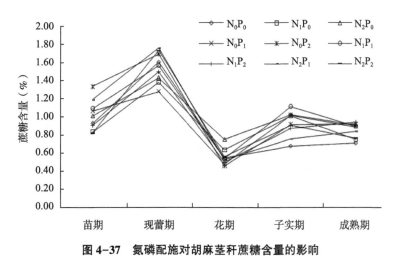

图 4-37 氮磷配施对胡麻茎秆蔗糖含量的影响

Fig. 4-37 Effects of nitrogen combined with phosphorus on sucrose content in stems of oil flax

2. 氮磷配施下旱地胡麻叶片中蔗糖含量变化

不同施肥方式对胡麻叶片蔗糖含量的影响见图 4-38，胡麻叶片蔗糖含量在整个生育时期呈"双峰"曲线，峰值出现在现蕾期和子实期，子实期叶片中蔗糖含量最高。花期叶片中可溶性糖主要形成花蕾以及蒴果，蔗糖输出大于积累，使得叶片中蔗糖含量急剧下降。子实期蒴果已经形成，可溶性糖的输出开始下降，致使叶片中蔗糖含量急剧上升，达到一生中的最大值，成熟期叶片枯萎变黄，叶绿素含量下降，叶片丧失光合作用，叶片中蔗糖含量没有来源，而且要向籽粒中运输，致使叶片中蔗糖含量下降。不同施肥方式对胡麻现蕾期和子实期叶片中蔗糖含量的影响比较明显，对其余各生育时期影响较小。苗期，N_0P_2 处理蔗糖含量明显高于其他处理，其他处理之间差异不显著，N_0P_2 处理较不施肥、单施氮肥、N_0P_1、氮磷配施分别高 33.73%、40.51%～60.87%、37.60%、32.14%～65.67%。现蕾期 N_2P_1 处理蔗糖含量最高（$P<0.05$），较 N_0P_0、N_1P_0、N_2P_0、N_0P_1、N_0P_2、N_1P_1、

N_1P_2、N_2P_2 处 理 分 别 高 16.02%、19.50%、81.75%、77.04%、49.37%、9.89%、64.26%、12.91%。盛花期除 N_1P_1 处理蔗糖含量最高（$P<0.05$），为 0.40%，其他处理间蔗糖含量变化幅度最小，差异不显著。子实期 N_1P_2 处理蔗糖含量最高，N_0P_2 处理最低（$P<0.05$），N_1P_2 较单施氮肥、单施磷肥以及不施肥 N_0P_0 分别高 6.31%~10.63%、10.28%~81.54%、73.53%。成熟期 N_1P_0 处理蔗糖含量最高（$P<0.05$），较 N_2P_0 处理、单施磷肥、氮磷配施以及不施肥 N_0P_0 分别高 47.90%、19.73%~51.72%、36.43%~50.43% 和 26.62%。

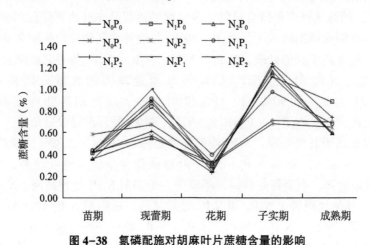

图 4-38　氮磷配施对胡麻叶片蔗糖含量的影响

Fig. 4-38　Effects of nitrogen combined with phosphorus on sucrose content in leaves of oil flax

（三）磷配施下旱地胡麻各器官可溶性糖含量变化

1. 氮磷配施下胡麻茎秆可溶性糖含量

由图 4-39 可知，胡麻茎秆中可溶性糖含量随生育时期的推进呈先升高后下降的趋势，现蕾期可溶性糖含量最高。苗期到现蕾期，胡麻由营养生长逐渐过渡到生殖生长，是胡麻植株碳水化合物大量积累时期。现蕾期以后，胡麻生长由营养生长转向营养生长和生殖生长并进，茎秆中可溶性糖含量向生殖器官转移，导致茎秆可溶性糖含量下降。子实期胡麻植株开始衰老，叶片黄化脱落，碳水化合物转移速率下降，茎秆中可溶性糖含量有所上升，但幅度不大，成熟期可溶性糖含量最低。从胡麻的各生育时期来看，在苗期、花期、子实期以及成熟期茎秆的可溶性糖含量均未表现出明显的差异，只有在现蕾期差异最为突出。现蕾期各处理可溶性糖含量大小表现为 $N_0P_0>N_2P_2>N_0P_1>N_0P_2>N_1P_0>N_1P_1>N_1P_2>N_2P_2>N_2P_1$，不施肥可溶性糖含量最高，单施次之，氮磷配施最低，N_0P_0 较单施氮肥高 11.44%~45.69%，较单施磷肥高 18.71%~33.85%，较氮磷配施高

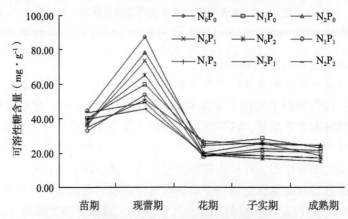

图 4-39　氮磷配施对胡麻茎秆可溶性糖含量的影响

Fig. 4-39　Effects of nitrogen combined with phosphorus on soluble sugar content in stems of oil flax

62.18%~91.21%，氮磷配施处理可溶性糖含量最低，说明氮磷配施能够促进可溶性糖向籽粒的转移，利于产量的形成。

2. 氮磷配施下茎秆可溶性糖积累量

表4-60列出了胡麻各生育时期茎中可溶性糖积累量，由表可知，茎中可溶性糖积累量基本呈"双峰"曲线变化，两个峰值分别出现在现蕾期和子实期，但子实期的可溶性糖积累量远远高于现蕾期。苗期胡麻生长缓慢，生物量较小，不同处理对可溶性糖积累量的影响可以忽略。现蕾期 N_2P_0 处理可溶性糖含量最高（$P<0.05$），较其余处理分别高82.64%、52.41%、13.64%、26.23%、46.67%、41.43%、7.95%和124.32%。花期可溶性糖大部分用于生殖生长，使得茎叶中可溶性糖积累量下降，除 N_2P_1 处理外，其他处理间可溶性糖含量变化幅度最小，差异较小。子实期 N_1P_2 处理可溶性糖含量最高，N_1P_1、N_0P_0 处理最低（$P<0.05$），N_1P_2 较单施氮肥、单施磷肥以及不施肥 N_0P_0 分别高53.88%~61.47%、22.75%~64.71%和119.53%。成熟期 N_1P_2 处理可溶性糖含量最高，为113.72 kg·hm^{-2}，较单施氮肥、单施磷肥以及不施肥 N_0P_0 分别高58.69%~70.50%、23.30%~61.63%及2.5倍。

表4-60　胡麻各生育时期茎中可溶性糖积累量　　　　　（kg·hm^{-2}）
Tab. 4-60　Soluble sugar accumulation amounts in stem of oil flax during the different growth stage

处理	苗期	现蕾期	花期	子实期	成熟期
N_0P_0	3.69 cd	40.72 e	27.05 c	59.63 e	31.33 e
N_1P_0	2.95 e	48.79 d	35.70 b	81.07 c	66.70 cd
N_2P_0	3.18 e	74.37 a	35.19 b	85.07 c	71.66 c
N_0P_1	3.99 c	65.44 b	29.35 c	106.64 b	92.23 ab
N_0P_2	5.90 a	58.91 c	33.88 bc	79.48 d	70.36 c
N_1P_1	4.13 c	50.70 d	22.30 d	59.36 e	56.72 d
N_1P_2	3.31 d	52.58 d	37.86 b	130.90 a	113.72 a
N_2P_1	4.92 b	68.89 b	44.23 a	100.43 b	45.11 e
N_2P_2	3.31 d	33.15 e	33.96 bc	108.70 b	88.07 b

3. 氮磷配施下胡麻叶片可溶性糖含量

不同施肥方式对胡麻叶片可溶性糖含量的影响见图4-40，胡麻叶片可溶性糖含量在整个生育时期呈"双峰"曲线，第一个峰值出现在现蕾期，第二个峰值出现在子实期，现蕾期叶片中可溶性糖含量最高。花期叶片中可溶性糖主要形成花蕾以及蒴果，可溶性糖的输出大于积累，使得叶片中可溶性糖含量急剧下降。子实期蒴果已经形成，可溶性糖的输出开始下降，致使叶片中可溶性糖含量上升，但幅度不大，成熟期叶片枯萎变黄，叶绿素含量下降，叶片丧失光合作用，叶片中可溶性糖含量没有来源，而且向籽粒中运输，致使叶片中可溶性糖含量最低。不同施肥方式对胡麻现蕾期和子实期叶片中可溶性糖含量的影响比较明显，对其余各生育时期影响较小。苗期，不施肥的可溶性糖含量明显高于其他处理，N_2P_2 处理最低，差异显著，随着施肥量的增加，可溶性糖含量降低，单施氮肥、单施磷肥以及氮磷配施较 N_0P_0 分别下降了14.93%~35.84%、56.46%~61.30%、5.88%~101.53%。现蕾期 N_0P_1 处理可溶性糖含量最高（$P<0.05$），较其余处理分别高3.44%、25.07%、5.90%、10.92%、34.66%、75.26%、2.31%和4.98%。盛花期除 N_2P_1 处理外，其他处理间可溶性糖含量变化幅度最小，差异不显著。子实期 N_2P_2 处理可溶性糖含量最高，N_2P_0 处理最低（$P<0.05$），N_2P_2 较单施氮肥、单施磷肥以及不施肥 N_0P_0 分别高48.78%~104.48%、64.07%~82.67%、67.07%。成熟期氮磷配施处理之间差异不显著，显著高于其他处理，可溶性糖含量 N_2P_2 处理最高，较单施氮肥、单施磷肥以及不施肥 N_0P_0 分别高14.30%~57.09%、26.05%~40.33和28.35%。

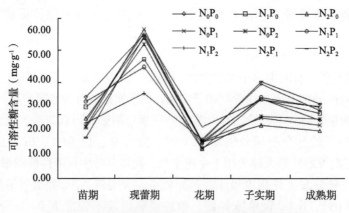

图 4-40　氮磷配施对胡麻叶片可溶性糖含量的影响

Fig. 4-40　Effects of nitrogen combined with phosphorus on soluble sugar content in leaves of oil flax

4. 氮磷配施下胡麻叶片可溶性糖积累量

由表 4-61 可知，叶中可溶性糖积累量也呈"双峰"曲线变化，两个峰值同样分别出现在现蕾期和子实期，但与茎中可溶性糖积累量恰恰相反，现蕾期的可溶性糖积累量远远高于子实期。现蕾期 N_0P_2 处理可溶性糖含量最高，为 59.31 $kg \cdot hm^{-2}$，与 N_2P_1 处理差异不显著，高于其他处理（$P < 0.05$），N_1P_2 处理最低（$P < 0.05$），N_0P_1、N_1P_1、N_2P_2 处理之间差异不显著，但高于 N_0P_0、N_1P_0、N_2P_0 处理，N_0P_0、N_1P_0、N_2P_0 处理之间无显著差异。花期可溶性糖积累量表现为 $N_0P_0 < N_1P_0 < N_1P_1 < N_0P_1 < N_1P_2 < N_2P_2 < N_0P_2 < N_2P_0 < N_2P_1$。子实期 N_1P_2 处理可溶性糖积累量最高，与 N_1P_0、N_0P_1、N_2P_2 处理差异不显著，显著高于其余各处理，较 N_0P_0、单施氮肥、氮磷配施分别高 126.38%、25.67% ~ 92.45%、23.58% ~ 103.60%。成熟期 N_1P_2 处理可溶性糖积累量最大（$P < 0.05$），为 12.70 $kg \cdot hm^{-2}$，较其余各处理分别高 5 倍、1 倍、1.7 倍、0.6 倍、0.5 倍、0.6 倍、1 倍和 1.8 倍。

表 4-61　胡麻各生育时期叶中可溶性糖积累量　　　　　　　　　　　（$kg \cdot hm^{-2}$）

Tab. 4-61　Soluble sugar accumulation amounts in leaves of oil flax during the different growth stage

处理	苗期	现蕾期	花期	子实期	成熟期
N_0P_0	4.08 cd	25.08 c	9.92 d	10.74 c	2.08 e
N_1P_0	4.40 c	24.62 c	11.11 d	19.36 ab	6.42 c
N_2P_0	3.62 d	23.98 c	19.35 b	12.64 c	4.72 d
N_0P_1	4.61 c	36.02 b	13.44 c	19.68 ab	7.71 bc
N_0P_2	3.61 d	59.31 a	16.97 bc	11.95 c	8.50 b
N_1P_1	7.54 a	33.46 b	11.32 d	12.80 c	7.56 bc
N_1P_2	4.24 c	19.43 d	15.71 bc	24.32 a	12.70 a
N_2P_1	5.12 b	54.27 a	26.02 a	14.88 b	6.23 c
N_2P_2	2.78 e	31.34 b	16.46 bc	20.65 ab	4.45 d

5. 氮磷配施对胡麻茎和叶片中可溶性糖输出率及转换率的影响

表 4-62 列出了氮磷配施对胡麻茎和叶片中可溶性糖输出率及转换率的影响，不同施肥方式下胡麻茎秆可溶性糖输出率存在差异，N_2P_1 处理可溶性糖输出率最高，达到 55.09%，单施氮肥、单施磷肥的条件下，茎秆可溶性糖输出率随施肥量的增加而下降，说明单一的增加某种肥料并不能提高茎秆可溶性糖输出率，在 N_1 水平下，茎秆可溶性糖输出率随施磷量的增加而增加；在 N_2 水平下，茎秆可

溶性糖输出率随施磷量的增加而下降。茎秆可溶性糖转移率同样表现出与输出率一致的规律，说明适度的氮磷肥配施有利于胡麻茎秆可溶性糖输出率和转移率的提高。叶片可溶性糖输出率大小表现为 $N_0P_0 > N_2P_2 > N_1P_0 > N_2P_0 > N_0P_1 > N_2P_1 > N_1P_2 > N_1P_1 > N_0P_0$，$N_0P_0$ 处理可溶性糖输出率最高，为 80.68%，与 N_2P_2 处理差异不显著，显著高于其他处理。N_2P_2 处理较不施肥 N_0P_0 低，较单施氮肥高，较单施磷肥高。叶片可溶性糖转移率 N_2P_2 处理最高，达到 0.68%，较 N_0P_0、N_1P_0、N_2P_0、N_0P_1、N_0P_2、N_1P_1、N_1P_2、N_2P_1 分别高 59.38%、11.29%、100.06%、39.02%、4 倍、2.2 倍、47.82% 和 112.36%。

表 4-62　胡麻茎和叶片中可溶性糖输出率及转换率　　　　　　　　　（%）

Tab. 4-62　The export percentage of the soluble sugar and transformation percentecge of the soluble sugar of oil flax in stem and leaves

处理	茎		叶	
	可溶性糖输出率	可溶性糖转移率	可溶性糖输出率	可溶性糖转移率
N_0P_0	47.46 b	1.40 b	80.68 a	0.43 b
N_1P_0	17.73 c	0.68 c	66.82 b	0.61 a
N_2P_0	15.76 cd	0.58 cd	62.65 b	0.34 c
N_0P_1	13.52 d	0.59 cd	60.84 b	0.49 b
N_0P_2	11.47 d	0.37 d	28.87 e	0.14 d
N_1P_1	4.45 e	0.11 e	40.95 d	0.21 d
N_1P_2	13.13 d	0.68 c	47.80 c	0.46 b
N_2P_1	55.09 a	2.06 a	58.16 bc	0.32 c
N_2P_2	18.98 c	0.87 c	78.45 a	0.68 a

二、氮磷配施下胡麻干物质积累分配规律

（一）氮磷配施下灌水地胡麻干物质积累动态

1. 不同施氮水平下胡麻干物质积累动态

在单一施氮水平（图 4-41）下，一定范围内增加施氮量能增加胡麻植株的干物质积累量，过多施氮却不利于植株的干物质积累。N_1 的干物质积累量最大，日均增加量为 38.41 mg·株$^{-1}$，比 N_0、N_2 分别提高 22.92% 和 6.92%（$P < 0.05$）。胡麻植株干物质积累量在出苗后 20～70 d 增长较为缓慢，日均增长量 N_2 为 27.95 mg·株$^{-1}$，比 N_0、N_1 分别提高 58.21% 和 31.95%（$P < 0.05$）；出苗后 70～80d 为快速增长阶段，日均增长量 N_2 为 124.04 mg·株$^{-1}$，比 N_0、N_2 分别提高 13.92% 和 11.13%（$P < 0.05$）；出苗后 80～110 d 增长趋势又趋于平缓，日均增长量 N_1 为 42.72 mg·株$^{-1}$，比 N_0、N_2 分别提高 52.57% 和 115.27%（$P < 0.05$）。可见，胡麻植株日均干物质积累量由大到小为 N_1（75 kg·hm^{-2}）、N_2（150 kg·hm^{-2}）、N_0（不施氮），在胡麻开花以前高氮水平有利于植株干物质的积累，开花以后低氮水平有利于植株干物质的积累，这是因为花期以后植株以籽粒干物质积累为主，施氮过量会导致枝叶徒长，不利于干物质的积累。

2. 不同施磷水平下胡麻干物质积累动态

由图 4-42 可见，单一施磷水平下，胡麻植株干物质积累量施磷均明显大于不施磷，P_2 的日均增加量最大，为 36.88 mg·株$^{-1}$，比 P_0、P_1 分别提高 18.03% 和 3.62%（$P < 0.05$）。胡麻植株干物质积累量在出苗后 20～70 d 增长较为缓慢，日均增长量 P_2 为 24.14 mg·株$^{-1}$，比 P_0、P_1 分别提高

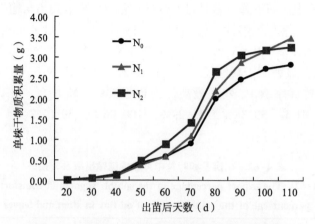

图 4-41　施氮水平对胡麻干物质积累动态的影响

Fig. 4-41　Effect of dry matter accumulation dynamic of oil flax under different nitrogen application levels

36.66% 和 17.92%（$P<0.05$）；出苗后 70～80 d 为快速增长阶段，日均增长量 P_1 为 120.33 mg·株$^{-1}$，比 P_0、P_2 分别提高 10.51% 和 31.13%，（$P<0.05$）；出苗后 80～110 d 增长趋势又趋于平缓，日均增长量 P_2 为 39.81 mg·株$^{-1}$，比 P_0、P_1 分别提高 42.18% 和 22.35%（$P<0.05$）。说明当施高磷 P_2（150 kg·hm^{-2}）时胡麻植株的干物质积累量最大。

　3. 氮磷配施下胡麻干物质积累动态

　氮磷配施时（图 4-43），胡麻植株干物质日均增加量 N_2P_2 最大，为 42.32 mg·株$^{-1}$，比其他各处理提高 5.56%～35.45%（$P<0.05$）。出苗后 20～70d 增长较为缓慢，日均增加量 $N_2P_2>N_2P_1>N_1P_1>N_1P_2>N_0P_0$，最大水平 N_2P_2 为 28.36 mg·株$^{-1}$，比其他各水平提高 4.24%～60.54%（$P<0.05$）；出苗后 70～80 d 各处理均出现了快速增长阶段，日均增加量为 92.35～124.38 mg·株$^{-1}$，$N_1P_2>N_2P_2>N_2P_1>N_0P_0>N_2P_1>N_1P_1$，最大水平 N_1P_2 比其他各水平提高 7.14%～41.45%（$P<0.05$）；出苗后 80～110 d 各处理增长趋势又趋于平缓，日均增加量 $N_1P_1>N_2P_1>N_2P_2>N_1P_2>N_0P_0$，最大水平 N_1P_1 为 46.19 mg·株$^{-1}$，比其他各水平提高 4.60%～64.96%（$P<0.05$）。说明在现蕾期以前，高氮（75 kg·hm^{-2}）和高磷（150 kg·hm^{-2}）配施有利于胡麻植株干物质的积累，现蕾期以后 75～150 kg·hm^{-2} 氮和 150 kg·hm^{-2} 磷配施利于胡麻植株干物质的积累。

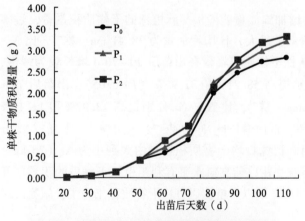

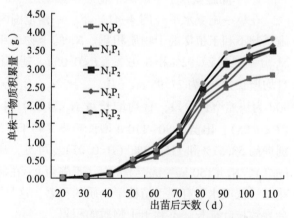

图 4-42　施磷水平对胡麻干物质积累动态的影响

Fig. 4-42　Effect of dry matter accumulation dynamic of oil flax under different phosphorus levels

图 4-43　氮、磷配施对胡麻干物质积累动态的影响

Fig. 4-43　Effect of dry matter accumulation dynamic of oil flax under nitrogen combined and phosphorus

（二）氮磷配施下旱地胡麻干物质积累动态

由图4-44可以看出，不同施肥处理方式对旱地胡麻地上部干物质积累量的影响总体呈"J"形趋势。苗期胡麻生长缓慢，生物量较小，各处理之间的干物质积累量无显著差异。从花期开始，氮磷配施较单施氮磷肥和不施肥胡麻单株干物质积累量表现出明显优势，高氮（N_2）配施磷肥处理干物质积累量均达到最高。花期，N_2P_2、N_2P_1处理干物质积累量最高，分别达1.52 g·株$^{-1}$和1.47 g·株$^{-1}$，显著高于其他处理，较N_0P_0处理分别高45.10%和40.36%，较单施氮肥分别高18.78%~38.53%、22.79%~43.21%，较单施磷肥分别高1.97%~34.89%、5.41%~39.44%。子实期，N_2P_2干物质积累量最高，N_2P_1次之，显著高于其他处理，而N_0P_2、N_1P_1、N_2P_1、N_0P_1处理间差异不显著，但显著高于N_0P_0处理。成熟期，N_2P_2干物质积累量达5.29 g·株$^{-1}$，显著高于其他处理，较N_0P_0高15.75%，较单施氮肥高5.91%~14.70%，较单施磷肥高8.67%~14.93%。由此可见，N_0P_0处理在胡麻生长各生育时期内，干物质积累量较其他处理均低，在现蕾期之前，N_2P_1处理干物质积累趋势较高，从花期开始，N_2P_2处理干物质积累跃居首位，表现出更好地积累同化物的趋势。

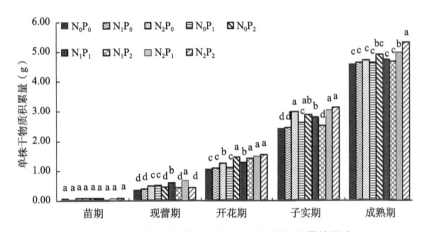

图4-44　氮磷配施对胡麻地上部干物质积累量的影响

Fig. 4-44　Effects of N combined with P on per plant total dry matter accumulation of oil flax

（三）氮磷配施下灌水地胡麻干物质分配规律

1. 成熟期干物质分配比率

胡麻植株和各器官最终干物质的积累量各施肥处理基本均大于不施肥，但干物质在各器官中的最终分配比率只有部分施肥处理大于不施肥。由图4-45可知，各施肥处理与不施肥比较，胡麻植株最终干物质积累量提高13.67%~35.25%，根、茎、叶、非籽粒和籽粒干物质的最终积累量分别提高5.62%~20.51%、16.30%~42.71%、6.63%~30.10%、7.83%~75.62%、7.96%~53.12%，根、茎、叶、非籽粒和籽粒的最终分配比率分别提高6.01%、0.19%~5.52%、1.51%、4.55%~41.87%、1.86%~13.21%；各施肥处理中，胡麻植株干物质的最终积累量N_2P_2最大，为3.83 g，比其他各处理提高5.52%~18.98%，根、茎、叶、非籽粒、籽粒最终干物质积累量和分配比率最大的处理分别为N_0P_1（0.29 g，8.89%）、N_2P_2（1.90 g，49.55%）、N_2P_1（0.50 g，13.70%）、N_1P_2（0.26 g，7.47%）、N_2P_2（1.12 g，29.32%）。

2. 叶片对籽粒转移率和贡献率

由表4-63可知，胡麻叶中干物质对籽粒的转移率和贡献率，只有处理N_0P_2、N_1P_0、N_2P_0、N_2P_2大于不施肥处理，分别比不施肥提高54.99%~122.44%、51.61%~110.04%（$P<0.05$），其中N_2P_2的转移率最大，N_2P_0的贡献率最大。说明高氮有利于提高胡麻叶中干物质对籽粒的转移率和贡献率。

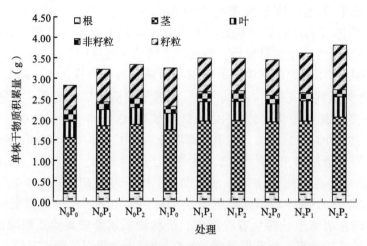

图 4-45　氮、磷配施对胡麻成熟期干物质分配的影响

Fig. 4-45　Effect of dry matter distribution of oil flax in maturity period under combined application of N and P

表 4-63　N、P 配施下胡麻叶片对籽粒转移率和贡献率

Tab. 4-63　translocation rate and Contribution rate of the oil flax
under combined application of nitrogen and phosphorus

处理	叶中物质的转移率（%）	叶对籽粒的贡献率（%）
N_0P_0	5. 42BCc	3. 12CcD
N_0P_1	8. 41ABb	4. 74BbC
N_0P_2	9. 84Aab	5. 52AaBb
N_1P_0	10. 61Aab	5. 35AaBb
N_1P_1	4. 78BCc	2. 90cD
N_1P_2	4. 57Cc	2. 83cD
N_2P_0	11. 59Aa	6. 56Aa
N_2P_1	5. 14BCc	2. 79cD
N_2P_2	12. 06Aa	5. 05ABb

（四）氮磷配施下旱地胡麻干物质分配规律

由表 4-64 可知，成熟期籽粒干物质分配比率由高到低依次为 $N_2P_1>N_1P_1>N_0P_1>N_1P_2>N_2P_2>$ $N_1P_0>N_2P_0>N_0P_2>N_0P_0$，其中 N_2P_1、N_1P_1、N_1P_2、N_2P_2 较 N_0P_0 分别高出 22. 71%、20. 84%、18. 27%、17. 39%（$P<0.05$），较单施氮肥高 6. 08%～8. 19%、3. 02%～5. 07%、7. 72%～9. 85%、1. 29%～3. 30%，较 N_0P_2 高 18. 48%、15. 06%、20. 30%、13. 12%。果壳的分配比例主要表现为 N_2P_2、N_2P_1 低于其余处理，N_0P_1 干物质的分配比最高，由此表明，高氮（N_2）处理配施磷肥处理降低了干物质在果壳中的分配比例，利于籽粒干物质的积累，促进产量形成。茎秆干物质分配比率 N_2P_1 处理最高，显著高于其他处理，较 N_0P_0 高 6. 88%，较单施氮肥高 12. 73%～28. 10%，较单施磷肥高 45. 33%～48. 29%，较 N_1P_1 高 39. 92%，较 N_1P_2 高 29. 91%，较 N_2P_2 高 9. 21%。叶片成熟期干物质分配比例因处理的不同表现为 $N_2P_2>N_0P_1>N_2P_0>N_1P_1>N_1P_2>N_1P_0>N_0P_0>N_2P_1>$ N_0P_2，其中，N_2P_1、N_1P_1、N_1P_2 较 N_0P_0 分别高出 66. 75%、59. 63% 和 48. 60%（$P<0.05$）。由此可以看出，氮磷配施有利于增加干物质在籽粒中的分配，减小干物质在蒴果皮中的分配，有利于产量形成。

表 4-64　氮磷配施对旱地胡麻成熟期干物质在不同器官中分配的影响

Tab. 4-64　Effects of nitrogen combined with phosphorus on dry matter distribution

in different organs of oil flax at maturation stage

处理	单株干重（g）	茎		叶		籽		果壳	
		干重（g）	比例（%）	干重（g）	比例（%）	干重（g）	比例（%）	干重（g）	比例（%）
N_0P_0	2.07 c	0.75 b	36.02 b	0.26 d	12.51 d	0.52 c	25.25 c	0.44 b	21.28 c
N_1P_0	2.29 a	0.78 b	34.15 bc	0.31 c	13.3 d	0.66 a	28.77 b	0.55 a	23.82 ab
N_2P_0	2.03 c	0.61 c	30.05 c	0.38 b	18.59 b	0.57 b	28.21 b	0.47 b	23.05 b
N_0P_1	1.82 c	0.47 d	25.96 e	0.36 b	19.97 a	0.54 c	29.87 ab	0.45 b	24.53 a
N_0P_2	2.30 a	0.61 c	26.49 d	0.20 e	8.78 e	0.59 b	25.76 c	0.37 c	16.23 e
N_1P_1	1.93 c	0.45 d	27.52 d	0.27 d	16.37 c	0.50 c	30.52 a	0.41 bc	21.26 c
N_1P_2	2.06 c	0.61 c	29.64 c	0.33 c	15.92 c	0.61 b	29.64 ab	0.41 bc	19.91 c
N_2P_1	2.23 ab	0.86 a	38.50 a	0.27 d	12.31 d	0.69 a	30.99 a	0.40 bc	18.10 d
N_2P_2	2.19 b	0.77 b	35.25 b	0.46 a	20.86 a	0.64 ab	29.14 b	0.39 bc	18.02 d

三、氮磷配施对灌水地胡麻灌浆的影响

（一）氮磷配施下胡麻籽粒干物质积累动态

施肥处理对籽粒生长进程没有明显影响，各处理在灌浆开始 8 d 后，籽粒质量明显增加，灌浆开始后 35 d 各处理籽粒质量的增加量趋于 0，灌浆基本结束。从图 4-46 可看出籽粒干物质积累过程大致为：慢—快—慢。灌浆 3~11 d 为渐增期，灌浆 11~23 d 为快增期，灌浆 23~35 d 为缓增期，籽粒干物质积累分别可达到 12.27%~20.83%、62.27%~70.88%、11.27%~24.54%。可见灌浆 11~23 d 对籽粒质量增加贡献最大。籽粒干物质的增长过程呈"S"形变化趋势，故可用 Logistic 方程描述，由 Logistic 方程 $Y=K/（1+ae^{-bt}）$ 可以看出：当 $t \to \infty$ 时，$y=K$，可见 $y=K$ 是曲线的渐近线，是在该施肥水平下的理论质量及质量的潜力值。

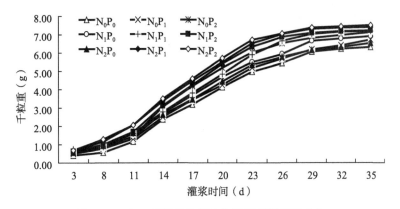

图 4-46　氮、磷配施下胡麻籽粒干质量积累动态

Fig. 4-46　Accumulation dynamics of seed dry matter of oil flax under

combined application of nitrogen and phosphorus

（二）氮磷配施下胡麻灌浆速率

表 4-65 以间隔时间 3 d 计算灌浆速率，各处理灌浆速率变化均呈较规则的抛物线形变化。不同施肥处理平均灌浆速率有显著差异，处理间变幅为 0.180 5 ~ 0.210 0 g·d^{-1}，N_2P_2 平均灌浆速率最高，N_0P_2 最低。最大灌浆速率出现在 11 ~ 23 d，最大灌浆速率的变化在 0.333 7 ~

$0.429\ 3\ g \cdot d^{-1}$，以 N_2P_2 最高，N_2P_0 最小。各处理灌浆速率平均值中期约高出前期和后期 $1 \sim 4$ 倍。灌浆中期（$11 \sim 23\ d$）灌浆速率一般可维持在 $0.208\ 2 \sim 0.429\ 3\ g \cdot d^{-1}$，前期（$3 \sim 8\ d$）为 $0.058\ 4 \sim 0.244\ 1\ g \cdot d^{-1}$、后期（$26 \sim 35\ d$）为 $0.016\ 2 \sim 0.171\ 8\ g \cdot d^{-1}$。表 4-66 为胡麻不同施肥处理灌浆拟合方程，其相关系数在 0.99 以上，相关性较好。F 检验均达到极显著水平。可以用 Logistic 方程对未来的值进行预测。

表 4-65 氮、磷配施下胡麻籽粒灌浆速率

Tab. 4-65 Grain filling rate variation of oil flax under combined application of nitrogen and phosphorus

灌浆时间 (d)	灌浆速率 $(g \cdot d^{-1})$									均值	极差	变异系数 (%)
	N_0P_0	N_0P_1	N_0P_2	N_1P_0	N_1P_1	N_1P_2	N_2P_0	N_2P_1	N_2P_2			
3	0.058 4	0.069 5	0.073 2	0.078 1	0.077 1	0.078 3	0.078 8	0.096 9	0.099 8	0.078 9	0.041 4	16.23%
8	0.146 2	0.159 6	0.200 0	0.177 3	0.184 7	0.211 9	0.175 7	0.233 4	0.244 1	0.192 5	0.097 9	16.98%
11	0.227 6	0.236 5	0.315 2	0.259 1	0.277 9	0.331 1	0.252 6	0.340 1	0.355 9	0.288 4	0.128 3	16.64%
14	0.308 7	0.308 8	0.410 2	0.331 5	0.363 0	0.426 2	0.316 3	0.414 5	0.429 3	0.367 6	0.120 6	14.31%
17	0.348 2	0.342 1	0.417 8	0.358 2	0.394 9	0.429 1	0.333 7	0.407 3	0.412 9	0.382 7	0.095 5	9.64%
20	0.319 4	0.316 2	0.331 5	0.322 8	0.352 3	0.337 4	0.293 9	0.323 8	0.319 4	0.324 1	0.058 4	4.94%
23	0.242 1	0.247 1	0.215 3	0.246 7	0.263 1	0.217 8	0.220 7	0.217 1	0.208 2	0.230 9	0.054 8	8.23%
26	0.158 6	0.169 1	0.122 4	0.166 1	0.171 8	0.123 5	0.146 8	0.129 6	0.121 3	0.145 5	0.050 5	14.78%
29	0.094 3	0.105 6	0.064 5	0.102 6	0.102 6	0.065 1	0.090 0	0.072 2	0.066 1	0.084 8	0.041 1	20.88%
32	0.052 9	0.062 3	0.032 6	0.060 0	0.058 1	0.032 9	0.052 5	0.038 6	0.034 7	0.047 2	0.029 6	26.06%
35	0.028 7	0.035 5	0.016 2	0.034 0	0.031 9	0.016 3	0.029 7	0.020 3	0.017 9	0.025 6	0.019 3	30.84%
R $(g \cdot d^{-1})$	0.180 5d	0.186 6d	0.199 9bc	0.194 2c	0.207 0a	0.206 3ab	0.181 0d	0.208 5a	0.210 0a			
Rmax $(g \cdot d^{-1})$	0.348 2	0.342 1	0.417 8	0.358 2	0.394 9	0.429 1	0.333 7	0.414 5	0.429 3			
TmaxR (d)	17	17	17	17	17	17	17	14	14			

注：V $(g \cdot d^{-1})$ —平均灌浆速率；Vmax $(g \cdot d^{-1})$ —最大灌浆速率；TmaxR (d) —达到最大灌浆速率的时间。

表 4-66 胡麻灌浆过程的拟合方程

Tab. 4-66 The fitting equation in grouting process

处理	干物质积累模拟方程	R^2	F 值	灌浆速率方程
N_0P_0	$Y = 6.443\ 2/(1+EXP\ (3.731\ 7-0.216\ 333\ t))$	0.998 3	1 183.180 5 **	$V = (EXP\ (3.731\ 7-0.216\ 333\ t)\ * 6.443\ 2*0.216\ 333)\ /(1+EXP\ (3.731\ 7-0.216\ 333\ t))\ ^2$
N_0P_1	$Y = 6.771\ 6/(1+EXP\ (3.477\ 4-0.202\ 180\ t))$	0.998 5	1 317.053 6 **	$V = (EXP\ (3.477\ 4-0.202\ 180\ t)\ * 6.771\ 6*0.202\ 180)\ /(1+EXP\ (3.477\ 4-0.202\ 180\ t))\ ^2$
N_0P_2	$Y = 7.111\ 0/(1+EXP\ (3.782\ 3-0.240\ 709\ t))$	0.998 2	1 125.092 3 **	$V = (EXP\ (3.782\ 3-0.240\ 709\ t)\ * 7.111\ 0*0.240\ 709)\ /(1+EXP\ (3.782\ 3-0.240\ 709\ t))\ ^2$
N_1P_0	$Y = 7.077\ 9/(1+EXP\ (3.398\ 0-0.202\ 543\ t))$	0.998 2	1 104.740 4 **	$V = (EXP\ (3.398\ 0-0.202\ 543\ t)\ * 7.077\ 9*0.202\ 543)\ /(1+EXP\ (3.398\ 0-0.202\ 543\ t))\ ^2$
N_1P_1	$Y = 7.464\ 4/(1+EXP\ (3.550\ 6-0.211\ 734\ t))$	0.998 3	1 164.843 3 **	$V = (EXP\ (3.550\ 6-0.211\ 734\ t)\ * 7.464\ 4*0.211\ 734)\ /(1+EXP\ (3.550\ 6-0.211\ 734\ t))\ ^2$
N_1P_2	$Y = 7.355\ 6/(1+EXP\ (3.742\ 3-0.240\ 206\ t))$	0.999 0	1 920.239 5 **	$V = (EXP\ (3.742\ 3-0.240\ 206\ t)\ * 7.355\ 6*0.240\ 206)\ /(1+EXP\ (3.742\ 3-0.240\ 206\ t))\ ^2$
N_2P_0	$Y = 6.630\ 4/(1+EXP\ (3.310\ 5-0.202\ 070\ t))$	0.999 4	3 139.983 8 **	$V = (EXP\ (3.310\ 5-0.202\ 070\ t)\ * 6.630\ 4*0.202\ 070)\ /(1+EXP\ (3.310\ 5-0.202\ 070\ t))\ ^2$
N_2P_1	$Y = 7.585\ 4/(1+EXP\ (3.402\ 8-0.222\ 953\ t))$	0.999 2	2 540.624 4 **	$V = (EXP\ (3.402\ 8-0.222\ 953\ t)\ * 7.585\ 4*0.222\ 953)\ /(1+EXP\ (3.402\ 8-0.222\ 953\ t))\ ^2$
N_2P_2	$Y = 7.636\ 2/(1+EXP\ (3.415\ 7-0.227\ 772\ t))$	0.999 2	2 552.376 1 **	$V = (EXP\ (3.415\ 7-0.227\ 772\ t)\ * 7.636\ 2*0.227\ 772)\ /(1+EXP\ (3.415\ 7-0.227\ 772\ t))\ ^2$

注：R—胡麻籽粒干物质一元非线性回归方程的相关系数；Y—籽粒干质量；V—灌浆速率；t—灌浆时间。

（三）氮磷配施下胡麻灌浆特性

根据 Logistic 方程进行理论分析与计算得表 4-67，不同施肥处理灌浆高峰起始时间不同，N_0P_0

开始最早结束最晚，N_2P_3 开始最晚结束最早。不同施肥处理灌浆持续天数即灌浆终期不同，分别为 38.49 d、39.93 d、34.80 d、39.46 d、38.47 d、34.71 d、39.12、35.87、35.17 d，与实际灌浆持续天数存在差异。不同施肥处理灌浆渐增期为 9.21~11.16 d，灌浆快增期为 10.94~13.03 d，灌浆缓增期为 13.62~16.22 d。

表 4-67　氮、磷配施下胡麻籽粒灌浆特征参数的变化　　　　　　　　　　(d)

Tab. 4-67　Seed filling characteristic parameters under nitrogen combined and phosphorus

处理	t_1/d	t_2/d	t_3/d	T_1/d	T_2/d	T_3/d	T/d
N_0P_0	11.16	23.34	38.49	11.16	12.18	15.15	38.49
N_0P_1	10.69	23.71	39.93	10.69	13.03	16.21	39.93
N_0P_2	10.24	21.18	34.80	10.24	10.94	13.62	34.80
N_1P_0	10.27	23.28	39.46	10.27	13.00	16.18	39.46
N_1P_1	10.55	22.99	38.47	10.55	12.44	15.48	38.47
N_1P_2	10.10	21.06	34.71	10.10	10.97	13.65	34.71
N_2P_0	9.87	22.90	39.12	9.87	13.03	16.22	39.12
N_2P_1	9.36	21.17	35.87	9.36	11.81	14.70	35.87
N_2P_2	9.21	20.78	35.17	9.21	11.56	14.39	35.17

注：t_1—灌浆高峰起始时间；t_2—灌浆高峰结束时间；t_3—灌浆终期；T_1—灌浆渐增期；T_2—灌浆快增期；T_3—灌浆缓增期；T—灌浆持续时间。

四、氮磷配施下旱地胡麻氮磷积累运转规律

(一) 氮磷配施下旱地胡麻茎秆氮含量和积累量

由图 4-47 可知，胡麻茎秆氮含量在苗期最高，成熟期最低，花期有所回升，除 N_0P_0、N_0P_1 处理外，其他处理均随生育时期的推进呈先下降后升高再下降的趋势，N_0P_0 处理随生育时期的推进持续下降，N_0P_1 处理在子实期略有升高，但幅度很小。苗期 N_0P_0 处理茎秆氮含量最高（$P<0.05$），N_2P_0、N_1P_2、N_2P_1 处理次之，其余处理茎秆氮含量无显著差异。现蕾期 N_2P_1 处理茎秆氮含量最高，为 16.04 g·kg^{-1}，显著高于其他处理，N_0P_0、N_2P_0、N_0P_1、N_0P_2、N_2P_2 处理之间差异不显著，但显著高于 N_1P_0、N_1P_1、N_1P_2 处理，N_2P_1 处理茎秆氮含量较 N_0P_0、N_2P_0、N_0P_1、N_0P_2、N_2P_2、N_1P_0、N_1P_1、N_1P_2 处理分别高 4.34%、5.22%、4.98%、3.22%、5.85%、22.44%、13.22%、18.92%。花期茎秆氮含量表现为 $N_2P_1>N_2P_2>N_0P_2>N_1P_2>N_2P_0>N_1P_0>N_1P_1>N_0P_0>N_0P_1$，$N_2P_1$ 处理与 N_2P_2 处理之间差异不显著，但显著高于其他处理，较单施氮肥高 11.45%~15.04%，较单施磷肥高 5.53%~45.38%，较不施肥高 31.81%。子实期 N_2P_1、N_2P_2 处理氮含量较其他处理高，与 N_1P_0、N_0P_1 处理差异不显著，高于其他处理（$P<0.05$），N_0P_0 处理氮含量最低（$P<0.05$）。成熟期 N_2P_1 处理氮含量较其他处理仍然最高，为 7.00 g·kg^{-1}，较不施肥、单施氮肥、单施磷肥分别高 30.86%、9.92%~25.00%、13.06%~90.00%。

由表 4-68 可知，胡麻在苗期，生物量小，氮素积累未表现出大的增幅，从现蕾期开始，胡麻氮素积累量增幅明显增加，直到子实期达到最大，成熟期茎秆枯萎死亡，氮积累量有所下降，呈现出"慢—快—慢"的生长特征。除苗期、花期和子实期外，N_2P_1 处理氮素积累量均大于其他处理（$P<0.05$），苗期 N_0P_1、N_0P_2 处理最大（$P<0.05$），子实期 N_0P_1 处理最大（$P<0.05$）。现蕾期氮素积累量表现为 $N_2P_1>N_1P_1>N_0P_2>N_0P_1>N_0P_0>N_2P_2>N_2P_0>N_1P_2>N_1P_0$，$N_2P_1$ 较不施肥 N_0P_0 氮素积累量高 1 倍，较施氮肥高 1.2~1.9 倍，较单施磷肥高 56.45%~96.66%（$P<0.05$）。花期 N_0P_2 处理氮素积累量最高（$P<0.05$），较 N_0P_0 高 95.56%，较 N_0P_1 处理高 51.42%，较单施氮肥高 46.54%、

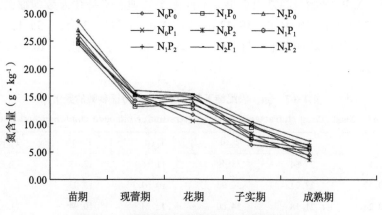

图4-47 氮磷配施对胡麻茎秆氮含量的影响

Fig. 4-47 Effects of nitrogen combined with phosphorus on nitrogen content in stems of oil flax

53.20%，较氮磷配施高 80.04%、61.85%、20.24%、24.80%。子实期氮素积累量 N_1P_0 最高，N_0P_0 最低，N_1P_0 显著高于其他处理，N_1P_0 较 N_0P_0、N_2P_0、N_0P_1、N_0P_2、N_1P_1、N_1P_2、N_2P_1、N_2P_2 分别增加 156.68%、111.87%、15.21%、137.16%、111.31%、51.95%、23.674% 和 30.16%。成熟期氮素积累量 N_2P_1 处理最高，与其余各处理差异显著，N_2P_1 较 N_0P_0 氮素积累量高 53.42%，较单施氮肥高 21.71%~43.14%，较单施磷肥高 21.30%~27.26%。

表4-68 氮磷配施对胡麻茎秆氮素积累的影响 (mg·株$^{-1}$)

Tab. 4-68 Effects of nitrogen combined with phosphorus on nitrogen accumulation in stems of oil flax

处理	苗期	现蕾期	花期	子实期	成熟期
N_0P_0	0.55b	2.23c	3.82d	4.70e	3.05c
N_1P_0	0.40c	1.62d	4.88c	12.07a	3.85b
N_2P_0	0.46bc	2.03cd	5.10c	5.70d	3.27c
N_0P_1	0.72a	2.35c	4.93c	10.48b	3.86b
N_0P_2	0.72a	2.96bc	7.47a	5.09d	3.68b
N_1P_1	0.71a	3.44b	4.15d	5.71d	2.99c
N_1P_2	0.43c	1.66	4.62c	7.94c	3.63b
N_2P_1	0.50b	4.63a	6.21b	9.76b	4.68a
N_2P_2	0.40c	2.22c	5.99b	9.27bc	4.41a

（二）氮磷配施下旱地胡麻叶片氮含量和积累量

图4-48为氮磷配施对旱地胡麻各生育时期叶片氮含量的影响，不同处理对叶片氮含量的影响随生育时期的进程先降后升再升高后下降，苗期最高，花期稍微升高，成熟期最低。苗期除 N_2P_2 处理外，氮磷配施叶片氮含量均高于不施肥、单施氮肥和单施磷肥处理，说明适宜的氮磷肥配施有利于增加胡麻叶片氮素含量。现蕾期胡麻进入生殖生长阶段，生长中心发生改变，致使叶片中氮含量下降，N_1P_1 处理叶片氮含量最高（$P<0.05$），N_1P_0、N_0P_1、N_0P_0 处理次之，其余各处理叶片氮含量相差较小，处理之间差异不显著。花期 N_0P_1、N_1P_2、N_2P_1 处理叶片氮含量较高，显著高于其他处理，但这三个处理之间无显著性差异，N_2P_1 处理氮含量最高，较其余各处理分别高 13.34%、9.59%、11.39%、11.18%、7.36%、10.98%。成熟期 N_2P_0 处理氮含量最高，为 21.91 g·kg^{-1}，较不施肥、单施磷肥以及氮磷配施分别高 23.16%、9.23%~9.88%、0.89%~14.58%。

由表4-69可知，叶片氮素积累量随生育时期的推进呈"单峰"曲线，N_1P_0、N_0P_1 处理的峰值

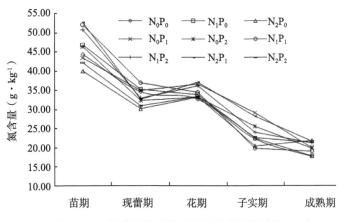

图 4-48 氮磷配施对胡麻叶片氮含量的影响

Fig. 4-48 Effects of nitrogen combined with phosphorus on nitrogen content in leaves of oil flax

出现在子实期，其他处理的峰值出现在花期。现蕾期 N_1P_1 处理氮素积累量最高（$P<0.05$），较 N_0P_0 高 50.76%，较单施氮肥高 65.37%~144.19%，较单施磷肥高 19.45%~44.97%，较 N_1P_2、N_2P_1、N_2P_2 处理高 99.90%、14.22%、71.44%。花期氮素积累量表现为 $N_0P_1<N_0P_0<N_1P_2<N_1P_1<N_1P_2<N_2P_2<N_2P_1<N_2P_0<N_0P_2$，$N_0P_2$ 较不施肥 N_0P_0 氮素积累量高 58.58%，较单施氮肥高 3.80%~38.00%，较 N_0P_1 高 73.91%、较氮磷配施高 7.70%~56.30%。子实期氮素积累量 N_0P_1 处理最高，与其余各处理差异显著，N_0P_1 较 N_0P_0 氮素积累量高 10.575%，较单施氮肥高 5.04%~90.00%，较氮磷配施高 24.00%~116.21%。子实期氮素积累量 N_2P_1 最高，N_0P_0 最低，N_2P_1 最显著高于其他处理，N_2P_1 较 N_0P_0、N_2P_0、N_0P_1、N_0P_2、N_1P_1、N_1P_2、N_2P_1、N_2P_2 分别增加 3.5 倍、51.19%、91.38%、2.2 倍、42.01%、55.62%、15.39% 和 1.6 倍。

表 4-69 氮磷配施对胡麻叶片氮素积累的影响 （mg·株$^{-1}$）

Tab. 4-69 Effects of nitrogen combined with phosphorus on nitrogen accumulation in leaves of oil flax

处理	苗期	现蕾期	花期	子实期	成熟期
N_0P_0	1.59c	4.13c	5.75e	3.70e	0.20e
N_1P_0	1.33d	3.77c	6.60d	7.24b	0.46d
N_2P_0	1.20d	2.55d	8.78ab	3.91e	0.58c
N_0P_1	2.04b	5.22b	5.24e	7.60a	0.27e
N_0P_2	1.56c	4.30c	9.11a	3.60e	0.62c
N_1P_1	2.82a	6.23a	6.26d	3.52e	0.56c
N_1P_2	1.61c	3.12d	5.83e	5.03d	0.76b
N_2P_1	2.12b	5.45b	8.46b	5.33d	0.88a
N_2P_2	1.28b	3.63c	7.32c	6.13c	0.34e

（三）氮磷配施下旱地胡麻茎秆、叶片氮素转移量

表 4-70 列出了氮磷配施对旱地胡麻茎秆、叶片氮素转移的影响，由表可知，胡麻茎秆氮转移量在 P_0、N_0 水平下，随施氮量和施磷量的增加而增加；在 N_1、N_2 水平下，随施磷量的增加而增加；在 P_1、P_2 水平下，随施氮量的增加而增加。N_0P_2 处理茎秆氮转移量最高（$P<0.05$），为 3.79mg·株$^{-1}$，N_0P_0 处理最低（$P<0.05$），N_0P_2 处理较不施肥高 4 倍，单施氮肥高 1~2.7 倍，氮磷配施高 1.4~2.8 倍，N_2P_2、N_2P_1、N_2P_0 处理之间氮转移量差异不显著，但显著高于其他处理。由表 4-70 可知，胡麻叶片氮转移量远远大于茎秆，N_0P_2 处理叶片氮转移量仍然最高，为 8.49mg·株$^{-1}$，

与 N_2P_0 处理差异不显著，显著高于其他处理。N_0P_2 处理较 N_0P_0、N_1P_0、N_1P_0、N_0P_1、N_1P_1、N_1P_2、N_2P_1、N_2P_2 分别高 53.03%、38.24%、3.61%、70.94%、49.23%、67.57%、12.01%和21.70%。

表4-70　氮磷配施对旱地胡麻茎、叶氮素转移的影响　　　　　　　　　　　　　　（mg·株⁻¹）

Tab. 4-70　Effects of nitrogen combined with phosphorus on nitrogen translocation in stems and leaves of oil flax

处理	茎氮素积累量		转移量	叶氮素积累量		转移量
	花期	成熟期		花期	成熟期	
N_0P_0	3.82d	3.05c	0.77c	5.75e	0.20e	5.55d
N_1P_0	4.88c	3.85b	1.03c	6.60d	0.46d	6.14c
N_2P_0	5.10c	3.27c	1.83b	8.78ab	0.58c	8.20a
N_0P_1	4.93c	3.86b	1.07c	5.24e	0.27e	4.97
N_0P_2	7.47a	3.68b	3.79a	9.11a	0.62c	8.49a
N_1P_1	4.15d	2.99c	1.16c	6.26d	0.56c	5.69d
N_1P_2	4.62c	3.63b	0.99c	5.83e	0.76b	5.07e
N_2P_1	6.21b	4.68a	1.53b	8.46b	0.88a	7.58b
N_2P_2	5.99b	4.41a	1.57b	7.32c	0.34e	6.98bc

（四）氮磷配施下旱地胡麻茎秆、叶片氮素转移率

由图4-49可知，N_0P_0 处理茎秆氮转移率最低，在 P_0、N_0 水平下，茎秆氮转移率随施氮量和施磷量的增加而增加；在 N_1 水平下，随施磷量的增加而下降；在 N_2 水平下，随施磷量的增加而升高；在 P_1 水平下，随施氮量的增加而下降；在 P_2 水平下，随施氮量的增加而升高，说明在适宜的范围内，施肥有利于提高茎秆的氮素转移率。N_2P_0、N_0P_2 处理茎秆氮转移率最高（$P<0.05$），分别达到 35.84%和 37.36%，N_0P_2 处理较其他处理茎秆氮转移率分别高 85.72%、76.87%、71.63%、33.17%、74.20%、51.60% 和 42.22%，N_2P_0 处理较其他处理茎秆氮转移率分别高 78.16%、69.67%、64.64%、27.75%、67.11%、45.43%和36.34%。

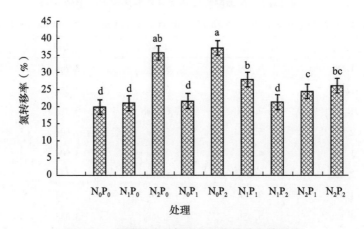

图4-49　氮磷配施对胡麻茎秆氮转移率的影响

Fig. 4-49　Effects of nitrogen combined with phosphorus on nitrogen translocation efficiency in stems of oil flax

由图4-50可知，N_0P_0 处理叶片氮转移率最低，在 P_0 水平下，叶片氮转移率随施氮量的增加而增加；在 N_0 水平下，叶片氮转移率随施磷量的增加而减小；在 N_1 水平下，随施磷量的增加而下降；在 N_2 水平下，随施磷量的增加而升高；在 P_1 水平下，随施氮量的增加而下降；在 P_2 水平下，随施氮量的增加而升高，说明在适宜的范围内，施肥有利于提高茎秆的氮素转移率。N_0P_1、N_2P_2 处理叶片氮转移率最高，分别达到 94.83%和94.31%，N_0P_1 处理较不施肥高 9.51%，较单施氮肥高 1.55%～1.91%，较 N_0P_2 处理高 1.73%，较氮磷配施高 0.55%～9.07%。

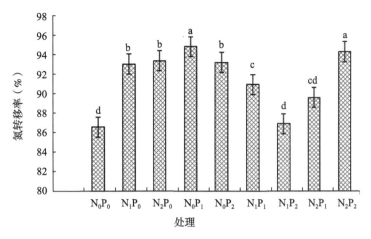

图 4-50　氮磷配施对胡麻叶片氮转移率的影响

Fig. 4-50　Effects of nitrogen combined with phosphorus on nitrogen translocation efficiency in leaves of oil flax

（五）氮磷配施下旱地胡麻茎秆磷含量和积累量

由图 4-51 可知，胡麻茎秆磷含量在整个生育期内呈"双峰"曲线，第一个峰值出现在现蕾期，第二个峰值出现在子实期，花期胡麻茎秆磷含量最低。苗期 N_0P_0、N_1P_0 处理茎秆磷含量最低（$P<0.05$），其余处理茎秆磷含量显著高于 N_0P_0、N_1P_0 处理。现蕾期 N_2P_2 处理茎秆磷含量最高，为 3.79 $g \cdot kg^{-1}$，与 N_1P_1、N_1P_2 处理差异不显著，显著高于其他处理，N_2P_2 处理茎秆磷含量较其他处理高出 7.16%~39.04%。花期茎秆磷含量表现为 $N_0P_2 > N_1P_2 > N_2P_2 > N_0P_0 > N_1P_1 > N_2P_1 > N_0P_1 > N_1P_0 > N_2P_0$，$N_0P_2$ 处理与 N_1P_2 处理之间差异不显著，但显著高于其他处理，较单施氮肥高 29.37%~33.27%，较氮磷配施高 4.84%~15.55%，较不施肥高 10.83%。子实期 N_1P_0、N_0P_1 处理磷含量较其他处理高（$P<0.05$），N_1P_0 处理较其他处理分别高 10.36%、12.46%、0.70%、10.16%、15.30%、15.29%、11.33% 和 26.13%。成熟期 N_0P_0 处理磷含量较其他处理高，为 2.91 $g \cdot kg^{-1}$，这可能是由于不施肥使得胡麻茎秆中氮转移率下降，茎秆中滞留较多氮素所致。

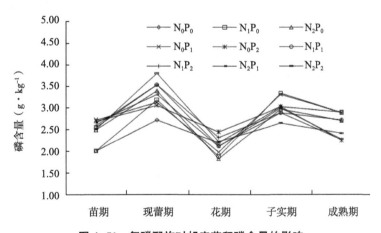

图 4-51　氮磷配施对胡麻茎秆磷含量的影响

Fig. 4-51　Effects of nitrogen combined with phosphorus on phosphorus content in stems of oil flax

由表 4-71 可知，胡麻在苗期，生物量小，磷素积累未表现出大的增幅，从现蕾期开始，胡麻磷素积累量增幅明显增加，直到子实期达到最大，成熟期茎秆枯萎死亡，磷积累量有所下降，呈现出"慢—快—慢"的生长特征。除现蕾期和子实期外，N_0P_2 处理磷素积累量均大于其他处理（$P<0.05$），现蕾期 N_0P_1 处理最大（$P<0.05$），子实期 N_1P_0 处理最大（$P<0.05$）。现蕾期磷素积累量表现为 $N_2P_1 > N_1P_1 > N_0P_2 > N_2P_2 > N_0P_1 > N_2P_0 > N_1P_2 > N_0P_0 > N_1P_0$，$N_2P_1$ 较不施肥 N_0P_0 氮素积累量高 1.40

倍，较单施氮肥高 1.10~1.40 倍，较单施磷肥高 0.60~1.00 倍（$P<0.05$）。花期 N_0P_2 处理磷素积累量最高（$P<0.05$），较 N_0P_0 高 45.72%，较 N_0P_1 处理高 45.22%，较单施氮肥高 39.15%、55.29%，较氮磷配施高 26.67%、34.27%、33.59% 和 20.49%。子实期磷素积累量 N_1P_0 最高，N_0P_2 最低，N_1P_0 显著高于其他处理。成熟期磷素积累量 N_0P_2 处理最高，与其余各处理差异显著，N_0P_2 较 N_0P_0 磷素积累量高 36.27%，较单施氮肥高 37.18%~62.43%，较氮磷配施高 18.02%~48.85%。

表 4-71　氮磷配施对胡麻茎秆磷素积累的影响　　　　　　　　　　　　（mg·株$^{-1}$）

Tab. 4-71　Effects of nitrogen combined with phosphorus on phosphorus accumulation in stems of oil flax

处理	苗期	现蕾期	花期	子实期	成熟期
N_0P_0	0.04b	0.40c	1.08d	2.24c	1.00b
N_1P_0	0.03c	0.39c	1.13c	4.28a	0.99b
N_2P_0	0.04b	0.45c	1.01d	2.11e	0.83c
N_0P_1	0.08a	0.48c	1.08d	3.55b	0.96b
N_0P_2	0.08a	0.58b	1.57a	1.85e	1.36a
N_1P_1	0.07a	0.86a	1.24b	2.28c	1.10b
N_1P_2	0.04b	0.44c	1.17bc	2.29c	1.05b
N_2P_1	0.05b	0.95a	1.18bc	2.80c	0.91b
N_2P_2	0.04b	0.56b	1.30b	3.40b	1.15b

（六）氮磷配施下旱地胡麻叶片磷含量和积累量

图 4-52 为氮磷配施对旱地胡麻各生育时期叶片磷含量的影响，不同处理对叶片磷含量的影响随生育时期的推进依次呈上升的"双峰"曲线，现蕾期是较低的一个峰值，子实期是较高的一个峰值。苗期各处理胡麻叶片磷含量均较小，处理间没有显著差异。现蕾期胡麻进入生殖生长阶段，生长中心发生改变，叶片合成大量与生殖生长有关的蛋白质，致使叶片中磷含量急剧升高，N_2P_0 处理叶片磷含量最高，与 N_0P_1、N_0P_2、N_1P_1、N_2P_1、N_2P_2 处理没有显著差异，N_1P_2 处理次之，N_0P_0、N_1P_0 处理叶片磷含量最小（$P<0.05$），处理间差异不显著。花期 N_0P_1、N_0P_2、N_2P_1、N_2P_1 处理叶片磷含量较高，显著高于其他处理，但这三个处理之间无显著性差异，N_0P_2 处理氮含量最高，较剩余各处理分别高 16.12%、19.49%、17.01%、17.32% 和 18.28%。成熟期 N_0P_2 处理氮含量最高，为 4.95 g·kg^{-1}，较不施肥、N_0P_1、单施氮肥以及氮磷配施分别高 3.34%、20.01%、12.96%~25.23%、15.07%~23.01%。

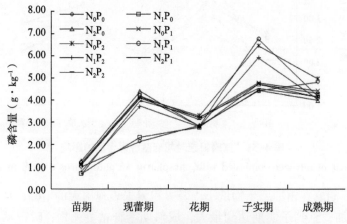

图 4-52　氮磷配施对胡麻叶片磷含量的影响

Fig. 4-52　Effects of nitrogen combined with phosphorus on phosphorus content in leaves of oil flax

由表4-72可知，叶片磷素积累量随生育时期的推进呈"单峰"曲线，各处理的峰值出现在子实期。现蕾期 N_1P_1 处理氮素积累量最高（$P<0.05$），较 N_0P_0 高177.27%，较 N_1P_0、N_2P_0 高90.94%、186.98%，较 N_0P_1、N_0P_2 高13.67%、29.14%，较 N_1P_2、N_2P_1、N_2P_2 处理高101.11%、7.25%、46.11%。花期磷素积累量表现为 $N_0P_0<N_1P_2<N_0P_1<N_1P_1<N_1P_0<N_2P_2<N_2P_1<N_2P_0<N_0P_2$，$N_0P_2$ 较不施肥 N_0P_0 磷素积累量高106.90%，较单施氮肥高21.38%~79.40%，较 N_0P_1 高66.80%、较氮磷配施高18.59%~76.69%。子实期磷素积累量 N_1P_0 处理最高，与其余各处理差异显著，N_1P_0 较 N_0P_0 氮素积累量高10.575%，较单施氮肥高5.04%~90.00%，较氮磷配施高24.00%~116.21%。子实期磷素积累量 N_2P_1、N_0P_2 磷素积累量最高，N_0P_0 最低，N_2P_1 较 N_0P_0、N_1P_0、N_2P_0、N_0P_1、N_1P_1、N_1P_2、N_2P_2 分别增加2.00倍、46.27%、46.87%、1.60倍、24.64%、7.19%和1.20倍。

表4-72　氮磷配施对叶片磷素积累的影响　　　　　　　　　　　　　　（mg·株$^{-1}$）

Tab. 4-72　Effects of nitrogen combined with phosphorus on phosphorus accumulation in leaves of oil flax

处理	苗期	现蕾期	花期	子实期	成熟期
N_0P_0	0.04a	0.25d	0.39d	0.73d	0.05c
N_1P_0	0.02b	0.24d	0.53cd	1.50a	0.11b
N_2P_0	0.04a	0.37c	0.74b	0.84c	0.10b
N_0P_1	0.05a	0.62a	0.45d	1.24b	0.06c
N_0P_2	0.04a	0.54b	0.89a	0.90c	0.15a
N_1P_1	0.06a	0.70a	0.50cd	1.18b	0.12b
N_1P_2	0.02b	0.35c	0.44d	1.22b	0.14a
N_2P_1	0.03ab	0.65a	0.73b	0.85c	0.15a
N_2P_2	0.03ab	0.48b	0.68c	1.27b	0.07c

（七）氮磷配施下旱地胡麻茎秆、叶片磷素转移量

表4-73列出了氮磷配施对旱地胡麻茎秆、叶片磷素转移量的影响，由表可知，胡麻茎秆磷转移量在 P_0、N_0 水平下，随施氮量和施磷量的增加而增加；在 N_1、N_2 水平下，随施磷量的增加而下降；在 P_1、P_2 水平下，随施氮量的增加而增加。N_2P_1 处理茎秆磷转移量最高（$P<0.05$），为0.27 mg·株$^{-1}$，N_0P_0 处理最低（$P<0.05$），N_2P_1 处理较不施肥高2.20倍，较单施氮肥高49.79%~88.37%，较单施磷肥高0.23~1.20倍。由表4-73可知，胡麻叶片磷转移量远远大于茎秆，N_0P_2 处理叶片磷转移量最高，为0.74 mg·株$^{-1}$，显著高于其他处理。N_0P_2 处理较 N_0P_0、N_1P_0、N_2P_0、N_0P_1、N_1P_1、N_1P_2、N_2P_1、N_2P_2 分别高116.44%、72.53%、17.05%、88.46%、93.97%、145.84%、28.33%和21.04%。

表4-73　氮磷配施对胡麻茎、叶磷素转移的影响　　　　　　　　　　　　（mg·株$^{-1}$）

Tab. 4-73　Effects of nitrogen combined with phosphorus on phosphorus translocation
in stems and leaves of oil flax

处理	茎磷素积累量		转移量	叶磷素积累量		转移量
	花	成熟期		花	成熟期	
N_0P_0	1.08d	1.00b	0.08d	0.39d	0.05c	0.34d
N_1P_0	1.13c	0.99b	0.14c	0.53cd	0.11b	0.43c
N_2P_0	1.01d	0.83c	0.18b	0.74b	0.10b	0.63b

（续表）

处理	茎磷素积累量		转移量	叶磷素积累量		转移量
	花	成熟期		花	成熟期	
N_0P_1	1.08d	0.96b	0.12c	0.45d	0.06c	0.39c
N_0P_2	1.57a	1.36a	0.22ab	0.89a	0.15a	0.74a
N_1P_1	1.24b	1.10b	0.15bc	0.50cd	0.12b	0.38c
N_1P_2	1.17bc	1.05b	0.12c	0.44d	0.14a	0.30d
N_2P_1	1.18bc	0.91b	0.27a	0.73b	0.15a	0.58b
N_2P_2	1.30b	1.15b	0.16b	0.68c	0.07c	0.61b

（八）氮磷配施下旱地胡麻茎秆、叶片磷素转移率

由图4-53可知，N_0P_0处理茎秆磷转移率最低，在P_0、N_0水平下，茎秆磷转移率随施氮量和施磷量的增加而增加；在N_1、N_2水平下，随施磷量的增加而下降；在P_1、P_2水平下，随施氮量的增加而增加，说明在适宜的范围内，施肥有利于提高茎秆的磷素转移率。N_2P_1处理茎秆磷转移率最高（$P<0.05$），达到20.80%，N_2P_1处理较N_0P_0、N_1P_0、N_2P_0、N_0P_1、N_0P_2、N_1P_1、N_1P_2、N_2P_2分别高168.82%、66.67%、18.77%、88.68%、11.23%、63.68%、104.72%和74.59%。

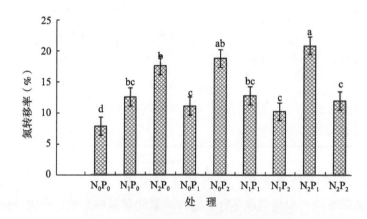

图4-53　氮磷配施对茎秆磷转移率的影响

Fig. 4-53　Effects of nitrogen combined with phosphorus on phosphorus translocation efficiency in stems of oil flax

由图4-54可知，N_0P_0、N_1P_2处理叶片磷转移率最低（$P<0.05$），在P_0水平下，叶片磷转移率随施氮量的增加而增加；在N_0水平下，叶片磷转移率随施磷量的增加而减小；在N_1水平下，随施磷量的增加而下降；在N_2水平下，随施磷量的增加而升高；在P_1、P_2水平下，随施氮量的增加而增加，说明在适宜的范围内，施肥有利于提高茎秆的磷素转移率。N_2P_2处理叶片磷转移率最高，达到89.88%，N_2P_2处理较N_0P_0、N_1P_0、N_2P_0、N_0P_1、N_0P_2、N_1P_1、N_1P_2、N_2P_1分别高30.04%、11.92%、4.77%、3.42%、8.52%、18.95%、32.74%和13.86%。

五、氮磷配施对胡麻产量的影响

（一）氮磷配施对灌水地胡麻产量的影响

由表4-74看出，施肥各水平与不施肥比，胡麻千粒重无显著提高，单株有效蒴果数、单果籽粒数、单果重和单株产量分别提高了17.19%~112.59%、9.13%~24.04%、2.71%~56.34%和4.14%~83.33%；比较各施肥处理，胡麻单株有效蒴果数、单果籽粒数、单果重和单株产量均N_2P_2最大，单果籽粒数各处理间均无显著差异，单株有效蒴果数N_2P_2比其他各处理提高12.56%~81.41%（$P<0.05$），单果重

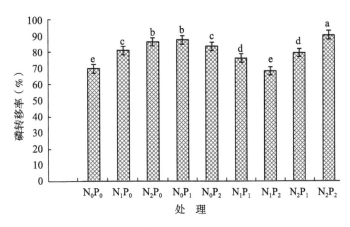

图 4-54　氮磷配施对叶片磷转移率的影响

Fig. 4-54　Effects of nitrogen combined with phosphorus on phosphorus translocation efficiency in leaves of oil flax

N_2P_2 比其他处理提高 10.87%~52.22%（$P<0.05$），单株产量 N_2P_2 比其他各处理提高 14.80%~76.05%（$P<0.05$）。可见，高氮（150 kg·hm^{-2}）和高磷（150 kg·hm^{-2}）利于胡麻产量形成。

　　综合表 4-74 和表 4-75 可知，胡麻的产量除 N_1P_0 其他施肥处理均高于不施肥，提高 7.68%~32.18%（$P<0.01$）；施肥各处理中 N_2P_2 产量最大，达 2 066.00 kg·hm^{-2}，比其他各处理提高 3.85%~22.77%，除 N_2P_1 与其他各处理间极显著差异。

表 4-74　氮、磷配施方式对胡麻产量及其构成因子的影响

Tab. 4-74　Effect of the seed yield and yield components of the oil flax under combined application of nitrogen and phosphorus

处理	单株有效蒴果数（个）	单果籽粒数（粒）	单果重（mg）	单株产量（g）	千粒重（g）	产量（kg·hm^{-2}）
N_0P_0	13.77Df	6.93Bb	32.25Cc	0.70Ef	6.97a	1 563EeF
N_0P_1	16.13De	7.57AaBb	33.43Cc	0.73DEef	7.00a	1 683DdE
N_0P_2	19.10Cd	8.20AaB	33.12Cc	0.81CDd	7.17a	1 697DdE
N_1P_0	16.53CDe	8.17AaB	44.35ABb	0.73DEef	7.07a	1 520eF
N_1P_1	24.63Bc	8.47AaB	43.63ABb	0.79DEef	7.20a	1 753CcDd
N_1P_2	27.13ABb	8.10AaB	42.88Bb	0.91Cc	7.23a	1 880BbC
N_2P_0	24.53Bc	7.90AaBb	45.48AaBb	0.81CDd	7.00a	1 837bCc
N_2P_1	26.00Bbc	8.30AaB	44.12ABb	1.12Bb	7.40a	1 990AaB
N_2P_2	29.27Aa	8.60Aa	50.42Aa	1.29Aa	7.50a	2 067Aa

表 4-75　不同氮、磷配施方式下胡麻产量方差分析

Tab. 4-75　Variance analysis of the seed yield of the oil flax under combined application of nitrogen and phosphorus

变异来源	平方和	自由度	均方	F	$Sig.$
区组间	13 400.00	2	6 700.00	2.03	0.16
施氮水平间	291 488.89	2	145 744.44	44.17	0.00**
施磷水平间	347 488.89	2	173 744.44	52.65	0.00**
氮×磷	173 822.22	4	43 455.56	13.17	0.00**
误差	52 800.00	16	3 300.00		
总变异	879 000.00	26			

（二）氮磷配施对旱地胡麻产量的影响

表4-76可知，胡麻产量N_2P_1最高，为1 746.4 kg·hm^{-2}，与N_1P_2、N_2P_2无差异，显著高于其他处理，较其他处理分别高33.02%、27.69%、16.02%、10.40%、8.64%、7.17%、6.94%和13.45%，增产效应表现为$N_2P_1>N_1P_2>N_1P_1>N_0P_2>N_0P_1>N_2P_2>N_2P_0>N_1P_0$。氮磷配施对胡麻千粒重没有显著影响，对蒴果籽粒数影响较小，但对单株有效蒴果数的影响显著。由表4-76可知，除N_2P_0处理外，施肥处理的单株有效蒴果数显著高于不施肥处理，N_2P_1处理单株有效蒴果数最大，为33.60个·株$^{-1}$，较N_0P_0高93.44%，较单施氮肥高42.98%~110.92%，较单施磷肥高6.43%~12.26%。

表4-76　不同氮磷水平对胡麻产量及产量构成因素的影响

Tab. 4-76　Seed yield and yield components of oil flax under different nitrogen and phosphorus levels

处理	单株有效蒴果数（个）	单果籽粒数（粒）	千粒重（g）	产量（kg·hm^{-2}）
N_0P_0	17.37 d	7.17 b	6.58 a	1 312.8 c
N_1P_0	23.50 c	8.40 a	6.36 a	1 367.7 c
N_2P_0	15.93 d	7.67 ab	6.67 a	1 505.2 bc
N_0P_1	31.57 ab	7.67 ab	6.26 a	1 581.9 b
N_0P_2	29.93 b	8.00 a	6.46 a	1 607.5 b
N_1P_1	21.64 c	7.63 ab	6.56 a	1 629.5 ab
N_1P_2	28.71 b	7.70 ab	6.57 a	1 633.1 ab
N_2P_1	33.60 a	7.67 ab	6.86 a	1 746.4 a
N_2P_2	30.53 b	8.43 a	6.42 a	1 539.3 bc

六、氮磷配施下旱地胡麻水分利用效率和肥料利用率

（一）氮磷配施对胡麻水分利用效率的影响

由表4-77可见，不同施肥方式胡麻收获后土壤贮水量不同，收获后N_1P_0贮水量与N_1P_1处理差异不显著，显著高于其他处理，N_0P_0、N_0P_2、N_1P_1、N_1P_2、N_2P_1、N_2P_2处理间差异不显著，但都显著高于N_2P_0、N_1P_0处理。籽粒产量的比较见表4-77。水分利用效率从高到低依次为：$N_2P_1>N_1P_1>N_1P_2>N_0P_2>N_0P_1>N_2P_2>N_2P_0>N_1P_0>N_0P_0$，$N_2P_1$处理水分利用效率显著高于其他处理，$N_1P_1$、$N_1P_2$、$N_0P_2$、$N_0P_1$处理间差异不显著，但显著高于其余处理。$N_2P_1$处理水分利用效率较其他处理分别高34.61%、25.32%、17.66%、12.39%、8.27%、6.20%、7.53%和14.52%。说明在适宜的范围内，合理的氮磷肥配施利于提高胡麻的水分利用效率。

表4-77　不同氮磷水平对胡麻籽粒产量和水分利用率的影响

Tab. 4-77　Effects of nitrogen combined with phosphorus on oil flax seed yield and water use efficiency

处理	土壤贮水量（mm）		农田耗水量（mm）	籽粒产量（kg·hm^{-2}）	水分利用效率（kg·hm^{-2}·mm^{-1}）
	播种前	收获后			
N_0P_0	406.15 a	248.10 b	493.73 a	1312.8 c	2.66 d
N_1P_0	406.15 a	263.71 a	490.98 a	1 367.7 c	2.79 d
N_2P_0	406.15 a	246.99 c	494.03 a	1 505.2 bc	3.05 c
N_0P_1	406.15 a	244.94 c	495.07 a	1 581.9 b	3.20 bc
N_0P_2	406.15 a	255.94 b	492.10 a	1 607.5 b	3.27 bc

处理	土壤贮水量（mm）		农田耗水量（mm）	籽粒产量（kg·hm⁻²）	水分利用效率（kg·hm⁻²·mm⁻¹）
	播种前	收获后			
N_1P_1	406.15 a	258.85 ab	479.83 c	1 629.5 ab	3.40 b
N_1P_2	406.15 a	251.36 b	496.48 a	1 633.1 ab	3.29 bc
N_2P_1	406.15 a	254.21 b	479.79 c	1 746.4 a	3.64 a
N_2P_2	406.15 a	249.37 b	488.14 b	1 539.3 bc	3.15 c

（二）氮磷配施对胡麻肥料利用率的影响

表4-78列出了氮磷配施处理下胡麻氮、磷肥肥料利用率，单施氮肥施氮量由75 kg·hm⁻²增加到150 kg·hm⁻²时，施肥量增加了100%，产量只增加10.06%，单施磷肥施磷量由75 kg·hm⁻²增加到150 kg·hm⁻²时，施肥量增加100%，产量仅增加1.62%，氮磷肥的增加量远远超过产量的增加量。N_1P_2处理氮肥偏生产力最高，为21.77 kg·kg⁻¹；单施磷肥75 kg·hm⁻²时，磷肥生理利用率最高，为12.92%，显著高于其余处理，较施磷150 kg·hm⁻²高64.59%。氮磷配施时，在N_1水平下，胡麻氮肥的表观利用率、农学利用率和偏生产力随施磷量的增加而增加，生理利用率随施磷量的增加而下降，在N_2水平下，胡麻氮肥的表观利用率、农学利用率和偏生产力随施磷量的增加而下降，生理利用率随施磷量的增加而增加。在N_1水平下，胡麻磷肥的农学利用率、生理利用率和偏生产力均随施磷量的增加而下降（$P<0.05$），表观利用率随施磷量的增加而增加（$P>0.05$）；在N_2水平下，胡麻磷肥的农学利用率、表观利用率、生理利用率、偏生产力均随施磷量的增加而下降（$P<0.05$）。

表4-78　氮磷配施下胡麻肥料利用率

Tab. 4-78　Nitrogen and phosphorus utilization efficiency under different nitrogen and phosphorus levels

处理	氮肥利用率				磷肥利用率			
	农学利用率（kg·kg⁻¹）	表观利用率（%）	生理利用率（kg·kg⁻¹）	偏生产力（kg·kg⁻¹）	农学利用率（kg·kg⁻¹）	表观利用率（%）	生理利用率（kg·kg⁻¹）	偏生产力（kg·kg⁻¹）
N_0P_0	—	—	—	—	—	—	—	—
N_1P_0	0.73 d	44.74 b	1.89 d	18.24 b	—	—	—	—
N_2P_0	1.28 c	25.46 cd	5.81 c	10.03 d	—	—	—	—
N_0P_1	—	—	—	—	3.59 c	32.05 c	12.92 a	18.24 b
N_0P_2	—	—	—	—	1.96 e	28.89 d	7.85 b	10.03 c
N_1P_1	4.22 a	48.80 ab	9.99 a	21.73 a	4.22 b	46.11 b	10.57 b	21.72 ab
N_1P_2	4.27 a	55.60 a	8.86 b	21.77 a	2.14 d	48.57 b	5.07 c	10.89n c
N_2P_1	2.89 b	36.33 c	9.18 ab	11.64 c	5.78 a	61.38 a	10.87 b	23.29 a
N_2P_2	1.51 c	16.91 d	10.31 a	10.26 d	1.51 e	26.98 d	6.46 b	10.26 c

七、讨论与结论

（一）氮磷配施对旱地胡麻生长的影响

叶片作为作物有机物质生产的主要器官，其大小以及进行光合作用的长短对作物产量的形成具有重要作用。傅兆麟等（2001）在小麦的研究中发现，小麦旗叶叶面积与穗粒重正相关性明显。本试验研究认为，氮磷配施对胡麻叶面积的影响在不同生育时期都表现出N_2P_1处理显著高于其他处理，叶面积分别较单施氮、单施磷和不施肥高 35.85%~58.97%、4.39%~27.90%和 23.72%~39.18%。作物在生长过程中，干物质的积累与分配是一个"库源"相互协调的过程，只有"源"广，"库"才能大。大豆上有人研究发现，如果生育前期干物质积累量偏低，将直接影响花后籽粒同化物的来源，最终影响产量的形成（陈艳秋等，2009）。本试验结果表明，氮磷配施处理下胡麻单株的干物质积累总体呈"S"形变化，从花期开始，N_2P_2 处理干物质积累量显著高于其他处理。氮磷配施有利于旱地胡麻干物质累积量的增加，干物质累积量分别较单施氮、单施磷和不施肥高 8.44%~15.75%、7.45%~14.70%和 7.67%~14.93%。光合作用就是利用太阳光照，将二氧化碳和水转化为有机物，并释放出氧气的生化过程，而吸收光能的主要物质就是叶绿素。处在特殊状态的叶绿素 a 含量与植物的光和能力密切相关（Teng et al，2004）。本试验研究发现，施肥处理的叶绿素 a 含量均大于不施肥处理，在单施氮肥处理下，其含量随施氮量的增加而增加，在单施磷肥处理下，施磷量的增加对其含量影响不大，叶绿素 b 含量变化趋势与叶绿素 a 接近。氮磷配施有利于旱地胡麻叶片总叶绿素含量的增加，总叶绿素含量分别较单施氮、单施磷和不施肥高 5.08%~18.64%、0.32%~13.27%和 4.05%~17.45%。

（二）灌水地胡麻干物质积累动态

不同施氮、施磷、氮磷配施水平下胡麻植株的干物质积累从出苗到收获均呈"S"形变化。张学昕等（2012）研究氮磷配施对棉花干物质积累的影响表明，施肥均能增加棉花植株和各器官中干物质积累量，且增施氮肥的效果比磷肥明显，这与本试验的结果相同。但叶片对籽粒的转移率和贡献率只有部分施肥处理大于不施肥。高氮高磷配施时胡麻植株干物质的最终积累量，茎、籽粒干物质的最终积累量和分配比率，以及叶物质对籽粒的转移均最大，且显著高于不施肥，因此增加施肥量可以通过提高干物质积累而间接提高产量。

（三）氮磷配施对旱地胡麻可溶性糖的影响

可溶性糖作为光合作用的主要产物，是碳水化合物之间转化的基础物质，而且是可溶性碳水化合物临时贮藏的主要形式，不仅为作物生长提供能源，而且对维持蛋白质稳定具有重要作用。有研究发现，水稻可溶性糖的积累从孕穗期就已经开始，随生育时期的推进叶片中可溶性糖含量先升高后下降（王惠贞等，2014）。本试验研究发现，胡麻茎中可溶性糖含量随生育时期的推进也呈先升高后下降的趋势，成熟期茎叶可溶性糖含量最低，成熟期茎叶枯萎变黄，叶绿素含量下降，叶片丧失光合作用，叶片中可溶性糖含量没有来源，而且向籽粒中运输，致使茎叶中可溶性糖含量最低。氮磷配施有利于降低旱地胡麻茎叶中可溶性糖含量，氮磷配施茎中可溶性糖含量较单施氮肥、单施磷肥和不施肥分别低 22.13%~33.95%、22.41%~34.19%和 38.34%~47.70%；叶中可溶性糖含量较单施氮肥、单施磷肥和不施肥分别低 14.83%~34.56%、21.90%~39.99%和 23.19%~40.98%。蔗糖作为植物光合作用的另一主要产物，是植物体内碳水化合物运输的主要形式。乐菊梅等（2004）研究认为，玉米中蔗糖含量在生育前期积累明显，在孕穗期达到最大值后开始下降。本试验研究表明，胡麻茎秆中蔗糖含量随生育时期的进程呈先升高再降低的变化趋势，现蕾期最高，花期最低。胡麻叶片蔗糖含量在整个生育时期呈"双峰"曲线，第一个峰值出现在现蕾期，第二个峰值出现在子实期，子实期叶片中蔗糖含量最高。

（四）氮磷配施对旱地胡麻氮、磷养分积累转移的影响

作物氮磷等营养元素的吸收，对作物的生长发育有关键性作用，通过影响作物的生长发育而影响作物产量。掌握作物对氮磷等营养元素的吸收运转，有助于通过采取施肥措施对作物生长进行调控。霍中洋等（2004）在小麦的研究中发现，小麦各器官吸氮量随施氮量的增加而增加，而氮肥利用率随施氮量的增加而下降。本试验研究发现，胡麻在苗期，生物量小，氮、磷素积累未表现出大的增幅，从现蕾期开始，胡麻氮、磷素积累量增幅明显增加，直到子实期达到最大，成熟期由于茎秆枯萎、叶片脱落，致使氮磷积累量有所下降，总体呈现出"慢—快—慢"的生长特征。宋海星等

（2003）也发现，作物中氮磷营养的转运来自茎和叶。本试验研究发现，胡麻茎秆磷转移量在 P_0、N_0 水平下，随施氮量和施磷量的增加而增加；在 N_1、N_2 水平下，随施磷量的增加而下降；在 P_1、P_2 水平下，随施氮量的增加而增加。胡麻叶片磷转移量远远大于茎秆，N_0P_2 处理叶片磷转移量最高，单株为 0.74 mg，显著高于其他处理。说明胡麻中氮磷营养的转运也来自茎和叶，这与宋海星等（2003）等人的研究结果一致。

（五）氮磷配施下灌水地胡麻灌浆动态

灌浆期是胡麻籽粒建成和干物质积累的重要时期，研究氮磷对胡麻灌浆速率的影响规律，制定合理的氮磷施肥方案，对提高产量十分必要。灌浆过程根据灌浆速率可分为渐增期、快增期和缓增期，其中单施低磷和单施高氮时灌浆的快增期最长，延长灌浆快增期对增加籽粒产量十分重要。籽粒干物质积累施肥处理间相关性较好，可以用 Logistic 方程对未来籽粒产量进行预测。根据 Logistic 方程进行理论分析可知，不同施肥处理灌浆高峰起始时间不同，不施肥开始最早结束最晚，高氮高磷配施开始最晚结束最早。不同施肥处理灌浆持续天数不同，且与实际灌浆持续天数存在差异。

（六）氮磷配施对胡麻产量的影响

1. 氮磷配施对灌水地胡麻产量的影响

氮肥主要加强作物的营养生长，增加叶绿素，但过高的施氮量可能导致作物氮素利用效率降低；合理施用磷肥能够促进作物根的生长，加速分蘖，促进幼穗分化、灌浆和籽粒饱满，促使早熟，提高作物抗旱、抗寒等抗逆性，还可以增加产量、淀粉含量和油料作物籽粒含油量，改善产品品质。施肥并不能显著提高胡麻千粒重，但其他产量构成因子均有显著提高，高氮高磷配施的产量及其构成因子均比其他处理显著提高，因此增大施肥量是通过提高胡麻各产量构成因子进一步提高其产量的。

2. 氮磷配施对旱地胡麻产量的影响

有研究表明，合理施用氮肥能够提高胡麻产量，松生满等（2007）研究认为，在施氮一定的情况下，施磷肥可以显著增加胡麻单株有效果数。本试验研究发现，氮磷配施对胡麻千粒重没有显著影响，对蒴果籽粒数影响较小，但显著影响单位面积株数和单株有效蒴果数。适当的氮磷配施可增产 20.49%~77.27%。本试验 N_2P_1 处理产量最高，为 1 746.4 kg·hm^{-2}，与 N_1P_2、N_2P_2 无差异，显著高于其他处理，较其他处理分别高 33.02%、27.69%、16.02%、10.40%、8.64%、7.17%、6.94% 和 13.45%，增产效应表现为 $N_2P_1>N_1P_2>N_1P_1>N_0P_2>N_0P_1>N_2P_2>N_2P_0>N_1P_0$。

（七）氮磷配施下旱地胡麻水分利用效率和肥料利用率

1. 氮磷配施对胡麻水分利用效率的影响

李志贤等（2010）研究认为，低施 N 量下合理配施磷肥有利于水分利用效率的提高，而适宜的氮磷肥配施才能获得较高的 WUE。此外，合理的施肥措施不仅能够提高产量，对水分利用效率的提高也有帮助。王旭刚等（2007）在氮磷配施对旱地小麦产量和吸肥特性的影响研究中发现，不同的肥料配施方案会直接影响作物的增产效果以及 WUE。本试验研究发现，施肥处理 WUE 均高于不施肥处理，单施氮肥、单施磷肥 WUE 均随施肥量的增加而增加；在 N_1、N_2 水平下，WUE 随施磷量的增加而下降；在 P_1 水平下，WUE 均随施氮量的增加而增加，在 P_2 水平下，WUE 均随施氮量的增加而下降。这表明合理的氮磷配施可显著地提高旱地胡麻水分利用效率。

2. 氮磷配施对胡麻肥料利用效率的影响

施氮量对作物氮肥利用效率的影响因作物及品种而异。在一定范围内，随施氮量的增加，玉米氮肥偏生产力显著降低，氮肥农学效率先增高后降低。增施氮肥显著降低作物氮肥农学效率、氮肥生产效率和氮肥偏生产力。张秀芝等（2011）指出，水稻的氮肥农学利用率和氮肥偏生产力随着施氮量的增加迅速下降，过量施氮只会造成作物对氮素的奢侈吸收、作物籽粒灌浆不充分、产量降低。本试验研究表明，在 N_2 水平下，胡麻磷肥的农学利用率、表观利用率、生理利用率、偏生产力均随施磷量的增加而下降（$P<0.05$）。作物的生长发育，离不开各种营养元素的综合作用，偏施氮肥可能导致作物缺磷钾等营养元素；偏施磷钾肥可能导致作物缺氮等营养元素，因此，只有合理施用氮、磷肥，

才能保证作物正常生长发育，从而提高作物产量。

第六节　有机肥化肥配施对胡麻产量和品质的调控

我国是农业生产大国，也是化肥生产和使用大国，农作物产量的增加约40%依靠化肥，过量施肥或偏施氮肥等不合适的施肥造成我国的化肥利用率偏低，只有不到30%（张福锁等，2008）。化肥利用效率低带来了较多的不利影响，不仅造成严重的农业面源污染，而且引起社会资源的巨大浪费。因此，化肥施用效应和农田土壤肥力的提高，必须引起足够的重视。目前我国胡麻施肥技术研究远远落后于其他主要农作物，仅达20世纪60年代棉花的水平。在胡麻生长期内所需要的肥料相对较多，但又不耐氮肥，氮肥的合理施用大大增加了干物质产量和经济系数，从而明显地增加了籽粒产量和粗脂肪含量。但长期施用化肥，导致土壤理化性质变劣，养分供给能力下降，农产品品质也受到一定的影响。此外，胡麻种植中普遍存在重视化肥、轻视有机肥的不科学施肥问题，在化肥中普遍偏施氮的现象比较严重。有机肥是我国传统农业生产中的重要肥料，在培肥地力和提高农作物产量等方面发挥着重要作用。有机肥的施用有利于胡麻产量的增加，不仅能提高当年的产量，而且还能促进下茬作物的生长。王艳玲等（1996）研究认为，施用腐植酸有机复混肥可提高胡麻籽粒产量17.8%。因此，根据胡麻的需肥规律合理施用有机肥是提高肥料利用率和实现作物增产的重要途径。

一、有机肥与化肥配施对胡麻干物质生产的影响

（一）有机肥与化肥配施对胡麻叶面积指数的影响

由图4-55可见，不同施肥方式的胡麻叶面积指数变化均符合"慢—快—慢"特征，前期各施肥处理间差异不显著。枞形期开始叶面积指数差异加大；现蕾期达到最大，有机肥与化肥配施的处理［胡麻油渣与化肥配施（T5）、农家肥与化肥配施（T6）］较对照不施肥（T1）处理叶面积指数增加的幅度大，为61.39%~65.60%，而施化肥（T2）、胡麻油渣（T3）、农家肥（T4）处理分别显著增加了45.02%、47.78%和40.68%（$P<0.05$）。随着生育进程各处理的叶面积指数差异越来越大，在生育后期不施肥（T1）处理的叶面积指数小于1.5，而有机肥与化肥配施处理的仍能维持在2.0左右。说明不同施肥处理对胡麻叶面积指数的动态变化产生了不同程度的影响，特别是有机肥与化肥配施能在生育后期保持相对较高的叶面积指数，这为干物质的积累奠定了良好的基础。

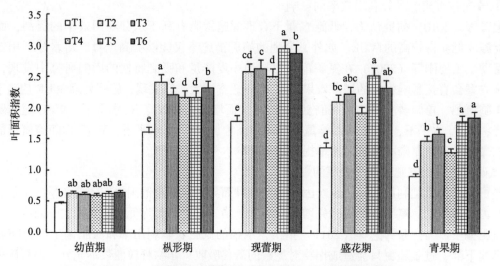

图4-55　有机肥与化肥配施对胡麻单株叶面积指数的影响

Fig. 4-55　Effects of organic manure combined and chemical fertilizers on leaf area index per plant

（二）有机肥与化肥配施对胡麻光合势的影响

光合势是单位土地面积的绿叶面积与光合时间的乘积，由叶面积指数和叶片功能期的长短共同决定。由图4-56可知，在幼苗期—枞形期，由于胡麻植株叶面积比较低，因此这个阶段光合势较低；在枞形—现蕾期，植株叶面积不断增大，胡麻的光合势在这一时期达到最大值，其中农家肥与化肥配施（T6）处理的光合势最大，显著高于对照不施肥（T1）、施化肥（T2）处理53.23%和4.02%；从盛花期开始，由于植株下部叶片的脱落，叶片的光合势随之下降。在胡麻的不同生育阶段，不同施肥处理间光合势的差异也比较大，特别是从枞形期开始差异更明显，胡麻油渣与化肥配施（T5）、农家肥与化肥配施（T6）处理的光合势显著高于不施肥（T1）、施化肥（T2）处理，但处理之间差异不显著（$P>0.05$）。就全生育期总的光合势而言，胡麻油渣与化肥配施（T5）、农家肥与化肥配施（T6）处理的较高，比不施肥（T1）处理增加57.99%和57.66%，比施化肥（T2）处理增加6.23%和6.00%，均达显著差异水平（$P<0.05$）；胡麻油渣（T3）处理的次之，显著高于不施肥（T1）处理47.30%，而比施化肥（T2）处理降低0.97%，差异不显著。

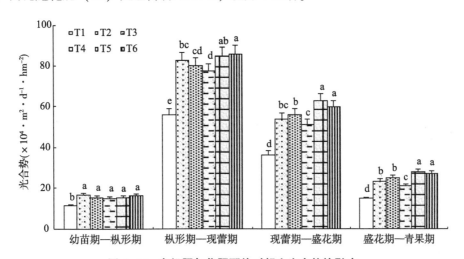

图4-56　有机肥与化肥配施对胡麻光合势的影响

Fig. 4-56　Effects of organic manure combined and chemical fertilizers on photosynthetic potential of oil flax

二、有机肥与化肥配施对胡麻叶片和蒴果叶绿素含量的影响

（一）有机肥与化肥配施对胡麻叶片叶绿素含量的影响

由表4-79可知，施肥明显促进了胡麻叶片中叶绿素a含量的增加，增幅由大到小依次为：胡麻油渣与化肥配施（T5）>农家肥与化肥配施（T6）>施化肥（T2）>胡麻油渣（T2）>农家肥（T4）>不施肥（T1），除农家肥（T4）处理外，其他施肥处理的叶绿素a含量显著高于对照不施肥（T1）处理（$P<0.05$）。在生育前期，施化肥（T2）处理的叶绿素a含量最大，显著高于不施肥（T1）、农家肥（T4）处理，而与其他处理的差异不显著；各处理叶片中叶绿素a含量在现蕾期达到最大值，然后逐渐降低。与不施肥（T1）处理相比，农家肥（T4）、胡麻油渣（T2）、施化肥（T2）、农家肥与化肥配施（T6）、胡麻油渣与化肥配施（T5）处理叶绿素a含量分别平均提高了5.48%、17.38%、23.33%、27.38%和27.98%。胡麻叶片中叶绿素b含量变化相似于叶绿素a含量，呈先升后降的趋势，现蕾期达到最大值，此后迅速下降，青果期到成熟期下降趋于平缓。各处理的叶片中叶绿素b含量明显低于叶绿素a含量，除青果期外，不施肥（T1）处理的叶绿素b含量均较高，与胡麻油渣（T2）、胡麻油渣与化肥配施（T5）、农家肥与化肥配施（T6）处理之间差异不显著（$P>0.05$）。胡麻叶片中总叶绿素含量和叶绿素a含量的变化趋势一致，且都在现蕾期达到最高。胡麻生育前期各处

理的叶片总叶绿素含量差异不显著；在现蕾期，胡麻油渣与化肥配施（T5）处理的总叶绿素含量最大，农家肥与化肥配施（T6）处理的次之，分别比不施肥（T1）处理显著增加了 14.73%、10.97%，从盛花期开始各施肥处理的叶片总叶绿素含量显著高于不施肥（T1）处理。就全生育期总叶绿素平均含量而言，与对照不施肥（T1）处理相比，农家肥（T4）、胡麻油渣（T2）、施化肥（T2）、农家肥与化肥配施（T6）、胡麻油渣与化肥配施（T5）处理分别提高了 1.82%、10.29%、11.04%、17.32%、18.38%。

表 4-79　有机肥与化肥配施对胡麻叶片叶绿素含量的影响　　　　　　$(mg \cdot g^{-1} FW)$

Tab. 4-79　Effects of organic manure combined and chemical fertilizers on
chlorophyll content in leaf of oil flax

项目	处理	幼苗期	枞形期	现蕾期	盛花期	青果期	成熟期
叶绿素 a	不施肥（T1）	0.82c	0.85c	0.90d	0.85d	0.54d	0.27d
	施化肥（T2）	1.01a	1.05a	1.08bc	1.01ab	0.63bc	0.41bc
	胡麻油渣（T3）	0.90abc	0.97ab	1.05c	0.98bc	0.66ab	0.38c
	农家肥（T4）	0.86bc	0.88bc	0.95d	0.88cd	0.57cd	0.31d
	胡麻油渣与化肥配施（T5）	0.95ab	0.99a	1.15a	1.11a	0.70ab	0.48a
	农家肥与化肥配施（T6）	0.96ab	1.02a	1.12ab	1.09ab	0.72a	0.45ab
叶绿素 b	不施肥（T1）	0.31a	0.40ab	0.70a	0.50ab	0.29c	0.21ab
	施化肥（T2）	0.19b	0.30b	0.59c	0.53ab	0.35ab	0.20b
	胡麻油渣（T3）	0.29ab	0.35ab	0.66ab	0.48b	0.33bc	0.25ab
	农家肥（T4）	0.23ab	0.42a	0.61c	0.51ab	0.30c	0.23ab
	胡麻油渣与化肥配施（T5）	0.27ab	0.39ab	0.68ab	0.46b	0.38a	0.27a
	农家肥与化肥配施（T6）	0.24ab	0.35ab	0.65b	0.55a	0.37ab	0.25ab
总叶绿素	不施肥（T1）	1.13a	1.25b	1.60d	1.35d	0.83d	0.48d
	施化肥（T2）	1.20a	1.35a	1.67c	1.54b	0.98b	0.61bc
	胡麻油渣（T3）	1.19a	1.32ab	1.71bc	1.46c	0.98b	0.63bc
	农家肥（T4）	1.09a	1.30ab	1.56d	1.39d	0.87c	0.54cd
	胡麻油渣与化肥配施（T5）	1.22a	1.38a	1.83a	1.57b	1.08a	0.75a
	农家肥与化肥配施（T6）	1.20a	1.36a	1.77ab	1.63a	1.09a	0.70ab

（二）有机肥与化肥配施对蒴果萼片叶绿素含量的影响

由表 4-80 可以看出，从花后 20 d 开始，不同处理的胡麻萼片中叶绿素含量与开花后天数呈现负相关的关系，并且拟合方程为 $y = -0.0020x^2 + 0.0694x + 0.6186$（$R^2 = 0.9549$，$P < 0.01$，$x$ 为开花后天数，y 为萼片叶绿素含量）。胡麻开花后 20 d 萼片还维持较高的叶绿素含量，此后随籽粒灌浆进程的推进，萼片中叶绿素含量都呈明显的下降趋势。从胡麻花后 15 d 开始，农家肥与化肥配施（T6）、胡麻油渣与化肥配施（T5）处理的萼片中叶绿素含量显著高于对照不施肥（T1）、施化肥（T2）处理（$P < 0.05$），与不施肥（T1）处理相比，分别增加了 18.27%~53.33%、17.84%~42.22%，比施化肥（T2）处理分别增加了 12.61%~35.29%、9.13%~25.49%，但处理之间差异不显著（$P > 0.05$）。总体而言，农家肥与化肥配施（T6）处理的萼片中叶绿素平均含量最高，胡麻油渣与化肥配施（T5）处理的次之，与对照不施肥（T1）、施化肥（T2）处理相比，分别增加了 23.06%、14.52% 和 20.23%、11.88%。

表4-80 有机肥与化肥配施对胡麻萼片叶绿素含量的影响 $(mg \cdot g^{-1}FW)$

Tab. 4-80 Effects of organic manure combined and chemical fertilizers on
chlorophyll content in sepal of oil flax

处理	开花后天数（d）						
	5	10	15	20	25	30	35
不施肥（T1）	0.86c	0.98c	1.07c	1.11c	1.04b	0.69c	0.45c
施化肥（T2）	0.94abc	1.05bc	1.15bc	1.19bc	1.07b	0.74bc	0.51bc
胡麻油渣（T3）	0.99ab	1.09ab	1.23ab	1.25abc	1.22a	0.83ab	0.56b
农家肥（T4）	0.89bc	0.97c	1.10c	1.13c	1.03b	0.72c	0.49c
胡麻油渣与化肥配施（T5）	1.02a	1.11ab	1.26a	1.31ab	1.25a	0.85a	0.64a
农家肥与化肥配施（T6）	1.04a	1.14a	1.30a	1.35a	1.23a	0.87a	0.69a

（三）有机肥与化肥配施对蒴果皮叶绿素含量的影响

由表4-81可知，胡麻蒴果皮中叶绿素含量的变化趋势类似于萼片中叶绿素含量，即随着胡麻开花后天数的推进，蒴果皮中叶绿素含量逐渐减少，二者呈现负相关的关系，拟合方程为 $y=-0.0022x^2+0.0760x+0.2600$（$R^2=0.9658$，P<0.01），$x$ 为开花后天数，y 为蒴果皮叶绿素含量。就不同处理对胡麻蒴果皮中叶绿素含量的影响而言，农家肥与化肥配施（T6）处理的叶绿素含量高于对照不施肥（T1）处理（$P<0.05$），且达到显著性差异水平，而与对照施化肥（T2）处理之间差异不显著；除花后10 d外，胡麻油渣与化肥配施（T5）处理与施化肥（T2）处理之间差异也不显著（$P>0.05$）。在不同处理下胡麻蒴果皮中的叶绿素平均含量从高到低顺序依次为：胡麻油渣与化肥配施（T5）>农家肥与化肥配施（T6）>施化肥（T2）>胡麻油渣（T3）>农家肥（T4）>不施肥（T1），与对照不施肥（T1）处理相比，胡麻油渣与化肥配施（T5）、农家肥与化肥配施（T6）处理蒴果皮中的叶绿素平均含量分别增加了24.76%和21.76%，而高于施化肥（T2）处理4.85%和2.33%。

表4-81 有机肥与化肥配施对胡麻蒴果皮叶绿素含量的影响 $(mg \cdot g^{-1}FW)$

Tab. 4-81 Effects of organic manure combined and chemical fertilizers on
chlorophyll content in pericarp of oil flax

处理	开花后天数（d）						
	5	10	15	20	25	30	35
不施肥（T1）	0.54c	0.66c	0.76b	0.89bc	0.70bc	0.40c	0.12c
施化肥（T2）	0.68a	0.77b	0.89a	0.97ab	0.81ab	0.52a	0.19ab
胡麻油渣（T3）	0.62ab	0.79ab	0.86a	0.99ab	0.79ab	0.50ab	0.17bc
农家肥（T4）	0.58bc	0.65c	0.78b	0.85c	0.67c	0.43bc	0.16bc
胡麻油渣与化肥配施（T5）	0.65a	0.85a	0.88a	1.03a	0.87a	0.57a	0.22a
农家肥与化肥配施（T6）	0.63ab	0.81ab	0.90a	1.04a	0.83a	0.54a	0.20ab

三、有机肥与化肥配施对胡麻干物质积累与分配的影响

（一）有机肥与化肥配施对胡麻地上部干物质积累量的影响

由表4-82可知，胡麻全生育期的干物质日积累量从高到低的顺序依次为：胡麻油渣与化肥配施（T5）>农家肥与化肥配施（T6）>胡麻油渣（T3）>施化肥（T2）>农家肥（T4）>不施肥（T1）。施化肥（T2）处理在幼苗—枞形期的地上部分干物质日积累量最高，且与其他处理呈显著差异（$P<0.05$），

而在枞形—现蕾期也最高，但与胡麻油渣与化肥配施（T5）、农家肥与化肥配施（T6）处理差异不显著（$P>0.05$）。在胡麻现蕾期以后，地上部干物质日积累量急剧上升，在盛花期—青果期生育阶段达到高最大。农家肥与化肥配施（T6）处理在现蕾期—盛花期干物质的日积累量最高，显著高于不施肥（T1）、施化肥（T2）处理 25.13% 和 10.77%；盛花期—青果期的干物质日积累量比不施肥（T1）、施化肥（T2）处理分别显著增加 41.72% 和 6.86%，但与胡麻油渣与化肥配施（T5）处理差异不显著（$P>0.05$）。进入成熟期，各处理的干物质日积累量有所降低，青果期—成熟期生育阶段的干物质日积累量比在盛花期—青果期的平均低 2 倍左右，其中胡麻油渣与化肥配施（T5）、农家肥与化肥配施（T6）、胡麻油渣（T3）处理分别与不施肥（T1）和施化肥（T2）处理达到显著差异水平（$P<0.05$）。

表 4-82　有机肥与化肥配施对胡麻干物质日积累量的影响　（mg·株$^{-1}$·d^{-1}）

Tab. 4-82　Effects of organic manure combined and chemical fertilizers on dry matter accumulation per day of oil flax

处理	幼苗期—枞形期	枞形期—现蕾期	现蕾期—盛花期	盛花期—青果期	青果期—成熟期
不施肥（T1）	17.15e	24.73d	77.87e	151.65d	78.86d
施化肥（T2）	25.15a	28.71a	88.26c	201.13c	104.59c
胡麻油渣（T3）	23.03cd	28.28b	96.19b	209.66b	109.02ab
农家肥（T4）	22.46d	27.42c	87.80d	196.15c	102.00c
胡麻油渣与化肥配施（T5）	23.32c	28.50ab	96.39b	228.16a	118.64a
农家肥与化肥配施（T6）	24.34b	28.58a	97.44a	214.92a	111.76ab

（二）有机肥与化肥配施对胡麻植株地上部干物质分配比率的影响

如图 4-57 所示，不同处理下胡麻枞形期叶片干物质积累量占地上部总干物重的 52.97% ~ 55.98%，随着生育进程叶片干物质分配率有所下降，茎秆分配率逐渐增加，至盛花期达到最大值，此后，茎秆干物质分配率逐渐减少，而花果干物质积累量大幅度增加。在枞形期，各施肥处理的叶片和茎秆干物质分配率分别比不施肥（T1）处理增加 52.27% ~ 59.15%、46.16% ~ 71.18%，而比施化肥（T2）处理分别降低 3.74% ~ 10.40%、7.03% ~ 20.62%。就现蕾期的干物质分配比率而言，胡麻油渣（T3）处理的叶片分配率最大，高于不施肥（T1）、施化肥（T2）处理 2.66% 和 2.02%，而胡麻油渣与化肥配施（T5）处理的茎秆分配率最大，分别比不施肥（T1）、施化肥（T2）处理增加 5.84%、1.19%。在盛花期胡麻植株的茎秆干物质分配率达到最大值，占地上部干物质积累总量的 53.91% ~ 56.47%，而花果干物质分配比率为 5.84% ~ 6.27%。

（三）有机肥与化肥配施对胡麻成熟期干物质分配的影响

由表 4-83 可知，胡麻成熟期干物质在各器官中的分配量及比例均以籽粒最高，主茎+分枝+果壳居中，叶片最低。胡麻油渣与化肥配施（T5）处理的单株干重最高，农家肥与化肥配施（T6）处理的次之，与对照不施肥（T1）处理相比，分别显著增加了 40.67% 和 31.91%，而与对照施化肥（T2）处理相比，分别显著增加了 11.82% 和 4.86%（$P<0.05$）。胡麻成熟期不同处理的主茎+分枝+果壳的分配比例主要表现为胡麻油渣与化肥配施（T5）、农家肥与化肥配施（T6）处理低于其他处理，不施肥（T1）处理的最高。叶片成熟期干物质分配量因处理有所差异，但分配比例间差异不显著，而籽粒干物质分配比例由高到低顺序依次为胡麻油渣与化肥配施（T5）>农家肥与化肥配施（T6）>农家肥（T4）>施化肥（T2）>胡麻油渣（T3）>不施肥（T1），其中胡麻油渣与化肥配施（T5）处理比不施肥（T1）、施化肥（T2）处理高出 15.99% 和 5.91%，差异达到显著水平，胡麻油渣（T3）、农家肥（T4）、农家肥与化肥配施（T6）处理与施化肥（T2）处理间差异不显著（$P>0.05$）。说明有机无机肥配施的胡麻油渣与化肥配施（T5）和农家肥与化肥配施（T6）处理降低了干物质在

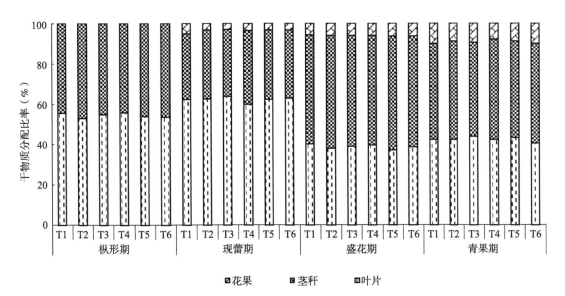

图4-57　有机肥与化肥配施对胡麻植株地上部干物质分配比率的影响

Fig. 4-57 Effects of organic manure combined and chemical fertilizers on dry matter distribution ratio of oil flax

主茎+分枝+果壳中的分配比例，提高了成熟期的籽粒干物质分配量。

表4-83　有机肥与化肥配施对胡麻成熟期干物质在不同器官中分配的影响

Tab. 4-83 Effects of organic manure combined and chemical fertilizers on dry matter distribution in different organs of oil flax at maturity

处理	单株干重（g）	主茎+分枝+果壳		叶片		籽粒	
		干重（g）	比例（%）	干重（g）	比例（%）	干重（g）	比例（%）
不施肥（T1）	2.86e	1.25c	43.81a	0.48c	16.78a	1.13d	39.41c
施化肥（T2）	3.60cd	1.43ab	39.80b	0.61b	17.04a	1.55bc	43.16b
胡麻油渣（T3）	3.70bc	1.45a	39.27bc	0.65ab	17.61a	1.60bc	43.13b
农家肥（T4）	3.52d	1.37b	38.95bc	0.62b	17.69a	1.53c	43.36b
胡麻油渣与化肥配施（T5）	4.02a	1.48a	36.88c	0.70a	17.41a	1.84a	45.71a
农家肥与化肥配施（T6）	3.77b	1.45a	38.44bc	0.67ab	17.83a	1.65b	43.73b

（四）有机肥与化肥配施对胡麻花后干物质积累和转运的影响

由表4-84可知，不同施肥处理下，胡麻油渣与化肥配施（T5）处理开花后干物质积累量和同化量对籽粒的贡献率均表现为最高，分别为146.22 mg·株$^{-1}$和78.37%，其他处理由高到低顺序依次为农家肥与化肥配施（T6）>胡麻油渣（T3）>施化肥（T2）>农家肥（T4）>不施肥（T1）。而营养器官开花前贮藏同化物转运量和转运率与之相反，表现为不施肥（T1）>农家肥（T4）>施化肥（T2）>胡麻油渣（T3）>农家肥与化肥配施（T6）>胡麻油渣与化肥配施（T5）。农家肥（T4）处理的营养器官开花前贮藏同化物对籽粒贡献率最高，分别比不施肥（T1）、施化肥（T2）处理增加了8.68%、16.49%，但与施化肥（T2）处理差异显著（$P<0.05$）。就开花后干物质积累量和同化量对籽粒的贡献率而言，胡麻油渣与化肥配施（T5）处理分别比不施肥（T1）处理增加79.06%、71.15%，比施化肥（T2）处理增加61.60%、37.90%，达到显著差异水平。由此可知，与不施肥和单施化肥相比，有机无机肥配施能显著提高花后干物质积累能力，增加花后干物质在籽粒中的比例，是其获得较高籽

粒产量的主要原因。

表 4-84　有机肥与化肥配施对开花后营养器官干物质再分配量和开花后积累量的影响

Tab. 4-84　Effects of organic manure combined and chemical fertilizers on dry matter accumulation amount after anthesis and dry matter transiation amount from vegetative organ to grain

处理	营养器官开花前贮藏同化物转运量（mg·株⁻¹）	营养器官开花前贮藏同化物转运率（%）	开花前贮藏同化物对籽粒贡献率（%）	开花后干物质积累量（mg·株⁻¹）	开花后干物质同化量对籽粒的贡献率（%）
不施肥（T1）	66.43a	29.56a	48.62ab	81.66e	45.79e
施化肥（T2）	64.72bc	26.27b	45.36bc	90.48c	56.83c
胡麻油渣（T3）	63.80c	24.84b	38.76c	118.10b	69.70b
农家肥（T4）	65.58ab	28.18a	52.84a	88.33d	52.88d
胡麻油渣与化肥配施（T5）	51.51e	16.71d	25.65d	146.22a	78.37a
农家肥与化肥配施（T6）	54.88d	19.53c	27.68d	132.65b	71.65b

四、有机肥与化肥配施对胡麻籽粒灌浆特性的影响

（一）有机肥与化肥配施对胡麻籽粒灌浆动态的影响

由图 4-58A 可知，不同施肥处理条件下，胡麻灌浆期籽粒干重的增长曲线均呈"S"形，即慢—快—慢的增长趋势。粒重在灌浆初期增长缓慢，到灌浆中期增长最快，出现急剧上升趋势，而灌浆后期又趋于缓慢，直至成熟。其中，最终粒重以农家肥与化肥配施（T6）处理的最大，胡麻油渣与化肥配施（T5）处理的次之，分别比对照不施肥（T1）、施化肥（T2）处理增加了 2.13%、11.42% 和 0.17%、9.28%。施肥对籽粒灌浆速率的变化趋势无显著影响，随着开花后天数的增加灌浆速率呈单峰曲线变化（图 4-58B）。开花后灌浆速率逐渐增加，到花后 25 d 左右达到峰值，之后迅速下降。不同处理籽粒灌浆速率达到最大的时间基本一致，且平均灌浆速率在胡麻油渣（T3）、农家肥（T4）、胡麻油渣与化肥配施（T5）、农家肥与化肥配施（T6）条件下较不施肥（T1）处理分别增加了 7.38%、3.77%、11.33%、11.94%，而与施化肥（T2）处理相比，胡麻油渣（T3）、胡麻油渣与化肥配施（T5）、农家肥与化肥配施（T6）处理的平均灌浆速率分别增加了 0.53%、4.23%、4.80%，农家肥（T4）处理的降低了 2.85%。

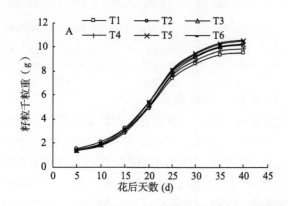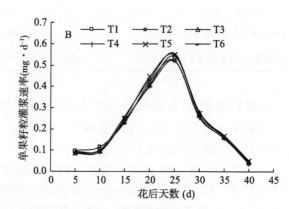

图 4-58　有机肥与化肥配施下的胡麻籽粒增重动态曲线（A）和灌浆速率（B）

Fig. 4-58　Dynamics curve of seed weight-increasing and seed-filling rate of oil flax under organic manure combined（A）and chemical fertilizers（B）

（二）有机肥与化肥配施对胡麻籽粒灌浆特征参数的影响

由表 4-85 可见，利用 Logistic 方程拟合不同施肥处理下的胡麻籽粒灌浆过程，计算得出拟合方

程参数估计值和决定系数。结果表明，不同肥料处理的籽粒千粒重与开花后天数的关系均符合 Logistic 方程，其决定系数达到 0.992 7 ~ 0.994 4，经 F 检验均达到极显著相关水平（$F>F_{0.01}$），说明拟合程度良好，Logistic 方程可以较好地表述胡麻籽粒灌浆过程。不同处理之间相比较，施肥对达到最大灌浆速率的天数（T_{max}）影响比较明显，胡麻油渣与化肥配施（T5）处理的时间最长，比不施肥（T1）、施化肥（T2）处理分别延长了 1.00 d、2.28 d。此外，不同施肥处理也引起胡麻籽粒灌浆速率最大时的生长量（W_{max}）和最大灌浆速率（G_{max}）以及活跃灌浆天数（P）等灌浆参数呈现不同程度的增加趋势。与对照不施肥（T1）处理相比，胡麻油渣（T3）、农家肥（T4）、胡麻油渣与化肥配施（T5）、农家肥与化肥配施（T6）处理的 W_{max} 分别增加了 7.79%、4.17%、10.27%、12.27%，胡麻油渣与化肥配施（T5）、农家肥与化肥配施（T6）处理的较对照施化肥（T2）处理分别增加了 3.12%、1.29%，其他处理的均低于施化肥（T2）处理。最大灌浆速率（G_{max}）从大到小依次为：农家肥与化肥配施（T6）>施化肥（T2）>胡麻油渣与化肥配施（T5）>胡麻油渣（T3）>农家肥（T4）>不施肥（T1），农家肥与化肥配施（T6）处理分别比对照不施肥（T1）、施化肥（T2）处理增加了 9.69%、1.74%。施肥处理的活跃灌浆天数（P）均比不施肥（T1）处理延长了，与施化肥（T2）处理相比，胡麻油渣（T3）、胡麻油渣与化肥配施（T5）、农家肥与化肥配施（T6）处理的活跃灌浆天数（P）分别延长了 0.27 d、0.57 d、0.50 d。

表 4-85　有机肥与化肥配施对胡麻籽粒灌浆特征参数的影响

Tab. 4-85　Effects of organic manure combined and chemical fertilizers on characteristic parameters of oil flax at seed-filling stage

处理	决定系数	F	方程参数			籽粒灌浆参数			
			A	B	C	T_{max} (d)	W_{max} [g·(1000粒)$^{-1}$]	G_{max} [g·(1000粒)$^{-1}$]	P (d)
不施肥（T1）	0.993 2**	406.11**	10.00	4.12	0.165 9	24.846 3	5.001 5	0.414 9	36.166 4
施化肥（T2）	0.992 7**	486.40**	10.89	3.87	0.164 3	23.566 6	5.445 0	0.447 3	36.518 6
胡麻油渣（T3）	0.993 3**	441.78**	10.80	4.09	0.163 1	25.088 9	5.400 0	0.440 4	36.787 2
农家肥（T4）	0.993 4**	443.09**	10.42	4.08	0.164 6	24.802 5	5.210 0	0.428 7	36.456 4
胡麻油渣与化肥配施（T5）	0.994 4**	561.29**	11.03	4.18	0.161 8	25.849 9	5.515 0	0.446 1	37.087 4
农家肥与化肥配施（T6）	0.993 9**	523.53**	11.23	4.07	0.162 1	25.120 3	5.615 0	0.455 1	37.014 2

注：A—终极生长量；B—初值参数；C—生长速率参数；T_{max}—达到最大灌浆速率的天数；W_{max}—籽粒灌浆速率最大时的生长量；G_{max}—最大灌浆速率；P—活跃灌浆天数。** 表示在 0.01 水平上显著。

五、有机肥与化肥配施对胡麻籽粒产量的影响

（一）有机肥与化肥配施对胡麻单株产量及构成因子的影响

不同施肥处理对胡麻的单株产量及其构成因子有明显的影响，其中胡麻油渣与化肥配施（T5）、农家肥与化肥配施（T6）处理的影响最大（表 4-86）。就单株有效果数而言，胡麻油渣与化肥配施（T5）、农家肥与化肥配施（T6）及胡麻油渣（T3）处理比不施肥（T1）处理增加 45.62%、40.10%、26.65%，与施化肥（T2）处理相比，分别显著增加 30.71%、25.75%、13.69%，农家肥（T4）处理与不施肥（T1）、施化肥（T2）处理之间无显著差异（$P>0.05$）。施肥处理的果粒数均比不施肥（T1）处理显著增加，其中胡麻油渣与化肥配施（T5）处理的最多，施化肥（T2）处理次之，分别较不施肥（T1）处理增加 10.88%、9.41%。农家肥与化肥配施（T6）、胡麻油渣与化肥配施（T5）处理的千粒重较大，比不施肥（T1）处理增加 7.78%、6.82%，比施化肥（T2）处理增加 2.64%、1.73%，达到显著性差异水平（$P<0.05$）。不同施肥处理的单株产量从高到低的顺序依次为胡麻油渣与化肥配施（T5）>农家肥与化肥配施（T6）>胡麻油渣（T3）>施化肥（T2）>农家肥（T4），胡麻油渣与化肥配施（T5）、农家肥与化

肥配施（T6）处理的单株产量比不施肥（T1）处理分别显著增加 72.54%、62.75%，比施化肥（T2）处理显著增加 17.33%、10.67%，而处理之间差异不显著。

表 4-86 有机肥与化肥配施对胡麻籽粒产量构成因子的影响

Tab. 4-86 Effect of organic manure combined and chemical fertilizers on yield components of oil flax

处理	单株有效果数（个）	果粒数（粒）	千粒重（g）	单株产量（g）
不施肥（T1）	8.33 d	6.80 e	9.38 e	0.51 e
施化肥（T2）	9.28 cd	7.44 b	9.85 c	0.75 c
胡麻油渣（T3）	10.55 bc	7.17 cd	9.87 c	0.78 bc
农家肥（T4）	9.48 cd	7.37 b	9.69 d	0.64 d
胡麻油渣与化肥配施（T5）	12.13 a	7.54 a	10.02 b	0.88 a
农家肥与化肥配施（T6）	11.67 ab	7.26 bc	10.11 a	0.83 ab

（二）有机肥与化肥配施对胡麻籽粒产量和收获指数的影响

由图 4-59A 可知，不同施肥处理对胡麻籽粒产量和收获指数有明显的影响。胡麻籽粒产量以胡麻油渣与化肥配施（T5）处理最高，达到 2 900.00 kg·hm^{-2}，较不施肥（T1）、施化肥（T2）、胡麻油渣（T3）、农家肥（T4）、农家肥与化肥配施（T6）处理分别增产 59.63%、19.18%、8.07%、21.17%、4.07%，各施肥处理均与不施肥（T1）处理有显著差异，而施化肥（T2）处理与农家肥（T4）处理和农家肥与化肥配施（T6）处理与胡麻油渣（T3）、胡麻油渣与化肥配施（T5）处理处理之间的差异并不显著（P>0.05）。就收获指数而言（图 4-59B），有机肥与化肥配施的处理显著提高了胡麻的收获指数（P<0.05）。胡麻收获指数由高到低顺序依次为：胡麻油渣与化肥配施（T5）>农家肥与化肥配施（T6）>胡麻油渣（T3）>施化肥（T2）>农家肥（T4）>不施肥（T1）。其中，以胡麻油渣与化肥配施（T5）处理的收获指数最大，为 0.37，农家肥与化肥配施（T6）处理的次之，与对照不施肥（T1）处理相比，胡麻油渣与化肥配施（T5）、农家肥与化肥配施（T6）处理的收获指数分别提高了 27.59%、24.14%，达到显著性差异水平，而胡麻油渣与化肥配施（T5）处理与农家肥与化肥配施（T6）处理之间差异不显著；施化肥（T2）、胡麻油渣（T3）、农家肥（T4）处理的收获指数分别比不施肥（T1）处理提高了 6.90%、17.24%、5.17%，但未达到显著差异水平，而且处理之间差异也不显著。

六、胡麻籽粒灌浆特征参数与产量的相关性分析

（一）胡麻籽粒灌浆特征参数和千粒重与产量的简单相关

相关分析表明（表 4-87），胡麻籽粒灌浆特征参数和千粒重与产量有明显的关系。胡麻的籽粒产量（y）与灌浆速率最大时的生长量（x_2）、活跃灌浆天数（x_4）、千粒重（x_5）均呈极显著正相关关系，相关系数表现为：$x_4>x_5>x_2$，而与最大灌浆速率（x_3）呈显著正相关关系。

表 4-87 胡麻籽粒灌浆特征参数和千粒重与产量的相关分析

Tab. 4-87 Correlation analysis of characteristic parameters 1 000 seed weight, seed yields and yield components

	x_1	x_2	x_3	x_4	x_5	y
x_1	1					
x_2	0.159 0	1				
x_3	0.032 3	0.991 8**	1			
x_4	0.563 7	0.902 3*	0.839 9*	1		
x_5	0.268 1	0.988 8**	0.966 3**	0.941 5**	1	
y	0.423 3	0.915 5**	0.869 2*	0.961 8**	0.957 5**	1

注：x_1—达到最大灌浆速率的天数；x_2—籽粒灌浆速率最大时的生长量；x_3—最大灌浆速率；x_4—活跃灌浆天数；x_5—千粒重；y—籽粒产量。* 和 ** 分别表示在 0.05 和 0.01 水平上显著。

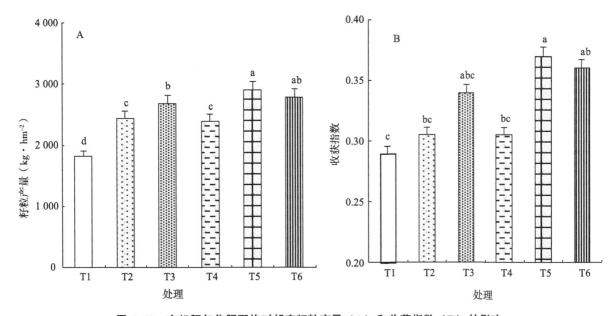

图 4-59　有机肥与化肥配施对胡麻籽粒产量（A）和收获指数（B）的影响

Fig. 4-59　Effect of organic manure combined and chemical fertilizers on seed yield（A）

and harvest index（B）of oil flax

（二）胡麻籽粒灌浆特征参数和千粒重与产量的回归方程

对胡麻籽粒灌浆特征参数与千粒重和产量进行多元性逐步回归分析，会自动剔除无统计显著性的变量，以筛选出对产量影响较大的重要参数。建立回归方程：$y=-69\ 225.43-674.23x_1-73\ 950.13x_3+2\ 591.03x_4+2\ 640.56x_5$。其中，方差比 $F=639.774$，决定系数 $R^2=0.998$。从回归方程可以看出，这 4 个自变量可以解释 99.8% 因变量变异，其中达到最大灌浆速率的天数（x_1）和最大灌浆速率（x_3）对籽粒产量表现为负作用，由其系数可将负效应排序为：最大灌浆速率>最大灌浆速率的天数；而活跃灌浆天数（x_4）、千粒重（x_5）对籽粒产量的作用为正，正效应排序为：千粒重>活跃灌浆天数。

（三）胡麻籽粒灌浆特征参数和千粒重与产量的通径分析

通径分析表明（表 4-88），不同施肥处理下胡麻籽粒灌浆特征参数与千粒重对产量的直接通径系数除达到最大灌浆速率的天数（x_1）、最大灌浆速率（x_3）为负向效应外，活跃灌浆天数（x_4）和千粒重（x_5）为正向效应，且表现为：活跃灌浆天数（x_4）>最大灌浆速率（x_3）>千粒重（x_5）>达到最大灌浆速率的天数（x_1）。籽粒灌浆特征参数对籽粒产量的间接作用表现为：活跃灌浆天数（x_4）>最大灌浆速率（x_3）>千粒重（x_5）>达到最大灌浆速率的天数（x_1）。最大灌浆速率（x_3）对籽粒产量的直接负效应和间接负效应均最大，分别为 -2.773 5、-5.099 1，活跃灌浆天数（x_4）对籽粒产量的直接正效应和间接正效应最大，分别为 2.358 7、5.531 4，且通过最大灌浆速率（x_3）、千粒重（x_5）对籽粒产量的间接作用正相关程度较高，分别为 1.981 1、2.220 7。可见，最大灌浆速率（x_3）可能影响籽粒产量的提高；而活跃灌浆天数（x_4）对籽粒产量的综合作用最明显，有助于增加籽粒产量。

表 4-88　胡麻籽粒灌浆特征参数和千粒重与产量的通径分析

Tab. 4-88　Path coefficients of characteristic parameters 1 000 seed weight and seed yields

作用因子	综合作用	直接作用	间接作用				
			总和	x_1	x_3	x_4	x_5
x_1	-2.403 6	-1.289 4	-1.114 2		-0.041 6	-0.726 8	-0.345 7
x_3	-7.872 6	-2.773 5	-5.099 1	-0.089 6		-2.329 5	-2.680 0

（续表）

作用因子	综合作用	直接作用	间接作用				
			总和	x_1	x_3	x_4	x_5
x_4	7.890 1	2.358 7	5.531 4	1.329 6	1.981 1		2.220 7
x_5	5.598 2	1.762 7	3.835 5	0.472 6	1.703 3	1.659 6	

注：x_1—达到最大灌浆速率的天数；x_3—最大灌浆速率；x_4—活跃灌浆天数；x_5—千粒重。

七、有机肥与化肥配施对胡麻籽粒品质的影响

（一）有机肥与化肥配施对籽粒中亚油酸和亚麻酸含量的影响

由图 4-60A 可知，不同有机肥处理对胡麻籽粒亚油酸含量的影响比较明显，籽粒亚油酸含量从高到低顺序依次为：胡麻油渣（T3）>农家肥（T4）>施化肥（T2）>胡麻油渣与化肥配施（T5）>农家肥与化肥配施（T6）>不施肥（T1）。胡麻油渣（T3）处理的亚油酸含量最高，高达 12.62%，与不施肥（T1）、施化肥（T2）处理相比，分别增加了 3.25%、1.21%，达到显著性差异水平（$P<0.05$）。农家肥（T4）处理籽粒的亚油酸含量较高，为 12.53%，显著高于不施肥（T1）处理 2.51%，比施化肥（T2）处理增加了 0.49%，但差异不显著（$P>0.05$）。与不施肥（T1）处理相比，胡麻油渣与化肥配施（T5）、农家肥与化肥配施（T6）处理籽粒亚油酸含量分别显著增加了 1.69%、1.25%，而与施化肥（T2）处理相比，胡麻油渣与化肥配施（T5）、农家肥与化肥配施（T6）处理籽粒亚油酸含量分别减少了 0.31% 和 0.74%，未达到显著性差异水平，且胡麻油渣与化肥配施（T5）、农家肥与化肥配施（T6）处理之间差异不显著。

胡麻籽油中亚麻酸的含量极高，是我国最为经济的亚麻酸来源之一。由图 4-60B 可知，施用有机肥或者有机肥与化肥配施对胡麻籽粒中的亚麻酸含量有较大的影响。与对照不施肥（T1）、施化肥（T2）处理相比，胡麻籽粒的亚麻酸含量均有不同程度的增加，籽粒亚麻酸含量从高到低顺序依次为：农家肥与化肥配施（T6）>农家肥（T4）>胡麻油渣与化肥配施（T5）>胡麻油渣（T3）>施化肥（T2）>不施肥（T1）。其中，农家肥与化肥配施（T6）处理的亚麻酸含量最高，高达 46.97%，农家肥（T4）处理的次之，为 46.61%，与对照不施肥（T1）处理相比，分别显著增加了 4.10% 和 3.31%，比施化肥（T2）处理增加了 2.85% 和 2.07%，达到显著性差异水平（$P<0.05$）。胡麻油渣与化肥配施（T5）、胡麻油渣（T3）处理的亚麻酸含量较高，分别为 46.06% 和 45.89%，显著高于不施肥（T1）处理 2.08% 和 1.72%，而比施化肥（T2）处理增加了 0.86% 和 0.50%，未达到显著性差异水平（$P>0.05$）。

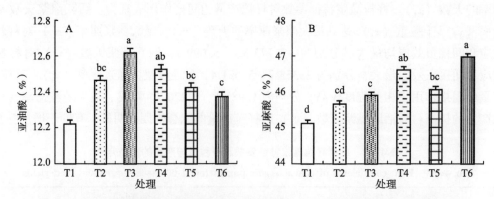

图 4-60　有机肥与化肥配施对胡麻籽粒中亚油酸（A）和亚麻酸（B）含量的影响

Fig. 4-60　Effect of organic manure combined and chemical fertilizers on
linoleic acid（A）and linolenic acid（B）of oil flax

（二）有机肥与化肥配施对籽粒中粗脂肪和木酚素含量的影响

胡麻籽粒中粗脂肪含量是目前胡麻育种中重点研究的品质性状。由图 4-61A 可见，除农家肥（T4）、农家肥与化肥配施（T6）处理外，其他施肥处理的胡麻籽粒粗脂肪含量均显著高于对照不施肥（T1）处理，其中施化肥（T2）处理的最高，籽粒的粗脂肪含量为 39.00%，显著高于不施肥（T1）处理 2.25%，而胡麻油渣与化肥配施（T5）处理籽粒的粗脂肪含量较高，为 38.98%，比不施肥（T1）处理增加了 2.20%，达到显著性差异水平（$P<0.05$）；比施化肥（T2）处理减少了 0.04%，差异不显著（$P>0.05$）。胡麻油渣（T3）、农家肥与化肥配施（T6）处理籽粒的粗脂肪含量分别为 35.52%、35.38%，比不施肥（T1）处理显著增加了 1.00%、0.63%，而比施化肥（T2）处理分别减少了 1.22%、1.58%，差异显著。农家肥（T4）处理籽粒的粗脂肪含量比不施肥（T1）处理增加了 0.29%，差异不显著；而显著低于施化肥（T2）处理 1.91%。

在胡麻籽粒细胞间质中存在木酚素前体，其进入人体胃肠后在酶的作用下转化成木酚素，能够阻碍激素依赖型癌细胞的形成和生长，其抗癌作用已被国内外医学界用于临床。由图 4-61-B 可知，除施化肥（T2）、农家肥（T4）处理间差异不显著外，不同施肥处理的籽粒木酚素含量之间均存在显著差异，从高到低顺序依次为：胡麻油渣与化肥配施（T5）>农家肥与化肥配施（T6）>胡麻油渣（T3）>农家肥（T4）>施化肥（T2）>不施肥（T1），胡麻油渣与化肥配施（T5）处理对胡麻籽粒木酚素含量的影响最为明显，其含量为 6.25 mg·g⁻¹，与不施肥（T1）、施化肥（T2）处理相比，分别增加了 12.87%、9.64%，差异显著（$P<0.05$）。农家肥与化肥配施（T6）、胡麻油渣（T3）处理的籽粒木酚素含量较高，为 6.11 mg·g⁻¹、5.95 mg·g⁻¹，分别比不施肥（T1）处理显著增加了 10.44% 和 7.53%，而显著高于施化肥（T2）处理 7.27% 和 4.44%。农家肥（T4）处理的籽粒木酚素含量较低，为 5.82 mg·g⁻¹，比不施肥（T1）、施化肥（T2）处理分别增加了 5.06% 和 2.05%，而与施化肥（T2）处理之间差异显著。

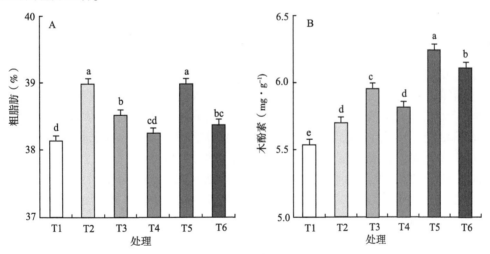

图 4-61　有机肥与化肥配施对胡麻籽粒中粗脂肪（A）和木酚素（B）含量的影响

Fig. 4-61　Effect of organic manure combincd and chemical fertilizers on crude fat（A）and lignans（B）of oil flax

八、有机肥与化肥配施对胡麻阶段耗水特性的影响

由表 4-89 可知，不同处理胡麻各个生育阶段的耗水量存在显著差异，播种至现蕾期耗水量较小，现蕾期后耗水量增大，其中盛花至成熟期耗水量明显高于其他生育阶段，耗水模系数和耗水强度随胡麻生育进程逐渐增大。播种至现蕾期，胡麻油渣与化肥配施（T5）、农家肥与化肥配施（T6）处理的阶段耗水量显著低于其他处理；在现蕾至盛花期，农家肥与化肥配施（T6）处理的耗水模系数

和耗水强度最大，比不施肥（T1）处理显著增加 7.19%、24.32%，比施化肥（T2）处理显著增加 5.38%、15.24%（$P<0.05$）；在盛花至成熟期，胡麻油渣与化肥配施（T5）处理的耗水模系数最大，比不施肥（T1）、施化肥（T2）处理增加 16.03%、9.60%，差异显著，而农家肥与化肥配施（T6）、胡麻油渣与化肥配施（T5）处理之间的耗水强度差异不显著（$P>0.05$），但分别较不施肥（T1）处理显著增加 33.09%、32.37%，较施化肥（T2）处理显著增加 18.59%、17.95%。

表 4-89　有机与化肥配施对胡麻阶段耗水量、耗水模系数和耗水强度的影响

Tab. 4-89　Effects of organic manure combined and chemical fertilizers on water consumption rate, water consumption percentage and water consumption per day

处理	播种期—枞形期			枞形期—现蕾期			现蕾期—盛花期			盛花期—成熟期		
	CA (mm)	CP (%)	CD (mm)	CA (mm)	CP (%)	CD (mm)	CA (mm)	CP (%)	CD (mm)	CA (mm)	CP (%)	CD (mm)
不施肥（T1）	46.60a	15.84a	1.17a	65.74a	22.34a	1.99a	80.56e	29.76e	3.50e	101.36d	32.07f	2.53d
施化肥（T2）	46.31ab	14.82b	1.16ab	65.47a	20.96b	1.98a	87.56d	30.27cd	3.81d	113.08c	33.95e	2.83c
胡麻油渣（T3）	46.02ab	14.30c	1.15ab	64.62b	20.07c	1.96b	93.86c	31.33b	4.08c	117.42b	34.30d	2.94b
农家肥（T4）	45.78ab	14.67b	1.14b	62.45c	20.01c	1.89c	87.17d	30.18d	3.79d	116.66b	35.14c	2.92b
胡麻油渣与化肥配施（T5）	45.97ab	13.65d	1.15ab	62.85c	18.66d	1.90c	95.63b	30.48c	4.16b	132.29a	37.21a	3.31a
农家肥与化肥配施（T6）	45.59b	13.35e	1.14b	60.95d	17.85e	1.85d	101.91a	31.90a	4.43a	132.93a	36.89b	3.32a

注：CA—耗水量；CP—耗水模系数（各生育阶段耗水量/总耗水量）；CD—耗水强度（各生育阶段耗水量/生育阶段天数）。

九、有机肥与化肥配施对胡麻水分利用效率的影响

不同施肥条件下，胡麻的耗水量和水分利用效率的结果如表 4-90 所示。结果表明，不同处理下胡麻播种前贮水量的差异不明显，而收获后土壤贮水量从高到低顺序依次为：不施肥（T1）>农家肥（T4）>施化肥（T2）>胡麻油渣（T3）>胡麻油渣与化肥配施（T5）>农家肥与化肥配施（T6），胡麻油渣与化肥配施（T5）、农家肥与化肥配施（T6）处理的耗水量分别比对照不施肥（T1）、施化肥（T2）处理显著增加（$P<0.05$），增幅分别为 14.08%~15.01%、8.32%~7.45%，表明有机肥与化肥配施促进了胡麻的生长，加强了胡麻对深层土壤水分的吸收利用，从而获得相应高产。不同处理间水分利用效率与产量变化趋势基本一致，就不同处理间的水分利用效率而言，表现为胡麻油渣与化肥配施（T5）、胡麻油渣（T3）、农家肥与化肥配施（T6）、施化肥（T2）、农家肥（T4）均显著高于对照不施肥（T1）处理，且分别较不施肥（T1）显著增加 38.90%、35.17%、34.52%、26.26%、24.64%，而农家肥（T4）处理的水分利用效率比施化肥（T2）处理降低了 1.28%，但差异并不显著。说明，施肥对土壤生产力的影响较大，特别是有机无机肥配施能明显增加土壤生产力，具有产量优势，从而提高了水分利用效率。

表 4-90　有机肥与化肥配施对胡麻水分利用效率的影响

Tab. 4-90　Effect of organic manure combined and chemical fertilizers on water use efficiency

处理	土壤贮水量（mm）		降水量（mm）	耗水量（mm）	水分利用效率（kg·hm^{-2}·mm^{-1}）
	播种前	收获后			
不施肥（T1）	453.12a	433.46a	274.60	294.26e	6.17d
施化肥（T2）	450.12a	412.30c	274.60	312.42d	7.79c
胡麻油渣（T3）	452.66a	405.34d	274.60	321.92c	8.34b
农家肥（T4）	454.11a	417.65b	274.60	311.06d	7.69c
胡麻油渣与化肥配施（T5）	454.54a	390.71e	274.60	338.42a	8.57a
农家肥与化肥配施（T6）	450.92a	389.82e	274.60	335.70b	8.30b

十、有机肥与化肥配施对胡麻氮肥利用效率的影响

（一）有机肥与化肥配施对胡麻氮肥农学效率的影响

氮肥农学效率是指施用氮肥后胡麻增加的籽粒产量与施用氮肥量的比值，它表明施用的每千克纯氮后增加胡麻籽粒产量的能力。由图 4-62A 可知，不同施肥条件下，胡麻的氮肥农学效率不尽相同，平均在 6.41%~12.04%。胡麻的氮肥农学效率从高到低顺序依次为：胡麻油渣与化肥配施（T5）>农家肥与化肥配施（T6）>胡麻油渣（T3）>施化肥（T2）>农家肥（T4）。其中，胡麻油渣与化肥配施（T5）处理的氮肥农学效率最高，农家肥与化肥配施（T6）处理的次之，与对照施化肥（T2）处理相比，分别显著增加了 75.68%、57.30%（$P<0.05$）。胡麻油渣（T3）处理的氮肥农学效率为 9.63 $kg \cdot kg^{-1}$，较施化肥（T2）处理增加了 40.54%，达到显著性差异水平；与胡麻油渣与化肥配施（T5）、农家肥与化肥配施（T6）处理相比，分别显著降低了 20.00%、10.65%。农家肥（T4）处理的氮肥农学效率最低，为 6.41 $kg \cdot kg^{-1}$，比施化肥（T2）处理降低了 6.49%，差异不显著（$P>0.05$）。这说明有机肥与化肥配合施用不仅可以增加胡麻的籽粒产量，而且还可明显地提高胡麻的氮肥农学效率，是一项高产高效的施肥措施。

（二）有机肥与化肥配施对胡麻氮肥偏生产力的影响

氮肥偏生产力是指胡麻施肥后的产量与氮肥施用量的比值，它反映了胡麻吸收利用肥料和土壤中的氮所产生的边际效应。由图 4-62B 可知，胡麻的氮肥偏生产力在不同施肥条件下表现不尽相同，平均在 27.04%~32.22%。除农家肥（T4）处理外，其他施肥方式均比对照施化肥（T2）处理能显著增加氮肥的产量形成能力。胡麻的氮肥偏生产力的变化趋势与氮肥农学利用率相同，从高到低顺序依次为：胡麻油渣与化肥配施（T5）>农家肥与化肥配施（T6）>胡麻油渣（T3）>施化肥（T2）>农家肥（T4）。其中，胡麻油渣与化肥配施（T5）处理的氮肥偏生产力最高，农家肥与化肥配施（T6）处理的次之，与对照施化肥（T2）处理相比，分别显著增加了 19.18%、14.52%（$P<0.05$），但胡麻油渣与化肥配施（T5）处理与农家肥与化肥配施（T6）处理之间未达到显著性差异水平（$P>0.05$）。胡麻油渣（T3）处理的氮肥偏生产力为 29.81 $kg \cdot kg^{-1}$，较施化肥（T2）处理增加了 10.27%，达到显著性差异水平；与胡麻油渣与化肥配施（T5）、农家肥与化肥配施（T6）处理相比，分别显著降低了 7.47%、3.71%。农家肥（T4）处理的氮肥偏生产力最低，为 27.04 $kg \cdot kg^{-1}$，比施化肥（T2）处理降低了 1.64%，但未达到显著性差异水平；而分别比胡麻油渣（T3）、胡麻油渣与化肥配施（T5）、农家肥与化肥配施（T6）处理显著降低了 10.81%、17.47%、14.11%。以上研究

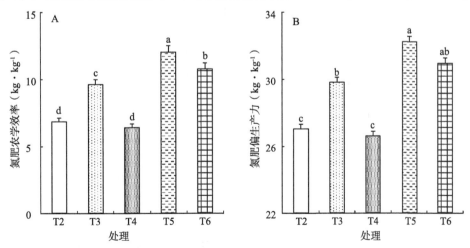

图 4-62 有机肥与化肥配施对胡麻氮肥农学利用率（A）和氮肥偏生产力（B）的影响

Fig. 4-62　Effect of organic manure combined and chemical fertilizers on nitrogen agronomic （A） and partial factor productivity （B） of oil flax

结果表明，有机肥与化肥配合施用可以提高胡麻对养分的吸收利用能力，从而明显地促进了氮肥的增产作用。

十一、讨论与结论

（一）讨论

叶片是作物的主要光合器官，叶面积指数反映了作物的光合能力，后期的叶面积指数大，光合潜力高，有利于光合产物的积累。叶绿素含量也可以反映作物光合能力的强弱，是作物获得高产的特征之一，并且与作物的光合作用能力呈正相关关系，叶绿素含量越高，作物光合能力越强，越有利于产量的形成（Teng et al，2004）。氮、磷、钾素是影响作物叶片光合作用的营养元素，运用科学合理的养分调控措施可以增强作物的光合能力，实现作物增产。有机肥与无机肥配施对延缓作物生育后期植株衰老起着重要作用，能延缓花生生育后期的衰老速率，提高光合产物积累。本试验结果表明，不同施肥方式的胡麻叶面积指数均呈先升后降的单峰曲线，与不施肥相比，单施化肥或胡麻油渣、农家肥对胡麻叶面积指数的促进作用不明显，而胡麻油渣、农家肥和化肥配施能有效地增加胡麻的叶面积，提高叶面积指数。胡麻的光合势在枞形—现蕾期达到最大值，从盛花期开始，叶面积降低，光合势随之下降。胡麻油渣、农家肥和化肥配施对胡麻全生育期总的光合势有一定的促进作用，比不施肥增加57.66%~57.99%，较单施化肥增加6.00%~6.23%。不同施肥方式对胡麻生育后期叶片中叶绿素含量的影响很大。随胡麻生育进程的推进，不同施肥方式的胡麻叶总叶绿素含量先增后减，与不施肥相比，胡麻油渣、农家肥和化肥配施的胡麻全生育期总叶绿素平均含量明显增加17.32%~18.38%。周可金等（2009）研究表明，角果是油菜后期光合作用的重要器官，角果光合效率的高低直接影响籽粒产量形成和油分积累。胡麻的蒴果在灌浆期为绿色，本试验结果表明，从开花后20 d开始，胡麻萼片和蒴果皮中叶绿素含量与开花后天数呈负相关，特别是有机肥和化肥配施处理的萼片和蒴果皮中叶绿素平均含量均最大。

籽粒作物的生育后期同化产物积累对产量的贡献率为80%左右，是产量增加的主要来源（Ye et al，2011）。胡麻的高产是以较高的生物量为前提，提高干物质的生产能力是提高胡麻产量的有效途径。本研究中，不同施肥处理胡麻地上部分干物质日积累量均呈现出"慢—快—慢"趋势。随着胡麻生育进程的推进，胡麻油渣、农家肥和化肥配施与其他处理间的干物质日积累量的差异逐渐增大，叶片干物质分配率有所下降，而茎秆分配率逐渐增加，至盛花期达到最大值，占地上部干物质积累总量的53.91%~56.47%。可见，胡麻油渣、农家肥和化肥配施能显著提高花后干物质积累能力，促进籽粒的发育和灌浆，是获得高产的生理基础。本试验中，成熟期胡麻油渣和化肥配施处理的籽粒分配比例最高，显著高于不施肥、施用化肥处理的15.99%、5.91%，而主茎+分枝+果壳的分配比例却低于其他处理，说明胡麻油渣和化肥配施处理明显降低了干物质在主茎+分枝+果壳中的分配比例，提高了成熟期的籽粒干物质分配量。不同施肥处理下，胡麻油渣和化肥配施处理的开花后干物质积累量和同化量对籽粒的贡献率均表现为最高，比不施肥处理增加79.06%、71.15%，比施化肥处理增加61.60%、37.90%。因此，有机肥与化肥配施促进了胡麻对养分的摄取和水分的吸收，增加花后干物质在籽粒的比例，有利于胡麻花前干物质的积累和花后干物质向籽粒的分配，是其获得高产的主要原因。

胡麻的粒重与产量取决于籽粒灌浆速率和灌浆时间等灌浆特征，研究施肥对胡麻籽粒灌浆特性对于揭示粒重和产量的关系具有十分重要的意义。通过调控养分可以提高水稻籽粒灌浆速率，增加粒重。有研究认为，有机肥养分释放相对缓慢，而化肥有利于增加土壤速效养分含量，有机肥配施化肥，集二者之所长，能合理协调养分供应强度与作物生长发育需求之间的关系。本研究表明，不同施肥处理条件下，胡麻灌浆期的籽粒千粒重与开花后天数的关系均符合Logistic方程，且决定系数达到0.99以上。施肥处理的平均灌浆速率明显高于不施肥处理3.77%~11.94%，与单施化肥相比，有机肥与化肥配施的平均灌浆速率提高4.23%~4.80%，籽粒灌浆速率最大时的生长量增加1.29%~

3.12%，且活跃灌浆天数也延长了 0.50~0.57 d。由此可见，施肥对胡麻的灌浆速率影响程度明显不同，有机肥与化肥配施既能促进胡麻前期生长发育，增加了干物质的积累，形成足够的"源"物质，又能延缓胡麻生长发育后期的早衰，促进养分向籽粒中转移和分配，增加"库"容量，从而影响了籽粒的灌浆，延长了籽粒活跃灌浆天数，为产量的提高奠定了良好的基础。

有机无机肥配施能发挥肥料的交互作用，是培肥土壤地力、增加作物产量的最佳施肥措施。张建军等（2009）认为，氮磷化肥和生物有机肥配施可明显提高陇东黄土旱塬区的冬小麦的产量。与单施化肥相比，有机无机肥长期配施的小麦和玉米的增产幅度达 72.9%~164.0%。本研究表明，各种施肥方式对胡麻产量构成因子均产生较大影响，但增产效果不一。增产效果从高到低依次为：胡麻油渣与化肥配施>农家肥与化肥配施>胡麻油渣单施>化肥单施>农家肥单施，与不施肥和施化肥相比，有机肥与化肥配施的增产幅度达 53.39%~59.63%、14.52%~19.18%。这可能由于施用有机肥能有效提高土壤有机质含量，而化肥的施用又可以刺激土壤微生物，导致其加速分解有机质，为作物提供更多有效的养分，促进其生长，从而有利于增加作物产量。胡麻油渣是胡麻籽榨油后剩余的残渣，富含多种营养元素，是一种较好的饼肥。饼肥 C/N 小，施入土壤中能迅速分解，易于被作物吸收。施用化肥的增产效果不明显，而配施胡麻油渣等有机肥既能减少化肥的施用量又能提高产量。尽管不同施肥处理的籽粒产量有一定差异性，但收获指数的差异却不明显。其中，以胡麻油渣与化肥配施处理的收获指数最大，比不施肥和施化肥处理显著提高了 27.59%、19.35%。胡麻的籽粒产量与灌浆速率最大时的生长量和活跃灌浆天数以及千粒重达到极显著正相关，对籽粒产量的负效应最大是最大灌浆速率，而活跃灌浆天数对籽粒产量的正效应最明显。

有机肥养分全面，是作物生长所需的营养物质的重要来源，也是培肥地力、提高作物产量以及改善作物品质的主要措施之一。不同施肥处理下胡麻籽粒品质的研究表明，与不施肥相比，单施胡麻油渣和农家肥处理的籽粒亚油酸和亚麻酸含量显著增加 2.51%~3.25%、1.72%~3.31%，单施胡麻油渣的亚油酸显著高于施用化肥处理的 1.21%，单施农家肥处理的籽粒亚麻酸比施用化肥处理显著增加 2.07%；而胡麻油渣、农家肥和化肥配施对胡麻籽粒中的亚油酸和亚麻酸含量影响比较明显，比不施肥增加 1.25%~1.69%、2.08%~4.10%，与施化肥相比，籽粒中的亚油酸含量降低了 0.31%~0.74%，而亚麻酸含量却增加了 0.86%~2.85%。施用农家肥处理的籽粒粗脂肪含量最低，显著低于施化肥处理 1.91%，而胡麻油渣、农家肥和化肥配施处理的籽粒木酚素含量最高，显著高于不施肥、施化肥处理 10.44%~12.87%、7.27%~9.64%。可见，相比不施肥和单施化肥而言，有机肥与化肥配合施用对提高胡麻籽粒中亚麻酸和木酚素含量有较好的效果。鉴于有机肥化肥配施在提高籽粒产量的同时，有可能降低粗脂肪、亚油酸等品质特性，因此，如何通过有机肥和化肥的合理配施，促进胡麻籽粒量和整体品质的同步提高，是今后促进胡麻生产向可持续有机农业方向发展的重要研究课题。

前人研究表明，有机肥和化肥合理配施，有助于改良土壤结构，增大土壤保水能力，增强作物利用深层土壤水分的能力，增加土壤肥力，提高作物产量和水分生产效率。魏孝荣等（2003）研究认为，有机肥和氮、磷配施可大大增加作物的生物产量和土壤含水利用率，同时也会增加土壤的耗水量。本试验研究了不同施肥处理下的胡麻耗水特性，研究结果表明，盛花至成熟期是胡麻耗水高峰期，与不施肥和施化肥相比，胡麻油渣、农家肥和化肥配施处理在现蕾至盛花期和盛花至成熟期的耗水量明显提高，且盛花至成熟期的耗水模系数和耗水强度显著增加 8.64%~9.57%、15.04%~16.02% 和 30.52%~31.15%、16.99%~17.55%。说明有机无机肥配施有利于提高土壤水分的利用，以满足胡麻现蕾后的水分需求，增加干物质的积累，促进籽粒灌浆，为籽粒产量的提高奠定了良好的基础。以往研究表明，有机肥和化肥合理配施不仅可以逐渐改善干旱半干旱土壤的内在条件，还使作物根系充分利用土壤贮水，增加作物的抗旱能力。在适宜氮肥运筹的基础上配施有机肥，不但增加土壤有机质和养分的含量，而且可以增强土壤的蓄水保肥性，提高水分利用效率和化肥利用率特别是氮肥利用效率（Haynes et al，1998）。本试验条件下，胡麻的水分利用效率与产量变化趋势基本一致，胡麻油渣和化肥配施处理的最高，施用胡麻油渣处理的次之，分别比不施肥提高 38.90%、35.17%，比施化肥增加 10.02%、7.06%。氮肥农学效率是作物施氮后增产能力的反映。与施化肥相比，胡麻油渣、农家肥和化肥配施的氮肥农学效率显著提高 75.68%、57.30%；施用农家肥处理的氮肥农学利用效率最低，为 6.41 kg·kg^{-1}，低于施化肥处理 6.49%，差异不显著。胡麻的氮肥偏生产力在不同施肥条件下表现不尽相同，平均为 27.04%~32.22%，而胡麻油渣、农家肥和化肥配施的氮肥偏生产力比施化肥显著增加 19.18%、14.52%。可见，有机肥配施化肥，一方面通过有机肥培肥地力，另一方面则通过调节土壤和化肥养分的供应强度，均衡地满足胡麻各个生育阶段的养分需求，从而增加胡麻籽粒产量，提高水分利用效率和氮肥利用效率。

（二）结论

（1）有机肥配施化肥能增加胡麻的叶面积指数，增大光合势，有助于提高胡麻叶片和蒴果的光合能力，延缓其衰老，对增加胡麻籽粒产量有重要的作用。

（2）胡麻油渣和化肥配施处理明显降低了成熟期干物质在主茎+分枝+果壳中的分配比例，而提高了籽粒干物质的分配量。有机肥与化肥配施促进了胡麻花前干物质的积累和花后干物质向籽粒的分配。

（3）胡麻油渣、农家肥和化肥配施处理的平均灌浆速率、籽粒灌浆速率最大时的生长量、活跃灌浆天数和籽粒产量均高于单施化肥。以胡麻油渣与化肥配施处理的收获指数最大。胡麻籽粒产量与灌浆速率最大时的生长量、活跃灌浆天数、千粒重均呈极显著正相关关系，且活跃灌浆天数对籽粒产量的正效应最明显。表明通过施肥调控措施特别是有机肥与化肥配施来提高籽粒的灌浆速率，提高千粒重。胡麻油渣、农家肥和化肥配施处理对提高胡麻籽粒中亚麻酸和木酚素含量有较好的效果。

（4）盛花至成熟期是胡麻耗水高峰期，与不施肥和施化肥相比，胡麻油渣、农家肥和化肥配施处理可明显提高现蕾至成熟期的耗水量，且在盛花至成熟期的耗水模系数和耗水强度明显增加，提高胡麻的水分利用效率与产量。与施化肥相比，胡麻油渣、农家肥和化肥配施提高了胡麻氮肥农学效率和氮肥偏生产力。

第七节　有机肥替代部分化肥对胡麻生长及产量与质量的影响

由于国民生活质量的提高改善以及市场上对食用油需求的增大，人们对高品质的食用油的需求，胡麻的生产已经成为调整种植结构的重要作物之一。近年来，为了解决食油问题，我国胡麻种植的研究一直偏重于产量的提高而忽视了胡麻油的品质。与发达国家相比，国内胡麻品质的研究起步较晚，由此制约着胡麻产业高效优质生产技术的建成。因此，在保持较高单产水平的基础上，通过栽培技术配套，对优质品种保优增优，制定优质胡麻生产技术体系，是胡麻生产研究急需解决的关键问题。生物有机肥与化肥合理的配合使用可以有效调节土壤中氮、磷和钾等养分元素的平衡状况，进而提高胡麻产量，改善品质。与其他作物相比，在胡麻的肥料施用方面的研究，尤其在化肥和生物有机肥配施方面的研究还处在相对落后的阶段，这对提高胡麻产量、改善胡麻品质以及对胡麻的有机生产都具有重要影响。

一、有机肥替代部分化肥对胡麻出苗率的影响

胡麻出苗率总体上随着有机肥施用量的增加而逐渐增高（图4-63），且不同处理间差异较大，单施肉蛋白生物有机肥（T3）和单施氨基酸配方有机肥（T4）的处理两年均显著高于其他处理。两年胡麻出苗率单施肉蛋白生物有机肥（T3）的处理相比其他处理增加 2.56%~14.29%（$P<0.05$）（2015 年）和 2.39%~13.25%（$P<0.05$）（2016 年），单施氨基酸配方有机肥（T4）的处理比其他处理增加 2.31%~14.01%（$P<0.05$）（2015 年）和 2.16%~12.99%（$P<0.05$）（2016 年），单施肉蛋白生物有机肥（T3）和单施氨基酸配方有机肥（T4）的处理间两年内差异均不显著。同时可以看

出两年内所有施肥处理（T2～T10）胡麻出苗率明显高于不施肥处理（T1），增幅在 3.95%～14.29%（$P<0.05$）（2015 年）和 3.66%～13.25%（$P<0.05$）（2016 年），所有单施生物有机肥的处理（T3、T4）胡麻出苗率明显高于单施化肥的处理（T2），增幅在 9.68%～9.95%（$P<0.05$）（2015 年）和 9.00%～9.24%（$P<0.05$）（2016 年）。说明增施生物有机肥的处理胡麻出苗率明显增加，且随生物有机肥施肥比例的提升胡麻出苗率增大。

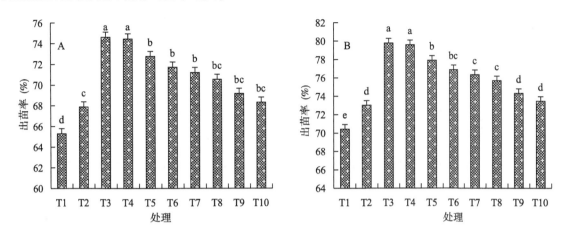

图 4-63 2015 年（A）2016 年（B）有机肥替代部分化肥下不同处理胡麻的出苗率

Fig. 4-63 2015 Emergence rate of oil flax under different organic fertilizer substitute for chemical fertilizer in 2015（A）and 2016（B）

二、有机肥替代部分化肥对胡麻形态指标的影响

（一）有机肥替代部分化肥对胡麻株高的影响

由图 4-64 可以看出，两年不同处理下胡麻株高总体趋势均表现为先增加最后逐渐稳定，在现蕾期到盛花期增长速度最快，盛花期以后基本保持不变，现蕾期以前（包括现蕾期）单施化肥（T2）的处理胡麻株高显著高于其他处理，现蕾期以后生物有机肥替代部分化肥的处理株高明显增长较快，30%肉蛋白生物有机肥替代化肥（T5）处理及 30%氨基酸配方有机肥替代化肥（T6）处理增长表现尤为明显。在胡麻生育前期单施化肥（T2）的处理株高较大，相比其他处理苗期增加 1.66%～20.10%（$P<0.05$），现蕾期增加 2.26%～34.73%（$P<0.05$）；在胡麻生育后期 30%肉蛋白生物有机肥替代化肥（T5）处理和 30%氨基酸配方有机肥替代化肥（T6）处理株高较大，盛花期 30%肉蛋白生物有机肥替代化肥（T5）处理理株高高于其他（不含 T6）处理 1.34%～9.62%（$P<0.05$）（2015 年）和 4.12%～26.57%（$P<0.05$）（2016 年），30%氨基酸配方有机肥替代化肥（T6）株高高于其他处理（不含 T5）0.38%～8.59%（$P<0.05$）（2015 年）和 3.33%～25.61%（$P<0.05$）（2016 年），30%肉蛋白生物有机肥替代化肥（T5）处理和 30%氨基酸配方有机肥替代化肥（T6）处理间差异不显著；子实期均为 30%肉蛋白生物有机肥替代化肥（T5）处理株高最高，相比其他处理增幅为 2.61%～12.23%（$P<0.05$）（2015 年）和 0.61%～8.81%（$P<0.05$）（2016 年）；成熟期 30%肉蛋白生物有机肥替代化肥（T5）处理及 30%氨基酸配方有机肥替代化肥（T6）处理株高仍然较大，且与大多处理差异显著。这说明生物有机肥对胡麻株高产生显著作用，现蕾期影响效果最为明显。可见生物有机肥对胡麻株高的影响作用主要发挥在胡麻生育后期，且肉蛋白生物有机肥的作用效果较氨基酸配方有机肥好。

（二）有机肥替代部分化肥对胡麻茎粗的影响

由图 4-64 可知，两年内不同处理下胡麻茎粗的变化趋势基本相同，在苗期和现蕾期单施化肥（T2）的处理茎粗均显著高于其他处理，现蕾期以后有机肥替代部分化肥的处理茎粗增加明显，30%

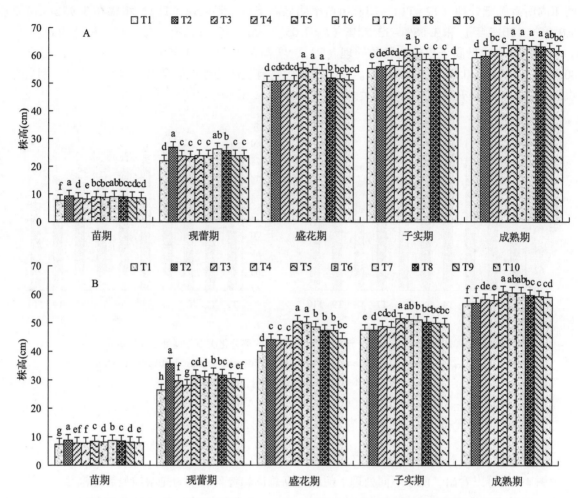

图 4-64　2015 年（A）2016 年（B）有机肥替代部分化肥下不同处理胡麻的株高

Fig. 4-64　Plant height of oil flax under different organic fertilizer substitute for chemical fertilizer in 2015（A）and 2016（B）

肉蛋白生物有机肥替代化肥（T5）处理及 30%氨基酸配方有机肥替代化肥（T6）处理增长表现尤为明显，且大多达到显著水平。在胡麻苗期单施化肥（T2）的处理茎粗较其他处理相比高 2.29%~23.18%（P<0.05）（2015 年）和 0.49%~13.11%（P<0.05）（2016 年），2016 年除 60%肉蛋白生物有机肥替代化肥（T7）处理外与其他处理均差异显著；现蕾期单施化肥（T2）的处理茎粗较其他处理相比高 0.97%~21.72%（P<0.05）（2015 年）和 7.82%~39.92%（P<0.05）（2016 年），现蕾期以后 30%肉蛋白生物有机肥替代化肥（T5）处理及 30%氨基酸配方有机肥替代化肥（T6）处理胡麻增长茎粗较快，盛花期 30%肉蛋白生物有机肥替代化肥（T5）茎粗高于其他处理（不含 T6）5.33%~26.27%（P<0.05）（2015 年）和 5.26%~28.33%（P<0.05）（2016 年），30%肉蛋白生物有机肥替代化肥（T5）处理和 30%氨基酸配方有机肥替代化肥（T6）处理间差异不显著，子实期与成熟期均表现为 30%肉蛋白生物有机肥替代化肥（T5）茎粗最大，相比其他处理高 6.89%~32.71%（P<0.05）（2015 年）和 2.07%~17.37%（P<0.05）（2016 年），上述结果表明，有机肥替代部分化肥对胡麻茎粗产生影响，作用效果在生育后期较为明显，且 30%的有机肥替代化肥的处理对胡麻茎粗的作用效果最佳，同时可以看出肉蛋白生物有机肥的作用效果较氨基酸配方有机肥好一些。

三、有机肥替代部分化肥对胡麻地上部分干物质生产的影响

(一) 有机肥替代部分化肥对胡麻地上部分干物质积累总量的影响

两年内不同处理胡麻干物质积累随生育期的总体变化基本相同，但同一年内各个处理间干物质积累量又有所差异（图 4-65）。在苗期和现蕾期均表现为单施化肥（T2）的处理干物质积累总量最高，不施肥（T1）的处理最低。现蕾期以后有机肥替代化肥的处理干物质积累总量明显开始增加，并以盛花期和子实期 30% 肉蛋白生物有机肥替代化肥（T5）的处理及 30% 氨基酸配方有机肥替代化肥（T6）的处理干物质积累总量增加最为明显。在苗期单施化肥（T2）的处理干物质积累量为 0.066 g·株$^{-1}$（2015 年）和 0.044 g·株$^{-1}$（2016 年），相比其他处理增幅分别为 3.58%~37.43%（$P<0.05$）（2015 年）和 3.12%~48.31%（$P<0.05$）（2016 年）；现蕾期单施化肥（T2）的处理为 0.401 g·株$^{-1}$（2015 年）和 0.471 g·株$^{-1}$（2016 年），相比其他处理增幅分别为 7.31%~46.29%（$P<0.05$）（2015 年）和 14.22%~76.97%%（$P<0.05$）（2016 年）；盛花期 30% 肉蛋白生物有机肥替代化肥（T5）的处理及 30% 氨基酸配方有机肥替代化肥（T6）的处理干物质积累总量较大，分别较不施肥（T1）处理相比增加 79.77%、71.22%（$P<0.05$）（2015 年）和 66.92%、54.15%（$P<0.05$）（2016 年），且与其他处理差异均达到显著水平；子实期 30% 肉蛋白生物有机肥替代化肥（T5）的处理及 30% 氨基酸配方有机肥替代化肥（T6）的处理干物质积累总量较大，分别较不施肥（T1）处理相比增加 66.25%、58.64%（$P<0.05$）（2015 年）和 35.65%、32.61%（（$P<0.05$）（2016 年），且与其他处理差异均达到显著水平；成熟期两年内干物质积累总量均表现为 30% 肉蛋白

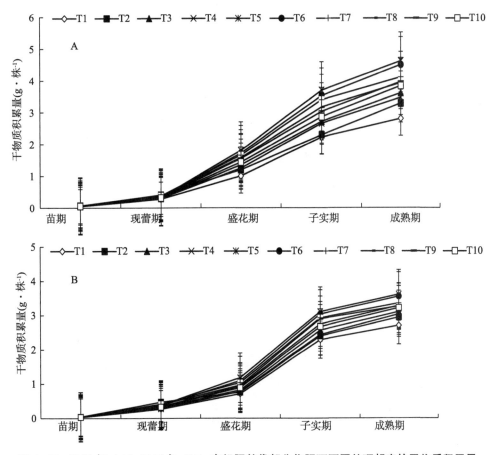

图 4-65　2015 年（A）2016 年（B）有机肥替代部分化肥下不同处理胡麻的干物质积累量

Fig. 4-65　Dry matter accumulation of oil flax under different organic fertilizer

substitute for chemical fertilizer in 2015（A）and 2016（B）

生物有机肥替代化肥（T5）处理最高，30%氨基酸配方有机肥替代化肥（T6）的处理次之。全生育期干物质积累总量为30%肉蛋白生物有机肥替代化肥（T5）的处理及30%氨基酸配方有机肥替代化肥（T6）的处理最大，与其他处理相比分别增加12.47%～64.68%、14.62%～37.00%（$P<0.05$）（2015年）和7.63%～33.56%、8.80%～20.65%（$P<0.05$）（2016年）。另外综合两年内胡麻全生育期可以看出在同一替代比例下施肉蛋白生物有机肥的处理干物质积累总量均比施氨基酸配方有机肥的处理高，但差异不显著。表明有机肥替代部分化肥在生育前期对胡麻干物质积累总量影响不明显，现蕾期以后作用效果较为明显，可以显著提高胡麻干物质总量的积累，并且30%的生物有机肥替代化肥的处理干物质总量的积累表现最佳。

（二）有机肥替代化肥对胡麻地上部分干物质积累速率的影响

由图4-66可知，两年内不同处理下胡麻干物质积累速率总体趋势基本相同，符合植物"慢—快—慢"的生长规律，苗期至现蕾期干物质积累速率比较慢，盛花期干物质积累速率加快，子实期干物质积累速率达到最大，成熟期干物质积累速率逐渐减小。但各胡麻各生育时期干物质积累速率存在差异，现蕾期以前各处理干物质积累速率差异较小，现蕾期以后各处理差异明显加大，施有机肥的各处理干物质积累速率增幅较单施化肥大，因生物有机肥种类及比例不同致使干物质积累的速率增加幅度有所不同。苗期及现蕾期不施肥（T2）处理干物质的积累速率最大，苗期不施肥（T2）较其他处理相比干物质积累速率增加3.58%～37.43%（$P<0.05$）（2015年）和3.11%～48.29%（$P<0.05$）（2016年），现蕾期较其他处理相比干物质积累速率增加8.07%～48.18%%（$P<0.05$）（2015年）和15.49%～80.56%（$P<0.05$）（2016年），且这两个时期均表现为T1处理的干物质积累速率最小；盛

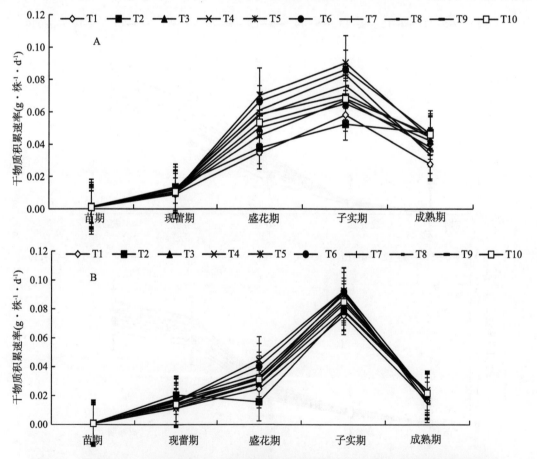

图4-66　2015年（A）2016年（B）有机肥替代部分化肥下不同处理胡麻的干物质积累速率

Fig. 4-66　Dry matter accumulation rate of oil flax treated by different organic fertilizer substitute for chemical fertilizer in 2015（A）and 2016（B）

花期干物质积累速率为30%肉蛋白生物有机肥替代化肥（T5）处理最高，30%氨基酸配方有机肥替代化肥（T6）处理次之，30%肉蛋白生物有机肥替代化肥（T5）处理与其他处理相比（不含T6）干物质积累速率增加15.00%~102.34%（$P<0.05$）（2015年）和29.23%~184.34%（$P<0.05$）（2016年），30%氨基酸配方有机肥替代化肥（T6）处理与其他处理相比（不含T6）干物质积累速率增加8.72%~91.30%（$P<0.05$）（2015年）和16.01%~155.24%（$P<0.05$）（2016年），不施肥（T1）处理仍然干物质积累速率最低；子实期30%肉蛋白生物有机肥替代化肥（T5）处理与其他处理相比（不含T6）干物质积累速率增加8.66%~71.96%（$P<0.05$）（2015年）和10.74%~22.97%（$P<0.05$）（2016年），30%氨基酸配方有机肥替代化肥（T6）处理与其他处理相比（不含T5）干物质积累速率增加3.86%~64.37%（$P<0.05$）（2015年）和0.74%~22.57%（$P<0.05$）（2016年），成熟期由于叶片脱落，采样不全，干物质积累速率的规律性不强，但是总体可以看出成熟期干物质积累速率相对前一时期均表现为减小趋势。总体分析，可发现施有机肥的处理在现蕾期以后干物质积累速率均有所提高，这说明在现蕾期以后有机肥对干物质积累速率影响较大，另外可以看出肉蛋白生物有机肥的作用效果较氨基酸配方有机肥相比效果好一些。

（三）有机肥替代化肥对胡麻干物质积累及分配规律的影响

由表4-91可以看出，2015年苗期以及现蕾期单施化肥（T2）处理的茎和叶干物质积累总量均最大，苗期单施化肥（T2）处理茎和叶干物质积累总量分别比其他处理高6.34%~37.68%和2.07%~35.56%（$P<0.05$），现蕾期单施化肥（T2）处理茎和叶干物质积累总量分别比其他处理高11.19%~58.22%和3.99%~36.36%（$P<0.05$），且这两个时期茎和叶干物质积累量均表现为不施肥（T1）处理最低；盛花期30%肉蛋白生物有机肥替代化肥（T5）处理和30%氨基酸配方有机肥替代化肥（T6）处理茎、叶和花干物质积累总量均较高，比不施肥（T1）处理茎分别高68.85%和62.98%（$P<0.05$），叶分别高60.00%和52.24%（$P<0.05$），花分别高167.26%和143.91%（$P<0.05$），可见这个时期生物有机肥对胡麻花的干物质的积累影响作用最大；子实期仍然30%肉蛋白生物有机肥替代化肥（T5）处理和30%氨基酸配方有机肥替代化肥（T6）处理两个处理各部分干物质积累量比较大，茎、叶和蒴果干物质积累量分别较不施肥（T1）处理高56.96%和66.42%、66.79%和32.26%、75.02%和60.85%（$P<0.05$）；成熟期除了叶片外茎及蒴果仍然表现为T5、T6两个处理干物质积累量较大，此时期有机肥对蒴果的作用效果较大，30%肉蛋白生物有机肥替代化肥（T5）处理和30%氨基酸配方有机肥替代化肥（T6）处理蒴果干物质积累量分别较不施肥（T1）处理高98.13%和96.48%（$P<0.05$）。2016年胡麻地上部分积累规律基本和2015年相同，前两个生育时期为单施化肥（T2）处理各部分干物质积累最大，盛花期以后30%肉蛋白生物有机肥替代化肥（T5）处理和30%氨基酸配方有机肥替代化肥（T6）处理干物质积累较大。

表4-91　2015年与2016年有机肥替代部分化肥下胡麻地上部分不同器官中干物质分配规律　　　（g）

Tab. 4-91　Distribution of dry matter in different organs of oil flax under organic fertilizer substitute for parts of chemical fertilizer in 2015 and 2016

处理		苗期			现蕾期			盛花期			子实期			成熟期		
		茎	叶	花	茎	叶	花	茎	叶	花	茎	叶	蒴果	茎	叶	蒴果
2015年	T1	0.01f	0.03f	—	0.13h	0.15g	—	0.65h	0.22f	0.13f	0.92g	0.35f	0.95f	1.50f	0.13f	1.18c
	T2	0.02a	0.05a	—	0.20a	0.20a	—	0.73g	0.26e	0.20e	0.97f	0.35f	0.97f	1.50f	0.11h	1.68d
	T3	0.01f	0.04de	—	0.14g	0.16ef	—	0.84e	0.31c	0.20e	1.20e	0.36f	1.16e	1.69d	0.20a	1.71d
	T4	0.01f	0.03e	—	0.14g	0.15f	—	0.77f	0.28d	0.20e	1.17e	0.36f	1.13e	1.57e	0.18b	1.71d
	T5	0.02cd	0.04b	—	0.16d	0.16d	—	1.09a	0.36a	0.35a	1.44b	0.59a	1.67a	2.14a	0.15d	2.33a
	T6	0.02d	0.04c	—	0.16de	0.16de	—	1.06b	0.34b	0.32b	1.53a	0.46b	1.53b	2.05b	0.14e	2.31a
	T7	0.02b	0.05a	—	0.18b	0.19b	—	1.05b	0.33b	0.27c	1.42b	0.46b	1.52b	1.99b	0.12g	2.00b
	T8	0.02c	0.05ab	—	0.18c	0.18c	—	1.03bc	0.32c	0.23d	1.37c	0.43c	1.38c	1.83c	0.11h	1.98b
	T9	0.02e	0.04c	—	0.16ef	0.16def	—	1.00c	0.32c	0.23d	1.27d	0.40d	1.37c	1.80c	0.19b	1.97b
	T10	0.02e	0.04d	—	0.16f	0.16def	—	0.90d	0.32c	0.22d	1.27e	0.38e	1.22d	1.78c	0.17c	1.88c

（续表）

处理	苗期			现蕾期			盛花期			子实期			成熟期		
	茎	叶	花	茎	叶	花	茎	叶	花	茎	叶	蒴果	茎	叶	蒴果
T1	0.01h	0.02g	—	0.13g	0.14f	—	0.37g	0.22e	0.12f	0.88e	0.46f	0.95g	1.15e	0.47cd	1.09e
T2	0.01a	0.03a	—	0.22a	0.25a	—	0.41f	0.22e	0.12f	0.90e	0.46f	1.04f	1.15e	0.46d	1.34d
T3	0.01fg	0.02e	—	0.15f	0.16e	—	0.43e	0.25d	0.13e	1.01d	0.48de	1.08f	1.25d	0.50a	1.36d
T4	0.01g	0.02f	—	0.13g	0.14f	—	0.43e	0.22e	0.13f	0.90e	0.47ef	1.07f	1.18e	0.49a	1.35d
T5	0.01c	0.03c	—	0.18cd	0.20c	—	0.65a	0.31a	0.23a	1.24a	0.53a	1.34a	1.47a	0.47bc	1.66a
T6	0.01d	0.03c	—	0.18d	0.19c	—	0.57b	0.30b	0.23a	1.20a	0.53a	1.31ab	1.42b	0.47bcd	1.65a
T7	0.01b	0.03b	—	0.20b	0.22b	—	0.56b	0.28c	0.19b	1.14b	0.51ab	1.27bc	1.40b	0.46cd	1.50b
T8	0.01b	0.03c	—	0.18c	0.21b	—	0.52c	0.26d	0.19b	1.14b	0.50bc	1.26c	1.32c	0.45d	1.49bc
T9	0.01e	0.03d	—	0.16e	0.18d	—	0.51c	0.26d	0.16c	1.06c	0.49cd	1.20d	1.30c	0.49a	1.49bc
T10	0.01f	0.02e	—	0.15f	0.17d	—	0.48d	0.26d	0.16d	1.06c	0.48de	1.13e	1.29cd	0.49ab	1.44c

(2016年)

另外，由图 4-67 可以看出，两年内胡麻地上部分不同器官中干物质分配比率叶片随着胡麻生育时期的推进呈递减趋势，2015 年从苗期的 70.83%~72.69%减小到成熟期 2.78%~5.49%，2016 年从苗期的 66.13%~69.23%减小到成熟期的 13.14%~17.24%；两年茎干物质积累比率均为先增加后又减小的趋势，盛花期达到最大，两年分别为 60.69%~65.28%、51.70%~54.99%；花（蒴果）所占比例呈现出逐渐递增趋势，从前两个时期的 0 逐渐增加到成熟期的 41.92%~51.32%（2015 年）和 40.26%~46.61%（2016 年）。

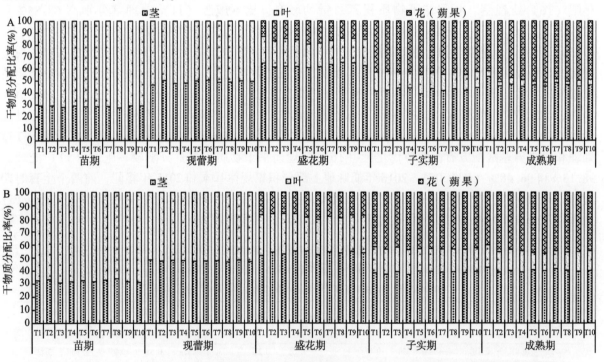

图 4-67　2015 年（A）2016 年（B）有机肥替代部分化肥对胡麻地上部分不同器官中干物质分配比率的影响

Fig. 4-67　Effect of organic fertilizer substitute for chemical fertilizer on dry matter distribution ratio in different organs of above ground parts of oil flax in 2015（A）and 2016（B）

四、有机肥替代化肥对胡麻土壤水分垂直分布的影响

由图 4-68 可以看出，播种前 0~140 cm 各处理土层中含水量的垂直分布无明显差别，现蕾期、

子实期以及成熟期每个处理各个土层土壤含水量垂直分布变化规律基本相同，但水分含量的差异很大。现蕾期在0~80 cm各土层土壤含水量的垂直分布均为单施化肥（T2）处理最低，单施肉蛋白生物有机肥（T3）处理最高，80 cm以下90%肉蛋白生物有机肥替代化肥（T9）和90%氨基酸配方有机肥替代化肥（T10）处理各土层土壤含水量的垂直分布较低，单施肉蛋白生物有机肥（T3）、单施氨基酸配方有机肥（T4）、30%肉蛋白生物有机肥替代化肥（T5）和30%氨基酸配方有机肥替代化肥（T6）四个处理含水量较高；子实期各土层土壤含水量的垂直分布两年略有差异，可以看出2015年在0~60 cm的各土层土壤含水量不施肥（T1）处理和单施化肥（T2）处理较低，单施肉蛋白生物有机肥（T3）处理最高，2016年0~60 cm的各土层土壤含水量单施化肥（T2）处理较低，30%肉蛋白生物有机肥替代化肥（T5）处理较高；成熟期各个处理间的差异较为明显，可以看出0~80 cm各土层土壤含水量的垂直分布均表现为单施化肥（T2）处理最低，单施肉蛋白生物有机肥（T3）和单施氨基酸配方有机肥（T4）处理较高，80 cm以下90%肉蛋白生物有机肥替代化肥（T9）和90%氨基酸配方有机肥替代化肥（T10）处理各土层土壤含水量的垂直分布较低，单施肉蛋白生物有机肥（T3）、单施氨基酸配方有机肥（T4）、30%肉蛋白生物有机肥替代化肥（T5）和30%氨基酸配方有机肥替代化肥（T6）处理含水量较高，并且到120~140 cm各处理间土层土壤含水量差异开始逐渐有减小的趋势。可以看出，有机肥具有一定的保墒作用，对0~80 cm间的各土层影响效果较为明显，并且与有机肥的种类以及使用量具有很大关系，在一定范围内生物有机肥肥料用量越大，保墒效果越好，肉蛋白生物有机肥效果比氨基酸配方生物有机肥好。

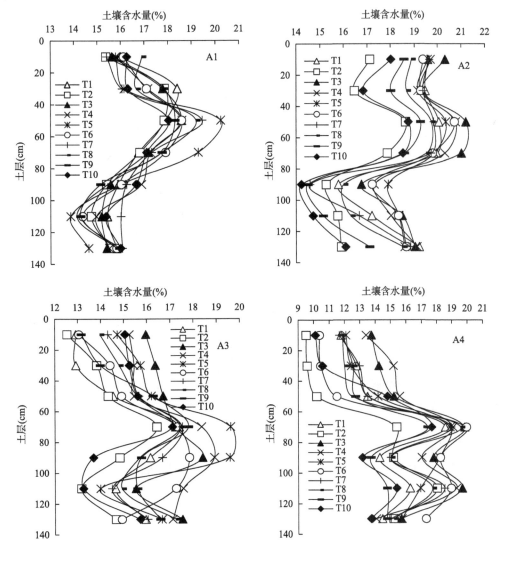

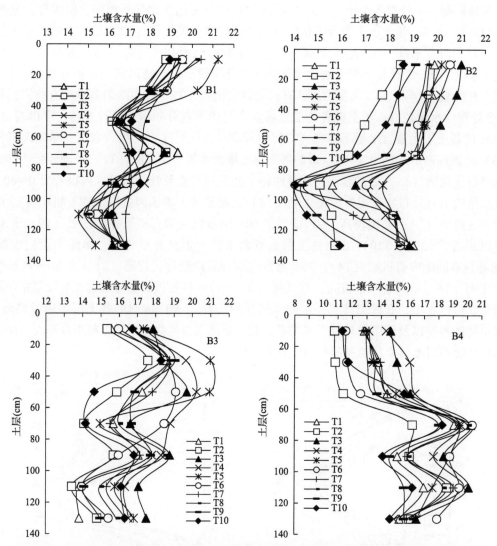

图4-68 2015年（A）和2016年（B）有机肥替代部分化肥对胡麻土壤水分垂直分布的影响

Fig. 4-68 Effect of organic fertilizer replacing chemical fertilizer on the vertical distribution of
soil moisture of oil flax in 2015（A）and 2016（B）

注：图中A1和B1为播前；A2和B2为现蕾期；A3和B3为子实期；A4和B4为成熟期

五、有机肥替代化肥对胡麻0~140 cm土壤贮水量的影响

图4-69显示，2015年及2016年各个处理下胡麻每个生育时期0~140 cm的土壤贮水量的变化，可以发现，在胡麻播种前0~140 cm土壤贮水量基本相同，现蕾期由于降雨以及在分茎期的灌水量（灌水量为1 200 m³·hm⁻²）比较大，所以土壤贮水量较其他时期大，子实期及成熟期由于降雨量的减少以及胡麻蒸腾耗水量较大，另外地面蒸发强烈，所以土壤贮水量呈现出减少趋势。可以看出两年播种前0~140 cm土壤贮水量各个处理间无显著差异，2015年播种前土壤贮水量在272.64~279.80 mm，2016年播种前土壤贮水量在286.27~293.79 mm，但在后面几个生育时期各个处理间土壤贮水量差异显著。两年现蕾期均表现为单施肉蛋白生物有机肥（T3）和单施氨基酸配方有机肥（T4）处理土壤贮水量较高，单施化肥（T2）处理最低，2015年单施肉蛋白生物有机肥（T3）处理比其他处理（不含T4处理）的土壤贮水量高1.64%~16.39%（$P<0.05$），单施氨基酸配方有机肥（T4）处理比其他处理（不含T3处理）的土壤贮水量高0.53%~14.99%，且大多差异显著；2016年规律和2015年相同，单施肉蛋白生物有机肥（T3）处理土壤贮水量仍然最

高，单施化肥（T2）处理最低，单施肉蛋白生物有机肥（T3）处理比其他处理（不含 T4 处理）的土壤贮水量高 1.77%～16.45%（$P<0.05$），单施化肥（T2）处理相比其他处理低 0.13%～14.13%，除 90%氨基酸配方有机肥替代化肥（T10）外与其他处理差异显著。子实期的土壤贮水量单施肉蛋白生物有机肥（T3）、单施氨基酸配方有机肥（T4）和 30%肉蛋白生物有机肥替代化肥（T5）处理较高，与其他处理差异显著。成熟期土壤贮水量与现蕾期规律相同，成熟期差异最显著，单施肉蛋白生物有机肥（T3）处理相比其他处理高 2.26%～24.86%（$P<0.05$）（2015 年）和 1.99%～21.37%（$P<0.05$）（2016 年）。可见单施有机肥可以显著提高胡麻各个生育时期的土壤贮水量，但因有机肥种类的不同有所差异，肉蛋白生物有机肥的效果相对氨基酸配方有机肥好一些。

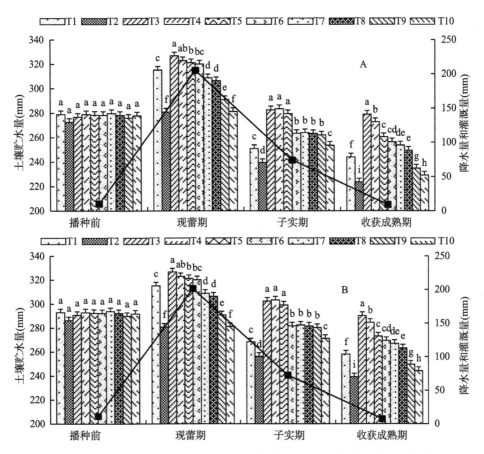

图 4-69　2015 年（A）2016 年（B）有机肥替代部分化肥对胡麻土壤贮水量的影响

Fig. 4-69　Effect of organic fertilizer substitute for chemical fertilizer on soil reservoir capacity of oil flax field in 2015（A）and 2016（B）

六、有机肥替代化肥对胡麻耗水量及水分利用效率的影响

表 4-92 显示，2015 年和 2016 年有机肥替代部分化肥对胡麻不同生育阶段的耗水量、耗水强度以及全生育期内耗水量和水分利用效率的影响。可以发现，在胡麻播种到子实期耗水量和耗水强度均较大，子实期到成熟期耗水量及耗水强度相对较小。分析总的耗水量可以看出，在胡麻全生育期耗水总量为单施肉蛋白生物有机肥（T3）和单施氨基酸配方有机肥（T4）处理较小，单施肉蛋白生物有机肥（T3）处理相比其他处理低 2.81%～15.24%（$P<0.05$）（2015年）和 2.72%～14.30%（$P<0.05$）（2016 年），单施氨基酸配方有机肥（T4）处理相比其他处理（不含 T3 处理）低 3.90%～12.79%（$P<0.05$）（2015 年）和 3.63%～11.90%（$P<$

0.05）（2016 年）两年不同处理胡麻水分利用效率均表现为不施肥（T1）处理最低，30%肉蛋白生物有机肥替代化肥（T5）和 30%氨基酸配方有机肥替代化肥（T6）处理较高，分别较不施肥（T1）处理高 83.60%、79.50%（$P<0.05$）（2015 年）和 48.28%、46.89%（$P<0.05$）（2016 年），分别较 T2 处理高 29.62%、26.73%（$P<0.05$）（2015 年）和 37.75%、35.54%（$P<0.05$）（2016 年）。结果表明，施有机肥可以显著减少作物全生育期耗水量，适量的有机肥替代化肥可以显著提高水分利用效率，30%有机肥替代化肥下效果最佳，肉蛋白生物有机肥与氨基酸配方有机肥相比效果较好。

表 4-92　有机肥替代部分化肥对胡麻耗水量及水分利用效率的影响

Tab. 4-92　Effect of organic fertilizer instead of chemical fertilizer on
water consumption and water use efficiency of oil flax

处理		播种—现蕾期		现蕾期—子实期		子实期—成熟期		总耗水量（mm）	水分利用效率（kg·hm⁻²·mm⁻¹）
		耗水量（mm）	耗水强度（mm·d⁻¹）	耗水量（mm）	耗水强度（mm·d⁻¹）	耗水量（mm）	耗水强度（mm·d⁻¹）		
2015 年	T1	168.87f	2.22f	138.23a	3.37a	15.90h	0.72h	323.01c	3.17f
	T2	196.83b	2.59b	115.37e	2.81e	24.98d	1.14d	337.18a	4.49e
	T3	154.97j	2.04j	118.26c	2.88c	12.56i	0.57i	285.80i	5.48bc
	T4	161.01i	2.12i	113.41f	2.77i	19.65f	0.89f	294.06h	5.29c
	T5	162.23h	2.13h	115.65e	2.82e	28.12c	1.28c	305.99g	5.82a
	T6	163.18g	2.15g	130.83b	3.19b	15.98h	0.73h	309.99f	5.69ab
	T7	175.98e	2.32e	118.91c	2.90c	19.27g	0.88g	314.16e	5.38c
	T8	176.92d	2.33d	117.23d	2.86d	22.71e	1.03e	316.85d	5.21c
	T9	190.20c	2.50c	102.87h	2.51h	36.19a	1.64a	329.25b	4.91d
	T10	201.63a	2.65a	101.62i	2.48i	33.44b	1.52b	336.69a	4.73de
2016 年	T1	179.22f	2.36f	119.19a	2.91a	17.58h	0.80h	316.00c	4.18i
	T2	206.87b	2.72b	97.13d	2.37d	24.22d	1.10e	328.21a	4.53h
	T3	165.21j	2.17j	97.01d	2.37d	19.26g	0.88g	281.48i	6.04c
	T4	171.35i	2.25i	92.08f	2.25f	25.92d	1.18d	289.35h	5.52ef
	T5	172.55h	2.27h	94.60e	2.31e	33.12c	1.51c	300.26g	6.24a
	T6	173.49g	2.28g	110.92b	2.71b	19.51g	0.89g	303.93f	6.14b
	T7	186.37e	2.45e	98.96c	2.41c	22.64f	1.03f	307.96e	5.65d
	T8	187.23d	2.46d	97.32d	2.37d	25.69d	1.17d	310.24d	5.59de
	T9	200.40c	2.64c	83.05g	2.03g	37.91a	1.72a	321.35b	5.38f
	T10	211.92a	2.79a	82.39h	2.01h	34.12b	1.55b	328.43a	5.18g

七、有机肥替代化肥对胡麻品质的影响

不同处理对胡麻品质具有一定的影响（表 4-93），可以看出，两年含油率均表现为 30%肉蛋白生物有机肥替代化肥（T5）处理最高，高达 41.17%和 41.18%，其次 30%氨基酸配方有机肥替代化肥（T6）处理较高为 41.14%和 40.87%，与不施肥（T1）处理相比，30%肉蛋白生物有机肥替代化肥（T5）处理和 30%氨基酸配方有机肥替代化肥（T6）处理的增幅分别为 1.55%、1.48%（$P<0.05$）（2015 年）和 2.36%、1.59%（$P<0.05$）（2016 年），与其他各个处理相比增幅在 0.51%~

1.33%（$P<0.05$）（2015 年）和 0.57%~2.11%（$P<0.05$）（2016 年）；亚麻酸两年均为 60%肉蛋白生物有机肥替代化肥（T7）处理最高，相比不施肥（T1）处理分别增加 3.18%（$P<0.05$）（2015年）和 2.16%（$P<0.05$）（2016 年），60%肉蛋白生物有机肥替代化肥（T7）处理与 30%肉蛋白生物有机肥替代化肥（T5）处理和 30%氨基酸配方有机肥替代化肥（T6）处理间差异不显著，与其他处理差异显著；亚油酸 60%肉蛋白生物有机肥替代化肥（T7）处理和 60%氨基酸配方有机肥替代化肥（T8）处理较高，相比不施肥（T1）分别增加 7.25%、7.09%（$P<0.05$）（2015 年）和 2.63%、3.16%（$P<0.05$）（2016 年），60%肉蛋白生物有机肥替代化肥（T7）处理和 60%氨基酸配方有机肥替代化肥（T8）处理间差异不显著，与其余各处理差异显著；硬脂酸两年均表现为单施化肥（T2）处理最高，2015 年和 2016 年分别较其他处理高 6.07%~14.91%和 5.48%~12.96%（$P<0.05$）；油酸两年均表现为 T5~T8 四个处理含量较大，分别较不施肥（T1）处理高 6.21%~7.41%（$P<0.05$）（2015 年）和 5.46%~6.50%（$P<0.05$）（2016 年）；棕榈酸两年均表现为 30%肉蛋白生物有机肥替代化肥（T5）和 30%氨基酸配方有机肥替代化肥（T6）处理含量较高，相比 T1 处理分别高 6.00%、5.83%（$P<0.05$）（2015 年）和 7.59%、7.41%（$P<0.05$）（2016 年）。结果表明，在 30%有机肥替代化肥下含油率最高，对亚麻酸的影响为肉蛋白生物有机肥效果更好，且两种有机肥的规律有所不同，氨基酸配方有机肥为 30%替代化肥效果较佳，肉蛋白生物有机肥为 60%替代化肥的处理效果较佳，亚油酸为 60%有机肥替代化肥的处理效果较好，硬脂酸在单施化肥的情况下效果较佳，油酸以及棕榈酸均在 30%生物有机肥替代部分化肥情况下含量较高。

表 4-93　2015 年和 2016 年有机肥替代部分化肥对胡麻品质的影响 　　　　　　　　（%）

Tab. 4-93　Effect of organic fertilizer substitute for parts of chemical fertilizer on quality of flaxseed in 2015（A）and 2016（B）

	处理	含油率	亚麻酸	亚油酸	硬脂酸	油酸	棕榈酸
2015 年	T1	40.54c	53.44c	12.27c	4.56d	20.12d	5.83c
	T2	40.63bc	54.10b	12.88b	5.24a	21.18b	5.97bc
	T3	40.72bc	53.77bc	13.05a	4.68cd	20.77bc	6.07b
	T4	40.70bc	54.25b	12.80b	4.63d	20.67bc	6.02b
	T5	41.17a	55.14a	13.03b	4.94b	21.61a	6.18a
	T6	41.14a	54.89a	13.02b	4.90b	21.46a	6.17a
	T7	40.93b	54.79a	13.15a	4.87bc	21.44a	6.13ab
	T8	40.89bc	54.41b	13.14a	4.84bc	21.37a	6.10ab
	T9	40.88bc	53.77bc	12.31c	4.83bc	20.48c	6.01b
	T10	40.81bc	53.81bc	12.28c	4.78c	20.37c	6.06b
2016 年	T1	40.23d	53.31c	13.30d	4.09d	20.15d	5.80c
	T2	40.33c	53.28c	13.39c	4.62a	21.08b	6.03b
	T3	40.50bc	53.60bc	13.46bc	4.18d	20.72c	6.13ab
	T4	40.40c	53.35c	13.43c	4.14d	20.63c	6.08b
	T5	41.18a	53.87b	13.62b	4.38b	21.46a	6.24a
	T6	40.87ab	54.08ab	13.60b	4.35c	21.32a	6.23a
	T7	40.64b	54.46a	13.65ab	4.33c	21.31a	6.19ab
	T8	40.60b	53.87b	13.72a	4.31c	21.25a	6.16ab
	T9	40.56b	53.86b	13.59b	4.30c	20.46c	6.07b
	T10	40.51bc	53.65bc	13.55bc	4.26cd	20.37c	6.11ab

八、有机肥替代化肥对胡麻产量构成因子及其产量的影响

两年胡麻单株蒴果数均表现为30%肉蛋白生物有机肥替代化肥（T5）处理最高，高达24.71个（2015年）和24.78个（2016年）（表4-94），与不施肥（T1）处理相比分别增加30.95%（$P<0.05$）（2015年）和35.19%（$P<0.05$）（2016年），与单施化肥（T2）处理相比分别增加17.11%（$P<0.05$）（2015年）和18.00%（$P<0.05$）（2016年），30%氨基酸配方有机肥替代化肥（T6）处理单株蒴果数较高，与不施肥（T1）处理相比分别增加30.21%（$P<0.05$）（2015年）和32.68%（$P<0.05$）（2016年），与单施化肥（T2）处理相比分别增加16.45%（$P<0.05$）（2015年）和15.81%（$P<0.05$）（2016年），其他处理分别较不施肥（T1）处理相比增加2.44%~25.76%（$P<0.05$）（2015年）和3.93%~26.73%（$P<0.05$）（2016年）；胡麻果粒数不施肥（T1）处理分别较其他处理高1.34%~11.32%（$P<0.05$）（2015年）和1.08%~12.18%（2016年），与多数处理差异显著；胡麻千粒重30%肉蛋白生物有机肥替代化肥（T5）处理最高，与不施肥（T1）处理和单施化肥（T2）相比分别增加6.17%、4.30%（$P<0.05$）（2015年）和6.94%、6.54%（$P<0.05$）（2016年），两年产量均表现为30%肉蛋白生物有机肥替代化肥（T5）处理和30%氨基酸配方有机肥替代化肥（T6）处理增产明显，分别较其他处理高5.33%~73.66%、4.36%~72.07%（$P<0.05$）（2015年）和5.30%~74.98%和4.32%~73.35%（$P<0.05$）（2016年），30%肉蛋白生物有机肥替代化肥（T5）处理和30%氨基酸配方有机肥替代化肥（T6）处理间差异不显著，不施肥（T1）处理产量最低，与其他各处理差异显著。这说明有机肥替代化肥可以明显增加胡麻产量，替代比例及有机肥种类决定其差异，总体来说，30%有机肥替代化肥的产量最高，肉蛋白生物有机肥较氨基酸配方有机肥作用较好。

表4-94 有机肥替代部分化肥对胡麻产量构成因子及产量的影响

Tab. 4-94 Effect of organic fertilizer instead of parts of chemical fertilizer on yield components and seed yield of oil flax

	处理	单株蒴果数（个）	果粒数（粒）	千粒重（g）	产量（kg·m^{-2}）
2015年	T1	18.87±1.06e	7.57±0.02a	8.91±0.05d	1 025.00±2.65e
	T2	21.10±0.34d	7.37±0.17abc	9.07±0.02bcd	1 515.00±25.17d
	T3	20.77±0.17d	7.17±0.28bcd	8.94±0.15cd	1 565.00±28.31cd
	T4	19.33±0.07e	6.87±0.02fg	9.07±0.04bcd	1 556.67±10.00cd
	T5	24.71±0.08a	6.70±0.03g	9.46±0.02a	1 780.00±48.05a
	T6	24.57±0.31b	7.47±0.02ab	9.23±0.06b	1 763.67±30.55a
	T7	23.73±0.52c	6.80±0.01efg	9.21±0.05b	1 690.00±14.25ab
	T8	23.00±0.10c	7.33±0.02abc	9.13±0.01bc	1 650.33±28.87bc
	T9	22.53±0.43c	6.90±0.05efg	9.11±0.05bc	1 615±22.54bcd
	T10	21.30±0.05d	7.13±0.02cde	9.11±0.01bc	1 594.00±57.74bcd
2016年	T1	18.33±0.06e	7.46±0.12a	8.07±0.12d	1 117.75±2.33e
	T2	21.00±0.35d	7.26±0.13abc	8.10±0.23bcd	1 660.91±2.67d
	T3	20.27±0.22d	7.00±0.13bcd	8.23±0.55cd	1 718.63±3.89cd
	T4	19.05±0.17e	6.75±0.11fg	8.23±0.12bcd	1 707.90±19.00cd
	T5	24.78±0.08a	6.65±0.12g	8.63±0.88a	1 955.80±12.98a
	T6	24.32±0.36b	7.38±0.03ab	8.39±0.14b	1 937.67±22.00a
	T7	23.23±0.32c	6.70±0.04efg	8.37±0.09b	1 857.38±13.66ab
	T8	23.01±0.10c	7.22±0.05abc	8.29±0.90bc	1 811.87±22.00bc
	T9	22.42±0.43c	6.80±0.13efg	8.27±0.22bc	1 771.91±19.67bcd
	T10	21.10±0.05d	7.02±0.01cde	8.28±0.16bc	1 749.34±12.98bcd

九、有机肥替代化肥对胡麻氮素利用影响

氮肥农学利用效率所指的是施用氮肥后胡麻提高的籽粒产量与施用氮肥总量的比值，它表示了施用每千克纯氮后提高胡麻籽粒产量的能力；氮肥偏生产力指的是施肥后胡麻的产量与氮肥总施用量的比值，它反映了胡麻吸收利用肥料和土壤中氮所产生的边际效益。由图4-70可知，两年内不同施肥条件下胡麻的氮肥农学利用效率和氮肥偏生产力的变化趋势相同，均随有机肥施用比例的增加先升高后降低，即30%肉蛋白生物有机肥替代化肥（T5）处理和30%氨基酸配方有机肥替代化肥（T6）处理最佳。氮肥农学利用效率30%肉蛋白生物有机肥替代化肥（T5）处理分别较其他处理高13.38%～

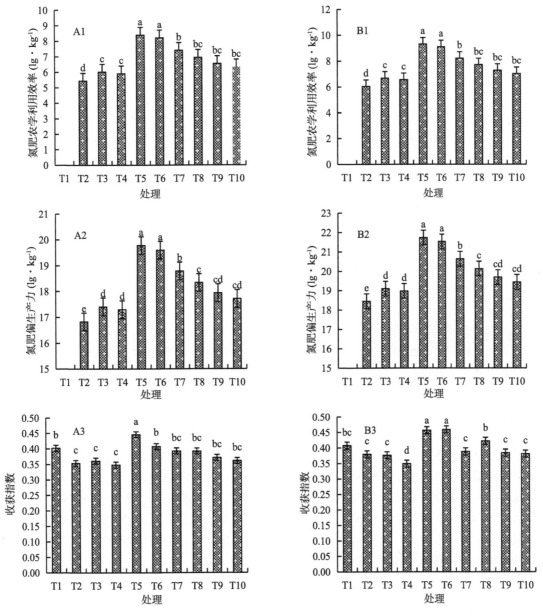

图4-70　（A）2015年和（B）2016年有机肥替代部分化肥对胡麻氮肥农学利用效率、
氮肥偏生产力及收获指数的影响

Fig. 4-70　Effects of organic fertilizer substitute for chemical fertilizer on agronomic use efficiency of nitrogen fertilizer, patial productivity of nitrogen fertilizer and harvest index of oil flax in 2015（A）and 2016（B）

注：A1和B1分别为氮肥农学利用效率；A2和B2为氮肥偏生产力；A3和B3为收获指数

54.23%（$P<0.05$）（2015 年）和 13.26%~54.14%（$P<0.05$）（2016 年），30%氨基酸配方有机肥替代化肥（T6）处理分别较其他处理高 10.95%~50.92%（$P<0.05$）（2015 年）和 10.83%~50.83%（$P<0.05$）（2016 年），且 30%肉蛋白生物有机肥替代化肥（T5）处理和 30%氨基酸配方有机肥替代化肥（T6）处理间差异不显著；氮肥偏生产力 30%肉蛋白生物有机肥替代化肥（T5）处理分别较其他处理高 5.27%~17.53%（$P<0.05$）（2015 年）和 5.28%~17.78%（$P<0.05$）（2016 年），30%氨基酸配方有机肥替代化肥（T6）处理分别较其他处理高 4.31%~16.46%（$P<0.05$）（2015 年）和 4.31%~16.69%（$P<0.05$）（2016 年），且 30%肉蛋白生物有机肥替代化肥（T5）处理和 30%氨基酸配方有机肥替代化肥（T6）处理间差异不显著；收获指数仍表现为 30%肉蛋白生物有机肥替代化肥（T5）处理和 30%氨基酸配方有机肥替代化肥（T6）处理较大，另外不施肥（T1）处理胡麻收获指数较高主要原因是不施肥的情况下其地上部分总生物量明显低于施肥处理。结果表明，适宜比例有机肥替代部分化肥能显著提高胡麻氮肥农学利用效率、氮肥偏生产力和收获指数。

十、讨论与结论

（一）小结与讨论

合理科学的施肥能提升作物的出苗，提高作物株高及茎粗进而增加作物的产量。化肥是通过土壤由植物直接吸收，有机肥施入土壤后，经微生物分解变为无机形态，再被植物吸收利用。王善仙等（2000）在向日葵上研究表明生物有机肥施用量分别为 2%、4%及 8%时，其种子的出苗率分别显著提高了 56.4%、64.3%及 85.7%。本研究结果表明：随着有机肥替代化肥比例的提升，胡麻出苗率呈现出递增的趋势，单施生物有机肥的处理胡麻的出苗率最高，即肉蛋白生物有机肥施肥量为 3 000 kg·hm^{-2} 和氨基酸配方有机肥施肥量为 600 kg·hm^{-2} 的两个处理胡麻出苗率较高，且肉蛋白生物有机肥的作用效果较好，同时可发现两年内所有施肥的处理胡麻的出苗率显著高于不施肥的处理，现蕾以前单施化肥的处理株高和茎粗较大，现蕾以后在 30%有机肥替代化肥的情况下，胡麻的株高和茎粗较大，且施肉蛋白生物有机肥的处理效果明显，可见有机肥相比化肥发挥效果较慢，在作物生育后期作用效果明显，总体来说，有机肥可以显著提高胡麻出苗率，适量的有机肥替代化肥可以促进胡麻生育后期的株高和茎粗的增长，这与前人研究结果基本一致。

植物干物质的积累是由植株的光合产物的积累决定的，这是个动态的"库源"协调变化的过程，而高产的关键就是干物质合理的积累及分配。在施用化肥的同时配比一定量的生物有机肥对提升酸性土壤的 pH 值具有一定的作用。本研究结果表明，在胡麻生长发育的苗期及现蕾期生物有机肥的作用效果不明显，施化肥处理的干物质积累较大，但随着生育期的推进有机肥的作用逐渐显现，施生物有机肥的处理干物质积累速率都明显加快；不同比例的生物有机肥与化肥配施处理胡麻干物质积累速率随着生育期变化的总体趋势基本相同，符合植物"慢—快—慢"的生长规律，即苗期至现蕾期干物质积累速率比较慢，盛花期干物质积累速率加快，子实期干物质积累速率达到最大，成熟期干物质积累速率逐渐减小；干物质积累总量在现蕾期前 T2 处理较大，现蕾期以后 T5 处理和 T6 处理开始变大。全生育期 T5 处理和 T6 处理干物质积累总量均高于其他处理。说明有机肥替代化肥在生育前期对胡麻干物质积累总量影响不明显，现蕾期以后作用效果较为明显，可以显著增加胡麻干物质积累总量，并且 30%的有机肥替代化肥的处理干物质积累总量表现最佳。

杨红等（2013）通过 VG 模型在相同容重不同处理条件下，研究了有机肥对土壤含水量的影响，结果表明含水量最大的是施加有机肥的土壤，最小的是不加任何试剂。本试验研究表明，收获成熟期各个处理间的土壤含水量差异明显，两年 0~80 cm 的各土层土壤含水量的垂直分布均 T2 处理最低，T3 处理和 T4 处理较高，80 cm 以下 T9 处理和 T10 处理各土层土壤含水量的垂直分布较低 T3 处理、T4 处理、T5 处理和 T6 处理含水量较高，并且到 120~140 cm 各处理间的土层土壤含水量差异开始逐渐有减小的趋势。合理的施用有机肥可以明显提高土壤的贮水量，使土壤水分状况得以改善，且跟施肥年限呈正相关增加。本试验研究表明，单施有机肥可以显著提高胡麻各个生育时期的土壤贮水量，成熟期两年均表现 T3 处理土壤贮水量最大，相比其他处理土壤贮水量 2015 年 T3 处理相比其他处理高 2.26%~24.86%（$P<0.05$），2016 年 T3 处理相比其他处理高 1.99%~21.37%（$P<0.05$）。但因有机肥种类的不同有所差异，肉蛋白生物有机肥的效果相对氨基酸配方有机肥好一些。

有研究表明（张绪成等，2016），减氮 50%与有机肥替代并花期追施可以调节马铃薯花前花后耗水，提高水分利用效率，两年内水分利用效率较传统施肥分别增加了 14.4%和 6.3%。有机肥的合理施用可以改善土壤的内在条件，从而土壤贮水得到合理利用，提高作物的抗旱能力，增强土壤蓄水保肥的能力，提高作物的水肥利用效率。本试验研究结果表明，施有机肥可以显著减少作物全生育期耗水量，适量的有机肥替代化肥可以显著提高水分利用效率，T5 处理和 T6 处理显著高于 T1 处理，30%有机肥替代化肥下效果最佳，肉蛋白生物有机肥与氨基酸配方有机肥相比效果较好。生物有机肥所含养分较为全面，不仅可以给作物生长提供所需的营养物质，同时对培肥地力、改善作物品质也具有重要作用。胡麻籽粒中含有 5 种不同的脂肪酸，其中人体必需的脂肪酸有亚油酸（LA）和 a-亚麻酸（LNA）两种。它们在人体内不能由其他物质合成、转化得到，只能从食物中摄取，且具有重要的生理功能。施入各种有机肥均能提高果实的营养和香气品质，增强果园土壤肥力（赵佐平等，2013）。不同比例有机肥替代化肥时，冬小麦—夏玉米籽粒粗蛋白含量均有所提高，以成熟期籽粒粗蛋白含量为例，25%有机肥替代化肥效果显著，冬小麦和夏玉米粗蛋白含量高于不施肥和单施化肥。100%有机肥处理冬小麦籽粒面团形成时间、面团稳定时间和沉淀值均明显改善，较 100%化肥处理分别提高 1.9%、3.8%和降低 1.4%（李占等，2013）。

本研究表明，有机肥替代部分化肥可以显著改善胡麻品质，在 30%生物有机肥替代化肥下含油率最高，两种生物有机肥 2015 年分别较 T1 高 1.55%和 1.48%（$P<0.05$），2016 年分别较不施肥高 2.36%和 1.59%（$P<0.05$）；对亚麻酸的影响为肉蛋白生物有机肥效果更好，且两种有机肥的规律有所不同，氨基酸配方有机肥为 30%替代化肥效果较佳，肉蛋白生物有机肥为 60%替代化肥的处理效果较佳，亚油酸为 60%有机肥替代化肥的处理效果较好，且氨基酸配方有机肥效果较好，硬脂酸表现为单施化肥的处理效果最佳，相比不施肥两年分别增加 14.91%和 12.96%（$P<0.05$），油酸为 30%和 60%的生物有机肥替代化肥下含量较高，两年相比不施肥提高 5.46%~7.41%（$P<0.05$），棕榈酸为 30%的生物有机肥替代部分化肥下效果较好，相比不施肥 30%肉蛋白生物有机肥替代化肥的处理两年分别增加 6.00%和 7.59%（$P<0.05$），30%氨基酸配方生物有机肥替代化肥的处理两年分别增加 5.83%和 7.41%（$P<0.05$）。

谢军等（2016）在玉米上研究表明，50%有机肥氮替代部分化肥氮其产量的明显增加，实现了稳产高产的目的，另外可以促进其对氮素的合理利用，使氮素利用效率显著增加，有机肥氮替代部分化肥氮是保证西南紫色土地区玉米高产稳产、以及增加氮肥利用效率的合理施肥方式。有研究认为，在小麦生产中 25%的有机肥 N 替代化肥 N 可以使氮肥利用效率比单施化肥和不施肥的氮肥利用效率分别高 4.7%和 7.4%（欧阳虹，2008）。陈志龙等（2013）研究表明，25%有机肥替代化肥可以显著提高小麦的氮肥利用效率，可以使其产量明显增加。本试验研究表明，不同处理下 T5 和 T6 处理增产明显，2015 年 T5 处理和 T6 处理产量分别较其他处理高 5.33%~73.66%和 4.36%~72.07%（$P<0.05$），2016 年 T5 处理和 T6 处理产量分别较其他处理高 5.30%~74.98%和 4.32%~73.35%（$P<0.05$），T5 处理和 T6 处理间差异不显著，T1 处理产量最低；氮肥农学利用效率 2015 年 T5 处理和 T6 处理分别较其他处理高 13.38%~54.23%和 10.95%~50.92%（$P<0.05$），2016 年 T5 处理和 T6 处理分别较其他处理高 13.26%~54.14%和 10.83%~50.83%（$P<0.05$），且 T5 处理和 T6 处理间差异不显著；氮肥偏生产力 2015 年 T5 处理和 T6 处理分别较其他处理高 5.27%~17.53%和 4.31%~16.46%（$P<0.05$），2016 年 T5 处理和 T6 处理分别较其他处理高 5.28%~17.78%和 4.31%~16.69%（$P<0.05$），且 T5 处理和 T6 处理间差异不显著；收获指数也表现为 T5 处理和 T6 处理较大。

（二）结论

生物有机肥替代部分化肥可以提高胡麻出苗率，且随着生物有机肥的替代化肥比例的增大胡麻出苗率呈递增趋势。在本试验所有处理中单施生物有机肥的处理胡麻出苗率最高，单施肉蛋白生物有机肥的处理两年平均出苗率比不施肥和单施化肥分别增加 13.77% 和 9.60%（$P<0.05$），单施氨基酸配方生物有机肥的处理两年平均出苗率比不施肥和单施化肥分别增加 13.77% 和 9.60%（$P<0.05$），另外，生物有机肥替代部分化肥对胡麻株高和茎粗也有不同程度的影响，在胡麻生长的苗期和现蕾期单施化肥的处理株高和茎粗较大，现蕾期以后施生物有机肥的处理株高和茎粗明显增大，其中 30% 的生物有机肥替代化肥的处理胡麻株高和茎粗显著高于其他处理。

不同处理胡麻干物质积累速率均呈现出"慢—快—慢"的特征，胡麻现蕾期以后干物质积累速率的快速增加，施生物有机肥的处理干物质积累速率增快更加明显，全生育期干物质积累总量变化也较为明显。在本试验所设两种有机肥替代化肥的比例中 30% 的生物有机肥替代化肥的处理在胡麻全生育期干物质积累总量最大，两年平均干物质积累总量 30% 肉蛋白生物有机肥替代化肥的处理分别比不施肥和单施化肥增加 49.13% 和 31.62%（$P<0.05$），30% 氨基酸配方生物有机肥替代化肥的处理分别比不施肥和单施化肥增加 45.96% 和 28.85%（$P<0.05$）。

生物有机肥替代部分化肥可以明显改善胡麻籽粒品质，提高胡麻籽粒含油率。两年胡麻籽粒亚麻酸均表现为 60% 肉蛋白生物有机肥替代化肥的处理含量最高，相比不施肥两年分别增加 3.18% 和 2.16%（$P<0.05$）；胡麻籽粒亚油酸含量均表现为 60% 的肉蛋白生物有机肥替代化肥的处理含量最高，相比不施肥两年分别增加 7.25% 和 3.16%（$P<0.05$）；胡麻籽粒含油率两年均表现为 30% 的生物有机肥替代化肥的处理效果最佳，油酸为 30% 和 60% 的生物有机肥替代化肥下含量较高，棕榈酸为 30% 的生物有机肥替代部分化肥下效果较好。

适量的生物有机肥替代化肥可以更好地调节土壤的水肥状况，使胡麻可以更好地利用土壤水肥，提高胡麻水肥利用效率，增加胡麻产量。在本试验所设两种有机肥替代化肥的所有处理中，30% 生物有机肥替代化肥的处理水肥利用效率均较高，产量最大，30% 肉蛋白生物有机肥替代化肥的处理相比不施肥和单施化肥产量两年平均提高 74.32% 和 17.62%（$P<0.05$），30% 氨基酸配方生物有机肥替代化肥的处理相比不施肥和单施化肥产量两年平均提高 73.03% 和 16.54%（$P<0.05$）。

第五章　胡麻高产灌水理论与技术

干旱缺水是我国面临的重大资源和环境问题，特别是在北方干旱和半干旱地区，水资源短缺已成为制约农业可持续发展面临的瓶颈。在胡麻的栽培种植中，春季干旱常常影响着胡麻的正常播种和出苗，致使产量低而不稳，一般只有 $600 \sim 975 \ kg \cdot hm^{-2}$，水分亏缺严重制约着胡麻商品化、产业化的发展和农民的增产增收。姚玉璧等（2006）研究认为，5月中、下旬前后的干旱对甘肃省胡麻产量的影响最大，此时期胡麻正处于现蕾、开花后的关键生育时期，对水分的需要最为迫切，在春旱发生频率>50%的地方，胡麻产量明显偏低。可见，根据胡麻的需水规律科学合理灌水是保证胡麻高产稳产的关键所在。然而，近年来在胡麻种植方面普遍存在灌水次数过多、灌水量偏大，水资源严重浪费的现象，引起胡麻贪青晚熟、倒伏和病虫害大量发生，最终导致胡麻减产，同时也不利于胡麻油分的积累。节水农业要解决的关键问题是提高自然降水和灌溉水的利用效率。因此，在胡麻不同的生育时期合理的灌水，最大限度地利用有限的水资源，势在必行。本章节基于当前我国西北干旱地区胡麻生产的现状，探讨胡麻高产灌水理论与技术，旨在为优化胡麻灌溉制度和高产稳产栽培技术提供理论依据和技术指导。

第一节　灌水对胡麻各生育时期土壤水分的调控效应

一、胡麻不同生育时期土壤含水量的时空变化

（一）胡麻苗期和枞形期土壤含水量的动态变化

不同灌水定额和灌溉时间下土壤水分由于受不同时期降水、温度、土壤蒸发强度、作物需水量等的影响，表现出随时间和土层深度的变化而变化的特点。图5-1为胡麻苗期各个处理土壤含水量随土层深度的动态变化曲线。由图5-1可知，在胡麻苗期，土壤含水量在 $0 \sim 100 \ m$ 呈小幅增长趋势，尤以Y处理的含水量最高，高达18.87%，A处理的含水量最低。在 $0 \sim 40 \ cm$ 土层土壤含水量随土层加深开始不同程度的上升，在这一土层各个处理土壤含水量的变化趋势相似。在 $60 \sim 100 \ cm$ 各处理土壤含水量的变化趋势各异，Z处理土壤含水量随土层深度一直增加，F处理的土壤含水量最高，高达21.92%，X处理的土壤含水量降幅最大，较F处理降低了3.40%。由此可知，苗期土壤含水量主要集中在 $30 \sim 60 \ cm$ 土层，而土壤表层含水量较低。

胡麻枞形期各处理土壤含水量随土层深度的动态变化曲线如图5-2所示。从图5-2中可以看出，各处理土壤含水量相比苗期有所下降。在 $0 \sim 20 \ cm$ 土层，Z、G两个处理土壤含水量随土层深度先增加后降低，分别降低到13.17%、13.59%，而后又呈现上升趋势。在 $20 \sim 60 \ cm$ 土层，D、E、Z三个处理土壤含水量呈下降趋势，降低幅度高达2.46%。在 $60 \sim 100 \ cm$ 土层Z处理土壤含水量呈上升趋势，升高了1.89%，而其他各处理均呈下降趋势。由此可以看出，在胡麻枞形期土壤含水量下降，在 $30 \sim 60 \ cm$ 土层，土壤含水量急剧下降。

（二）胡麻现蕾期和盛花期土壤含水量的动态变化

图5-3为胡麻现蕾期各个处理土壤含水量随土层深度的动态变化曲线，由图5-3可知，各处理土壤含水量变化趋势比较平稳，各处理在各个土层土壤含水量变化相似，在40 cm以下土层，各处理土壤含水量均在19%左右。A处理的土壤含水量最高，高达22.07%。在 $15 \sim 60 \ cm$ 土层土壤含水量

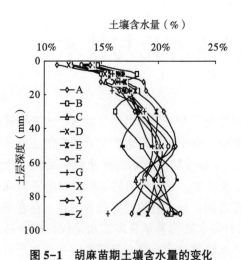

图 5-1　胡麻苗期土壤含水量的变化

Fig. 5-1　The changes of water at seeding stage of oil flax

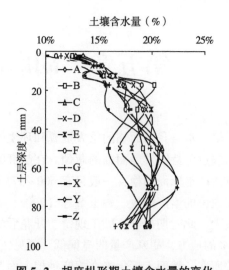

图 5-2　胡麻枞形期土壤含水量的变化

Fig. 5-2　The changes of water at shaping stage of oil flax

呈上升趋势，且各处理变化趋势基本相似。在 60~100 cm 土层，各处理的土壤含水量比枞形期略高，F 处理土壤含水量下降趋势最快，降低至 17.27%，胡麻盛花期各个处理土壤含水量随土层深度的动态变化曲线如图 5-4 所示，与现蕾期相比，土壤含水量明显下降。在 0~20 cm 土层，各处理的土壤含水量降低。在 10~15 cm 土层，D 处理的土壤含水量最高，高达 16.33%，而 X 处理的土壤含水量最低，为 9.16%。在 20~60 cm 土层，Y 处理的土壤含水量最低，此后又随土层深度逐渐上升，X 处理土壤含水量变化趋势比较平缓。在 60~80 cm 土层，各处理的水分在这一土层较集中，但随着土层的加深，除 Y 处理，其他各处理土壤含水量又开始下降。

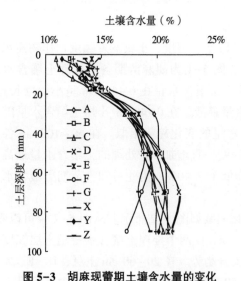

图 5-3　胡麻现蕾期土壤含水量的变化

Fig. 5-3　The changes of water at budding stage of oil flax

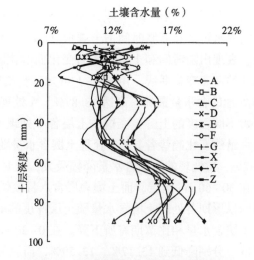

图 5-4　胡麻盛花期土壤含水量的变化

Fig. 5-4　The changes of water at anthesis stage of oil flax

（三）胡麻青果期和成熟期土壤含水量的动态变化

图 5-5 和图 5-6 是胡麻青果期和成熟期各个处理土壤含水量随土层深度的动态变化曲线。在 0~100 cm，胡麻青果期各个处理土壤含水量急剧下降，土壤含水量在 12% 左右波动，相比其他时期，在这一时期土壤含水量下降最快，随着土层加深，土壤含水量稍有所增加，其增幅不明显，而且各处理

变化趋势基本相似，在 50 cm 左右，C 处理土壤含水量达到最大，为 14.82%，Y 处理次之。由图 5-6 胡麻成熟期土壤含水量的变化曲线可以看出，相比青果期土壤含水量有所回升，表层土壤含水量由 11% 左右回升到 18% 左右，在 60 cm 以后土层，各处理土壤含水量有所降低，降低趋势大抵相似。

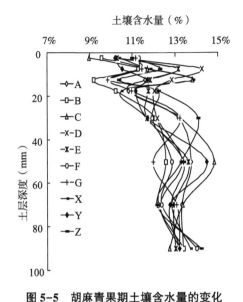

图 5-5　胡麻青果期土壤含水量的变化

Fig. 5-5　The changes of water at green fruit stage of oil flax

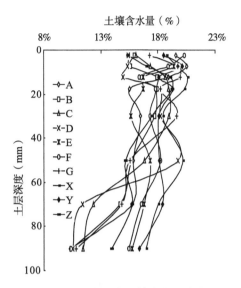

图 5-6　胡麻成熟期土壤含水量的变化

Fig. 5-6　The changes of water at maturiting stage of oil flax

二、灌水对胡麻 0~200 cm 土层土壤含水量的影响

（一）胡麻分茎期和现蕾期 0~200 cm 土层土壤含水量的动态变化

由图 5-7 可知，不同灌水定额和灌溉时间下土壤水分由于受不同时期降水、温度、土壤蒸发强度、作物需水量等的影响，表现出随时间和土层深度的下移而逐渐降低的特点。胡麻分茎期，土壤含水量在 0~120 cm 土层各处理的土壤含水量变化幅度较大，且 A、Y 处理的土壤含水量明显的大于其他各处理；在 120~200 cm 土层各处理土壤含水量的变化趋势几乎相同。在 0~40 cm 土层，F# 处理的土壤含水量的增幅较大，而 O、B、D# 三处理的土壤含水量最低，且变化趋势几乎相同。在 40~60 cm 土层，X 处理的土壤含水量明显变大，比前一个土层的增大了 47.52%。在 60~120 cm 土层，A、Y 处理的土壤含水量明显地增大了。D#、F# 处理在 80~100 cm 土层土壤含水量变化趋势比较缓慢，基本保持平衡，在 100~120 cm 土层增幅较大。

胡麻分茎期 A、Y 处理的灌水量（1 200m³·hm⁻²）均比其他处理（900 m³·hm⁻²）多 300 m³·hm⁻²，多浇的水使两处理的土壤含水量在 0~120 cm 土层的土壤含水量多于其他处理；现蕾期在 0~120 cm 土层的 Z、D#、F# 三处理的土壤含水量明显地高于其他各处理，其中在 0~40 cm 土层 D# 处理的土壤含水量最高，O 处理的最低，在 40~80 cm，F# 处理的土壤含水量最大，Z 处理次之，在 80~140 cm 土层，F# 处理的土壤含水量先变小后增大，Z、D# 处理的土壤含水量维持增大的趋势，D# 处理的增幅大于 Z 处理的，在 160~200 cm，各土层土壤含水量变化不大。表明 Z、D#、F# 三处理对 0~120 cm 土层的土壤含水量影响较大，且较分茎期明显地提高了土壤的含水量。现蕾期是胡麻植株营养生长和生殖生长并进阶段，此时胡麻需水较多，植株生长也旺盛，Z、D#、F# 处理在现蕾期对胡麻灌水，满足了此生育时期植株对水分的需求，更好地促进了胡麻的生长发育。

（二）胡麻盛花期和成熟期 0~200 cm 土层土壤含水量的动态变化

由图 5-8 可知，盛花期在 0~120 cm 土层，O、A 处理土壤含水量最低，明显低于其他各处理，

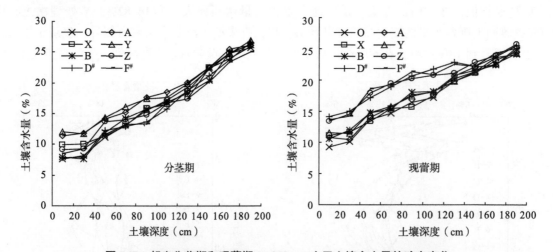

图 5-7　胡麻分茎期和现蕾期 0～200 cm 土层土壤含水量的动态变化

Fig. 5-7　The changes of water in 0～200 cm soil depth at stem and budding stages of oil flax

而 B 处理的土壤含水量最大。在 120～140 cm 土层，X、Y 处理土壤含水量维持在 18% 左右，而其他处理均呈逐渐变大的趋势。在 160～200 cm 土层，各处理土壤含水量先小后大。且灌水 1 200m³·hm⁻²盛花期土壤含水量有明显促进作用。胡麻成熟期植株对深层土壤的水分吸收降低，各处理在 80～200 cm 土层的土壤含水量明显高于盛花期，由于未进行灌溉，表层土壤含水量低于盛花期。0～40 cm 土层，D#、F#处理土壤含水量均高于其他各处理。40～160 cm 土层，B、Z、D#、F#处理的土壤含水量随土层深度的加深而呈增大趋势，且高于其他处理，160～200 cm 土层，各处理土壤含水量的变化趋势不大。表明随着灌水量增加，滞留在土壤中的水分也在随土层深度逐渐增加。

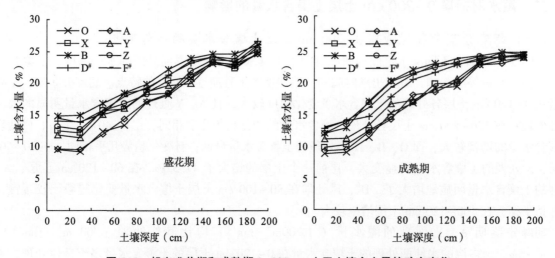

图 5-8　胡麻盛花期和成熟期 0～200 cm 土层土壤含水量的动态变化

Fig. 5-8　The changes of water in 0～200 cm soil depth at anthesis and maturiting stages of oil flax

三、施氮量和灌溉量对胡麻不同阶段土壤耗水特性的影响

（一）施氮量和灌溉量对胡麻 0～100 cm 土层土壤贮水消耗的影响

土壤贮水的消耗为胡麻播前土壤贮水量与成熟收获后土壤贮水量之差，其值的正负或大小反映了胡麻生长期间水分消耗和降水、灌溉等过程对土壤水分的消耗或补充。由图 5-9 可知，胡麻全生育期 0～100 cm 土壤梯度内，播前—枞形期胡麻处于自然生长状态，但并不是生长最旺盛时期，所以对土壤的水分消耗比较低，各灌水处理的平均值均小于 0，枞形期—现蕾期时土壤贮水变化量都有所提

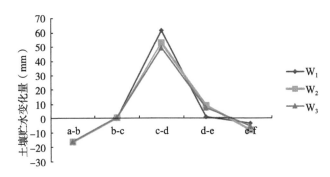

图 5-9　0~100 cm 土层不同生育时期之间土壤贮水变化量

Fig. 5-9　Soil storage water variation between different growth stage at 0~100 cm soil layers

注：a-b. 播前—枞形期；b-c. 枞形期—现蕾期；c-d. 现蕾期—盛花期；

d-e. 盛花期—青果期；e-f. 青果期—成熟期

高，因为此时胡麻生长比较旺盛，耗水量也在增大，W_1、W_3 贮水变化量大于 0，而 W_2 处理贮水变化量小于 0。现蕾期—盛花期是胡麻土壤贮水量变化的最大阶段，与上一个阶段比较，土壤贮水变化量显著增加，表明该阶段是胡麻生长发育需水的最大时期，变化量 $W_1>W_2>W_3$。W_3 较 W_1、W_2 降低了 25.78%、7.39%。说明在胡麻生长急需水分的时期，灌水能使胡麻耗水量增加，有利于胡麻的生长发育，但增加灌溉量至 2 400 $m^3 \cdot hm^{-2}$ 则不利于胡麻贮水消耗量的增加。

由图 5-10 可知，W_2N_2 处理显著高于其他处理，在同一施氮水平下，土壤贮水损耗量表现为 $W_2>W_1>W_3$。W_2 较 W_1、W_3 分别高出 5.38%、72.63%，W_3 显著低于 W_1、W_2 处理。在同一灌溉水平下各处理无差异。土壤贮水损耗量在灌溉定额 2 100 $m^3 \cdot hm^{-2}$ 时最大，再增加灌溉额，胡麻土壤贮水消耗量反而降低，说明灌溉定额 2 100 $m^3 \cdot hm^{-2}$ 的 W_2 处理能满足胡麻生长发育的需求，继续增加灌溉量不利于胡麻土壤贮水消耗量增加，在满足胡麻生长发育的供水需求的同时造成浪费，反而不利于节水目标的实现。

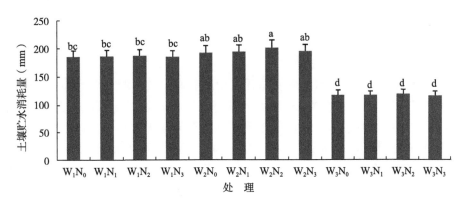

图 5-10　全生育时期 0~100 cm 土层之间土壤贮水消耗量

Fig. 5-10　Soil storage water consumption in 0-100 cm soil layers during whole growth stage

（二）水氮互作对胡麻全生育期耗水特性的影响

胡麻全生育期水分消耗的主要由降水量、灌溉量和土壤水分三部分组成。土壤贮水消耗其值有正有负，其值的正负或大小反映了胡麻生长期间水分消耗和降水、灌溉等过程对土壤水分的消耗或补充，其已经作为农田水分有效性的一个重要评价指标。由表 5-1 可知，在不同水氮处理下，胡麻土壤贮水消耗均为正值，说明仅靠天然降水并不能满足胡麻全生育期对水分的需求，而需要消耗土壤贮水予以满足胡麻生长发育对水分的需求。全生育期总耗水量随着灌溉量和施氮量的增进，呈现先增加后降低的趋向，这主要是由于高氮、高灌处理使胡麻在生育后期发生大面积的倒伏。不同水肥处理下胡麻对降水、灌溉和土壤贮水消耗的百分比不尽相同。随施氮量的增加，作物耗水量增大；当施氮量大于 N_2 时，胡麻耗水量有所降低。降水量在低灌处理 W_1 下所占比例最高，平均高达 32.08%。高水处理 W_3 灌溉量所占比例最大平均达到 47.70%。土壤贮水损耗量 W_1 所占百分比最大，大于胡麻总耗水量的 1/4。综上所述，低灌处理下，降水量所占比例较大，降水很好地补充了其全生育期对水分的需求。高灌条件下，由于出现大面积的倒伏现象，其土壤贮水消耗量、降水量所占的百分比都小于其他处理。

表 5-1　全生育期降水量耗水量及其组成

Tab. 5-1　Precipitation in the whole stages water consumption and its composition

处理	SWD	P	I	ET	SWD%	P%	I%
W_1N_0	185.37	168.2	170	523.57	35.41%	32.13%	32.47%
W_1N_1	186.43	168.2	170	524.63	35.54%	32.06%	32.40%
W_1N_2	187.21	168.2	170	525.41	35.63%	32.01%	32.36%
W_1N_3	185.35	168.2	170	523.55	35.40%	32.13%	32.47%
$W2N_0$	192.66	168.2	215	575.86	33.46%	29.21%	37.34%
W_2N_1	194.54	168.2	215	577.74	33.67%	29.11%	37.21%
W_2N_2	201.68	168.2	215	584.88	34.48%	28.76%	36.76%
W_2N_3	195.38	168.2	215	578.58	33.77%	29.07%	37.16%
W_3N_0	116.67	168.2	260	544.87	21.41%	30.87%	47.72%
W_3N_1	116.68	168.2	260	544.88	21.41%	30.87%	47.72%
W_3N_2	118.31	168.2	260	546.51	21.65%	30.78%	47.57%
W_3N_3	115.68	168.2	260	543.88	21.27%	30.93%	47.80%

注：SWD—土壤注水消耗量；P—降水量；I—灌溉量；ET—土壤耗水量；Y—产量。

（三）灌水对胡麻总耗特性的影响

由表 5-2 可以看出，不同灌溉水平胡麻总耗水量随着灌水量的增加而增加。与对照相比，不同灌水处理的耗水量显著增加了 33.75%~56.98%，而降水量和土壤贮水消耗量占总耗水量的比例分别降低了 23.59~36.30% 和 43.45%~83.44%，达到了显著差异水平（$P<0.05$），这表明在不灌水条件下，胡麻生长主要消耗降水和土壤水。不同处理的土壤总耗水量及灌水量占总耗水量的百分率均随灌水量的增大而增加，而降水和土壤贮水所占比例则呈下降趋势。这表明，增加灌水量显著促进了胡麻对灌溉水的吸收利用，明显降低了胡麻对降水和土壤贮水的吸收利用。

表 5-2　灌水对胡麻水分消耗量占总耗水量的百分率的影响

Tab. 5-2　Percentage of water consumption of different coming source occupied

total water consumption under different treatments

处理	总耗水量（mm）	灌水量（mm）	灌溉量占总耗水量比例（%）	降水量（mm）	降水量占总耗水量比例（%）	土壤贮水消耗量（mm）	土壤贮水量占总耗水量比例（%）
CK	307.54f	0	0.00e	179.5	58.37a	128.04a	41.63a
T1	411.34de	135	32.82d	179.5	43.64bc	96.84b	23.54b
T2	402.51e	135	33.54cd	179.5	44.60b	88.01c	21.87b
T3	428.22cd	180	42.03bc	179.5	41.92bcd	68.72e	16.05c

（续表）

处理	总耗水量（mm）	灌水量（mm）	灌溉量占总耗水量比例（%）	降水量（mm）	降水量占总耗水量比例（%）	土壤贮水消耗量（mm）	土壤贮水量占总耗水量比例（%）
T4	439.19bc	180	40.98bcd	179.5	40.87bcd	79.69d	18.14c
T5	460.45b	225	48.87ab	179.5	38.98cd	55.95f	12.15d
T6	482.77a	270	55.93a	179.5	37.18d	33.27g	6.89e

注：同一列数字无相同字母间差异达5%的显著水平，下同。

第二节　灌水时期和灌水量对胡麻干物质积累规律的调控效应

一、不同灌水时期和灌水量下胡麻干物质的积累动态

由图5-11可知，不同灌水处理胡麻植株地上部分干物质积累状态呈现"慢—快—慢"增长特征。苗期干物质积累较慢，各处理的变化趋势相似，枞形期后逐渐加快，现蕾期干物质积累趋势继续变大，盛花期至青果期干物质积累速率最快，青果期为最高峰，此后又逐渐下降。与其他处理相比，F处理干物质积累速率在盛花期至青果期积累速率最快，青果期F处理的胡麻干物质最多，多达3.45 g，青果期至成熟期降低趋势也最快，降低幅度达76.25%。由此可知，灌水定额为3 300 m³·hm⁻²，胡麻的干物质积累速率变化幅度最大。

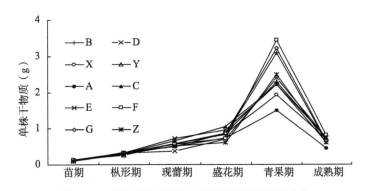

图5-11　不同灌水处理下胡麻干物质积累的动态

Fig. 5-11　The change of dry matter accumulation of oil flax in growth stage under different irrigation treatment

二、灌水时期和灌水量对胡麻全株干物质积累量的影响

由表5-3、表5-4可知，从苗期到成熟期随着胡麻的生长，其干物质积累量不断增加。苗期到分茎期，各处理间无显著差异。分茎期到青果期，干物质积累量逐渐增加，成熟期达最大。现蕾期，Z、Y处理的植株地上部分干物质积累量较对照O处理显著高134.52%、102.98%，Z处理的地下部分干物质积累量较O处理显著高78.05%；盛花期，X、Z处理的植株地上部分干物质积累量分别较O处理显著高47.15%、46.84%；地下部分干物质积累量分别显著高69.05%、61.90%。终花期，Y、Z处理的植株地上部分干物质积累量分别较O处理显著高70.81%、73.13%；地下部分干物质积累量分别显著高136.90%、128.57%。青果期，Y、Z处理的植株地上部分干物质积累量分别较O处理显著高109.51%、94.47%；地下部分干物质积累量分别显著高154.21%、141.12%。成熟期，Y处理的植株地上部分干物质积累量分别较O处理显著高97.07%；Y、Z处理的地下部分干物质积累量分别较O处理显著高121.95%、112.20%。说明在胡麻生长后期分三次灌水处理的干物质积累量都明显

高于其他处理，即分茎期灌水 900m³·hm⁻²、现蕾期灌水 600m³·hm⁻²、终花期灌水 600m³·hm⁻²处理和分茎期灌水 900m³·hm⁻²、现蕾期灌水 900m³·hm⁻²、花末期灌水 600m³·hm⁻²处理对胡麻干物质的积累具有明显的促进作用。

表 5-3　灌水时期和灌水量对胡麻植株地上部分干物质积累量的影响　　　（g·株⁻¹）

Tab. 5-3　The effect of irrigation time and irrigation content on dry matter accumulation on ground of oil flax

处理	苗期	分茎期	现蕾期	盛花期	花末期	青果期	成熟期
A	0.64a	2.73a	5.06b	6.57bc	10.81b	12.25bc	26.49ab
B	0.72a	1.72b	4.30bc	7.83b	10.16b	17.04abc	20.10ab
X	0.58a	2.88a	5.07b	9.30a	13.12ab	19.20ab	29.49ab
Y	0.54a	1.60b	6.82a	7.71b	16.21a	23.13a	36.30a
Z	0.62a	1.78b	7.88a	9.28a	16.43a	21.47a	26.60ab
O	0.7a	0.69c	3.36c	6.32c	9.49b	11.04c	18.42b

表 5-4　灌水时期和灌水量对胡麻植株地下部分干物质积累量的影响　　　（g·株⁻¹）

Tab. 5-4　The effect of irrigation time and irrigation content on dry matter accumulation under ground of oil flax

处理	苗期	分茎期	现蕾期	盛花期	花末期	青果期	成熟期
A	0.13	0.38a	0.39c	0.43c	1.58b	1.62b	1.68b
B	0.15	0.25bc	0.42c	0.51bc	1.70b	1.63b	1.67b
X	0.11	0.38a	0.51bc	0.71a	1.65b	1.70b	1.72b
Y	0.11	0.22c	0.60b	0.60ab	1.99a	2.72a	2.73a
Z	0.13	0.32ab	0.73a	0.68a	1.92a	2.58a	2.61a
O	0.11	0.17c	0.41c	0.42c	0.84c	1.07c	1.23b

三、不同灌水时期和灌水量下胡麻根冠比动态变化的分析

从图 5-12 可知，幼苗期各处理植株的根冠比均最高，说明在生育前期，胡麻植株根系生长占优势，根冠比较大；苗期到分茎期，根冠比迅速减小，现蕾期趋于平缓，植株地上部生长开始渐占优势，盛花期根系开始衰亡，到成熟期根冠比出现略微下降的趋势。苗期到现蕾期，O、X 处理的根冠比在幼苗期最大，均为 0.35，而 A、Y 处理最小，为 0.30。现蕾期，Z、F# 处理的根冠比明显高于其

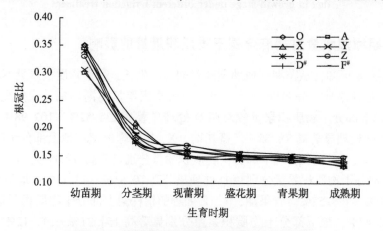

图 5-12　灌溉量和施氮量对胡麻根冠比的影响

Fig. 5-12　The change of proportion of root/plant under different water and nitrogen conditions of oil flax

他处理。盛花期开始，F#处理一直维持较高的根冠比。说明不同灌水处理对胡麻植株生育前期的根冠比有一定的影响，其中 A、Y 处理（分茎期灌水 1 200 m³·hm⁻²）的最小。F#处理在现蕾期以后（盛花期灌水 900 m³·hm⁻²）的根冠比一直高于其他处理，表明在胡麻进入生殖生长以后，尽管对水分的需求量较前期生长变大，但是过多或过少的灌水均对胡麻的生长有影响，而相比较其他处理在盛花期灌水 1 200 m³·hm⁻² 或 600 m³·hm⁻²，F#处理的灌水量使胡麻植株地上地下部分的生长比较协调。

第三节　灌水对胡麻籽粒产量和水分利用效率的影响

一、灌水对胡麻籽粒产量的影响

（一）灌水对胡麻籽粒产量及其构成因素的影响

通过灌溉时期和灌溉量的试验研究，初步明确了灌溉方式对胡麻生长发育和产量形成的影响（表5-5）。分析表明，在 1 200～3 300 m³·hm⁻² 的灌溉定额范围内，灌溉定额影响胡麻的产量构成因素，榆中和乌兰察布两地的试验结果均表明，2 700 m³·hm⁻² 并分以 5∶7∶6 的比例于分茎、现蕾和盛花期灌溉，产量最高。因气候的区域性差异，灌水方式对产量和产量构成因素的影响因地而异。兰州地区的试验结果表明，在一定的灌溉定额内，灌水次数宜少不宜多；墒情较好的冬水地灌两次水即可；灌水时间以分茎和盛花两个生育时期效果最好，分别灌溉 1 200 m³·hm⁻² 和 1 500 m³·hm⁻² 为最适，现蕾期可不灌溉。而乌兰察布地区，在 2 700 m³·hm⁻² 和 3 300 m³·hm⁻² 的灌溉定额下，均以分茎、现蕾和盛花期三次灌溉的产量较高。

表5-5　灌溉方式对胡麻产量构成因子及产量的影响（2011 年）
Tab. 5-5　The effect of irrigation ways on grain yield of oil flax（2011）

处理	分茎数（个·株⁻¹）		分枝数（个·株⁻¹）		单株有效蒴果数（个）		单果粒数（粒）		千粒重（g）		产量（kg·hm⁻²）	
	榆中	乌兰察布	榆中	乌兰察布	榆中	乌兰察布	榆中	乌兰察布	榆中	乌兰察布	榆中	乌兰察布
A	2.2	0.4	9.3	6.6	22.6	20.5	5.1	7.2	8.33	7.8	73.80	111.44
B	1.8	0.4	7.2	8.7	20.4	29.6	5.6	8.8	8.38	7.2	63.09	108.36
C	2.3	0.7	7	10.3	33.6	35	4.1	7.9	8.97	7.2	84.52	98.56
D	2.0	0.9	8.8	5.8	23.4	21.1	5.7	7.6	8.13	7.8	71.42	116.76
E	1.4	1.0	4.9	6.5	10.9	22.0	4.9	6.1	7.76	7.2	75.47	99.68
F	2.1	0.7	9.3	5.3	21.3	17.6	5.3	7.3	7.64	7.6	67.85	113.68
G	1.6	0.6	6.5	6.4	20.8	22.7	4.8	7.6	8.71	7.8	50.71	104.72

注：以下数值为灌水量（m³·hm⁻²）。A—1 200（分茎）；B—2 100（分茎 900、盛花 1 200）；C—2 700（分茎 1 200、盛花 1 500）；D—2 700（分茎 750、现蕾 1 050、盛花 900）；E—3 300（分茎 1 500、盛花 1 800）；F—3 300（分茎 900、现蕾 1 350、盛花 1 050）；G—3 300[分茎 750、现蕾 900、盛花 900、青果（成铃）750]。

1 200 m³·hm⁻²、2 100 m³·hm⁻²、2 700 m³·hm⁻² 和 3 300 m³·hm⁻² 灌溉定额下，榆中胡麻的平均产量分别为 1 107.15 kg·hm⁻²、946.50 kg·hm⁻²、1 169.70 kg·hm⁻² 和 970.20 kg·hm⁻²，乌兰察布胡麻的平均产量分别为 1 671.60 kg·hm⁻²、1 625.40 kg·hm⁻²、1 610.40 kg·hm⁻² 和 1 590.00 kg·hm⁻²，1 200 m³·hm⁻² 和 2 700 m³·hm⁻² 灌溉定额下平均产量的差异较小，从节水和提高经济效益的角度，以 1 200 m³·hm⁻² 的灌溉定额于分茎期一次灌溉为宜；从最高产量角度，以 2 700 m³·hm⁻² 的灌溉定额，并因地制宜分期按比例灌溉为宜。灌溉定额从 2 700 m³·hm⁻² 提高到 3 300 m³·hm⁻² 时，产量提高效应不够显著。

（二）不同灌水条件下胡麻产量区域差异比较分析

从表5-6可知，榆中试验区各个处理胡麻单位面积实际产量均比乌兰察布试验区高，最高达

72.27%。在榆中试验区，各个处理的产量从高到低依次为：X>Y>C>B>A>E>F>Z>G>D。X 处理的胡麻单位面积实际产量最高，高达 4 559.52 kg·hm^{-2}，而 D 处理的产量最低，为 3 380.95 kg·hm^{-2}，且 X 处理只与 D、G 处理有显著性差异。由此说明，灌水定额为 1 500m^3·hm^{-2}（分茎 900 m^3·hm^{-2}、盛花 600 m^3·hm^{-2}）胡麻单位面积实际产量显著高于灌水定额为 2 700 m^3·hm^{-2}（分茎 750 m^3·hm^{-2}、现蕾 1 050 m^3·hm^{-2}、盛花 900 m^3·hm^{-2}）。当盛花期灌溉 600 m^3·hm^{-2}时，分茎期灌溉 900 m^3·hm^{-2}胡麻的产量比分茎期灌溉 1 200 m^3·hm^{-2}的高，增高 16%。在乌兰察布试验区，各个处理的产量之间没有显著性差异。A 处理的胡麻单位面积实际产量最高，高达 1 624.29 kg·hm^{-2}，B 处理次之，而 G 处理的产量最低，为 675.00 kg·hm^{-2}。由此可知，在胡麻全生育期灌溉一次（分茎 1 200 m^3·hm^{-2}）的胡麻单位面积实际产量最高，灌水定额为 3 300 m^3·hm^{-2}（分茎 750 m^3·hm^{-2}、现蕾 900 m^3·hm^{-2}、盛花 900 m^3·hm^{-2}、青果 750 m^3·hm^{-2}）时胡麻单位面积实际产量最低。同榆中试验区相比，灌水定额 3 300 m^3·hm^{-2}（分茎 750 m^3·hm^{-2}、现蕾 900 m^3·hm^{-2}、盛花 900 m^3·hm^{-2}、青果 750 m^3·hm^{-2}）时胡麻单位面积实际产量都比较低。因此，在胡麻的全生育时期，灌水次数过多，灌水量大，胡麻单位面积的实际产量反而降低。在胡麻不同的生育时期，按胡麻的耗水规律，最大限度地利用有限的水资源是保证胡麻高产稳产的基础。

表 5-6　不同灌水定额下胡麻籽粒产量（2012）
Tab. 5-6　The grain yield of oil flax under different irrigation content（2012）

试验区	处理	籽粒产量（kg·hm^{-2}）
榆中	A	3 666.67^{ab}
	B	3 738.1^{ab}
	C	3 797.62^{ab}
	D	3 297.62^{b}
	E	3 654.76^{ab}
	F	3 607.14^{ab}
	G	3 380.95^{b}
	X	4 559.52^{a}
	Y	3 928.57^{ab}
	Z	3 511.9^{ab}
乌兰察布	A	1 264.29^{ab}
	B	1 121.43^{ac}
	C	1 057.14^{ac}
	D	764.29^{bc}
	E	1 078.57^{ac}
	F	778.57^{bc}
	G	675.00^{bc}

（三）灌水对胡麻籽粒产量及其构成因子的影响

不同灌水处理对胡麻产量构成因子有较大的影响（表 5-7）。就单株有效果数而言，O 处理与 A 处理之间差异显著，前者较后者增加了 45.16%。单果粒数为 B 处理最多，为 8.83 个/果，与其他各处理差异显著，而 D$^{#}$处理最少，比 B 处理显著减少了 86.68%，千粒重 O 处理的最高，比 F$^{#}$处理显著增加了 17.19%，而与其他处理的差异均不显著。各处理的单株产量从高到低的顺序依次为 B、X、O、Y、Z、A、F$^{#}$、D$^{#}$，且 B 处理的单株产量比 D$^{#}$处理显著增加了 89.80%。Y 处理的产量最高，显著高于其他各处理，F$^{#}$处理的产量最低，比 Y 处理显著减少了 4.29%。说明胡麻全生育时期总灌水量 900 m^3·hm^{-2}（O 处理）比 1 200 m^3·hm^{-2}（A 处理）更能明显地增加胡麻的有效蒴果数；胡麻全生育时期总灌水量 2 100 m^3·hm^{-2}（B 处理）对胡麻果粒数的增加有显著的促进作用；灌水量最多的 F# 处理不利于胡麻籽粒产量的形成，即在本试验条件灌水量多于 2 700 m³·hm⁻² 和低于 1 800 m³·hm⁻² 的处理对籽粒产量产生负效应，在灌水量为 1 800 m³·hm⁻² 的处理，即在分茎期 1 200 m³·hm⁻²、盛花期 600 m³·hm⁻² 的组合更利于提高籽粒产量。

表 5-7　灌水时期和灌水量对胡麻籽粒产量的影响（2013 年）

Tab. 5-7　The effect of irrigation time and irrigation content on grain yield of oil flax（2013）

处理	单株有效果数（个）	单果粒数（粒）	千粒重（g）	单株产量（g）	产量（kg·hm⁻²）
O	19. 19a	5. 56bc	7. 77a	0. 69ab	2 686. 67d
A	13. 22b	5. 36bc	7. 50ab	0. 64ab	2 710. 00c
X	18. 20ab	6. 62b	7. 46ab	0. 81ab	2 683. 00d
Y	14. 13ab	6. 70b	7. 35ab	0. 69ab	2 795. 00a
B	15. 51ab	8. 83a	7. 49ab	0. 93a	2 743. 67b
Z	17. 36ab	6. 15bc	7. 25ab	0. 67ab	2 690. 00d
D#	17. 16ab	4. 73c	7. 02ab	0. 49b	2 712. 67c
F#	18. 56ab	5. 53bc	6. 63b	0. 55ab	2 682. 00d

由表 5-8 可以看出，Y、Z 处理的单株有效蒴果数、单果粒数、千粒重均显著高于其他各处理，Y 处理的单株有效蒴果数最多，较 O 处理高 34. 18%，且 O 处理显著低于各灌水处理；Y 处理的每株果粒数、千粒重分别比对照 O 处理显著高 14. 68%、10. 66%；Z 处理的每株果粒数、千粒重分别比对照 O 处理显著高 13. 66%、9. 49%。就单株产量为 Y、Z 处理最高，分别比 O 处理显著增加 69. 47%、60. 00%。与不灌水的处理相比，分茎期灌水 900 m³·hm⁻²、现蕾期灌水 600 m³·hm⁻²、花末期灌水 600 m³·hm⁻² 的处理和分茎期灌水 900 m³·hm⁻²、现蕾期灌水 900 m³·hm⁻²、花末期灌水 600 m³·hm⁻² 的处理对胡麻单株产量及其构成因子都具有明显的影响。其中分茎期灌水 900 m³·hm⁻²、现蕾期灌水 600 m³·hm⁻²、花末期灌水 600 m³·hm⁻² 的处理对单株产量的促进作用最大。

表 5-8　灌水时期和灌水量对胡麻单株产量及其构成因子的影响（2015 年）

Tab. 5-8　The effect of irrigation time and irrigation content on grain yield per plant and its component of oil flax（2015）

处理	单株有效蒴果数（个）	单果粒数（粒）	千粒重（g）	单株产量（g）
A	7. 14e	7. 02b	6. 81b	1. 04cd
B	7. 16d	7. 13b	6. 95b	1. 22cd
X	7. 21c	7. 14b	7. 02b	1. 28bc
Y	9. 46b	7. 89a	7. 58a	1. 61a
Z	9. 59a	7. 82a	7. 50a	1. 52ab
O	7. 05f	6. 88b	6. 85b	0. 95d

（四）灌水对胡麻单株产量及其构成因子的影响

表 5-9 是不同灌水处理方案，收获后考种测定结果表明，不同灌水处理对胡麻的单株产量及其构成因子有明显的影响，其中 T3、T5 处理的影响较大。就单株有效果数而言，T2 处理的最多，T3 处理次之，较 CK 处理分别显著增加 11. 15%、8. 99%。除 T1、T2 处理外，其他灌水处理的单果粒数比 CK 处理显著增加了 6. 49%~10. 01%（P<0. 05）。不同灌水处理的千粒重从大到小依次为：T3>T4>T5>T6>T2>T1>CK，除 T1 处理外，其他灌水处理的千粒重均显著高于 CK 处理，其中 T3 处理的千粒重比 CK 显著增加了 12. 13%。T4 处理的单株产量最大，T3 处理的次之，分别比 CK 处理显著增加了 78. 72% 和 68. 09%，而 T3、T4 处理之间未达到显著差异水平（P>0. 05）。就胡麻的籽粒产量而言，

随着灌水量的增加，胡麻的籽粒产量呈现先增加后降低的趋势。T3 处理的籽粒产量最大，高达 2 461.32 kg·hm⁻²，显著高于 CK 处理 63.11%，T4 处理的次之，为 2 354.55 kg·hm⁻²，比 CK 增加了 56.03%，差异显著。可见，灌水量最高的 T6 处理不利于籽粒产量的形成，灌水量少的处理也是如此，而适量灌水的 T3 处理却有利于胡麻高产的形成。

表 5-9　不同处理对胡麻籽粒产量及其构成因子的影响

Tab. 5-9　The effect of different treatment on grain yield per plant and its component of oil flax

处理	单株有效果数（个）	单果粒数（粒）	千粒重（g）	单株产量（g）	产量（kg·hm⁻²）
CK	8.34d	7.09c	8.90e	0.47d	1 509.03f
T1	8.69c	7.25cd	9.05de	0.53cd	1 854.15e
T2	8.92bc	7.43bc	9.13d	0.76ab	1 979.87d
T3	8.87bc	7.80a	9.98a	0.79ab	2 461.32a
T4	9.09ab	7.67ab	9.76b	0.84a	2 354.55b
T5	9.27a	7.72ab	9.54c	0.65bc	2 107.85c
T6	9.00ab	7.55ab	9.21d	0.52cd	1 958.33d

二、灌水定额对胡麻水分利用效率的影响

（一）灌水定额对胡麻耗水量和水分利用效率的影响

由表 5-10 可以看出，Y 处理的灌水定额为 1 800 m³·hm⁻²（分茎期 1 200 m³·hm⁻²、盛花期 600 m³·hm⁻²），水分利用效率最高，为 18.15 kg·hm⁻²·mm⁻¹，B 处理的次之，均为 18.01 kg·hm⁻²·mm⁻¹，而 Y 处理的水分利用效率显著高于其他处理；A 处理的灌水定额为 1 200 m³·hm⁻²，水分利用效率最低，为 14.56 kg·hm⁻²·mm⁻¹，其比 Y 处理的低 24.66%，差异呈显著水平。B、Z、D#、F# 四个处理之间的水分利用效率差异不显著，且水分利用效率随灌水量的增加而逐渐降低。灌水定额为 1 800 m³·hm⁻² 的胡麻单位面积实际产量、水分利用效率比灌水定额为 3 000 m³·hm⁻² 的分别高 4.29% 和 1.23%，差异显著。说明适度缺水可促进胡麻籽粒的灌浆进程，加快灌浆速率，防止胡麻植株体内物质运输速率降低，提高经济系数，增加籽粒产量，提高水分利用效率。胡麻生育后期适当的水分胁迫不但不影响最终产量，反而提高水分利用效率。充分利用灌水量可以提高产量和土壤水分利用效率，灌水定额为 1 800 m³·hm⁻² 处理的产量和水分利用效率均比灌水定额为 3 000 m³·hm⁻² 的高，是胡麻灌水生产中兼顾高产和节水的最佳灌水模式。

表 5-10　不同处理生育期内胡麻耗水量和水分利用效率

Tab. 5-10　The effect of different treatment on waterconsumption and WUE of oil flax

处理	播前水分（mm）	收后水分（mm）	降水量（mm）	灌水量（mm）	耗水量（mm）	籽粒产量（kg·hm⁻²）	水分利用效率（kg·hm⁻²·mm⁻¹）
O	383.69	309.67	234.11	90.00	398.13	2 686.67d	14.82%d
A	375.27	334.69	234.11	120.00	394.69	2 710.00c	14.56%e
X	391.44	328.16	234.11	150.00	447.39	2 683.00d	16.67%c
Y	391.71	298.40	234.11	180.00	507.42	2 795.00a	18.15%a
B	380.95	330.90	234.11	210.00	494.16	2 743.67b	18.01%b
Z	379.24	369.93	234.11	240.00	483.42	2 690.00d	17.97%b
D#	378.87	396.40	234.11	270.00	486.58	2 712.67c	17.94%b
F#	365.88	419.08	234.11	300.00	480.91	2 682.00d	17.93%b

（二）灌溉时期和灌溉量对胡麻水分利用的影响

由表 5-11 可知，灌水处理下籽粒产量以 Y 处理最高，Z 处理次之，但水分利用效率则是 Z 处理最高，Y 处理次之，X 处理最低；水分利用效率表现为随着灌水定额的增大呈"减—增—减"的变化趋势，Z 处理最高，为 15.79 kg·hm^{-2}·mm^{-1}，Y 处理次之，为 15.30 kg·hm^{-2}·mm^{-1}，分别比最低的 X 处理高 66.74% 和 61.56%。O 处理的籽粒产量和耗水量最低，水分利用率最高。说明在分茎期、现蕾期和花末期三个时期分别对胡麻灌水，有利于提高胡麻水分利用效率。

表 5-11　灌水时期和灌水量对胡麻水分利用的影响

Tab. 5-11　The effect of different treatment on waterconsumption and WUE of oil flax

处理	耗水量（mm）	籽粒产量（kg·hm^{-2}）	水分利用效率（kg·hm^{-2}·mm^{-1}）
A	203.77b	2 269.47e	11.14e
B	166.74e	2 359.51d	14.15d
X	251.14a	2 377.86c	9.47f
Y	183.67c	2 809.74a	15.30c
Z	166.90d	2 634.65b	15.79b
O	120.66f	2 196.10f	18.20a

（三）灌水对胡麻水分利用效率的影响

由图 5-13 可知，不同灌水处理间的产量水分利用效率表现为 T3>T4>T2>CK>T5>T1>T6，与 CK 处理相比，T3、T4、T2 处理的产量水分利用效率分别增加了 17.14%、9.26%、0.25%，且 T3、T4 处理与 CK 之间有显著差异（$P<0.05$），而其他处理的产量水分利用效率较 CK 处理相比，降低幅度达 6.70%~17.33%，差异显著。就胡麻的灌水利用效率而言，T2 处理的最高，为 16.89 kg·hm^{-2}·mm^{-1}，T1 处理的次之，为 15.96 kg·hm^{-2}·mm^{-1}，T6 处理的最低，为 8.36 kg·hm^{-2}·mm^{-1}，与 T6 处理相比，T1、T2 处理的灌水利用效率显著增加了 2 倍左右。可见，在本试验条件下，T3 处理是兼顾高产和节水的最佳灌溉方式。

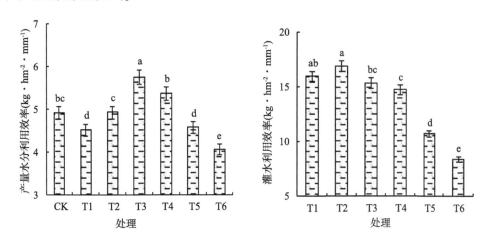

图 5-13　不同处理对胡麻产量水分利用效率和灌水利用效率的影响

Fig. 5-13　The effect of different treatment on grain yield WUE and water WUE of oil flax

三、小结

可见，不同灌溉水平胡麻总耗水量及灌水量占总耗水量的百分率均随灌水量的增大而增加，而降水和土壤贮水所占比例则呈下降趋势。这表明，增加灌水量显著促进了胡麻对灌溉水的吸收利用，明显降低了胡麻对降水和土壤贮水的吸收利用。随着灌水量的增加，胡麻的籽粒产量呈现先增加后降低的趋势。T3 处理的籽粒产量和水分利用效率最大，显著高于 CK 处理 63.11%、17.14%。可见，在本试验条件下，T3 处理是兼顾高产和节水的最佳灌溉方式。

第四节　水肥耦合对胡麻养分积累规律的影响

一、不同水氮处理对胡麻植株氮素吸收的影响

由表 5-12 可知，不同水氮处理对胡麻植株的氮素吸收量有一定的影响，随着生育进程的推进，胡麻氮素吸收量表现出递增的趋势，而且在开花至成熟期阶段达到高峰值。在胡麻幼苗期，植株的氮素积累量以 W_1N_3 处理的最高，达到了 22.85 $kg \cdot hm^{-2}$，其次是 W_2N_3 处理，为 21.54 $kg \cdot hm^{-2}$，但二者之间未达到显著性差异水平（$P>0.05$）。就分茎期胡麻植株的氮素吸收量而言，W_2N_3 处理的最高，较 W_2N_0 处理显著增加 15.40%（$P<0.05$），W_3N_3 处理的氮素积累量较高，为 26.15 $kg \cdot hm^{-2}$，与 W_3N_0 处理相比，显著提高了 9.55%。现蕾期，胡麻植株的氮素吸收量从大到小的顺序依次为 W_2N_2、W_2N_3、W_3N_2、W_1N_2、W_2N_1、W_3N_3、W_1N_2、W_1N_3、W_2N_0、W_3N_1、W_1N_1、W_1N_0，与 W_1N_0 处理相比较，W_2N_2、W_2N_3 处理的氮素吸收量分别显著增加了 24.57% 和 18.79%。胡麻开花期的氮素吸收量以 W_2N_2 处理的最高，其次为 W_3N_2 处理，前者较 W_2N_0 处理明显增加了 15.30%，后者比 W_3N_0 处理增加了 8.47%，差异显著。在成熟期，相同水分条件下胡麻植株的氮素吸收量以随施氮量的增加而增加，在 N_2 水平时达到最大，增加至 N_3 水平，氮素吸收量均有所降低，降幅达 2.63%~3.40%，且达到显著差异水平。

表 5-12　不同水氮处理对胡麻各生育时期植株氮素积累量的影响　　　　　（$kg \cdot hm^{-2}$）

Tab. 5-12　The effect of different irrigation and nitrogen content on dry matter accumulate of oil flax at different growth stages

处理	幼苗期	分茎期	现蕾期	开花期	成熟期
W_1N_0	14.33c	21.63d	49.86e	76.84g	132.45f
W_1N_1	14.56c	23.78bc	51.44d	79.45f	137.89e
W_1N_2	18.96b	23.48c	55.47c	84.22e	143.65d
W_1N_3	22.85a	25.89a	53.62c	89.56c	138.77e
$W2N_0$	17.25bc	23.12bc	53.48c	83.65e	140.02d
W_2N_1	17.03bc	23.45bc	54.87c	88.74c	148.79c
W_2N_2	19.82b	24.12b	62.11a	96.45a	158.66a
W_2N_3	21.54a	26.68a	59.23b	92.65b	152.43b
W_3N_0	14.66c	23.87bc	52.68cd	86.55d	137.82e
W_3N_1	15.86c	24.32bc	53.22c	90.21bc	142.66d
W_3N_2	17.68b	25.01ab	57.46b	94.66b	152.89b
W_3N_3	20.46ab	26.15a	54.69c	93.88b	148.87c

二、不同水氮处理对胡麻氮素利用的影响

由表 5-13 可知，在同一灌水处理下，胡麻的氮素收获指数表现为随施氮量的增加先升后降，W_1N_3、W_2N_3、W_3N_3 处理下氮素收获指数分别比 W_1N_2、W_2N_2、W_3N_2 处理降低了 11.95%、6.70% 和 1.87%。在同一施氮水平下，不同灌水处理的胡麻植株的氮素收获植株表现为 $W_3>W_2>W_1$，与 W_1 水平相比，W_3、W_2 处理的氮素收获指数分别增加了 14.13% 和 8.09%。就氮农学利用

率和氮表观利用率而言，N_2 处理的氮农学利用率和氮表观利用率显著高于 N_1、N_3 处理；随灌水量的增加，氮农学利用率和氮表观利用率表现趋势相同，W_2 处理明显高于 W_1、W_3 处理。就胡麻的氮肥偏生产力而言，不同施氮处理下，氮肥偏生产力以 W_3 水平的最高，较 W_2、W_1 处理增加了 8.68% 和 40.02%；而不同水分管理下，N_1 水平的最高，N_2 水平的次之，较 N_3 处理分别增加了 68.78% 和 34.78%。

表 5-13　水氮互作对胡麻籽粒产量和氮素利用的影响

Tab. 5-13　The effect of different irrigation and nitrogen content on grain yield and nitrogen use efficiency of oil flax

处理	氮收获指数（%）	氮农学利用率（$kg \cdot kg^{-1}$）	氮表观利用率（%）	氮肥偏生产力（$kg \cdot kg^{-1}$）
W_1N_0	37.46f	—	—	—
W_1N_1	42.38e	2.29d	45.56d	23.56c
W_1N_2	50.63b	5.27b	47.89c	20.11d
W_1N_3	44.58d	4.68c	43.21e	16.45e
$W2N_0$	43.77d	—	—	—
W_2N_1	51.45b	5.08bc	48.69c	31.86a
W_2N_2	48.63c	6.88a	53.66a	26.75b
W_2N_3	45.37d	3.67d	46.52cd	18.85e
W_3N_0	46.98cd	—	—	—
W_3N_1	53.66a	4.45c	47.68c	32.65a
W_3N_2	53.78a	4.56c	50.22b	23.47c
W_3N_3	47.02c	2.11d	46.27cd	16.88e

三、小结

胡麻的吸氮量随着植株生育进程的推进表现出递增的趋势，在开花期至成熟期阶段达到最大值。不同水氮处理对胡麻籽粒产量有较大的影响，其中 W_2N_2 处理的影响最为明显。在同一灌水处理下，胡麻的氮素收获指数随施氮量的增加先升后降；在同一施氮水平下，不同灌水处理的氮素收获植株表现为 $W_3 > W_2 > W_1$。N_2 处理的氮农学利用率和氮表观利用率显著高于 N_1、N_3 处理；随灌水量的增加，氮农学利用率和氮表观利用率表现为 W_2 处理最高。不同施氮处理下，W_3 水平的氮肥偏生产力较 W_2、W_1 处理增加 8.68% 和 40.02%；而不同水分管理下，N_1 水平的最高，N_2 水平的次之，较 N_3 处理分别增加了 68.78% 和 34.78%。可见，综合产量和节水节肥因素，W_2N_2 处理为本试验的最佳水氮组合，能有效提高氮肥利用率，促进高产形成。

第五节　水氮运筹对胡麻生长发育的影响

一、水氮运筹对胡麻叶面积指数影响

作物的光合作用主要发生在叶片部位，作物通过光合作用来完成有机物积累从而运输到各个器官供其正常生长发育，在胡麻不同生育时期叶面积变化状况对胡麻生长发育和干物质积累有显著影响。由表 5-14 可以看出，LAI 在枞形期至青果期都呈抛物线变化趋势，枞行期胡麻叶面积指数较小，随后逐渐增加，在盛花期达到最大。此时其光合作用最强，是胡麻同化物积累的高峰期。现蕾期之后，生殖生长占据主导，叶面积指数降低，在青果期最低。不同灌水和施肥均在一定程度上提高了叶面积指数。在 W_2 灌溉水平下，叶面积指数表现为 $N_2 > N_3 > N_1 > N_0$。在 W_1、W_3 灌溉水平下也表现出相似规

律。盛花期 W_2N_2 处理显著高于其他处理（$P<0.05$）。施氮量超过 N_2 水平时，LAI 有一定程度降低。在同一施氮处理下也表现出相似规律。

表 5-14　施氮量与灌溉量对胡麻叶面积指数的影响

Tab. 5-14　Effects of irrigation volume and nitrogen fertilizer on leaf area index of oil flax

处理	幼苗期	枞形期	现蕾期	盛花期	青果期
W_1N_0	0.4bc	1.7d	1.5ef	1.9g	1.2ef
W_1N_1	0.4bc	1.8cd	1.6ef	2.1e	1.3de
W_1N_2	0.5b	2.0bc	1.9c	2.2ef	1.5bc
W_1N_3	0.5b	1.9c	1.8d	2.0f	1.3de
W_2N_0	0.4bc	1.9c	1.9c	2.4cd	1.4d
W_2N_1	0.6ab	2.0bc	2.4b	2.6b	1.6b
W_2N_2	0.6ab	2.0bc	2.6a	2.9a	1.8a
W_2N_3	0.7a	2.1bc	2.3b	2.5c	1.5bc
W_3N_0	0.5b	2.1bc	1.7de	2.2ef	1.3de
W_3N_1	0.6ab	2.3b	1.9c	2.5c	1.5bc
W_3N_2	0.6ab	2.3b	2.2bc	2.6b	1.6b
W_3N_3	0.5b	2.6a	2.0bc	2.4cd	1.4d

二、施氮量和灌溉量对胡麻株高的影响

由表 5-15 可知，试验区胡麻株高基本呈现"S"形变化趋势，从枞形期开始株高增加幅度增大，各处理胡麻株高增速最快都出现在枞形期到现蕾期和现蕾期到盛花期这两个阶段，苗期—枞形期由于胡麻根系不发达和没有进行灌水限制了养分的运输及肥效的发挥，所以胡麻生长较为缓慢。而盛花期—成熟期胡麻主要进行生殖生长，养分元素向籽粒积累故株高增加不明显。各处理生长速度在苗期和枞形期差异不大，现蕾期—盛花期生长速度明显加快，其中以 W_2N_2 处理增速最快，显著高于其他处理（$P<0.05$）。结果表明，不同灌溉量和施氮量并没有改变株高的总体生长趋势，W_2N_2 处理能更好地促进胡麻株高的增长。

表 5-15　施氮量与灌溉量对胡麻株高的影响

Tab. 5-15　Effects of irrigation volume and nitrogen fertilizer on plant height of oil flax（cm）

处理	苗期	枞形期	现蕾期	盛花期	成熟期
W_1N_0	10.36de	14.28e	31.26de	53.48de	57.88de
W_1N_1	12.47bc	16.71cd	34.44bc	55.36cd	58.63cd
W_1N_2	11.88d	16.77cd	33.98bc	54.72c	58.87cd
W_1N_3	12.63bc	18.36a	34.57bc	56.68cd	60.12bc
W_2N_0	11.16d	16.13d	32.18de	53.36de	58.23cd
W_2N_1	13.38ab	17.13c	34.44bc	56.23cd	61.83bc
W_2N_2	11.26d	17.79b	41.68a	61.22a	63.55ab
W_2N_3	13.78a	17.33bc	39.88ab	58.66abc	64.38a
W_3N_0	11.45d	17.28c	32.81de	53.65de	59.34cd
W_3N_1	12.26bc	17.33bc	33.98cd	57.62bc	62.33b
W_3N_2	13.39a	17.47bc	32.67cde	57.88bc	64.36ab
W_3N_3	12.64bc	17.56b	34.44bc	59.68ab	64.38a

三、施氮量和灌溉量对胡麻干物质积累与分配的影响

(一) 水氮处理对胡麻各生育阶段干物质积累量的影响

胡麻地上部干物质总重随生育进程的推进而不断增加，前期增长比较缓慢，现蕾期以后增加迅速，在成熟期达到最大值（表5-16）。幼苗期至分茎期，水分和氮素对胡麻干物质积累量的影响不明显。分茎期至现蕾期，不同水分条件下，W_2、W_3 处理的干物质积累量较大；从不同施氮水平来看，除 W_3 处理外，胡麻的干物质积累量表现为先增加后降低的趋势。现蕾期以后，随着植株生长进程加快，干物质积累量迅速增大，且现蕾期至盛花期的干物质积累量以 W_2 处理的最大，分别比 W_1、W_3 处理增加了7.84%和3.33%；而在 W_2、W_3 处理下，不同施氮水平的干物质积累量从大到小表现为：$N_2>N_3>N_1>N_0$，在 W_1 处理下，N_3 处理的干物质积累量显著高于 N_0、N_1 处理9.63%、4.11%，但与 N_2 处理之间差异不显著（$P<0.05$）。就盛花期至成熟期的干物质积累量而言，随施氮量增加而增大，至 N_2 水平时达到最高，随之下降，N_2 的干物质积累量分别比 N_0、N_1、N_3 高出18.54%、8.20%、8.29%；在相同氮肥水平下不同灌水处理间比较，W_2 处理的干物质积累量最高，显著高于 W_1、W_3 处理19.80%、21.80%，这表明水氮能协同促进胡麻植株干物质的积累，且 W_2 处理与 N_2 处理的水氮运筹较好，明显提高了现蕾期后的胡麻植株的干物质积累量。

表5-16 不同水氮处理对胡麻不同生育阶段干物质积累量的影响 （mg·株$^{-1}$）

Tab. 5-16 Effect of different water and nitrogen conditions on dry matter in different growth time of oil flax per plant

处理	幼苗期—分茎期	分茎期—现蕾期	现蕾期—盛花期	盛花期—成熟期
W_1N_0	0.26e	0.80d	1.28f	1.99h
W_1N_1	0.28de	0.92ab	1.35e	2.31f
W_1N_2	0.29cde	0.92ab	1.39cde	2.76b
W_1N_3	0.33a	0.89bc	1.41cd	2.61cd
W_2N_0	0.30abc	0.93a	1.37de	2.54de
W_2N_1	0.32abc	0.93a	1.40cd	2.73bc
W_2N_2	0.32abc	0.94a	1.57a	3.18a
W_2N_3	0.33ab	0.92ab	1.54a	2.84b
W_3N_0	0.29de	0.94a	1.35e	2.31f
W_3N_1	0.30abc	0.93a	1.39cde	2.17g
W_3N_2	0.32abc	0.91ab	1.46b	2.46e
W_3N_3	0.30abc	0.88c	1.44bc	2.04h

(二) 施氮量和灌溉量对胡麻地上部干物质日积累量的影响

干物质的积累能够很好地反映胡麻产量的大小。由表5-17可知，幼苗期到现蕾期由于植株生长缓慢，不同施氮量和灌溉量下，其在幼苗期到枞形期之间增长缓慢，W_3N_3 为最大，干物质日积累量为22.18 mg，显著高于其他处理2.31%~28.73%（$P<0.05$）。现蕾期到盛花期较前一时期地上部干物质日积累量增加迅速，W_2N_2 处理最大为97.79 mg，显著高于其他处理8.47%~16.47%（$P<0.05$）。干物质日积累量在盛花期到青果期之间达到峰值。青果期到成熟期由于光合作用所贮藏的干物质向籽粒转移，地上部干物质日积累量仍在增加，增加速度却有所降低；盛花期—青果期各处理增长速度处于最大，其中 W_2N_2 处理干物质日积累量最大（209.76 mg），比其他处理高出5.12%~

31.37%（$P<0.05$）。W_2灌溉水平下，干物质积累量$N_2>N_3>N_1>N_0$，在W_1、W_3处理下也表现出类似规律。在相同施氮水平下，$W_2>W_3>W_1$，W_2分别高出W_3、W_1 2.73%和6.92%。在成熟期间，W_2N_2干物质日积累量仍最大，为143.56 mg，比其他处理高出3.29%~22.42%。研究表明，W_2N_2处理充分满足了胡麻水氮的需求，提高了干物质的积累量。即施氮量125 kg·hm^{-2}和灌溉量2 100m^3·hm^{-2}为最优水肥耦合处理。

表 5-17　施氮量与灌溉量对胡麻干物质日积累量的影响　　　　　　（mg·株$^{-1}$·d^{-1}）

Tab. 5-17　Effects of irrigation volume and nitrogen fertilizer on dry matter accumulation per day of oil flax growth

处理	幼苗期—枞形期	枞形期—现蕾期	现蕾期—盛花期	盛花期—青果期	青果期—成熟期
W_1N_0	17.23d	24.37e	83.96e	159.67e	117.26d
W_1N_1	17.58d	25.67de	84.24de	171.62cd	123.63cd
W_1N_2	20.46bc	27.18a	87.68bc	184.25c	133.75bc
W_1N_3	20.56bc	26.87ab	88.38bc	183.96c	137.12b
W_2N_0	18.34cd	24.94de	83.75e	162.35de	120.45cd
W_2N_1	18.63cd	24.33e	84.55de	176.28cd	123.86cd
W_2N_2	21.68ab	26.66ab	97.79a	209.76a	143.56a
W_2N_3	21.47ab	26.98ab	89.74b	199.54b	138.98b
W_3N_0	19.11bcd	25.22cd	84.05de	165.75de	121.82cd
W_3N_1	19.83bcd	25.83cde	85.88de	179.87cd	125.26cd
W_3N_2	21.22ab	26.46ab	88.96bc	191.48bc	132.25bc
W_3N_3	22.18a	26.79ab	90.15ab	190.92bc	138.36b

（三）施氮量和灌溉量对胡麻全生育期干物质分配规律的影响

由图5-14可知，不同处理下胡麻枞形期叶片干物质积累量占地上部总干物质的56.61%~60.89%，茎秆分配比率到盛花期达到峰值，青果期到成熟期花果的干物质积累增加较快。就现蕾期的干物质分配比率而言，W_1N_3叶片干物质分配比率最大为63.39%，相比其他处理高出1.82%~8.02%。W_2N_2茎秆干物质分配比率最大为39.53%，相比其他处理高出2.28%~9.97%。在盛花期胡麻植株的茎秆干物质分配率达到最大值，占地上部干物质积累总量的53.91%~56.47%，而花果干物质分配比率为6.32%~9.68%。

（四）施氮量和灌溉量对胡麻成熟期干物质分配规律的影响

由表5-18可知，不同灌水处理间比较发现，单株干重、主茎+分枝+果壳、籽粒均表现为$W_2>W_3>W_1$；W_2N_2处理的单株干重相比较其他处理高出了12.03%~45.49%（$P<0.05$）。在相同灌溉水平下，W_2、W_3处理胡麻单株干重表现为$N_2>N_3>N_1>N_0$，W_1、W_3处理主茎+分枝+果壳表现为$N_3>N_2>N_1>N_0$，而W_2处理表现为$N_2>N_3>N_1>N_0$。叶片、籽粒均表现为$N_2>N_3>N_1>N_0$。从主茎+分枝+果壳的分配比例来看，在W_1处理下随施氮量的增加而逐渐升高，而在W_2、W_3处理下，以N_2水平的最大，相比其他处理高出6.71%~26.19%（$P<0.05$）。叶片成熟期干物质分配量有差异但分配比例之间无差异。而籽粒干物质分配量及比例都以W_2N_2处理最大，W_2N_2较其他处理高出1.3%~6.09%。在不同灌溉水平下，随着灌溉量的增加，单株干重、主茎+分枝+果壳、籽粒出现先增加后降低的趋势；同一灌溉水平下随着施氮量增加亦出现相同趋势。由此可以看出，W_2N_2处理为最佳水氮耦合处理，降低了主茎+分枝+果壳在单株干重中的分配量，从而提高了成熟期的籽粒干物质在单株干重中的分配量。

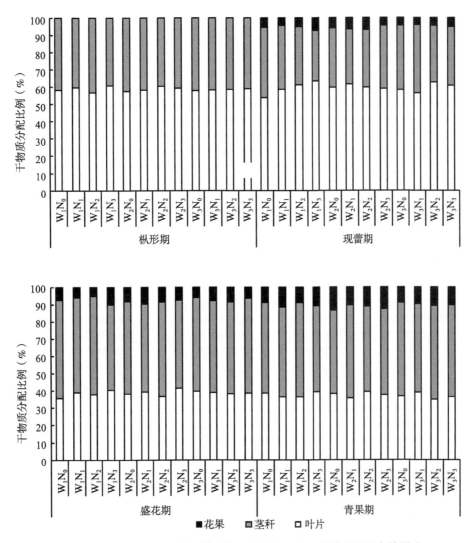

图 5-14 不同施氮量与灌溉量对胡麻植株地上部干物质分配比率的影响

Fig. 5-14 Effects of irrigation volume and nitrogen fertilizer on dry matter distribution ratio of oil flax

表 5-18 不同施氮量和灌溉量对胡麻成熟期干物质在不同器官中分配的影响

Tab. 5-18 Effects of irrigation volume and nitrogen fertilizer on dry matter distribution in different organs of oil flax at maturity stage

处理	单株干重（g）	主茎+分枝+果壳		叶片		籽粒	
		干重（g）	比例（%）	干重（g）	比例（%）	干重（g）	比例（%）
W_1N_0	2.88f	1.26de	43.75a	0.51c	17.71a	1.11d	38.54cd
W_1N_1	3.47cd	1.38cd	39.77cd	0.61bc	17.57a	1.48c	42.66bc
W_1N_2	3.67b	1.43ab	38.96cd	0.65b	17.71a	1.59b	43.33b
W_1N_3	3.72b	1.49a	40.05ab	0.63b	16.94ab	1.6b	43.01b
W_2N_0	2.99de	1.31c	43.81a	0.53c	17.73a	1.15d	38.46cd
W_2N_1	3.56c	1.41c	39.6bc1	0.61b	17.13a	1.54bc	43.26b
W_2N_2	4.19a	1.59a	37.95c	0.73a	17.42a	1.87a	44.63a
W_2N_3	3.74b	1.49a	39.84bc	0.64b	17.11a	1.61b	43.05b
W_3N_0	2.89de	1.29cd	44.64a	0.52c	17.99a	1.08d	37.37d
W_3N_1	3.52c	1.39c	39.48bc	0.61b	17.33a	1.52bc	43.19b
W_3N_2	3.68b	1.44ab	39.13d	0.65b	17.66a	1.59b	43.21b
W_3N_3	3.61ab	1.47ab	40.72ab	0.63b	17.45a	1.51bc	41.83bc

（五）不同施氮量和灌溉量对开花后干物质积累和转运的影响

由表5-19可知，营养器官着花前积累的同化物转运量 W_1N_0 最高，为69.88 mg，W_2N_2 最低，为57.63 mg。W_2N_2 相比其他处理低了1.41%～21.26%，同一灌溉水平下不同施氮量处理间比较，在 W_1 处理下，开花前贮藏同化物对籽粒贡献率以 N_1 处理最高，在 W_2 处理下，N_0 处理高于其他施氮处理20.45%～58.21%；在 W_3 处理下，N_0 处理高于其他施氮处理25.67%～67.38%。开花后同化物积累量和同化量对籽粒的贡献率均以 W_2 最高，比 W_1 处理高出23.07%、22.26%，比 W_3 处理高出7.87%、6.48%，且差异达到显著水平。在 W_1 处理下，显著高于其他处理6.02%～46.06%；在 W_3 处理下，显著高于其他处理6.46%～24.27%；就同一灌溉水平而言，W_2 处理下 N_2 高出 N_0、N_1、N_3 分别为19.74%、15.05%、5.64%。W_2N_2 处理使得胡麻着花后同化物的积累量显著提高，促进花后同化物向籽粒的转移，为胡麻高产奠定基础。

表 5-19 不同施氮量和灌溉量对胡麻开花后营养器官干物质再分配量和开花后积累量的影响

Tab. 5-19 The dry matter accumulation amount after anthesis and dry matter translocation amount from vegetative organ to grain under different water and nitrogen conditions

处理	开花前营养器官贮藏同化物转运量（mg·株$^{-1}$）	开花前营养器官贮藏同化物转运率（%）	开花前营养器官贮藏同化物对籽粒贡献率（%）	开花后干物质积累量（mg·株$^{-1}$）	开花后干物质积累量对籽粒产量的贡献率（%）
W_1N_0	69.88a	33.11a	50.78ab	119.74e	58.19g
W_1N_1	66.86b	30.73ab	54.46a	97.67f	54.88g
W_1N_2	64.43de	27.68bc	43.66cd	142.66b	68.69de
W_1N_3	66.26bc	23.54cd	47.77bc	134.56c	63.88f
W_2N_0	65.11cd	25.69c	47.65bc	139.23bc	66.47ef
W_2N_1	61.98h	20.48def	39.56de	144.91b	75.18bc
W_2N_2	57.63i	15.83g	30.12f	166.72a	82.26a
W_2N_3	61.57h	16.55fg	36.45df	157.82a	76.42bc
W_3N_0	63.33fg	25.91c	53.26ab	124.55d	55.66g
W_3N_1	66.34bc	20.92dc	41.39cd	139.51bc	73.37c
W_3N_2	58.44i	17.59efg	31.82f	154.78a	79.46ab
W_3N_3	63.08fg	25.46c	42.38cd	145.39b	73.52cd

（六）不同灌溉量和施氮量下胡麻根冠比的影响

由表5-20可以看出，在同一灌溉量下，胡麻地上部干重均随施氮量的增加而递增，且只有 N_2 和 N_3 处理之间差异不显著，其余处理间差异均达显著水平；而地下部根的干重和根冠比则在 W_1 处理下，随施氮量的增加呈现先增加后减少趋势，在 W_2 处理下，则呈现先减少后基本保持不变趋势，但两种处理下 N_2 和 N_3 处理之间差异均不显著。在同一施氮水平下，随灌溉量的增加，地上部干物质量增加，而根干重和根冠比均下降。地上部干物质量只有 N_1 处理下差异不显著；而根干重和根冠比在 N_2 和 N_3 处理下差异均不显著。进一步分析发现，施氮量和灌溉量对胡麻植株的干物质积累具有交互作用，高灌水高氮肥处理（W_2N_3）具有最高的地上部干重。

表 5-20 灌溉量和施氮量对胡麻根冠比的影响

Tab. 5-20 Effect of different water and nitrogen conditions on proportion of root/plant of oil flax

处理	W_1N_0	W_1N_1	W_1N_2	W_1N_3	W_2N_0	W_2N_1	W_2N_2	W_2N_3
地上部干重（g）	1.6515d	1.68d	1.814bc	1.9135b	1.6615d	1.7cd	2.0595a	1.6515d
根干重（g）	0.0798c	0.10435b	0.1284a	0.12215a	0.0811c	0.08495c	0.0823c	0.0798c
根冠比	0.04835c	0.06215b	0.0708a	0.0639ab	0.04885c	0.05005c	0.0401d	0.04835c

第六节　灌水、施肥对不同胡麻品种水分及产量的影响

一、水肥措施对不同胡麻品种生育期土壤含水量的影响

（一）水肥对不同胡麻品种现蕾期土壤含水量的影响

由图 5-15 可知，品种和施肥对胡麻现蕾期土壤含水量的影响表现为：0～60 cm 土层土壤含水量由浅及深逐渐增加，60 cm 土层以下逐渐减小，品种和施肥对 0～20 cm 土层土壤含水量影响较小，没有显著差异，对 20～40 cm、40～60 cm、60～80 cm 土层土壤含水量影响较大，对 80 cm 以下土层土壤含水量影响不大。

从表 5-21 可以看出，品种对 20～40 cm、40～60 cm、60～80 cm 土层土壤含水量无显著影响（$P>0.05$），肥料对 20～40 cm、40～60 cm 土壤含水量影响极显著，V_2W_3 处理 20～40 cm、40～60 cm 土层土壤含水量均最大，显著高于其他处理，20～40 cm 土层为 15.63%，较其他处理分别高 7.16%、4.90%、1.41%、6.00%、4.38%，40～60 cm 土层为 15.95%，较其他处理分别高 7.57%、2.89%、2.28%、7.29%、4.44%。由表 5-21 可知，品种和施肥量对土壤含水量的影响交互作用不显著（$P>0.05$）。

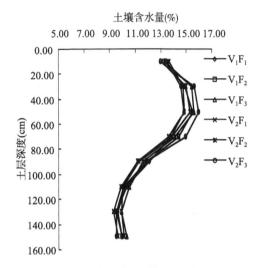

图 5-15　品种和施肥对胡麻土壤含水量
的影响（灌水前）

Fig. 5-15　Effects of irrigation combined with fertilizer on the soil water in budding stage of oil flax（before water）

表 5-21　品种与施肥量对胡麻土壤含水量影响的双因素方差分析结果
Tab. 5-21　Double factor variance analysis of variety and fertilizer levels on soil water of oil flax

因素	20~40 cm 土层			40~60 cm 土层			60~80 cm 土层		
	df	F	Sig.	df	F	Sig.	df	F	Sig.
品种	1	2.649	0.130	1	0.269	0.613	1	0.002	0.966
施肥量	2	29.862	0.000 ***	2	27.423	0.000 ***	2	1.158	0.347
品种×施肥量	2	0.210	0.813	2	2.722	0.106	2	0.886	0.438

注：* $P<0.05$；** $P<0.01$；*** $P<0.001$。

（二）水肥措施对不同胡麻品种分茎期灌水后土壤含水量的影响

由图 5-16 可知，灌水和施肥对胡麻两个品种土壤含水量影响的趋势一致，不灌水处理 0～100 cm 土层土壤含水量均显著低于灌水处理，100 cm 以下土层土壤含水量无显著差异。0～20 cm 土层 W_1F_2 处理土壤含水量最低，W_1F_3 和 W_1F_1 处理间无显著差异，在 W_2 水平下，施肥较不施肥土壤含水量高 8.52%～17.72%，在 F_1 水平下，灌水较不灌水土壤含水量高 29.21%～48.03%，在 F_2 水平下，灌水较不灌水土壤含水量高 68.38%～74.62%，在 F_3 水平下，灌水较不灌水土壤含水量高 43.67%～47.83%；不同灌水处理下，轮选 2 号（V_1）W_2F_1 处理显著低于其他灌水处理，定亚 22 号（V_2）各灌水处理之间差异不显著，20～40 cm 土层定亚 22 号（V_2）不灌水处理间土壤含水量无显著差异，轮选 2 号（V_1）不灌水处理间差异显著，表现出 $F_1>F_3>F_2$ 的趋势，轮选 2 号（V_1）W_2F_1、W_3F_1 处理间无显著差异，显著低于其他施肥水平的土壤含水量，定亚 22 号（V_2）各灌水处理之间差异不显

著；不同处理对轮选2号（V_1）在40~80 cm 的土壤含水量影响明显，就不灌水处理而言，土壤含水量表现出 $F_3>F_2>F_1$ 的趋势，就灌水处理而言，40~60 cm 土层土壤含水量表现出 $W_3F_2>W_3F_3>W_2F_2>W_2F_3>W_3F_1>W_2F_1$ 的趋势，60~80 cm 土层土壤含水量表现出 $W_3F_3>W_3F_2>W_2F_3>W_2F_2>W_3F_1>W_2F_1$ 的趋势；而灌水和施肥对定亚22号（V_2）土壤含水量的影响表现在 60~100 cm 土层，就不灌水处理而言，土壤含水量表现出与 V_1 一致的趋势，即 $F_3>F_2>F_1$，就灌水处理而言，60~100 cm 土层土壤含水量均表现出 $W_3F_3>W_3F_2>W_2F_3>W_2F_2>W_3F_1>W_2F_1$ 的趋势。

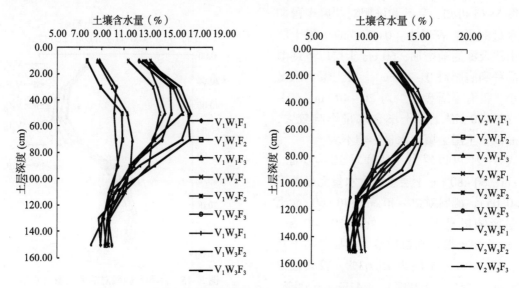

图 5-16　品种和施肥对胡麻现蕾期土壤含水量的影响（灌水后）

Fig. 5-16　Effects of irrigation combined with fertilizer on the
soil water in budding stage of oil flax（after irrigation）

（三）水肥措施对不同胡麻品种子实期灌水前土壤含水量的影响

子实期灌水前土壤含水量随土层深度的增加先升高后下降（图5-17），在 60~80 cm 土层达到最大，而后逐渐下降。轮选2号（V_1）0~20 cm 土层不灌水处理土壤含水量无显著差异，灌水处理土壤含水量显著高于不灌水处理，在同一灌水水平下，施肥处理土壤含水量高于不施肥处理，施肥处理较不施肥处理，定亚22号（V_2）W_1F_2 处理土壤含水量最低，与 W_1F_2 处理无差异，显著低于其他处理，W_3F_2 处理土壤含水量最高，与 W_2F_2、W_3F_1 处理差异不显著，显著高于其他处理，较其他处理分别高10.39%、2.54%、11.72%、3.07%和9.00%。20~40 cm 土层土壤含水量变化趋势与 0~20 cm 土层相似。轮选2号（V_1）40~60 cm 土层灌水处理间土壤含水量差异不显著，显著高于不灌水处理，灌水较不灌水处理分别高8.10%~11.13%、2.89%~6.98%，定亚22号（V_2）W_3F_2 处理土壤含水量显著高于其他处理，较不灌水高16.38%~20.17%，较 W_2 水平高12.15%~19.37%，较不施肥高13.09%~24.55%。轮选2号（V_1）60~80 cm 土层土壤含水量 W_3F_2 处理最高，与 W_3F_3 处理之间无显著差异，显著高于其他处理，定亚22号（V_2）60~80 cm 土层土壤含水量变化与 V_1 一致，都表现出 W_3F_2 最高，与 W_3F_3 处理之间无显著差异的变化趋势。

（四）水肥措施对不同胡麻品种子实期灌水后土壤含水量的影响

从图5-18可以看出，除0~20 cm 土层外，两个胡麻品种各处理土壤含水量都比 W_1F_1 处理高，以 20~40 cm 土层最为显著。0~20 cm 土层土壤含水量表现为 $W_3>W_2>W_1$，且不同灌水水平间差异显著，V_1 品种在 W_1 水平下 F_2 施肥水平土壤含水量最低，V_2 品种在 W_1 水平下，施肥处理较不施肥土壤含水量高2.13%和12.26%，在同一灌水水平下，不同施肥处理土壤含水量差异不显著；在 20~40 cm 土层处，V_1 品种各处理间土壤含水量差异较大，不灌水处理（W_1）最低，W_2 处理居中，W_3 处理最高，同一施肥水平下，W_3 处理土壤含水量高于 W_1、W_2 处理，在 F_3 水平下，W_3 较 W_1、W_2

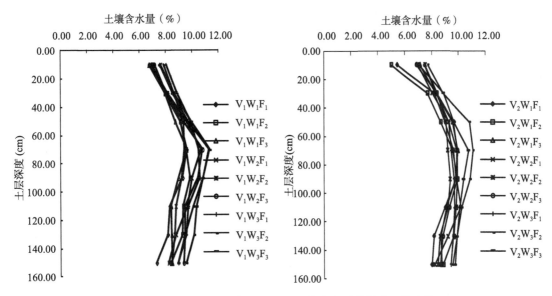

图 5-17　品种和施肥对胡麻子实期土壤含水量的影响（灌水前）

Fig. 5-17　Effects of irrigation combined with fertilizer on the soil water in kernel stage of oil flax（before irrigation）

分别高 68.94%、16.42%，在 F_2 水平下，W_3 较 W_1、W_2 分别高 48.62%、7.13%，在 F_1 水平下，W_3 较 W_1、W_2 分别高 72.69%、15.57%；V_2 品种各处理间土壤含水量差异较小，W_1 处理显著低于 W_2 和 W_3 处理，在 F_1、F_2、F_3 水平下，W_2 和 W_3 较 W_1 分别高 19.57% 和 32.25%、34.30% 和 39.27%、38.43% 和 42.16%；40~60 cm 土壤含水量与 20~40 cm 土层土壤含水量变化趋势相似，灌水对土壤含水量存在显著影响；V_1 品种在 60~80 cm 土层，W_1F_3 处理土壤含水量为 12.64%，显著高于其他处理，较 W_2 处理高 11.06%~22.24%，较 W_1 处理高 25.40%~29.35%，V_2 品种在 60~80 cm 土层土壤含水量无显著差异。80 cm 以下土层各处理间土壤含水量无明显差异，说明施肥和灌水对不同品种胡麻土壤含水量的影响主要集中在 0~80 cm。

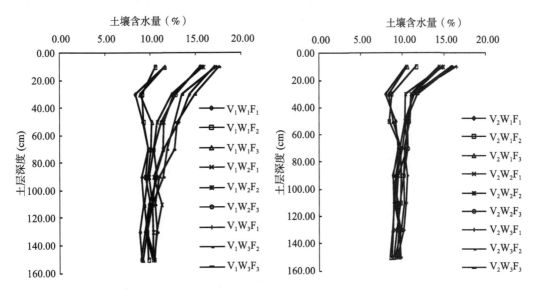

图 5-18　品种和施肥对胡麻子实期土壤含水量的影响（灌水后）

Fig. 5-18　Effects of irrigation combined with fertilizer on the soil water in kernel stage of oil flax（after irrigation）

（五）水肥措施对不同胡麻品种成熟期土壤含水量的影响

由图 5-19 可知，不同品种间土壤含水量由浅及深逐渐减小，定亚 22 号（V_2）表现得更为明显，0~80 cm 两品种均表现出灌水处理土壤含水量显著高于不灌水处理，灌水和施肥对 80 cm 以下土壤含水量影响较小。V_1 品种在 0~80 cm 土壤含水量表现出 $W_3 > W_2 > W_1$，V_2 品种在 0~80 cm 土壤含水量表现出 $W_2 > W_3 > W_1$。V_1 在 0~20 cm 和 0~40 cm 土层，W_2F_2 处理土壤含水量最高，0~20 cm 较不灌水处理高 22.54%~41.45%，较 W_3 处理高 4.63%~20.39%，20~40 cm 较不灌水处理高 33.67%~55.58%，较 W_3 处理高 4.27%~17.86%，V_2 在 0~20 cm、20~40 cm、40~60 cm 土层，W_2F_1 处理土壤含水量最高，0~20 cm 较不灌水高 22.06%~36.68%，较 W_3 处理高 8.37%~13.25%，20~40 cm 较不灌水高 10.64%~11.30%，较 W_3 处理高 12.37%~12.86%，40~60 cm 较不灌水高 58.19%~70.72%，较 W_3 处理高 32.81%~45.37%。60~80 cm V_1 品种 W_3F_3 处理土壤含水量最高，为 13.49%，显著高于其他处理，V_2 品种 W_2F_2 处理土壤含水量最高，为 12.58%，与 W_2F_1 处理差异不显著，显著高于其他处理。

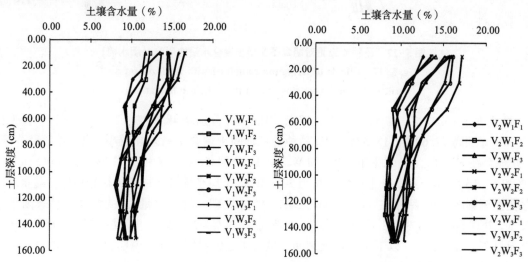

图 5-19　灌水和施肥对胡麻成熟期土壤含水量的影响

Fig. 5-19　Effects of irrigation combined with fertilizer on the soil water in maturation stage of oil flax

二、灌溉量和灌溉时期对胡麻耗水特性的影响

（一）不同处理对胡麻耗水量的影响

由表 5-22 可以看出，不同灌溉水平胡麻总耗水量变化趋势一致：随着灌水量的增加，耗水量呈增长趋势。两年试验中不灌水处理的总耗水量显著低于灌水处理，而降水量和土壤贮水消耗量占总耗水量的比例显著高于灌水处理，表明在不灌水条件下，胡麻生长主要消耗降水和土壤水。灌水处理之间相比较可以看出，两年试验的土壤总耗水量及灌水量占总耗水量的百分率均随灌水量的增大而增加，降水和土壤贮水所占比例则呈下降趋势，2012 年和 2013 年不同灌水处理间差异均达显著水平。这表明，增加灌水量显著促进了胡麻对灌溉水的吸收利用，显著降低了胡麻对降水和土壤贮水的吸收利用；其中灌水量和土壤贮水量占总耗水量百分率的变异系数较大，2012 年分别为 60.57%、37.07%，而 2013 年分别为 60.34%、31.68%，降雨量占总耗水量百分率的变异系数两年分别为 9.76%、11.93%，表明土壤贮水消耗量占总耗水量百分率受灌水量的影响较降水量显著，增加灌水和土壤贮水消耗量占总耗水量的百分率是有效提高胡麻水分利用效率的主要途径。

表 5-22　不同处理对不同来源水分消耗量占总耗水量的百分率的影响

Tab. 5-22　Effects of different treatment on the ratio of different water resource

consumption amount to total water consumption amount

年份	处理	总耗水量 （mm）	灌水量 （mm）	灌溉量占总耗水量 比例（%）	降水量 （mm）	降水量占总耗水量 比例（%）	土壤贮水消耗量 （mm）	土壤贮水量占总 耗水量比例（%）
	CK	344.18e	0	0	243.4	70.72a	100.78a	29.28a
	T1	412.34d	80	19.40d	243.4	59.03b	88.94b	21.57b
2012 年	T2	416.81c	100	23.99c	243.4	58.40c	73.41c	17.61c
	T3	426.29b	120	28.15b	243.4	57.10d	62.89d	14.75d
	T4	431.05a	140	32.48a	243.4	56.47e	47.65e	11.05e
	CK	322.21e	0	0	232.0	72.00a	90.21a	28.00a
	T1	398.88d	80	20.06d	232.0	58.16b	86.88b	21.78b
2013 年	T2	406.12c	100	24.62c	232.0	57.13c	74.12c	18.25c
	T3	419.10b	120	28.63b	232.0	55.36d	67.10d	16.01d
	T4	422.46a	140	33.14a	232.0	54.92e	50.46e	11.94e

注：同一列数字无相同字母间差异达 5% 的显著水平，下同。

（二）不同处理对胡麻各生育阶段耗水量、耗水模系数和耗水强度的影响

不同灌溉处理下，胡麻各个生育期的耗水量存在差异，盛花期至成熟期是各处理耗水量和耗水模系数最大的时期（表 5-23）。从不同生育阶段来看，分茎至现蕾期，T1、T3 处理（分茎水 80 mm）的耗水量显著高于 CK 和 T2、T4 处理（分茎水 60 mm），表明分茎期灌水增加了此阶段的耗水量，且随灌水量的增加而显著增加；现蕾至盛花期，现蕾期灌水 40 mm 的 T4 处理的耗水量显著高于 CK 和 T2 处理，而与 T1、T3 处理的差异不显著，表明在本试验中分茎至现蕾期、现蕾至盛花期降水分别为 49.7 mm、56.2 mm（2012 年）和 71.9 mm、35.2 mm（2013 年）条件下，分茎水（60 mm）+现蕾水（40 mm）对现蕾至盛花期的耗水量有显著影响；盛花至成熟期，盛花期灌水 40 mm 的 T2、T3、T4 处理的耗水量、耗水模系数和耗水强度显著高于 CK 和 T1 处理，表明盛花期灌水对此阶段耗水量的影响显著。

耗水模系数随胡麻生育进程逐渐增大，分茎至现蕾期，T1、T3 处理的耗水模系数显著高于其他处理，表明此阶段的耗水模系数随灌水量的增加而显著增加；而现蕾至盛花期，T1 处理的耗水模系数最大，显著高于其他处理，表明现蕾水对此阶段的耗水模系数无显著影响；盛花至成熟期，T4 处理的耗水模系数最大，T2 处理的次之，表明分茎水 60 mm、盛花水 40 mm 的处理（T2、T4 处理）对此阶段的耗水模系数的影响显著大于其他，且现蕾期灌水（T4 处理）比不灌水的处理（T2 处理）影响显著增大。

表 5-23　不同处理对胡麻阶段耗水量、耗水模系数和耗水强度的影响

Tab. 5-23　Effects of different treatments on water consumption rate, water consumption

percentage and water consumption per day

年份	处理	分茎期—现蕾期			现蕾期—盛花期			盛花期—成熟期		
		CA	CP	CD	CA	CP	CD	CA	CP	CD
	CK	72.31e	21.01d	2.26e	102.15c	29.68a	3.52c	115.48e	33.55d	3.50e
	T1	99.17a	24.29a	3.10a	125.14a	30.65a	4.32a	134.87d	33.03e	4.09d
2012 年	T2	90.11d	21.62c	2.82d	122.03b	29.28b	4.21b	149.92c	35.97b	4.54c
	T3	98.04b	23.00b	3.06b	125.11a	29.35b	4.31a	150.77b	35.37c	4.57b
	T4	92.93c	21.56c	2.90c	124.89a	28.97c	4.31a	160.19a	37.16a	4.85a

（续表）

年份	处理	分茎期—现蕾期			现蕾期—盛花期			盛花期—成熟期		
		CA	CP	CD	CA	CP	CD	CA	CP	CD
	CK	65.22d	20.24e	2.17d	92.82c	28.81b	3.44c	106.79d	33.14d	3.24d
	T1	91.73a	23.00a	3.06a	120.43a	30.19a	4.46a	130.20c	32.64d	3.95c
2013年	T2	85.06c	20.90c	2.84c	116.06b	28.52b	4.30b	148.92b	36.59b	4.51b
	T3	92.39a	22.19b	3.08a	119.58a	28.72b	4.43b	149.81b	35.97c	4.54b
	T4	86.93b	20.58d	2.90b	120.70a	28.57b	4.47a	157.86a	37.37a	4.78a

注：CA—耗水量；CP—耗水模系数（各生育阶段麦田耗水量/总麦田耗水量）；CD—耗水强度（各生育阶段麦田耗水量/生育阶段天数）。

现蕾至盛花期是 CK 和 T1 处理耗水强度最大的阶段，而盛花期至成熟期是 T2、T3 和 T4 处理耗水强度最大的阶段。分茎至现蕾期，T1、T3 处理的耗水强度显著高于其他处理，表明此阶段的耗水强度随灌水量的增加而显著增加；现蕾至盛花期，T1、T3 和 T4 处理的耗水强度显著高于 CK 和 T2 处理，表明在分茎灌水 60 mm 的前提下，现蕾水（40 mm）对现蕾至盛花期的耗水强度有显著影响。盛花至成熟期，各灌溉处理的耗水强度均比 CK 处理显著增加，盛花期灌水 40 mm（T2、T3、T4 处理）的耗水强度较大，表明随灌溉量的增加，盛花至成熟阶段的耗水强度显著增加，且盛花水对此阶段的耗水强度影响显著。

第七节　水氮对胡麻产质量及水分利用效率的影响

一、水氮对胡麻单位面积产量及产量构成因素的影响

由表 5-24 可以看出，在 W_1 灌溉量下，随着施氮量的增加，胡麻单株蒴果数递增，而每果粒数、千粒重和产量均先升高后降低，每果粒数以 N_1 处理最高，千粒重和产量均以 N_2 处理最高；而在 W_2 灌溉量下，千粒重和产量均随着施氮量的增加递增，而单株蒴果数和每果粒数均先升高后降低，单株蒴果数以 N_2 处理最高；每果粒数以 N_1 处理最高；不同灌溉量也可引起胡麻产量及产量构成因素发生变化，在同一施氮量下，只有 N_2 和 N_3 处理的每果粒数间差异达显著水平，而单株蒴果数、千粒重和单位面积产量间的差异均不显著。

表 5-24　不同处理下胡麻产量及其构成因子（2015 年）

Tab. 5-24　Effect of different water and nitrogen conditions on grain yield and its component of oil flax（2015）

处理	W_1N_0	W_1N_1	W_1N_2	W_1N_3	W_2N_0	W_2N_1	W_2N_2	W_2N_3
单株蒴果数（个）	8.085b	8.25b	10.385a	10.58a	8.65b	8.915b	11.415a	11.25a
每果籽粒数（粒）	6.905bc	7.275a	6.84bcd	6.615d	6.73cd	7.045ab	5.985e	5.755e
千粒重（g）	5.935d	6.235bc	6.855a	6.815a	6.085cd	6.34b	6.72a	6.79a
产量（kg·hm^{-2}）	1 526.95b	1 606.1b	1 814.05a	1 782.95a	1 558.15b	1 610.05b	1 762.0a	1 764.55a

二、不同水氮处理对胡麻产量的影响

由表 5-25 可知，不同水氮处理对胡麻籽粒产量构成因子有较大的影响，其中 W_2N_2 处理的影响最为明显。不同灌水处理间比较发现，胡麻的单株有效果数、果粒数和单株产量均表现为 $W_2 > W_3 >$ W_1，而千粒重表现为 $W_3 > W_2 > W_1$。在同一灌溉水平下，胡麻的单株有效果数和果粒数表现为 $N_2 > N_3 >$

$N_1 > N_0$；就千粒重而言，在 W_1 处理下随施氮量的增加而逐渐增加，但处理间差异不显著（$P > 0.05$），而在 W_2、W_3 处理下，以 N_2 水平的最大，尤其在 W_3 处理下，N_2 水平的千粒重显著高于其他处理19.78%~25.51%（$P < 0.05$）；单株产量以 N_2 水平的最大，在 W_2、W_3 处理下，随氮肥施用量的增大至 N_2 处理，会导致单株产量下降，且在 W_3 处理下显著降低42.43%。胡麻籽粒产量以 W_2N_2 处理最高，为最佳的水氮耦合方式，有利于促进胡麻高产的形成。不同灌水处理的籽粒产量表现不一致，以 W_2 处理的最高，显著高于 W_1、W_3 处理27.99%、10.51%；对同一灌溉水平下不同施氮量处理间的籽粒产量而言，随氮肥施用量的增大至 N_2 水平，会导致籽粒产量的显著降低，降幅达4.19%~7.74%。

表 5-25 不同水氮处理对胡麻单株籽粒产量的影响（2015 年）

Tab. 5-25 Effect of different water and nitrogen conditions on grain yield of oil flax per plant（2015）

处理	有效蒴果数（个·株$^{-1}$）	蒴果籽粒数（粒）	千粒重（g）	单株产量（g）	籽粒产量（kg·hm^{-2}）
W_1N_0	8.24f	6.61de	8.77c	0.49f	1 788.34g
W_1N_1	7.79f	6.81cd	9.26bc	0.55ef	1 800.43fg
W_1N_2	10.27d	7.32b	9.26bc	0.60def	1 939.27bcd
W_1N_3	9.19e	6.82cd	9.39bc	0.70cde	1 861.32efg
W_2N_0	9.26e	7.00bc	9.65bc	0.72bc	1 854.35efg
W_2N_1	11.41c	7.28b	9.62bc	0.79ab	1 987.85b
W_2N_2	13.30d	7.98a	9.97b	0.91a	2 106.42a
W_2N_3	11.84c	7.74a	10.03b	0.84ab	1 955.09bc
W_3N_0	9.11e	6.40e	9.11c	0.60def	1 811.23efg
W_3N_1	10.45d	7.27b	9.53bc	0.83ab	1 876.89def
W_3N_2	12.61b	7.34b	11.42a	0.85ab	1 983.43b
W_3N_3	9.99d	6.97bcd	9.10c	0.60def	1 888.00cde

三、不同处理对胡麻单株产量及其构成因子的影响

收获后考种测定结果表明，不同灌水处理对胡麻的单株产量及其构成因子有明显的影响，其中 T2、T3 处理的影响较大（表 5-26）。就单株有效果数而言，T2 处理的最多，T3 处理次之，两年试验较 CK 处理分别显著增加12.79%~13.83%、10.73%~12.09%；灌水处理的果粒数比 CK 处理显著增加。与 CK 相比，各灌水处理的千粒重均有所增大。2012 年，除 T1 处理外，其他各处理的千粒重较 CK 处理显著增加，其中 T3 处理的最大，比 CK 处理显著增加7.74%；2013 年，T2 处理的千粒重比 CK 处理显著增加8.34%，而其他处理与 CK 处理无显著差异。T2、T3 处理的单株产量较高，比 CK 处理分别显著增加39.58%~40.68%、33.90%~56.25%。T1、T4 处理的单株产量在 2012 年比 CK 处理分别显著增加13.56%、18.64%，而在 2013 年增加了25.00%、10.42%。

表 5-26 不同处理对胡麻籽粒产量构成因子的影响

Tab. 5-26 Yield components and output of oil flax under different treatments

年份	处理	单株有效果数（个）	果粒数（粒）	千粒重（g）	单株产量（g）
	CK	8.76c	7.20d	9.30c	0.59c
	T1	9.13bc	7.32c	9.38bc	0.67b
2012 年	T2	9.97a	7.87a	9.91a	0.83a
	T3	9.70a	7.56b	10.02a	0.79a
	T4	9.42ab	7.35c	9.49b	0.70b

（续表）

年份	处理	单株有效果数（个）	果粒数（粒）	千粒重（g）	单株产量（g）
	CK	8.52b	6.75d	9.11b	0.48c
	T1	9.26a	7.30bc	9.24ab	0.60bc
2013年	T2	9.61a	7.53ab	9.87a	0.67ab
	T3	9.55a	7.77a	9.68ab	0.75a
	T4	8.64b	7.12c	9.36ab	0.53c

四、水肥措施对不同胡麻品种籽粒产量的影响

从表5-27可以看出，不同灌水和施肥对轮选2号（V_1）的蒴果籽粒数和千粒重没有显著影响，对单株有效蒴果数影响明显，在同一灌水水平下，随施肥量的增加而增加，在同一施肥水平下，随灌水量的增加而增加，W_1F_1处理单株有效蒴果数最少，W_3F_3处理单株有效蒴果数最大，较W_1处理高43.09%~62.21%，较W_2处理高37.10%~68.90%；产量表现出与单株有效蒴果数一致的规律，W_3F_3处理产量最高，达1 427.71 kg·hm^{-2}，较其他处理分别高61.33%、34.37%、29.32%、24.34%、15.52%、11.51%、5.11%和1.64%。不同灌水和施肥对定亚22号（V_2）的千粒重没有显著影响，但对单株有效蒴果数和蒴果籽粒数影响明显，蒴果籽粒数在W_1和W_2水平下，随施肥量的增加先增后减，在W_3水平下随施肥量的增加而增加，对单株有效蒴果数的影响与V_1一致；产量在同一灌水水平下，随施肥量的增加而增加，在同一施肥水平下，随灌水量的增加而增加，W_3F_3处理产量最高，达1 545.42 kg·hm^{-2}，与W_3F_2处理差异不显著，显著高于其他处理，较W_1处理高26.20%~69.12%，较W_2处理高5.34%~15.40%，较W_3F_1处理高8.47%，较W_3F_2处理高0.63%。水分利用效率的变化基本与产量间差异一致。

表5-27 灌水和施肥对胡麻产量的影响

Tab. 5-27　Effect of grain yield under different irrigation combined with fertilizer levels of oil flax

处理			单株有效蒴果数（个）	蒴果籽粒数（粒）	千粒重（g）	产量（kg·hm^{-2}）	增产（%）	水分利用效率（kg·hm^{-2}·mm^{-1}）
		F_1	20.20e	7.55a	5.27a	884.94e	—	3.54f
	W_1	F_2	20.67e	7.55a	5.48a	1 062.53d	20.07e	3.67f
		F_3	22.90d	7.60a	5.33a	1 104.05d	24.76d	3.89e
		F_1	19.40e	7.95a	5.30a	1 148.24d	29.75d	4.06d
V_1	W_2	F_2	22.70d	7.03a	5.52a	1 235.95c	39.66c	4.19c
		F_3	23.90c	7.70a	5.53a	1 280.31c	44.68c	4.27c
		F_1	23.47c	7.20a	5.23a	1 358.35b	53.5b	4.08de
	W_3	F_2	25.10b	7.50a	5.53a	1 404.7a	58.73a	4.21c
		F_3	32.77a	7.27a	5.35a	1 427.71a	61.33a	4.32bc
		F_1	17.93f	7.40b	5.58a	913.79f	—	3.59f
	W_1	F_2	19.67e	6.73c	5.77a	1 006.50e	10.15e	3.64f
		F_3	22.33c	6.80c	5.57a	1 224.61d	34.01d	3.98e
		F_1	20.57d	7.27bc	5.40a	1 339.17c	46.55c	4.26c
V_2	W_2	F_2	22.17c	8.03a	6.28a	1 424.71b	55.91bc	4.23c
		F_3	23.03b	7.00c	5.98a	1 467.07b	60.55b	4.39b
		F_1	16.87f	6.87c	5.50a	1 424.71b	55.91bc	4.32bc
	W_3	F_2	22.50bc	7.90a	5.72a	1 535.77a	68.07a	4.58a
		F_3	25.57a	7.20bc	5.83a	1 545.42a	69.12a	4.61a

对品种、灌水、施肥三因素的交互作用结果分析见表5-28，品种×灌水、品种×肥料、灌水×肥

料间的显著性 $P<0.05$，说明它们之间对产量的影响存在交互作用，品种×灌水×肥料间的显著性 $P>0.05$，说明它们三者之间对产量的影响没有交互作用。

表 5-28　品种、灌水和施肥对胡麻产量的交互作用
Tab. 5-28　Interaction of variety, irrigation and fertilizer for grain yield

源	Ⅲ类平方和	自由度	均方	F	显著性
修正模型	2 292 760.181	17	134 868.246	51.597	0.000
截距	86 903 083.411	1	86 903 083.411	33 246.505	0.000
品种	176 815.522	1	176 815.522	67.644	0.000
灌水	1 681 357.520	2	840 678.760	321.618	0.000
肥料	43 846.224	2	21 923.112	8.387	0.001
品种×灌水	75 786.138	2	37 893.069	14.497	0.000
品种×肥料	48 125.745	2	24 062.873	9.206	0.001
灌水×肥料	241 129.321	4	60 282.330	23.062	0.000
品种×灌水×肥料	25 699.710	4	6 424.928	2.458	0.063
误差	94 100.449	36	2 613.901		
总计	89 289 944.041	54			
修正后总计	2 386 860.630	53			

五、不同处理对胡麻水分利用效率的影响

由表 5-29 可知，两年试验的胡麻籽粒产量以 T2 处理最高，显著高于 T4 处理（灌水量 140 mm）21.83%~23.62%，而比 CK 处理显著增加 40.72%~45.90%，说明灌水量最高的 T4 处理不利于籽粒产量的形成，灌水量少的处理也是如此，即在本试验条件下灌水量超过 120 mm 和低于 80 mm 的处理对籽粒产量产生负效应，分茎水（60 mm）+盛花水（40 mm）的灌水组合更利于籽粒产量的提高。2012 年，处理间产量水分利用效率表现为 T2>T3>T1>T4>CK，灌水利用效率随灌水量的增加而显著降低；2013 年，T2、T3 处理的产量水分利用效率分别比 CK 处理增加 11.71%、2.56%，T2 处理与 CK 处理间有显著差异，而灌水利用效率的变化趋势与 2012 年一致，表现为 T1、T2 处理的最高，但处理间无显著差异。说明在本试验条件下，T2 处理是兼顾高产和节水的最佳灌溉方式。

表 5-29　不同处理对胡麻水分利用效率的影响
Tab. 5-29　Effects of different treatment on water use efficiency of oil flax

年份	处理	籽粒产量 （kg·hm⁻²）	产量水分利用效率 （kg·hm⁻²·mm⁻¹）	灌水利用效率 （kg·hm⁻²·mm⁻¹）
	CK	1 913.37d	5.56c	—
	T1	2 366.67c	5.80bc	29.58a
2012 年	T2	2 791.67a	6.70a	27.92b
	T3	2 550.00b	5.98b	21.25c
	T4	2 258.33c	5.24d	16.13d
	CK	1 843.33e	5.72b	—
	T1	2 090.12d	5.24c	26.13a
2013 年	T2	2 594.00a	6.39a	25.94a
	T3	2 460.00b	5.87b	20.50c
	T4	2 229.28c	5.28c	15.92b

六、不同水氮处理对胡麻水分利用效率的影响

如表 5-30 所示，在不同施氮量和灌溉量处理下，胡麻的耗水量和水分利用效率的结果表现如下。在相同施氮条件下，水分利用效率表现为先增加，当灌溉定额达到 W_2 2 100 $m^3 \cdot hm^{-2}$ 处理时水分利用效率最大，为 3.54 $kg \cdot hm^{-2} \cdot mm^{-1}$；当达到 W_3 2 400 $m^3 \cdot hm^{-2}$ 处理时土壤水分利用效率为 3.46 $kg \cdot hm^{-2} \cdot mm^{-1}$，这可能是由于高灌后期出现一定程度的倒伏现象，反而降低了胡麻对水分的有效利用。在同一灌溉条件下，水分利用效率 N_1、N_2、N_3 均显著高于 N_0，N_2 处理为最大。继续增加施氮量 WUE 反而减小。W_2 灌溉处理下，N_2 处理的 WUE 较 N_0 增加了 16.22%，N_3 较 N_2 降低了 16.57%。综上所述，W_2N_2 水分利用效率最大为 3.94 $kg \cdot hm^{-2} \cdot mm^{-1}$，较其他处理显著提高 6.75%~18.67%（$P < 0.05$）。灌水和施氮均有利于胡麻水分利用效率的提高，但灌溉量以 2 100 $m^3 \cdot hm^{-2}$、施氮量以 225 $kg \cdot hm^{-2}$ 为最佳。灌水、施氮过多会发生一定程度倒伏，严重降低胡麻产量同时也造成水分的浪费。

表 5-30 不同施氮量和灌溉量对胡麻水分利用效率的影响

Tab. 5-30 Effect of different water and nitrogen conditions on water use efficiency（2015）

处理	SWD	P	I	ET	Y	WUE
W_1N_0	185.37bc	168.20	170.00	523.57de	1 788.34g	3.42cd
W_1N_1	186.43bc	168.20	170.00	524.63de	1 800.43fg	3.43cd
W_1N_2	187.21bc	168.20	170.00	525.41de	1 939.27bcd	3.69b
W_1N_3	185.35bc	168.20	170.00	523.55e	1 861.32efg	3.56bc
W_2N_0	192.66b	168.20	215.00	575.86bc	1 954.35efg	3.39cde
W_2N_1	194.54b	168.20	215.00	577.74b	1 987.85b	3.44bc
W_2N_2	201.68a	168.20	215.00	584.88a	2 306.42a	3.94a
W_2N_3	195.38b	168.20	215.00	578.58b	1 955.09bc	3.38cde
W_3N_0	116.67d	168.20	260.00	544.87c	1 811.23efg	3.32cde
W_3N_1	116.68d	168.20	260.00	544.88c	1 876.89def	3.44bc
W_3N_2	118.31d	168.20	260.00	546.51c	1 983.43b	3.63b
W_3N_3	115.68d	168.20	260.00	543.88c	1 888.13cde	3.47c

注：SWD—土壤贮水消耗量；P—降水量；I—灌溉量；ET—土壤耗水量；Y—产量；WUE—土壤水分利用效率。

由表 5-31 可知，随着灌水量的增加，胡麻收获后土壤贮水量和生育期间的耗水量均显著增加（$P < 0.05$），而不同施氮水平间差异不显著（$P > 0.05$）。不同水氮处理对胡麻水分利用效率有较大的影响，其中 W_2N_2 处理的水分利用效率显著高于其他处理，为最佳的水氮耦合运筹方式。在相同施氮水平下，胡麻的水分利用效率表现为 $W_2 > W_1 > W_3$，且 W_2 处理的水分利用效率分别比 W_1、W_3 处理的增加了 1.41% 和 12.18%。同一灌溉水平间比较，N_2 水平下的水分利用效率显著高于其他施氮水平 5.79%~11.21%。说明在本试验条件下，W_2N_2 处理是兼顾高产和节水的最佳灌溉方式。

表 5-31 不同水氮处理对胡麻籽粒产量和水分利用效率的影响（2016 年）

Tab. 5-31 Effect of different water and nitrogen conditions on water use efficiency（2016）

处理	土壤贮水量（mm）		灌水量（mm）	农田耗水量（mm）	水分利用效率（$kg \cdot hm^{-2} \cdot mm^{-1}$）
	播种前	收获后			
W_1N_0	345.56a	256.75e	170.00	438.31cd	4.08d
W_1N_1	343.11a	263.12de	170.00	429.49d	4.19c
W_1N_2	343.76a	251.34e	170.00	441.92c	4.39b
W_1N_3	347.60a	258.76e	170.00	438.34cd	4.25c

（续表）

处理	土壤贮水量（mm）		灌水量（mm）	农田耗水量（mm）	水分利用效率（kg·hm⁻²·mm⁻¹）
	播种前	收获后			
W_2N_0	345.87a	271.93cd	215.00	468.44b	3.96e
W_2N_1	342.11a	273.56cd	215.00	463.05b	4.29bc
W_2N_2	339.97a	275.32bcd	215.00	459.15b	4.59a
W_2N_3	341.43a	274.35cd	215.00	461.58b	4.24c
W_3N_0	345.89a	287.90ab	260.00	497.49a	3.64g
W_3N_1	343.66a	288.22ab	260.00	494.94a	3.79f
W_3N_2	345.28a	290.43a	260.00	494.35a	4.01de
W_3N_3	342.11a	281.09abc	260.00	500.52a	3.77f

七、不同施氮量和灌溉量对胡麻品质的影响

由图5-20A可知，在不同水氮处理下，胡麻亚麻酸含量以 W_2N_2 处理最高，为48.41%。相比于其他处理高出0.75%~4.22%（$P<0.05$）。在同一灌溉水平下，N_2、N_3 处理均高于 N_0、N_1 处理，N_2 处理相比 N_0、N_1 处理高出2.81%~3.02%、2.69%~4.19%；N_3 处理相比较 N_2 处理高了0.14%。在同一施氮水平下，W_1、W_2、W_3 处理中以 W_2 最高为47.65%，高于 W_1、W_2 处理0.25%、0.85%。

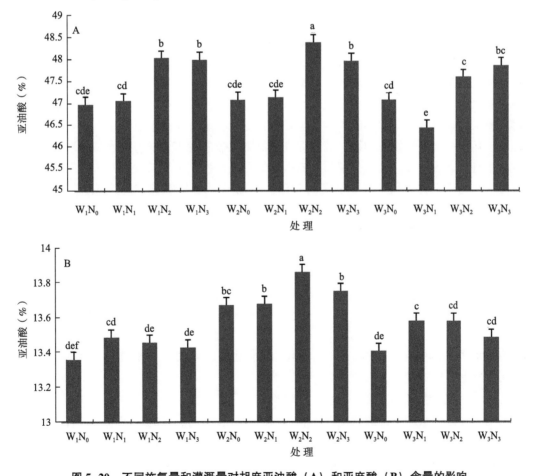

图5-20　不同施氮量和灌溉量对胡麻亚油酸（A）和亚麻酸（B）含量的影响

Fig. 5-20　Effect of different water and nitrogen conditions on flax acid（B）and sub-oleic（A）of oil flax

在同一灌溉水平下，N_2 对胡麻亚麻酸的积累量影响最明显，N_3 次之；在同一施氮水平下 W_2 处理对胡麻亚麻酸积累量影响最大，说明中氮中灌对胡麻亚麻酸的积累量影响最大。

由图 5-20B 可知，不同施氮量和灌溉量处理对胡麻籽粒中的亚油酸积累量有较大的影响。随着灌溉量的增加胡麻亚油酸含量表现为：$W_2 > W_3 > W_1$。W_2 比 W_3、W_1 分别高出 1.71% ~ 2.31%。说明适量灌溉能够提高亚油酸含量，但水分过多则不利于胡麻亚油酸的积累。在 W_2 处理下，亚油酸含量表现为 $N_2 > N_3 > N_1 > N_0$。N_2 处理的亚油酸含量最高为 13.86%，高于其他处理 0.81% ~ 1.39%。

八、小结

胡麻地上部干物质总重随生育进程的推进而不断增加，前期增长比较缓慢，现蕾期以后增加迅速，在成熟期达到最大值。不同水氮处理的籽粒产量表现为 W_2N_2 处理最高，为最佳的水氮耦合方式，有利于促进胡麻高产的形成。随着灌水量的增加，胡麻收获后土壤贮水量和生育期间的耗水量均显著增加。不同水氮处理对胡麻水分利用效率有较大的影响，且 W_2N_2 处理的水分利用效率显著高于其他处理。在相同施氮水平下，胡麻的水分利用效率表现为 W_2 处理的最大，分别比 W_1、W_3 处理的增加了 1.41% 和 12.18%；同一灌溉水平间比较，N_2 水平下的水分利用效率显著高于其他施氮水平 5.79% ~ 11.21%。说明在本试验条件下，W_2N_2 处理是兼顾高产和节水的最佳灌溉方式。

第八节　讨论与结论

一、小结与讨论

（一）水氮耦合对胡麻干物质生产的影响

干物质积累是产量形成的前提，其较高的积累量和合理的分配直接影响胡麻的产量和品质。因此，如何调控水肥来提高胡麻干物质的积累量是增加胡麻籽粒产量首先要解决的问题。本试验结果显示，不同施氮水平下，胡麻苗期到枞形期干物质积累过程缓慢，这可能由于胡麻前期长势不快，胡麻生育前期不灌水只靠自然降雨并不能满足其生长发育需求，水分胁迫下影响了氮肥效应的发挥。而在枞形期之后，随着植株生长发育加快，灌水促进了氮肥肥效的发挥，随着灌水量的增加各施氮处理胡麻干物质积累有显著的增加。这充分说明水氮耦合能合理调控胡麻生长发育对水氮的需求，满足胡麻生长发育需求，为干物质的积累打下坚实的基础，进而提高了胡麻植株的产量，谢志良等（2011）对棉花的研究也表现出类似的结果，说明作物着花后同化物向籽粒转运的百分比越高则产量越高。何军等（2010）指出，节水灌溉模式下施肥量的增加，可以促进作物对水的有效利用，促进了根、茎、叶部分干物质向籽粒的转运，提高了籽粒干物质所占百分比从而增加了籽粒产量。本研究中，在相同施氮条件下，W_2 处理较大地提高了胡麻成熟期籽粒干物质的分配量；同一灌溉水平下不同施氮量处理间比较，施氮量 N_2 时籽粒干物质的分配量和分配比例最大，施氮量为 337.5 kg·hm^{-2}时反而下降。开花后干物质积累量对籽粒的贡献率在 W_1 处理下，显著高于其他处理 6.02% ~ 46.06%；在 W_3 处理下，明显高于其他处理 6.46% ~ 24.27%；开花后干物质积累量对籽粒的贡献率均以 N_2 水平的最高，高于其他施氮水平 7.64% ~ 23.76%。可见，合理的水氮处理可减少干物质在茎叶等器官中的滞留，促进花后同化物向籽粒的转运，为胡麻高产奠定基础。

（二）水氮耦合对胡麻产量及品质的影响

研究表明，在改善水肥条件的状况下胡麻产量均有显著提高。水肥对产量的影响在一定范围内有较大的促进作用，不同灌溉量和施肥量的耦合作用对产量的影响也不同，高灌高肥对产量的增加效应较大，往往大于单一的灌水和施肥。低灌高肥由于水分胁迫不能有效地运输肥料，从而限制了肥效的发挥。然而，水分对产量的增加效果也随肥料提高而增加但并没有肥效随水分增加明显（郭天财，2004）。但当灌水量和施氮量大于一定额度时，作物产量反而会变小。本研究也得出类似的结论。张凤翔等（2005）研究表明，小麦的穗数与每穗粒数在不同的灌溉量和施肥量耦合作用下具有相似的变化趋势。在较高的土壤水分条件下，两者均随施肥量的增大而增加，在不同灌溉条件下施肥量对千粒重影响不显著。本研究结果表明，千粒重与施氮量呈现明显的负相关关系，灌溉量对千粒重的影响不明显。这与以上研究结果不尽相同，应该是由于不同区域、试验区土壤水分和养分条件的不同所致。在同一灌溉水平下，$N_0 \sim N_2$，灌水量的增加提高了胡麻籽粒产量，超过 N_2 水平时，籽粒产量却降低了 4.19%～7.74%。灌水处理亦有相似的规律，当灌水超过 W_2 水平时，籽粒产量降低 7.19%。W_2N_2 产量最高为 2 306.42 kg·hm^{-2}。在 W_1 处理下，施氮量的升高可有效提高胡麻籽粒产量，但施氮过多时增产效果不明显；在 W_2 处理下，施氮水平为 N_2 时胡麻籽粒产量达到最大，施氮水平达到 N_3 时，籽粒产量却不升反降，降幅达 4.19%～7.74%。随着施氮额度的提高，灌溉量引起的胡麻籽粒产量的差异性并不一致，以 W_2 处理的最高。本试验条件下水氮配比为 W_2N_2 的处理籽粒产量最高，较其他处理显著增产 16.05%～28.97%。可见，在胡麻生产管理中，盲目增加灌水量或者施氮量，并不能最大限度地增加籽粒产量，而合理的水氮搭配促进了胡麻植株对土壤水氮的有效利用，不仅能保证胡麻籽粒产量增加，还可以减少资源浪费。

就亚麻酸含量来说，在同一灌溉水平下，胡麻 N_2、N_3 处理高于 N_0、N_1 处理，N_2 处理相比 N_0、N_1 处理高出 2.81%～3.02%、2.69%～4.19%；N_3 处理相比较 N_2 处理高了 0.14%；在同一施氮水平下 W_2 处理对胡麻亚麻酸含量影响最大，随着灌溉量的增加胡麻亚麻酸含量呈现先增加后减小的趋势，表现为：$W_2 > W_3 > W_1$。W_2 比 W_3、W_1 分别高出 1.71%～2.31%。在 W_2 处理下，亚油酸含量表现为 $N_2 > N_3 > N_1 > N_0$。N_2 处理的亚油酸含量最高，为 13.86%，高于其他处理 0.81%～1.39%。

（三）水氮耦合对胡麻耗水特性及水分利用效率的影响

在西北干旱半干旱地区的农田生态系统中，水分与作物的关系密切相关，水分往往是影响作物生长发育的主要限制因子，水分的时空分布不但调控作物成长发育进程，而且也影响土壤生态系统的构成。适度缺水条件在改善作物产量、品质及水分利用率层面有益。在本试验条件下，随着灌溉额度的增加，耗水量明显升高，WUE 显著降低。本研究对水氮耦合对胡麻贮水消耗量的影响表明，现蕾期—盛花期是胡麻土壤贮水量变化的最大阶段，说明该阶段是胡麻生育期需水量最大的时候。土壤贮水消耗量先增加到 W_2 处理 2 100 m^3·hm^{-2}，为最大；之后再增加灌溉量，贮水消耗量反而降低，这可能是由于高灌不利于胡麻对土壤贮水的利用，同时造成一定程度的倒伏。随着施氮额度的增加，土壤贮水消耗量增长到 N_2 最大，继续提高施氮额度土壤贮水消耗量反倒下降。灌溉定额 2 100 m^3·hm^{-2} 的 W_2 处理为最佳灌水处理，能满足胡麻生长发育的需求，继续增加灌溉量不利于胡麻土壤贮水消耗量增加，同时也不利于胡麻生长发育的供水需求，反而影响水资源的合理利用。

水分利用效率的高低由籽粒产量和总耗水量的比值决定，它能够反映作物是否具有较好的水分利用效益。路振广（2012）等研究表明，苗期灌水对作物生长发育的影响较小，苗期对水分的需求不大，反而造成水资源的浪费降低水分利用效率。水分轻度亏缺条件下，作物水分利用效率出现较大值，而较高的产量不仅仅由水分利用效率决定，还与其他因素有关。本试验设计不同的灌溉量与施氮量组合来探讨其对胡麻水分利用效率的影响。综合考虑胡麻产量及水分利用效率等其他的因素，灌溉量以 2 100 m^3·hm^{-2}、施氮以 225 kg·hm^{-2} 为最佳，水分利用效率达到最大 3.94 kg·hm^{-2}·mm^{-1}。高灌高氮处理的水分利用效率并没有表现出最大值，中氮中灌处理的水分利用效率最大。

二、结论

（1）LAI 在枞形期至青果期都呈抛物线变化趋势，在盛花期达到峰值。此时其光合效率最高，是胡麻干物质积累的一个高峰期。不同灌水和施肥配比均在一定程度上提高了胡麻的 LAI。在 W_2 灌溉水平下，叶面积指数表现为 $N_2 > N_3 > N_1 > N_0$。在 W_1、W_3 灌溉水平下也表现出相似规律。施氮量超过 N_2 水平时，LAI 有一定程度降低。胡麻株高基本呈现"S"形变化趋势，株高增加最快时期出现在枞形期到现蕾期和现蕾期到盛花期；处理 W_2N_2 即灌溉量 2 100 m^3·hm^{-2}、施氮量 112.5 kg·hm^{-2} 处理增速最快，成熟期高达到 66.55 cm 为各处理最大值，不同灌溉量和施氮量并没有改变株高的总体生长趋势，灌溉量 2 100 $m^3 \cdot hm^{-2}$、施氮量 112.5 $kg \cdot hm^{-2}$ 的配比处理能更好地促进胡麻株高的增长。

（2）从苗期到成熟期伴随植株株高的升高，其地上部干物质积累量表现为：在盛花期到青果期干物质日积累速率最大，其中灌溉量 2 100 $m^3 \cdot hm^{-2}$、施氮量 112.5 $kg \cdot hm^{-2}$ 处理干物质日积累量最大（209.76 mg），比其他处理高出 5.12% ~ 31.37%。灌溉量 2 100 $m^3 \cdot hm^{-2}$、施氮量 112.5 $kg \cdot hm^{-2}$ 的配比处理的茎秆干物质分配比率最大，表明合理的水氮耦合处理能有效促进胡麻各生育期营养元素向叶、茎、花果的转运，为胡麻产量奠定了良好的基础。W_2N_2 处理的单株干重相比较其他处理高出了 12.03% ~ 45.49%。籽粒干物质分配量及比例都以灌溉量 2 100 $m^3 \cdot hm^{-2}$、施氮量 112.5 $kg \cdot hm^{-2}$ 组合处理的最大，在不同灌溉水平下，随着灌溉量的增加单株干重、主茎+分枝+果壳、籽粒出现先增加后降低的趋势；同一灌溉水平下随着施氮量增加亦出现相同趋势。说明灌溉量 2 100 $m^3 \cdot hm^{-2}$、施氮量 112.5 $kg \cdot hm^{-2}$ 处理为最佳水氮耦合方式，提高了成熟期的籽粒干物质分配量。在 W_1 处理下，显著高于其他处理 6.02% ~ 46.06%；在 W_3 处理下，显著高于其他处理 6.46% ~ 24.27%。因此灌溉量 2 100 $m^3 \cdot hm^{-2}$、施氮量 112.5 $kg \cdot hm^{-2}$ 时是胡麻水氮最佳耦合方式，能很好地提高胡麻干物质积累量及花后同化物向籽粒转移的比例，为高产、优质的获得提供了良好的基础。

（3）不同水氮条件对胡麻籽粒产量构成因子有较大的影响，其中灌溉量 2 100 $m^3 \cdot hm^{-2}$、施氮量 112.5 $kg \cdot hm^{-2}$ 处理的影响最为明显，水氮配比为灌溉量 2 100 $m^3 \cdot hm^{-2}$、施氮量 112.5 $kg \cdot hm^{-2}$ 的处理籽粒产量最高，较其他处理显著增产 16.05% ~ 28.97%。单一就灌水或施氮而言，伴随着灌水量或者施氮量的升高，籽粒产量先增加后降低，表明灌溉量 2 100 $m^3 \cdot hm^{-2}$、施氮 112.5 $kg \cdot hm^{-2}$ 是注水和施氮的临界值，超过该值继续增加灌溉量和施氮量并不能很好的提高产量，反而会有降低趋向。就胡麻亚麻酸在同一灌溉水平下，N_2 处理相比 N_0、N_1 处理高出 2.81% ~ 3.02%、2.69% ~ 4.19%；N_3 理相比较 N_2 处理高了 0.14%。在同一施氮条件下，W_1、W_2、W_3 中以 W_2 处理最高，为 47.65%，高于 W_1、W_2 处理 0.25%、0.85%。说明中氮中灌有利于提高胡麻亚麻酸的积累量。随着灌溉量的增加，胡麻亚油酸含量 W_2 比 W_3、W_1 分别高出 1.71% ~ 2.31%。说明适量灌溉能够提高油用亚麻亚油酸含量，但水分过多则不利于亚油酸的积累。但在同一灌溉水平下，不同施氮量在胡麻亚油酸含量提高方面的效果并不明显。

（4）现蕾期—盛花期是胡麻土壤贮水量变化的最大阶段，说明该阶段是胡麻生长发育需水量最大的时期，土壤贮水消耗量呈现出先增加后降低的趋势，在灌溉定额 2 100 $m^3 \cdot hm^{-2}$ 时达到峰值，再增加灌溉量，胡麻土壤贮水消耗额度反而降低。说明灌溉量达到 2 100 $m^3 \cdot hm^{-2}$ 时，即 W_2 处理为最佳灌水处理能满足胡麻生长发育的需求，继续增加灌溉量不利于胡麻土壤贮水消耗量增加，同时也不利于胡麻生长发育的供水需求。综合考虑胡麻产量及水分利用效率等其他的因素，以灌溉量 2 100 $m^3 \cdot hm^{-2}$、施氮量 225 $kg \cdot hm^{-2}$ 为最佳，水分利用效率达到最大 3.94 $kg \cdot hm^{-2} \cdot mm^{-1}$。

第六章 胡麻高产抗倒伏机理与防控途径

本研究通过对胡麻茎秆形态学（株高、茎粗、茎壁厚度、重心高度）、力学（茎秆抗折力、茎秆强度）、生化成分（木质素、纤维素、可溶性糖、淀粉）含量及木质素合成相关酶活性、N素和矿质元素含量等指标的测定和分析，研究抗倒伏能力不同的胡麻品种间抗倒伏特性的差异，以及水氮耦合、种植密度对胡麻抗倒伏特性的影响，探讨胡麻抗倒伏的机理，摸索种植密度、灌溉和施氮等栽培措施对胡麻茎秆发育和抗倒伏的调控效应与机制，对解决高产与倒伏矛盾、探明抗倒高产栽培途径提供科学依据和实践经验，从而进一步指导生产，满足人民生产、生活的需要。

第一节 不同品种胡麻茎秆抗倒伏性能的研究

一、不同品种胡麻倒伏情况

由表6-1可以看出，随生育时期的自然推进，各品种胡麻倒伏率逐渐增加。现蕾期所有品种都未倒伏，开花期以后倒伏开始发生（图6-1），开花期、绿熟期和成熟期平均倒伏率分别为7.76%、46.25%和64.23%，可以看出开花期—绿熟期倒伏率上升幅度较大，达到496.00%，绿熟期—成熟期变幅较小，增加了38.88%。不同品种之间倒伏率差异很大，从表6-1可以看出，开花期轮选3号的倒伏率最低，定亚23号倒伏率最高，极端值相差36.26%，变异系数为181.70%，定亚23号和张亚2号倒伏率显著高于其他品种（$P<0.05$）；绿熟期轮选3号的倒伏率最低，张亚2号倒伏率最高，极端值相差68.54%，变异系数为58.53%，张亚2号的倒伏率显著高于其他品种（$P<0.05$）；成熟期陇亚11号倒伏率最低，定亚23号倒伏率最高，极端值相差67.60%，变异系数为41.63%，张亚2号和定亚23号倒伏率显著高于其他品种（$P<0.05$）。因此可以看出，开花期及以后各生育期不同品种间倒伏率差异很大，但随生育期的推进变异系数逐渐减小。

表6-1 不同品种胡麻倒伏率 （%）

Tab. 6-1 The lodging rate of different varieties of oil flax

品种	开花期	绿熟期	成熟期
陇亚8号	0.48b	16.78d	37.07c
陇亚9号	0.45b	15.97d	36.00c
陇亚11号	0.50b	16.59d	32.40c
轮选3号	0.00b	14.93d	34.33c
定亚22号	1.31b	55.03c	71.53b
天亚9号	1.82b	60.87bc	79.12b
陇亚10号	1.59b	62.33bc	74.80b
陇亚杂1号	2.62b	63.53bc	80.00b
定亚23号	36.26a	72.99ab	100.00a
张亚2号	32.59a	83.47a	97.07a

图 6-1 不同品种胡麻倒伏情况（彩图见书末）

Fig. 6-1 The lodging situation of different varieties of oil flax

二、不同品种胡麻茎秆形态学特征差异

（一）不同品种胡麻株高和重心高度差异

从图 6-2 可以看出，随胡麻生育期的自然推进，株高和重心高度先增加后保持基本不变。现蕾期、开花期、绿熟期和成熟期平均株高分别为 59.17 cm、75.29 cm、75.61 cm 和 75.15 cm，现蕾期—开花期株高增加 27.25%，开花期以后株高趋于平稳。现蕾期以后进入胡麻营养和生殖生长并进的时期，植株各器官增长迅速，重心高度上移，现蕾期、开花期、绿熟期和成熟期平均重心高度分别为 24.79 cm、37.81 cm、43.06 cm 和 43.24 cm，现蕾期—开花期重心高度增加幅度最大达到 52.50%，开花期—绿熟期增加了 13.90%，绿熟期—成熟期保持稳定。

现蕾期陇亚 9 号株高最矮为 56.76 cm，定亚 23 号最高为 63.19 cm，极端值相差 6.43 cm，变异

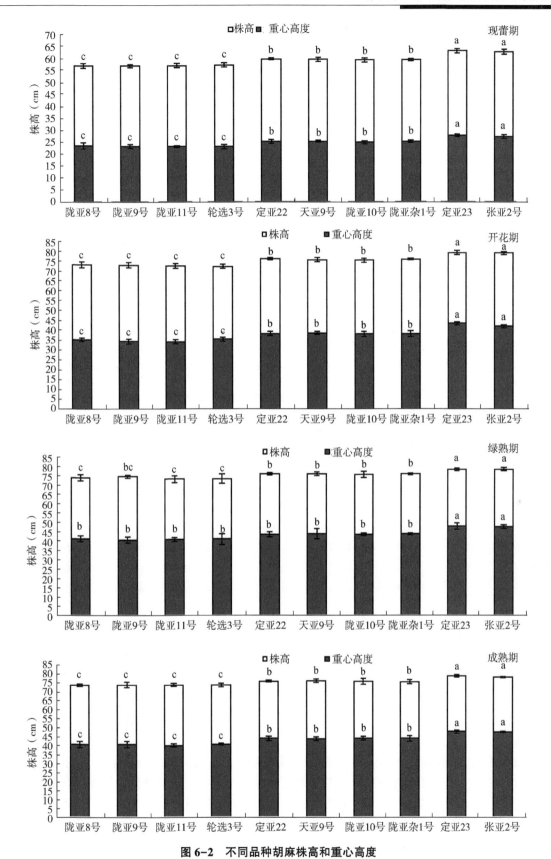

图 6-2 不同品种胡麻株高和重心高度

Fig. 6-2 The plant height and gravity center height of different varieties of oil flax

系数为 3.97%；开花期株高最矮的品种是轮选 3 号为 72.39 cm，最高的品种同样是定亚 23 号为

79.37 cm, 极端值相差 6.98 cm, 变异系数为 3.35%; 绿熟期陇亚 11 号表现最矮, 株高为 73.4 cm, 定亚 23 号最高, 平均株高为 78.81 cm, 极端值相差 5.41 cm, 变异系数为 2.50%; 成熟期陇亚 8 号最矮, 其株高平均为 73.51 cm, 最高的是定亚 23 号, 株高为 78.56 cm, 极端值相差 5.05 cm, 变异系数为 2.42%。各生育期定亚 23 号和张亚 2 号的株高高于其他品种 ($P<0.05$)。各生育期重心高度最高的是定亚 23 号, 最低的品种分别是陇亚 11 号、陇亚 11 号、陇亚 9 号和陇亚 11 号。现蕾期、开花期、绿熟期和成熟期重心高度极端值相差分别为 4.72 cm、9.43 cm、7.35 cm 和 7.73 cm, 变异系数分别为 6.89%、8.44%、6.09% 和 6.49%。各生育期定亚 23 号和张亚 2 号显著高于其他品种 ($P<0.05$)。从图 6-2 中还可以看出, 随着生育期的推进, 重心高度占株高的比例逐渐增加, 现蕾期、开花期、绿熟期和成熟期重心高度占株高的比例平均为 41.86%、50.14%、57.38% 和 57.36%, 开花期较现蕾期上升了 19.78%, 绿熟期较开花期上升了 14.44%, 这与倒伏率逐渐增加也有一定的关系。

（二）不同品种胡麻茎粗和壁厚差异

现蕾期、开花期、绿熟期和成熟期供试胡麻品种平均茎粗分别为 0.222 cm、0.239 cm、0.242 cm 和 0.240 cm, 从表 6-2 可以看出, 现蕾期—开花期胡麻茎秆基部茎粗增加, 增加幅度为 7.67%, 开花期以后基本保持不变。不同胡麻品种间基部茎粗存在一定差异, 现蕾期最大和最小茎粗的品种分别是陇亚 9 号和张亚 2 号, 极端值相差 0.032 cm, 变异系数为 5.32%; 开花期、绿熟期和成熟期都以轮选 3 号的茎粗表现最大, 最小茎粗只出现在定亚 23 号和张亚 2 号之间, 开花期、绿熟期和成熟期极端值相差分别为 0.043 cm、0.044 cm、0.042 cm, 变异系数分别为 6.9%、6.63% 和 6.51%。

表 6-2 不同品种胡麻茎粗和茎壁厚度

Tab. 6-2 The diameter of culm and thickness of culm wall of different varieties of oil flax

品种	茎粗（cm）				壁厚（mm）			
	现蕾期	开花期	绿熟期	成熟期	现蕾期	开花期	绿熟期	成熟期
陇亚 8 号	0.234ab	0.255ab	0.259a	0.256a	1.217a	0.971a	0.911a	0.819a
陇亚 9 号	0.237a	0.254ab	0.257ab	0.256a	1.197a	0.962ab	0.908ab	0.814ab
陇亚 11 号	0.235a	0.258a	0.256ab	0.254a	1.203a	0.979a	0.912a	0.813ab
轮选 3 号	0.231ab	0.259a	0.262a	0.259a	1.210a	0.964ab	0.909ab	0.823a
定亚 22 号	0.217abc	0.233c	0.237cd	0.235b	1.113ab	0.941c	0.884abc	0.793ab
天亚 9 号	0.215bc	0.235bc	0.239bc	0.238b	1.119ab	0.948bc	0.883abc	0.797ab
陇亚 10 号	0.221abc	0.235bc	0.239bc	0.237b	1.137ab	0.936c	0.881abc	0.797ab
陇亚杂 1 号	0.218abc	0.230c	0.232cd	0.231bc	1.133ab	0.939c	0.878abc	0.791ab
定亚 23 号	0.206c	0.216c	0.218d	0.218c	1.043b	0.914d	0.862bc	0.781b
张亚 2 号	0.205c	0.216c	0.220d	0.217c	1.057b	0.912d	0.859c	0.789ab

从表 6-2 还可以看出, 现蕾期以后随胡麻的生长其基部茎壁厚度逐渐减小, 现蕾期、开花期、绿熟期和成熟期 10 个胡麻品种平均茎壁厚度分别为 1.143 mm、0.946 mm、0.890 mm 和 0.802 mm, 成熟期较现蕾期平均减小了 29.85%, 可能由于现蕾期以后, 胡麻进入营养生长与生殖生长并进时期, 生长速度过快, 茎秆的髓被破坏, 髓腔逐渐形成造成。对试验数据分析后发现胡麻品种间茎壁厚度也有一定差异, 各生育期定亚 23 号和张亚 2 号茎壁厚度小于其他品种。

（三）不同品种胡麻干物质积累差异

干重是对各组织物质积累程度、器官大小的反映, 其大小对作物的抗倒伏性也存在一定影响。从表 6-3 中可以看出, 现蕾期、开花期、绿熟期和成熟期 10 个供试胡麻品种地上部干重分别为 1.123 g·株$^{-1}$、1.507 g·株$^{-1}$、2.271 g·株$^{-1}$ 和 2.280 g·株$^{-1}$, 现蕾期—绿熟期胡麻地上部干重逐渐增加, 绿熟期—成熟期变幅微小, 开花期较现蕾期增加了 34.15%, 绿熟期较开花期增加了

50.76%。品种不同地上部干重也有差异，各生育期张亚2号和定亚23号地上部干物质量最轻，品种间变异系数分别为7.92%、7.44%、7.05%和6.31%。根不仅负责吸收土壤中的水分和养料提供给植株，同时还对地上部分有一定的支持和固定作用，因此也影响植株的抗倒伏性。现蕾期、开花期、绿熟期和成熟期10个供试品种根干重分别为0.068 g·株$^{-1}$、0.143 g·株$^{-1}$、0.143 g·株$^{-1}$和0.144 g·株$^{-1}$，开花期较现蕾期增加了110.80%，开花期—成熟期表现稳定。现蕾期、开花期和绿熟期均以轮选3号的根干重最重，成熟期则以陇亚9号的最重为0.159 g·株$^{-1}$，各生育期均以定亚23号的根干重表现最轻。现蕾期、开花期、绿熟期和成熟期极端值相差分别为0.019 g·株$^{-1}$、0.037 g·株$^{-1}$、0.034 g·株$^{-1}$和0.029 g·株$^{-1}$，变异系数分别为11.26%、10.76%、10.22%和9.23%。

表6-3　不同品种胡麻各生育期干物质积累特性

Tab. 6-3　Different on matter accumulation of oil flax

项目	品种	现蕾期	开花期	绿熟期	成熟期
地上部干重（g·株$^{-1}$）	陇亚8号	1.269a	1.700a	2.552a	2.539a
	陇亚9号	1.276a	1.702a	2.553a	2.520a
	陇亚11号	1.274a	1.703a	2.559a	2.539a
	轮选3号	1.275a	1.689a	2.535a	2.566a
	定亚22号	1.108bc	1.481bcd	2.260b	2.270b
	天亚9号	1.105bc	1.480bcd	2.274b	2.260b
	陇亚10号	1.114b	1.505bc	2.264b	2.270b
	陇亚杂1号	1.116b	1.518b	2.257b	2.272b
	定亚23号	1.074cd	1.452cd	2.165c	2.221b
	张亚2号	1.066d	1.431d	2.187c	2.231b
根干重（g·株$^{-1}$）	陇亚8号	0.077a	0.161a	0.160a	0.159a
	陇亚9号	0.076a	0.161a	0.160a	0.159a
	陇亚11号	0.076a	0.160a	0.158a	0.158a
	轮选3号	0.078a	0.163a	0.161a	0.159a
	定亚22号	0.064b	0.135b	0.135b	0.134bcd
	天亚9号	0.063bc	0.134b	0.133bc	0.136b
	陇亚10号	0.064bc	0.134b	0.134bc	0.134bcd
	陇亚杂1号	0.064b	0.135b	0.134bc	0.135bc
	定亚23号	0.059c	0.126b	0.127d	0.130d
	张亚2号	0.060bc	0.127b	0.129cd	0.131cd

（四）胡麻茎秆形态特征和倒伏率的关系

由表6-4可以看出，各生育期胡麻的株高和重心高度与倒伏率呈极显著的正相关关系，表明在育种工作中，适当降低株高和重心高度，可提升胡麻的抗倒伏能力，降低倒伏率。同时发现茎粗、茎壁厚度和倒伏率呈极显著负相关性，茎秆越粗、茎壁越厚则茎秆机械强度越大，抗倒伏能力相对增强，倒伏发生概率降低。各生育期地上部干重和根干重与倒伏率都呈现极显著负相关，地上部质量大表示作物地上部生长茂盛，相应的茎秆生长状态较好、茎秆充实程度高、茎秆机械组织发达，对自身重量的支撑能力增加，有利于抗倒伏；根系越发达，从土壤中吸收的养分和水分越多，促进植株各器官生长，同时对地上部分的支撑和固定能力增强，抗倒伏能力提升。

表6-4　胡麻茎秆形态指标与倒伏率的相关分析

Tab. 6-4　Correlated analysis of morphologic character and lodging percentage of oil flax

项目	开花期	绿熟期	成熟期
株高	0.798 **	0.846 **	0.897 **
重心高度	0.811 **	0.761 **	0.917 **
茎粗	−0.669 **	−0.796 **	−0.853 **
茎壁厚度	−0.715 **	−0.647 **	−0.608 **
地上部干重	−0.567 **	−0.939 **	−0.939 **
根干重	−0.598 **	−0.953 **	−0.944 **

* 表示5%的显著水平，** 表示1%的极显著水平。下同。

三、不同品种胡麻茎秆物理特性的差异

（一）不同品种胡麻茎秆抗折力的差异

现蕾期、开花期、绿熟期和成熟期10个供试品种茎秆抗折力平均为1.69N、2.19N、2.23N和2.15N，现蕾期—开花期增加了29.28%，增幅较大，绿熟期—成熟期略有减小。从表6-5可以看出，不同胡麻品种间茎秆抗折力差异明显。现蕾期茎秆抗折力极端值相差0.26 N，变异系数为5.81%，定亚23号和张亚2号小于其他品种；开花期极端值相差0.31 N，变异系数为5.36%；绿熟期陇亚11号抗折力最大2.36N，张亚2号最小，为2.06N，极端值相差0.30 N，变异系数为5.16%；成熟期轮选3号抗折力最大，为2.27N，定亚23号最小，为2.01N，极端值相差0.26 N，变异系数为4.79%。

表6-5　不同品种胡麻茎秆抗折力差异　　　　　　　　　　　　　　　　　（N）

Tab. 6-5　Different of snapping resistance of different varieties of oil flax about stem

品种	现蕾期	开花期	绿熟期	成熟期
陇亚8号	1.80a	2.31a	2.34a	2.25ab
陇亚9号	1.81a	2.33a	2.35a	2.24ab
陇亚11号	1.78ab	2.30a	2.36a	2.27a
轮选3号	1.79a	2.32a	2.35a	2.27a
定亚22号	1.64cd	2.14b	2.17bc	2.08c
天亚9号	1.64cd	2.15b	2.19bc	2.10c
陇亚10号	1.69abc	2.15b	2.20b	2.12bc
陇亚杂1号	1.66bcd	2.13b	2.17bcd	2.09c
定亚23号	1.55d	2.02c	2.08cd	2.01c
张亚2号	1.56d	2.04c	2.06d	2.02c

（二）不同品种胡麻倒伏指数的差异

现蕾期—成熟期10个胡麻品种倒伏指数分别为0.73、1.23、1.94和1.24，从表6-6可以看出，现蕾期—成熟期倒伏指数先增加后减小呈倒"V"形变化趋势，绿熟期值最大，开花期较现蕾期增加了68.96%，绿熟期较开花期增加了57.22%，成熟期较绿熟期减小了36.09%，这与地上部鲜重、重心高度和茎秆抗折力的变化规律有关，胡麻在生长发育过程中，开花期—绿熟期是最容易发生倒伏的时期，这一时期地上部质量增加，重心高度上移，同时籽粒灌浆导致茎秆物质再运转，使茎秆抗折力降低，抗倒伏能力下降。不同品种间倒伏指数也存在明显差异，现蕾期—成熟期不同品种间倒伏指数变异系数平均为10.15%，极端值相差平均为0.354。现蕾期、绿熟期和成熟期定亚23号和张亚2号的倒伏指数显著高于其他品种，开花期定亚23号的倒伏指数显著高于其他品种。

表6-6　不同品种胡麻茎秆倒伏指数差异
表6-6　不同品种胡麻茎秆倒伏指数差异
Tab. 6-6　Different of lodging index of different varieties of oil flax about stem

品种	现蕾期	开花期	绿熟期	成熟期
陇亚 8 号	0.664c	1.112d	1.787c	1.119c
陇亚 9 号	0.655c	1.075d	1.749c	1.116c
陇亚 11 号	0.662c	1.084d	1.762c	1.094c
轮选 3 号	0.660c	1.107d	1.757c	1.124c
定亚 22 号	0.754b	1.253c	1.975b	1.283b
天亚 9 号	0.752b	1.254c	1.995b	1.260b
陇亚 10 号	0.723b	1.264c	1.960b	1.261b
陇亚杂 1 号	0.745b	1.285c	1.991b	1.283b
定亚 23 号	0.855a	1.491a	2.193a	1.428a
张亚 2 号	0.830a	1.406b	2.221a	1.424a

（三）不同品种胡麻茎秆抗折力及倒伏指数与倒伏率的关系

从表6-7可以看出，各生育期胡麻茎秆抗折力和倒伏率呈极显著的负相关关系，说明茎秆抗折力越大，抗倒伏能力越强，倒伏率越小；同时可以看出，倒伏指数和倒伏率呈极显著正相关关系（$P<0.01$），倒伏指数越大抗倒伏能力越弱，倒伏率越高。因此茎秆抗折力和倒伏指数可作为衡量作物抗倒伏能力的重要指标。

表6-7　胡麻茎秆抗折力和倒伏指数与倒伏率的相关分析
Tab. 6-7　Correlated analysis of snapping resistance, lodging index and lodging percentage of oil flax

生育期	茎秆抗折力	倒伏指数
开花期	−0.694 **	0.797 **
绿熟期	−0.876 **	0.850 **
成熟期	−0.815 **	0.907 **

四、不同品种胡麻茎秆纤维素、木质素含量的差异

从表6-8、表6-9可以看出，随胡麻自然生长，茎秆中纤维素、木质素含量呈上升趋势，现蕾期—开花期纤维素、木质素含量增幅分别达到20.84%和24.38%，开花期以后纤维素含量变幅较小，开花期—绿熟期、绿熟期—成熟期分别只增加了4.94和3.23个百分点；木质素含量绿熟期较开花期上升了29.12个百分点，增幅最大，成熟期较绿熟期上升了4.63个百分点，增幅最小。绿熟期—成熟期胡麻植株各项生理活动都已减弱，而茎秆纤维素含量上升，可能与此时期植株开始干枯有关。不同品种间茎秆纤维素、木质素含量也存在一定差异，各生育期纤维素、木质素含量最低的总是在定亚23号和张亚2号两者之间，纤维素、木质素含量极端值相差平均为3.79%和6.36%，变异系数平均为4.41%和9.53%，说明品种间茎秆木质素含量差异大于纤维素含量。

表6-8　不同品种胡麻茎秆纤维素含量差异　　　　　　　　　　　　　　　（%）
Tab. 6-8　Different of cellulose contents of different varieties of oil flax about stem

品种	现蕾期	开花期	绿熟期	成熟期
陇亚 8 号	25.27a	30.65a	30.77ab	31.78ab
陇亚 9 号	24.45ab	30.16a	31.04a	32.20a

（续表）

品种	现蕾期	开花期	绿熟期	成熟期
陇亚 11 号	25.20a	30.25a	31.31a	31.77ab
轮选 3 号	24.50ab	30.48a	31.25a	32.11a
定亚 22 号	23.53abc	29.30ab	29.89ab	30.97ab
天亚 9 号	23.17bcd	27.92bc	29.78ab	30.39bc
陇亚 10 号	23.60abc	28.19bc	30.05ab	31.10ab
陇亚杂 1 号	23.77abc	28.04bc	30.57ab	31.29ab
定亚 23 号	21.67d	26.63cd	27.78c	29.29c
张亚 2 号	22.47cd	25.54d	28.90bc	30.17bc

表 6-9　不同品种胡麻茎秆木质素含量差异　　　　　　　　　　　　　　　（%）

Tab. 6-9　Different of lignin contents of different varieties of oil flax about stem

品种	现蕾期	开花期	绿熟期	成熟期
陇亚 8 号	20.24a	25.36a	32.03a	34.02a
陇亚 9 号	19.93a	25.51a	32.66a	33.93a
陇亚 11 号	20.33a	25.03a	32.17a	33.54a
轮选 3 号	20.07a	25.91a	32.54a	34.07a
定亚 22 号	17.75b	21.91b	28.75b	29.84b
天亚 9 号	17.40bc	21.73b	28.20b	29.94b
陇亚 10 号	17.72b	21.54b	28.63b	30.16b
陇亚杂 1 号	17.68b	21.80b	28.93b	29.79b
定亚 23 号	16.45c	19.62c	25.20c	26.27c
张亚 2 号	16.50c	19.94c	25.42c	26.67c

五、不同品种胡麻茎秆木质素合成相关酶活性的差异

木质素合成途径是植物苯丙烷类物质合成途径的一个分支，苯丙氨酸转氨酶（PAL）、过氧化物酶（POD）、肉桂醇脱氢酶（CAD）、4-香豆酸：CoA 连接酶（4CL）及酪氨酸解氨酶（TAL）是木质素合成一般途径中的重要调控酶，PAL 催化 L-苯丙氨酸脱氨生成反式肉桂酸，是苯丙烷类代谢途径的限速酶，TAL 位于苯丙酸途径的入口，催化酪氨酸脱氨直接生成香豆酸，CAD 催化木质素单体合成最后一步，POD 催化木质素单体脱氢聚合形成木质素，4CL 催化肉桂酸生成相应的 CoA 酯，它处于苯丙烷类代谢形成不同类型产物的转折点上。随着胡麻的自然生长，绿熟期较现蕾期茎秆中 PAL、POD、CAD、4CL 和 TAL 5 种酶的活性大幅下降（图 6-3 至图 6-7），降幅分别为 76.60%、86.22%、92.88%、81.45% 和 69.43%，CAD 活性降幅最大，TAL 最小。不同胡麻品种间 5 种酶的活性也存在差异，现蕾期、绿熟期品种间酶活性平均变异系数为 7.43% 和 15.79%，绿熟期品种间差异大于现蕾期，定亚 23 和张亚 2 号酶活性显著低于其他品种。

本试验在测酶活性时，取样的时间点太少，不利于更好地了解各种酶的动态变化趋势，这有待于在今后的研究中补充。

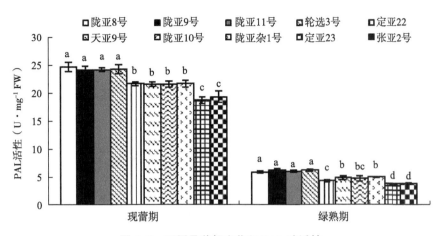

图 6-3 不同品种胡麻茎秆 PAL 酶活性

Fig. 6-3 Activity of PAL of different varieties of oil flax about stem

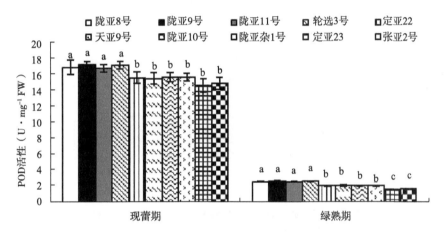

图 6-4 不同品种胡麻茎秆 POD 酶活性

Fig. 6-4 Activity of POD of different varieties of oil flax about stem

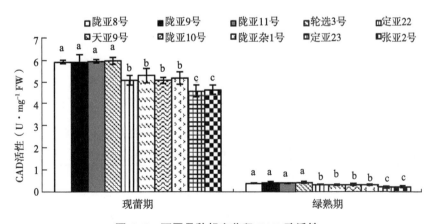

图 6-5 不同品种胡麻茎秆 CAD 酶活性

Fig. 6-5 Activity of CAD of different varieties of oil flax about stem

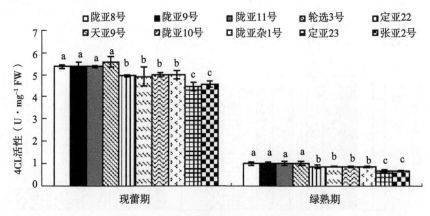

图 6-6 不同品种胡麻茎秆 4CL 酶活性

Fig. 6-6 Activity of 4CL of different varieties of oil flax about stem

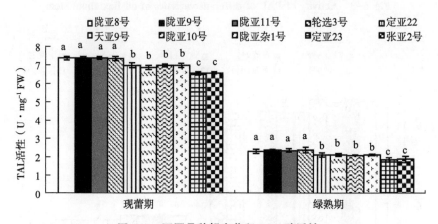

图 6-7 不同品种胡麻茎秆 TAL 酶活性

Fig. 6-7 Activity of TAL of different varieties of oil flax about stem

六、不同品种胡麻茎秆成分含量及其相关合成酶活性与抗倒伏能力的关系

根据表 6-10 可以看出，胡麻茎秆木质素含量和 PAL、POD、CAD、4CL 及 TAL 5 种酶活性呈极显著正相关关系（$P<0.01$），说明 PAL、POD、CAD、4CL 及 TAL 5 种酶对木质素的合成具有重要的调控作用。同时可以看出纤维素、木质素含量，PAL、POD、CAD、4CL 及 TAL 活性与倒伏率和倒伏指数负相关，并且达到极显著水平，由此可见茎秆中纤维素、木质素含量及 PAL、POD、CAD、4CL 及 TAL 5 种酶的活性是影响胡麻倒伏率和倒伏指数的主要因素；与茎秆抗折力呈正相关关系，且达极显著水平（$P<0.01$），说明纤维素、木质素含量高，茎秆机械组织发达，茎秆抗折力大。

表 6-10 胡麻茎秆化学成分含量与抗倒伏能力的相关分析（绿熟期）

Tab. 6-10 Correlated analysis of chemical composition contents and lodging resistance of oil flax（green ripe stage）

项目	纤维素含量	木质素含量	PAL 活性	POD 活性	CAD 活性	4CL 活性	TAL 活性
木质素含量			0.952**	0.910**	0.910**	0.916**	0.890**
倒伏率	-0.568**	-0.932**	-0.893**	-0.853**	-0.868**	-0.834**	-0.827**
茎秆抗折力	0.635**	0.865**	0.839**	0.868**	0.821**	0.742**	0.825**
倒伏指数	-0.568**	-0.906**	-0.846**	-0.854**	-0.789**	-0.843**	-0.834**

七、不同品种胡麻茎秆氮素及矿质元素含量差异

（一）不同品种胡麻茎秆氮素及矿质元素含量

不同品种胡麻茎秆中 N、K、Ca、Mg 元素含量存在一定差异（表6-11）。成熟期 10 个胡麻品种茎秆中 N 含量平均为 7 175.82 mg·kg⁻¹，张亚 2 号含量最高，比平均值高 9.40%；轮选 3 号含量最低，比平均值低 10.01%，极端值相差 1 392.22 mg·kg⁻¹，变异系数为 6.39%。所有参试品种茎秆中 K 含量平均为 9 586.67 mg·kg⁻¹，略高于 N 含量，成熟期含量最高和最低的品种分别是轮选 3 号和定亚 23 号，比平均值高 21.70%、低 18.64%，极端值相差 3 866.67 mg·kg⁻¹，变异系数为 14.61%。不同胡麻茎秆中 Ca 含量平均为 1 048.62 mg·kg⁻¹，轮选 3 号含量最高，比平均值高 6.48%；张亚 2 号含量最低，比平均值低 9.07%，极端值相差 163.06 mg·kg⁻¹，变异系数为 5.37%。本试验参试品种茎秆 Mg 含量平均为 580.17 mg·kg⁻¹，轮选 3 号含量最低，比平均值低 4.21%，定亚 23 号含量最高，比平均值高 5.85%，极端值相差 58.37 mg·kg⁻¹，变异系数为 3.38%，定亚 23 号和张亚 2 号茎秆 Mg 含量高于其他品种。

表6-11　胡麻茎秆氮素及矿质元素含量差异（成熟期）

Tab. 6-11　Different of N and mineral element content ofdifferent varieties of oil flax about stem（Maturation stage）

品种	N 含量（mg·kg⁻¹）	K 含量（mg·kg⁻¹）	Ca 含量（mg·kg⁻¹）	Mg 含量 mg·kg⁻¹
陇亚 8 号	6 723.33bc	10 900.00a	1 096.92a	558.23b
陇亚 9 号	6 791.11bc	11 333.33a	1 099.20a	564.31b
陇亚 11 号	6 913.33bc	10 566.37a	1 094.25a	562.96b
轮选 3 号	6 457.78c	11 666.67a	1 116.53a	555.77b
定亚 22 号	7 313.33ab	8 900.01b	1 056.00ab	586.20ab
天亚 9 号	7 173.78abc	8 666.77b	1 023.79abc	590.95ab
陇亚 10 号	7 343.33ab	9 066.62b	1 024.31abc	588.39ab
陇亚杂 1 号	7 410.00ab	8 966.57b	1 054.67ab	579.18ab
定亚 23 号	7 782.22a	7 800.00b	967.09bc	614.14a
张亚 2 号	7 850.00a	8 001.02b	953.48c	601.60a

（二）不同品种胡麻茎秆氮素及矿质元素含量与抗倒伏能力的关系

根据表6-12可以看出，胡麻茎秆 N、Mg 含量与倒伏率和倒伏指数呈极显著正相关，与茎秆抗折力极显著负相关。K、Ca 含量与倒伏率和倒伏指数呈极显著负相关，与茎秆抗折力呈极显著正相关。说明胡麻茎秆 N、Mg 元素含量高会削弱茎秆抗折力，减小抗倒伏能力，而 K、Ca 元素含量高则提高抗折力、减少倒伏发生概率。

表6-12　胡麻氮素及矿质元素含量与抗倒伏能力的相关分析（成熟期）

Tab. 6-12　Correlated analysis of N and mineral element contents and lodging resistance of oil flax（Maturation stage）

项目	N 含量	K 含量	Ca 含量	Mg 含量
倒伏率	0.793**	-0.890**	-0.743**	0.712**
茎秆抗折力	-0.583**	0.904**	0.549**	-0.557**
倒伏指数	0.656**	-0.907**	-0.665**	0.692**

八、成熟期品种抗倒伏特性聚类分析

利用单一的指标对不同品种的抗倒伏性进行归类都存在片面性和不稳定性，为了能够比较综合的

根据抗倒伏特性对不同胡麻品种进行分类，本试验应用 SPSS 16.0 软件，对 10 个胡麻品种的 15 个与抗倒伏性相关的形态学、力学和生理生化等指标进行系统聚类，当欧氏距离为 6 时，供试材料被划分为 3 个类群，第 I 类包括陇亚 8 号、陇亚 9 号、陇亚 11 号和轮选 3 号；第 II 类包括陇亚 10 号、陇亚杂 1 号、天亚 9 号和定亚 22 号；第 III 类包括定亚 23 号和张亚 2 号（图 6-8）。

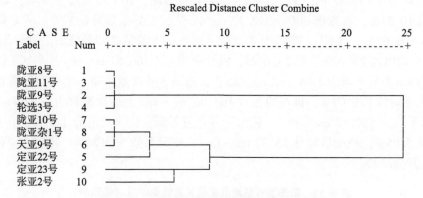

图 6-8　不同品种胡麻抗倒伏性能聚类分析

Fig. 6-8　Clustering analysis on the lodging resistance of different varieties of oil flax

（一）类群间形态特征差异

从表 6-13 中可以看出，各类群间倒伏率、株高和重心高度表现出 III 类> II 类> I 类（$P<0.05$），II 类和 III 类的倒伏率分别比 I 类高 118.50% 和 181.93%，株高分别高 4.17% 和 9.23%，重心高度分别高 8.35% 和 17.65%；茎粗、茎壁厚度和干重则表现相反，即 I 类> II 类> III 类（$P<0.05$），I 类的茎粗、茎壁厚度、地上部干重和根干重分别比 III 类高 17.96%、4.09%、14.15% 和 21.89%，II 类的比 III 类高 8.07%、1.18%、1.89% 和 3.61%。

表 6-13　成熟期胡麻不同类群间形态特征差异

Tab. 6-13　Different of morphologic character between groups of oil flax in maturation stage

类群	倒伏率（%）	株高（cm）	重心高度（cm）	茎粗（cm）	茎壁厚度（mm）	地上部干重（g）	根干重（g）
I 类	34.95 c	72.60 c	40.46 c	0.257 a	0.817 a	2.541 a	0.159 a
II 类	76.36 b	75.63 b	43.84 b	0.235 b	0.794 b	2.268 b	0.135 b
III 类	98.53 a	79.31 a	47.60 a	0.218 c	0.785 b	2.226 b	0.130 c

（二）类群间茎秆抗折力和倒伏指数差异

从表 6-14 中可以看出，各类群间茎秆抗折力表现出 I 类> II 类> III 类（$P<0.05$），I 类和 II 类的茎秆抗折力分别比 III 类高 12.13% 和 4.33%；倒伏指数与茎秆抗折力相反，表现为 I 类< II 类< III 类（$P<0.05$），I 类和 II 类的倒伏指数分别比 III 类小 21.92% 和 10.78%。

表 6-14　胡麻不同类群间茎秆抗折力和倒伏指数差异（成熟期）

Tab. 6-14　Different of snapping resistance and lodging index between groups of oil flax（Maturation stage）

类群	茎秆抗折力（N）	倒伏指数
I 类	2.26 a	1.11 c
II 类	2.10 b	1.27 b
III 类	2.01 c	1.43 a

（三）类群间茎秆纤维素和木质素含量差异

从表6-15中可以看出，各类群间茎秆纤维素和木质素含量都表现出Ⅰ类>Ⅱ类>Ⅲ类（$P<0.05$），Ⅰ类和Ⅱ类的纤维素含量分别比Ⅲ类高7.53%和4.06%，木质素含量分别高28.03%和13.07%。

表6-15 胡麻不同类群间茎秆纤维素和木质素含量差异（成熟期） （%）

Tab. 6-15 Different of cellulose and lignin contents between groups in stem of oil flax（Maturation stage）

类群	纤维素含量	木质素含量
Ⅰ类	31.97a	33.89a
Ⅱ类	30.94b	29.93b
Ⅲ类	29.73c	26.47c

（四）类群间茎秆N素和矿质元素含量差异

从表6-16中可以看出，各类群间茎秆N含量表现出Ⅰ类<Ⅱ类<Ⅲ类，Ⅰ类茎秆中N含量显著低于Ⅱ类和Ⅲ类（$P<0.05$），分别比Ⅱ类和Ⅲ类低8.05%和14.01%；各类群间茎秆Mg含量同样表现出Ⅰ类<Ⅱ类<Ⅲ类，且各类间差异均显著（$P<0.05$），Ⅰ类分别比Ⅱ类和Ⅲ类低4.41%和7.82%；类群间茎秆K和Ca含量都表现出Ⅰ类>Ⅱ类>Ⅲ类（$P<0.05$），Ⅰ类和Ⅱ类的K含量分别比Ⅲ类高40.72%和12.66%，Ca含量分别高14.73%和8.27%。综上所述，与其他两个类群相比，类群Ⅰ倒伏率低，具有较低的株高和重心高度、粗壮的茎秆和厚实的茎壁、发达的根系、较强的茎秆抗折力，倒伏指数低，茎秆纤维素、木质素、K和Ca含量高，N和Mg含量低，因此抗倒伏能力强，为抗倒伏类群，属于类群Ⅰ的陇亚8号、陇亚9号、陇亚11号和轮选3号4个品种为抗倒伏胡麻品种。类群Ⅲ倒伏率高，茎秆细长，重心高度较高，茎壁较薄，根量少，茎秆抗折力较小，倒伏指数高，茎秆纤维素、木质素、K和Ca含量低，N和Mg含量低高，抗倒伏能力弱，为易倒伏类群，属于类群Ⅲ的定亚23号和张亚2号个品种为易倒伏胡麻品种。类群Ⅱ的各项指标介于类群Ⅰ和Ⅲ之间，定亚22号、天亚9号、陇亚10号和陇亚杂1号属于中抗品种。

表6-16 成熟期胡麻不同类群间N素和矿质元素含量差异

Tab. 6-16 Different of nitrogen and mineral element contents between groups of oil flax（Maturation stage）

类群	N含量（mg·kg^{-1}）	K含量（mg·kg^{-1}）	Ca含量（mg·kg^{-1}）	Mg含量（mg·kg^{-1}）
Ⅰ类	6 721.39 b	11 116.67 a	1 101.73 a	560.32 c
Ⅱ类	7 310.11 a	8 900.12 b	1 039.69 b	586.18 b
Ⅲ类	7 816.11 a	7 900.03 c	960.29 c	607.87 a

九、小结

（一）不同品种胡麻倒伏率及形态特征差异

（1）现蕾期各品种均未发生倒伏，开花期、绿熟期和成熟期平均倒伏率分别为7.76%、46.25%和64.23%。不同品种间倒伏率有一定差异，开花期、绿熟期和成熟期品种间变异系数分别为181.70%、58.53%和41.63%。

（2）随胡麻生育期的自然推进，株高和重心高度先增加后保持基本不变。各生育期品种间株高变异系数分别为3.97%、3.35%、2.50%和2.42%；重心高度变异系数分别为6.89%、8.44%、6.09%和6.49%。随着生育期的推进，重心高度占株高的比率逐渐增加，绿熟期以后表现稳定。

（3）现蕾期—开花期胡麻茎秆基部茎粗增加，开花期以后基本保持不变。现蕾期、开花期、绿熟期和成熟期变异系数分别为5.32%、6.9%、6.63%和6.51%。现蕾期以后随胡麻的生长其基部茎壁厚度逐渐减小，各生育期变异系数分别为5.49%、2.40%、2.27%和1.79%。

（4）现蕾期—绿熟期胡麻地上部干重逐渐增加，绿熟期—成熟期变幅微小。各生育期地上部干重品种间变异系数在 6.31%~7.92%。根干重在现蕾期—开花期增幅较大，开花期—成熟期表现稳定，各生育期变异系数在 9.23%~11.26% 范围内。

株高、重心高度与倒伏率呈正相关关系，茎粗、茎壁厚度、地上部干重和根干重与倒伏率呈负相关关系。

（二）不同品种胡麻茎秆物理特性差异

茎秆抗折力和倒伏指数从现蕾期以后都呈现抛物线形变化趋势。各生育期茎秆抗折力品种间变异系数在 4.79%~5.81% 范围内。各生育时期倒伏指数变异系数分别为 10.13%、11.44%、9.02% 和 10.01%。胡麻茎秆抗折力与倒伏率呈极显著的负相关关系，倒伏指数与倒伏率呈极显著正相关关系（$P<0.01$）。

（三）不同品种胡麻茎秆化学成分含量差异

（1）现蕾期以后胡麻茎秆中纤维素和木质素含量逐渐增加。现蕾期、开花期、绿熟期和成熟期茎秆纤维素含量品种间变异系数分别为 4.83%、6.08%、3.72% 和 3.00%；木质素含量变异系数分别为 8.50%、10.46%、9.55% 和 9.61%。

（2）与现蕾期相比，绿熟期与木质素合成相关的 PAL、POD、CAD、4CL 和 TAL 活性大幅下降。变异系数在现蕾期和绿熟期分别为 9.35%、5.94%、10.07%、7.08%、4.73%、18.20%、17.71%、19.69%、14.01%、9.34%。胡麻茎秆木质素含量和 PAL、POD、CAD、4CL 及 TAL 5 种酶活性呈极显著正相关关系，茎秆中纤维素、木质素含量，PAL、POD、CAD、4CL 及 TAL 活性与倒伏率和倒伏指数呈负相关，与茎秆抗折力呈正相关关系。

（四）不同品种胡麻茎秆 N 素和矿质元素含量差异

不同品种胡麻茎秆中 N、K、Ca、Mg 元素含量存在一定差异，变异系数分别为 6.39%、14.61%、5.37% 和 3.38%。胡麻茎秆 N、Mg 含量与倒伏率和倒伏指数呈极显著正相关，与茎秆抗折力呈显著或极显著负相关。K、Ca 含量与倒伏率和倒伏指数呈极显著负相关，与茎秆抗折力呈显著或极显著正相关。

（五）成熟期不同品种抗倒伏特性聚类分析及类群差异

对 10 个胡麻品种用 15 个与抗倒伏性相关的形态学、力学和生理生化等指标进行系统聚类，供试材料被划分为 3 个类群，第Ⅰ类抗倒伏品种：包括陇亚 8 号、陇亚 9 号、陇亚 11 号和轮选 3 号；第Ⅱ类中抗品种：包括陇亚 10 号、陇亚杂 1 号、天亚 9 号和定亚 22 号；第Ⅲ类易倒伏品种：包括定亚 23 号和张亚 2 号。抗倒伏能力强的胡麻品种具有的特征是：较低的株高和重心高度、粗壮的茎秆和厚实的茎壁、发达的根系，较强的茎秆抗折力，倒伏指数低，茎秆纤维素、木质素、K 和 Ca 含量高，N 和 Mg 含量低。

第二节　水氮对胡麻茎秆抗倒性能及产量的影响

一、灌溉量和施氮量对胡麻实际倒伏率的影响

从图 6-9 可以看出，现蕾期所有处理均未发生倒伏，开花期有部分处理发生小面积倒伏，从开花期到绿熟期各处理均发生大面积倒伏，有的倒伏率甚至达到 100%，绿熟期到成熟期倒伏率变幅不大。从试验结果可以看出，随着灌溉量的增加倒伏率上升，开花期、绿熟期、成熟期 W_3 处理的倒伏率分别比 W_1 处理高 -37.64%（2013 年）~105.16%（2012 年）、9.39%（2012 年）~17.20%（2013 年）、0.00%（2013 年）~5.12%（2012 年），W_2 分别比 W_1 处理高 -50.00%（2012 年）~-31.17%（2013 年）、1.77%（2012 年）~9.94%（2013 年）、0.00%（2013 年）~0.85%（2012 年），W_3 分别比 W_2 处理高 99.96%（2013 年）~

310.31%（2012年）、6.60%（2013年）～7.48%（2012年）、0.00%（2013年）～4.24%（2012年）。同时还可以看出，随着施氮量的增加，倒伏率呈"V"形变化趋势，即先降低后上升，各时期均以 N_3 处理的倒伏率最高，开花期 N_3 分别比 N_2、N_1、N_0 处理高365.44%、680.58%、220.46%，绿熟期分别高28.34%、24.31%、14.11%，成熟期分别高4.40%、4.94%、0.11%。

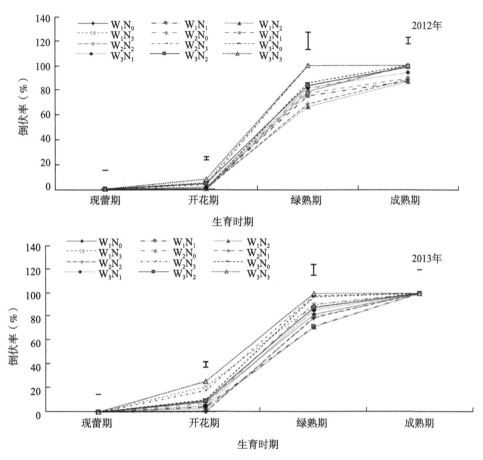

图6-9　灌溉量和施氮量对胡麻实际倒伏率的影响

Fig. 6-9　Effects of irrigation volume and nitrogen fertilizer levels on actual lodging percentage of oil flax

注：W_1N_0—灌溉量1 800 m³·hm⁻²，施纯氮0 kg·hm⁻²；W_1N_1—灌溉量1 800 m³·hm⁻²，施纯氮37.5 kg·hm⁻²；W_1N_2—灌溉量1 800 m³·hm⁻²，施纯氮112.5 kg·hm⁻²；W_1N_3—灌溉量1 800 m³·hm⁻²，施纯氮225 kg·hm⁻²；W_2N_0—灌溉量2 700 m³·hm⁻²，施纯氮0 kg·hm⁻²；W_2N_1—灌溉量2 700 m³·hm⁻²，施纯氮37.5 kg·hm⁻²；W_2N_2—灌溉量2 700 m³·hm⁻²，施纯氮112.5 kg·hm⁻²；W_2N_3—灌溉量2 700 m³·hm⁻²，施纯氮225 kg·hm⁻²；W_3N_0—灌溉量3 300 m³·hm⁻²，施纯氮0 kg·hm⁻²；W_3N_1—灌溉量3 300 m³·hm⁻²，施纯氮37.5 kg·hm⁻²；W_3N_2—灌溉量3 300 m³·hm⁻²，施纯氮112.5kg·hm⁻²；W_3N_3—灌溉量3 300 m³·hm⁻²，施纯氮225kg·hm⁻²。图中不同字母表示处理间差异显著（$P<0.05$），下同。

二、灌溉量和施氮量对胡麻茎秆形态学特征的影响

（一）灌溉量和施氮量对胡麻株高、重心高度的影响

从图6-10可以看出，随着生育期的推进，胡麻的株高和重心高度先增加后基本保持不变。从现蕾期到开花期株高呈增长趋势，增长幅度达到36.87%（2012年）～43%（2013年），开花期以后表现稳定。重心高度在现蕾期到绿熟期间呈增高趋势，增幅为92.86%（2012年）～102.45%（2013年），其中现蕾期到开花期重心高度增加了57.52%（2012年）～69.15%（2013年），开花期到绿熟期增加了19.69%（2013年）～22.44%（2012年），绿熟期到成熟期，重心高度变幅微小。随着生育期的推进，重心高度占株高的比例也发生着变化，现蕾期到绿熟期所占的比例由42.9%上升到

61.45%，绿熟期到成熟期保持稳定。同时还可以看出，随着灌水量的增加株高和重心高度增加，W_1 的株高平均比 W_3 矮 1.96%（2013 年）～3.07%（2012 年），重心高度矮 2.83%（2013 年）～3.37%（2012 年）；W_2 的株高平均比 W_3 矮 1.53%（2013 年）～2.80%（2012 年），重心高度矮 2.17%（2013 年）～2.81%（2012 年），不同灌水对株高和重心高度的提升效果显著性并不一致，两年趋势一致。随着施氮量的增加，胡麻的株高和重心高度呈递增趋势，N_3 的株高分别比 N_2、N_1、N_0 高 1.81%、3.28%、5.74%，重心高度分别高 1.89%、4.28%、8.21%。株高在 N_3 和 N_0 之间差异显著，其他处理间差异显著性并不一致，重心高度在各处理之间的差异显著性也不一致。

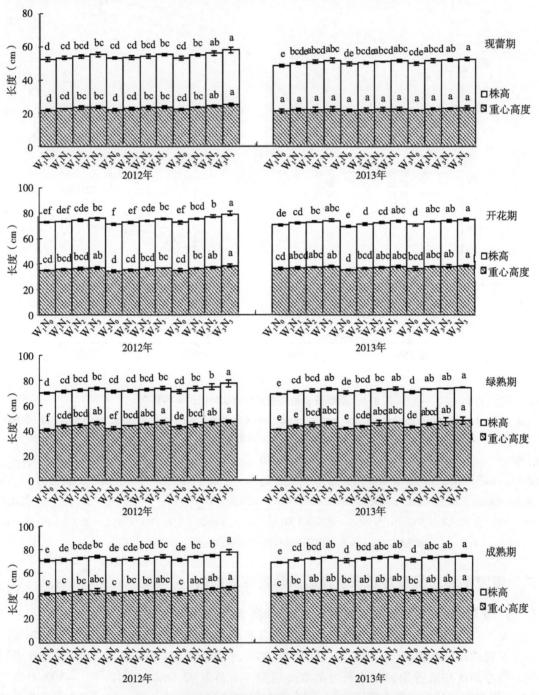

图 6-10　灌溉量和施氮量对胡麻株高和重心高度的影响

Fig. 6-10　Effects of irrigation volume and nitrogen fertilizer levels on height and gravity center height of oil flax

（二）灌溉量和施氮量对胡麻基部茎粗和茎壁厚度的影响

从表6-17可以看出，现蕾期茎粗在不同灌水处理之间无规律差异；开花期茎粗表现出 $W_2 > W_1 > W_3$，平均 W_2 比 W_1 大1.44%（2013年）~1.8%（2012年），比 W_3 大4.5%（2013年）~5.0%（2012年）；绿熟期和成熟期茎粗都表现出 $W_1 > W_2 > W_3$，绿熟期 W_1 比 W_2 平均大4.8%，成熟期大4.7%，两个生育期 W_1 比 W_3 分别大13.5%、15.2%，可以看出灌水量越大胡麻基部茎秆越细。各生育期茎粗均随施氮量的增加先增加后降低，呈抛物线形走势，现蕾期与不施氮相比，N_1、N_2、N_3 的茎粗分别增加了5.3、13.5、8.55个百分点，N_2 的茎粗最大。开花期、绿熟期和成熟期在 W_1、W_2 灌溉量下，N_1、N_2、N_3 的茎粗平均分别比 N_0 大10.8、23.2和14.7个百分点，N_2 的处理值最大；在 W_3 灌溉量下，N_1、N_2、N_3 的茎粗平均分别比 N_0 大9.5、7.3和3.8个百分点，N_1 处理的值最大。

表 6-17　施氮量和灌溉量对胡麻茎粗和壁厚的影响

Tab. 6-17　Effects of irrigation volume and nitrogen levels on diameter of culm and thickness of culm wall of oil flax

时间	处理	茎　粗				壁　厚			
		现蕾期	开花期	绿熟期	成熟期	现蕾期	开花期	绿熟期	成熟期
		cm				mm			
2012 年	W_1N_0	0.194ef	0.204fg	0.205fgh	0.207def	0.924e	0.885de	0.963bcd	0.746ef
	W_1N_1	0.202cde	0.221bcd	0.228d	0.228c	0.998bcde	0.962abcd	0.889bcd	0.831cd
	W_1N_2	0.217ab	0.234ab	0.268a	0.269a	1.102a	1.004ab	1.007a	0.977a
	W_1N_3	0.201cde	0.224bcd	0.242c	0.243b	0.996bcde	0.974abc	0.918bc	0.883bc
	W_2N_0	0.186f	0.208efg	0.194h	0.194f	0.951de	0.905cde	0.832d	0.708f
	W_2N_1	0.202cde	0.222bcd	0.223de	0.224c	0.979bcde	0.963abcd	0.887bcd	0.817cde
	W_2N_2	0.211abc	0.239a	0.254b	0.254b	1.076ab	1.037a	0.916bc	0.923ab
	W_2N_3	0.207bcd	0.231abc	0.229d	0.230c	1.051abc	0.996ab	0.930b	0.836cd
	W_3N_0	0.191ef	0.201g	0.196h	0.196f	0.961cde	0.872e	0.844cd	0.711f
	W_3N_1	0.197def	0.221bcd	0.215ef	0.217cd	1.002bcde	0.961abcd	0.871bcd	0.788def
	W_3N_2	0.223a	0.218cde	0.210fg	0.210de	1.037abcd	0.950bcde	0.860bcd	0.760def
	W_3N_3	0.208bcd	0.216def	0.199gh	0.200ef	1.037abcd	0.939bcde	0.856bcd	0.727f
2013 年	W_1N_0	0.191cd	0.196de	0.203bc	0.196ef	0.978cd	0.875bc	0.891bc	0.762e
	W_1N_1	0.200bcd	0.213abc	0.217abc	0.219cd	1.024bcd	0.944abc	0.957bc	0.851cd
	W_1N_2	0.214ab	0.224a	0.242a	0.256a	1.133a	0.994a	1.000ab	0.994a
	W_1N_3	0.212ab	0.216abc	0.227ab	0.231bc	1.061abc	0.957ab	0.963bc	0.896bc
	W_2N_0	0.189cd	0.200cde	0.191c	0.185f	0.950d	0.887bc	0.823c	0.718e
	W_2N_1	0.199bcd	0.214abc	0.212bc	0.218cd	1.030bcd	0.947abc	0.960bc	0.845cd
	W_2N_2	0.205abc	0.225a	0.228ab	0.242ab	1.103ab	0.999a	1.122a	0.938ab
	W_2N_3	0.205abc	0.222ab	0.217abc	0.219cd	1.095ab	0.984a	0.962bc	0.853cd
	W_3N_0	0.184d	0.193e	0.193c	0.186f	1.020bcd	0.858c	0.835c	0.722e
	W_3N_1	0.195cd	0.213abc	0.204bc	0.205de	1.029bcd	0.939abc	0.927bc	0.798de
	W_3N_2	0.219a	0.210abcd	0.201bc	0.201ef	1.056abc	0.931abc	0.889bc	0.777de
	W_3N_3	0.199bcd	0.208bcde	0.196c	0.190ef	1.029bcd	0.921abc	0.846c	0.739e

注：W_1N_0—灌溉量 1 800 m³·hm⁻²，施纯氮 0 kg·hm⁻²；W_1N_1—灌溉量 1 800 m³·hm⁻²，施纯氮 37.5 kg·hm⁻²；W_1N_2—灌溉量 1 800 m³·hm⁻²，施纯氮 112.5kg·hm⁻²；W_1N_3—灌溉量 1 800 m³·hm⁻²，施纯氮 225kg·hm⁻²；W_2N_0—灌溉量 2 700 m³·hm⁻²，施纯氮 0 kg·hm⁻²；W_2N_1—灌溉量 2 700 m³·hm⁻²，施纯氮 37.5 kg·hm⁻²；W_2N_2—灌溉量 2 700 m³·hm⁻²，施纯氮 112.5kg·hm⁻²；W_2N_3—灌溉量 2 700 m³·hm⁻²，施纯氮 225kg·hm⁻²；W_3N_0—灌溉量 3 300 m³·hm⁻²，施纯氮 0 kg·hm⁻²；W_3N_1—灌溉量 3 300 m³·hm⁻²，施纯氮 37.5 kg·hm⁻²；W_3N_2—灌溉量 3 300 m³·hm⁻²，施纯氮 112.5kg·hm⁻²；W_3N_3—灌溉量 3 300 m³·hm⁻²，施纯氮 225kg·hm⁻²。表中不同字母表示处理间差异显著（$P < 0.05$），下同。

现蕾期茎壁厚度在不同灌水处理之间无规律差异；开花期表现为 $W_2>W_1>W_3$，平均 W_2 比 W_1 大 1.62%，比 W_3 大 4.71%；绿熟期、成熟期表现为 $W_1>W_2>W_3$，绿熟期 W_1 比 W_2 平均大 0.77%，比 W_3 大 7.49%，成熟期 W_1 比 W_2 大 4.39%，比 W_3 大 13.24%，胡麻基部茎壁厚度随灌溉量的增加而减小。胡麻基部茎壁厚度随施氮量的增加先增加后减小，现蕾期 N_1、N_2、N_3 的茎壁厚度平均分别比 N_0 大 4.81、12.48 和 8.37 个百分点；开花期、绿熟期和成熟期在 W_1、W_2 处理下以 N_2 处理的壁厚最大，两个生育期 N_2 处理的茎壁厚度平均分别比 N_0、N_1 和 N_3 高 19.2、9.7 和 6.3 个百分点；在 W_3 灌溉量下，N_1 处理的茎壁厚度值最大，平均分别比 N_0、N_2 和 N_3 高 7.2、0.8 和 3.1 个百分点。过多的氮肥不利于茎粗和茎壁厚度的增加，这一现象在高灌水处理下更显著，可以看出水氮耦合对胡麻茎粗和茎壁厚度存在互作效应。通过分析发现，茎壁厚度占茎粗的比例随着生育期的推进下降，现蕾期、开花期、绿熟期、成熟期所占比例依次为 50.71%、44.96%、42.05% 和 38.35%，可能由于现蕾期以后，胡麻进入营养生长与生殖生长并进时期，生长速度加快，髓被破坏，髓腔逐渐形成造成的。

三、灌溉量和施氮量对胡麻茎秆化学成分含量的影响

（一）灌溉量和施氮量对胡麻茎秆可溶性糖和淀粉含量的影响

由图 6-11 可以看出，开花期以后，胡麻茎秆中可溶性糖含量随生育期推进而逐渐降低，开花期、绿熟期、成熟期各处理可溶性糖含量平均为 8.31%、6.92% 和 4.07%，绿熟期较开花期下降了 16.7%，成熟期较绿熟期下降了 41.15%，绿熟期到成熟期之间可溶性糖含量下降幅度最大。开花期 W_2 处理的茎秆可溶性糖含量分别比 W_1 和 W_3 高 2.49% 和 7.40%，绿熟期 W_1 分别比 W_2 和 W_3 高 8.16% 和 20.1%，成熟期 W_1 分别比 W_2 和 W_3 高 3.91% 和 8.86%。说明随着灌溉量的增加胡麻茎秆可溶性糖含量减少。在 W_1 灌溉水平下，各生育期 N_1、N_2 和 N_3 平均分别比不施氮处理高 5.89%、

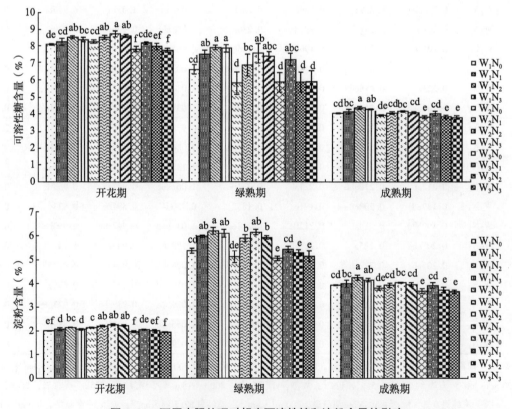

图 6-11　不同水肥处理对胡麻可溶性糖和淀粉含量的影响

Fig. 6-11　Effects of irrigation volume and nitrogen fertilizer levels on soluble
sugars and starch content of stem of oil flax

10.86%和9.22%，W_2灌溉量下分别高8.19%、13.84%、11.7%，W_3灌溉量下分别高10.98%、0.96%、-0.2%，说明随着施氮量的增加，胡麻茎秆可溶性糖含量先升后降呈"∧"变化趋势。同时可以看出，不同灌溉量下可溶性糖含量变化拐点不同，在W_1和W_2条件下，N_2处理的可溶性糖含量最高，其次是N_3、N_1，而在W_3灌溉量下，以N_1处理的含量最高，N_2、N_3依次居后。

胡麻茎秆淀粉含量从开花期后先增加后降低，开花期、绿熟期、成熟期各处理平均淀粉含量为2.12%、5.66%、3.94%，高峰期在绿熟期。开花期至绿熟期胡麻茎秆中淀粉含量大幅度增长，平均增加167.42%；而绿熟期到成熟期之间，淀粉含量减少，下降达30.33个百分点。可能由于开花到绿熟期之间，生殖生长开始籽粒逐渐形成，需要大量的碳水化合物，而绿熟到成熟期之间，植株逐渐干枯，各项生理活动减弱导致。胡麻茎秆淀粉含量也随灌水量的增加而减少，开花期表现为$W_2>W_1>W_3$，W_2分别比W_1、W_3高6.36%和10.37%；绿熟期和成熟期表现为$W_1>W_2>W_3$，W_1平均分别比W_2、W_3高2.95和11.26个百分点。在一定施氮量范围内，胡麻茎秆淀粉含量随施氮量的增加而增加，超过这一范围后则下降，在W_1和W_2处理下，N_1、N_2和N_3平均比不施氮处理高7.48%、11.92%和9.18%，W_3处理下分别高6.51%、2.85%和0.44%。可见水氮耦合对胡麻茎秆可溶性糖和淀粉含量具有互作效应。

（二）灌溉量和施氮量对胡麻茎秆纤维素含量的影响

从图6-12中可以看出，灌水量对胡麻茎秆纤维素含量存在一定影响。开花期表现为$W_2>W_1>W_3$，W_2处理的纤维素含量分别比W_1、W_3高3.41%和8.63%，并且W_2和W_3之间差异显著。绿熟期和成熟期所有灌溉任务完成，三个灌水处理茎秆纤维素含量表现出$W_1>W_2>W_3$，W_1分别比W_2、W_3高0.84%、5.98%（绿熟期）和1.59%、8.84%（成熟期），W_1和W_3之间差异显著。说明随灌溉量增加，胡麻茎秆纤维素含量减少。

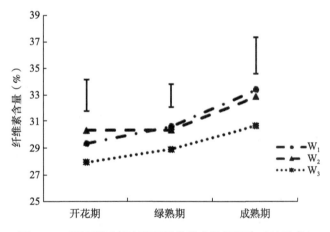

图6-12　灌溉量对胡麻茎秆纤维素含量的影响（2012年）
Fig. 6-12　Effects of irrigation volume on cellulose content of stem of oil flax（2012）

施氮量对胡麻茎秆纤维素含量存在显著影响。从图6-13可以看出随着施氮量的增加纤维素含量先升后降呈"∧"变化趋势，三个生育期不同施氮处理之间均表现为$N_2>N_1>N_3>N_0$，平均N_1、N_2、N_3分别比N_0高5.13%、6.51%和3.18%，以N_2处理的含量最高，适当增施氮肥使胡麻茎秆中纤维素含量升高，但当施氮量过高，纤维素含量反而下降。进一步分析发现，N_1、N_2均与N_0之间差异显著（$P<0.05$）。

（三）灌溉量和施氮量对胡麻茎秆木质素含量的影响

从表6-18可以看出，开花期胡麻茎秆木质素含量呈现$W_2>W_1>W_3$，W_2分别比W_1、W_3高5.69%、16.48%（2012年），6.27%、13.45%（2013年）。绿熟期和成熟期则以W_1处理的木质素含量最高，绿熟期分别比W_2、W_3高出2.92、10.83个百分点（2012年），1.69、9.09个百分点（2013

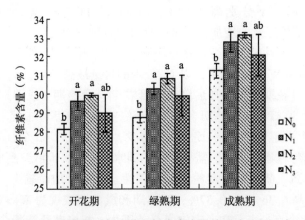

图 6-13　施氮量对胡麻茎秆纤维素含量的影响（2012 年）
Fig. 6-13　Effects of nitrogen fertilizer levels on cellulose content of stem of oil flax（2012）

年）；成熟期分别比 W_2、W_3 高出 4.93、12.35 个百分点（2012 年），2.90、10.06 个百分点（2013 年）。可见随灌溉量的加大，胡麻茎秆木质素含量呈下降趋势。在 N_2、N_3 施氮条件下，三个生育期高灌水与低灌水处理间差异显著（$P < 0.05$）。随着施氮量的增加，胡麻茎秆木质素含量先增加后减少。在低、中灌溉量下 N_2 处理的木质素含量最高，在 W_1 处理下，N_2 分别比 N_0、N_1、N_3 高 17.82、6.87、1.58 个百分点（2012 年），16.35、6.21、4.28 个百分点（2013 年）；在 W_2 处理下，N_2 分别比 N_0、N_1、N_3 高 20.86、7.49、3.88 个百分点（2012 年），17.20、6.39、4.22 个百分点（2013 年）；高灌溉量下 N_1 处理的木质素含量最高，分别比 N_0、N_2、N_3 高 11.54、3.86、14.93 个百分点（2012 年）和 9.77、5.33、10.08 个百分点（2013 年）。可以看出，不同的灌水情况下，过量施氮胡麻茎秆木质素含量减少的拐点不同，水氮互作对木质素合成有重叠抑制作用。

表 6-18　施氮量和灌溉量对胡麻茎秆木质素含量的影响　　　　　　　　（%）
Tab. 6-18　Effects of irrigation volume and nitrogen fertilizer levels on lignin content of stem of oil flax

处理	2012 年			2013 年		
	开花期	绿熟期	成熟期	开花期	绿熟期	成熟期
W_1N_0	18.00c	26.59e	28.02cd	19.47f	25.85de	26.74e
W_1N_1	21.72b	29.07c	29.26bc	20.82def	28.97abc	29.15cd
W_1N_2	21.91b	32.23a	31.41a	22.54abc	30.01a	31.29a
W_1N_3	21.36b	31.76ab	31.10a	21.55cde	29.01abc	29.84bc
W_2N_0	18.55c	26.10e	26.10e	20.36ef	25.46de	25.88ef
W_2N_1	21.98b	28.90cd	28.67bcd	22.10bcd	28.27bc	28.61cd
W_2N_2	23.76a	31.33ab	30.42ab	23.87a	29.68abc	30.48ab
W_2N_3	23.42a	29.93bc	28.97bcd	23.34ab	28.54abc	28.75cd
W_3N_0	17.59cd	26.49e	25.61e	19.46f	24.90e	25.67ef
W_3N_1	20.92b	28.46cd	28.35cd	20.63def	27.98c	28.26d
W_3N_2	20.54b	27.15de	27.15de	19.56f	26.49de	26.93e
W_3N_3	16.25d	25.86e	25.52e	19.39f	24.98de	25.46f

（四）灌溉量和施氮量对胡麻茎秆木质素合成相关酶活性的影响

胡麻茎秆中木质素合成相关酶主要包括苯丙氨酸解氨酶（PAL）、肉桂醇脱氢酶（CAD）、4-香豆酸：CoA 连接酶（4CL）、酪氨酸解氨酶（TAL）和过氧化物酶（POD）。综合图 6-14、图 6-15 来看，本试验中5种酶的活性绿熟期较现蕾期都大幅降低，PAL、POD、CAD、4CL、TAL从现蕾期到绿熟期的平均降幅为81.93%、83.97%、94.15%、82.12%、71.62%。由图6-14可以看出，现蕾期PAL活性随着施氮量的增加，先升高再降低，各处理的PAL活性表现为$N_2>N_3>N_1>N_0$，N_1、N_2、N_3处理的PAL活性分别比N_0高2.73%、15.99%和10.58%。木质素单体合成以后，需要脱氢聚合才能形成木质素，POD可有效地催化该聚合反应，胡麻茎秆中POD的活性高于CAD、4CL、TAL，低于PAL，现蕾期POD活性随着施氮量的增加，先升高后轻微降低，各处理的PAL活性表现为$N_2>N_3>N_1>N_0$，N_1、N_2、N_3处理的PAL活性分别比N_0高5.72%、22.09%和19.06%。CAD是现蕾期与木质素合成相关的5种酶中活性最低的，在不同施氮量下其表现规律同PAL和POD，N_1、N_2、N_3处理的CAD活性分别比N_0高2.64%、16.63%和7.10%。4CL活性表现规律同前三种酶，N_1、N_2、N_3处理的4CL活性分别比N_0高11.29%、26.41%和20.09%，N_2和N_3之间差异较小。TAL位于苯丙酸途径的入口，催化酪氨酸脱氨直接生成香豆酸，在本试验中，相对于其他几种酶，从现蕾期到绿熟期TAL的活性下降幅度最小。现蕾期各氮肥处理间TAL的活性总是以N_2的最大，N_1、N_0、N_3次之，N_1、N_2、N_3分别比N_0高4.46%、29.06%和-18.71%。

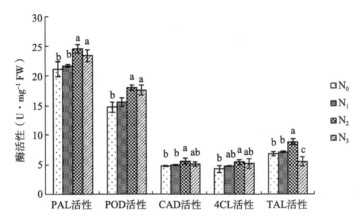

图6-14　施氮量对胡麻茎秆木质素合成相关酶活性的影响（现蕾期）

Fig. 6-14　Effects of nitrogen fertilizer levels on metabolism-related enzyme
of lignin of stem of oil flax（Budding stage）

　　绿熟期5种酶的活性都随灌溉量的增加而减小。由图6-15可以看出，低灌水处理的PAL活性比中灌水和高灌水处理分别高8.42%、17.78%，在N_2、N_3处理下，高灌水和低灌水之间差异显著。在低灌水和中灌水处理下，随着施氮量的增加PAL酶的活性先增加后降低，N_2处理的活性最强，分别比N_0、N_1、N_3高39.01%、27.34%、16.19%（低灌水）和19.52%、9.56%、6.68%（中灌水），且在低灌水下N_2与其他施氮处理之间差异显著（$P<0.05$）；高灌水处理下PAL下降的拐点和中、低灌水不同，N_1处理的活性最强，分别比N_0、N_2、N_3高11.63%、3.07%和11.94%。低灌水POD的活性分别比中灌水和高灌水处理的高2.10%和19.28%，同样在N_2、N_3处理下，高、低灌水之间差异显著（$P<0.05$）。随着施氮量的增加POD活性呈现倒"V"形变化趋势，在低、中灌水处理下，N_2的酶活性最高，分别比N_0、N_1、N_3高13.69%、9.52%、0.34%和13.67%、6.59%、0.34%；高灌水下N_1处理POD活性最高，分别比N_0、N_2、N_3高18.18、7.88和13.54个百分点。CAD的活性在低灌水处理下最高，分别比中、高灌水高18.22%和66.19%，CAD的活性随灌水量的增加下降幅度最大，且N_2、N_3在低、中、高灌水处理下差异都显著（$P<0.05$），在中、低灌水下CAD活性以N_2的最大，分别比N_0、N_1、N_3高71.01%、50.80%、5.59%和40.06%、19.76%、4.99%，N_2与N_0、N_1差异显著（$P<0.05$）；高灌水下N_1最大，分别比N_0、N_2、N_3高24.52%、45.79%、68.96%，N_1与其他施氮处理之间差异显著（$P<0.05$）。低灌水处理的4CL活性分别比中、高灌水高13.28%和44.09%，N_2处理在高灌水分别与中、低灌水间差异显著（$P<0.05$）。在低灌水和中灌水处理下，随

着施氮量的增加 4CL 酶的活性先增加后降低，N_2 处理的活性最强，分别比 N_0、N_1、N_3 高 18.37%、10.13%、12.98%和 21.85%、17.12%、12.76%；高灌水处理下 4CL 下降的拐点在 N_1 处理，分别比 N_0、N_2、N_3 高 4.75%、19.77%和 20.85%。低灌水 TAL 的活性分别比中、高灌水处理高 20.99%和 42.16%，在 N_2、N_3 处理下，高、中、低灌水之间差异显著（$P<0.05$）。随着施氮量的增加 TAL 活性呈现倒"V"形变化趋势，在中、低灌水处理下，N_2 的酶活性最高，分别比 N_0、N_1、N_3 高 48.70%、26.43%、9.13%和 27.84%、20.32%、5.63%，且 N_2 和 N_0、N_1 之间差异显著（$P<0.05$）；高灌水下 N_1 处理 TAL 活性最高，分别比 N_0、N_2、N_3 高 13.29 个、18.07 个和 33.33 个百分点，N_1 和 N_2、N_3 之间差异显著（$P<0.05$）。

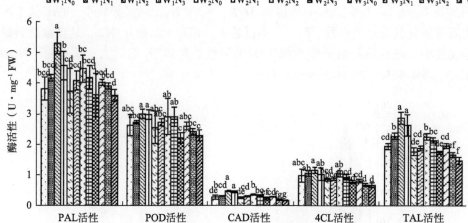

图 6-15　灌溉量和施氮量对胡麻茎秆木质素合成相关酶活性的影响（绿熟期）

Fig. 6-15　Effects of irrigation volume and nitrogen fertilizer levels on metabolism-related enzyme of lignin of stem of oil flax（Green ripe stage）

四、灌溉量和施氮量对胡麻茎秆大量元素含量的影响

开花期、绿熟期和成熟期平均含氮量分别为 6 915.14 mg·kg^{-1}、7 683.92 mg·kg^{-1} 和 8 406.78 mg·kg^{-1}，开花期以后随着生育期的推进，胡麻茎秆含氮量逐渐增加。由表 6-19 可以看出，胡麻茎秆含氮量和灌溉量存在一定关系，茎秆含氮量随灌溉量的增加而增加，开花期 W_1、W_3 处理分别比 W_2 高 9.35%和 16.47%，绿熟期 W_2、W_3 处理分别比 W_1 高 7.46%和 13.08%，成熟期 W_2、W_3 处理分别比 W_1 高 24.59%和 29.89%。随施氮量的增加，胡麻茎秆含氮量递增，开花期 N_1、N_2、N_3 分别比 N_0 高 9.8、19.97、30.20 个百分点，N_0 和 N_3 处理间差异显著（$P<0.05$）；绿熟期 N_1、N_2、N_3 分别比 N_0 高 9.0、15.23、20.83 个百分点；成熟期 N_1、N_2、N_3 分别比 N_0 高 9.0、26.80、46.77 个百分点，N_0 和 N_3 间差异显著（$P<0.05$）。

表 6-19　施氮量和灌溉量对胡麻茎秆 N、K 含量的影响　　　　　　　　　　（mg·kg^{-1}）

Tab. 6-19　Effects of irrigation volume and nitrogen fertilizer levels on N and K contents of stem of oil flax

处理	N			K		
	开花期	绿熟期	成熟期	开花期	绿熟期	成熟期
W_1N_0	6 233.33de	5 928.00c	5 606.67e	23 133.32de	19 333.33abc	7 329.68c
W_1N_1	6 573.33ef	7 258.11ab	6 844.32de	24 200.01bcd	20 001.13abc	8 334.12bc
W_1N_2	7 196.67de	7 714.03ab	7 578.67cde	27 000.00a	18 005.42bc	9 336.24bc

（续表）

处理	N			K		
	开花期	绿熟期	成熟期	开花期	绿熟期	成熟期
W_1N_3	7 846.67ab	7 866.12ab	8 429.33cd	24 333.33bcd	17 402.23c	8 833.21bc
W_2N_0	5 060.00f	7 030.02bc	7 617.18cde	21 266.67e	17 604.12c	7 002.14c
W_2N_1	6 196.67de	7 372.00ab	7 849.27cd	23 667.68cd	19 336.34abc	10 667.67bc
W_2N_2	6 966.63bcd	7 980.03ab	9 357.41bc	23 668.71cd	20 334.36abc	9 533.24bc
W_2N_3	7 245.72cd	8 531.20a	1 063.29ab	23 334.36d	19 333.25abc	9 333.21bc
W_3N_0	6 746.61cd	7 752.13ab	7 694.67cd	23 534.34cd	18 167.68bc	11 421.03abc
W_3N_1	7 040.01bcd	7 980.14ab	8 042.81cd	25 668.68abc	19 404.26abc	16 502.33a
W_3N_2	7 480.00bc	8 170.07ab	9 589.33bc	26 002.07ab	21 936.54a	14 066.67ab
W_3N_3	8 396.67a	8 626.31a	11 638.66a	23 931.34bcd	19 022.31bc	13 933.31ab

随着生育期的推进，胡麻茎秆含 K 量逐渐降低（表 6-19），开花期、绿熟期和成熟期含 K 量分别达到 24 144.45 mg·kg^{-1}、19 152.78 mg·kg^{-1} 和 10 522.22 mg·kg^{-1}，各生育期茎秆中 K 含量高于 N，绿熟期含 K 量比开花期下降 20.67%，成熟期比绿熟期下降 45.06%。胡麻茎秆含钾量与灌溉量和施氮量之间也存在一定的关系。随灌溉量的增加，茎秆含 K 量逐渐增加，开花期 W_1、W_3 分别比 W_2 高 7.32% 和 7.83%，W_2 和 W_3 在 N_0、N_2 处理下差异显著，W_1 和 W_2 在 N_2 处理下差异显著（$P<0.05$）；绿熟期 W_2、W_3 分别比 W_1 高 2.50% 和 5.04%，W_1 和 W_3 在 N_2 处理下差异显著（$P<0.05$）；成熟期 W_2、W_3 分别比 W_1 高 7.98% 和 65.22%，W_1 和 W_2 与 W_3 在 N_1 处理下差异显著（$P<0.05$）。随着施氮量的增加茎秆含 K 量先升后降呈倒"V"形走势，开花期 N_1、N_2、N_3 分别比 N_0 高 8.24%、12.86% 和 5.4%，N_0 和 N_2 间差异显著（$P<0.05$）；绿熟期 N_1、N_2、N_3 分别比 N_0 高 6.59%、9.38% 和 1.15%；成熟期 N_1、N_2、N_3 分别比 N_0 高 37.95%、27.98% 和 24.74%，各生育期都以 N_2 处理的 K 含量最高。

五、灌溉量和施氮量对胡麻茎秆微量元素含量的影响

从表 6-20 中可以看出，开花期以后胡麻茎秆中 Ca 的含量随生育期的推进逐渐增加，开花期、绿熟期、成熟期茎秆平均 Ca 含量达到 993.6 mg·kg^{-1}、1 089.6 mg·kg^{-1}、1 165.9 mg·kg^{-1}，绿熟期较开花期增加了 9.66%，成熟期较绿熟期增加了 7.01%。随灌溉量的增加，胡麻茎秆 Ca 含量呈现下降趋势，开花期 W_2 比 W_1、W_3 分别高 7.83% 和 12.70%，W_2 和 W_3 在 N_2、N_3 处理下差异显著（$P<0.05$）；绿熟期和成熟期 W_2、W_3 分别比 W_1 减少了 4.87%、10.68% 和 3.01%、13.52%，W_1 和 W_3 差异显著，成熟期 W_2 和 W_3 之间差异显著（$P<0.05$）。同时可以看出，随施氮量的增加，胡麻茎秆中 Ca 含量逐渐减少，开花期 N_1、N_2、N_3 分别比 N_0 减少了 4.49%、10.05% 和 14.84%，在 W_1 灌溉条件下 N_0 与 N_3 间差异显著，在 W_3 灌溉条件下 N_0 与 N_2 和 N_3 间差异显著（$P<0.05$）；绿熟期 N_1、N_2、N_3 分别比 N_0 减少了 5.91%、10.19% 和 14.91%，在 W_1 灌溉条件下 N_0 与 N_2、N_3 差异显著，N_1 与 N_3 差异显著，W_2 灌溉条件下 N_0 与 N_1、N_2 和 N_3 差异都显著，W_3 灌溉条件下 N_0 与 N_1、N_2 和 N_3 差异都显著，且 N_2 和 N_3 间差异显著（$P<0.05$）；成熟期 N_1、N_2、N_3 分别比 N_0 减少了 6.58%、13.48% 和 19.01%，在 W_1、W_2 灌溉条件下 N_0 和 N_2、N_3 差异显著，N_1 和 N_3 差异显著，W_3 灌溉条件下 N_0 和 N_2、N_3 差异显著，N_1 和 N_2、N_3 差异显著（$P<0.05$）。

表6-20　施氮量和灌溉量对胡麻茎秆 Ca、Mg 含量的影响　　　　(mg·kg^{-1})

Tab. 6-20　Effects of irrigation volume and nitrogen fertilizer levels on
Ca and Mg contents of stem of oil flax

处理	Ca			Mg		
	开花期	绿熟期	成熟期	开花期	绿熟期	成熟期
W_1N_0	1 062ab	1 225a	1 364a	473 bcd	543e	607d
W_1N_1	1 032abc	1 189ab	1 268abc	478bcd	561de	648cd
W_1N_2	954cd	1 114bcd	1 181cde	521bcd	57 de	666bc
W_1N_3	880de	1 068cde	1 122de	555abc	594cd	714ab
W_2N_0	1 121a	1 181ab	1 307ab	455d	578de	645cd
W_2N_1	1 069ab	1 095cd	1 236bc	465cd	583cde	661c
W_2N_2	1 041abc	1 066cde	1 165cde	484bcd	590cd	668bc
W_2N_3	1 005bc	1 030de	1 079ef	498bcd	597cd	745a
W_3N_0	1 035abc	1 137bc	1 206bcd	511bcd	596cd	676bc
W_3N_1	971bcd	1 049de	1 117de	526bcd	624bc	727a
W_3N_2	898de	1 002e	1 008fg	565ab	643ab	736a
W_3N_3	854e	916f	938g	631a	671a	759a

从表6-20中可以看出，开花期以后胡麻茎秆中 Mg 的含量随生育期的推进逐渐增加，开花期、绿熟期、成熟期茎秆平均 Mg 含量达到513.6 mg·kg^{-1}、596.5 mg·kg^{-1}、687.8mg·kg^{-1}，绿熟期较开花期增加了16.14%，成熟期较绿熟期增加了15.32%。随灌溉量的增加，胡麻茎秆 Mg 含量呈现上升趋势，开花期 W_1、W_3 分别比 W_2 高6.60%和17.43%，W_2 和 W_3 在 N_3 处理下差异显著；绿熟期 W_2、W_3 分别比 W_1 增加了3.17%和11.32%，W_1 和 W_3 差异显著，W_2 和 W_3 在 N_2、N_3 处理下差异显著；成熟期 W_2、W_3 分别比 W_1 增加了3.21%和9.96%，W_1 和 W_3 除 N_3 处理外差异都显著，W_2 和 W_3 之间在 N_1、N_2 处理下差异显著（$P<0.05$）。同时可以看出，随施氮量的增加，胡麻茎秆中 Mg 含量逐渐增加。开花期 N_1、N_2、N_3 分别比 N_0 增加了2.12%、9.04%和17.03%，在 W_3 灌溉条件下 N_3 与 N_0 和 N_1 差异显著；绿熟期 N_1、N_2、N_3 分别比 N_0 增加了2.95%、5.48%和8.47%，在 W_1 灌溉条件下 N_0 和 N_3 差异显著，W_3 灌溉条件下 N_3 与 N_0、N_1 差异显著；成熟期 N_1、N_2、N_3 分别比 N_0 减少了5.59%、7.40%和15.02%，在 W_1 灌溉条件下 N_0 和 N_2、N_3 差异显著，W_2 灌溉条件下 N_3 和其他施氮处理差异都显著，W_3 灌溉条件下 N_0 和其他施氮处理差异都显著（$P<0.05$）。

六、灌溉量和施氮量对胡麻茎秆物理特征的影响

从图6-16可以看出，开花期以后随生育时期的自然推进，胡麻茎秆强度先升后降，绿熟期比开花期增加了11.37%，成熟期比绿熟期下降了14.0%。胡麻茎秆强度和灌溉量也存在一定的关系，开花期 W_2 灌溉处理平均分别比 W_1、W_3 处理高13.73%和27.07%，绿熟期、成熟期 W_1 平均分别比 W_2、W_3 高6.75%、32.95%（绿熟期）和6.22%、31.5%（成熟期），可见胡麻茎秆强度随灌溉量的增加而降低。从图6-16中还可以看出，除成熟期 W_2 处理外，其他处理茎秆强度都随施氮量的增加先增后减呈倒"V"形走势，开花期、绿熟期、成熟期 N_1、N_2、N_3 分别比 N_0 高22.6%、28.4%、20.78%（开花期），29.12%、36%、28.8%（绿熟期），17.03%、27.04%、24.28%（成熟期）。进一步分析发现，在 W_1、W_2 灌溉量下，各施氮处理以 N_2 的茎秆强度最大，而在 W_3 灌溉量下，则以 N_1 的最大，说明高灌溉量下过多施氮使茎秆强度下降的影响更明显。

由图6-17可知，开花期、绿熟期抗倒伏指数显著低于成熟期，分别低55.64%和59.42%。开花期 W_2 抗倒伏指数比 W_1、W_3 高17.5%、47.69%，绿熟期、成熟期 W_1 分别比 W_2、W_3 高15.59%、

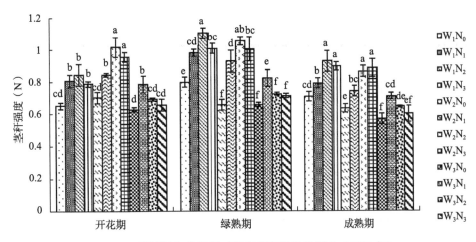

图 6-16　灌溉量和施氮量对胡麻茎秆强度的影响（2013 年）

Fig. 6-16　Effects of irrigation volume and nitrogen fertilizer levels on stem strength of oil flax（2013）

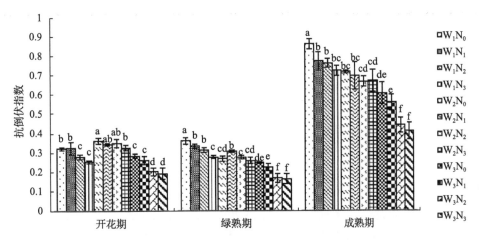

图 6-17　灌溉量和施氮量对胡麻茎秆抗倒伏指数影响

Fig. 6-17　Effects of irrigation volume and nitrogen fertilizer levels on lodging resistance index of stem of oil flax

59.91%（绿熟期）和 13.31%、54.88%（成熟期），说明随着灌溉量的增加，胡麻茎秆抗倒伏指数降低。各处理间显著性并不一致，开花期 N_0、N_2、N_3 在 3 个灌水处理间差异显著，N_1 在 W_1 和 W_3 之间差异显著；绿熟期 W_1 和 W_2 之间 N_0 差异显著，W_1 和 W_3、W_2 和 W_3 之间 N_1 差异显著，N_2 在 3 个灌水处理间差异都显著，W_1 和 W_3、W_2 和 W_3 之间 N_3 差异显著；成熟期 N_0、N_2 在 3 个灌水处理间差异都显著，W_1 和 W_3、W_2 和 W_3 之间 N_1、N_3 差异显著（$P<0.05$）。从图中还可以看出，随施氮量的增加胡麻茎秆抗倒伏指数降低，开花期、绿熟期、成熟期 N_0 分别比 N_1、N_2、N_3 高 4.17%、16.37%、21.86%（开花期），1.36%、15.9%、25.5%（绿熟期），7.70%、16.72%、61.97%（成熟期）。

七、灌溉量和施氮量对胡麻产量及产量构成因素的影响

不同处理的胡麻产量及产量构成因素存在一定差异（表 6-21），随灌溉量的增加产量递增（2012 年）或先增后降（2013 年），2012 年 W_2、W_3 分别比 W_1 增产 7.61% 和 7.70%，2013 年分别增产 8.11% 和 6.78%，可以看出 W_2 较 W_1 增产幅度大，但 W_3 较 W_2 增产幅度很小（2012 年）或不增反降（2013 年），说明适量灌溉可以增加胡麻产量，但水分过多则不利于增产。灌溉量对千粒重的影响和产量一致，2012 年 W_2、W_3 分别比 W_1 千粒重增加 6.93% 和 9.83%，2013 年分别增加 3.33% 和

1.49%。随灌溉量的增加，每果籽粒数先增后降呈倒"V"形趋势，平均 W_2、W_3 分别比 W_1 增加 5.1%、-2.94%，2 年趋势一致。单株蒴果数随灌溉量的增加逐渐增加，平均 W_2、W_3 分别比 W_1 增加 3.67%、11.89%，2 年趋势一致。随施氮量的增加，胡麻的产量递增（2013 年）或先增后微降（2012 年），N_1、N_2、N_3 分别比 N_0 增产 5.1%、14.14%、12.71%（2012 年），3.75%、20.34%、21.26%（2013 年），说明在一定范围内增施 N 肥可以增产，但 N 肥过多则对增产不利。千粒重随施氮量的增加递增（2013 年）或先增后降（2012 年），N_1、N_2、N_3 分别比 N_0 增加 2.61%、16.38%、15.07%（2012 年），6.58%、10.47%、12.63%（2013 年），N_2、N_3 较 N_0 增幅大，但 N_2、N_3 间增减幅度较小，说明过多施氮不利于千粒重的增加。每果籽粒数随施氮量的增加先增后降，平均 N_1、N_2、N_3 分别比 N_0 增加 4.29%、-2.68%、-4.73%，2 年变化一致。随施氮量的增加单株蒴果数增加（2012 年）或先增后微降（2013 年），N_1、N_2、N_3 分别比 N_0 增加 2.31%、39.29%、40.46%（2012 年）；2.47%、21.23%、18.99%（2013 年）。

表 6-21　施氮量和灌溉量对胡麻产量及其构成因子的影响

Tab. 6-21　Effects of irrigation volume and nitrogen fertilizer levels on yield components and output of oil flax

年份	处理	单株蒴果数	每果籽粒数	千粒重（g）	产量（kg·hm⁻²）
	W_1N_0	7.35d	6.50d	5.31e	1 542.71e
	W_1N_1	7.49d	6.64cd	5.41e	1 632.40d
	W_1N_2	10.05bc	6.75cd	6.27b	1 776.04b
	W_1N_3	9.92bc	6.87bc	6.10bc	1 780.22b
	W_2N_0	7.54d	6.95bc	5.57de	1 681.11cd
	W_2N_1	7.67d	7.33a	5.70d	1 776.67b
2012 年	W_2N_2	10.60ab	6.90bc	6.76a	1 925.00a
	W_2N_3	10.33ab	6.67cd	6.66a	1 861.00a
	W_3N_0	8.07d	6.67cd	5.97c	1 689.90cd
	W_3N_1	8.33cd	7.10ab	6.18bc	1 755.40bc
	W_3N_2	11.33ab	6.03e	6.58a	1 907.40a
	W_3N_3	12.00a	5.80e	6.63a	1 896.90a
	W_1N_0	8.42e	6.26e	6.03d	1 265.99f
	W_1N_1	8.60de	6.47de	6.48bc	1 317.94ef
	W_1N_2	10.19bc	6.57cd	6.66ab	1 572.41b
	W_1N_3	9.94bc	6.53cd	6.95ab	1 592.82b
	W_2N_0	8.63de	6.86bc	6.30cd	1 372.80de
2013 年	W_2N_1	8.83de	7.22a	6.77ab	1 435.50cd
	W_2N_2	10.17bc	6.77bc	6.95a	1 702.96a
	W_2N_3	10.83ab	6.56cd	6.97a	1 704.33a
	W_3N_0	9.23cde	6.79bc	6.20cd	1 426.20cd
	W_3N_1	9.50cd	6.99ab	6.50bc	1 464.19c
	W_3N_2	11.50a	5.94f	6.86a	1 616.60b
	W_3N_3	10.50b	5.71f	6.95a	1 632.20ab

八、小结

（一）灌溉量和施氮量对胡麻倒伏率及茎秆形态特征的影响

（1）随着灌溉量的增加，胡麻倒伏率呈上升趋势，而随着施氮量的增加倒伏率先降后升呈"V"形变化趋势。

（2）增加灌溉量促进胡麻株高和重心高度的增长，使茎粗和茎壁厚度减小。随着施氮量的增加胡麻的株高和重心高度逐渐上升，茎粗和茎壁厚度随施氮量的增加先增后减呈抛物线形变化趋势。

（二）灌溉量和施氮量对胡麻茎秆生化成分含量的影响

（1）开花期以后，胡麻茎秆中可溶性糖含量逐渐下降，而淀粉含量则先增后减。随着灌溉量的增加，茎秆中可溶性糖和淀粉含量减少。在一定范围内增施氮肥，茎秆可溶性糖和淀粉含量增加，而超出这一范围后增施氮肥则使可溶性糖和淀粉含量下降。

（2）增加灌溉量不利于茎秆纤维素和木质素含量的增加；合理施氮可以增加纤维素和木质素的含量，而过多的氮肥会使纤维素和木质素含量下降。氮肥对5种酶活性的影响也是双向的，适量增施可提高酶活性，而过量施氮抑制酶活性。绿熟期增加灌溉量使酶活性明显减弱。

（三）灌溉量和施氮量对胡麻茎秆矿质元素含量的影响

（1）随灌溉量增加，茎秆中N、K元素的含量呈上升趋势；施氮对N、K含量的影响却不尽相同，随着氮肥投入的增加茎秆中N含量增加，而K含量下降，即N抑K。

（2）随着灌溉量和施氮量的增加，茎秆中Ca元素含量下降Mg元素含量上升。

（四）灌溉量和施氮量对胡麻茎秆强度和抗倒伏指数的影响

灌溉量增加，使胡麻茎秆强度和抗倒伏指数减小。茎秆强度和抗倒伏指数随施氮量的增加先增后减呈倒"V"形走势。灌溉量和施氮量对胡麻抗倒伏特性具有互作效应。

（五）灌溉量和施氮量对胡麻产量及产量构成因素的影响

适量增加灌溉可有效提高胡麻产量，但当灌水过多则不利于增产。灌水量对产量构成因素的影响同产量一样，以 W_2 处理的每穗粒数和千粒重值最大，单株蒴果数则随灌水量的增加而增加。不同施氮水平之间，产量和千粒重平均表现为 $N_0<N_1<N_3<N_2$，每果籽粒数则以 N_1 处理的值最大，单株蒴果数随施氮量的增加递增。

第三节 种植密度对胡麻茎秆抗倒伏性的影响

一、不同种植密度对胡麻倒伏情况的影响

从表6-22可以看出，随着种植密度的增加，晋亚10号和轮选3号倒伏发生的时间提前，在975万株·hm^{-2}播种密度下，晋亚10号和轮选3号从开花期就开始发生倒伏；在750万株·hm^{-2}播种密度下，晋亚10号从开花期开始发生倒伏，轮选3号的倒伏发生在绿熟期；在525万株·hm^{-2}播种密度下，晋亚10号和轮选3号倒伏都从绿熟期开始发生。晋亚10号和轮选3号的倒伏角度（茎秆和地面的夹角）都随种植密度的增加而减小，晋亚10号高密度处理的倒伏角度分别比中、低密度处理大13.61%和19.73%，轮选3号分别大11.8%、31.06%，晋亚10号和轮选3号低密度与高密度处理间差异显著（$P<0.05$）或极显著（$P<0.01$），轮选3号低、中、高密度间差异极显著（$P<0.01$）。同样，倒伏程度也随种植密度的增加呈增长趋势。可以看出，随种植密度的增加倒伏率明显上升。晋亚10号中、高密度处理分别比低密度处理倒伏率上升6.08%和14.46%，且低密度与高密度处理间差异显著（$P<0.05$）；轮选3号中、高密度分别比低密度倒伏率上升11.34%和33.72%，且高密度与中、低密度处理间差异显著（$P<0.05$），高密度处理与中、低密度处理间达极显著差异（$P<0.01$）。

表 6-22 不同种植密度下胡麻倒伏情况（成熟期）

Tab. 6-22 The lodging situation under different planting density of oil flax（Maturation stage）

品种	处理	倒伏时期	倒伏角度（°）	倒伏程度	倒伏率（%）
晋亚 10 号	D₁	绿熟期	49.00b B	1	60.75c BC
	D₂	开花期	42.33c C	2	64.44bc AB
	D₃	开花期	39.33cd CD	2	69.50ab A
轮选 3 号	D₁	绿熟期	53.67a A	1	54.06d C
	D₂	绿熟期	47.33b B	1	60.19c BC
	D₃	开花期	37.00d D	2	72.31a A

倒伏程度以级别（茎秆与地面夹角）表示：0（75°~90°）、1（45°~75°）、2（20°~45°）、3（0°~20°）。

二、不同种植密度对胡麻形态特征的影响

（一）不同种植密度对胡麻株高和重心高度的影响

根据图 6-18 可以看出，随种植密度的增加，株高增加。晋亚 10 号株高在中密度和高密度处理下分别比低密度处理高 2.3% 和 4.66%，除开花期外其余各时期，高密度处理与低密度处理间差异达显著水平（$P<0.05$）；轮选 3 号中密度和高密度处理的株高分别比低密度处理高 1.81% 和 3.90%，绿熟期高密度与低密度之间差异达显著水平（$P<0.05$）。重心高度也随种植密度的增加而上升，晋亚 10 号重心高度在中密度和高密度处理下分别比低密度处理高 9.64% 和 13.82%，各生育期高密度都显著高于低密度处理，除现蕾期外其余生育时期中密度显著高于低密度处理（$P<0.05$）；轮选 3 号重心高度在中密度和高密度处理下分别比低密度处理高 8.56% 和 15.78%，除绿熟期，各生育时期高密度和低密度之间差异都显著（$P<0.05$）。在胡麻生长发育过程中，株高和重心高度受群体大小的影响而发

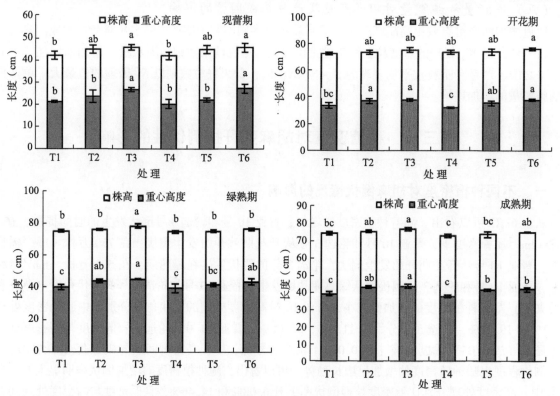

图 6-18 种植密度对胡麻株高和重心高度的影响

Fig. 6-18 Effects of planting density on height and gravity center height of oil flax

生变化，群体过大使株高和重心高度增大，降低了胡麻茎秆抗倒伏能力，增加了倒伏发生的概率。

（二）不同种植密度对胡麻茎粗和茎壁厚度的影响

从表6-23可以看出，随着种植密度的增加，2个品种的茎粗和壁厚都表现出逐渐减小的变化特征，且各生育期变化规律一致。晋亚10号在中、高密度处理下茎粗比低密度分别低7.6%和12.7%，且在成熟期高密度处理显著小于低密度（P<0.05）；轮选3号中、高密度处理下茎粗比低密度分别低3.8%和7.5%，在现蕾期高密度处理显著小于低密度（P<0.05）。晋亚10号在中、高密度处理下茎壁厚度比低密度分别低8.52%和12.87%，且在现蕾期和成熟期高、低密度间差异达显著水平，成熟期中、低密度间差异也达显著水平（P<0.05）；轮选3号中、高密度处理下茎壁厚度比低密度分别低13.85%和20.32%，各生育期高、低密度处理间差异均达显著水平，现蕾期和成熟期中、低密度处理间差异显著（P<0.05）。

表6-23　种植密度对胡麻茎粗和壁厚的影响

Tab. 6-23　Effects of planting density on diameter of culm and thickness of culm wall of oil flax

品种	处理	茎粗（cm）				壁厚（mm）			
		现蕾期	开花期	绿熟期	成熟期	现蕾期	开花期	绿熟期	成熟期
晋亚10号	D_1	0.231ab	0.247ab	0.281a	0.263a	1.024b	1.197bc	1.515a	1.145b
	D_2	0.219ab	0.238ab	0.269ab	0.219bc	0.964b	1.091c	1.415ab	0.994c
	D_3	0.214b	0.229b	0.263b	0.188c	0.858c	1.048c	1.382ab	0.964c
轮选3号	D_1	0.247a	0.263a	0.284a	0.238ab	1.167a	1.455a	1.533a	1.342a
	D_2	0.234ab	0.255ab	0.278ab	0.225b	0.982b	1.318ab	1.418ab	1.018c
	D_3	0.216b	0.253ab	0.274ab	0.211bc	0.982b	1.170bc	1.270b	0.958c

三、不同种植密度下胡麻物质积累特性

根据表6-24可以看出，开花期以后随着生育时期的自然推进，胡麻地上部分的鲜重和干重都呈抛物线形变化趋势，绿熟期胡麻地上部分的干、鲜重质量达最大，晋亚10号绿熟期鲜重分别比开花期和成熟期高26.75%和38.41%，干重分别高26.99%和1.24%；轮选3号鲜重分别高43.27%和42.34%，干重分别高49.44%和19.01%。绿熟期胡麻蒴果形成，籽粒灌浆，因此植株地上部分质量增加，倒伏概率加大。而到成熟期蒴果成熟变硬，植株叶片干枯脱落，茎秆水分含量下降，植株地上部分质量降低，倒伏风险减小。同时可以看出，随着种植密度的增加，胡麻地上部分的干、鲜重逐渐降低，开花期晋亚10号地上部鲜重低、中密度处理和高密度处理间差异显著，绿熟期3个密度处理之间差异都显著，地上部干重在开花期低、中密度和高密度处理间差异显著，绿熟期和成熟期不同密度处理间差异均显著；轮选3号地上部鲜重在3个生育期差异显著性表现规律一致，低密度处理与中、高密度处理间差异均显著，地上部干重在绿熟期和成熟期3个处理间差异都显著（P<0.05）。说明随种植密度的增加，植株对水分和养分的竞争更加激烈，作物吸收不到所需的养料，影响正常的生长发育，干、鲜重降低，植株充实程度低，易发生倒伏。

表6-24　种植密度对胡麻地上部物质积累的影响　　　　　　　　　　　　　（g·株⁻¹）

Tab. 6-24　Effects of planting density on matter accumulation of above-ground of oil flax

品种	处理	地上部鲜重			地上部干重		
		开花期	绿熟期	成熟期	开花期	绿熟期	成熟期
晋亚10号	D_1	7.61a	11.29a	7.46a	1.84a	2.61a	2.49a
	D_2	7.60a	9.03b	6.43a	1.84a	2.14b	2.14b
	D_3	6.51b	7.21c	6.00a	1.47b	1.79c	1.83c

（续表）

品种	处理	地上部鲜重			地上部干重		
		开花期	绿熟期	成熟期	开花期	绿熟期	成熟期
	D_1	9.44a	12.35a	8.91a	2.15a	2.93a	2.72a
轮选3号	D_2	6.88b	10.48b	7.49b	1.61b	2.76b	2.33b
	D_3	6.56b	9.95b	6.63b	1.56b	2.26c	1.63c

从表6-25可以看出，种植密度对胡麻根的质量也有一定的影响。随着种植密度的增加，根的鲜重和干重都呈现下降的趋势。晋亚10号根鲜重中密度和高密度平均分别比低密度处理降低了23.03%和32.94%，轮选3号分别降低了16.34%和32.75%。晋亚10号在绿熟期低密度和中、高密度之间差异显著，成熟期低密度和高密度处理间差异显著；轮选3号在开花期和成熟期低密度分别和中、高密度处理差异显著，绿熟期低、中密度和高密度处理差异显著（$P<0.05$）。晋亚10号根干重中密度和高密度平均分别比低密度处理降低了17.62%和25.29%，轮选3号分别降低了5.08%和15.89%。晋亚10号在绿熟期低密度分别和中、高密度处理间差异显著，成熟期不同密度处理间差异均显著；轮选3号在开花期和成熟期低、高密度处理间差异显著（$P<0.05$）。群体过大导致胡麻养分严重匮缺，进而抑制根系的生长，根量少、扎根浅，根系抓地能力降低，对地上部分的支撑力减小，易发生倒伏。

表6-25 种植密度对胡麻根部物质积累的影响 （g·株$^{-1}$）

Tab. 6-25　Effects of planting density on matter accumulation of root of oil flax

品种	处理	根鲜重			根干重		
		开花期	绿熟期	成熟期	开花期	绿熟期	成熟期
	D_1	0.569a	0.524a	0.390a	0.155a	0.181a	0.186a
晋亚10号	D_2	0.533a	0.402b	0.236ab	0.151a	0.139b	0.140b
	D_3	0.527a	0.374b	0.145b	0.144a	0.134b	0.112c
	D_1	0.650a	0.580a	0.429a	0.174a	0.168a	0.130a
轮选3号	D_2	0.526b	0.547a	0.325b	0.156ab	0.166a	0.126a
	D_3	0.486b	0.412b	0.240b	0.131b	0.162a	0.104b

四、不同种植密度对胡麻茎秆纤维素含量的影响

纤维素是由成千上万条微纤丝构成的网状结构，对细胞壁的机械支持作用和茎秆机械强度的提高具有重要作用。从图6-19可以看出，种植密度对胡麻茎秆纤维素含量具有明显影响。晋亚10号和轮选3号均表现出随种植密度的增加纤维素含量显著降低（$P<0.05$），其中晋亚10号中、高密度分别比低密度处理低6.89%和14.04%，轮选3号中、高密度分别比低密度处理低7.22%和12.32%。群体过大会过早过多的消耗基部节间可溶性碳水化合物，使碳水化合物供小于求，植株就会分解细胞壁结构物质如纤维素、木质素和果胶等来满足植株生长发育的需求。从而导致茎秆强度减弱，抗倒伏能力降低。

五、不同种植密度对胡麻茎秆木质素含量的影响

木质素是细胞壁的主要构成成分，木质素含量高茎秆强度大，抗倒伏能力强。从图6-20可以看出，随着种植密度的增加，胡麻茎秆中木质素含量降低，晋亚10号中、高密度分别比低密度处理木质素含量低17.61%和27.97%，现蕾期、开花期3个密度处理间差异显著，绿熟期、成熟期低密度和中、高密

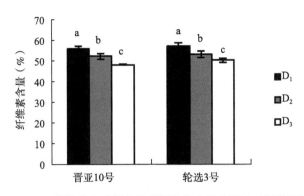

图 6-19　种植密度对胡麻茎秆纤维素含量的影响（绿熟期）

Fig. 6-19　Effects ofplanting density on cellulose contents of stem of oil flax（Green ripe stage）

度之间差异显著（$P<0.05$）；轮选 3 号分别低 11.21%和 28.47%，且各时期 3 个密度处理间差异都显著（$P<0.05$）。群体增大使胡麻茎秆木质素含量降低，进而导致茎秆强度降低，增加倒伏风险。

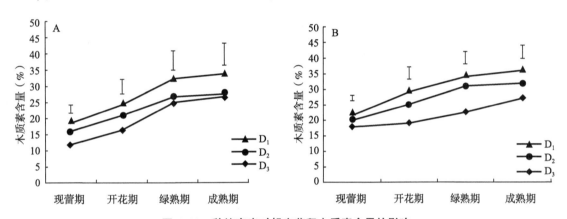

图 6-20　种植密度对胡麻茎秆木质素含量的影响

Fig. 6-20　Effects ofplanting density on lignin contents of stem of oil flax

注：A 图和 B 图分别代表晋亚 10 号和轮选 3 号，本节下同。

六、不同种植密度对胡麻茎秆木质素合成相关酶活性的影响

（一）不同种植密度下苯丙氨酸转氨酶（PAL）活性变化特征

根据图 6-21A、图 6-21B 可以看出，现蕾期以后晋亚 10 号和轮选 3 号胡麻茎秆中 PAL 的活性逐渐降低。现蕾期、开花期和绿熟期晋亚 10 号茎秆中 PAL 活性平均分别为 19.93 U·mg^{-1}FW、12.60 U·mg^{-1}FW 和 10.44U·mg^{-1}FW，轮选 3 号的各生育期 PAL 活性平均分别为 21.14 U·mg^{-1}FW、13.74 U·mg^{-1}FW 和 12.25 U·mg^{-1}FW，从现蕾期到绿熟期晋亚 10 号降幅平均为 47.63%，轮选 3 号为 42.08%。同时可以看出，随着种植密度的增加，胡麻茎秆中 PAL 的活性逐渐降低，晋亚 10 号中、高密度分别比低密度处理低 12.16%和 29.66%，轮选 3 号中、高密度分别比低密度处理低 14.13%和 28.78%。3 个生育期晋亚 10 号和轮选 2 号低、高密度处理间差异都显著，晋亚 10 号低、中密度处理间在绿熟期差异不显著，中、高密度处理在开花期差异不显著；轮选 3 号各生育期低、中密度处理间差异显著，中、高密度处理在开花期差异不显著，其他时期差异显著（$P<0.05$）。

（二）不同种植密度下络氨酸解氨酶（TAL）活性变化特征

由图 6-22A、图 6-22B 可以看出，胡麻茎秆中 TAL 活性先升后降呈"∧"变化趋势，在开花期达最大值，开花期晋亚 10 号和轮选 3 号平均 TAL 活性分别为 9.6 U·mg^{-1}FW 和 11.83 U·mg^{-1}FW，

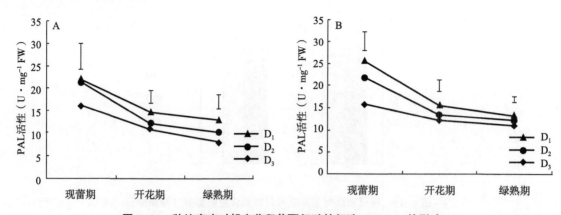

图 6-21 种植密度对胡麻茎秆苯丙氨酸转氨酶（PAL）的影响
Fig. 6-21 Effects of planting density on activity of PAL of oil flax stem

从现蕾期到开花期晋亚 10 号和轮选 3 号 TAL 活性增幅平均分别为 50.63% 和 90.76%，从开花期到绿熟期 2 个品种平均降幅分别为 45.35% 和 57.49%。随种植密度的增加，胡麻茎秆 TAL 活性降低，各生育期晋亚 10 号的低密度处理比中、高密度处理平均分别高 21.57% 和 31.50%，轮选 3 号低密度处理比中、高密度处理平均分别高 20.04% 和 29.24%，2 个品种低密度处理和中、高密度处理间差异显著，轮选 3 号在开花期和绿熟期中、高密度处理间差异不显著，其他时期差异都显著。

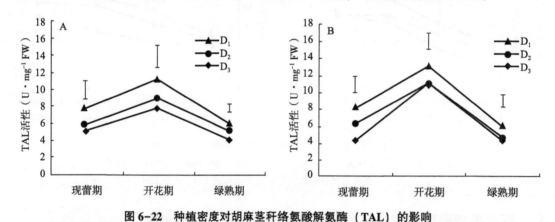

图 6-22 种植密度对胡麻茎秆络氨酸解氨酶（TAL）的影响
Fig. 6-22 Effects of planting density on activity of TAL of oil flax stem

（三）不同种植密度下 4-香豆酸：CoA 连接酶（4CL）活性变化特征

从图 6-23A、图 6-23B 可以看出，胡麻茎秆中 4CL 活性变化趋势和 TAL 一样先升后降呈"∧"型，在开花期达最大值，开花期晋亚 10 号和轮选 3 号 4CL 活性平均分别为 4.48 U·mg⁻¹FW 和 4.86 U·mg⁻¹FW，从现蕾期到开花期晋亚 10 号和轮选 3 号 4CL 活性增幅平均分别为 44.21% 和 34.84%，从开花期到绿熟期 2 个品种平均降幅分别为 34% 和 48.39%。随种植密度的增加，胡麻茎秆 4CL 活性减弱，各生育期晋亚 10 号的低密度处理比中、高密度处理平均分别高 22.15% 和 37.14%，轮选 3 号低密度处理比中、高密度处理平均分别高 21.41% 和 37.10%。各生育期晋亚 10 号和轮选 3 号低密度和高密度处理间差异显著。晋亚 10 号现蕾期低、中密度处理间差异不显著，其他时期差异显著，绿熟期中、高密度处理间差异显著；轮选 3 号各生育期低、中密度处理间差异显著，现蕾期中、高密度处理间差异不显著，其他时期差异显著。

（四）不同种植密度下肉桂醇脱氢酶（CAD）活性变化特征

根据图 6-24 可以看出，胡麻茎秆中 CAD 相对于其他 3 种酶在各生育期变化幅度最小，这一特征在中、低密度处理下较为明显，尤其是低密度处理。开花期 CAD 活性略高于其他生育期，开花期晋

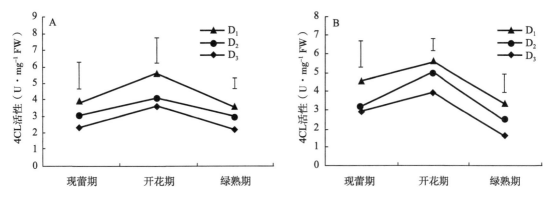

图 6-23　种植密度对胡麻茎秆 4-香豆酸：CoA 连接酶（4CL）的影响

Fig. 6-23　Effects of planting density on activity of 4CL of oil flax stem

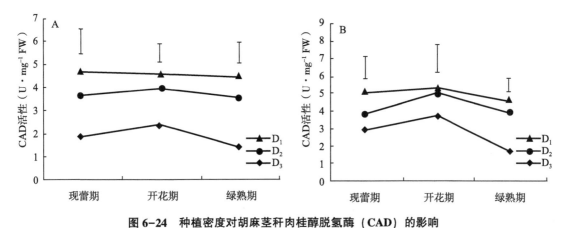

图 6-24　种植密度对胡麻茎秆肉桂醇脱氢酶（CAD）的影响

Fig. 6-24　Effects of planting density on activity of CAD of oil flax stem

亚 10 号在低、中、高 3 个不同密度处理下 CAD 活性平均 3.40 U·mg^{-1}FW，轮选 3 号平均为 4.04 U·mg^{-1}FW。现蕾期—开花期晋亚 10 号 CAD 活性平均提升了 7.53%，轮选 3 号平均提升了 19.23%，而从开花期—绿熟期晋亚 10 号 CAD 活性下降了 14.64%，轮选 3 号下降了 28.03%。种植密度对胡麻茎秆 CAD 活性也存在负影响，随种植密度的增加，CAD 活性递减，各生育期晋亚 10 号的低密度处理比中、高密度处理平均分别高 19.22% 和 58.74%，轮选 3 号低密度处理比中、高密度处理平均分别高 15.15% 和 58.74%。晋亚 10 号在各生育期不同密度处理间差异显著；轮选 3 号在低、中密度处理下差异不显著，其他时期处理间差异都显著。

七、不同种植密度对胡麻茎秆物理特征的影响

从表 6-26 可以看出，随种植密度的增加茎秆强度呈现下降趋势，开花期晋亚 10 号中、高密度分别比低密度处理低 1.61% 和 14.52%，绿熟期分别低 13.24% 和 29.41%，成熟期分别低 6.38% 和 8.51%。各生育期低、高密度处理间差异显著，开花期低、中密度处理间差异不显著，成熟期中、高密度处理间差异不显著，其余各生育时期处理间差异都显著；开花期轮选 3 号中、高密度分别比低密度处理低 22.22% 和 26.39%，绿熟期分别低 11.76% 和 19.12%，成熟期分别低 2.04% 和 10.20%。开花期低密度分别和中、高密度处理间差异显著，绿熟期各处理之间差异均显著，成熟期高密度分别和低、中密度处理间差异显著。种植密度对抗倒伏指数也存在一定的影响，开花期、绿熟期随种植密度的增加，抗倒伏指数减小，各生育期平均晋亚 10 号低密度处理的抗倒伏指数分别比中、高密度处理高 4.88% 和 4.10%，轮选 3 号低密度处理平均分别比中、高密度处理高 0.38% 和 4.72%，且开花期晋亚 10 号低密度分别和中、高密度处理间差异显著，轮选 3 号高密度分别和低、中密度处理间差异显著。

表 6-26　种植密度对胡麻茎秆强度和抗倒伏指数的影响

Tab. 6-26　Effects of planting density on stem strength and lodging resistance index of oil flax

品种	处理	茎秆强度（N）			抗倒伏指数		
		开花期	绿熟期	成熟期	开花期	绿熟期	成熟期
晋亚 10 号	D_1	0.62a	0.68a	0.47a	0.244a	0.152a	0.163a
	D_2	0.61a	0.59b	0.44b	0.219b	0.151a	0.163a
	D_3	0.53b	0.48c	0.43b	0.218b	0.151a	0.168a
轮选 3 号	D_1	0.72a	0.68a	0.49a	0.242a	0.142a	0.148a
	D_2	0.56b	0.6b	0.48a	0.235a	0.139a	0.156a
	D_3	0.53b	0.55c	0.44b	0.217b	0.130a	0.161a
平均		0.60	0.60	0.46	0.229	0.144	0.160

八、不同种植密度对胡麻产量及其构成因素的影响

从表 6-27 可以看出，种植密度对胡麻的产量及产量构成因素均造成一定的影响。随着种植密度的增加，每果籽粒数显著减少，平均低密度比中、高密度处理少 7.56% 和 15.82%；单位面积蒴果数却随种植密度的增加而增加，中、高密度平均分别比低密度处理高 31.23% 和 51.94%。本试验中晋亚 10 号和轮选 3 号中密度比低密度处理产量分别增加了 33.91% 和 96.1%，而高密度分别比中密度减少了 7.75% 和 32.61%，且不同种植密度处理间差异显著，2 个品种表现一致。

表 6-27　不同种植密度下对胡麻产量及其构成因素的影响

Tab. 6-27　Effects of planting density on yields components and output of oil flax

品种	处理	每果籽粒数 （粒）	单位面积蒴果数 （个·m⁻²）	产量 （kg·hm⁻²）
晋亚 10 号	D_1	6.99a	3 442.94a	1 284.06c
	D_2	6.44b	4 533.5b	1 719.48a
	D_3	5.94c	5 293.87c	1 586.16b
轮选 3 号	D_1	7.04a	3 459.36a	959.64c
	D_2	6.53b	4 524.41b	1 881.88a
	D_3	5.87c	5 193.55c	1 268.18b

九、小结

（一）种植密度对胡麻倒伏情况和形态特征的影响

（1）相对于中、低种植密度，高密度条件下胡麻发生倒伏的时期提前；低种植密度倒伏植株茎秆与地面的夹角平均分别比中、高种植密度处理大 12.70% 和 25.39%；不同种植密度处理间倒伏率表现如下：高密度（D_3）>中密度（D_2）>低密度（D_1）。

（2）低、中密度处理比高密度处理的株高矮 4.11% 和 2.13%，重心高度矮 12.88% 和 4.94%，群体越大株高和重心高度越高。而中、高密度处理下胡麻的茎粗比低密度处理平均小 5.69% 和 10.05%，茎壁厚度小 11.3% 和 16.8%。

（3）地上、地下部的干鲜重都随种植密度的增加而减少。

（二）种植密度对胡麻茎秆生化物质含量的影响

（1）晋亚 10 号中密度处理的纤维素和木质素含量分别比低密度低 6.89% 和 17.61%，高密度分

别比低密度处理低 14.04%和 27.97%；轮选 3 号中密度处理的纤维素和木质素含量分别比低密度低 7.22%和 11.21%，高密度比低密度处理低 12.32%和 28.47%。群体过大抑制茎秆纤维素和木质素的合成。

（2）随生育期的推进，胡麻茎秆 PAL 活性递减，TAL、4CL 和 CAD 的活性则先增后减呈抛物线型变化趋势。与木质素合成相关的 4 种酶活性均表现出低密度（D_1）>中密度（D_2）>高密度（D_3），其中中、高密度处理 PAL 活性分别比低密度处理低 13.19%和 29.20%，TAL 活性分别低 20.78%和 30.33%，4CL 分别低 21.77%和 37.12%，CAD 分别低 17.09%和 51.33%。

（三）不同种植密度下胡麻茎秆强度和抗倒伏指数的差异

胡麻茎秆强度和抗倒伏指数均随种植密度的增加而降低。

（四）不同种植密度对胡麻产量及产量构成因子的影响

每果籽粒数随密度的增加而减少，单位面积蒴果数则相反，产量以中密度处理的最大，说明过稀过密种植都不利于胡麻产量的增加。

第四节 基因型及种植密度对胡麻抗倒伏性能的影响

一、胡麻茎秆形态特征与倒伏性的关系

（一）不同抗倒伏胡麻品种茎秆形态学特征差异

1. 株高和重心高度

由表 6-28 可知，胡麻株高和重心高度存在明显的品种间差异。3 个品种中，定亚 23 号的株高和重心高度最高，分别是 80.27 cm 和 47.83 cm，较最矮的轮选 3 号分别高出了 4.61%和 8.95%。不同种植密度比较，3 个胡麻品种的株高和重心高度均表现为 975 万株·hm^{-2}>750 万株·hm^{-2}>525 万株·hm^{-2}。且 3 种植密度之间差异达到显著水平，定亚 23 号、晋亚 10 号和轮选 3 号的株高在高密度条件下比低密度条件下分别增加了 2.35%、4.38%和 2.13%，而重心高度则分别增加了 17.98%、12.51%和 10.00%。由此可见，种植密度对抗倒伏能力较差的品种影响更大，适当地降低胡麻的种植密度，可有效降低植株株高和重心高度，从而增加植株的抗倒伏能力。

表 6-28 品种和密度对胡麻株高和重心高度的影响

Tab. 6-28 Effect of variety and density on the oil flax plant height and height of the center of gravity

处理	现蕾期		开花期		子实期	
	株高（cm）	重心高度（cm）	株高（cm）	重心高度（cm）	株高（cm）	重心高（cm）
T1	44.87b	21.60cd	73.00d	33.14de	78.43ab	40.54d
T2	46.37ab	24.32b	76.50b	35.74c	79.77a	45.43b
T3	48.00a	28.03a	79.20a	39.18a	80.27a	47.83a
T4	42.43c	21.59cd	72.70d	34.17d	75.27c	40.54d
T5	45.13b	23.88b	73.87c	37.50b	76.33bc	44.37bc
T6	46.17ab	27.02a	75.50bc	38.16ab	78.57ab	45.61b
T7	42.30c	20.65d	73.60cd	32.40e	74.97c	39.92d
T8	45.20b	22.42c	74.17cd	35.83c	75.37c	42.19cd
T9	46.03ab	27.59a	76.37b	38.18ab	76.57bc	43.90bc

2. 茎粗和壁厚

胡麻的茎粗与壁厚受品种与种植密度的影响较为显著（图 6-25、图 6-26）。从品种来看，轮选 3 号作为抗倒伏能力较强的品种，茎粗与壁厚值都较高，在种植密度为 975 万株·hm^{-2}时，定亚 23 号

在子实期茎粗比现蕾期下降了 8.39%，轮选 3 号下降幅度较低，晋亚 10 号居中。随着种植密度的增加，茎粗与壁厚都表现出了不同程度的减小。从 750 万株·hm⁻²到 975 万株·hm⁻²的减小较为明显。3 个品种的茎粗与壁厚对种植密度的反应趋势一致，即在 525 万株·hm⁻²到 750 万株·hm⁻²时，茎粗与壁厚保持相对稳定或稍有增加，使植株保持一定的抗倒伏能力。而到成熟期，茎秆由于失水，茎粗与壁厚都有明显的缩小。

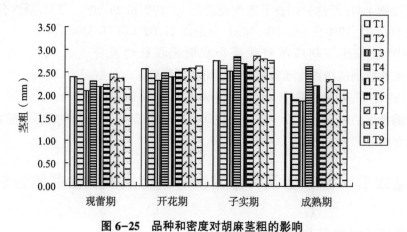

图 6-25 品种和密度对胡麻茎粗的影响

Fig. 6-25 Effect of variety and density on oil flax stem diameter

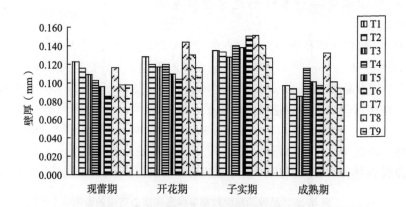

图 6-26 品种和密度对胡麻壁厚的影响

Fig. 6-26 Effect of variety and density on oil flax wall thickness

3. 密度品种互作下胡麻倒伏状况

由表 6-29 可以看出，在成熟期，胡麻在种植密度的影响下，倒伏分级差异不明显，但田间倒伏面积和倒伏率变化较大，在低种植密度时，轮选 3 号不论从倒伏角度还是田间倒伏率均表现出了较强的优势，较抗倒伏能力较差的定亚 23 号倒伏面积减小了 4.34 m²，而从 525 万株·hm⁻²到 975 万株·hm⁻²，定亚 23 号、晋亚 10 号和轮选 3 号的倒伏率分别增加了 16.39%、14.46%和 33.76%。表明低种植密度条件下，抗倒伏能力强的胡麻品种能表现出较强的优势，但种植密度过高时，中抗型品种反而更加稳定。

表 6-29 成熟期密度品种互作下胡麻倒伏情况

Tab. 6-29 The lodging conditions under variety and density of oil flax

处理	倒伏分级	倒伏角度（°）	倒伏面积（m²）	倒伏率（%）
T1	2	42.00	12.99	81.19
T2	2	32.33	13.19	82.44

（续表）

处理	倒伏分级	倒伏角度（°）	倒伏面积（m²）	倒伏率（%）
T3	2	24.67	15.12	94.50
T4	1	49.00	9.72	60.75
T5	2	42.33	10.31	64.44
T6	2	39.33	11.52	69.50
T7	1	53.67	8.65	54.06
T8	1	47.33	9.63	60.19
T9	2	37.00	11.57	72.31

倒伏程度以级别（茎秆与地面夹角）表示：0（75°~90°）、1（45°~75°）、2（20°~45°）、3（0°~20°）。

（二）胡麻茎秆形态指标与倒伏的关系

与大多数大田作物一样，3个不同品种的胡麻株高和重心高度成正相关，即植株茎秆高度增加，重心高度也随之增加，导致植株易倒伏。从表6-30可以看到，胡麻茎秆的抗折力与株高和重心高度成负相关，且与重心高度的差异较明显，反之与茎粗和壁厚都成正相关，其中，茎秆的抗折力与壁厚的正相关较显著，胡麻茎秆壁厚的植株抗折力更高，抗倒伏能力更强。田间倒伏率与植株各生理指标差异显著，茎秆的重心高度更能影响田间倒伏率，重心高度越高的植株越容易引起植株倒伏率的增加，而田间倒伏率与产量呈明显的负相关关系，大面积的倒伏会导致产量大幅度降低。

表6-30　胡麻倒伏特性与茎秆物理性状、力学特性的相关性

Tab. 6-30　Correlation of oil flax stem lodging properties and physical properties, mechanical properties

项目	株高	重心高度	茎粗	壁厚	抗折力	倒伏率	产量
株高	1						
重心高度	0.521	1					
茎粗	−0.298	−0.937**	1				
壁厚	−0.120	−0.425	0.391	1			
抗折力	−0.727	−0.413*	0.282	0.266*	1		
倒伏率	0.48	0.750*	−0.884	−0.485	−0.264	1	
产量	−0.343	−0.257	0.176	0.068	0.187	−0.453**	1

注：表中**在0.01水平（双侧）上显著相关。表中*在0.05水平（双侧）上显著相关。

（三）小结

通过对胡麻茎秆各形态特征的测定发现，3个胡麻品种中，株高和重心高度之间存在明显的差异，且品种间茎粗、壁厚和田间倒伏面积的变化较明显。其中，株高和重心高度最高的定亚23号，茎粗与壁厚都相对较低。由相关性分析可知，胡麻茎秆株高和重心高度成正相关，而抗折力与株高和重心高度成负相关，且与重心高度的差异较明显，抗折力与茎粗和壁厚成正相关。即植株茎秆高度增加，重心高度随之增加，茎粗与壁厚降低，容易引起植株倒伏率的增加，最终大幅度降低胡麻产量。

在3个种植密度条件下，各胡麻品种的株高和重心高度变化趋势较一致：975万株·hm⁻²>750万株·hm⁻²>525万株·hm⁻²。其中轮选3号的株高和重心高度在高密度条件下比低密度条件下增加幅度较低，而定亚23号增长幅度较大。当种植密度从525万株·hm⁻²到750万株·hm⁻²时，3个品种的茎粗与壁厚保持相对稳定，植株也保持一定的抗倒伏能力，当种植密度达到975万株·hm⁻²时，茎粗与壁厚都表现出了不同程度的减小，其中，定亚23反应较明显。但在高种植密度条件下，轮选3号

的田间倒伏面积大大增加，即倒伏率较高。可知，低密度条件下，有利于抗倒伏能力强的胡麻品种生长，种植密度的增加对抗倒伏能力较差的品种影响更大，在种植密度的增加过程中，中抗型品种反而更加稳定。

二、胡麻茎秆物质含量与倒伏性的关系

（一）胡麻茎秆花后物质积累特性

植株单株的鲜重和干重不仅仅反映植株的大小，而且还是组织器官的物质充实程度的指标，其大小与胡麻茎秆的抗倒伏性有关。不同胡麻品种的单株鲜质量、干质量有一定差异，且差异较明显（表6-31）。与定亚23号相比，子实期和成熟期的晋亚10号和轮选3号单株的鲜重与干重都较高，这与三个品种所表现出的茎秆抗折力相一致。在525万株·hm^{-2}、750万株·hm^{-2}和975万株·hm^{-2}三个不同的种植密度影响下，轮选3号和晋亚10号的差异相对较小，但轮选3号在高密度种植环境下，从子实期到成熟期鲜重与干重分别降低了33.37%和27.88%，说明种植密度越高，越不利于抗倒伏能力强的品种生长。

表6-31　不同处理下胡麻花后干物质积累状况
Tab. 6-31　Dry matter accumulation under different processing conditions in the late flowering of oil flax

处理	子实期		成熟期	
	鲜重（g）	干重（g）	鲜重（g）	干重（g）
T1	10.36 bc	2.56 b	7.21 b	2.37 bc
T2	9.10 cd	2.14 cd	6.27 cde	1.45 ef
T3	7.74 de	1.87 de	5.74 e	1.24 f
T4	11.29 ab	2.61 b	7.46 b	2.49 ab
T5	9.03 cd	2.14 cd	6.43 cd	2.14 c
T6	7.21 e	1.79 e	6.00 de	1.83 d
T7	12.35 a	2.93 a	8.91 a	2.72 a
T8	10.48 bc	2.76 ab	7.49 b	2.33 bc
T9	9.95 bc	2.26 c	6.63 c	1.63 de

（二）胡麻茎秆木质素含量

从胡麻现蕾期开始，晋亚10号和轮选3号的茎秆木质素含量迅速提高，并随着生长发育的进程，木质素的含量也随之增加；定亚23号的木质素含量明显低于轮选3号和晋亚10号（图6-27）。在不同的种植密度条件下，三个胡麻品种木质素含量变化趋势也较为一致，即525万株·hm^{-2}>750万株·hm^{-2}>975万株·hm^{-2}。这与各品种茎秆抗折力的变化规律大致吻合，表明，胡麻茎秆木质素含量越高，其抗倒伏能力越强。

（三）胡麻茎秆纤维素含量

从图6-28可以看出，与木质素含量变化相比，不同胡麻品种茎秆中的纤维素含量变化较为平稳，基本表现出了先升又逐渐降低且趋于平稳的趋势。其中，在高种植密度条件的影响下，抗倒伏能力较差的定亚23号品种表现出了较大的变动，即在975万株·hm^{-2}的种植条件下，其纤维素含量降低了26%。这表明，植株茎秆纤维素含量也与其茎秆抗倒伏能力正相关，品种的纤维素含量高，抗倒伏能力也相应较强，且高种植密度对抗倒伏能力差的品种影响更大。

（四）品种和密度对胡麻抗折力、倒伏指数和产量性状的影响

由表6-32可知，品种间产量及力学指标差异显著。轮选3号千粒重高、单株蒴果数多、秕粒率低，产量最高。定亚23号千粒重虽高，但秕粒率较高，导致产量低。不同种植密度比较，种植密度

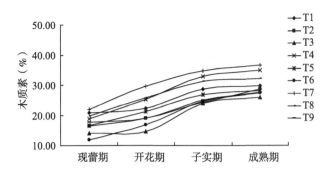

图 6-27　胡麻茎秆木质素含量在不同生育时期的动态变化

Fig. 6-27　Lignin content of oil flax stems dynamic changes at different growth stages

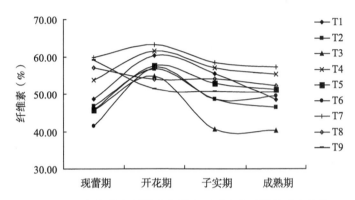

图 6-28　胡麻茎秆纤维素含量在不同生育时期的动态变化

Fig. 6-28　Fiber content of oil flax stem dynamic changes at different growth stages

较高时，造成植株的大面积倒伏，使得植株的分茎数较少，千粒重小。单株蒴果数则在种植密度为750万株·hm^{-2}时最高。植株的倒伏指数是植株地上部分鲜重与重心高度的乘积比抗折力的值，倒伏指数越高，则表示植株的抗倒伏能力越差。从表 6-32 中可以看出，不同品种间倒伏指数较显著，而相同品种在不同种植密度条件下一般显著。当种植密度由 525 万株·hm^{-2} 到 750 万株·hm^{-2} 时对品种倒伏指数的影响较大，三个品种的倒伏指数分别增加了 11.92%、1.40% 和 1.92%，这表示，种植密度的增加对抗倒伏能力差的品种影响更大，中抗型品种的影响较小，高抗型品种居中。

表 6-32　品种和密度对胡麻抗折力、倒伏指数和产量性状的影响

Tab. 6-32　Effect of variety and density of oil flax fracture, resistance to lodging index and yield

处理	分茎数（个）	单株蒴果数（个）	千粒重（g）	秕粒率（%）	抗折力（N）	倒伏指数	产量（kg·hm^{-2}）
T1	1.38	15.07	5.67	8.3	0.46	745.35bc	1 258.98d
T2	1.45	16.32	6.75	8.6	0.43	834.25a	1 459.05c
T3	1.32	15.58	5.08	10.5	0.39	848.22a	1 206.9 0b
T4	1.30	13.01	5.70	9.5	0.47	746.39bc	1 284.06d
T5	1.48	17.58	6.13	10.2	0.44	756.85bc	1 719.48a
T6	1.21	11.03	5.35	9.0	0.43	738.09bc	1 586.16b
T7	1.30	14.13	6.05	9.0	0.49	732.53c	959.64e
T8	1.26	18.02	6.17	8.17	0.48	746.61bc	1 881.88a
T9	1.11	16.63	5.85	8.17	0.44	779.34b	1 268.18d

三、小结

植株单株的鲜重和干重与胡麻茎秆的抗倒伏性有关，且不同胡麻品种的单株鲜质量、单株干质量有较明显的差异。在成熟期之前，晋亚10号和轮选3号较定亚23号的单株鲜重、干重和木质素含量都较高，且随着胡麻生长发育的进程，木质素的含量也随之增加。而不同品种的胡麻纤维素含量变化基本表现为先升又逐渐降低且趋于平稳。其中，单株植株鲜重与干重都较高的轮选3号品种千粒重高、单株蒴果数多，秕粒率低，产量最高，反之，定亚23号秕粒率较高，产量最低。

不同胡麻在不同的种植密度条件下，木质素含量变化趋势为525万株·hm⁻²>750万株·hm⁻²>975万株·hm⁻²，在975万株·hm⁻²的种植条件下，各胡麻品种的纤维素含量均有所降低，田间倒伏面积增加，植株的分茎数减少，千粒重降低，但定亚23号下降幅度最大，说明茎秆中木质素和纤维素含量越高与胡麻倒伏关系密切，其含量越高，抗倒伏能力越强，且种植密度越高对抗倒伏能力差的品种影响更大，中抗型品种的波动较小，而高抗型品种居中。

四、基因型和密度对胡麻茎秆木质素合成酶活性的影响

（一）胡麻茎秆木质素合成相关酶活性差异

1. 苯丙氨酸转氨酶（PAL）活性

随着茎秆的生长，各胡麻品种茎秆的PAL活性呈下降趋势。不同的胡麻品种中，轮选3号的PAL活性明显高于定亚23号品种，其中现蕾期到开花期，变化趋势较明显。晋亚10号的PAL活性介于定亚23号和轮选3号之间。PAL活性变化随种植密度的增加而降低，其中，从750万株·hm⁻²到975万株·hm⁻²的下降趋势变化较525万株·hm⁻²到750万株·hm⁻²明显，轮选3号降幅最大，达27.49%。这说明抗倒伏能力较强的品种对密度变化反应明显，其茎秆PAL活性反应迅速，为木质素的合成提供保障（图6-29）。

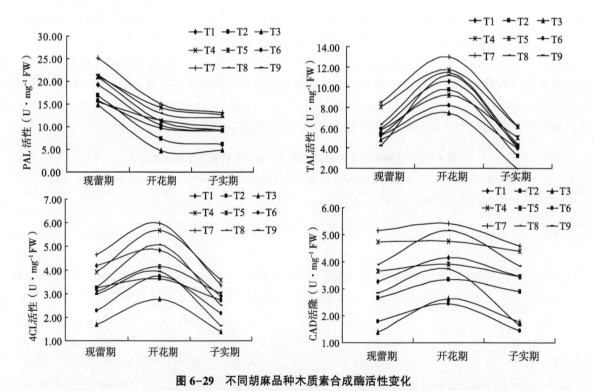

图6-29 不同胡麻品种木质素合成酶活性变化

Fig. 6-29 Changes of metabolism-related enzymes activities in different oil flax cultivars

2. 酪氨酸解氨酶（TAL）活性

同一品种的茎秆 TAL 活性明显低于 PAL 活性，各品种的茎秆 TAL 活性均表现先迅速升高，而后再迅速下降。各胡麻品种的 TAL 活性在开花期活性最高，平均酶活性定亚 23 号、晋亚 10 号、轮选 3 号分别为 9.27U、9.72U 和 11.87U，即轮选 3 号>晋亚 10 号>定亚 23 号。随着种植密度的增加，各品种的 TAL 活性均有降低，但影响较大的是抗倒伏能力较差的定亚 23 号，在子实期，种植密度为 975 万株·hm^{-2}时，TAL 活性较种植密度最低时降低了 54.40%，其次是晋亚 10 号，轮选 3 号的下降幅度较小。

3. 香豆酸：CoA 连接酶（4CL）活性

4CL 活性在胡麻开花期出现峰值，随后缓慢降低。在低密度条件下，轮选 3 号和定亚 23 号的 4CL 活性均高于中抗型的晋亚 10 号 18.8% 和 7.0%。而到了高密度种植环境，晋亚 10 号则分别高出定亚 23 号和轮选 3 号 55.0% 和 32.0%。即在低密度时，胡麻品种的 4CL 活性表现为轮选 3 号>定亚 23 号>晋亚 10 号，高密度时，其 4CL 活性表现为晋亚 10 号>轮选 3 号>定亚 23 号。这可能是由于 4CL 催化产物进入其他次生物质代谢而造成的。

4. 肉桂醇脱氢酶（CAD）活性

从图 6-29 中 CAD 活性图可以看出，CAD 活性随着胡麻生育进程大都表现为先升后降的趋势，但变化较为平缓。不同抗倒伏能力的胡麻品种相比，茎秆 CAD 活性表现为：轮选 3 号>晋亚 10 号>定亚 23 号。而随着种植密度的增加，三个品种茎秆 CAD 活性表现趋势也基本一致。这说明，CAD 活性高，越有利于木质素的合成，其品种的抗倒伏能力也较强。

（二）木质素含量及相关酶活性与抗倒伏能力相关分析

相关分析表明，胡麻茎秆木质素含量与茎秆抗折力和产量呈显著正相关。表 6-33 表明胡麻茎秆木质素含量和其抗倒伏能力密切相关，木质素含量越高，胡麻茎秆的抗倒伏能力越强。木质素含量与 PAL、TAL 和 CAD 活性均呈显著正相关（相关系数分别为 0.886、0.902 和 0.969），与 4CL 活性相关不显著。说明胡麻茎秆 PAL、TAL 和 CAD 活性的提高是增加木质素含量的酶学基础。

表 6-33　木质素含量及相关酶活性与抗倒伏能力相关分析

Tab. 6-33　Correlation coefficients among lignin content in culm, activities of lignin metabolism-related enzymes, and lodging resistance of oil flax

	木质素	PAL	TAL	4CL	CAD	抗折力	产量
木质素	1						
PAL	0.886 **	1					
TAL	0.902 **	0.863 **	1				
4CL	0.694	0.922	0.347	1			
CAD	0.969 **	0.848 **	0.914 *	0.915	1		
抗折力	0.958 **	0.926 **	0.910 **	0.962 *	0.924 *	1	
产量	0.713 **	0.143 *	0.291	0.190	0.095 *	0.187	1

注：表中 ** 表示在 0.01 水平（双侧）上显著相关。表中 * 表示在 0.05 水平（双侧）上显著相关。

（三）小结

从胡麻现蕾期到子实期，3 个胡麻品种茎秆中的 PAL 活性呈下降趋势，而 TAL、4CL 和 CAD 基本都呈先升后降的趋势，但 CAD 的活性变化较为平稳。相关性分析表明，PAL、TAL 和 CAD 活性与木质素含量均呈显著正相关，与 4CL 活性相关不显著。其中，轮选 3 号茎秆中各个酶活性都相对较高，表现出了较强的抗倒伏能力，反之，定亚 23 号较差，晋亚 10 号居中。随着种植密度的增加，胡麻茎秆中的 TAL、PAL、4CL 和 CAD 活性大都有不同程度的降低。其中由于种植密度的增加对抗倒伏能力较差的定亚 23 号的 TAL 活性影响较大；4CL 的活性可能由于其催化产物进入其他次生物质代谢而造成在不同种植密度条件下表现有所差异；不同种植密度环境中，CAD 的活性基本表现为：轮选 3 号>晋亚 10 号>定亚 23 号。而茎秆中木质素含量和胡麻抗折力呈显著正相关，木质素含量和PAL、TAL 和 CAD 亦呈显著正相关关系，说明茎秆中木质素含量的酶学基础是 PAL、TAL 和 CAD 活性的提高。

第五节　讨论与结论

一、讨论

本研究对胡麻的抗倒伏性进行了系统研究，首先对 10 个不同的胡麻品种有关抗倒伏指标进行了测定和系统聚类，全面、综合地探讨了胡麻抗倒伏的内在机理，并按照抗倒伏特性将 10 个品种分为3 类（抗倒伏、中抗和易倒伏类）；同时研究了水氮运筹、种植密度和品种密度互作对胡麻抗倒伏特性及产量的影响。

（一）胡麻抗倒伏性相关指标在品种间的差异

目前对于作物抗倒伏的研究主要有表观倒伏情况、农艺性状、茎秆生理生化成分、相关酶活性、茎秆解剖学结构和力学指标等，既包括与倒伏相关的外在表现也含有诱发倒伏的内在因素。

1. 胡麻表观倒伏情况和农艺性状与抗倒伏性的关系

各种与倒伏相关的农艺性状的特征是作物抗倒伏能力的直观体现，株高和重心高度在很多研究中已被作为作物抗倒伏的重要影响因子。在油菜抗倒伏性评价中也认为株高和重心高度较矮的品种抗倒伏性较强（陈新军等，2007）。对不同株高小麦品种抗倒伏性进行研究后发现，株高是决定品种倒伏指数的主要因素，且其倒伏指数的趋势为矮秆<半矮秆<中高秆（闵东红等，2001）。本试验结果表明，开花期—绿熟期胡麻倒伏率上升最快、幅度最大；株高和重心高度与倒伏率呈极显著的正相关，抗倒伏能力不同的品种间株高和重心高度存在一定差异，但不同品种间倒伏率、株高、重心高度的差异显著性并不相一致，说明株高和重心高度对抗倒伏性存在影响，但并非直接决定因素，这和闵东红等人的研究结果一致。随着胡麻的生长，茎秆增长、重心高度上移，茎秆基部所受的力矩也不断增大，因此对茎秆的支持能力要求增加，若受到风、雨等垂直于茎秆方向力的影响，株高和重心高度值大的植株则易发生倒伏。

一般认为茎秆粗度和茎壁厚度是植株抗倒伏能力强弱的重要标志，抗倒伏能力强的谷子品种在株型上应具备的特征包括茎秆较粗，多数研究小麦的资料显示茎秆基部节间短粗、茎壁较厚的品种抗倒伏能力强（冯素伟等，2012）。胡麻在营养生长阶段茎中髓营养物质丰富，薄壁组织发达，进入生殖生长阶段后，茎秆中营养物质向籽粒转移，髓逐渐被破坏，茎秆中形成髓腔。本试验结果显示，现蕾期—绿熟期胡麻茎粗逐渐增加，绿熟期—成熟期变化微小，而茎壁厚度则随生育期的发展逐渐减小，这说明胡麻的营养生长和生殖生长并不是完全分开的，之间有重叠，在生殖生长开始时营养生长并未结束，髓腔形成的同时茎秆的营养生长仍在继续，因此茎粗虽然增加但壁厚在减小，因此茎秆强度下降。同时试验表明抗倒伏能力强的品种茎粗和茎壁厚度显著高于抗倒伏能力弱的品种，茎粗和茎壁厚度与倒伏率呈显著或极显著负相关。

构成植物体的各部分之间相互依赖和相互制约，虽然地上部分和地下部分处于不同的环境中，但两者之间存在着大量营养物质和信息的交换。根的生长依赖于地上部分所提供的光合产物、生长素、维生素等，而地上部分的生长则需要根系提供水分、矿质、氮素以及根中合成的植物激素等。"根深叶茂""本固枝荣"就是指地上部分与地下部分的协调关系。根系生长良好，其地上部分也生长茂盛，同样，地上部分生长良好，对根系生长也有促进作用。根系发达、根量大，抓地能力强可提高抗倒伏能力，而地上部质量越大对茎秆基部的压力就越大，根系对地上部的支撑越困难，越容易发生倒伏。大麦根量与倒伏系数关系密切，根量越多的品种倒伏指数越小（王莹等，2001）。在玉米中的研究结果也显示根鲜重和倒伏密切相关，茎折类品种的根干、鲜重高于根倒类（黄建军，2008）。本研究结果显示胡麻地上部和根的鲜重与倒伏率关系密切，各生育期根鲜重和倒伏率极显著负相关，地上部鲜重和倒伏率的相关度低于根鲜重。地上部质量大，相应的茎秆质量也大、充实度高，茎秆强度大，抗倒伏能力强；同时可以看出地上部质量的增加对茎秆基部和根部的支持能力的削弱作用小于对茎秆强度的增加。根量大，扎根深，固土和抓地能力都增强，对地上部的支撑能力也增强，有利于提高抗倒伏能力。

2. 胡麻茎秆抗折力和倒伏指数与抗倒伏性的关系

田间的实际倒伏程度是作物抗倒伏能力的直接体现，但在倒伏还未发生时如何评价作物的抗倒伏性，目前用茎秆机械强度反映作物抗倒伏性的研究较多。关于如何测量和描述茎秆的机械强度，应用较多的有茎秆抗折力、茎秆折断弯矩和茎秆强度等。而为了更全面、综合地反映整个植株的抗倒伏能力，科学家们提出了倒伏指数、抗倒伏系数等指标（王秀凤等，2006），运算、表达方法各不相同，但都能将植株的株高、重心高度、鲜重、茎秆机械强度等与抗倒伏性密切相关的特性联系起来综合去判断。水稻茎秆基部节间的抗折力减小，则倒伏指数和弯曲力矩增加，抗倒伏能力下降，倒伏指数与茎秆抗折力显著或极显著负相关，与弯曲力矩正相关。本试验结果表明，现蕾期—开花期胡麻茎秆基部抗折力迅速增强，开花期以后逐渐减弱。绿熟期以前胡麻的生长以营养生长占主导，茎秆等营养器官的生长速率较快，因此茎秆抗折力增加迅速；花期以后，生殖生长迅速增长，到后期营养物质主要向籽粒等生殖器官运送，茎秆中物质积累下降，导致茎秆抗折力减小。现蕾期—绿熟期抗折力逐渐增加，成熟期迅速下降。现蕾期以后，胡麻进入快速生长期，地上部鲜重增速很快，重心高度上升，而茎秆抗折力增加缓慢，因此倒伏指数上升；成熟期植株失水干枯，地上部鲜重较绿熟期大幅下降，重心高度下移，倒伏指数减小。抗倒伏能力强的胡麻品种，茎秆抗折力大于抗倒能力弱的品种，而倒伏指数小。抗倒伏的品种具有粗壮、厚实的茎秆，茎秆抗折力大于易倒伏品种，同时其具有茂盛的地上部器官，因此重心高度虽较高，但倒伏指数小于易倒伏品种。

3. 胡麻茎秆生理生化成分与抗倒伏性

植物细胞的细胞壁是区别于动物细胞的显著特征，细胞壁具有机械支持和保护细胞原生质体的作用，能保持植物细胞的形态。细胞壁的主要成分是多糖和蛋白质，多糖主要包括纤维素、半纤维素和果胶质。当形成次生壁时，常伴有木质素等物质加入，以增强机械强度，支持植物体。细胞壁不仅支持保护了植物细胞，并为植物体提供了重要的机械支持，高大的树木之所以能挺拔直立，也是由细胞壁支持的。纤维素和木质素是细胞壁中重要的成分，是茎秆中主要的结构性碳水化合物，茎秆中纤维素和木质素的含量能反映茎秆机械强度，从而体现其抗倒伏能力。对不同小麦品种的细胞壁成分进行研究后发现，抗倒伏能力强的品种细胞壁中纤维素含量显著高于不抗倒品种（Cook et al，1994）。张喜娟等（2009）对不同穗型水稻抗倒伏性进行研究发现，茎秆纤维素含量和抗折力之间显著或极显著正相关，木质素的相关度低于纤维素。油菜未发生倒伏材料的木质素含量是倒伏材料的 1.2 倍（张健等，2006）。Tripathi（2003）发现抗倒性强的小麦品种茎秆中木质素含量高，对油菜倒伏性的研究中也有相关报道，茎秆纤维素的含量和倒伏性无相关性（张健等，2006）。本研究结果表明，随生育时期的自然推进，胡麻茎秆纤维素和木质素含量渐增，但绿熟期—成熟期变幅很小。现蕾期—绿熟期胡麻营养生长逐渐减弱，相反生殖生长增强，茎秆的生长减缓，同时灌浆使茎秆中的部分物质分解并转移到籽粒，这些都与茎秆中纤维素和木质素含量的变化有关。不同品种间茎秆纤维素和木质素含量同样存在差异，抗倒伏品种纤维素和木质素含量显著高于中抗品种和易倒伏品种，纤维素和木质素含量与倒伏率呈极显著的负相关，与茎秆抗折力极显著正相关。说明茎秆中纤维素和木质素的含量高低可以作为胡麻茎秆机械强度和抗倒伏能力的评价依据。

木质素合成途径中共有十余种酶参与催化反应。木质素合成途径是植物苯丙烷类物质合成途径的一个分支，首先是通过莽草酸途径形成的 L-苯丙氨酸，在苯丙氨酸解氨酶（PAL）的作用下通过一系列的脱氨基、羟基化与甲基化等步骤形成肉桂酸类化合物，再经过甲基化酶等一系列反应形成紫丁香基丙烷结构单体、愈创木基丙烷结构单体和对羟基苄基丙烷结构单体等三种主要木质素单体，最后木质素单体聚合形成木质素（李桢等，2009）。有研究发现，抑制烟草中 PAL 酶活性会导致木质素含量降低（刘晓娜等，2007）。木质素单体合成后需要脱氢聚合才能形成木质素，POD 可以有效地催化该聚合反应，油菜中抗倒伏品种茎秆的 POD 活性高于倒伏品种，CAD 参与木质素单体合成的最后一步还原反应，CAD 活性降低，木质素含量减少（刘晓娜等，2007），但也有报道显示 CAD 活性被抑制，木质素的含量并未明显改变（Baucher et al, 1996）。肉桂酸在 4CL 作用下生成相应的 CoA 酯，它处于苯丙烷类代谢的转折点上，抑制 4CL 的活性导致木质素含量下降。TAL 和 PAL 都位于苯丙酸途径的入口位置，TAL 负责催化酪氨酸脱氨直接生成 4-羟基肉桂酸，对小麦茎秆抗倒伏性的研究中显示，抗倒伏能力强的小麦品种茎秆中 TAL 活性高于倒伏品种（陈晓光等，2011）。本试验结果显示，胡麻在各生育时期抗倒伏品种茎秆中 PAL、POD、CAD、4CL 和 TAL 酶活性均高于中抗和易倒伏品种，并且和木质素含量极显著正相关，说明这 5 种酶对于调控木质素合成的速率具有重要作用。

4. 胡麻茎秆氮及矿质元素含量与抗倒伏性

植物体内含有多种元素，在植物的生长发育过程中必不可少的称为必需元素，现已确定的植物必需的元素有 13 种，包括 N、K、Ca、Mg。其中 N 和 K 所需的量比较多，属于大量元素；Ca 和 Mg 需要的量少，但缺乏会影响植物正常生长，若过量反而对植物有害，属于微量元素。氮被称为生命元素，在植物生命活动中占据重要地位，因为它是植物体内很多重要化合物的主要成分，如蛋白质、核酸、叶绿素、维生素等，也是物质和能量代谢调节物质的重要组分，如酶、辅基和植物激素等（李唯等，2012）。氮肥充足，植株茂盛，籽粒蛋白质含量高，在实际生产中普遍使用尿素来满足作物对氮素的需求。氮肥过多使细胞变长，细胞壁变薄，易发生倒伏。钾在土壤中以盐的形式存在，呈离子状态被植物根系吸收，是植物必需元素中的唯一 1 价和含量最高的金属离子。钾主要的生理功能是调节水分代谢，并作为细胞内 70 多种酶的活化剂，同时参与光合作用和呼吸作用及蛋白质代谢，钾还促进碳水化合物的合成，参与物质的运输，尤其在韧皮部，钾促进厚壁组织细胞加厚、厚壁细胞木质化及角质层发育，显著提升纤维素含量。钾肥充足时，淀粉、蔗糖、纤维素和木质素含量高，茎秆粗壮，机械性能增强，抗倒伏能力提高；缺钾时，植株茎秆柔弱，易倒伏，钾过多，会出现灼伤病，并易腐烂（李唯等，2012）。倒伏植株茎秆的氮含量高于未倒伏植株（王成雨等，2012），这与本研究结果一致，抗倒伏胡麻品种茎秆氮含量低于中抗和易倒伏品种。北条良夫（1983）研究报道，K 元素可提高茎秆强度，提升抗倒伏能力。关于小麦的研究报道，茎秆基部钾含量与倒伏率呈显著负相关（陈晓光，2011）。本试验结果显示，抗倒伏胡麻品种茎秆钾含量显著高于中抗品种和易倒伏品种，可见茎秆钾含量和倒伏率显著负相关，通过增加胡麻茎秆钾含量可以降低倒伏率。

钙参与构成细胞壁中层果胶酸钙，缺钙时细胞分裂和伸长停止；钙离子还具有稳定细胞膜和细胞整体的作用；对少数酶具有激活作用；钙有利于植物愈伤组织的形成，缺钙会引起植物生理病害，钙不易移动，重复利用率很低。多项研究结果显示，抗倒伏性强的品种其成熟期茎秆钙含量显著高于不抗倒伏品系，茎秆中钙含量和倒伏指数正相关。本试验结果显示，抗倒伏品种胡麻茎秆钙含量显著高于中抗和易倒伏品种。根据钙对植物的生理作用可以看出，钙对胡麻茎秆形态建成和茎秆强度增加都具有促进作用。镁是葡萄糖激酶、果糖激酶等多种酶的活化剂，与糖类和氮代谢有关。镁是叶绿素的组成成分之一，缺镁抑制叶绿素的合成。各生育时期水稻茎秆镁含量和茎秆基部抗折力极显著负相关（杨艳华等，2011）。本研究结果显示，易倒伏品种胡麻茎秆中镁含量高于抗倒伏品种，镁含量和茎秆抗折力呈负相关，和倒伏率呈正相关。由此可以推断过多的镁催进茎秆中糖类的代谢和消耗，从而使纤维素和木质素的含量降低，茎秆强度减小，易发生倒伏。

（二）栽培措施对胡麻抗倒伏性能的影响

1. 灌溉量和施氮量对胡麻抗倒伏性能的影响

水是生命产生的先决条件，是植物生长和繁殖的基本保证，作物进行光合作用制造有机质需要水分，植株体内营养物质的输送也需要水分。但在农业生产过程中，并不是水越多越好，合理灌溉对作物正常生长发育影响很大。我国是水资源缺乏的国家，农业灌溉用水占国家年均用水量的比例较大，因此研究各种作物在获得最大经济效益时的最小灌溉量和合适的灌溉时期意义重大。几乎所有的土壤和作物都需要施用氮肥，氮肥的增产效果远远大于磷钾肥，氮肥不足植株矮小、茎秆细弱，叶色发黄，根系发育不良，产量降低；而氮肥过量会使营养生长过剩，抑制生殖生长，籽粒不饱满、秕粒多，同样使产量降低（李唯等，2012）。

春小麦抗倒伏能力与冬前无灌溉相比，冬前灌溉处理的倒伏面积显著增加，控制灌溉的水稻茎秆矮、节间短，具有较强的抗倒伏性；灌溉对冬小麦茎秆倒伏性状研究结果显示，与不灌溉相比，灌溉显著提高了茎秆的重心高度和株高。本试验结果显示，在施氮量一致的情况下，增加灌溉量可提高胡麻的株高和重心高度，增加倒伏风险，倒伏率上升；在同一灌溉量下，株高和重心高度也随着施氮量的增加而升高，倒伏率呈"V"形变化趋势，先降低后上升。小麦抽穗期与不灌水比较，灌水处理的茎秆基部节间粗度均减小。节间粗度随施氮量的增加呈倒"V"形变化趋势，茎壁厚度则随施氮量的增加减小。本试验结果表明，在同一施氮水平下，增加灌溉量可减小胡麻茎粗和茎壁厚度，各生育期表现一致；在灌溉量相同的情况下，增施氮肥胡麻茎粗和茎壁厚度先增加后减小呈抛物线型变化趋势。

光合产物以糖的形式运输，以淀粉的形式临时贮存，植物茎秆一般主要由单糖、双糖、多糖等碳水化合物构成。当碳水化合物供大于求时，就会转化为细胞壁结构物质，如纤维素、木质素和果胶等，使茎壁增厚，抗倒伏能力增强；当碳水化合物供小于求时，就会分解细胞壁结构物质来满足植株生长发育的需求。抗倒伏能力强的水稻品种茎和鞘中可溶性糖含量极显著大于抗倒伏能力弱的品种，可溶性糖含量和抗倒伏指数呈显著或极显著正相关。水稻成熟前 10d 茎鞘中可溶性糖、淀粉、纤维素和木质素的含量均随施氮量的增加而下降，增施氮肥抑制植物体内糖分的运输和转化、纤维素和木质素的合成，使茎秆抗倒伏能力减弱。本试验结果显示，开花期以后随生育期的推进，胡麻茎秆中可溶性糖含量递减，说明在胡麻的生育后期，其茎秆中可溶性糖的再分配和利用加速；同时发现随着灌溉量的增加胡麻茎秆可溶性糖含量减少，进而使纤维素和木质素含量下降，植株抗倒伏能力减弱；而施氮量对茎秆可溶性糖含量的影响是双向的，在一定范围内，随着施氮量的增加可溶性糖含量上升，超过这一范围后则随施氮量的增加下降，过多的氮素抑制可溶性糖的合成和转化。开花期以后胡麻茎秆中淀粉含量的变化呈倒"V"形，绿熟期达最大值，可能由于籽粒灌浆的需要，作物体内的糖大部分转化为淀粉暂存，后期才不断向籽粒输送。随生育期自然推进，胡麻茎秆纤维素含量逐渐增加，木质素含量增加后趋于平稳，这与绿熟期淀粉含量高有关。灌水量和施氮量对淀粉、纤维素和木质素含量的影响同可溶性糖。

与低施氮处理相比，高施氮处理小麦茎秆木质素含量降低，PAL、TAL、CAD 和 4CL 活性减小，茎秆抗折力降低，抗倒伏指数减小（陈晓光等，2011）。本试验结果表明，随着灌溉量的增加，绿熟期胡麻茎秆 PAL、POD、TAL、CAD 和 4CL 的活性减弱，木质素含量下降，茎秆抗折力减小，抗倒伏能力下降。随着施氮量的增加，5 种酶的活性都表现出先增加后减小的趋势。说明合理的灌溉和施氮可催进木质素合成相关酶的活性，提高木质素含量，增加茎秆抗折力，从而提升抗倒伏能力。

不同施氮水平对杂交稻茎秆氮素和矿质元素含量产生了一定的影响，齐穗期随施氮量的增加茎鞘中氮和钾的含量上升，成熟前 10d 随施氮量的增加钾含量下降；同时增施氮肥可提高茎鞘中 Mg 的含量，降低 Ca 含量（杨世民等，2009）。本试验结果显示，随灌溉量和施氮量的增加，胡麻茎秆 N 含量增加，大量的水分使尿素迅速溶解，有利于作物根系对 NH_4^+ 的充分吸收，从而使作物 N 含量上升。随灌溉量的增加，各生育期不同施氮处理茎秆平均 K 含量增加，这一变化趋势在 N_2、N_3 处理下表现更突出，这可能也与 K 的溶解有关；钾充足时，淀粉、纤维素和木质素含量高，茎秆机械强度大，抗倒伏能力强，因此在合理的氮肥施用处理下，作物生长状况良好，含钾量丰富，茎秆抗折力增强。北条良夫（1983）认为 Ca 和 Mg 等微量元素被植物吸收后，有提高茎秆强度的作用。氮肥水平对稻米中 Ca 和 Mg 的含量也有一定影响（袁继超等，2006）。本试验对不同灌水和施氮量水平下胡麻茎秆中 Ca 和 Mg 的含量进行研究后发现，随灌溉量和施氮量的增加，茎秆中 Ca 含量下降，而 Mg 含量增加。Ca 不溶于水，而 Mg 易溶于水，这可能是灌溉量影响胡麻茎秆中 Ca 和 Mg 含量的原因之一。

对茎秆机械强度的测定目前主要有 3 种方法：第一，取茎秆去叶片，两端置于间隔 5cm 的支撑器械上，在茎秆中部挂一个容器，向容器内匀速缓慢加细沙，使茎秆折断所用的沙子加容器的重量即为茎秆抗折力。第二，各类型的电子万能试验机，可对试验机进行设定，匀速给茎秆加力，实时动态地显示茎秆所受的力、位移、变形等，茎秆折断时所测的力为茎秆抗折力。第三，使用秆强测定器，可测定茎秆弯折性、茎秆抗压强度和茎秆组织穿刺强度等，还可连接电脑，输入速度、面积等，做各种分析。本试验采用目前国际上比较公认的秆强测定器 DIK-7401 对胡麻的茎秆强度进行测定，结果显示，开花期以后茎秆强度先增加后降低，绿熟期最大，成熟期较绿熟期下降了 14%。在同一施氮水平下，茎秆强度随灌溉量的增加而减小；在同一灌溉量处理下，茎秆强度又随施氮量的增加先增后降呈抛物线形变化趋势，要实现增产就必须施氮肥，但过量或不合理的时期施氮会造成茎秆细胞变大但细胞壁变薄，叶面积增加相互遮阴，茎秆光照不充足，机械组织的形成受到抑制，木质化受阻，茎秆强度减小。绿熟期胡麻营养器官积累的物质量达到最大值，作物处于"壮年期"，茎秆强度大。随着灌溉量的增加，促进细胞壁拉长，株高增加但茎粗和茎壁厚度减小，茎秆强度减小，同时过多的水分影响根系生长和对土壤中矿质元素的吸收，抑制茎秆木质部和韧皮部的形成。王成雨等（2012）认为高氮水平处理下小麦抗倒伏指数变小。本试验结果表明，随灌溉量和施氮量的增加胡麻抗倒伏指数降低，过量灌水和施氮都不利于茎秆强度的增加，而水分和氮肥却促进重心高度上移、地上部鲜重增加，从而导致抗倒伏指数降低。

水分是作物生存、生长的必要因素，是作物光合作用制造有机质的原料、营养物质输送的媒介，还会影响植物体细胞众多生化反应，因此水分对作物的产量有直接影响。氮是生命元素，是植物细胞的重要组成部分，对生命活动起重要的调节作用。氮肥的多少影响细胞的分裂和生长，氮肥充足，植物枝叶茂盛，籽粒中蛋白质含量高。在必需元素中，氮的需求量排第四，氮肥对于作物增产具有举足轻重的作用。在同一灌水条件下，追氮可提高玉米产量；在相同施氮水平下，灌水处理的产量高于不灌水（王明东等，2011）。水分是矿质元素的溶剂，适宜的水分促进作物根系对矿质元素的吸收，还能防止肥料过多的"烧苗"，"以水调肥、以水控肥"的效果在实际生产中频见。张秋英等（2005）认为，充足的灌水条件下，施肥量也要相对增加，否则产量会下降，氮与水对产量产生相互促进的作用，水肥耦合的增产效应以中水中肥的最大。本试验结果显示，随灌溉量的加大胡麻产量和千粒重逐渐增加或增加后微降，每果籽粒数先增后降呈倒"V"形趋势，单株蒴果数逐渐增加，因此过多的灌水并不利于产量的增加。在一定范围内增施 N 肥可以使千粒重、每果籽粒数、单株蒴果数增加进而达到增产效果，但 N 肥过多则不增反降或增产甚微。过多的灌水和施氮使倒伏率上升，绿熟期倒伏率增加幅度最大，而此时正值胡麻籽粒灌浆，倒伏使茎秆折断，影响光合作用，从而使营养物质的运输和合成受阻，进而使产量降低。

2. 种植密度对胡麻抗倒伏性能的影响

种植密度是作物群体结构中的重要组成部分，主要受播种量的影响，同时它对作物生长过程中的光、温、CO$_2$ 等产生影响，从而使作物的产量和品质产生变化，增加种植密度是提高作物产量的重要途径，但是倒伏却对此进程造成严重阻碍。密植条件下，作物群体通风透光条件下降，导致株高增加，茎秆纤细，抗倒伏能力降低，倒伏风险加大（高鑫等，2012）。对小麦的研究结果显示，随种植密度的增加，节间伸长、茎粗变细、茎壁厚度变薄、节间充实度降低，抗倒伏能力减弱（樊高琼等，2012）。向达兵等（2014）研究结果发现随种植密度的增大，田间透光率降低，株高和节间长度增加，株高与茎秆强度呈显著负相关关系，与倒伏率呈显著正相关。随着种植密度的增加，玉米的穗位系数增大，茎粗系数降低，节间直径、干重、干物质百分比显著降低，节间长度增加（勾玲等，2007）。本试验结果显示，随种植密度的增加，胡麻倒伏发生时期提前，倒伏程度增加，株高和重心高度上升，茎粗和茎壁厚度逐渐减小，地上部干鲜重减少的同时根的干鲜重也在下降，因此根系的抓地能力下降，易发生倒伏，倒伏率上升。随着群体的增大，作物之间对土壤水分和矿质元素的竞争越来越激烈，根系对养分的吸收减少；同时密度大，植株互相遮阴，光合作用受限，有机质的合成与转化减少，抑制茎秆发育，使茎粗和茎壁厚度减小，抗倒伏能力减弱。

近年来很多学者对作物的抗倒伏性从机理角度进行了系统研究，多数研究结果认为纤维素、木质素是细胞壁的主要成分，纤维素、木质素含量与茎秆强度正相关，木质素合成的速度对木质素的含量影响显著。小麦种植密度增加，茎秆基部节间纤维、木质素含量显著减少，木质素合成相关酶PAL、TAL、4CL、CAD活性降低。随栽插密度的增加，杂交稻茎鞘中纤维素和木质素含量降低，茎秆充实度变差（杨世民等，2009）。同时也存在不一样的结论，黄海等（2014）对玉米茎秆强度进行研究后认为，随着群体密度的增加，玉米茎秆木质素含量、PAL、TAL和CAD酶的活性均出现先增后降的变化趋势，合理密植对提高玉米生产量具有重要作用。本试验结果显示，随种植密度的增加，胡麻茎秆中纤维素和木质素含量下降，但是各生育期显著性并不一致。在种植作物时，为了获得高产，要充分考虑植株个体和群体的协调生长，应该根据植物生物学特性和生长速率，预留出植物的生长空间，使植物能够获得充足的光照、生长空间以及水分和营养物质，保证茎秆机械组织发育良好，茎秆强度大，抗倒伏能力增强。同时试验结果还显示，种植密度对胡麻茎秆中木质素合成相关酶PAL、TAL、4CL和CAD的活性也有影响，其变化规律同木质素含量，4种酶的活性都随种植密度的增加而降低。因此本研究认为PAL、TAL、4CL和CAD是胡麻茎秆木质素合成过程中的关键酶，种植密度影响木质素合成相关酶的活性，从而影响木质素含量和茎秆强度。

稀植情况下，作物个体发育良好，构成茎秆材料的物质数量增加，茎秆强度和抗倒伏能力提升（陈晓光，2011）；但同时对于群体而言，稀植使植株相互之间的支持力减小，抗倒伏能力减弱。密度增加小麦茎秆机械强度下降，同时过密种植情况下茎秆机械强度急剧下降，倒伏指数和倒伏程度增加（樊高琼等，2012）。对玉米茎秆抗倒伏力学特征的研究结果显示，随群体密度的增加，茎秆压碎强度和外皮穿刺强度显著降低，回归分析表明茎秆压碎强度和外皮穿刺强度可以作为玉米抗倒伏品种选择的重要农艺指标（勾玲等，2007）。向达兵等（2014）对苦荞抗倒伏特性的研究结果显示，随种植密度增加，苦荞茎秆强度呈逐渐降低的变化趋势，倒伏率呈显著升高的趋势。本试验结果显示，随种植密度的增加胡麻茎秆强度和抗倒伏指数降低，且低密度与高密度处理之间差异显著，2个品种表现一致。因此在胡麻的种植过程中，应科学合理的密植。本试验中对茎秆强度的测定采用的是日本产秆强测定器DIK-7401，在田间实时测定，所测数据包含了群体中植株相互之间的支持力，是对田间真实情况的反映。

增加种植密度是作物提高产量的途径之一（向达兵等，2014），增加种植密度可以提高光、热和养分等资源的利用率，但是群体密度过大增加了作物倒伏的风险，造成对增产不利的影响。增加水稻栽培密度，使分蘖数和穗数减少，但单位面积总分蘖和穗数则增加；稀植可以有效地增加单个植株的分蘖数，增加成穗率，但单位面积总分蘖数和穗数却在减小（Yamada et al，1960）。玉米的穗粒数与千粒重则随种植密度的增加而降低，小麦在高密度处理下比低密度处理的穗数显著增加，粒重和穗粒数下降，但籽粒产量却显著增加（陈晓光等，2011）。在一定范围内增加种植密度，产量相对稳定增长，但超出这一范围，则不能保持产量稳定。本试验结果显示，每果籽粒数随种植密度的增加而减小，单位面积蒴果数则逐渐增加。说明单位面积蒴果数是胡麻增加种植密度提高产量的重要因素，而过密种植使每果籽粒数减少，从而使产量下降。

二、结论

（1）现蕾期以后胡麻株高、重心高度、茎粗和干重都表现出先增加后保持稳定的发展趋势，茎壁厚度则逐渐减小，茎秆抗折力和倒伏指数先增后减呈抛物线形变化规律，倒伏率、茎秆中纤维素和木质素含量逐渐增加，而绿熟期与木质素合成相关的5种酶活性显著低于现蕾期，平均降低幅度达到 81.52%。

（2）与倒伏相关的形态特征、力学特征、茎秆生理生化成分含量、N 素和矿质元素含量在品种间也存在一定差异，变异系数在 1.79%～181.70%。

（3）倒伏率与株高、重心高度、倒伏指数、茎秆中 N、Mg 含量呈正相关关系，与茎粗、茎壁厚度、地上部干重、根干重、茎秆抗折力、茎秆中纤维素、木质素含量、PAL、POD、CAD、4CL 及 TAL 活性和茎秆中 K、Ca 含量呈负相关关系。

（4）对 10 个品种用 15 个指标进行系统聚类，形成 3 个类：抗倒伏类，包括陇亚 8 号、陇亚 9 号、陇亚 11 号和轮选 3 号 4 个品种；中抗类，包括陇亚 10 号、陇亚杂 1 号、天亚 9 号和定亚 22 号 4 个品种；易倒伏类，包括张亚 2 号和定亚 23 号 2 个品种。抗倒伏品种具有株高和重心高度较低，茎秆粗壮、茎壁厚实，根量大，茎秆抗折力强、倒伏指数低，茎秆纤维素、木质素、K 和 Ca 含量高，茎秆 N 和 Mg 含量低的特征，易倒伏品种与之相反，中抗品种介于两者之间。

（5）随着灌水量的增加，胡麻倒伏率上升，株高和重心高度增加，茎粗和茎壁厚度减小，茎秆强度和抗倒伏指数降低，茎秆中可溶性糖、淀粉、纤维素和木质素含量减少，绿熟期 PAL、TAL、CAD、4CL 和 POD 活性降低，灌溉量增加促进茎秆中 N、K、Mg 含量增加，抑制 Ca 含量。

（6）随着施氮量的增加，倒伏率先降后升呈 "V" 形变化趋势，株高和重心高度增加，茎粗和茎壁厚度先增加后降低，茎秆强度和抗倒伏指数先增后降，茎秆可溶性糖、淀粉、纤维素和木质素含量先升后降呈 "∧" 变化趋势，PAL、TAL、CAD、4CL 和 POD 活性先升高后轻微降低，茎秆中 N、Mg 含量增加，K 含量呈抛物线形变化趋势，Ca 含量逐渐降低。

（7）随灌溉量的增加，胡麻每果籽粒数先增后降呈倒 "V" 形趋势，单株蒴果数逐渐增加，千粒重和产量递增（2012）或先增后降（2013）；随施氮量的增加，胡麻的产量和千粒重递增（2013）或先增后微降（2012），单株蒴果数增加（2012）或先增后微降（2013），每果籽粒先增后降。合理灌溉和施氮可以通过增加单株蒴果数、千粒重和每果籽粒数来提高胡麻产量。

（8）在低、中灌溉量下，施氮量在 $0～112.5$ $kg \cdot hm^{-2}$ 时，茎粗和茎壁厚度增加，茎秆强度和抗倒伏指数上升，茎秆可溶性糖、淀粉、纤维素和木质素含量递增，PAL、TAL、CAD、4CL 和 POD 活性增强，茎秆中 K 含量增加；施氮量在 $112.5～225$ $kg \cdot hm^{-2}$ 时，以上指标呈下降趋势。在高灌溉量下，各指标下降的拐点在施氮量为 37.5 $kg \cdot hm^{-2}$ 处。因此灌溉量和施氮量对胡麻的抗倒伏特性具有互作效应。

（9）群体密度增加，胡麻株高和重心高度增加，茎秆抗倒伏能力下降，同时也不利于茎粗和茎壁厚度的增大。群体越大对土壤水分和矿质元素的竞争越激烈，光合作用受到抑制，从而影响植株的干物质积累，抑制地上部和地下部干鲜重的增加。随种植密度的增加茎秆纤维素和木质素含量显著降低，PAL、TAL、4CL 和 CAD 活性下降，茎秆强度下降，开花期、绿熟期抗倒伏指数减小。过密的种植使每果籽粒数减少，单位面积蒴果数增加，因此合理密植主要通过提高抗倒伏能力和单位面积蒴果数而使产量增加。

（10）种植密度对抗倒伏能力较差的品种抗倒伏性能影响更大。高密度条件下，抗倒伏能力较差的品种在重心高度、倒伏面积和纤维素含量等方面表现出较大的变动，而抗倒伏能力较强的品种变化幅度较小。

第七章　胡麻粮豆间作理论与技术

我国是世界上单位化肥投入中粮食产出最低的国家之一，小麦和玉米的氮肥利用率仅为28.2%和26.1%，而发达国家为45%（张福锁等，2008），由于氮肥的低效利用，致使农业面源污染，造成土壤酸化、水系富营养化与重金属污染，严重威胁生态安全与可持续发展。在这种背景下，有效利用土地资源和提高养分利用率的一系列间作套种生产技术应运而生，以豆科和禾本科作物的间套作效应更为显著。雍太文等（2009）在麦/玉/豆套作的研究中发现，玉米植株^{15}N的当季吸收量和回收率比单作提高了25.2%，豌豆与大麦间作对氮的利用效率可提高30%~40%；Li W. 等（2005）研究表明，在施纯氮200~400 kg·hm^{-2}时，小麦/玉米套作籽粒的吸氮量比单作高37%。近年来，胡麻/大豆间作模式在我国西北地区发展迅速，对北方农业增产、农民增收起到了十分重要的作用。在胡麻/大豆间作模式中由于大豆的引入，拓展了氮素营养的生态位，改变了系统的氮素循环，而生产中作物施肥仍按传统胡麻/大豆间作模式，或以胡麻、大豆单季作物独立实施，使得施肥总量大而且易流失，造成肥料利用率低、损耗大。因此，本文拟通过对不同施氮水平下，胡麻、大豆在单作和间作模式下，大豆固氮能力的大小以及植株氮素的吸收利用效率的研究，来揭示胡麻/大豆间作体系的养分高效利用特性，为胡麻/大豆间作模式氮肥的合理施用提供科学依据。

关于胡麻/大豆间作体系中无机氮的动态变化在大田中的研究很少，因此本文在前期试验研究的基础上，进一步研究了不同施氮量下胡麻/大豆间作体系土壤无机氮含量和累积的动态分布特征，探讨不同施氮水平对作物氮素利用及土壤无机氮残留、分布的影响，以期为降低因不合理施肥造成硝酸盐淋洗致使农田土壤环境污染和土壤氮素损失提供理论依据。

作为植物生长发育最重要的营养元素之一，氮对作物的新陈代谢、光合作用以及酶促反应有重要的作用。间作种植模式能提高氮素利用效率，因此单作种植模式会需要较多的氮，而在实际生产中，为了得到更多的土地产出，人们往往会在间作土壤上投入过量的氮，从而造成严重的环境污染，降低了氮肥利用效率，因此，在提高作物的高产高效水平上，为了农业的可持续发展，合理施用氮肥是必要途径。关于氮肥对玉米套作小麦产量优势的影响中，Li Q. Z. 等（2011）在研究中发现，如果把氮肥用量从150 kg·hm^{-2}增加到225 kg·hm^{-2}，土地当量比（LER）会随施氮量的增加从1.06变为1.38。也有研究报道，氮肥会降低土地当量比，如春小麦和豌豆间作，洋葱和甘蓝间作，紫云英和大麦间作（Mohsenabadi，2008）。因此，在不同的间作模式下，氮对间作优势的影响不同。然而，对于耐贫瘠、需肥量少的胡麻与具有固氮能力的作物大豆间作，氮对这种间作模式下的间作优势又是如何，间作胡麻和大豆对资源的需求上是否具有互补性，种间关系是互补还是竞争，以往的研究尚不明确。因此，本研究采用大田试验，探讨了氮素对胡麻大豆间作模式下间作优势的影响，以期阐明胡麻和大豆的作物种间关系，为甘肃中部地区胡麻/大豆间作模式氮肥管理提供一定的理论依据。

第一节　胡麻/大豆间作体系氮素吸收利用特性及种间关系的研究

一、施氮对胡麻/大豆间作体系氮素吸收利用的影响

（一）施氮量和种植模式对大豆根瘤固氮能力的影响

1. 大豆根瘤数量

由图7-1可以看出，施氮水平与种植模式对大豆根瘤数量有显著影响。在不同种植模式下，随

生育时期的推进，大豆根瘤数量变化规律不一致。在同一施氮水平下，除2015年盛花期未达到显著水平外，2014年花芽分化期和盛花期以及2015年花芽分化期均表现为单作大豆根瘤数量显著高于间作大豆，而在鼓粒期，单作大豆的根瘤数量显著低于间作大豆，2014年，间作大豆的根瘤数量比单作大豆高21.52%，2015年，间作大豆的单株根瘤数量比单作高22.03%。

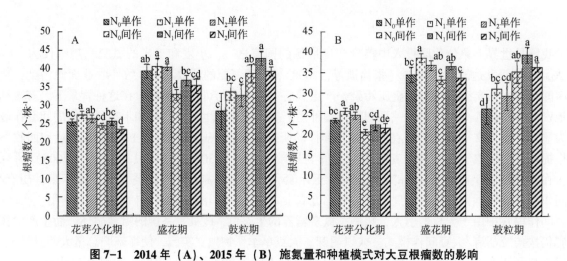

图7-1 2014年（A）、2015年（B）施氮量和种植模式对大豆根瘤数的影响

Fig. 7-1 Effect of nitrogen application amount and planting patterns on

soybean nodules number in 2014（A）and 2015（B）

在单作种植模式下，大豆根瘤数量呈先增大后减小的趋势，在盛花期表现为最高；在间作种植模式下，大豆根瘤数呈直线上升趋势，在鼓粒期表现最高。单作和间作种植模式下，大豆根瘤数量的变化规律均表现为，随施氮量的增加呈先增加后降低的趋势，表现为以施氮量为75 kg·hm^{-2}的N$_1$最大，在鼓粒期，单作种植模式下，N$_1$比不施氮的N$_0$和施氮量为150 kg·hm^{-2}的N$_2$分别高15.88%~15.99%和3.09%~5.80%，而在间作种植模式下，N$_1$比N$_0$和N$_2$分别高9.56%~10.35%和7.54%~7.92%。

2. 大豆根瘤重

由图7-2可以看出，两年数据显示，施氮量和种植方式对大豆根瘤干重有显著的影响，其变化规律与根瘤数量的变化规律基本一致。单作大豆单株根瘤干重随生育时期的推进表现为先增大再降低的趋势，以盛花期为最高，间作大豆单株根瘤干重随生育时期的推进表现为持续增加的趋势，以鼓粒期为最高。在相同施氮水平下，单作大豆单株根瘤干重在花芽分化期和盛花期均表现为显著高于间作大豆，而在鼓粒期则表现为显著低于间作大豆，2014年，间作大豆的单株根瘤干重比单作高8.56%，2015年间作比单作高9.67%。单株根瘤干重在单作和间作模式下各施氮水平之间的变化规律一致，均表现为随施氮量的增加呈先增加后降低的趋势，以施氮量为75 kg·hm^{-2}的N$_1$处理最高。其中，在鼓粒期，单作种植模式下，N$_1$比不施氮的N$_0$和施氮量为150 kg·hm^{-2}的N$_2$分别高4.83%~4.95%和3.13%~3.69%，而在间作种植模式下，N$_1$比N$_0$和N$_2$分别高7.29%~8.06%和4.24%~5.79%。

（二）施氮量和种植模式对作物氮吸收动态和累积总量的影响

1. 施氮量和种植模式对胡麻地上部氮素积累量的影响

由表7-1可以看出，种植方式和施氮水平对胡麻地上部氮素累积量有显著影响。胡麻地上部氮素累积量随生育时期的推进呈逐渐增加的趋势。在相同施氮水平下，与单作相比，间作胡麻氮素累积量均高于单作，2014年除苗期在施氮量为150 kg·hm^{-2}的N$_2$水平外，其他各个不同生育时期均达到显著水平，2015年除盛花期在N$_2$水平和成熟期达到显著水平外，其他各生育时期均未达显著水平，2014年苗期、现蕾期、盛花期、子实期和成熟期氮素累积量间作比单作平均分别高11.26%~9.86%、12.89%~8.44%、17.57%~14.71%、14.69%~7.04%和12.49%~12.63%，两年数据可以看出，间

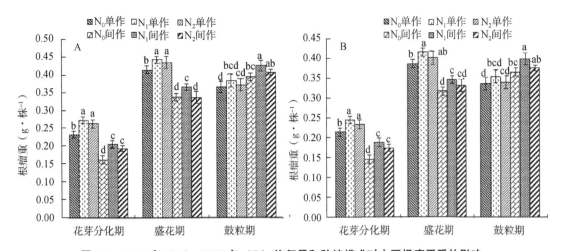

图7-2 2014年（A）、2015年（B）施氮量和种植模式对大豆根瘤干重的影响

Fig. 7-2 Effect of nitrogen application amount and planting patterns on dry weight of soybean nodules in 2014（A）and 2015（B）

作比单作的增长率表现为盛花期最高。在相同种植模式下，单作和间作随施氮量的不同胡麻地上部氮素累积量表现为不同的变化趋势，在单作种植模式下，2014年各个生育时期均表现为胡麻氮素累积量随施氮量的增加而增加，2015年除子实期外，其他各生育时期与2014年单作种植模式下的变化规律一致，且成熟期各处理间达到显著水平。其中，成熟期，施氮量为150 kg·hm⁻²的N₂比不施氮的N₀和施氮量为75 kg·hm⁻²的N₁分别高16.68%~30.96%和3.40%~9.63%。在间作种植模式下，两年的胡麻地上部氮素累积量随施氮量的增加呈现先增加后降低的趋势，在整个生育时期表现为N₀<N₂<N₁的变化趋势，2014年现蕾期和2015年成熟期各处理间达显著水平，其中，成熟期，N₁比N₀和N₂分别高19.33%~33.28%和2.82%~7.12%。

表7-1 施氮量和种植模式对胡麻植株氮积累量的影响　（kg·hm⁻²）

Tab. 7-1 The effects of nitrogen application amount and planting patterns on nitrogen accumulation of oil flax

年份	种植模式	施氮量	苗期	现蕾期	盛花期	子实期	成熟期
2014年	单作	N₀	4.09±0.28d	38.45±0.81e	45.57±1.54d	53.48±2.02d	68.72±3.92d
		N₁	5.74±0.37b	52.69±1.96c	61.92±1.99b	74.05±2.67b	96.16±2.05b
		N₂	6.34±0.47ab	52.96±1.68c	65.54±4.25b	78.16±3.38b	99.54±4.77b
	间作	N₀	4.76±0.41c	44.09±1.14d	55.97±2.96c	64.82±2.13c	76.39±2.70c
		N₁	6.81±0.29a	62.73±0.69a	80.76±1.10a	90.43±3.57a	114.5±1.96a
		N₂	6.54±0.30a	58.60±1.15b	77.04±2.78a	85.85±3.26a	111.27±2.65a
2015年	单作	N₀	4.52±0.95b	26.72±2.82c	53.07±1.34d	72.12±3.31c	79.22±0.86e
		N₁	4.66±0.72ab	36.16±3.24ab	57.89±4.23cd	76.47±3.04abc	85.92±0.29d
		N₂	4.81±0.26ab	40.36±3.83a	63.16±5.71bc	76.26±5.05abc	95.08±2.32c
	间作	N₀	4.67±0.06ab	32.62±1.49bc	60.22±2.01c	73.96±6.85bc	87.83±3.71d
		N₁	5.83±0.89a	42.75±6.90a	75.00±4.21a	85.10±4.51a	108.88±5.17a
		N₂	5.02±0.49ab	37.37±3.86ab	68.94±2.75ab	82.83±4.59ab	101.13±4.24b

注：同列中不同小写字母表示间作与单作种植方式间在0.05水平上差异显著。下同

2. 施氮量和种植模式对胡麻各生育阶段氮素吸收强度的影响

如图7-3所示，2014年整个生育期胡麻氮素吸收强度呈逐渐降低的趋势，最高峰出现在苗期—现蕾期，而2015年则表现为先升高后降低的变化趋势，最高峰出现在现蕾期—盛花期，与苗期—现

蕾期相比，吸收强度增加了42.55%，总体来看，两年的胡麻氮素吸收强度高峰均在营养生长阶段，从盛花期之后开始缓慢降低，直至成熟。在同一施氮水平下，胡麻的氮素吸收强度从苗期—现蕾和现蕾期—盛花期两个阶段均表现为间作大于单作，且2014年的此阶段和2015年的现蕾期—盛花期均达显著水平，其中，从现蕾期—盛花期，2014年和2015年间作比单作分别高40.17%和22.46%，从盛花期—子实期和子实期—成熟期两个阶段，氮素吸收强度呈现出平均间作大于平均单作的趋势，总体来说，胡麻的氮素吸收强度在整个生育阶段表现为间作大于单作。在相同种植模式下，随施氮量的变化胡麻氮素吸收强度在间作和单作种植模式下变化规律不一致，单作种植模式下，2014年胡麻的整个生育阶段和2015年从苗期—现蕾期以及子实期—成熟期均表现为施氮处理高于不施氮处理，间作种植模式下，除盛花期—子实期阶段外，其他生育时期均表现为施氮处理高于不施氮处理，其中2015年的变化规律为随施氮量的增加，胡麻氮素吸收强度先增加后降低，表现为施氮量为75 kg·hm^{-2}的N$_1$最高，其中，从现蕾期至盛花期阶段，N$_1$比不施氮的N$_0$和施氮量为150 kg·hm^{-2}的N$_2$分别高14.42%和2.10%。

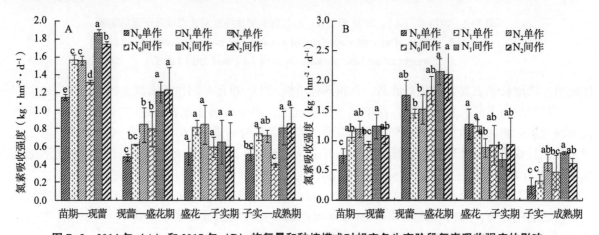

图7-3　2014年（A）和2015年（B）施氮量和种植模式对胡麻各生育阶段氮素吸收强度的影响

Fig. 7-3 The effects of nitrogen application amount and planting patterns on nitrogen uptake intensity at each development stage of oil flax in 2014（A）and 2015（B）

（三）施氮量和种植模式对作物氮素分配及转运的影响

1. 成熟期胡麻地上部氮素分配

由表7-2可以看出，不同施氮水平和种植模式并未改变胡麻地上部各器官氮素积累量的分配比率，各器官氮素积累量的分配规律均显示为籽粒氮素积累量所占比率最大，其次是茎，非籽粒所占比率最小。成熟期胡麻地上部氮素分配比率在籽粒中最大，占74.88%~80.69%（2014年）、74.46%~79.07%（2015年），平均占74.77%~79.88%，其次是茎，平均占17.02%~20.72%，非籽粒氮素分配比率最小，平均为2.87%~5.48%。成熟期胡麻各器官中氮素积累量在不同处理下表现为：籽粒>茎>非籽粒（包括花蕾、花和蒴果皮等）。在同一施氮水平下，胡麻各器官在成熟期的氮素积累量均表现为间作大于单作，除2014年非籽粒未达显著水平外，籽粒、茎以及2015年各器官间作均显著高于单作，其中，2014年成熟期间作茎、籽粒和非籽粒的氮素积累量比单作分别高32.14%、37.58%和21.15%，2015年间作茎、籽粒和非籽粒的氮素积累量比单作分别高21.87%、30.35%和47.04%。在同一施氮水平下，茎的氮素分配比率表现为单作大于间作，籽粒的氮素分配比率则为间作大于单作，而非籽粒的氮素分配在2014年表现为单作大于间作，2015年表现为间作大于单作，这可能与两年的气候变化不同有关，致使在氮素转运中出现了差异。在相同种植模式下，各器官的氮素积累量随施氮量的变化规律不一致，在单作种植模式下，各器官氮素积累量随施氮量的增加而增加，表现为施氮量为150 kg·hm^{-2}的N$_2$最高，其中，2015年籽粒氮素积累量N$_2$显著高于不施氮的N$_0$和施氮量为75 kg·hm^{-2}的N$_1$，在间作种植模式下，除2014年非籽粒的氮素积累量表现为N$_2$最高外，茎和籽粒以及 2015 年各器官的氮素积累量均随施氮量的增加呈现先增加后降低的趋势，以 N_1 最高，且 2014 年籽粒的氮素累积量达显著水平。在单作种植模式下，茎和非籽粒的氮素分配比率表现为随施氮的增加先减小后增加的趋势，籽粒则表现为随施氮量的增加而增加的趋势，在间作种植模式下，茎的氮素分配率随施氮量的增加先减小后增加，籽粒的氮素分配率随施氮量的增加先增大后减小，以施氮量为 75 kg·hm^{-2} 的 N_1 最大。说明适量施氮能促进籽粒氮素的累积，不施氮和施氮量过高会导致氮素过多的滞留在茎和非籽粒中。

表 7-2　施氮水平和种植模式对胡麻成熟期各器官中氮素积累及其分配的影响

Tab. 7-2　Effects of different nitrogen level and planting patterns on nitrogen accumulation and distribution in different organs at maturity stage of oil flax

年份	种植模式	施氮量	氮素积累量（mg·株$^{-1}$）			氮素分配比率（%）		
			茎	籽粒	非籽粒	茎	籽粒	非籽粒
2014 年	单作	N_0	2.83±0.16c	10.11±0.74d	0.56±0.05b	20.98±0.32a	74.88±0.49d	4.14±0.25a
		N_1	3.58±0.15b	15.36±0.19c	0.62±0.21b	18.30±0.48b	78.51±1.49abc	3.19±1.03ab
		N_2	4.01±0.11bc	16.84±0.39c	0.87±0.14ab	18.48±0.17b	77.53±0.58bc	3.99±0.58a
	间作	N_0	4.15±0.24b	15.81±0.58c	0.76±0.03b	20.03±0.83a	76.33±0.71cd	3.65±0.21a
		N_1	5.78±0.37a	26.87±0.49a	0.66±0.34b	17.35±0.64b	80.69±1.56a	1.96±1.01b
		N_2	5.43±0.35a	25.10±1.62b.	1.19±0.22a	17.16±1.40b	79.07±1.63ab	3.77±0.82a
2015 年	单作	N_0	3.78±0.06e	13.76±0.19e	0.94±0.18c	20.45±0.61a	74.46±0.41c	5.08±0.88ab
		N_1	3.96±0.12de	15.29±0.94d	0.98±0.37c	19.59±0.74a	75.63±0.77ab	4.78±1.44b
		N_2	4.41±0.24cd	17.55±0.48c	1.12±0.33bc	19.12±1.45a	76.04±0.51a	4.85±1.33ab
	间作	N_0	4.88±0.49bc	18.77±0.95b	1.49±0.10b	19.37±0.75a	74.71±0.74bc	5.92±0.23ab
		N_1	5.42±0.24a	24.54±0.69a	2.16±0.25a	16.87±0.45b	76.41±0.38a	6.72±0.83ab
		N_2	5.25±0.26ab	23.61±0.45a	2.11±0.28a	16.94±0.68b	76.25±0.56a	6.81±0.99a

注：非籽粒包括花蕾、花、蒴果皮等。

2. 对氮素转运的影响

由表 7-3 可以看出，胡麻盛花期和成熟期营养器官以及籽粒的氮素累积量在不同种植模式下是有差异的，两年数据显示，在同一施氮水平下，与单作相比，间作种植模式下胡麻盛花期和成熟期营养器官以及籽粒的氮素累积量均高于单作，且盛花期营养器官和成熟期籽粒的氮素累积量均达显著水平，2014 年间作盛花期营养器官和成熟期籽粒的氮素累积量比单作分别高 13.2% 和 14.48%，2015 年间作比单作高 14.34% 和 13.12%。两年数据结果表明，在同一施氮水平下，与单作相比，间作下花后营养器官的氮素转移量、转移率以及对籽粒的贡献率均大于单作，且 2014 年花后营养器官的氮素转移量间作比单作显著高 20.44%；单作和间作种植模式下，胡麻盛花期和成熟期营养器官以及籽粒的氮素累积量的变化表现不同，两年数据显示，在单作种植模式下，胡麻盛花期和成熟期营养器官以及籽粒的氮素累积量随施氮量的增加而增加，以施氮量为 150 kg·hm^{-2} 的 N_2 表现最高，在 2014 年和 2015 年分别达 44.99 kg·hm^{-2}、22.38 kg·hm^{-2}、77.16 kg·hm^{-2} 和 44.44 kg·hm^{-2}、22.78 kg·hm^{-2}、72.29 kg·hm^{-2}，在间作种植模式下，除 2014 年成熟期胡麻营养器官氮累积量随施氮量增加而增加外，盛花期胡麻营养器官与籽粒氮累积量以及 2015 年胡麻盛花期和成熟期营养器官与籽粒的氮素累积量均随施氮量的增加呈现先升高后降低的趋势，以施氮量为 75 kg·hm^{-2} 的 N_1 表现最高，且 2015 年盛花期胡麻营养器官和籽粒的氮素累积量 N_1 分别比不施氮的 N_0 和施氮量为 150kg·hm^{-2} 的 N_2 显著高 22.75%、21.15% 和 9.11%、7.29%。在不同种植模式下，花后营养器官的氮素转移量、转移率以及对籽粒的贡献率随施氮量的变化呈不同的变化趋势，在单作种植模式下，除 2014 年花后营养器官转移率随施氮量的增加呈先增大后减小的趋势外，花后营养器官的氮素转移率和对籽粒的贡献率以及 2015 年花后营养器官的氮素转移量、转移率以及对籽粒的贡献率均随施氮量的增加而增加，以 N_2 表现最高，2014 年花后营养器官的氮素转移量、转移率以及对籽粒的贡献率 N_2 比 N_0 分别显著高 42.68%、7.37% 和 4.75%，2015 年花后营养器官的氮素转移量、转移率以及对籽粒的贡献率 N_2 比 N_0 分别显著高 29.61%、5.74% 和 4.1%，2014 年花后营养器官的转移量和对籽粒的贡献率 N_2 比 N_1 分别高 4.16% 和 0.6%，2015 年花后营养器官的氮素转移量、转移率以及对籽粒的贡献率 N_2 比 N_1 分别高 15.06%、2.0% 和 1.65%，间作种植模式下，两年数据均显示，花后营养器官的氮素转移量、转移率以及对籽粒的贡献率均表现为随施氮量的增加先增大后降低，以施氮量为 75 kg·hm^{-2} 的 N_1 最高，两年平均值显示，花后营养器官的氮素转移量、转移率以及对籽粒的贡献率 N_1 比 N_0 和 N_2 分别高 38.98%、8.16%、4.46% 和 10.12%、2.44%、1.33%，其中，2014 年营养器官氮素转移量、转移率以及 2015 年营养器官氮素转移量达显著水平。

表 7-3　施氮水平和种植模式对花后胡麻营养器官向籽粒的转移

Tab. 7-3　Effects of different nitrogen level and planting patterns on nitrogen translocation from vegetative organs to grain after the anthesis of oil flax

年份	种植模式	施氮量	营养器官氮素积累量 (kg·hm^{-2})		成熟期籽粒吸氮量 (kg·hm^{-2})	N 转移		贡献率 (%)
			盛花期	成熟期		(kg·hm^{-2})	(%)	
2014 年	单作	N_0	30.21±0.74d	17.25±0.74c	51.47±3.21d	12.96±0.28e	42.90±1.25d	24.55±0.88d
		N_1	42.31±1.05b	20.64±1.05b	75.52±2.97b	21.67±0.92c	51.22±1.99b	28.70±0.82bc
		N_2	44.99±2.61b	22.38±1.63ab	77.16±3.16b	22.61±1.08c	50.27±1.06b	29.30±0.99abc
	间作	N_0	33.88±1.17c	18.07±0.12c	58.32±2.60c	15.80±1.08d	46.61±1.60c	27.08±0.70cd
		N_1	51.43±1.27a	22.11±1.87ab	92.39±2.18a	29.33±1.63a	57.03±3.26a	31.76±2.02a
		N_2	50.07±2.16a	23.26±1.37a	88.01±3.70a	26.81±0.89b	53.56±0.96b	30.53±2.35ab
2015 年	单作	N_0	35.47±0.65e	20.23±0.40d	58.99±0.70e	15.24±0.75d	42.95±1.52c	25.83±1.06c
		N_1	39.33±1.23d	20.94±0.65cd	64.99±0.74d	18.39±1.81c	46.69±3.23abc	28.28±2.58abc
		N_2	44.44±2.07c	22.78±0.74bc	72.29±1.83c	21.65±1.75b	48.69±1.93ab	29.93±1.70abc
	间作	N_0	40.10±0.54d	22.23±1.55bc	65.60±2.21d	17.87±1.12c	44.59±3.22bc	27.30±2.49bc
		N_1	51.91±2.56a	25.69±1.55a	83.18±3.65a	26.21±1.82a	50.49±2.14a	31.53±2.12a
		N_2	47.18±0.39b	24.02±0.95ab	77.11±3.50b	23.16±1.21b	49.09±2.28ab	30.11±2.63ab

（四）氮素收获指数和氮素利用效率

1. 施氮量和种植方式对作物氮素收获指数的影响

由表 7-4 可以看出，成熟期大豆籽粒和地上部氮素吸收量在各处理间存在差异，在同一施氮水平下，2015 年大豆成熟期籽粒和地上部氮素吸收量以及 2014 年大豆籽粒氮素吸收量间作大于单作，且 2015 年大豆籽粒和地上部氮素吸收量间作处理比单作处理分别显著高 9.47% 和 7.84%。在同一施氮水平下，胡麻的氮素收获指数表现为间作大于单作，但未达显著水平，两年平均数据显示，胡麻氮素收获指数间作比单作高 1.39%；在同一施氮水平下，间作大豆的氮素收获指数高于单作，两年平均数据显示，间作比单作高 2.86%。两年数据显示，在单作种植模式下，大豆籽粒和地上部氮素吸收量均表现为随施氮量的增加而增加，以施氮量为 150 kg·hm^{-2} 的 N_2 最大，其中，N_2 处理下，两年平均大豆地上部氮素吸收量比不施氮的 N_0 和施氮量为 75 kg·hm^{-2} 的 N_1 分别显著高 11.22% 和 4.98%，在间作种植模式下，2015 年大豆成熟期地上部氮素吸收量随施氮量的增加而增加，2014 年大豆成熟期籽粒和地上部氮素吸收量以及 2015 年籽粒氮素吸收量则随施氮量的增加呈先增大后降低的趋势，以 N_1 最大，大豆成熟期，两年平均籽粒氮素吸收量 N_1 比 N_0 和 N_2 分别高 8.08% 和 1.15%。在单作种植模式下，胡麻氮素收获指数表现为施氮处理显著高于不施氮处理，2014 年胡麻的氮素收获指数随施氮量的增加呈先增加后降低的趋势，2015 年则表现为随施氮量的增加而增加，但施氮量为 75 kg·hm⁻² 的 N_1 和施氮量为 150 kg·hm⁻² 的 N_2 处理间均未达显著水平，在间作种植模式下，两年数据均显示，胡麻氮素收获指数随施氮量的增加呈先增加后降低的趋势，以 N_1 最大，N_1 比不施氮的 N_0 在 2014 和 2015 年分别高 5.45% 和 2.22%，N_1 比 N_2 在 2014 和 2015 年分别高 1.98% 和 0.13%。大豆的氮素收获指数在施氮量下的变化规律和胡麻的不同，因为大豆不仅受大豆生物固氮的影响，而且还受对氮肥吸收利用的影响，在单作种植模式下，大豆氮素收获指数随施氮量的增加逐渐降低，在间作种植模式下则表现为随施氮量的增加先升高后降低的趋势，说明施氮降低了单作大豆的氮素收获指数，提高了间作大豆的氮素收获指数。

表 7-4　施氮量和种植模式对作物氮素收获指数的影响

Tab. 7-4　The effects of nitrogen application amount and planting patterns on nitrogen harvest index of crops

年份	种植模式	施氮量	胡麻			大豆		
			吸氮量（kg·hm⁻²）		氮收获指数	吸氮量（kg·hm⁻²）		氮收获指数
			籽粒	地上部		籽粒	地上部	
2014 年	单作	N_0	51.47±3.21d	68.72±3.92d	0.749±0.005d	66.37±0.09d	98.57±2.20d	0.674±0.014a
		N_1	75.52±2.97b	96.16±2.05b	0.785±0.015abc	67.69±1.08bcd	106.16±0.48b	0.638±0.008b
		N_2	77.16±3.16b	99.54±4.77b	0.775±0.006bc	68.43±0.15abc	110.55±2.36a	0.619±0.014c
	间作	N_0	58.32±2.60c	76.39±2.70c	0.763±0.007cd	67.39±0.21cd	101.29±0.96cd	0.665±0.005a
		N_1	92.39±2.18a	114.5±1.96a	0.807±0.016a	69.86±0.65a	103.34±2.19bc	0.676±0.008a
		N_2	88.01±3.70a	111.27±2.65a	0.791±0.016ab	69.14±1.57ab	103.12±1.74bc	0.671±0.004a
2015 年	单作	N_0	58.99±0.70e	79.22±0.86e	0.745±0.004c	53.50±1.38d	80.43±0.89d	0.665±0.010a
		N_1	64.99±0.74d	85.92±0.29d	0.756±0.008ab	54.96±1.08cd	85.53±2.05c	0.643±0.007bc
		N_2	72.29±1.83c	95.08±2.32c	0.760±0.005a	58.15±1.12b	90.98±1.09b	0.639±0.011abc
	间作	N_0	65.60±2.21d	87.83±3.71d	0.747±0.007bc	56.21±1.26bc	85.98±1.27c	0.654±0.006c
		N_1	83.18±3.65a	108.88±5.17a	0.764±0.004a	64.32±1.15a	96.29v0.22a	0.668±0.012a
		N_2	77.11±3.50b	101.13±4.24b	0.763±0.006a	63.50±0.98a	96.54±1.77a	0.658±0.003ab

2. 施氮量和种植方式对作物氮素利用效率的影响

由表 7-5 可以看出，间作胡麻的氮肥农学利用率、氮肥吸收利用率以及氮肥偏生产力均高于单作，两年平均数据显示，胡麻的氮肥农学利用率、氮肥吸收利用率以及氮肥偏生产力间作比单作分别高 23.23%、35.02% 和 20.82%；由以上数据可以看出，除 2014 年大豆氮肥吸收利用率外，2014 年大豆氮肥农学利用率、氮肥偏生产力以及 2015 年大豆的氮肥农学利用率、氮肥吸收利用率和氮肥偏生产力均表现出间作大于单作，其中，2014 年和 2015 年的平均值，间作大豆的氮肥农学利用率和氮肥偏生产力比单作显著高 26.22% 和 16.33%，2015 年间作大豆的氮肥吸收利用率比单作显著高 33.43%。在单作种植模式下，2014 年胡麻的氮肥农学利用率、氮肥吸收利用率以及氮肥偏生产力和 2015 年胡麻氮肥偏生产力均表现为施氮量 75 kg·hm⁻² 的 N_1 大于施氮量为 150 kg·hm⁻² 的 N_2，其中，2014 年 N_1 比 N_2 的氮肥农学利用率高 8.92%，N_1 比 N_2 的氮肥吸收利用率和氮肥偏生产力分别显著高 43.82% 和 45.99%。在间作种植模式下，两年数据显示，在 N_1 处理下胡麻氮肥农学利用率比 N_2 处理高 8.28%，N_1 的氮肥吸收利用率和氮肥偏生产力比 N_2 分别显著高 61.31% 和 48.22%，说明胡麻间作氮肥利用效率高于单作，施氮降低了间作胡麻的氮素利用率。在单作种植模式下，除 2015 年大豆氮肥吸收利用率外，2014 年氮肥农学利用率、氮肥吸收利用率和氮肥偏生产力以及 2015 年大豆氮肥农学利用率和氮肥偏生产力均表现为施氮量为 75 kg·hm^{-2} 的 N$_1$ 显著大于施氮量为 150 kg·hm^{-2} 的 N$_2$，且两年数据平均值显示，大豆氮肥农学利用率和氮肥偏生产力 N$_1$ 比 N$_2$ 分别高 22.37% 和 48.33%；在间作种植模式下，两年数据显示，大豆氮肥农学利用率、大豆氮肥吸收利用率以及氮肥偏生产力均为 N$_1$ 处理显著大于 N$_2$ 处理，除 2014 年大豆氮肥吸收利用率外，其他均达显著水平，且大豆氮肥农学利用率、大豆氮肥吸收利用率以及氮肥偏生产力 N$_1$ 比 N$_2$ 分别高 19.85%、52.06% 和 48.22%。

表 7-5　施氮量和种植模式对作物氮素利用效率的影响

Tab. 7-5　The effects of nitrogen application amount and planting patterns on nitrogen use efficiency of crops

年份	种植模式	施氮量	氮肥农学利用率 (kg·kg^{-1})		氮肥吸收利用率 (%)		氮肥偏生产力 (kg·kg^{-1})	
			胡麻	大豆	胡麻	大豆	胡麻	大豆
2014 年	单作	N$_1$	3.25±0.97a	1.60±0.12ab	36.58±3.15b	10.12±1.32a	34.07±1.71b	17.91±0.20b
		N$_2$	2.96±0.30a	1.16±0.07c	20.55±1.68c	7.99±0.54b	18.14±1.25c	9.31±0.25d
	间作	N$_1$	3.35±1.18a	1.80±0.20a	50.81±4.62a	2.73±1.25c	43.15±2.73a	21.93±1.72a
		N$_2$	3.03±0.22a	1.55±0.08b	23.26±0.19c	1.22±0.53c	20.97±0.56c	11.41±0.26c
2015 年	单作	N$_1$	0.75±0.02bc	0.58±0.01c	8.94±0.79c	6.79±0.09c	25.58±0.89b	14.02±0.37b
		N$_2$	0.79±0.08b	0.48±0.10d	10.57±0.63b	7.04±0.11b	13.24±0.29d	7.20±0.24d
	间作	N$_1$	2.11±0.09a	0.93±0.04a	28.07±0.53a	13.75±0.13a	33.91±0.96a	16.34±0.45a
		N$_2$	0.63±0.03c	0.69±0.05b	8.87±0.40c	7.04±0.06b	16.54±0.72c	8.42±0.19c

（五）小结

1. 大豆根瘤固氮能力

在大豆整个生育期，单作大豆的单株根瘤数量和根瘤干重随生育时期的推进表现为先增大再降低的趋势，以盛花期最高，间作大豆则随生育时期的推进持续增加，以鼓粒期最高。在相同施氮水平下，在花芽分化期和盛花期大豆单株根瘤数量和根瘤干重均表现为单作大于间作，在鼓粒期则为间作大于单作，间作大豆的根瘤数和根瘤干重比单作分别高 21.52%~22.03% 和 8.56%~9.67%，单作和间作种植模式下，大豆根瘤数量和根瘤干重均随施氮量的增加呈先增加后降低的趋势，表现为施氮量为 75 kg·hm^{-2} 最大。

2. 作物氮素积累

胡麻地上部氮素累积量随生育时期的推进呈逐渐增加的趋势。在胡麻各生育时期间作胡麻的氮素累积量和氮素吸收强度均高于单作，在单作种植模式下，各生育时期胡麻氮素累积量随施氮量的增加而增加，成熟期胡麻和大豆的地上部氮素累积量和籽粒的氮素吸收量均表现为施氮量为 150 kg·hm^{-2} 的 N$_2$ 最大，间作种植模式下，则表现为随施氮量的增加呈先增大后降低的趋势，以施氮量为 75 kg·hm^{-2} 的 N$_1$ 最大。胡麻氮素吸收强度高峰在营养生长阶段，从盛花期之后开始缓慢降低，直至成熟。在单作种植模式下，两年数据显示，大豆籽粒和地上部氮素吸收量均表现为随施氮量的增加而增加，以 N$_2$ 最大，大豆地上部氮素吸收量 N$_2$ 分别比不施氮的 N$_0$ 和施氮量为 75 kg·hm^{-2} 的 N$_1$ 分别显著高 11.22% 和 4.98%，在间作种植模式下，大豆成熟期籽粒氮素吸收量 N$_1$ 比 N$_0$ 和 N$_2$ 分别高 8.08% 和 1.15%。研究表明，不同施氮水平和种植模式并未改变胡麻地上部各器官氮素积累量的分配比率，各器官氮素积累量的分配规律均显示为籽粒氮素积累量所占比率最大，其次是茎，非籽粒所占比率最小。在单作种植模式下，茎和非籽粒的氮素分配比率表现为随施氮的增加先减小后增加的趋势，籽粒则表现为随施氮量的增加而增加的趋势，在间作种植模式下，茎的氮素分配率随施氮量的增加先减小后增加，籽粒的氮素分配率随施氮量的增加先增大后减小，以施氮量为 75 kg·hm^{-2} 的 N$_1$ 最大。说明适量施氮能促进籽粒氮素的累积，不施氮和施氮量过高会导致氮素过多的滞留在茎和非籽粒中。在同一施氮水平下，与单作相比，间作下花后营养器官的氮素转移量、转移率以及对籽粒的贡献率均大于单作；在单作种植模式下，花后营养器官的氮素转移率和对籽粒的贡献率随施氮量的增加而增加，以施氮量为 150 kg·hm^{-2} 的 N$_2$ 表现最高，间作种植模式下，花后营养器官的氮素转移量、转移率以及对籽粒的贡献率均表现为随施氮量的增加先增大后降低，以施氮量为 75 kg·hm^{-2} 的 N$_1$ 最高，花后营养器官的氮素转移量、转移率以及对籽粒的贡献率 N$_1$ 比 N$_0$ 处理和 N$_2$ 处理分别高 38.98%、8.16%、4.46% 和 10.12%、2.44%、1.33%。

3. 作物氮素利用效率

间作胡麻和大豆的氮素收获指数分别比单作高 1.39% 和 2.86%，单作种植模式下，胡麻氮素收获指数表现为施氮处理显著高于不施氮处理，而大豆氮素收获指数随施氮量的增加逐渐降低，间作种植模式下，胡麻和大豆氮素收获指数均表现为随施氮量的增加呈先增加后降低的趋势，以施氮量为 75 kg·hm^{-2} 的 N$_1$ 最大，说明施氮降低了单作大豆的氮素收获指数，提高了间作大豆的氮素收获指数。间作胡麻的氮肥农学利用率、氮肥吸收利用率以及氮肥偏生产力均高于单作，间作大豆的氮肥农学利用率和氮肥偏生产力比单作显著高 26.22% 和 16.33%；在单作种植模式下，2014 年胡麻的氮肥农学利用率、氮肥吸收利用率以及氮肥偏生产力和 2015 年胡麻氮肥偏生产力均表现为施氮量 75 kg·hm^{-2} 的 N$_1$ 大于施氮量为 150 kg·hm^{-2} 的 N$_2$，而大豆在 2014 年氮肥农学利用率、氮肥吸收利用率和氮肥偏生产力以及 2015 年氮肥农学利用率和氮肥偏生产力均表现为 N$_1$ 处理显著大于 N$_2$ 处理；在间作种植模式下，N$_1$ 处理下胡麻氮肥农学利用率比 N$_2$ 处理高 8.28%，N$_1$ 的氮肥吸收利用率和氮肥偏生产力比 N$_2$ 分别显著高 61.31% 和 48.22%，大豆氮肥农学利用率、大豆氮肥吸收利用率以及氮肥偏生产力均为 N$_1$ 处理显著大于 N$_2$ 处理，且大豆氮肥农学利用率、大豆氮肥吸收利用率以及氮肥偏生产力 N$_1$ 比 N$_2$ 分别高 19.85%、52.06% 和 48.22%。说明间作胡麻和大豆氮肥利用效率高于单作，施氮量为 75 kg·hm^{-2} 时，氮素的当季吸收利用率最高。

二、施氮对胡麻/大豆间作系统土壤硝态氮的影响

(一) 施氮和种植模式对胡麻/大豆间作土壤硝态氮含量的影响

由图 7-4 可以看出，在不同施氮水平下，胡麻和大豆土壤硝态氮含量变化各不相同。在不施氮的 N$_0$ 和施氮量为 75 kg·hm^{-2} 的 N$_1$ 下，间作大豆带在 0~100 cm 土壤的硝态氮含量几乎在胡麻收获以前的整个生育时期表现最高，其次是单作胡麻带，这可能是在胡麻全生育时期，大豆对土壤硝态氮需求较少，而低氮环境中生长的胡麻相对处于营养不足状态，大量吸收了胡麻根际土壤中的氮素而降低了硝态氮含量，且胡麻带土壤硝态氮含量的降低程度大于大豆。施氮量在 150 kg·hm^{-2} 的 N$_2$ 时，在整个生育时期，胡麻区的土壤硝态氮含量高于大豆土壤，这可能是胡麻收获前，胡麻处于高氮环境，大豆的竞争能力在 N$_2$ 处理下高于胡麻，因此，大豆吸收了大豆根际的土壤氮素，降低了大豆土壤硝态氮含量，使得残留在胡麻根区的土壤硝态氮含量增大，在胡麻收获后，大豆从结荚到成熟需要一定的氮素，所以大豆大量吸收土壤氮素以供后期生长发育所需，致使大豆土壤硝态氮含量继续降低，而此时胡麻土壤硝态氮经过沉积或者氮转移，因而含量更高，从而显著降低了大豆根区的硝态氮含量。因此，施氮量高低和作物生长时期都会直接影响土壤硝态氮含量。

胡麻和大豆在不同生育时期，土壤硝态氮含量的变化规律在单作和间作种植模式下也不同。在整个生育时期，胡麻区土壤硝态氮含量表现为：单作大于间作。在胡麻收获前，大豆根区土壤硝态氮含量表现为：间作大于单作，在胡麻收获后，间作大豆的降低程度大于单作大豆，直至大豆收获时，大豆土壤硝态氮含量表现为单作高于间作，在大豆盛花期之前，且在不施氮和施氮量为 75 kg·hm^{-2} 时，土壤硝态氮含量为：间作大豆>单作胡麻>间作胡麻>单作大豆，在大豆盛花期则表现为：间作大豆>单作大豆>单作胡麻> 间作胡麻，在施氮量为 150 kg·hm^{-2} 的 N$_2$ 下时，胡麻区的土壤硝态氮含量则大于大豆，原因可能是在 N$_2$ 时，胡麻的竞争能力弱于大豆，在胡麻收获期，施氮水平在 N$_0$ 和 N$_1$ 下，土壤硝态氮变化趋势为：间作大豆 >单作胡麻>单作大豆>间作胡麻，在施氮水平为 N$_2$ 下，土壤硝态

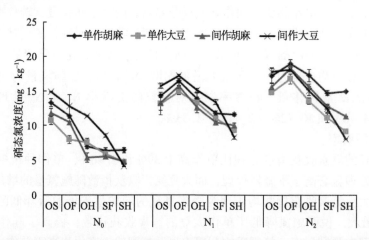

图 7-4　施氮和种植模式对胡麻/大豆间作体系不同生育时期 0~100cm 土壤硝态氮含量的影响

Fig. 7-4　Effects of nitrogen application amount and planting patterns on NO₃⁻-N contents in 0~100cm

soil layer at different growth stage of oil flax/soybean intercropping system

注：OS：胡麻苗期；OF：胡麻盛花期；OH：胡麻收获期；SF：大豆盛花期；SH：大豆收获期。

氮含量表现为：单作胡麻>间作胡麻>间作大豆>单作大豆，说明大豆在盛花期至结荚期需氮量较大，在大豆收获期，土壤硝态氮含为：单作胡麻>间作胡麻>单作大豆> 间作大豆，说明在胡麻收获后，大豆进行了恢复生长。在胡麻和大豆全生育期 0 ~ 100 cm 土层的土壤硝态氮含量平均为 8.69 mg·kg⁻¹，与不施氮的 N_0 相比，施氮量为 75 kg·hm⁻² 的 N_1 和施氮量为 150 kg·hm⁻² 的 N_2 处理的土壤硝态氮含量分别增加了 9.53%和 53.35%，可以看出，施氮能显著增加土壤硝态氮含量。与胡麻收获期相比，大豆收获时土壤硝态氮含量平均降低了 17.02%，在大豆整个生育期，间作胡麻的土壤硝态氮含量比单作降低了 10.95%，间作大豆的土壤硝态氮含量比单作提高了 14.92%，大豆收获后，间作胡麻和间作大豆分别比对应的单作分别降低 20.32%和 11.62%。

（二）施氮和种植模式对胡麻/大豆间作土壤硝态氮时空分布的影响

1. 施氮和种植模式对胡麻、大豆不同土层土壤硝态氮累积的影响

从图 7-5 可以看出，在不施氮的 N_0 处理下，0~100 cm 土层在作物各生育时期土壤剖面硝态氮累积量为 39.95 ~ 142.16 kg·hm⁻²，平均为 86.19 kg·hm⁻²，在施氮量为 75 kg·hm⁻² 的 N_1 时为 94.27~172.19 kg·hm⁻²，平均为 123.34 kg·hm⁻²，在施氮量为 150 kg·hm⁻² 的 N_2 时为 81.73 ~ 174.69 kg·hm⁻²，平均为 135.62 kg·hm⁻²。从不同生育时期看，土壤硝态氮的累积量在胡麻盛花期最高，其次是胡麻苗期>大豆盛花期>胡麻收获期>大豆收获期。从不同土层深度上分析，0~20 cm 土层土壤硝态氮累积量与不施氮的 N_0 相比，N_1 处理和 N_2 处理分别增加了 34.25%和 41.38%，20~40 cm 土层分别增加了 31.75%和 38.84%，40~60 cm 土层分别增加了 30.05%和 36.15%，60~80 cm 土层分别增加了 27.38%和 33.03%，80~100 cm 土层分别增加了 23.91%和 28.25%。可以看出，土壤硝态氮的累积量随施氮量的增加大幅增加，且增加幅度随土层深度的增加而减小，表现为上层大于下层。随着生育期的推进，胡麻间作对土壤硝态氮的累积量有降低作用，在不施氮的 N_0 处理下，从胡麻盛花期开始，间作胡麻土壤硝态氮累积量比单作胡麻低，在 N_1 处理下，间作胡麻土壤硝态氮累积量从大豆盛花期开始比单作低，在 N_2 处理下，整个生育期均表现为单作胡麻土壤硝态氮累积量高于间作，说明该处理下残留在间作胡麻土壤中的硝态氮累积量增多，施氮量有些过高，间作大豆土壤硝态氮累积量不论在 N_0、N_1 还是 N_2 处理下，均表现为在大豆收获期间作小于单作，说明间作对土壤硝态氮的累积量有一定的降低作用，降低程度随生育时期的推后越来越明显。

胡麻收获后，在 N_0 处理下，0~20 cm 土层间作胡麻土壤硝态氮累积量比单作降低 13.51%，20~40 cm 土层胡麻间作比单作降低 17.01%，40~60 cm 土层胡麻间作比单作降低 14.03%，60~80 cm 土

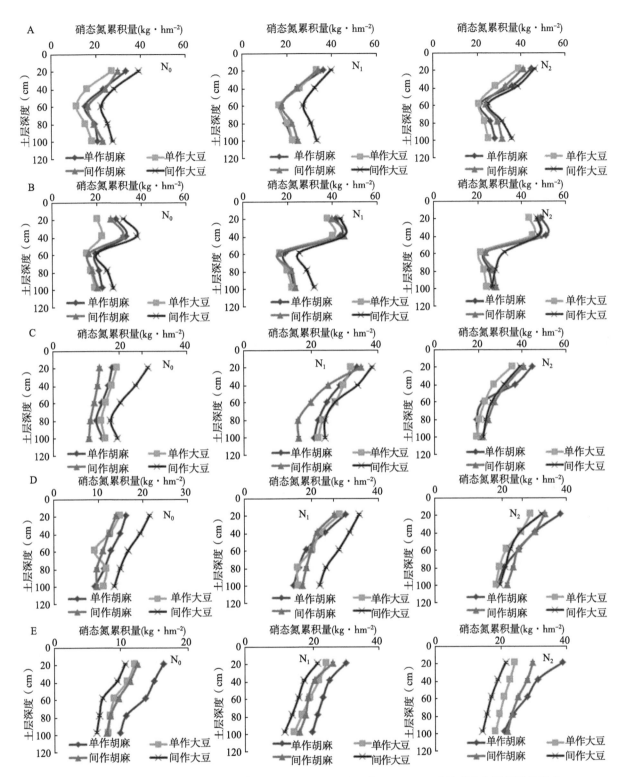

图7-5　施氮和种植模式对胡麻/大豆间作体系不同生育时期0~100 cm土壤硝态氮累积量的影响

A、B、C、D、E分别是胡麻苗期、胡麻盛花期、大豆盛花期、胡麻收获期和大豆收获期的三个处理

Fig. 7-5　Effects of nitrogen application amount and planting patterns on $NO_3^- - N$ accumulation in 0-100 cm soil layer at different growth stage of oil flax/soybean intercropping system

层胡麻间作比单作降低14.83%，80~100 cm土层则为胡麻间作土壤硝态氮累积量高于单作，在N_1处理下，0~20 cm土层和20~40 cm土层胡麻间作比单作分别降低11.08%和10.59%，其他各层均表现为胡麻间作高于单作，在 N_2 处理下，0~20 cm 土层和 20~40 cm 土层胡麻间作比单作分别降低 12.84% 和 0.34%，其他各层均表现为胡麻间作高于单作，说明随施氮量的增加，胡麻下层土壤硝态氮累积量相对上层较多，原因可能是胡麻根系随施氮量的增加下扎深度较浅，因此，对上层土壤氮营养的吸收利用较下层高。

大豆收获后，在 N_0 处理下，0~20 cm、20~40 cm、40~60 cm、60~80 cm、80~100 cm 土层间作大豆土壤硝态氮累积量比单作降低了 11.75%、14.57%、19.72%、19.46%、21.95%，在 N_1 处理下，0~20 cm、20~40 cm、40~60 cm、60~80 cm、80~100 cm 土层间作大豆土壤硝态氮累积量比单作降低了 11.23%、20.48%、18.47%、18.28%、21.09%，在 N_2 处理下 0~20 cm、20~40 cm、40~60 cm、60~80 cm、80~100 cm 土层间作大豆土壤硝态氮累积量比单作降低了 11.85%、17.25%、20.53%、22.19%、23.77%。说明从胡麻收获到大豆收获期间，大豆进行了恢复生长，间作大豆大量吸收土壤的氮营养，尤其是下层土壤，使得残留在大豆区的土壤硝态氮累积量降低。

2. 施氮和种植模式对胡麻、大豆收获后土壤硝态氮残留的影响

在作物不同生育时期的土壤硝态氮累积量可以看作是作物某生育时期的土壤硝态氮残留量，尤其是在作物收获后，土壤中硝态氮的残留程度一般用土壤硝态氮累积量来反映。由表 7-6 可以看出，施氮量和种植模式对胡麻土壤硝态氮残留量有一定的影响。胡麻收获后，胡麻区土壤硝态氮的残留量在各层次中随施氮量变化而变化，且处理间存在差异显著性。在 0~60 cm 土壤层次中，在同一施氮水平下，间作胡麻土壤硝态氮残留量低于单作胡麻土壤硝态氮残留量，但未达显著水平，间作胡麻比单作胡麻降低了 7.70%，在同一种植模式下，不论是单作还是间作，胡麻土壤硝态氮残留量均随施氮量的增加而增加，以施氮量为 150 kg·hm^{-2} 的 N_2 表现最大，且各处理间均达显著水平，在单作种植模式下，N_2 比不施氮的 N_0 和施氮量为 75 kg·hm^{-2} 的 N_1 分别高 51.42% 和 21.58%，在间作种植模式下，N_2 比 N_0 处理和 N_1 处理分别高 56.19% 和 21.96%；在 60~100 cm 土层中，单作比间作降低 9.36%，说明胡麻对 0~60 cm 土层的养分的吸收强度比 60~100 cm 土层的高。

表 7-6　施氮和种植模式对胡麻和大豆收获后 0~100 cm 土层土壤硝态氮累积量的影响　(kg·hm^{-2})

Tab. 7-6　Effects of nitrogen application amount and planting patterns on NO_3^--N accumulation in 0-100 cm soil after oil flax and soybean harvest

采样时间	作物	深度（cm）	单作			间作		
			N_0	N_1	N_2	N_0	N_1	N_2
胡麻收获	胡麻	0~60	44.22±0.94c	71.38±8.21b	91.02±8.65a	37.65±2.43c	67.09±5.09b	85.96±1.37a
		60~100	20.63±1.63d	29.81±5.84c	38.12±1.94ab	19.32±1.37d	34.74±4.09bc	43.64±1.74a
	大豆	0~60	36.78±1.67e	69.86±5.27c	73.88±4.13bc	57.89±1.29d	92.58±2.91a	78.26±2.75b
		60~100	22.95±2.09d	30.83±4.74c	35.94±1.4b	28.57±1.62c	45.69±3.31a	39.09±2.55b
大豆收获	胡麻	0~60	44.79±1.66d	76.51±3.39b	94.79±1.58a	33.19±1.57e	63.85±2.57c	79.84±1.15b
		60~100	20.49±0.11d	40.39±1.16b	42.59±1.51a	16.08±0.30e	33.09±0.66c	43.21±1.72a
	大豆	0~60	31.83±0.75c	63.80±1.09a	64.79±0.92a	27.07±1.72d	53.29±1.57b	54.21±2.66b
		60~100	16.24±0.14e	30.48±0.79b	35.72±0.09a	12.88±1.85f	24.51±0.11d	27.52±2.55c

不论是单作还是间作，随施氮量的增加，硝态氮的残留量逐渐增加，在单作种植模式下，硝态氮的残留量 N_2 比 N_0 和 N_1 分别高 45.88% 和 21.82%，在间作种植模式下，硝态氮的残留量 N_2 比 N_0 和 N_1 分别高 55.73% 和 20.4%。此时，大豆土壤硝态氮残留量在 0~60 cm 土层表现为，间作比单作高 21.07%，在单作种植模式下，随施氮量的增加，大豆土壤硝态氮累积量同时增大，其中，N_2 比 N_0 和 N_1 分别高 50.22% 和 5.44%，在间作种植模式下，大豆土壤硝态氮累积量随施氮量的增加呈先增大后降低的趋势，在施氮量为 75 kg·hm^{-2} 的 N_1 下残留在土壤中的硝态氮最高，比 N_0 和 N_2 分别高

37.47%和15.46%。大豆在60~100 cm土层中，间作大豆比单作大豆高20.85%，在单作种植模式下，N_2比N_0和N_1分别高36.13%和20.85%，在间作种植模式下，N_1比N_0和N_2分别高37.48%和14.46%。在大豆收获后，0~60 cm平均土层，间作大豆比单作大豆降低了16.11%，无论是单作种植模式还是间作种植模式，大豆土壤硝态氮残留均随施氮量的增加而增加，在单作种植模式下，N_2比N_0和N_1分别高50.87%和1.53%，在间作种植模式下，N_2比N_0和N_1分别高50.06%和1.69%。在60~100 cm土层中的大豆土壤硝态氮残留量表现为：单作大豆比间作大豆高21.26%，且单作和间作均随施氮量的增加而增加，在单作种植模式下，N_2比N_0和N_1分别高54.53%和14.68%，在间作种植模式下，N_2比N_0和N_1分别高53.19%和10.94%。说明在胡麻的整个生育时期，胡麻对大豆的竞争主要表现在0~60 cm土层。因为胡麻收获时，大豆处于结荚期，从结荚到成熟，大豆需要更多的养分，因此表现为间作大豆土壤硝态氮残留量低于单作大豆，说明在胡麻收获到大豆收获期间，大豆进行了恢复生长。

（三）施氮和种植模式对胡麻/大豆间作土壤硝态氮相对累积量的影响

由图7-5可知，胡麻/大豆间作体系土壤硝态氮相对累积量在不同施氮量和不同生育时期都是0~20 cm表层土壤最高，0~100 cm土层土壤硝态氮相对累积量中，在不施氮的N_0处理下，0~20 cm土层胡麻区土壤硝态氮相对累积量在胡麻苗期、胡麻盛花期、大豆盛花期、胡麻收获期、大豆收获期依次为26.49%、23.48%、22.85%、24.78%、25.14%，平均为24.54%；在20~40 cm土层胡麻区土壤硝态氮相对累积量在各生育时期分别为21.58%、28.21%、21.76%、21.81%、22.88%，平均为23.25%；在40~60 cm土层胡麻区土壤硝态氮相对累积量在各生育时期分别为14.29%、14.55%、19.98%、19.50%、19.34%，平均为17.59%；在60~80 cm土层胡麻区土壤硝态氮相对累积量在各生育时期分别为16.88%、15.78%、18.09%、16.99%、16.87%，平均为16.93%；在80~100 cm土层胡麻区土壤硝态氮相对累积量在各生育时期分别为20.44%、17.96%、17.32%、16.92%、15.76%，平均17.68%。在施氮量为75 kg·hm^{-2}的N_1处理下，0~20 cm、20~40 cm、40~60 cm、60~80 cm、80~100 cm土层胡麻区土壤硝态氮相对累积量在以上各生育时期分别平均为27.71%、23.04%、16.12%、16.64%、16.59%，在施氮量为150 kg·hm^{-2}的N_2处理下，0~20 cm、20~40 cm、40~60 cm、60~80 cm、80~100 cm土层胡麻区土壤硝态氮相对累积量在以上各生育时期分别平均为26.03%、23.16%、17.02%、17.12%、16.66%。0~100 cm土层大豆区土壤硝态氮相对累积量中，在N_0处理下，0~20 cm、20~40 cm、40~60 cm、60~80 cm、80~100 cm土层胡麻区土壤硝态氮相对累积量在胡麻苗期、胡麻盛花期、大豆盛花期、胡麻收获期、大豆收获期各生育时期分别平均为25.56%、23.03%、17.46%、16.48%、17.47%，在N_1处理下，0~20 cm、20~40 cm、40~60 cm、60~80 cm、80~100 cm土层胡麻区土壤硝态氮相对累积量在以上各生育时期分别平均为25.38%、22.67%、17.83%、17.14%、16.97%，在N_2处理下，0~20 cm、20~40 cm、40~60 cm、60~80 cm、80~100 cm土层胡麻区土壤硝态氮相对累积量在以上各生育时期分别平均为26.46%、22.83%、17.54%、16.81%、16.34%。

（四）小结

1. 施氮和种植模式对胡麻/大豆间作土壤硝态氮含量的影响

在胡麻和大豆全生育期0~100 cm土层的土壤硝态氮含量平均为8.69 mg·kg^{-1}，与不施氮的N_0相比，施氮量为75 kg·hm^{-2}的N_1和施氮量为150 kg·hm^{-2}的N_2处理的土壤硝态氮含量分别增加了9.53%和53.35%，可以看出，施氮能显著增加土壤硝态氮含量。与胡麻收获期相比，大豆收获时土壤硝态氮含量平均降低了17.02%，在大豆整个生育期，间作胡麻的土壤硝态氮含量比单作降低了10.95%，间作大豆的土壤硝态氮含量比单作提高了14.92%，大豆收获后，间作胡麻和间作大豆分别比对应的单作分别降低20.32%和11.62%。

2. 施氮和种植模式对胡麻/大豆间作土壤硝态氮时空分布的影响

在不施氮的N_0处理下，0~100 cm土层在作物各生育时期土壤剖面硝态氮累积量平均为

86.19 kg·hm^{-2}，在施氮量为 75 kg·hm^{-2} 的 N$_1$ 时为 123.34 kg·hm^{-2}，在施氮量为 150 kg·hm^{-2} 的 N$_2$ 时为 135.62 kg·hm^{-2}。从不同生育时期看，土壤硝态氮的累积量在胡麻盛花期最高，其次是胡麻苗期，再次是大豆盛花期，然后是胡麻收获期，最次是大豆收获期。从不同土层深度上分析，0~20 cm 土层土壤硝态氮累积量与 N$_0$ 相比，N$_1$ 处理和 N$_2$ 处理分别增加了 34.25% 和 41.38%，20~40 cm 土层分别增加了 31.75% 和 38.84%，40~60 cm 土层分别增加了 30.05% 和 36.15%，60~80 cm 土层分别增加了 27.38% 和 33.03%，80~100 cm 土层分别增加了 23.91% 和 28.25%。可以看出，土壤硝态氮的累积量随施氮量的增加大幅增加，且增加幅度随土层深度的增加而减小，表现为上层大于下层。

胡麻收获后，在 0~60 cm 土壤层次中，间作胡麻比单作胡麻降低了 7.70%，在单作种植模式下，N$_2$ 比 N$_0$ 和 N$_1$ 分别高 51.42% 和 21.58%，在间作种植模式下，N$_2$ 处理比 N$_0$ 处理和 N$_1$ 处理分别高 56.19% 和 21.96%；在 60~100 cm 土层中，单作比间作降低 9.36%，说明胡麻对 0~60 cm 土层的养分的吸收强度比 60~100 cm 土层的高，在单作种植模式下，硝态氮的残留量 N$_2$ 比 N$_0$ 和 N$_1$ 分别高 45.88% 和 21.82%，在间作种植模式下，硝态氮的残留量 N$_2$ 比 N$_0$ 和 N$_1$ 分别高 55.73% 和 20.4%。在大豆收获后，0~60 cm 平均土层，间作大豆比单作大豆降低了 16.11%，在单作种植模式下，N$_2$ 比 N$_0$ 和 N$_1$ 分别高 50.87% 和 1.53%，在间作种植模式下，N$_2$ 比 N$_0$ 和 N$_1$ 分别高 50.06% 和 1.69%。在 60~100 cm 土层中的大豆土壤硝态氮残留量表现为：单作大豆比间作大豆高 21.26%，在单作种植模式下，N$_2$ 比 N$_0$ 和 N$_1$ 分别高 54.53% 和 14.68%，在间作种植模式下，N$_2$ 比 N$_0$ 和 N$_1$ 分别高 53.19% 和 10.94%。说明在胡麻的整个生育时期，胡麻对大豆的竞争主要表现在 0~60 cm 土层。

3. 施氮和种植模式对胡麻/大豆间作土壤硝态氮相对累积量的影响

胡麻/大豆间作体系土壤硝态氮相对累积量在不同施氮量和不同生育时期都是 0~20 cm 表层土壤最高，0~100 cm 土层土壤硝态氮相对累积量中，在不施氮的 N$_0$ 处理下，0~20 cm、20~40 cm、40~60 cm、60~80 cm、80~100 cm 土层胡麻区土壤硝态氮相对累积量在整个生育期平均为 24.54%、23.25%、17.59%、16.93%、17.68%。在施氮量为 75 kg·hm^{-2} 的 N$_1$ 处理下，0~20 cm、20~40 cm、40~60 cm、60~80 cm、80~100 cm 土层胡麻区土壤硝态氮相对累积量分别平均为 27.71%、23.04%、16.12%、16.64%、16.59%，在施氮量为 150 kg·hm^{-2} 的 N$_2$ 处理下，0~20 cm、20~40 cm、40~60 cm、60~80 cm、80~100 cm 土层胡麻区土壤硝态氮相对累积量分别平均为 26.03%、23.16%、17.02%、17.12%、16.66%。0~100 cm 土层大豆区土壤硝态氮相对累积量中，在 N$_0$ 处理下，0~20 cm、20~40 cm、40~60 cm、60~80 cm、80~100 cm 土层胡麻区土壤硝态氮相对累积量在胡麻苗期、胡麻盛花期、大豆盛花期、胡麻收获期、大豆收获期各生育时期分别平均为 25.56%、23.03%、17.46%、16.48%、17.47%，在 N$_1$ 处理下，0~20 cm、20~40 cm、40~60 cm、60~80 cm、80~100 cm 土层大豆区土壤硝态氮相对累积量分别平均为 25.38%、22.67%、17.83%、17.14%、16.97%，在 N$_2$ 处理下，0~20 cm、20~40 cm、40~60 cm、60~80 cm、80~100 cm 土层大豆区土壤硝态氮相对累积量分别平均为 26.46%、22.83%、17.54%、16.81%、16.34%。

三、施氮对胡麻/大豆间作干物质生产的影响

(一) 施氮量和种植模式对作物干物质积累和分配的影响

1. 施氮量和种植模式对胡麻地上部干物质积累量的影响

由图 7-6 可以看出，种植模式和施氮水平对胡麻地上部干物质积累量有显著影响，胡麻地上部干物质积累量在不同处理方式下总体均呈直线上升趋势。在同一施氮水平下，除苗期外，其他各生育时期地上部干物质积累量间作处理显著高于单作处理，2014 年和 2015 年胡麻地上部干物质累积量在胡麻现蕾期、盛花期、子实期和成熟期间作比单作平均分别提高了 27.37%、34.37%、29.11%、32.72%，平均提高 30.92%。

施氮提高了胡麻地上部干物质积累量，2014 年，在苗期和现蕾期，盛花期至成熟期，单作和间

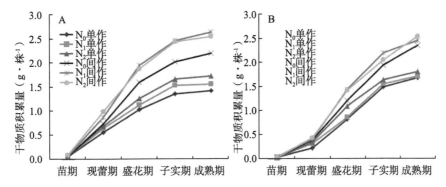

图 7-6　2014 年（A）和 2015 年（B）施氮量和种间互作对胡麻地上部干物质积累量的影响

Fig. 7-6　Effect of different nitrogen application amount and planting patterns on above ground dry matter accumulation of oil flax in 2014（A）and 2015（B）

作处理下胡麻地上部干物质积累量均随施氮量的增加而增大，以施氮量为 150 kg·hm^{-2} 的 N_2 最高，单作模式下，在盛花期、子实期和成熟期比不施氮的 N_0 分别高 17.46%、19.16%、18.39%，比施氮量为 75 kg·hm^{-2} 的 N_1 分别高 10.32%、7.78%、10.34%；间作模式下，以 N_1 最大，比不施氮的 N_0 分别高 17.44%、17.48%、16.60%，比 N_2 分别高 3.59%、0.81%、3.77%。2015 年，苗期，在单作种植模式下，胡麻干物质积累量随施氮量的增加而降低，但各处理间未达显著水平，间作模式下，随施氮量的增加先增大后减小；现蕾期，单作和间作模式下，胡麻干物质累积量均随施氮量的增加而增大，以 N_2 最高；在盛花期和子实期，单作种植模式下，胡麻干物质累积量随施氮量的增加而增加，而间作种植模式下，随施氮的增加呈先增大后减小的趋势，在成熟期，单作和间作均随施氮量的增加而增加，总体来看，在单作种植模式下，以 N_2 处理最高，在胡麻现蕾期、盛花期、子实期和成熟期分别比 N_0 高 35.12%、25.03%、8.95% 和 7.25%，比 N_1 高 8.70%、21.09%、5.09% 和 5.60%，在间作种植模式下，以 N_1 处理最高，在胡麻苗期、盛花期、子实期分别比 N_0 高 18.74%、15.41% 和 11.34%，比 N_2 高 10.20%、0.85% 和 6.69%，由此可见，在间作种植模式下以施氮量为 75 kg·hm^{-2} 的 N_1 处理进入生殖生长阶段跃居首位，表现出较好的积累同化物的趋势。

2. 施氮量和种植模式对大豆地上部干物质积累量的影响

由图 7-7 可以看出，种植方式和施氮水平对大豆地上部干物质积累量有显著影响。总体来看，大豆地上部干物质累积量随生育时期的推移呈缓慢增大—快速增大—缓慢增大的趋势，在成熟期达到最高。

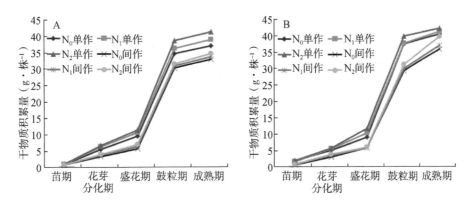

图 7-7　2014 年（A）和 2015 年（B）施氮量和种间互作对大豆地上部干物质积累量的影响

Fig. 7-7　Effect of different nitrogen application amount and planting patterns on above ground dry matter accumulation of soybean in 2014（A）and 2015（B）

从不同种植模式来看，与单作相比，间作模式下的大豆地上部干物质积累量呈降低趋势，其中，除苗期外，其他生育时期的变化规律为：N_2 单作>N_1 单作>N_0 单作>N_2 间作>N_1 间作>N_0 间作，且各生育时期大豆干物质积累量在 N_0 处理下单作和间作达到显著水平。在大豆苗期、花芽分化期、盛花期、鼓粒期和成熟期，大豆地上部干物质累积量表现为间作比单作分别降低了 15.54%、42.17%、40.53%、15.45% 和 13.77%，平均降低 25.49%。2015 年在大豆苗期、花芽分化期、盛花期、鼓粒期和成熟期大豆地上部干物质累积表现为间作比单作分别降低 69.07%、37.47%、43.79%、21.60% 和 9.16%，平均降低 36.22%。氮素提高了大豆地上部干物质积累量。2014 年，单作和间作模式下，大豆地上部干物质积累量均随施氮量的增加而增加。

从同一种植模式不同施氮水平来看，在单作种植模式下，大豆地上部干物质积累量以施氮量为 150 kg·hm^{-2}的 N_2 最大，在大豆苗期、花芽分化期、盛花期、鼓粒期和成熟期，N_2 处理比不施氮的 N_0 处理分别高 18.31%、17.07%、17.54%、10.15% 和 10.18%，N_2 处理比施氮量为 75 kg·hm^{-2}的 N_1 分别高 5.59%、5.19%、7.52%、6.00% 和 5.51%。其中，苗期、花芽分化期和盛花期 N_1 的大豆干物质比 N_0 分别显著高 15.57%、14.31%、12.15%。在间作种植模式下，N_2 处理的大豆地上部干物质累积量最大，在各生育时期中，N_2 处理比 N_0 处理分别高 22.85%、17.49%、18.54%、4.15% 和 4.89%，N_2 处理比 N_1 处理分别高 7.31%、3.25%、10.12%、2.12% 和 2.92%，其中，苗期和花芽分化期 N_1 处理的大豆干物质比 N_0 处理的分别显著高 20.16%、17.27%，2015 年在单作种植模式下，除苗期外，其他各生育时期的大豆干物质积累量均随施氮量的增加而增加，以 N_2 的干物质积累量最大，在花芽分化期、盛花期、鼓粒期和成熟期分别比 N_0 高 12.65%、22.70%、5.91% 和 4.02%，N_2 在苗期、花芽分化期、盛花期、鼓粒期和成熟期分别比 N_1 高 18.92%、2.86%、12.32%、5.56% 和 2.47%。在间作种植模式下，变化规律和单作的一致，均以 N_2 表现最高，在各生育时期，N_2 分别比 N_0 高 24.57%、20.02%、2.78%、6.15% 和 9.56%，分别比 N_1 高 7.29%、7.00%、1.89%、4.29% 和 6.68%。说明单作大豆和胡麻/大豆间作处理下，施氮量对干物质的积累在盛花期以前影响较大，而在盛花期后期影响不大。在同一施氮量下，单作和间作达显著水平，表明种植模式对干物质影响较大，且胡麻/大豆间作会降低大豆干物质积累，是由于在大豆获取各种与干物质形成相关的物质时，胡麻也在竞争获取同样的物质，所以胡麻/大豆间作时干物质的积累减少。

（二）施氮量和种植模式对作物生长率的影响

1. 施氮量和种植模式对胡麻生长率的影响

由表 7-7 可以看出，2014 年胡麻苗期—现蕾期（S-B），现蕾期—盛花期（B-A），子实期—成熟期（F-M），同一施氮水平下，间作各处理胡麻作物生长率显著高于单作各处理；而在盛花期—子实期（A-F）胡麻生长率则表现为单作小于间作，但处理间未达显著水平，其中，在 S-B、B-A 和 F-M 间作比单作分别高 29.46%、45.93% 和 56.22%，2015 年，S-B、B-A、A-F 和 F-M 胡麻生长率均为间作大于单作，其中在 S-B、B-A 和 F-M 生育阶段，间作分别显著高于单作 28.50%、33.64% 和 54.04%。2014 年，在单作种植模式下施氮提高了胡麻的生长率，在 S-B 和 B-A，以施氮量为 150 kg·hm^{-2}的 N_2 最高，N_2 比 N_0 分别高 15.77%、18.76%，比 N_1 分别高 4.28%、16.03%，在 S-B，各处理间达显著水平，在 A-F、F-M，N_2 比 N_0 分别高 15.66%、51.65%；在间作种植模式下，在 S-B 胡麻生长率随施氮量的增加而增大，在 B-A 和 A-F 胡麻生长率随施氮量的增加表现出先增大后降低的趋势，以施氮量为 75 kg·hm^{-2}的 N_1 最大，分别比 N_0 高 19.44% 和 37.83%，分别比 N_2 高 17.11% 和 18.93%。2015 年，在单作种植模式下，在 S-B 随施氮量的增加而增加，在 A-F 随施氮量的增加呈先增大后减小的趋势，在间作种植模式下，变化规律和单作基本一致，在 S-B 随施氮量的增加而增加，在 B-A 和 A-F 则随施氮量的增加先增大后降低，以 N_1 最高，分别比不施氮的 N_0 高 19.05% 和 3.62%，分别比 N_2 高 2.69% 和 17.76%。由各生育阶段作物生长率的平均值可以看出，在单作种植模式下，各处理胡麻生长率随施氮量的增加而增加，在间作种植模式下，2014 年胡麻生长率随施氮量的增加先增加后减小，2015 年为随施氮量的增加而增加，各处理中胡麻作物生长率在 S-B 和 B-A 生长最快，A-F 次之，F-M 生长最慢。

表 7-7 施氮量和种间互作对胡麻生长率的影响 （g·m⁻²·d⁻¹）

表 7-7 施氮量和种间互作对胡麻生长率的影响 $(\text{g} \cdot \text{m}^{-2} \cdot \text{d}^{-1})$

Tab. 7-7 Effect of different nitrogen application amount and planting patterns on crop growth rate of oil flax

年份	种植模式	氮处理	S-B	B-A	A-F	F-M
2014 年	单作	N_0	25.35±0.16e	23.51±1.22c	12.03±1.67a	3.59±0.29c
		N_1	28.81±2.14d	24.30±5.66c	16.29±2.27a	2.58±0.75c
		N_2	30.10±1.08d	28.94±5.28c	14.27±10.68a	7.43±0.51b
	间作	N_0	33.88±2.56c	43.41±2.80b	9.26±0.15a	10.43±1.00a
		N_1	40.43±1.41b	53.89±3.38a	14.90±1.92a	9.93±2.10a
		N_2	45.14±0.95a	44.67±2.25b	12.08±1.83a	10.70±0.72a
2015 年	单作	N_0	9.49±1.57c	29.63±1.30c	16.70±0.52a	4.79±1.20c
		N_1	14.23±1.77b	27.09±0.48c	17.20±1.12a	3.96±1.52c
		N_2	15.92±2.96ab	37.14±1.02b	13.49±3.14a	4.40±0.52c
	间作	N_0	17.54±2.06ab	41.15±2.53b	18.28±3.43a	10.07±4.47ab
		N_1	18.44±1.06a	50.83±1.84a	18.97±4.12a	6.39±2.20bc
		N_2	19.47±1.88a	49.46±3.04a	15.60±4.47a	12.19±3.68a

注：S-B 为苗期—现蕾期，B-A 为现蕾期—盛花期，A-F 为盛花期—子实期，F-M 为子实期—成熟期。表中数据为 3 次重复的均值±SE。同列中不同小写字母表示间作与单作种植方式间在 0.05 水平上差异显著。下同

2. 施氮量和种植模式对大豆生长率的影响

由表 7-8 可以看出，2014 年苗期—花芽分化期（S-B）、花芽分化期—盛花期（B-A）和盛花期—鼓粒期（A-F），同一施氮水平下，与间作相比，单作各处理大豆作物生长率分别提高了 45.40%、38.27% 和 5.59%，鼓粒期—成熟期（F-M），间作各处理大豆作物生长率比单作高 8.51%。在同一施氮水平下，间作和单作模式下 2015 年和 2014 年作物生长率的变化规律基本一致，在苗期—花芽分化期（S-B）、花芽分化期—盛花期（B-A）和盛花期—鼓粒期（A-F），单作大豆的生长率比间作分别高 24.24%、50.42% 和 13.62%，鼓粒期—成熟期（F-M），间作各处理大豆作物生长率比单作高 59.99%。说明间作大豆在鼓粒期前受胡麻遮阴的影响，生长速率较慢，而鼓粒期后，直到成熟期都能保持较高的生长速率。

表 7-8 施氮量和种间互作对大豆生长率的影响 $(\text{g} \cdot \text{m}^{-2} \cdot \text{d}^{-1})$

Tab. 7-8 Effect of different nitrogen application amount and planting patterns on crop growth rate of soybean

年份	种植模式	氮处理	S-B	B-A	A-F	F-M	平均值
2014 年	单作	N_0	3.12±0.16b	5.13±1.25ab	19.93±1.13ab	1.19±0.31a	7.34
		N_1	3.56±0.21a	5.60±0.69a	20.31±1.11ab	1.34±0.18a	7.70
		N_2	3.76±0.26a	6.27±0.14a	21.46±0.66a	1.33±0.16a	8.20
	间作	N_0	1.70±0.08d	3.21±0.43c	19.38±0.69b	1.34±0.35a	6.41
		N_1	1.98±0.11cd	3.27±0.31c	19.44±0.75b	1.36±0.36a	6.51
		N_2	2.03±0.08c	4.01±0.57bc	19.42±0.89b	1.53±0.36a	6.75
2015 年	单作	N_0	1.80±0.57abc	4.76±1.36bc	19.99±0.98a	1.33±0.24b	6.97
		N_1	2.33±0.25a	5.53±0.77ab	19.25±0.20ab	1.55±0.68b	7.17
		N_2	2.25±0.44ab	6.99±0.58a	19.82±0.51a	1.04±0.49b	7.52
	间作	N_0	1.43±0.05c	3.23±1.27cd	16.47±1.26c	2.91±0.42a	6.01
		N_1	1.64±0.05bc	2.75±0.95cd	16.84±1.14c	3.16±0.80a	6.10
		N_2	1.77±0.10abc	2.59±1.36d	17.70±0.95bc	3.73±0.90a	6.45

施氮水平对单作、间作模式下不同时间段大豆作物生长率影响规律不一致，在单作种植模式下，2014年，苗期—花芽分化期（S-B），施氮处理显著高于不施氮处理，以施氮量为150 kg·hm^{-2}的N$_2$最高，在花芽分化期—盛花期（B-A）和盛花期—鼓粒期（A-F），随施氮量的增加而升高，鼓粒期—成熟期（F-M），施氮处理间随施氮量的增加而降低，以施氮量为75 kg·hm^{-2}的N$_1$最高；2015年，在苗期—花芽分化期（S-B）和花芽分化期—盛花期（B-A），随施氮量的增加大豆生长率增加，在鼓粒期—成熟期（F-M），施氮处理间随施氮量的增加而降低。在间作种植模式下，2014年，苗期—花芽分化期（S-B）、花芽分化期—盛花期（B-A）和鼓粒期—成熟期（F-M），均以N$_2$最高，比N$_0$分别高16.26%、19.95%、12.42%；2015年，苗期—花芽分化期（S-B）、盛花期—鼓粒期（A-F）和鼓粒期—成熟期（F-M），大豆生长率随施氮量的增加而增加，以N$_2$最高，比N$_0$分别高19.23%、6.92%和21.96%。

（三）施氮量和种植模式对作物地上部干物质分配和转运的影响

1. 施氮量和种植模式对胡麻地上部干物质分配比率的影响

由表7-9可知，2014年，在同一施氮水平下，与单作处理相比，间作处理成熟期胡麻干物质在籽粒中的分配比例显著增加了9.59%~23.29%，平均增加了15.11%；2015年，成熟期胡麻干物质在籽粒中的分配比例为间作比单作增加0.51%~3.36%，平均增加了1.62%。单作种植模式下，2014年，成熟期胡麻干物质在籽粒中的分配比例随施氮量的增加而增加，以施氮量为150 kg·hm^{-2}的N$_2$表现最大，比不施氮的N$_0$和施氮量为75 kg·hm^{-2}的N$_1$分别增加了7.05%和3.44%，2015年，成熟期胡麻干物质在籽粒中的分配比例在单作处理下的变化规律和2014年基本一致，随施氮量的增加而增加，N$_2$处理最高，比N$_0$和N$_1$分别高1.17%和0.67%；间作模式下，2014年，成熟期胡麻干物质在籽粒中的分配比例随施氮量的增加呈先增加后降低的趋势，以N$_1$表现最大，分别比N$_0$和N$_2$高17.31%和7.39%，2015年，N$_1$比N$_0$和N$_2$分别高2.62%和2.55%。

表7-9 施氮量和种间互作对成熟期胡麻干物质在不同器官中分配的影响

Tab. 7-9 Effect of N application and planting patterns on distribution rate of dry matter during maturing stage

年份	种植模式	施氮量	单株干重（g）	叶片		主茎+分枝+果壳		籽粒	
				干重（g）	比例（%）	干重（g）	比例（%）	干重（g）	比例（%）
2014年	单作	N$_0$	1.42±0.03d	0.05±0.01a	5.21	0.93±0.10c	65.34	0.44±0.09e	31.27
		N$_1$	1.56±0.11d	0.05±0.01a	5.34	0.97±0.19c	62.02	0.54±0.07e	34.88
		N$_2$	1.73±0.12c	0.06±0.02a	5.76	1.02±0.08bc	58.51	0.66±0.05d	38.32
	间作	N$_0$	2.21±0.04b	0.05±0.01a	5.15	1.26±0.02a	56.92	0.90±0.02c	40.86
		N$_1$	2.65±0.07a	0.05±0.01a	5.83	1.06±0.07bc	40.04	1.54±0.03a	58.17
		N$_2$	2.55±0.04a	0.06±0.01a	5.25	1.20±0.09ab	46.89	1.30±0.11b	50.77
2015年	单作	N$_0$	1.68±0.05d	0.06±0.02b	3.54	0.82±0.03b	48.55	0.74±0.01d	44.13
		N$_1$	1.71±0.05cd	0.04±0.02b	2.41	0.83±0.08b	48.26	0.76±0.01cd	44.35
		N$_2$	1.81±0.08c	0.06±0.02b	3.22	0.88±0.07b	48.57	0.81±0.03c	44.65
	间作	N$_0$	2.35±0.05b	0.11±0.04b	4.66	1.18±0.04a	50.24	1.06±0.06b	45.10
		N$_1$	2.45±0.08ab	0.09±0.04b	3.50	1.20±0.01a	48.78	1.17±0.04a	47.72
		N$_2$	2.54±0.06a	0.19±0.08a	7.32	1.21±0.07a	47.51	1.15±0.01a	45.16

主茎+分枝+果壳的分配比例，在2014年，变化规律与干物质在籽粒中的分配顺序相反，以间作

种植模式下 N_1 最低，单作种植模式下 N_0 处理最高，在 2015 年，以间作种植模式下 N_2 最低，其次是间作种植模式下的 N_1 处理，以间作种植模式下 N_0 最高，两年规律有一定的相似之处，叶片在干物质中的分配比率在 2014 年表现为间作种植模式下 N_0 最低，在间作种植模式下 N_1 最高，2015 年表现为单作种植模式下的 N_1 最低，间作种植模式下 N_2 最高，叶片在成熟期干物质的分配比例因处理有所差异，但分配量间差异不显著。以上两年数据可以说明，间作种植模式下 N_1 降低了干物质在主茎+分枝+果壳的分配比例，提高了籽粒的干物质分配量和比例，有利于产量形成。

2. 施氮量和种植模式对胡麻干物质转运特性的影响

由表 7-10 可以看出，2014 年，与单作相比，胡麻间作在各施氮处理下的花前贮藏物质转运量和花后贮藏物质积累量显著增加，比单作处理分别高 50.24% 和 61.73%，花后干物质同化量对籽粒的贡献率，间作比单作提高了 5.9%。2015 年，在同一施氮量下，胡麻花前贮藏物质转运量和花后贮藏物质积累量，间作处理显著比单作处理高 26.95% 和 33.23%，花后干物质同化量对籽粒的贡献率，间作比单作提高了 2.41%。

单作模式下 2014 年花前贮藏物质转运量和花后贮藏物质积累量随施氮量的增加而增加，而间作模式下则随施氮量的增加呈先增大后降低的趋势。2015 年花前贮藏物质转运量和花后贮藏物质积累量在单作种植模式和间作种植模式下随施氮量的变化规律和 2014 年的基本一致，均表现为在单作种植模式下以施氮量为 150 kg·hm^{-2} 的 N_2 最高，在间作种植模式下以施氮量为 75 kg·hm^{-2} 的 N_1 最高，2014 年和 2015 年，花后干物质同化量对籽粒的贡献率，在单作种植模式下均表现为随施氮量的增加而增大，以 N_2 最高，2014 年，N_2 比 N_0 和 N_1 分别提高 5.11% 和 2.38%，2015 年，N_2 比 N_0 和 N_1 分别提高 0.18% 和 0.03%，2014 年和 2015 年，花后干物质同化量对籽粒的贡献率，在间作种植模式下均表现为随施氮量的增加呈先增大后减小的趋势，以 N_1 最高，2014 年，N_1 比 N_0 和 N_2 分别提高了 5.39% 和 2.88%，2015 年 N_1 比 N_0 和 N_2 分别提高了 0.81% 和 0.32%。2014 年和 2015 年两年数据显示，花前贮藏物质转运量对籽粒贡献率与花后干物质同化量对籽粒的贡献率相反，说明间作处理能显著提高花后干物质积累能力，增加花后干物质在籽粒的分配比例，是其籽粒形成中同化物积累及高产的生理基础。

表 7-10 施氮量和种间互作对胡麻干物质再分配和开花后积累量的影响

Tab. 7-10 **The effects of N applications and planting patterns on dry matter distribution and accumulation after anthesis in oil flax**

年份	种植模式	施氮量	花前贮藏物质			花后贮藏物质	
			转运量（kg·hm^{-2}）	转运率%	转运量对籽粒贡献率（%）	积累量（kg·hm^{-2}）	干物质同化量对籽粒的贡献率（%）
2014 年	单作	N_0	1 362.90±217.47c	17.51±2.56c	41.22±3.30a	1 962.10±442.74e	58.78±3.30d
		N_1	1 550.60±205.28c	18.46±3.54bc	38.49±3.52ab	2 489.00±417.5de	61.51±3.52cd
		N_2	1 799.10±193.07c	19.04±1.93bc	36.11±2.66bc	3 183.40±264.80d	63.89±2.66bc
	间作	N_0	2 568.00±376.00b	21.30±3.0abc	35.31±1.71bc	4 701.40±632.77c	64.69±1.71bc
		N_1	3 673.70±283.89a	25.07±1.78a	29.92±1.94d	8 601.30±347.64a	70.08±1.94a
		N_2	3 228.40±194.38a	22.86±1.33ab	32.80±1.55cd	6 646.60±883.42b	67.20±1.55ab
2015 年	单作	N_0	1 575±66.66b	18.26±0.37ab	28.28±0.98a	3 992.5±63.79d	71.71±0.98c
		N_1	1 602.5±67.22b	18.31±0.25ab	28.14±1.06ab	4 092.5±43.95cd	71.86±1.06bc
		N_2	1 707.5±68.05b	18.49±0.36ab	28.11±0.59ab	4 367.5±170.42c	71.89±0.59bc
	间作	N_0	2 135±103.47a	18.07±0.97b	26.84±0.37bc	5 822.5±324.70b	73.16±0.37ab
		N_1	2 287.5±149.44a	19.19±0.47a	26.03±0.84b	6 495±138.90a	73.97±0.84a
		N_2	2 265±102.99a	18.56±0.24ab	26.35±0.62c	6 332.5±67.22a	73.65±0.95a

（四）施氮量和种植模式对作物光合特性的影响

1. 施氮量和种植模式对胡麻初花期叶片叶绿素含量的影响

由表 7-11 可以看出，2014 年，与单作相比，间作胡麻初花期叶片在各施氮处理下的叶绿素 a、叶绿素 b 和总叶绿素均高于单作，分别比平均单作高 2.50%、6.00% 和 3.51%，其中间作胡麻叶片的叶绿素 b 显著高于单作，2015 年，胡麻叶片在各施氮处理下的叶绿素 a、叶绿素 b 和总叶绿素，间作比单作在各施氮水平下平均提高了 3.18%、6.20% 和 3.33%。2014 年，在单作种植模式下，胡麻叶片叶绿素 a、叶绿素 b 和总叶绿素随施氮量的增加而增加，以施氮量为 150 kg·hm^{-2}（N$_2$）表现最大，分别比不施氮（N$_0$）高 4.56%、7.89% 和 6.13%，分别比施氮 75 kg·hm^{-2}（N$_1$）高 3.43%、5.26% 和 4.53%。在间作种植模式下，胡麻叶片叶绿素 a、叶绿素 b 和总叶绿素则随施氮量的增加表现出先增加后降低的趋势，以 N$_1$ 表现最大，N$_1$ 分别比 N$_0$ 高 3.06%、3.82% 和 4.61%，分别比 N$_2$ 高 1.01%、0.69% 和 0.73%。2015 年，胡麻叶片叶绿素 a、叶绿素 b 和总叶绿素在单作种植模式和间作种植模式下随施氮量的变化规律和 2014 年基本一致，在单作种植模式下，N$_2$ 比 N$_0$ 分别高 2.11%、5.72% 和 5.79%，比 N$_1$ 分别高 1.24%、2.46% 和 4.28%，在间作种植模式下，N$_1$ 比 N$_0$ 分别高 1.69%、3.74% 和 4.36%，比 N$_2$ 分别高 0.19%、0.67% 和 0.68%。说明施氮和间作提高了叶绿素含量。

表 7-11　施氮量和种植模式对胡麻初花期叶片叶绿素含量的影响　　　　　　（mg·g^{-1} FW）

Tab. 7-11　The effects of nitrogen application amount and planting patterns on chlorophyll content in the leaf of oil flax at the early flowering stage

年份	叶绿素	单作			间作		
		N$_0$	N$_1$	N$_2$	N$_0$	N$_1$	N$_2$
2014 年	叶绿素 a	1.15±0.003c	1.17±0.005c	1.21±0.013a	1.19±0.003b	1.23±0.016a	1.21±0.016a
	叶绿素 b	0.45±0.012d	0.46±0.008d	0.49±0.010c	0.49±0.007bc	0.51±0.006a	0.51±0.012ab
	总叶绿素	1.61±0.011e	1.64±0.007d	1.71±0.009b	1.66±0.015c	1.74±0.016a	1.73±0.006ab
2015 年	叶绿素 a	1.17±0.007d	1.18±0.008cd	1.20±0.013bc	1.21±0.018ab	1.23±0.006a	1.22±0.016a
	叶绿素 b	0.47±0.012d	0.48±0.004c	0.49±0.002bc	0.50±0.007b	0.52±0.006a	0.51±0.012a
	总叶绿素	1.71±0.011e	1.74±0.007d	1.81±0.009b	1.76±0.015c	1.84±0.016a	1.83±0.006ab

2. 施氮量和种植模式对大豆初花期叶片叶绿素含量的影响

由表 7-12 可以看出，2014 年，间作大豆叶片在各施氮处理下的叶绿素 a、叶绿素 b 和总叶绿素均低于单作，分别比平均单作低 8.00%、31.57% 和 16.80%，且叶绿素 b 和总叶绿素达到显著水平，2015 年，大豆叶片在各施氮处理下的叶绿素 a、叶绿素 b 和总叶绿素，间作比单作在各施氮水平下平均降低了 8.68%、28.38% 和 15.81%。在单作种植模式下和间作种植模式下，大豆叶片的叶绿素 a、叶绿素 b 和总叶绿素均随施氮量的增加而增加。2014 年，在单作种植模式下，大豆叶片的叶绿素 a、叶绿素 b 和总叶绿素，以施氮量为 150 kg·hm^{-2}（N$_2$）表现最大，比不施氮（N$_0$）分别高 2.75%、28.97% 和 13.73%，比施氮 75 kg·hm^{-2}（N$_1$）高 1.36%、11.18% 和 5.47%，在间作种植模式下，大豆叶片的叶绿素 a、叶绿素 b 和总叶绿素，以 N$_2$ 表现最大，比不施氮的 N$_0$ 分别高 17.03%、35.56% 和 23.35%，比 N$_1$ 高 2.39%、7.04% 和 3.98%。2015 年，大豆叶片的叶绿素 a、叶绿素 b 和总叶绿素，在单作种植模式下，N$_2$ 比 N$_0$ 分别高 2.94%、33.63% 和 15.15%，N$_2$ 比 N$_1$ 分别高 1.45%、12.98% 和 6.04%，在间作种植模式下，N$_2$ 比 N$_0$ 分别高 18.75%、12.86% 和 16.93%，N$_2$ 比 N$_1$ 分别高 2.56%、8.77% 和 4.47%。说明施氮提高了大豆初花期叶片的叶绿素 a、叶绿素 b 和总叶绿素含量，间作降低了叶绿素 a、叶绿素 b 和总叶绿素的含量。

表7-12　施氮量和种植模式对大豆初花期叶绿素含量的影响　　（mg·g⁻¹ FW）

Tab. 7-12　The effects of nitrogen application amount and planting patterns on chlorophyll content in the leaf of soybean at the early flowering stage

年份	叶绿素	单作			间作		
		N_0	N_1	N_2	N_0	N_1	N_2
2014 年	叶绿素 a	1.48±0.009ab	1.50±0.042a	1.52±0.027a	1.22±0.032c	1.44±0.039c	1.47±0.014ab
	叶绿素 b	0.78±0.085b	0.97±0.094a	1.09±0.023a	0.49±0.054c	0.71±0.100b	0.76±0.056b
	总叶绿素	1.71±0.068c	2.15±0.135b	2.24±0.066b	2.25±0.094b	2.47±0.125a	2.61±0.006a
2015 年	叶绿素 a	1.78±0.009ab	1.40±0.042a	1.42±0.027a	1.12±0.030c	1.34±0.039b	1.38±0.014ab
	叶绿素 b	0.62±0.085b	0.82±0.095a	0.94±0.023a	0.53±0.067b	0.56±0.100b	0.61±0.056b
	总叶绿素	2.01±0.094b	2.22±0.125a	2.36±0.006a	1.65±0.048c	1.90±0.135b	1.99±0.066b

3. 施氮量和种植模式对胡麻成熟期叶片叶绿素含量的影响

由表7-13可以看出，2014年，在同一施氮量下，胡麻成熟期叶片的叶绿素含量表现为间作处理高于单作处理，间作胡麻叶片在各施氮处理下的叶绿素a、叶绿素b和总叶绿素分别比平均单作高7.87%、11.57%和8.87%，其中，间作胡麻叶片的叶绿素b和总叶绿素在各施氮水平下显著高于单作，2015年，间作处理在各施氮水平下的叶绿素a、叶绿素b和总叶绿素高于单作，叶绿素b和总叶绿素各处理间达到显著水平，同2014年具有相同的变化规律，胡麻成熟期叶片叶绿素a、叶绿素b和总叶绿素间作比单作平均分别提高7.52%、6.88%和7.29%。2014年，在单作种植模式下，胡麻叶片叶绿素a、叶绿素b和总叶绿素随施氮量的增加而增加，以施氮量为150 kg·hm⁻²的N_2表现最大，分别比不施氮的N_0高9.40%、13.30%和10.43%，分别比施氮量为75 kg·hm⁻²的N_1高5.41%、5.12%和5.33%；在间作种植模式下，胡麻叶片叶绿素a、叶绿素b和总叶绿素则随施氮量的增加表现出先增加后降低的趋势，以N_1表现最大，N_1分别比N_0高3.49%、7.44%和4.56%，N_1分别比N_2高1.81%、1.87%和1.84%。2015年，成熟期胡麻叶片叶绿素含量随施氮量的变化规律无论在单作种植模式还是间作种植模式下均和2014年的变化规律一致，在单作种植模式下，以N_2最大，分别比N_0高8.97%、7.73%和8.52%，比N_1高5.16%、2.97%和4.35%，在间作种植模式下，以N_1最大，分别比N_0高3.33%、3.77%和4.51%，比N_2高1.73%、1.52%和1.13%，以上两年数据显示，施氮和间作种植模式能提高胡麻成熟期叶片叶绿素含量。

表7-13　施氮量和种植模式对胡麻成熟期叶片叶绿素含量的影响　　（mg·g⁻¹ FW）

Tab. 7-13　The effects of nitrogen application amount and planting patterns on chlorophyll content in the leaf of oil flax during maturing stage

年份	叶绿素	单作			间作		
		N_0	N_1	N_2	N_0	N_1	N_2
2014 年	叶绿素 a	0.62±0.004d	0.65±0.020c	0.69±0.006b	0.70±0.005b	0.72±0.005a	0.71±0.021ab
	叶绿素 b	0.21±0.006d	0.23±0.003c	0.24±0.008c	0.25±0.015bc	0.27±0.015a	0.26±0.002ab
	总叶绿素	0.84±0.002d	0.88±0.017c	0.93±0.007b	0.95±0.017b	0.99±0.014a	0.97±0.021a
2015 年	叶绿素 a	0.66±0.004d	0.68±0.020c	0.72±0.006b	0.73±0.005b	0.76±0.005a	0.74±0.021ab
	叶绿素 b	0.39±0.006d	0.41±0.003c	0.42±0.008c	0.42±0.015bc	0.44±0.014a	0.43±0.002ab
	总叶绿素	1.04±0.002d	1.09±0.017c	1.14±0.007b	1.15±0.017b	1.20±0.014a	1.18±0.021a

（五）小结

1. 施氮量和种植模式对作物干物质积累的影响

胡麻地上部干物质积累量在不同处理方式下总体均呈直线上升趋势。在同一施氮水平下，除苗期外，其他各生育时期地上部干物质积累量间作处理显著高于单作处理，2014 年和 2015 年两年平均数据显示，胡麻地上部干物质累积量在胡麻现蕾期、盛花期、子实期和成熟期间作比单作平均提高30.92%。施氮提高了胡麻地上部干物质积累量，单作模式下，在各生育时期 N_2 比 N_0 分别高 12.36%~27.14%，比 N_1 分别高 6.44%~15.72%。间作模式下，以施氮量为 75 kg·hm^{-2} 的 N_1 最大，比 N_0 高 13.97%~18.11%，比 N_2 高 0.83%~6.98%。由此可见，在间作种植模式下以施氮量为 75 kg·hm^{-2} 的 N_1 处理进入生殖生长时跃居首位，表现出更好地积累同化物的趋势。

大豆地上部干物质积累量随生育时期的推移呈缓慢增大—快速增大—缓慢增大的变化趋势，在成熟期达到最高。2014 年和 2015 年，与单作相比，间作的地上部干物质积累量呈降低趋势，在大豆苗期、花芽分化期、盛花期、鼓粒期和成熟期间作比单作平均分别降低了 25.49% 和 36.22%，氮素提高了大豆地上部干物质积累量，2014 年和 2015 年，单作和间作处理下大豆地上部干物质积累量均随施氮量的增加而增加，在单作种植模式下，大豆地上部干物质积累量在各生育时期 N_2 比 N_0 分别高 7.15%~20.51%，比 N_1 高 3.83%~13.22%，在间作种植模式下，变化规律和单作的一致，均以 N_2 表现最高，N_2 比 N_0 高 3.47%~21.55%，N_2 比 N_1 高 2.01%~8.71%。

2. 施氮量和种植模式对作物干物质分配和转运的影响

在同一施氮水平下，2014 年和 2015 年，间作处理下胡麻成熟期干物质在籽粒中的分配比例较单作处理分别平均增加 15.11% 和 1.62%，平均为 8.37%；单作种植模式下，胡麻成熟期干物质在籽粒中的分配比例随施氮量的增加而增加，以施氮量为 150 kg·hm^{-2} 的 N_2 最大，比不施氮的 N_0 和施氮量为 75 kg·hm^{-2} 的 N_1 分别增加了 4.11% 和 2.06%。间作模式下，成熟期胡麻干物质在籽粒中的分配随施氮量的增加呈先增加后降低的趋势，以施氮量为 150 kg·hm^{-2} 的 N_1 表现最大，分别比 N_0 高 17.31% 和 2.62%，比 N_2 高 7.39% 和 2.55%。由此说明，间作种植模式下 N_1 降低了干物质在主茎+分枝+果壳的分配比例，提高了籽粒的干物质分配量和比例，有利于产量形成。

两年数据显示，与单作相比，胡麻间作在各施氮处理下的花前贮藏物质转运量和花后贮藏物质积累量显著增加，比单作处理分别高 38.59% 和 47.48%，单作模式下花前贮藏物质转运量和花后贮藏物质积累量随施氮量的增加而增加，而间作模式下则随施氮量的增加呈先增大后降低的趋势。花后干物质同化量对籽粒的贡献率，间作比单作分别提高了 5.90% 和 2.41%。花前贮藏物质转运量对籽粒贡献率与花后干物质同化量对籽粒的贡献率相反，说明间作处理能显著提高花后干物质积累能力，增加花后干物质在籽粒的分配比例，是其籽粒形成中同化物积累及高产的生理基础。

3. 施氮量和种植模式对作物光合特性的影响

初花期能够反映出作物苗期和代谢高峰期的生长状况，而收获期则反映整个生育期与初花期后的生长状况。胡麻初花期叶片叶绿素含量间作高于单作，叶绿素 a、叶绿素 b 和总叶绿素在 2014 和 2015 年间作比单作分别提高 2.50%、6.00%、3.51% 和 3.18%、6.20% 和 3.33%，在单作种植模式下，叶绿素 a、叶绿素 b 和总叶绿素均随施氮量的增加而增加，在单作种植模式下，胡麻叶片叶绿素 a、叶绿素 b 和总叶绿素随施氮量的增加而增加，以施氮量为 150 kg·hm^{-2} 的 N_2 表现最大，分别比不施氮的 N_0 高 3.34%、6.81% 和 5.96%，分别比施氮量为 75 kg·hm^{-2} 的 N_1 高 2.34%、3.86% 和 4.41%，在间作种植模式下，胡麻叶片叶绿素 a、叶绿素 b 和总叶绿素则随施氮量的增加表现出先增加后降低的趋势，以施氮量为 75 kg·hm^{-2} 的 N_1 表现最大，N_1 分别比 N_0 高 2.38%、3.78% 和 4.48%，分别比 N_2 高 0.6%、0.68% 和 0.71%。说明施氮和间作提高了叶绿素含量。

四、施氮对胡麻/大豆间作效应的研究

（一）施氮量和胡麻/大豆间作对胡麻株高和茎粗的影响

由图 7-8 可以看出，在胡麻整个生育时期，两年数据显示，各处理胡麻株高和茎粗呈现出"快速升高-缓慢升高-趋于平稳"的增长趋势。总体来看，相同种植模式下，株高和茎粗均随施

氮量的增加而增大，在相同施氮量下，整个生育期中，总体上，间作胡麻的株高高于单作，其中，胡麻盛花期 2014 年间作胡麻株高比单作高 8.55%，2015 年间作比单作高 4.09%，胡麻成熟期 2014 年和 2015 年间作胡麻株高比单作胡麻分别高 9.61% 和 6.45%。胡麻茎粗和胡麻株高的变化趋势基本相似，2014 年在胡麻现蕾期、盛花期、子实期和成熟期，间作胡麻茎粗比单作分别高 36.52%、16.97%、10.05% 和 9.74%，2015 年在胡麻现蕾期、盛花期、子实期和成熟期，间作胡麻茎粗比单作分别高 14.61%、20.34%、10.72% 和 8.82%，随生育时期的推进，间作胡麻茎粗比单作增幅越来越小。

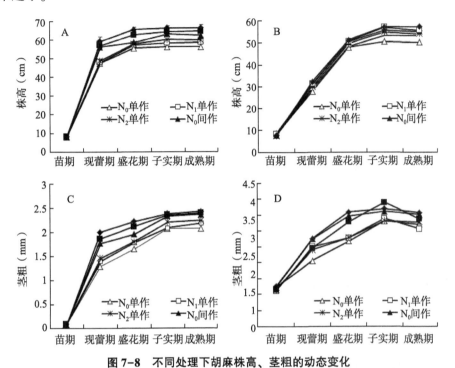

图 7-8　不同处理下胡麻株高、茎粗的动态变化

Fig. 7-8　Dynamic changes of plant height and stem diameter of oil flax under different treatments

注：A、B 分别代表 2014 年和 2015 年胡麻株高，C、D 分别代表 2014 年和 2015 年胡麻茎粗。

在单作种植模式下，两年数据显示，除苗期外，其他各生育时期，胡麻株高均随施氮量的增加而增加，以施氮量为 150 kg·hm^{-2} 的 N_2 处理表现最高，其中，盛花期 2014 年和 2015 年 N_2 处理的胡麻株高比不施氮的 N_0 分别高 3.94% 和 3.56%，N_2 处理的胡麻株高比施氮量为 75 kg·hm^{-2} 的 N_1 分别高 0.77% 和 2.62%。间作种植模式下，盛花期，2014 年和 2015 年 N_2 处理的胡麻株高比 N_0 分别高 1.65% 和 1.63%，N_2 处理的胡麻株高比 N_1 分别高 4.51% 和 1.17%。无论是单作种植模式还是间作种植模式下，胡麻茎粗均随施氮量的增加而加粗。

（二）施氮量和胡麻/大豆间作对作物产量构成因子的影响

由表 7-14 可以看出，间作种植模式下胡麻的单株有效果树、果粒数、千粒重和单株产量均高于单作，与单作相比，2014 年间作处理在各施氮水平下的单株产量达到显著水平。2014 年，单作种植模式下，随施氮量的增加，单株有效果数、果粒数、千粒重和单株产量呈增加趋势，以施氮量为 150 kg·hm^{-2} 的 N_2 处理最高，2015 年，除单株有效果数外，其他指标均和 2014 年具有相同的变化趋势；间作种植模式下，2014 年，胡麻的各产量构成因子随施氮量的增加表现为先增大后降低的趋势，N_1 显著高于 N_0 和 N_2，2015 年，除千粒重随施氮量的增加而增加外，其余各指标均表现为随施氮量的增加先增加后减小的趋势，但未达显著水平。进一步分析千粒重和单株产量，可以看出，在单作种植模式下，2014 年 N_2 的千粒重和单株产量分别比 N_0 高 6.84% 和 41.56%，分别比 N_1 高 4.60% 和

15.58%，2015 年，N_2 的千粒重和单株产量分别比 N_0 高 4.18% 和 25.00%，分别比 N_1 高 3.35% 和 13.16%；在间作种植模式下，2014 年 N_1 的千粒重和单株产量分别比 N_0 高 7.98% 和 41.56%，分别 比 N_2 高 3.39% 和 15.58%，2015 年 N_1 的单株产量分别比 N_0 和 N_2 高 10.35% 和 3.45%。

表 7-14 施氮量和种植模式对胡麻产量构成因子的影响
Tab. 7-14 Effects of nitrogen application and planting patterns on yield components of oil flax

年份	种植模式	氮处理	单株有效果数	果粒数	千粒重（g）	单株产量（g）
2014 年	单作	N_0	6.32±0.13d	5.58±0.28d	9.12±0.12c	0.44±0.09e
		N_1	7.75±0.32bc	6.04±0.16c	9.34±0.08b	0.54±0.07e
		N_2	8.01±0.41b	6.55±0.09b	9.79±0.22ab	0.66±0.05d
	间作	N_0	7.12±0.28c	5.97±0.11cd	9.22±0.36c	0.90±0.02c
		N_1	9.85±0.84a	7.12±0.47a	10.02±0.28a	1.54±0.03a
		N_2	8.87±0.36b	6.66±0.12b	9.68±0.34b	1.30±0.11b
2015 年	单作	N_0	14.80±2.29bc	6.90±0.20b	8.02±0.12c	0.74±0.01dc
		N_1	13.97±1.02c	7.27±0.59ab	8.09±0.06bc	0.76±0.01cd
		N_2	15.66±2.06bc	7.55±0.15a	8.37±0.28ab	0.81±0.03c
	间作	N_0	17.12±1.26ab	7.37±0.15ab	8.38±0.12ab	1.06±0.06b
		N_1	18.57±0.59a	7.73±0.42a	8.50±0.16a	1.17±0.04a
		N_2	17.56±0.67ab	7.56±0.15a	8.53±0.11a	1.15±0.01a

（三）施氮量和胡麻/大豆间作对各作物产量的影响

由表 7-15 可知，大豆的单株结荚数、单荚粒数、百粒重和单株产量在各施氮水平下，间作处理 均高于单作处理，其中大豆的单荚粒数、百粒重和单株产量达显著水平其中间作单株产量比平均单作 高 3.29%；不论是在单作种植模式下还是间作种植模式下，大豆的单株结荚数、单荚粒数、百粒重 和单株产量均随施氮量的增加而增加，以施氮量为 150 $kg \cdot hm^{-2}$ 的 N_2 表现最大。进一步分析百粒重 和单株产量，可以看出，在单作种植模式下，2014 年 N_2 的百粒重和单株产量分别比 N_0 高 0.21% 和 3.18%，分别比 N_1 高 0.26% 和 1.22%，2015 年，N_2 的百粒重和单株产量分别比 N_0 高 0.44% 和 3.89%，分别比 N_1 高 0.22% 和 2.16%；在间作种植模式下，2014 年 N_2 的百粒重和单株产量分别比 N_0 高 0.76% 和 2.34%，分别比 N_1 高 0.20% 和 1.42%，2015 年 N_2 的百粒重和单株产量分别比 N_0 高 0.86% 和 2.70%，分别比 N_1 高 0.27% 和 0.90%。2015 年大豆的各个产量构成因子均比 2014 年低， 原因可能与 2015 年气候变化有关。

表 7-15 施氮量和种植模式对大豆产量构成因子的影响
Tab. 7-15 Effects of nitrogen application and planting patterns on yield components of soybean

年份	种植模式	氮处理	单株结荚数（个）	单荚粒数（粒）	百粒重（g）	单株产量（g）
2014 年	单作	N_0	19.33±1.53c	2.11±0.02d	19.34±0.09c	11.86±0.23d
		N_1	20.00±1.01bc	2.13±0.02cd	19.33±0.05c	12.10±0.13c
		N_2	20.67±1.52abc	2.16±0.02bc	19.38±0.04bc	12.25±0.07bc
	间作	N_0	21.00±1.00abc	2.17±0.01b	19.46±0.05b	12.34±0.07b
		N_1	22.00±1.00ab	2.19±0.01ab	19.57±0.04a	12.46±0.07ab
		N_2	22.67±1.51a	2.21±0.02a	19.61±0.03a	12.64±0.06a

（续表）

年份	种植模式	氮处理	单株结荚数（个）	单荚粒数（粒）	百粒重（g）	单株产量（g）
2015 年	单作	N_0	17.00±1.00b	2.03±0.02d	18.28±0.03d	11.11±0.18d
		N_1	18.00±2.00ab	2.07±0.03c	18.32±0.04cd	11.31±0.08d
		N_2	19.00±2.00ab	2.11±0.02bc	18.36±0.04c	11.56±0.19c
	间作	N_0	19.00±1.00ab	2.09±0.03c	18.44±0.05b	11.91±0.12b
		N_1	19.67±0.58ab	2.15±0.02ab	18.55±0.03a	12.13±0.06ab
		N_2	20.67±1.53a	2.17±0.02a	18.60±0.02a	12.24±0.05a

1. 胡麻产量

由表 7-16 可知，两年试验结果表明，各施氮水平下，胡麻/大豆间作系统中胡麻产量显著高于单作。与单作相比，2014 年胡麻产量在间作系统下显著提高 13.46%～21.1%，2015 年显著提高 19.9%～24.6%。单作种植模式下，胡麻产量随施氮量的增加而增加，其中以施氮量为 150 kg·hm^{-2} 的 N_2 处理最高，2014 年 N_2 分别比不施氮 N_0 和施氮量为 75 kg·hm^{-2} 的 N_1 高 16.29% 和 8.82%，2015 年 N_2 分别比 N_0 和 N_1 高 6.23% 和 3.41%；在间作种植模式下，胡麻产量随施氮量的增加表现为先增大后降低的趋势，以施氮量为 75 kg·hm^{-2} 的 N_1 产量最高，在 2014 和 2015 年分别达 3 236.5 kg·hm^{-2} 和 2 543.5 kg·hm^{-2}，分别比不施氮的 N_0 处理高 12.56% 和 6.22%，比施氮量为 150 kg·hm^{-2} 的 N_2 处理分别高 1.86% 和 2.47%。

表 7-16　施氮量和种植模式对胡麻/大豆间作各作物产量的影响　　　　（kg·hm^{-2}）

Tab. 7-16　The effects of nitrogen application amount and planting patterns on yield of oil flax and soybean

年份	作物	单作			间作		
		N_0	N_1	N_2	N_0	N_1	N_2
2014 年	胡麻	2 278.3±143.73c	2 555.0±128.16b	2 721.7±188.17b	2 802.4±125.02b	3 236.5±204.84a	3 145.2±85.22a
	大豆	1 223.3±25.66d	1 343.3±15.28cd	1 396.7±36.86bc	1 479.4±90.52b	1 644.4±29.30a	1 711.1±38.49a
2015 年	胡麻	1 862.3±46.97c	1 918.3±66.50c	1 986.0±44.54c	2 385.4±52.73b	2 543.5±72.04a	2 480.6±108.71ab
	大豆	1 008.3±32.53d	1 051.7±27.54cd	1 080.0±36.06c	1 155.6±29.10b	1 225.4±33.45a	1 263.5±29.09a

2. 大豆产量

两年试验结果表明（表 7-16），与单作相比，在三个施氮水平下，间作处理分别显著提高了大豆产量，在 2014 年和 2015 年间作处理比单作处理分别显著提高了 17.31%～18.37% 和 12.75%～14.52%；随施氮量的变化，大豆产量在胡麻/大豆间作模式下和大豆单作模式下均有所增加，表现为以施氮量为 150 kg·hm^{-2} 的 N_2 处理最高。在单作种植模式下，2014 和 2015 年，N_2 处理的大豆产量分别比 N_0 增加了 12.41% 和 6.64%，比 N_1 分别增加了 3.82% 和 2.62%；间作种植模式下，分别比 N_0 增加了 13.54% 和 8.54%，比 N_1 分别增加了 3.89% 和 3.02%。与 2014 年相比，2015 年大豆产量在单作种植模式和间作种植模式下均减少，这可能与 2015 年气候多变有关，造成土壤水分和养分的吸收差异，致使产量明显下降。

3. 胡麻/大豆间作体系总产量

由图 7-9 可以看出，胡麻/大豆间作体系下的作物籽粒总产量随施氮量的增加表现为先增加后降低的趋势，以施氮量为 75 kg·hm^{-2} 的 N_1 表现为最大，在 2014 年达 2 440.5 kg·hm^{-2}，比不施氮的 N_0 处理和施氮量为 150 kg·hm^{-2} 的 N_2 处理分别高 12.28% 和 0.51%，且显著高于 N_0；2015 年，胡麻/大豆间作体系总产量在 N_1 下最大为 1852.7 kg·hm^{-2}，比 N_0 和 N_2 分别高 4.44% 和 10.01%，且显著高于 N_2。2015 年，N_2 的间作体系总产量低于 N_0，可能与 2015 年的气候多变，致使间作种植模式在 N_2 处理下的出苗率低有关，由两年数据可以看出，在胡麻/大豆间作体系下，施氮量为 75 kg·hm^{-2} 的 N_1 最利于胡麻大豆协调增产。

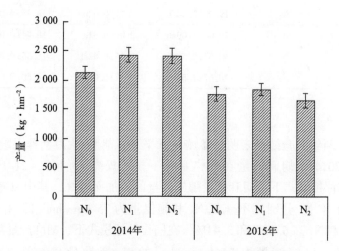

图 7-9 施氮量对胡麻/大豆间作体系总产量的影响

Fig. 7-9 The effects of nitrogen application amount and planting patterns on yield of oil flax/ soybean intercropping system

（四）施氮对胡麻/大豆间作系统作物种间关系的影响

1. 间作系统种间竞争力及产量优势

两种作物在间作系统中存在种间促进和竞争作用，当一种作物对生存空间、资源以及必需养分的竞争作用超过另一种作物时，表现为其中一种作物在生长方面受到抑制。由表 7-17 可知，2014 年，Ao 值在 N_0 和 N_1 下分别为 0.010 和 0.024，在 N_2 下为 -0.033，CRo 值在 N_0 和 N_1 下分别为 1.022 和 1.032，在 N_2 下为 0.947，CRs 值在 N_0 和 N_1 下分别为 0.985 和 0.981，在 N_2 下为 1.061，2015 年，Ao 值在 N_0 和 N_1 下分别为 0.068 和 0.063，在 N_2 下为 -0.064，CRo 值在 N_0 和 N_1 下分别为 1.119 和 1.110，在 N_2 下为 0.894，CRs 在 N_0 和 N_1 下分别为 0.896 和 0.903，在 N_2 下为 1.140。由两年的数据可以看出，2014 和 2015 年，就胡麻和大豆的籽粒产量而言，Ao 在 N_0 和 N_1 下大于 0，在 N_2 下小于 0，CRo 在 N_0 和 N_1 下大于 1，在 N_2 下小于 1，As 和 CRs 恰好相反，说明不施氮的 N_0 处理和施氮量为 75 kg·hm^{-2} N_1 处理下胡麻的种间竞争能力强于大豆，在施氮量为 150 kg·hm^{-2} 的 N_2 处理下，胡麻的竞争能力弱于大豆，2015 年胡麻的竞争差异达到显著水平。

表 7-17 施氮量对间作作物种间关系的影响

Tab. 7-17 Effects of nitrogen application levels on interspecific relationship in intercropping crops

年份	氮处理	种间竞争力		竞争比率	
		Ao	As	CRo	CRs
	N_0	0.010±0.061a	-0.010±0.061a	1.022±0.103a	0.985±0.098a
2014 年	N_1	0.024±0.087a	-0.024±0.087a	1.032±0.137a	0.981±0.131a
	N_2	-0.033±0.047a	0.033±0.047a	0.947±0.077a	1.061±0.088a
	N_1	0.068±0.040a	-0.068±0.040b	1.119±0.073a	0.896±0.057b
2015 年	N_2	0.063±0.033a	-0.063±0.033b	1.110±0.059a	0.903±0.049b
	N_3	-0.064±0.092b	0.064±0.092a	0.894±0.156b	1.140±0.181a

注：Ao、As 分别表示胡麻和大豆的种间竞争力；CRo、CRs 分别表示胡麻和大豆的竞争比率。

2. 间作系统的种间竞争力和产量优势形成

土地当量比（LER）是反映间套作系统土地生产力的重要指标，由表7-18可知，以籽粒产量为变量计算所得的胡麻土地当量比和胡麻/大豆间作系统的土地当量比（LER）均随施氮量的增加先增加后降低，以施氮量为75 kg·hm^{-2}的N$_1$最大，2014年分别为0.64和1.25，在2015年，分别显著高于施氮量为150 kg·hm^{-2}的N$_2$，分别达0.65和1.23；以生物量为变量计算所得的胡麻土地当量比和胡麻/大豆间作系统的土地当量比（LER）表现为相同的趋势，以N$_1$最大，2014年，N$_1$的La显著高于N$_2$，为0.85。2015年，胡麻土地当量比和LER在施氮量为75 kg·hm^{-2}的N$_1$下均达最大，为0.72和1.17；不论是以籽粒产量为自变量还是以生物量为自变量计算所得的大豆土地当量比在两年数据中随施氮量的变化具有相同的变化规律，表现为随施氮量的增加而增加，以施氮量为150 kg·hm^{-2}的N$_2$最大；由两年数据可以看出，在胡麻/大豆间作体系下，胡麻土地当量比均大于大豆土地当量比，起增产作用的作物主要是胡麻。

表7-18　施氮量对胡麻/大豆间作作物种间竞争力和产量优势形成的影响

Tab. 7-18　Effects of nitrogen application amount on interspecific competitive and intercropping yield advantage in oil flax/soybean intercropping system

年份	氮处理	籽粒产量			生物学产量		
		胡麻土地当量比	大豆土地当量比	土地当量比	胡麻土地当量比	大豆土地当量比	土地当量比
	N$_0$	0.62±0.01a	0.60±0.05a	1.22±0.04a	0.78±0.02ab	0.45±0.02a	1.22±0.01a
2014年	N$_1$	0.64±0.07a	0.61±0.04a	1.25±0.08a	0.85±0.05a	0.45±0.01a	1.30±0.06a
	N$_2$	0.58±0.04a	0.61±0.01a	1.19±0.04a	0.74±0.06b	0.47±0.01a	1.21±0.07a
	N$_0$	0.64±0.03a	0.57±0.01a	1.21±0.01a	0.70±0.01a	0.44±0.02a	1.14±0.02a
2015年	N$_1$	0.65±0.02a	0.58±0.02a	1.23±0.01a	0.72±0.03a	0.45±0.02a	1.17±0.04a
	N$_2$	0.52±0.07b	0.59±0.02a	1.11±0.06b	0.71±0.02a	0.47±0.01a	1.17±0.02a

（五）施氮量和胡麻/大豆间作对各作物生产力性状的影响

由表7-19可知，与胡麻单作相比，间作胡麻在各施氮水平下的生物量显著增大，收获指数亦增加，2015年数据显示，间作胡麻的收获指数显著高于单作胡麻，在2014年和2015年，间作胡麻的生物量分别比单作处理高12.86%和11.48%，间作胡麻的收获指数分别比单作处理高出0.02和0.04；单作胡麻的生物量随施氮量的增加而增加，而间作胡麻的生物量随施氮量的增加呈先增大后降低的趋势，以施氮量为75 kg·hm^{-2}的N$_1$表现最大，在间作种植模式下，N$_1$在2014年和2015年的生物量分别比N$_0$下高1.52%和1.11%，分别比N$_2$高1.59%和0.33%。与大豆单作相比，间作大豆的生物量在各施氮水平下显著降低，而收获指数显著提高，这可能与"库源"关系不平衡有关，也可能与大豆和胡麻的竞争作用有关。不论是单作种植模式还是间作种植模式，大豆的生物量均随施氮量的增加而增加，以施氮量150 kg·hm^{-2}的N$_2$最大。在单作种植模式下，N$_2$在2014年和2015年的大豆生物量比N$_0$分别高3.82%和4.02%，比N$_1$分别高2.35%和2.47%；在间作种植模式下，N$_2$在2014年和2015年的大豆生物量比N$_0$分别高9.04%和9.56%，比N$_1$分别高6.32%和6.68%。大豆的收获指数，在单作种植模式下，随施氮量的增加而增加，在间作种植模式下，随施氮量的增加表现为先增加后降低。

表 7-19　施氮量和种植模式对作物生产力性状的影响

Tab. 7-19　The effects of nitrogen application amount and planting patterns on productivity of crops

年份	作物	生产力性状	单作			间作		
			N_0	N_1	N_2	N_0	N_1	N_2
2014 年	胡麻	生物量 (kg·hm^{-2})	7 236.1±600.8c	7 651.7±283.04bc	7 957.8±799.1bc	8 149.1±355.0b	9 107.0±289.02a	8 962.2±273.3a
		收获指数	0.31±0.017b	0.33±0.005ab	0.34±0.012ab	0.34±0.004ab	0.36±0.028a	0.35±0.021a
	大豆	生物量 (kg·hm^{-2})	6 623.8±99.2ab	6 725.0±159.38ab	6 886.6±154.6a	5 904.6±174.2c	6 081.5±103.4c	6 491.6±167.4b
		收获指数	0.18±0.003b	0.20±0.006b	0.21±0.003b	0.25±0.01a	0.27±0.025a	0.26±0.001a
2015 年	胡麻	生物量 (kg·hm^{-2})	7 214.7±178.3b	7 287.3±302.04b	7 472.4±339.5b	8 222.8±258.9a	8 314.6±182.16a	8 287.4±212.0a
		收获指数	0.26±0.009b	0.26±0.003b	0.27±0.012b	0.29±0.006a	0.31±0.002a	0.30±0.015a
	大豆	生物量 (kg·hm^{-2})	6 272.8±99.2ab	6 374±159.39ab	6 535.6±154.6a	5 553.6±174.2c	5 730.5±103.41c	6 140.6±167.4b
		收获指数	0.16±0.008b	0.17±0.008b	0.17±0.005b	0.21±0.005a	0.22±0.009a	0.21±0.008a

（六）小结

1. 土地当量比（LER）

胡麻/大豆间作具有明显的产量优势，不论是以籽粒产量还是生物量为变量计算所得的土地当量比（LER）均大于 1，且表现为随施氮量的增加先增加后降低的趋势，以施氮量为 75 kg·hm^{-2} 的 N_1 最大，分别为 1.25~1.23 和 1.30~1.17。在胡麻/大豆间作体系下，胡麻土地当量比均大于大豆土地当量比，起增产作用的作物主要是胡麻。胡麻的种间竞争能力在 N_0（0 kg·hm^{-2}）和 N_1（75 kg·hm^{-2}）下强于大豆（Ao>0，CRo>1），在 N_2（150 kg·hm^{-2}）下弱于大豆（Ao<0，CRo<1）。

2. 产量及产量构成因子

间作提高了胡麻和大豆的各产量因子。不同生育时期间作条件下胡麻的株高增幅为 10.34%~16.19%，胡麻的茎粗增幅为 9.28%~25.56%，且在胡麻生育前期（盛花期以前），间作处理的株高和茎粗增幅较大，后期增幅较小，胡麻与大豆间作，增加了胡麻的单株有效果数、果粒数和千粒重，增加幅度分别是 6.21%~8.23%、7.42%~8.54% 和 7.12%~8.22%，同时也增加了大豆的单株结荚数、单荚粒数和百粒重，增加幅度分别是 4.23%~5.43%、4.21%~5.22% 和 4.12%~6.01%。

3. 生产力性状

比较分析发现，单作胡麻的生物量和籽粒产量随施氮量的增加而增加，但在间作时随施氮量的增加先增加后降低，在施氮量为 75 kg·hm^{-2} 的 N_1 处理时表现最大，这可能是因为在施氮量为 150 kg·hm^{-2} 的 N_2 时胡麻的竞争力弱于大豆的原因。不论单作还是间作，随施氮量的增加大豆的籽粒产量和生物量均增大，其中大豆的生物量在单作时增加的不显著，而在间作条件下在施氮量为 150 kg·hm^{-2} 时显著增加，说明氮肥投入对间作胡麻和大豆的影响较大。而胡麻/大豆间作体系的籽粒产量在 N_1 下达到最大，2014 年和 2015 年分别为 2 440.5 kg·hm^{-2} 和 1 852.7 kg·hm^{-2}，说明胡麻/大豆间作体系在 N_1 下最利于胡麻大豆协调增产。与单作相比，胡麻/大豆间作体系显著提高了胡麻和大豆的收获指数，且在 N_1 时收获指数达最大，2014 年和 2015 年胡麻的收获指数分别为 0.36 和 0.31，大豆的收获指数分别为 0.27 和 0.22。说明间作改善了作物由营养生长的干物质积累向生殖生长的转化能力，总之，与单作相比，间作中两种作物收获指数增加，使胡麻/大豆间作体系具有更明显的间作优势。

五、讨论与结论

(一) 讨论

1. 施氮量和种植模式对作物土地当量比和种间相对竞争力的影响

农业生产中合理的间作套种是提高作物产量的有效措施之一，对于禾本科和豆科作物来说，间作套种具有显著的间套优势（刘小明等，2014）。在小麦—玉米—大豆套作体系中，玉米在此体系中始终占据最优生态位，而大豆在竞争中处于劣势地位，玉米在套作体系下产量显著高于单作，大豆产量则低于单作，因此不利于套作体系玉米和大豆的双高产。作为衡量间作优势的重要指标之一，LER值对于评价间作系统的生产力具有重要的意义，它不仅能够反映间作体系对土地的利用效率和单位土地的产出率，而且还与间套作体系下作物之间的竞争和互利关系有着紧密的联系（张桂国等，2011）。若LER大于1，说明间作较单作能更好地运用植物生长所需的环境因素，表现出间套作优势。这种间套作优势的出现原因可能是间套作作物在地上和地下的不同生长状态以及形态特征造成的，以至于使得间套作组分高效地利用了植物生长的自然资源，譬如水分、营养和光热等。本研究由两年的田间试验结果表明，胡麻/大豆间作体系表现出明显的间作产量优势，以生物学产量、籽粒产量为变量计算所得的LER值均大于1，说明该间作系统提高了土地利用率，充分利用了地上和地下的自然资源。

2. 施氮量和种植模式对作物产量和产量构成因子的影响

生态位理论认为，在间套作体系中但凡出现对不同限制因子的资源进行吸收利用和对同一竞争资源在时间上错位吸收利用时，就能减缓种间的资源竞争作用，因而体现出"促进作用"或"恢复作用"。Li等（2011）研究表明，相对禾本科和豆科间作模式，禾本科和禾本科间作模式需要投入更多氮，原因可能与豆科作物具有固氮能力有关。本研究中，胡麻/大豆间作体系通过引入具有固氮作用的大豆作物，以改变该体系下各作物的生态位，改变了各个作物的氮素吸收特性。间作作物的产量均随施氮量的变化而变化，即随施氮量的增加，间作胡麻的生物学产量和籽粒产量均呈现出先增大后降低趋势，表现为施氮量75 kg·hm^{-2}的处理产量最高，而随施氮量的增加，间作大豆的生物学产量和籽粒产量均增加，以施氮量150 kg·hm^{-2}最高，且胡麻/大豆间作体系的产量，表现为施氮处理显著高于不施氮处理，以施氮量为75 kg·hm^{-2}产量最高，说明施氮量为75 kg·hm^{-2}有利于提高胡麻产量，促进胡麻、大豆双高产，提高了胡麻/大豆间作体系的产量，胡麻/大豆的间作优势在施氮量为75 kg·hm^{-2}最强。

在胡麻与大豆的间作系统中，间作胡麻的单株有效果数、果粒数、千粒重和单株产量均高于单作，而大豆的单株结荚数、单荚粒数、百粒重和单株产量在各施氮水平下，间作处理均高于单作处理，其中大豆的单荚粒数、百粒重和单株产量达显著水平，这是间作产量增产的主要原因。在间作模式下，2014年，胡麻的各产量构成因子随施氮量的增加表现为先增大后降低的趋势，N$_1$显著高于N$_0$和N$_2$，2015年，除千粒重随施氮量的增加而增加外，其余各指标均表现为随施氮量的增加先增加后减小的趋势，但未达显著水平，两年的试验结果显示，大豆的单株结荚数、单荚粒数、百粒重和单株产量均随施氮量的增加而增加，以N$_2$表现最大。

3. 施氮量和种植模式对作物生产力性状的影响

总体上说，间作是为了让作物更好地利用自然资源，从而使作物之间互相竞争不同的生态位，进而提高单位土地面积的产量，前人研究关于禾本科和豆科作物间作的结果显示，间作能够促进禾本科作物的生长（Li et al，2013），如本试验的胡麻/大豆系统，在胡麻和大豆的共生期，胡麻的株高一直高于大豆，使得大豆截获光的能力降低，影响了大豆的长势，在胡麻收获后，大豆又进入了恢复生长，一定程度上提高了大豆产量。本研究中，与单作种植模式相比，间作胡麻的生物学产量和籽粒产量显著提高，说明在胡麻/大豆间作体系下适宜胡麻的高产，另一方面，间作显著提高了大豆籽粒产量，但是显著降低了大豆生物学产量，说明间作以较高的籽粒产量弥补了生物学产量下降带来的损失，大豆干物质的转运与此有关。通常以作物收获指数来反映作物在生长后期作物群体光合同化物转化为经济产品的能力。在本研究中，与单作相比，间作胡麻和大豆收获指数显著提高，说明间作能够改善作物生长后期的光合同化物的转移，原因可能是间作改善了通气透光条件，使得茎叶有利于向籽粒转移。总之，与单作相比，间作中两种作物收获指数增加，使胡麻/大豆间作体系具有更明显的间作优势。

4. 施氮量和胡麻/大豆间作对作物干物质积累与分配的影响

陈艳秋等（2009）在大豆上的研究表明，生育前期生长量不足，干物质积累量过低，会影响后期灌浆的物质来源，对产量形成不利，本试验中，同一施氮水平下，间作种植模式下各处理营养器官开花前贮藏同化物的转运量显著高于单作种植模式，且间作处理始终保持较高的花后干物质积累量；花后干物质同化量对籽粒的贡献率也最大，说明间作处理促进了胡麻对土壤水分、养分的利用，有利于胡麻开花前干物质的积累和开花后干物质向籽粒的分配。

植株干物质是植株光合产物积累的结果，其累积量的多少是衡量植株生长状况和内部代谢强弱的重要指标。植株生长的过程，实际上是干物质不断累积和在各器官中分配的过程，分配的多少直接决定着植株的经济产量（路海东等，2004）。许多研究结果表明，施氮虽能促进作物生长，但过量施氮不利于植物的碳代谢（Harada，2000）。本研究结果表明，无论是胡麻总的干物质累积量，还是籽粒干物质累积量，单作各处理在全生育期基本均表现为含氮量为 150 kg·hm^{-2} 的 N_2 处理显著高于含氮量为 75 kg·hm^{-2} 的 N_1 处理和不施氮肥的 N_0 处理。在成熟期，N_2 处理总干物质累积量、籽粒干物质累积量较 N_0 和 N_1 处理分别提高了 17.92%、33% 和 9.8%、18.18%。无论是单作还是间作，大豆地上部干物质积累量均随施氮量的增加而增加，在单作种植模式下，大豆地上部干物质积累量以施氮量为 150 kg·hm^{-2} 的 N_2 最大，在大豆成熟期 N_2 比不施氮的 N_0 高 10.18%，N_2 比施氮量为 75 kg·hm^{-2} 的 N_1 分别高 5.51%，生育后期干物质累积多，一方面说明光合生产能力强，另一方面说明库的需求大，碳水化合物运输流畅。本试验中，间作的胡麻干物质施氮量积累量在盛花期至成熟期，施氮量为 150 kg·hm^{-2} 的 N_2 低于施氮量为 75 kg·hm^{-2} 的 N_1 处理。在间作种植模式下，N_2 的大豆地上部干物质累积量表现最大，从干物质积累速率可以看出，过量施氮使幼苗前期生长缓慢，干物质积累速率降低，待幼苗进入盛花后期干物质才快速积累，而且胡麻生长发育后期氮素供应过量，破坏了植株的碳氮平衡，影响光合产物的合成及干物质由营养器官向籽粒运输。

资源的有效利用是间套作优势的生物学基础，一是充分利用地上部光热资源，不同的植物具有不同的光适应特性（张力文等，2012），例如高秆和矮秆、禾本科和豆科、窄叶作物和宽叶作物等的间套作，能得到更多的积温和光照，为作物高产创造条件；二是间套作物的根系深浅、疏密不一，根系的密集分布范围不同，能够更好地利用不同土层的养分和水分（王文秀等，2004）。本试验结果表明，在胡麻的整个生育时期，各单作处理干物质积累量随施氮量的增加而增加；各间作处理在盛花期至成熟期，施氮量为 75 kg·hm^{-2} 的 N_1 处理干物质积累量高于施氮量为 150 kg·hm^{-2} 的 N_2 处理，大豆干物质的累积量无论是单作还是间作均为以施氮量为 150 kg·hm^{-2} 的 N_2 处理最高，说明干物质作为产量形成的物质基础，受施氮水平的显著影响，适宜的氮素供应可以显著提高胡麻产量和各生育时期的干物质积累量，但过量施氮量并不增加产量。

5. 施氮量和胡麻/大豆间作对作物光合特性的影响

作物的个体生长和生物量分配能够为间作优势的形成机制在一定程度上提供生物学基础解释（Qingmin，2011），对解释施氮对间作作物的生产力响应有一定帮助。初花期能够反映出作物苗期和代谢高峰期的生长状况，而收获期则反映整个生育期与初花期后的生长状况。本文研究表明，施氮量和种植模式均改变胡麻和大豆地上部分的生物学特征和地上部生物量的分配。叶绿素在光合作用中参与吸收和传递光能，并引起原初光化学反应，其含量的高低在一定程度上反映了光合能力的大小。间作胡麻叶片在各施氮处理下的叶绿素 a、叶绿素 b 和总叶绿素均高于单作，间作大豆叶片在各施氮处理下的叶绿素 a、叶绿素 b 和总叶绿素均显著低于单作，说明间作模式下胡麻叶片光吸收和转换能力强，有助于增强光合能力，提高作物干物质的积累，从而说明两作物在初花期前胡麻占据竞争优势。随施氮量的增加，间作胡麻的叶片叶绿素 a、叶绿素 b 和总叶绿素呈先增大后减小的趋势，施氮75 kg·hm^{-2}最高，间作大豆的叶绿素 a、叶绿素 b 和总叶绿素均随施氮量的增加而增加。在施氮量为150 kg·hm^{-2}下表现最高，原因可能是胡麻先播种先出苗，苗期会消耗一定的氮，具有提前占据生态位的竞争优势。

6. 施氮量和种植模式对大豆根瘤固氮能力的影响

在作物生产中，氮素是重要的限制因子，大豆在生长中需氮量较多。大豆的氮素来源主要有三个，一是土壤氮，二是肥料中的氮，三是根瘤固氮，其中在大豆一生所需氮量中，根瘤固定的氮占50%~60%，但仅仅靠根瘤固氮是不能满足大豆的生长发育的，还需要配施氮肥。氮肥的施用对大豆根瘤数量、根瘤干重、豆血红蛋白含量以及大豆的氮素积累量具有很大的影响，有研究发现，根瘤菌豆科植物共生体具有"氮阻遏"现象，在施氮量较高的土壤中，很少结根瘤，施用适量的氮肥有利于根瘤的形成和大豆固氮，过量施氮会抑制根瘤的形成，在某些情况下还会使植物旺长，导致产量下降，有研究表明，减少氮肥使用量有利于提高大豆固氮能力和高效根瘤菌的生存（韩晓增等，2011），因此，协调施氮是充分发挥大豆固氮潜力的关键。

禾豆间作是一种广泛的种植方式，禾本科作物对土壤氮素存在竞争性的吸收，促进了豆科固氮。在豌豆/大麦间作体系的研究中，大麦的竞争作用促进了豌豆的固氮量。有研究表明，随施氮量的增加，根瘤数量、豆血红蛋白和固氮酶活性均显著降低。本研究中，单作大豆的单株根瘤数量和根瘤干重随生育时期的推进表现为先增大再降低的趋势，以盛花期最高，间作大豆则随生育时期的推进持续增加，以鼓粒期最高。在相同施氮水平下，在花芽分化期和盛花期大豆单株根瘤数量与根瘤干重均表现为单作大于间作，在鼓粒期则为间作大于单作，2014 年间作大豆的根瘤数和根瘤干重比单作分别高 21.52%和 8.56%，2015 年间作比单作分别高 22.03%和 9.67%，原因可能是胡麻/大豆间作系统在共生期胡麻对氮素的竞争优势，以及胡麻收获后大豆植株快速恢复生长对氮素的要求，刺激了单株根瘤数量和根瘤干重的快速增长，为后期大豆的生长提供能量，促使大豆的干物质和氮素向籽粒转运。单作和间作种植模式下，大豆根瘤数量和根瘤干重均随施氮量的增加呈先增加后降低的趋势，表现为以施氮量为 75 kg·hm^{-2}的 N_1 最大。这可能与施用一定量氮肥能够改善土壤供氮性能，进而促进了植株生长，为根瘤的形成和固氮作用的发挥提供了所需能量和碳水化合物有关。

7. 施氮量和种植模式对作物氮素积累的影响

氮素是植物体内蛋白质和核酸的主要组成成分，对产量的贡献率可达到 40%~50%，因此植物对氮素的吸收量是反映其生长的重要指标之一。作物本身具有调节养分供应的功能，能够保证作物在每个生长阶段生长中心所需的养分，氮素累积量在各个生长时期的变化，是这种调节的具体表现，上述结果可以看出，成熟期籽粒是胡麻和大豆的生长中心，在养分的分配上具有绝对优势。本研究表明，种植方式和施氮水平对胡麻地上部氮素累积量有显著影响。胡麻地上部氮素累积量随生育时期的挺进呈逐渐增加的趋势。在胡麻各生育时期间作胡麻的氮素累积量和氮素吸收强度均高于单作，在单作种植模式下，各生育时期胡麻氮素累积量随施氮量的增加而增加，其中，成熟期胡麻和大豆的地上部氮素累积量和籽粒的氮素吸收量均表现为施氮量为 150 kg·hm^{-2}的 N_2 最大，间作种植模式下，则表现为随施氮量的增加呈先增大后降低趋势，以施氮量为 75 kg·hm^{-2}的 N_1 最大。胡麻氮素吸收强度高峰在营养生长阶段，盛花期之后缓慢降低，直至成熟。

籽粒中氮素的来源主要是从根系吸收和营养器官的氮素再分配。在作物生长后期，籽粒中氮素来源主要以营养器官的再分配为主，植株是一个由各个器官组成的整体，只有在各生育阶段各个器官的氮素在积累、分配及转运协调配合才能使作物很好的生长。籽粒的形成主要取决于花前营养器官的转移及花后营养器官的生产，籽粒的建成需要吸收足够的营养和活化贮藏在花前营养器官的营养物质。平均两年数据可以看出，胡麻成熟期各器官中氮素积累量在不同处理下表现为：籽粒>茎>非籽粒（包括花蕾、花和蒴果皮等）。成熟期胡麻地上部氮素分配比率在籽粒中最大，平均占 74.77%~

79.88%。单作种植模式下，营养器官中氮素分配比率表现为随施氮的增加先减小后增加的趋势，籽粒则表现为随施氮量的增加而增加的趋势，间作种植模式下，营养器官中氮素分配比率随施氮量的增加先减小后增加，籽粒的氮素分配率随施氮量的增加先增大后减小，以施氮量为 75 kg·hm^{-2} 的 N_1 最大。说明适量施氮能促进籽粒氮素的累积，不施氮和施氮量过高会导致氮素过多的滞留在茎和非籽粒中。本研究中，与单作相比，间作种植模式下胡麻盛花期和成熟期营养器官以及籽粒的氮素累积量、花后营养器官的氮素转移量、转移率以及对籽粒的贡献率均高于单作，且盛花期营养器官和成熟期籽粒的氮素累积量均达显著水平，在单作种植模式下，胡麻盛花期和成熟期营养器官以及籽粒的氮素累积量、花后营养器官的氮素转移量、转移率以及对籽粒的贡献率随施氮量的增加而增加，以施氮量为 150 kg·hm^{-2} 的 N_2 表现最高，在间作种植模式下，盛花期胡麻营养器官和籽粒氮累积量以及 2015 年胡麻盛花期和成熟期营养器官与籽粒的氮素累积量均随施氮量的增加呈现先升高后降低的趋势，以施氮量为 75 kg·hm^{-2} 的 N_1 表现最高，花后营养器官的氮素转移量、转移率以及对籽粒的贡献率 N_1 比不施氮的 N_0 和施氮量为 150 kg·hm^{-2} 的 N_2 分别高 38.98%、8.16%、4.46% 和 10.12%、2.44%、1.33%。说明过量施氮降低了间作胡麻的氮素从营养器官向籽粒的转移，不利于氮素的再分配和转运。

8. 施氮量和种植模式对作物氮素利用效率的影响

雍太文等（2009）研究发现，相比单作，在麦/玉/豆体系中，大豆的氮肥利用效率减小了 51.5%，不利于提高整个系统的氮肥吸收利用效率。本研究表明，胡麻氮素收获指数间作比单作高 1.39%；单作种植模式下，胡麻氮素收获指数表现为施氮处理显著高于不施氮处理，间作种植模式下，胡麻氮素收获指数随施氮量的增加呈先增加后降低的趋势，以施氮量为 75 kg·hm^{-2} 的 N_1 最大，N_1 比不施氮的 N_0 在 2014 年和 2015 年分别高 5.45% 和 2.22%，N_1 比施氮量为 150 kg·hm^{-2} 的 N_2 在 2014 年和 2015 年分别高 1.98% 和 0.13%。间作大豆的氮素收获指数比单作高 2.86%；大豆的氮素收获指数在施氮量下的变化规律和胡麻的不同，因为大豆不仅受大豆生物固氮的影响，而且还受对氮肥吸收利用的影响，在单作种植模式下，大豆氮素收获指数随施氮量的增加逐渐降低，在间作种植模式下则表现为随施氮量增加先升高后降低的趋势，说明施氮降低了单作大豆的氮素收获指数，提高了间作大豆的氮素收获指数。

间作胡麻的氮肥农学利用率、氮肥吸收利用率以及氮肥偏生产力均高于单作；在单作种植模式下，2014 年胡麻的氮肥农学利用率、氮肥吸收利用率以及氮肥偏生产力和 2015 年胡麻氮肥偏生产力均表现为施氮量 75 kg·hm^{-2} 的 N_1 大于施氮量为 150 kg·hm^{-2} 的 N_2，在间作种植模式下，N_1 处理下胡麻氮肥农学利用率比 N_2 高 8.28%，N_1 的氮肥吸收利用率和氮肥偏生产力比 N_2 分别显著高 61.31% 和 48.22%，说明间作胡麻氮肥利用效率高于单作，高施氮降低了胡麻的氮素利用率。间作大豆的氮肥农学利用率和氮肥偏生产力比单作显著高 26.22% 和 16.33%；在单作种植模式下，2014 年氮肥农学利用率、氮肥吸收利用率和氮肥偏生产力以及 2015 年大豆氮肥农学利用率和氮肥偏生产力均表现为施氮 75 kg·hm^{-2} 显著大于 150 kg·hm^{-2}，且两年数据平均值显示，大豆氮肥农学利用率和氮肥偏生产力 N_1 比 N_2 分别高 22.37% 和 48.33%，在间作种植模式下，大豆氮肥农学利用率、大豆氮肥吸收利用率以及氮肥偏生产力均为施氮量为 75 kg·hm^{-2} 显著大于 150 kg·hm^{-2}，且大豆氮肥农学利用率、大豆氮肥吸收利用率以及氮肥偏生产力 N_1 比 N_2 分别高 19.85%、52.06% 和 48.22%。由此说明，施氮量为 75 kg·hm^{-2} 有利于胡麻/大豆间作体系的氮素高效利用。一方面，通过种间竞争和氮素转移作用，使胡麻吸收更多的养分，另一方面，施氮量在 75 kg·hm^{-2} 时，能促进大豆的固氮作用，进而提高了氮素收获指数以及氮素利用效率。

9. 不同施氮量对胡麻大豆土壤硝态氮时空分布的影响

施氮量的多少、种植模式、作物的生育期、作物种类以及根系在土壤中的分布、土壤含水量、灌溉时期等因素与氮营养在农田土壤中的分布密切相关，尤其是施氮量的多少对土壤无机氮浓度的变化会产生直接影响。进入土壤中的氮素，大部分以反硝化、氨挥发和淋洗等方式损失，一部分会以不同形态贮存于土壤中，还有一小部分被作物吸收利用，而硝态氮的淋洗是氮营养损失的重要途径之一。在北方农田土壤中，作物吸收利用的氮营养主要以硝态氮的形式存在，而投入到土壤中的氮大部分经过硝化作用而被氧化为硝态氮供作物吸收利用。有研究表明，施氮量对 $0 \sim 100$ cm 土层的硝态氮累积量有显著的影响，随施氮量的增加，硝态氮的累积量会增大。本试验研究表明，在胡麻和大豆全生育期 $0 \sim 100$ cm 土层的土壤硝态氮含量平均为 8.69 mg $\cdot$ kg^{-1}，与不施氮的 N_0 相比，施氮量为 75 kg $\cdot$ hm^{-2} 的 N_1 和施氮量为 150 kg $\cdot$ hm^{-2} 的 N_2 处理的土壤硝态氮含量分别增加了 9.53% 和 53.35%，土壤剖面的硝态氮累积量分别增加 30.12% 和 36.45%。由此可知，在胡麻/大豆间作体系和单作土壤中，硝态氮含量和累积量表现为随施氮量的增加而增加。这与前人的研究结果相似，从作物的不同生育时期来看，土壤硝态氮的累积量在胡麻盛花期最高，其次是胡麻苗期，再次是大豆盛花期，然后是胡麻收获期，最次是大豆收获期。这是因为在胡麻苗期和盛花期是距离两次施氮肥最近的时期，处于相同条件和因素下，土壤硝态氮的含量与施氮量的关系最密切，此时，施氮量的多少直接决定土壤硝态氮含量的高低。从不同土层深度上分析，$0 \sim 100$ cm 土层土壤硝态氮累积量 75 kg $\cdot$ hm^{-2} 和 150 kg $\cdot$ hm^{-2} 较不施氮显著增加。土壤硝态氮的累积量随施氮量的增加大幅增加，且增加幅度随土层深度的增加而减小，表现为上层大于下层。有研究表明，氮肥投入越多，土壤硝态氮含量越高，向深层淋洗的可能性越大（Malhi，2003）。施氮量的多少直接决定硝态氮的累积量和淋洗量，当氮肥的投入高于最佳施氮量时，无机氮的含量在作物收获后无明显变化（Qi，2012）。本研究表明，在大豆收获后，$0 \sim 60$ cm平均土层，无论是单作种植模式还是间作种植模式，大豆土壤硝态氮残留均随施氮量的增加而增加，在单作种植模式下，N_2 比 N_0 和 N_1 分别高 50.87% 和 1.53%，在间作种植模式下分别高 50.06% 和 1.69%。在 $60 \sim 100$ cm 土层中的大豆土单作和间作均随施氮量的增加而增加，在单作种植模式下，N_2 比 N_0 和 N_1 分别高 54.53% 和 14.68%，在间作种植模式下，分别高 53.19% 和 10.94%。所以，氮肥的投入能增加土壤硝态氮的含量和累积量，但过多氮肥的投入会使作物不能全部吸收利用，可能会通过淋洗途径或被大雨漫灌至土壤深层，最终造成环境污染和氮肥的浪费损失。

10. 间作对胡麻/大豆间作体系土壤硝态氮时空分布的影响

氮转移是禾豆间作体系中氮营养的主要促进机制，也就是说氮素在豆科作物中向禾本科作物的移动，是指当季伴随豆科作物生长的作物对豆科作物固定氮素的吸收利用或豆科作物残留的氮素被后茬作物生长的影响，亦或是豆科作物根区土壤的氮素被禾本科作物吸收利用。Li W.（2005）研究认为，在蚕豆/玉米间作体系中，蚕豆的根系生长到不了玉米根区，可以说明，作物根系的分布会影响间作体系土壤无机氮累积量，本研究表明，随着生育期的推进，胡麻间作对土壤硝态氮的累积量有降低作用，在不施氮的 N_0 处理下，从胡麻盛花期开始，间作胡麻土壤硝态氮累积量比单作胡麻低，在施氮量为 75 kg $\cdot$ hm^{-2} 的 N_1 处理下，间作胡麻土壤硝态氮累积量从大豆盛花期开始比单作低，在施氮量为 150 kg $\cdot$ hm^{-2} 的 N_2 处理下，整个生育期均表现为单作胡麻土壤硝态氮累积量高于间作，说明施氮量在 150 kg $\cdot$ hm^{-2} 时，残留在间作胡麻土壤中的硝态氮累积量增多，施氮量有些过高，间作大豆土壤硝态氮累积量不论在 N_0、N_1 还是 N_2 处理下，均表现为在大豆收获期间作小于单作，说明间作对土壤硝态氮的累积量有一定的降低作用，降低程度随生育时期的推后越来越明显。胡麻收获后，在 N_0 处理下，各土层间作胡麻土壤硝态氮累积量均比单作降低，在 N_1 处理下，$0 \sim 20$ cm 土层和 $20 \sim 40$ cm土层胡麻间作比单作分别降低 11.08% 和 10.59%，其他各层均表现为胡麻间作高于单作，在 N_2 处理下，$0 \sim 20$ cm 土层和 $20 \sim 40$ cm土层胡麻间作比单作分别降低 12.84% 和 0.34%，其他各层均表现为胡麻间作高于单作，说明随施氮量的增加，胡麻下层土壤硝态氮累积量相对上层较多，原因可能是胡麻根系随施氮量的增加下扎深度较浅，因此，对上层土壤氮营养的吸收利用较下层高。大豆收获后，各施氮处理下，$0 \sim 100$ cm 土层间作大豆土壤硝态氮累积量均比单作降低。说明从胡麻收获到大豆收获期间，大豆进行了恢复生长，间作大豆大量吸收土壤的氮营养，尤其是下层土壤，使得残留在大豆区的土壤硝态氮累积量降低。间作能显著降低胡麻/大豆间作体系土壤硝态氮累积量，随作物生育期的推后，间作能降低土壤硝态氮浓度的趋势越大，甘肃西北地区光热资源丰富，当地农业生产中主要的灌溉方式是大水漫灌，由于硝酸盐的淋洗，使得土壤中氮素严重损失，造成环境污染是不可避免的。本试验得出在该地区胡麻/大豆间作体系在不同生育期 0~100 cm 土层土壤硝态氮时空分布的特征，在生产中，可以提供适期、适量的理论依据，以期达到降低因大水漫灌造成的氮素损失和环境污染。

（二）结论

本研究针对目前氮肥过量施用和豆科作物生物固氮重视不够的生产实际，研究了胡麻/大豆间作体系中的种间关系、氮素吸收利用特性以及根际微生态效应，同时探讨了不同施氮水平和种间相互作用对大豆作物的根瘤固氮以及氮营养的影响机制。主要结论如下：①与单作胡麻相比，间作有利于提高胡麻氮素累积量和吸收强度。间作胡麻和大豆成熟期获得地上部氮素累积量和籽粒氮素吸收量低于单作。大豆收获后，间作胡麻和大豆土壤硝态氮累积量分别比对应单作低 20% 和 12%。②单作大豆单株根瘤数和根瘤干重随生育时期的推进呈先增大后降低的趋势，盛花期最高，间作大豆则持续增加，以鼓粒期最高。在相同施氮水平下，大豆花芽分化期和盛花期均为单作大于间作，鼓粒期则为间作大于单作；不同种植模式下大豆根瘤数和根瘤干重均以施氮量 75 kg·hm^{-2} 最大。③施氮可提高间作大豆的竞争力，在不施氮和施氮量 75 kg·hm^{-2} 时，胡麻强于大豆，在施氮量 150 kg·hm^{-2} 时，胡麻弱于大豆。④间作提高了胡麻氮素收获指数、氮肥农学利用率、氮肥吸收利用率及氮肥偏生产力与大豆的氮素收获指数、氮肥农学利用率和氮肥偏生产力。胡麻和大豆氮素收获指数均以施氮 75 kg·hm^{-2} 最大。⑤间作提高了胡麻地上部干物质累积量、胡麻和大豆产量及收获指数，间作高产的适宜施氮量低于单作，各指标均为单作处理下施氮 150 kg·hm^{-2} 最高；间作处理下施氮 75 kg·hm^{-2} 最高。

第二节　水氮对胡麻/大豆带田产量的影响

一、胡麻/大豆带田叶面积指数变化动态分析

（一）胡麻大豆带田胡麻组分叶面积变化动态

从表 7-20 看出，在整个生育期内，9 个处理中胡麻叶面积指数均表现出"单峰曲线"的变化动态，6 月 10—30 日，即胡麻现蕾期—盛花期期间，各处理的叶面积均达到最大值。随着施氮量、灌水次数的增加，胡麻的叶面积指数也在增加。从图 7-10 看出，不同灌水处理下，在出苗期—现蕾期，胡麻的叶面积指数差异很小；在盛花期，一次灌水（W$_1$）处理的胡麻叶面积指数最小，二次灌水（W$_2$）和三次灌水（W$_3$）处理的胡麻叶面积指数较大，二者差异很小；在青果期，胡麻的叶面积指数随灌水量的增大而增大。从图 7-11 看出，不同施氮量处理下，在胡麻的各个生育期，胡麻的叶面积指数随施氮量的增大而增大，且差异极显著。

表 7-20　胡麻大豆带田胡麻组分叶面积变化动态
Tab. 7-20　Leaf area change of oil flax component in soybean trip

处理	5 月 9 日	5 月 25 日	6 月 10 日	6 月 30 日	7 月 20 日
T1	0.05	0.23	0.80	0.98	0.71
T2	0.04	0.20	0.83	1.06	0.76
T3	0.04	0.21	0.81	1.05	0.81
T4	0.06	0.26	0.90	1.08	0.74
T5	0.06	0.28	0.85	1.17	0.94
T6	0.06	0.25	0.87	1.17	1.02
T7	0.06	0.30	1.01	1.12	0.77
T8	0.06	0.30	0.92	1.25	1.03
T9	0.06	0.32	0.95	1.27	1.10

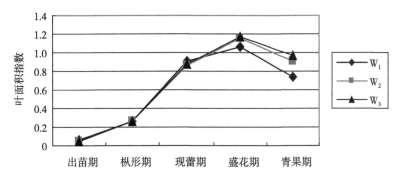

图 7-10　不同灌水处理下胡麻叶面积指数变化

Fig. 7-10　Change of oil flax LAI under different irrigation treatment

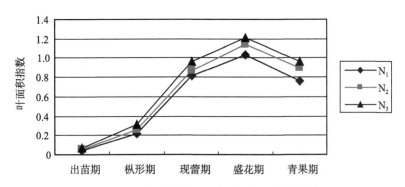

图 7-11　不同氮肥处理下胡麻叶面积指数变化

Fig. 7-11　Change of oil flax LAI under different nitrogen treatment

（二）胡麻/大豆带田大豆组分叶面积变化动态

从表 7-21 看出，在整个生育期内，9 个处理中大豆叶面积指数均表现出"单峰曲线"的变化动态，7 月 27 日至 8 月 15 日，即大豆结荚期—鼓粒期期间各处理的叶面积均达到最大值。随着施氮量、灌水次数的增加，大豆的叶面积指数也在增加。从图 7-12 看出，不同灌水处理下，大豆的叶面积指数随灌水量的增大而增大。在出苗期—结荚期，叶面积指数随灌水量增大的差异很小；在鼓粒期—成熟期，叶面积指数随灌水量增大的差异较大。从图 7-13 看出，不同施氮量处理下，在大豆的各个生育期，叶面积指数随施氮量的增大而增大，且差异显著。

表 7-21　胡麻/大豆带田大豆组分叶面积指数变化动态

Tab. 7-21　Leaf area index of soybean components in oil flax and soybean trip

处理	6 月 10 日	6 月 30 日	7 月 20 日	8 月 15 日	9 月 19 日
T1	0.082	0.883	1.773	1.836	1.042
T2	0.082	0.871	1.811	1.884	1.136
T3	0.088	0.898	1.848	1.980	1.170
T4	0.094	1.031	1.824	2.027	1.134
T5	0.093	1.043	1.824	2.063	1.112
T6	0.094	1.081	1.873	2.115	1.153
T7	0.106	1.067	1.848	2.063	1.123
T8	0.117	1.104	1.886	2.159	1.188
T9	0.117	1.143	1.898	2.206	1.263

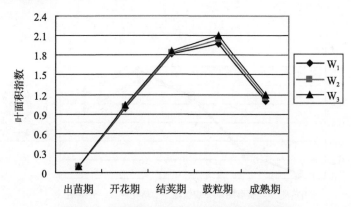

图 7-12　不同灌水处理下大豆叶面积指数变化

Fig. 7-12　Change of soybean LAI under different irrigation treatment

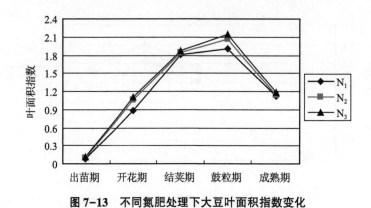

图 7-13　不同氮肥处理下大豆叶面积指数变化

Fig. 7-13　Change of soybean LAI under different nitrogen treatment

二、胡麻/大豆带田干物质积累变化动态分析

(一) 胡麻大豆带田胡麻组分干物质积累变化动态

从表 7-22 看出，随着胡麻的快速生长，9 个处理中胡麻干物质积累量均表现出"直线"上升的变化趋势，7 月 20 日均达到最大值。从表 7-22 还可以看出，青果期 T5 处理（W_2N_2）的胡麻干物质积累量最大，其次是 T6 处理（W_3N_2）和 T8 处理（W_2N_3），一次灌水处理（W_1N_1、W_1N_2、W_1N_3）的胡麻干物质积累量都小。从图 7-14 看出，不同灌水处理下，在出苗期，胡麻干物质积累量差异很小；在枞形期—现蕾期，胡麻的干物质积累量随灌水量的增大而增大；在盛花期—青果期，二次灌水（W_2）处理的胡麻干物质积累量最大，一次灌水（W_1）处理的胡麻干物质积累量最小。从图 7-15 看出，不同施氮量处理下，在出苗期—现蕾期，胡麻的干物质积累量随施氮量的增大而增大；在盛花期—青果期，第三施氮水平（N_1）的胡麻干物质积累量最小，第二施氮水平（N_2）的胡麻干物质积累量最大。这是由于在胡麻生长后期，水肥量如果过大，容易造成植株徒长，株高过高而倒伏所致。

表 7-22　胡麻玉米带田胡麻组分干物质积累变化动态　　　　　　　　　　　（kg·亩⁻¹）

Tab. 7-22　Dynamics of dry matter accumulation of flax components in belt field of oil flax maize

处理	5 月 9 日	5 月 25 日	6 月 10 日	6 月 30 日	7 月 20 日
T1	15.78	42.84	153.62	404.82	540.53
T2	15.10	40.56	159.04	527.95	709.45
T3	15.60	43.27	163.50	523.30	704.03

（续表）

处理	5月9日	5月25日	6月10日	6月30日	7月20日
T4	16.20	45.21	162.91	447.80	594.26
T5	16.65	48.69	169.50	572.09	766.66
T6	15.89	50.92	168.98	577.61	714.11
T7	18.93	46.17	168.10	476.52	536.47
T8	19.94	49.56	173.36	532.50	713.42
T9	18.59	51.59	170.85	522.04	698.32

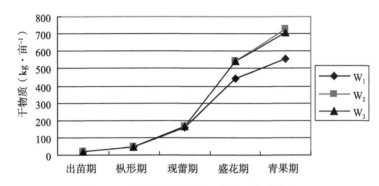

图7-14 不同灌水处理下胡麻干物质变化

Fig. 7-14 Change of oil flax dry matter under different irrigation treatment

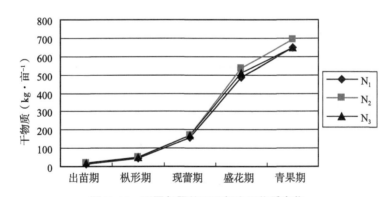

图7-15 不同氮肥处理下胡麻干物质变化

Fig. 7-15 Change of oil flax dry matter under different nitrogen treatment

（二）胡麻/大豆带田大豆组分干物质积累变化动态

从表7-23看出，9个处理中大豆干物质积累均表现出"直线"上升的变化动态。在苗期，施氮量和灌水对大豆干物质积累影响不大，各处理间干物质积累量差异不显著。在其他生育期，同一施氮量下，不同灌水处理大豆的干物质积累量随灌水量的增大而增大；同一灌水处理下，不同施氮处理大豆的干物质积累量随施氮量的增大而增大。从图7-16看出，不同灌水处理下，从出苗期—鼓粒期，大豆的干物质积累量随灌水次数的增大而增大，但干物质积累量差异很小；在成熟期，大豆的干物质积累量随灌水次数的增大而增大的差异很较明显。从图7-17看出，不同施氮量处理下，从出苗期—成熟期，大豆的干物质积累量随施氮量的增大而增大，且差异显著。这是由于在大豆生长期，水肥需求量较大，高水肥促进大豆的植株生长和干物质积累。

表 7-23　胡麻/大豆带田大豆组分干物质积累变化动态　　　　　　　　　　(kg·亩⁻¹)

Tab. 7-23　Dynamics of dry matter accumulation of soybean components in oil flax and soybean strip

处理	6 月 10 日	6 月 30 日	7 月 20 日	8 月 15 日	9 月 19 日
T1	8.13	30.87	93.89	181.81	440.21
T2	8.13	32.89	98.43	188.16	466.47
T3	8.28	34.01	100.27	182.21	472.69
T4	8.98	33.52	96.67	183.29	446.88
T5	8.43	32.51	99.34	194.94	446.88
T6	8.76	34.14	105.26	189.45	493.13
T7	8.69	34.78	103.29	189.57	460.23
T8	9.23	34.77	105.73	190.19	530.65
T9	8.96	35.67	108.74	199.29	533.03

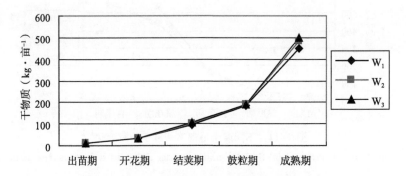

图 7-16　不同灌水处理下大豆干物质变化

Fig. 7-16　Change of soybean dry matter under different irrigation treatment

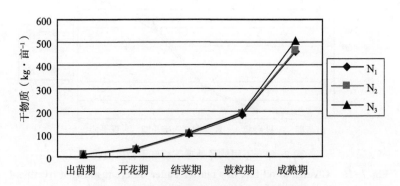

图 7-17　不同氮肥处理下大豆干物质变化

Fig. 7-17　Change of soybean dry matter under different nitrogen treatment

三、胡麻/大豆带田产量及产量要素分析

（一）胡麻/大豆带田胡麻产量及产量要素分析

从表 7-24 来看，经方差分析，施氮量和灌水次数的各水平间差异显著。同一施氮量下，不同的灌水处理中，胡麻的产量在第一施氮水平（N_1）时随灌水次数的增大而增大；在第二、第三施氮水平（N_2、N_3）时在第二灌水次数（W_2）最高，第三灌水次数（W_3）次之，第一灌水次数（W_1）最低。同一灌水次数下，不同的施氮量中，第一灌水次数（W_1）时胡麻的产量在第二施氮水平（N_2）最高，第一施氮水平（N_1）次之，第三施氮水平（N_3）最低；第二灌水次数（W_2）时胡麻的产量随

施氮量的增大而增大；第三灌水次数（W_3）时胡麻的产量随施氮量的增大反而减小。这是由于高肥力下，胡麻植株株高过高导致倒伏，造成构成产量的要素单株蒴果数、蒴果种子粒数和千粒重显著下降，秕粒率明显增加所致。从表7-25看出，在处理8（W_2N_3）、处理3（W_3N_1）、处理5（W_2N_2）中胡麻的亩产较高，分别为71.81 kg、70.28 kg、69.53 kg，都达到显著水平。

表7-24 胡麻/大豆带田胡麻组分产量及产量要素

Tab. 7-24 Yield of oil flax components and yield factors in oil flax/soybean trip fields

处理	株高 (cm)	分茎数 (个)	分枝数 (个)	蒴果数 (个)	蒴果籽粒数 (个)	千粒重 (g)	单株粒重 (g)	平均产量 (kg·带⁻¹)	单位产量 (kg·亩⁻¹)	差异显著性 5%	差异显著性 1%
T1	67.3	1.3	6.8	32.8	6.7	7.17	0.95	0.47	52.34	c	C
T2	69.6	1.4	6.9	31.9	6.9	7.37	0.92	0.61	67.66	b	AB
T3	75.7	1.4	7.4	34.5	6.7	7.27	0.90	0.63	70.28	a	A
T4	70.7	1.4	7.1	27.5	6.9	7.27	0.81	0.50	55.70	c	C
T5	73.1	1.5	6.7	29.7	6.9	7.27	0.81	0.63	69.53	ab	A
T6	79.5	1.3	6.7	27.8	7.3	7.17	0.79	0.59	65.32	bc	BC
T7	73.5	1.2	6.0	23.9	7.1	7.07	0.79	0.45	50.09	c	C
T8	76.0	1.2	5.9	24.6	6.4	6.56	0.65	0.65	71.81	a	A
T9	82.7	1.3	6.1	23.2	6.7	6.46	0.71	0.55	61.31	c	BC

（二）胡麻/大豆带田大豆产量及产量要素分析

从表7-25来看，经方差分析，施氮量和灌水次数的各水平间差异显著。同一灌水处理下，不同施氮处理大豆的产量随施氮量的增大而增大。同一施氮量下，大豆产量在第一施氮水平（N_1）和第二施氮水平（N_2）时随灌水次数的增大而增大；在第三施氮水平（N_3）时在第二灌水次数（W_2）最高，第三灌水次数（W_3）次之，第一灌水次数（W_1）最低。这是由于第三施氮水平（N_3），施肥量大，营养生长旺盛，三次灌水（W_3）造成植株徒长，使大豆的产量反而比二次灌水（W_2）低。从表7-26看出，处理8、处理9、处理6、处理5的大豆亩产分别达到186.11 kg、179.14 kg、175.83 kg和175.7 kg，居9各处理的前四位。由此看出，在胡麻/大豆带田中，施氮量和灌水次数是决定大豆产量的主要因素。当W_2N_3处理时，带田中大豆产量最高。

表7-25 胡麻/大豆带田大豆组分产量及产量要素

Tab. 7-25 Yield of soybean components and yield factors in oil flax and soybean trip fields

处理	株高 (cm)	分枝数 (个)	单株荚数 (个)	每荚粒数 (粒)	单株粒数 (粒)	百粒重 (g)	单株产量 (g)	平均产量 (kg·带⁻¹)	单位产量 (kg·亩⁻¹)	差异显著性 5%	差异显著性 1%
T1	71.4	0.8	35.7	3.3	75.1	20.73	15.00	1.30	144.19	d	C
T2	72.3	1.1	36.5	3.2	72.7	20.63	15.65	1.44	159.52	c	BC
T3	74.2	0.7	37.2	3.4	75.5	21.42	15.76	1.51	167.35	bc	B
T4	73.4	1.0	35.1	3.3	67.3	19.84	13.37	1.49	165.66	c	B
T5	75.9	1.2	35.8	3.5	75.2	20.73	15.76	1.58	175.70	b	AB
T6	75.5	0.9	36.2	3.4	75.7	20.92	16.09	1.58	175.83	b	AB
T7	74.8	0.9	35.3	3.3	73.3	20.13	15.65	1.57	174.68	bc	ABC
T8	78.6	0.8	33.3	3.3	64.7	19.94	12.39	1.67	186.11	a	A
T9	77.3	1.2	33.2	3.3	68.8	19.84	13.80	1.61	179.14	ab	A

四、胡麻/大豆带田产量及经济效益分析

从表 7-26 来看，处理 8、处理 3、处理 5 的胡麻产量和处理 8、处理 9、处理 3 的大豆产量居 9 个处理的前三位。每千克胡麻按 7 元，每千克大豆按 5 元计算，除去不同灌水和施氮量的耗费，处理 8、处理 5、处理 6 的总产值的分别为 1 281.6 元、1 213.6 元和 1 134.8 元，居 9 个处理的前三位。

表 7-26　胡麻/大豆带田产量及经济效益

Tab. 7-26　Yield and economic benefit of oil flax/soybean trip

处理	胡麻产量 （kg·亩⁻¹）	大豆产量 （kg·亩⁻¹）	胡麻产值 （元·亩⁻¹）	大豆产值 （元·亩⁻¹）	水肥耗费 （元·亩⁻¹）	总产值 （元·亩⁻¹）	排序
T1	52.3	144.2	366.4	720.9	101.6	985.7	9
T2	67.7	159.5	473.6	797.6	151.6	1 119.6	7
T3	70.3	167.4	492.0	836.8	201.6	1 127.1	4
T4	55.7	165.7	389.9	828.3	101.6	1 116.6	8
T5	69.5	175.7	486.7	878.5	151.6	1 213.6	2
T6	65.3	175.8	457.3	879.2	201.6	1 134.8	3
T7	50.1	174.7	350.7	873.4	101.6	1 122.4	6
T8	71.8	186.1	502.6	930.6	151.6	1 281.6	1
T9	61.3	179.1	429.2	895.7	201.6	1 123.2	5

五、结论

（1）胡麻/大豆带田在不同灌水量和施氮量处理下，带田的叶面积指数均表现出"单峰曲线"的变化动态，随着施氮量、灌水次数的增加，胡麻和大豆的叶面积指数都在增加。同一施氮量下，灌水次数的影响在生长前期表现不显著，在生长后期表现显著。同一灌水次数下，不同施氮量的叶面积指数随施氮量的增大而增大，且差异显著。从带田全生育期来看，各处理间总的叶面积指数差异不大，这说明胡麻/大豆带田的群体调节能力强。

（2）9 个处理中胡麻/大豆带田的干物质积累量均表现出"直线"上升的变化趋势。胡麻的干物质积累量在一次灌水处理时都较小，但施肥灌水都最高时，后期易造成胡麻倒伏，影响其干物质积累量，在二次灌水二水平施肥时干物质积累量最大。大豆的干物质积累在苗期时，施氮量和灌水对其影响不大，在其他生育期，随着施氮量和灌水量的增加而增大，这是由于在大豆生长期，水肥需求量较大，高水肥促进大豆的植株生长和干物质积累。

（3）胡麻/大豆带田在不同灌水量和施氮量处理下，胡麻亩产在一次灌水处理（W_1）时都较小；在处理 T8（W_2N_3）、T3（W_3N_1）中最高，分别为 71.81 kg、70.28 kg，都达到显著水平；而处理 T9（W_3N_3）的胡麻亩产只有 61.31 kg，这是由于高肥力下，胡麻植株株高过高导致倒伏，造成构成产量的要素单株蒴果数、蒴果种子粒数和千粒重显著下降，秕粒率明显增加所致。大豆亩产随着灌水量和施氮量的增大而增大；只有处理 T9（W_3N_3）处理时，由于水肥量大，营养生长旺盛，造成植株徒长，使大豆的产量反而稍有降低。处理 T8、T9 的大豆亩产分别达到 186.11 kg 和 179.14 kg，居 9 个处理的前二位，由此看出施氮量和灌水次数是决定大豆产量的主要因素。

（4）通过对不同灌水量和施氮量处理的胡麻/大豆带田的叶面积指数、干物质积累量、产量要素、产量、产值的系统研究，总结出适宜白银和乌兰察布市的胡麻/大豆带田灌水量和施氮量模式：处理 T8——二次灌水三水平施氮量，处理 T5——二次灌水二水平施氮量，以及处理 T6——三次灌水二水平施氮量。这 3 种模式的胡麻/大豆带田自我调节能力较强，能够将二者的优势充分发挥出来，

将共生期间竞争造成的影响降到最低。这 3 个模式的胡麻/大豆带田亩总产值分别为 1 281.6 元、1 213.6 元和 1 134.8 元，经济效益显著，居 9 个处理的前三位。在耕地资源日益短缺的形势下，因地制宜地种植带田，合理灌水施肥，充分利用当地的光热自然资源，能够提高土地的利用率，对增加农民收入具有重要作用。

第三节　不同密度和带型对胡麻/大豆带田产量的影响

一、胡麻/大豆带田叶面积指数变化动态分析

（一）胡麻大豆带田胡麻组分叶面积变化动态

从表 7-27 看出，在整个生育期内，9 个处理中胡麻叶面积指数均表现出"单峰曲线"的变化动态，6 月 10—30 日期间，各处理的叶面积均达到最大值。同一密度下，不同带型中，胡麻的叶面积指数随带幅的增大而增大，带型相同，胡麻的叶面积指数随胡麻密度的增大而增大，且密度间差异极显著。所有处理的边行由于在水分、养分、光照等方面占优势，各生育期的生长势明显优于中行，5 个生育期的叶面积指数比中行分别高 1.1%、11.0%、6.6%、8.9% 和 7.9%。各生育期单作胡麻的叶面积指数显著高于带田胡麻的叶面积指数。

表 7-27　胡麻大豆带田胡麻组分叶面积变化动态
Tab. 7-27　Leaf area change of oil flax component in soybean strip

处理	5 月 9 日		5 月 25 日		6 月 10 日		6 月 30 日		7 月 27 日	
	边行	中行	边行	中行	边行	中行	边行	中行	边行	中行
T1	0.046	0.045	0.28	0.22	0.61	0.58	0.60Gh	0.59G	0.52	0.49
T2	0.050	0.044	0.28	0.24	0.63	0.59	0.71Fg	0.62G	0.54	0.50
T3	0.044	0.046	0.29	0.26	0.65	0.60	0.73Ef	0.64F	0.57	0.53
T4	0.045	0.045	0.27	0.26	0.87	0.80	1.00De	0.92E	0.70	0.65
T5	0.055	0.052	0.29	0.25	0.89	0.82	1.15Cd	1.08D	0.76	0.72
T6	0.055	0.055	0.30	0.27	0.89	0.84	1.18Cd	1.10D	0.78	0.73
T7	0.056	0.055	0.32	0.30	1.20	1.13	1.22Bc	1.12C	0.81	0.71
T8	0.056	0.060	0.34	0.32	1.25	1.15	1.26Ab	1.16B	0.86	0.80
T9	0.060	0.060	0.36	0.34	1.12	1.10	1.32Aa	1.19A	0.90	0.84
T11	0.11		0.52		1.83		2.30		1.26	

（二）胡麻/大豆带田大豆组分叶面积变化动态

从表 7-28 看出，在整个生育期内，10 个处理中大豆叶面积指数均表现出"单峰曲线"的变化动态，7 月 27 日至 8 月 15 日期间，各处理的叶面积均达到最大值。同一密度下，不同带型中，大豆的叶面积指数随带幅的增大而增大。带型相同，大豆的叶面积指数随胡麻密度的增大而减小，且密度间差异显著。在 6 月 10 日至 8 月 15 日期间，单作大豆的叶面积均明显高于带田大豆，7 月 27 日单作大豆的叶面积达到最大值，较带田大豆早，但单作大豆生长后期的叶面积下降速度较带田快。

表 7-28　胡麻/大豆带田大豆组分叶面积指数变化动态
Tab. 7-28　Leaf area index of soybean components in oil flax and soybean strip

处理	6 月 10 日	6 月 30 日	7 月 27 日	8 月 15 日	9 月 19 日
T1	0.083	0.785	1.621	1.760	1.123
T2	0.073	0.916	1.610	1.802	1.186

（续表）

处理	6月10日	6月30日	7月27日	8月15日	9月19日
T3	0.094	0.948	1.687	1.919	1.040
T4	0.083	0.774	1.554	1.675	0.998
T5	0.073	0.927	1.576	1.834	0.988
T6	0.104	0.981	1.665	1.961	0.926
T7	0.083	0.709	1.499	1.632	0.967
T8	0.780	0.872	1.465	1.791	0.936
T9	0.104	0.927	1.621	1.834	0.832
T10	0.166	1.700	2.176	2.003	0.801

（三）胡麻/大豆带田与单作叶面积变化动态比较

从表7-29看出，在整个生育期内，9个处理带田叶面积指数均表现出"抛物线"的变化动态。带田的光合时间分别比单作胡麻、单作大豆延长了54 d和33 d。带田的叶面积指数分别比单作胡麻、单作大豆高36.1%和19.7%。在7月27日左右，带田各处理的叶面积均达到最大值。除胡麻苗期外，同一密度下，不同带型的带田叶面积指数随带幅的增大而增大。带型相同，带田的叶面积指数随胡麻密度的增大而增大。通过对7月27日各处理的叶面积指数方差分析可知，密度间、带型间及二者互作间差异均达到极显著水平。

表7-29　胡麻/大豆带田叶面积指数变化动态

Tab. 7-29　Dynamics of leaf area index of oil flax and soybean strip

处理	5月9日	5月25日	6月10日	6月30日	7月27日	8月15日	9月19日
T1	0.045	0.220	0.663	1.375	2.111	1.760	1.123
T2	0.044	0.240	0.663	1.536	2.110	1.802	1.186
T3	0.046	0.260	0.694	1.588	2.217	1.919	1.040
T4	0.045	0.260	0.883	1.694	2.204	1.675	0.998
T5	0.052	0.250	0.893	2.007	2.296	1.834	0.988
T6	0.055	0.270	0.944	2.081	2.395	1.961	0.926
T7	0.055	0.300	1.213	1.829	2.209	1.632	0.967
T8	0.060	0.320	1.930	2.032	2.265	1.791	0.936
T9	0.060	0.340	1.204	2.117	2.461	1.834	0.832
T10	—	—	0.166	1.700	2.176	2.003	0.801
T11	0.110	0.520	1.830	2.300	1.260	—	

二、胡麻/大豆带田产量及产量要素分析

（一）胡麻/大豆带田胡麻产量及产量要素分析

从表7-30来看，经方差分析，胡麻种植密度和带型的各水平间差异显著。同一密度下，不同带型中，胡麻的产量随带幅的增大而增大。相同带型中，当胡麻密度从每亩40万株增加到50万株时，胡麻的产量随胡麻密度的增大而增大。但当密度增大到60万株时，胡麻的产量反而下降。这是由于胡麻密度过大，群体内遮光严重，水分、养分的竞争过大，造成构成产量的要素单株蒴果数、蒴果籽粒数和千粒重显著下降，秕粒率明显增加所致。从表7-27看出，当胡麻密度每亩为50万株，140 cm

和 130 cm 两个带幅中胡麻的亩产量均达到 63.7 kg，居各处理的前两位，其生产力均达到单作胡麻的 48.4%。当胡麻密度每亩为 40 万株时，140 cm 和 130 cm 两个带幅中胡麻的亩产量分别为 62.0 kg 和 59.9 kg，其生产力达到单作胡麻的 47.1% 和 45.6%。而且这 4 个处理间差异不显著。由此可见，当带田胡麻种植密度为 40 万～50 万株时，在 140 cm 和 130 cm 两个带型中胡麻的亩产最高。

表 7-30　胡麻/大豆带田胡麻组分产量及产量要素

Tab. 7-30　Yield of oil flax components and yield factors in oil flax/soybean strip fields

处理	株高 (cm)	分茎数 (个)	分枝数 (个)	蒴果数 (个)	蒴果籽 粒数（个）	千粒重 (g)	单株粒重 (g)	平均产量 (kg·带⁻¹)	单位产量 (kg·亩⁻¹)	差异显著性 5%	差异显著性 1%
T1	67.3	1.3	6.7	32.5	6.6	7.1	0.94	0.47	51.9	c	BC
T2	64.6	1.4	6.8	31.6	6.8	7.3	0.91	0.60	62.0	ab	AB
T3	65.7	1.4	7.3	34.2	6.6	7.2	0.89	0.63	59.9	ab	ABC
T4	62.3	1.4	7.0	27.2	6.8	7.2	0.80	0.50	55.1	bc	ABC
T5	66.3	1.5	6.6	29.4	6.8	7.2	0.80	0.62	63.7	a	A
T6	64.0	1.3	6.6	27.5	7.2	7.1	0.78	0.67	63.7	a	A
T7	62.5	1.2	5.9	23.7	7.0	7.0	0.78	0.45	49.7	c	C
T8	64.0	1.2	5.8	24.4	6.3	6.5	0.64	0.49	50.2	c	C
T9	62.7	1.3	6.0	23.0	6.6	6.4	0.7	0.55	53.1	c	BC
T11	69.3	1.1	7.4	36.7	7.6	7.1	1.56	3.55	131.5		

（二）胡麻/大豆带田大豆产量及产量要素分析

从表 7-31 来看，经方差分析，胡麻种植密度和带型的各水平间差异显著。同一密度下，带幅为 120 cm 的带型中大豆的产量最高，带幅为 140 cm 的次之，带幅为 130 cm 的产量最低。相同带型中，当胡麻密度从每亩 40 万株增加到 50 万株时，该带型中大豆的产量均增加，但当密度增大到 60 万株时，大豆的产量开始下降。这是由于胡麻密度过大，对该带幅水分、养分的竞争过大，影响了该带幅中大豆的生长，造成大豆的单株荚数、每荚粒数、单株粒数、百粒重、籽粒产量下降。从表 7-31 看出，处理 T7、处理 T3、处理 T1 的大豆亩产分别达到 126.4 kg、115.6 kg 和 124.2 kg，达到了单产的 73.7%、67.4% 和 72.5%，居各处理的前三位。由此看出，在白银市和乌兰察布市的胡麻/大豆带田中，胡麻种植密度对大豆的产量影响较小，决定大豆产量的主要因素是带型。当带幅为 120 cm 时，带田大豆产量最高。

表 7-31　胡麻/大豆带田大豆组分产量及产量要素

Tab. 7-31　Yield of soybean components and yield factors in oil flax and soybean trip fields

处理	株高 (cm)	分枝数 (个)	单株荚数 (个)	每荚粒数 （粒）	单株粒数 （粒）	百粒重 (g)	单株产 量（g）	平均产量 (kg·带⁻¹)	单位产量 (kg·亩⁻¹)	差异显著性 5%	差异显著性 1%
T1	66.5	0.7	32.8	3.0	69.1	21.0	13.8	1.12	124.2	a	A
T2	72.3	1.0	33.6	2.9	66.9	20.9	14.4	1.05	107.2	c	C
T3	71.1	0.6	34.2	3.1	69.5	21.7	14.5	1.21	115.6	b	B
T4	68.3	0.9	32.3	3.0	61.9	20.1	12.3	1.04	115.4	b	B
T5	67.5	1.1	32.9	3.2	69.2	21.0	14.5	1.08	110.9	bc	BC
T6	68.8	0.8	33.3	3.1	69.6	21.2	14.8	1.16	110.2	bc	BC
T7	65.7	0.8	32.5	3.0	67.4	20.4	14.4	1.14	126.4	a	A
T8	69.8	0.7	30.6	3.0	59.5	20.2	11.4	0.94	96.3	d	D
T9	69.5	1.1	30.5	3.0	63.3	20.1	12.7	1.14	108.7	c	BC
T10	72.7	0.6	32.2	3.2	71.0	20.4	14.3	4.9	171.4		

三、胡麻/大豆带田产量及经济效益分析

从表7-32来看，处理T6、处理T5、处理T2的胡麻产量和处理T7、处理T1、处理T3的大豆产量居9个处理的前三位。每千克胡麻按7元，每千克大豆按5元计算，处理5、处理3、处理6的总产值的分别为1 000.1元、997.3元和997.0元，居9个处理的前三位。比单种胡麻每亩增加收入158.7元、155.9元和155.6元。与单种大豆相比，经济效益显著增加。除处理8外，其他5个处理的产值也明显高于单作胡麻和大豆。以土地当量值来衡量带田的经济可行性，从表7-32看出，除处理8以外，所有处理的土地当量值均大于1，说明在白银市和乌兰察布市种植胡麻/大豆带田效益是显著的。

表7-32　胡麻/大豆带田产量及经济效益
Tab. 7-32　Yield and economic benefit of oil flax/soybean strip

处理	白银市		乌兰察布市		平均		胡麻产值 （元·亩⁻¹）	大豆产值 （元·亩⁻¹）	总产值 （元·亩⁻¹）	土地 当量值	位次
	带田胡麻	带田大豆	带田胡麻	带田大豆	带田胡麻	带田大豆					
T1	63.2	126.2	40.7	122.2	51.9	124.2	363.6	621.1	984.7	1.16	3
T2	74.1	137.2	49.9	77.3	62.0	107.2	433.9	536.2	970.1	1.14	5
T3	76.6	127.4	43.2	103.8	59.9	115.6	419.4	577.9	997.3	1.17	2
T4	65.4	134.1	44.8	96.7	55.1	115.4	385.8	577.0	962.8	1.13	6
T5	83.3	150.0	44.1	71.8	63.7	110.9	445.7	554.4	1 000.1	1.18	1
T6	85.9	147.3	41.6	73.0	63.7	110.2	446.1	550.9	997.0	1.17	2
T7	63.7	126.9	35.6	125.9	49.7	126.4	347.7	631.9	979.7	1.15	4
T8	76.6	130.8	23.9	61.6	50.2	96.3	351.7	481.7	833.4	0.98	8
T9	74.4	127.1	31.8	90.2	53.1	108.7	371.6	543.3	914.9	1.08	7
T10	170.4	—	70.0	—	120.2	—	841.4	—	841.4	—	—
T11	—	191.5	—	151.3	—	171.4	—	857.0	857.0	—	—

四、结论

通过对胡麻/大豆带田的叶面积指数、干物质积累量、产量要素、产量、产值、土地当量值的系统研究，分析总结出3个适宜白银市和乌兰察布市的胡麻/大豆带田模式即：胡麻/大豆带田带幅为130 cm，其中胡麻种4行，占60 cm，行距20 cm；大豆种2行，行距30 cm，间距20 cm；第2和第3个模式均为带幅140 cm，其中胡麻种4行，占60 cm，行距20 cm；大豆种2行，行距40 cm，间距20 cm。这3个带田模式中胡麻种植密度为40万~50万株·亩⁻¹，这种模式的胡麻/大豆带田自我调节能力较强，能够将二者的优势充分发挥出来，将共生期间竞争造成的影响降到最低。这3个模式的胡麻/大豆带田亩总产值分别为1 000.1元、997.3元和997.0元，每亩平均产值比单种胡麻和大豆分别增加156.7元和141.1元，经济效益显著。土地当量值分别为1.18、1.17和1.17，居9个处理的前三位。在耕地资源日益短缺的形势下，因地制宜地种植带田，充分利用当地的光热自然资源，能够大大提高土地的利用率，对增加农民的粮食和收入具有重要作用。

第四节　不同灌水量和施氮量对胡麻/玉米带田产量的影响

一、胡麻/玉米带田叶面积指数变化动态分析

（一）胡麻玉米带田胡麻组分叶面积变化动态

从表7-33看出，在整个生育期内，9个处理中胡麻叶面积指数均表现出"单峰曲线"的变化动

态，6月10—30日，即胡麻现蕾期—盛花期期间，各处理的叶面积均达到最大值。随着施氮量、灌水次数的增加，胡麻的叶面积指数也在增加。从图7-18看出，不同灌水处理下，在出苗期，胡麻的叶面积指数差异很小；从枞形期—盛花期，胡麻的叶面积指数随灌水量的增大而增大。从图7-19看出，不同施氮量处理下，在出苗期—枞形期，胡麻的叶面积指数差异很小；其他各个生育期，胡麻的叶面积指数随施氮量的增大而增大。

表7-33　胡麻玉米带田胡麻组分叶面积变化动态

Tab. 7-30　Leaf area change of oil flax component in belt field of flax maize

处理	5月9日	5月25日	6月10日	6月30日	7月20日
T1	0.07	0.33	1.21	1.50	1.01
T2	0.06	0.36	1.25	1.62	1.08
T3	0.06	0.35	1.24	1.61	1.15
T4	0.08	0.37	1.32	1.65	1.05
T5	0.08	0.38	1.34	1.72	1.13
T6	0.07	0.41	1.37	1.79	1.18
T7	0.08	0.44	1.35	1.79	1.08
T8	0.08	0.44	1.40	1.84	1.36
T9	0.09	0.47	1.48	1.87	1.56

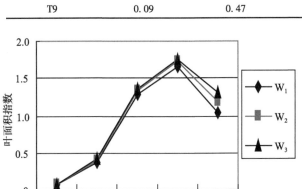

图7-18　不同灌水处理下胡麻叶面积指数变化

Fig. 7-18　Change of oil flax LAI under different irrigation treatment

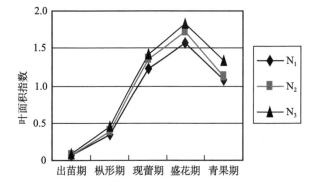

图7-19　不同氮肥处理下胡麻叶面积指数变化

Fig. 7-19　Change of oil flax LAI under different nitrogen treatment

（二）胡麻/玉米带田玉米组分叶面积变化动态

从表7-34看出，在整个生育期内，9个处理中玉米叶面积指数均表现出"单峰曲线"的变化动态，7月20日至8月15日，即玉米抽雄期—灌浆期期间各处理的叶面积均达到最大值。随着施氮量、灌水次数的增加，玉米的叶面积指数也在增加。从图7-20看出，不同灌水处理下，玉米的叶面积指数随灌水量的增大而增大，但差异很小。从图7-21看出，不同施氮量处理下，在玉米的各个生育期，叶面积指数随施氮量的增大而增大，在出苗期—抽雄期，叶面积指数随施氮量增大的差异很小；在灌浆期—蜡熟期，叶面积指数随施氮量增大的差异较大。

表7-34　胡麻/玉米带田玉米组分叶面积指数变化动态

Tab. 7-34　Dynamics of leaf area index of maize components in oil flax/maize belt

处理	6月10日	6月30日	7月20日	8月15日	9月19日
T1	0.190	1.501	3.466	4.107	2.853
T2	0.208	1.556	3.533	4.245	2.880

（续表）

处理	6月10日	6月30日	7月20日	8月15日	9月19日
T3	0.208	1.574	3.561	4.309	3.175
T4	0.208	1.519	3.485	4.180	3.113
T5	0.217	1.593	3.551	4.291	3.166
T6	0.226	1.621	3.608	4.346	3.238
T7	0.217	1.621	3.551	4.318	3.247
T8	0.235	1.639	3.599	4.337	3.292
T9	0.235	1.657	3.750	4.420	3.433

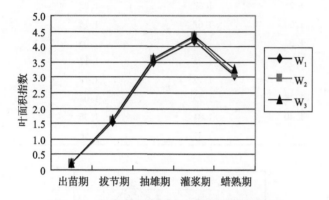

图7-20 不同灌水处理下玉米叶面积指数变化

Fig. 7-20 Change of maize LAI under different irrigation treatment

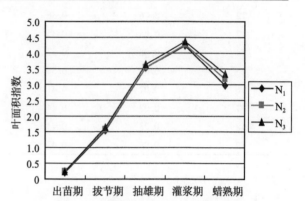

图7-21 不同氮肥处理下玉米叶面积指数变化

Fig. 7-21 Change of maize LAI under different nitrogen treatment

二、胡麻/玉米带田干物质积累变化动态分析

（一）胡麻玉米带田胡麻组分干物质积累变化动态

从表7-35看出，随着胡麻的快速生长，9个处理中胡麻干物质积累量均表现出"直线"上升的变化趋势，7月20日均达到最大值。从表7-35还可以看出，青果期T8处理（W_2N_3）的胡麻干物质积累量最大，其次是T5处理（W_2N_2）和T9处理（W_3N_3），T1、T2、T4处理（W_1N_1、W_2N_1、W_1N_2）的胡麻干物质积累量都小。从图7-22看出，不同灌水处理下，在出苗期，胡麻干物质积累量差异很小；在枞形期—盛花期，胡麻的干物质积累量随灌水量的增大而增大；在青果期，二次灌水（W_2）和三次灌水（W_3）处理的胡麻干物质积累量无差别，一次灌水（W_1）处理的胡麻干物质积累量最小。从图7-23看出，不同施氮量处理下，胡麻的干物质积累量随施氮量的增大而增大。从出苗期—盛花期，差异不明显，在青果期，差异较显著。

表7-35 胡麻/玉米带田玉米组分叶面积指数变化动态单位

Tab. 7-35 Dynamic unit of change of leaf area index of maize component in oil flax/maize belt

处理	5月9日	5月25日	6月10日	6月30日	7月20日
T1	18.6	64.81	233.15	450.77	592.38
T2	19.3	67.49	241.25	555.35	609.82
T3	20.0	71.42	263.20	643.63	751.95
T4	19.7	69.31	250.92	455.86	687.61
T5	20.0	76.62	259.15	561.04	883.40

（续表）

处理	5月9日	5月25日	6月10日	6月30日	7月20日
T6	20.3	79.15	266.34	652.28	814.63
T7	20.9	73.53	250.14	527.17	745.36
T8	21.4	76.91	274.71	603.04	949.61
T9	21.7	80.42	298.62	698.28	876.82

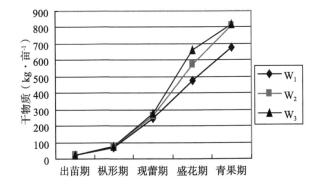

图7-22 不同灌水处理下胡麻干物质变化

Fig. 7-22 Change of oil flax dry matter under different irrigation treatment

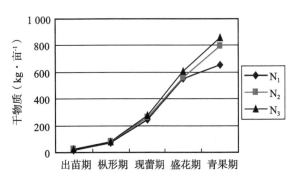

图7-23 不同氮肥处理下胡麻干物质变化

Fig. 7-23 Change of oil flax dry matter under different nitrogen treatment

（二）胡麻/玉米带田玉米组分干物质积累变化动态

从表7-36看出，9个处理中玉米干物质积累均表现出"直线"上升的变化动态。在苗期，施氮量和灌水对玉米干物质积累影响不大，各处理间干物质积累量差异不显著。在其他生育期，同一施氮量下，不同灌水处理玉米的干物质积累量随灌水量的增大而增大；同一灌水处理下，不同施氮处理玉米的干物质积累量随施氮量的增大而增大。从图7-24看出，不同灌水处理下，从出苗期—抽雄期，玉米的干物质积累量随灌水次数的增大而增大，但干物质积累量差异较小；在灌浆期—蜡熟期，玉米的干物质积累量随灌水次数的增大而增大的差异比较明显。从图7-25看出，不同施氮量处理下，从出苗期—蜡熟期，玉米的干物质积累量随施氮量的增大而增大，且差异显著。这是由于在玉米生长期，水肥需求量较大，高水肥促进玉米的植株生长和干物质积累。

表7-36 胡麻/玉米带田玉米组分干物质积累变化动态 　　　（kg·亩⁻¹）

Tab. 7-36 Dynamics of dry matter accumulation of maize components in oil flax/maize belt

处理	6月10日	6月30日	7月20日	8月15日	9月19日
T1	6.09	88.20	611.86	1 491.60	2 049.42
T2	6.44	89.45	623.13	1 626.47	2 121.66
T3	6.44	90.04	640.13	1 701.35	2 172.11
T4	6.32	88.64	630.66	1 563.30	2 100.53
T5	6.44	91.43	653.92	1 719.79	2 185.49
T6	6.67	95.23	669.77	1 861.45	2 240.54
T7	6.67	90.76	673.03	1 572.96	2 118.35
T8	6.78	97.42	685.33	1 788.21	2 215.52
T9	6.90	101.47	711.82	1 804.42	2 279.69

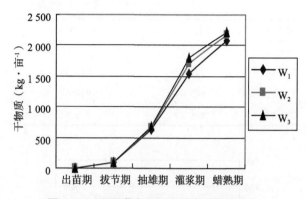

图7-24　不同灌水处理下玉米干物质变化

Fig. 7-24　Change of maize dry matter under different irrigation treatment

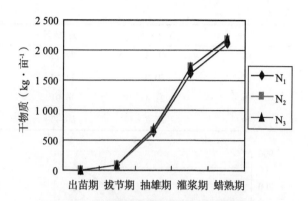

图7-25　不同氮肥处理下玉米干物质变化

Fig. 7-25　Change of maize dry matter under different nitrogen treatment

三、胡麻/玉米带田产量及产量要素分析

（一）胡麻/玉米带田胡麻产量及产量要素分析

从表7-37来看，经方差分析，施氮量和灌水次数的胡麻产量各水平间差异显著。同一施氮量下，不同的灌水处理中，胡麻的产量在第一施氮水平（N_1）时随灌水次数的增大而增大；在第二施氮水平（N_2）时在第二灌水次数（W_2）最高，第三灌水次数（W_3）次之，第一灌水次数（W_1）最低；在第三施氮水平（N_3）时在第二灌水次数（W_2）最高，第一灌水次数（W_1）次之，第三灌水次数（W_3）反而最低。同一灌水次数下，不同的施氮量中，第一灌水次数（W_1）和第二灌水次数（W_2）时胡麻的产量在第二施氮水平（N_2）最高，第三施氮水平（N_3）次之，第一施氮水平（N_1）最低；第三灌水次数（W_3）时胡麻的产量在第二施氮水平（N_2）最高，第一施氮水平（N_1）次之，第三施氮水平（N_3）反而最低。这是由于高肥力下，胡麻植株株高过高导致倒伏，造成构成产量的要素单株蒴果数、蒴果籽粒数和千粒重显著下降，秕粒率明显增加所致。从表7-37看出，在处理T5（W_2N_2）、处理T6（W_3N_2）、处理T8（W_2N_3）中胡麻的亩产量最高，分别为123.9 kg、121.67 kg、119.17 kg，居9个处理的前三位。

表7-37　胡麻/玉米带田胡麻组分产量及产量要素

Tab. 7-37　Yield of oil flax components and yield factors in maize belt fields

处理	株高 (cm)	分茎数 (个)	分枝数 (个)	蒴果数 (个)	蒴果籽粒数 (个)	单株粒重 (g)	千粒重 (g)	秕粒率 (%)	平均产量 (kg·带⁻¹)	单位产量 (kg·亩⁻¹)	差异显著性 5%	差异显著性 1%
T1	73.43	1.1	5.6	31.8	8.2	2	7.3	1.9	0.84	69.81	d	D
T2	77.96	1	6.2	34.9	7.6	2.1	7.4	3.2	0.86	71.80	d	D
T3	80.10	1.1	6	37.7	7.5	2.2	7.7	2.4	1.27	106.11	c	BC
T4	76.90	1	5.7	28.4	8.1	1.8	7.3	4.3	1.37	114.49	b	B
T5	79.03	1	5.6	33.4	7.7	1.8	7.2	2	1.49	123.90	a	A
T6	80.37	1.3	5.8	35.9	7.8	2	7.5	4.8	1.46	121.67	ab	AB
T7	77.96	1	6.1	30.4	8	1.5	7	5.8	1.26	104.91	c	BC
T8	81.44	1	5.3	31	7.8	1.5	7	4.6	1.43	119.17	b	AB
T9	86.37	1	6.3	34.1	7.4	1.7	6.6	6.2	0.95	78.98	d	D

（二）胡麻/玉米带田玉米产量及产量要素分析

从表7-38来看，经方差分析，施氮量和灌水次数的各水平间玉米产量差异显著。同一灌水处理下，不同施氮处理玉米的产量随施氮量的增大而增大；同一施氮量下，不同灌水处理玉米的产量随灌水量的增大而增大。从表7-38看出，处理T9、处理T6、处理T8的玉米亩产分别达到766.7 kg、730.6 kg和719.5 kg，居9个处理的前三位。由此看出，在胡麻/玉米带田中，施氮量和灌水次数是决定玉米产量的主要因素。

表7-38　胡麻/玉米带田玉米组分产量及产量要素

Tab. 7-38　Component yield and yield factors of maize in oil flax/maize belt field

处理	株高 （cm）	穗长 （cm）	秃尖长 （cm）	穗粗 （cm）	穗行数 （行）	行粒数 （粒）	百粒重 （g）	出籽率 （%）	平均产量 （kg·带⁻¹）	单位产量 （kg·亩⁻¹）	差异显著性 5%	差异显著性 1%
T1	226.8	19.6	1.0	4.7	14	34.0	39.6	83.3	5.6	469.5	h	G
T2	239.6	20.4	1.5	4.8	15	37.0	37.8	81.6	7.5	627.8	e	D
T3	250.0	20.9	1.0	5.0	15	37.0	42.5	82.8	7.9	661.1	d	C
T4	230.3	21.2	1.8	5.0	14	40.0	37.4	82.4	5.8	486.1	g	F
T5	245.4	22.2	1.5	5.1	16	36.5	38.3	84.2	6.3	525.0	f	E
T6	250.0	20.5	1.4	5.4	16	38.5	40.8	82.4	8.8	730.6	b	AB
T7	238.4	20.9	2.1	5.0	15	34.0	34.5	81.5	7.5	622.3	e	D
T8	255.9	22.1	1.8	5.2	14	39.0	36.2	81.9	8.6	719.5	c	B
T9	268.7	23.8	1.8	5.0	16	38.0	37.0	82.3	9.2	766.7	a	A

四、胡麻/玉米带田产量及经济效益分析

从表7-39来看，处理T5、处理T6、处理T8的胡麻产量和处理T9、处理T6、处理T8的玉米产量居9个处理的前三位。每千克胡麻按7元，每千克玉米按2元计算，除去不同灌水和施氮量的耗费，处理T8、处理T6的总产值的分别为2 097.5元和2 089.3元，居9个处理的前二位。

表7-39　胡麻/玉米带田产量及经济效益

Tab. 7-39　Yield and economic benefit of oil flax/maize strip field

处理	胡麻产量 （kg·亩⁻¹）	玉米产量 （kg·亩⁻¹）	胡麻产值 （元·亩⁻¹）	玉米产值 （元·亩⁻¹）	水肥耗费 （元·亩⁻¹）	总产值 （元·亩⁻¹）	排序
T1	69.8	469.5	488.7	938.9	127.6	1 300.0	9
T2	71.8	627.8	502.6	1 255.6	175.6	1 582.6	8
T3	106.1	661.1	742.8	1 322.3	223.6	1 841.4	5
T4	114.5	486.1	801.4	972.3	127.6	1 646.1	7
T5	123.9	525.0	867.3	1 050.1	175.6	1 741.7	6
T6	121.7	730.6	851.7	1 461.2	223.6	2 089.3	2
T7	104.9	622.3	734.4	1 244.5	127.6	1 851.3	4
T8	119.2	719.5	834.2	1 439.0	175.6	2 097.5	1
T9	79.0	766.7	552.9	1 533.4	223.6	1 862.7	3

五、结论

（1）胡麻/玉米带田在不同灌水量和施氮量处理下，带田的叶面积指数均表现出"单峰曲线"的

变化动态，随着施氮量、灌水次数的增加，胡麻和玉米的叶面积指数都在增加。施氮量、灌水次数的影响在胡麻的生长前期表现不显著，在生长后期表现显著。玉米的叶面积指数随灌水量的增大而增大，但差异很小；玉米叶面积指数随施氮量的增大而增大，在出苗期—抽雄期，增大的差异很小，在灌浆期—蜡熟期，增大的差异较大。从带田全生育期来看，各处理间总的叶面积指数差异不大，这说明胡麻/玉米带田的群体调节能力强。

（2）9 个处理中胡麻/玉米带田的干物质积累量均表现出"直线"上升的变化趋势。胡麻的干物质积累量在一次灌水处理与一水平施氮量时都较小，但施肥灌水都最高时，后期易造成胡麻倒伏，影响其干物质积累量，在二次灌水三水平施氮时干物质积累量最大。玉米的干物质积累在苗期时，施氮量和灌水对其影响不大，在其他生育期，随着施氮量和灌水量的增加而增大，这是由于在玉米生长期，水肥需求量较大，高水肥促进玉米的植株生长和干物质积累。

（3）胡麻/玉米带田在不同灌水量和施氮量处理下，产量及产量要素各水平间差异显著。T5（W_2N_2）、T6（W_3N_2）、T8（W_2N_3）处理胡麻亩产量较高，分别为 123.9 kg、121.7 kg、119.2 kg，居 9 个处理的前三位；而处理 T9（W_3N_3）的亩产量只有 79.0 kg，居 9 个处理的第 7 位，这是由于高肥力下，胡麻植株株高过高导致倒伏，造成构成产量的要素单株蒴果数、蒴果种子粒数和千粒重显著下降，秕粒率明显增加所致。玉米亩产量随着灌水量和施氮量的增大而增大，处理 T9、处理 T6、处理 T8 的玉米亩产分别达到 766.7kg、730.6kg 和 719.5kg，居 9 个处理的前三位。由此看出施氮量和灌水次数是决定玉米产量的主要因素。

（4）通过对不同灌水量和施氮量处理的胡麻/玉米带田的叶面积指数、干物质积累量、产量要素、产量、产值的系统研究，总结出适宜白银市和乌兰察布市的胡麻/玉米带田灌水量和施氮量模式，T8—二次灌水三水平施氮量和 T6—三次灌水二水平施氮量。这 2 种模式的胡麻/玉米带田自我调节能力较强，能够将二者的优势充分发挥出来，将共生期间竞争造成的影响降到最低。这 2 个模式的胡麻/玉米带田亩总产值分别为 2 097.5 元和 2 089.3 元，经济效益显著，居 9 个处理的前两位。在耕地资源日益短缺的形势下，因地制宜地种植带田，合理灌水施肥，充分利用当地的光热自然资源，能够有效提高土地的利用率，对增加农民的收入具有重要作用。

第五节　不同密度和带型对胡麻/玉米带田产量的影响

一、胡麻/玉米带田叶面积指数变化动态分析

（一）胡麻玉米带田胡麻组分叶面积变化动态

从表 7-40 看出，在整个生育期内，9 个处理中胡麻叶面积指数均表现出"单峰曲线"的变化动态，6 月 10—30 日期间，各处理的叶面积均达到最大值，并维持较长的一段时间，以后逐渐下降。同一密度下，不同带型中，胡麻的叶面积指数随带幅的增大而增大。带型相同，胡麻的叶面积指数随胡麻密度的增大而增大，且密度间差异显著。所有处理的边行由于在水分、养分、光照等方面占优势，各生育期的生长势明显优于中行，5 个生育期的叶面积指数比中行分别高 18.4%、16.9%、12.2%、10.8%和 13.6%。各生育期单作胡麻的叶面积指数显著高于带田胡麻的叶面积指数。

表 7-40　不同处理胡麻叶面积指数
Tab. 7-40　Leaf area index of oil flax under different treatments

处理	5 月 9 日		5 月 25 日		6 月 10 日		6 月 30 日		7 月 27 日	
	边行	中行	边行	中行	边行	中行	边行	中行	边行	中行
T1	0.043	0.032	0.229	0.196	0.756	0.676	0.788	0.681	0.530	0.459
T2	0.043	0.043	0.240	0.207	0.767	0.676	0.799	0.692	0.556	0.469

处理	5月9日		5月25日		6月10日		6月30日		7月27日	
	边行	中行	边行	中行	边行	中行	边行	中行	边行	中行
T3	0.043	0.043	0.240	0.218	0.788	0.781	0.821	0.713	0.567	0.480
T4	0.064	0.054	0.338	0.283	1.124	0.982	1.188	1.092	0.824	0.741
T5	0.064	0.054	0.338	0.283	1.124	1.003	1.231	1.124	0.856	0.761
T6	0.064	0.054	0.338	0.283	1.155	1.003	1.264	1.167	0.877	0.782
T7	0.054	0.043	0.283	0.240	0.914	0.781	0.961	0.897	0.674	0.605
T8	0.054	0.043	0.273	0.240	0.935	0.803	0.972	0.876	0.674	0.595
T9	0.054	0.043	0.283	0.240	0.945	0.876	1.004	0.908	0.696	0.615
T11	0.107		0.523		1.680		2.214		1.231	

（二）胡麻/玉米带田玉米组分叶面积变化动态

从表7-41看出，在整个生育期内，10个处理中玉米叶面积指数均表现出"单峰曲线"的变化动态。玉米出苗以后，玉米生长速度加快，各处理叶面积急剧增大，7月27日至8月15日期间，各处理的叶面积均达到最大值。同一密度下，不同带型中，玉米的叶面积指数随带幅的增大而增大。带型相同，玉米叶面积指数随胡麻密度的增大而减小。处理T3、处理T2的平均叶面积指数为3.046和2.978，居9个处理的前2位。对平均玉米叶面积指数进行方差分析表明，带型间的差异显著，密度间达到极显著水平。在6月10日至8月15日期间，单作玉米的叶面积指数均显著高于带田各处理，但后期其叶面积下降比带田玉米快。

表7-41　不同处理玉米叶面积指数变化动态

Tab. 7-41　Dynamics of leaf area index of maize under different treatments

处理	6月10日	6月30日	7月27日	8月15日	9月19日	平均
T1	0.247	1.796	4.050	4.925	3.692	2.942
T2	0.268	1.869	4.104	4.946	3.703	2.978
T3	0.268	1.890	4.277	5.040	3.754	3.046
T4	0.216	1.712	3.953	4.683	3.570	2.827
T5	0.237	1.775	4.028	4.841	3.254	2.827
T6	0.237	1.848	4.061	4.914	3.284	2.869
T7	0.237	1.733	3.974	4.767	3.621	2.866
T8	0.247	1.817	4.050	4.893	3.550	2.911
T9	0.258	1.848	4.115	4.956	3.611	2.957
T10	0.299	2.699	4.730	5.261	3.213	3.240

（三）胡麻/玉米带田与单作叶面积变化动态比较

从表7-42看出，5月9日至9月19日期间，9个处理的带田叶面积指数均表现出"抛物线"的变化动态。胡麻/玉米带田的光合时间分别比单作胡麻、玉米延长了54 d和42 d。带田的叶面积指数显著高于单作胡麻，比单作玉米高6.3%。同一密度下，不同带型的叶面积指数随带幅的增大而增大。在胡麻收获之前，对于带型相同，不同密度带田的叶面积指数随胡麻密度的增大而增大。在胡麻收获之后，带田叶面积指数随胡麻密度的增大而减小。但从带田全生育期来看，各处理间总的叶面积指数差异不大，这说明胡麻/玉米带田的群体调节能力强。

表 7-42　胡麻/玉米带田叶面积指数变化动态

Tab. 7-42　Dynamics of leaf area index in oil flax/maize belt field

处理	5月9日	5月25日	6月10日	6月30日	7月27日	8月15日	9月19日	合计
T1	0.032	0.196	0.923	2.477	4.509	4.925	3.692	16.754
T2	0.043	0.207	0.944	2.561	4.573	4.946	3.703	16.976
T3	0.043	0.218	1.049	2.603	4.757	5.040	3.754	17.464
T4	0.054	0.283	1.198	2.803	4.693	4.683	3.570	17.285
T5	0.054	0.283	1.240	2.899	4.790	4.841	3.254	17.360
T6	0.054	0.283	1.240	3.015	4.843	4.914	3.284	17.634
T7	0.043	0.240	1.018	2.630	4.579	4.767	3.621	16.898
T8	0.043	0.240	1.050	2.692	4.645	4.893	3.550	17.112
T9	0.043	0.240	1.134	2.756	4.730	4.956	3.611	17.470
T10	0.107	0.523	1.680	2.214	1.231	—	—	5.755
T11	—	—	0.299	2.699	4.730	5.261	3.213	16.201

二、胡麻/玉米带田产量及产量要素分析

(一) 胡麻/玉米带田胡麻产量及产量要素分析

从表 7-43 来看, 乌兰察布市的胡麻/玉米带田中, 同一密度下, 不同带型中, 胡麻的产量随带幅的增大而减小。相同带型中, 胡麻的产量随胡麻密度的增大而减小, 但当胡麻密度继续增大时, 带田胡麻产量反而增加, 其变化曲线呈 "V" 字形。经方差分析, 胡麻种植密度和带型的各水平间差异显著。当胡麻播种密度为 50 万~60 万株时, 带幅为 150 cm 和 160 cm 的处理 T4、处理 T9 和处理 T6 中胡麻的亩产量达到 20.3 kg、20.1 kg 和 19.8 kg, 居 9 个处理的前三位。与单作胡麻的相对生产力分别为 45.8%、45.4% 和 44.7%。

表 7-43　乌兰察布市胡麻/玉米带田胡麻组分产量及产量要素

Tab. 7-43　Component yield and yield factors of oil flax/maize belt field in Wulanqab

处理	株高 (cm)	分茎数 (个)	分枝数 (个)	每株果数 (个)	每果粒数 (个)	千粒重 (g)	单株产量 (g)	带Ⅰ产量 (kg)	带Ⅱ产量 (kg)	带Ⅲ产量 (kg)	平均 (kg·带⁻¹)	单位产量 (kg·亩⁻¹)	差异显著性 5%	差异显著性 1%
T1	64.8	1.2	5.9	19.7	5.4	6.0	0.30	0.56	0.42	0.51	0.50	16.2	b	B
T2	63.9	1.3	6.5	18.7	5.1	5.9	0.30	0.54	0.52	0.60	0.55	15.3	b	B
T3	64.7	1.3	6.1	18.7	5.1	5.8	0.30	0.45	0.59	0.54	0.53	13.9	c	C
T4	60.4	1.5	6.4	18.4	5.4	6.1	0.30	0.55	0.61	0.76	0.64	20.3	a	A
T5	65.2	1.5	6.9	23.1	5.9	6.2	0.30	0.82	0.47	0.73	0.67	18.6	ab	AB
T6	65.5	1.2	6.0	19.2	5.5	6.1	0.30	0.81	0.67	0.80	0.76	19.8	a	A
T7	62.2	1.3	6.0	18.1	5.3	6.1	0.30	0.64	0.43	0.46	0.51	14.1	bc	C
T8	61.5	1.5	6.6	20.6	5.7	6.4	0.30	0.40	0.50	0.31	0.40	11.1	c	B
T9	63.8	1.5	6.5	18.4	5.6	6.4	0.30	0.59	0.92	0.79	0.77	20.1	a	A
T11	59.6	1.3	6.3	17.5	5.8	6.7	0.30	1.19	1.50	1.29	1.33	44.3	—	—

经方差分析, 白银市胡麻/玉米带田中, 胡麻种植密度和带型间差异达极显著水平。从表 7-44 看出, 同一密度下, 不同带型中胡麻的产量随带幅的增大而增大。在相同带型中, 当胡麻密度从每亩

40万株增加到50万株时，该带型中胡麻的产量均增加，但当密度增大到60万株时，胡麻的产量开始下降。这是由于胡麻密度过大，群体内遮光严重，水分、养分的竞争过大，造成构成产量的要素分茎数、分枝数、单株蒴果数、蒴果籽粒数和千粒重显著下降，秕粒率明显增加所致。从表7-44看出，处理T9、处理T3、处理T8的胡麻亩产分别达到79.8 kg、78.4 kg和75.6 kg，达到了单产的50.0%、49.1%和47.4%，居9个处理的前三位。

表7-44　白银市胡麻/玉米带田胡麻组分产量及产量要素

Tab. 7-44　Component yield and yield factors of oil flax in flax/maize belt field in Baiyin

处理	株高（cm）	分茎数（个）	分枝数（个）	每株果数（个）	每果粒数（个）	千粒重（g）	单株产量（g）	带Ⅰ产量（kg）	带Ⅱ产量（kg）	带Ⅲ产量（kg）	平均（kg·带⁻¹）	单位产量（kg·亩⁻¹）	差异显著性 5%	差异显著性 1%
T1	60.9	1.0	6.5	34.4	7.3	7.2	0.86	0.62	0.66	0.64	0.64	60.7	e	DE
T2	60.1	1.1	6.3	33.0	7.3	7.1	0.84	0.87	0.91	0.85	0.88	72.9	bc	ABC
T3	63.6	1.1	6.2	33.4	7.2	7.1	0.81	0.99	1.01	1.00	1.00	78.4	ab	A
T4	60.9	0.8	6.1	30.9	6.8	6.7	0.75	0.52	0.65	0.62	0.59	56.4	e	E
T5	61.7	0.7	5.9	31.0	6.8	6.8	0.75	0.84	0.90	0.75	0.83	69.2	cd	BC
T6	66.7	0.7	5.7	29.7	6.5	6.6	0.69	0.90	0.97	0.96	0.94	73.9	abc	ABC
T7	62.6	1.0	6.4	32.6	7.2	7.0	0.9	0.64	0.77	0.69	0.70	66.7	d	CD
T8	62.8	1.0	6.2	32.0	7.0	7.1	0.82	0.91	0.92	0.89	0.91	75.6	ab	AB
T9	57.4	1.1	6.1	30.5	6.8	6.8	0.81	1.04	1.02	1.00	1.02	79.8	a	A
T11	58.2	1.0	7.2	34.8	7.4	7.1	0.77	—	—	—	—	159.6	—	—

（二）胡麻/玉米带田玉米产量及产量要素分析

从表7-45来看，在同一胡麻密度下，带田玉米的亩产随带幅的增大而减小，即带幅为140 cm的带型中玉米的产量最高，带幅为160 cm的次之，带幅为170 cm的产量最低。相同带型中，当胡麻密度从每亩40万株增加到60万株时，该带型中玉米的产量均减小。这是由于在共生期胡麻密度过大，对该带幅水分、养分的竞争过大，影响了该带幅中玉米的生长，造成玉米的百粒重和穗粒重下降所致。经方差分析，乌兰察布市胡麻/玉米带田中，胡麻种植密度和带型间差异达极显著水平。多重比较得出处理T1与其他8个处理间差异极显著，处理T7和处理T4与剩余6个处理得差异达显著水平，而处理T7和处理T4之间差异不显著。从表7-45看出，处理T1、处理T7和处理T4的玉米亩产分别达到437.2 kg、421.7 kg和400.6 kg，居9各处理的前三位。其产量分别达到了单作玉米的59.1%、57.0%和54.1%。由此看出，在乌兰察布市胡麻/玉米带田中，带宽为140 cm时玉米的产量最高。此带型中玉米能够发挥出较好的产量水平。

表7-45　乌兰察布市胡麻/玉米带田玉米组分产量及产量要素

Tab. 7-45　Yield of maize components and yield factors in flax/maize belt field in Wulanqab

处理	株高（cm）	果穗长（cm）	果穗粗（cm）	行数（行）	行粒数（粒）	穗粒重（g）	百粒重（g）	带Ⅰ产量（kg）	带Ⅱ产量（kg）	带Ⅲ产量（kg）	平均产量（kg·带⁻¹）	单位产量（kg·亩⁻¹）	差异显著性 5%	差异显著性 1%
T1	192	20.0	4.8	19.0	37.3	172.4	24.2	12.84	12.99	12.99	12.94	437.2	a	A
T2	191	19.0	4.8	19.0	38.0	160.0	23.9	12.36	12.00	12.21	12.19	354.8	bc	BC
T3	191	21.0	4.8	19.0	37.3	168.5	23.8	12.39	12.60	12.54	12.51	304.8	bcd	BC
T4	191	20.7	4.7	19.0	38.7	157.9	23.1	12.00	10.80	10.50	11.10	400.6	b	B
T5	188	20.0	4.9	19.0	38.0	161.8	23.4	9.60	11.40	11.40	10.80	359.4	cde	BC

（续表）

处理	株高 （cm）	果穗长 （cm）	果穗粗 （cm）	行数 （行）	行粒数 （粒）	穗粒重 （g）	百粒重 （g）	带Ⅰ产量 （kg）	带Ⅱ产量 （kg）	带Ⅲ产量 （kg）	平均产量 （kg·带⁻¹）	单位产量 （kg·亩⁻¹）	差异显著性 5%	差异显著性 1%
T6	191	21.3	4.9	19.3	38.6	164.8	22.7	11.40	10.50	10.50	10.80	293.5	e	C
T7	193	21.3	4.8	19.0	38.9	168.5	23.7	10.50	12.60	10.20	11.10	421.7	b	B
T8	189	20.0	4.9	19.0	38.7	160.6	23.9	11.10	9.60	10.80	10.50	356.6	de	C
T9	190	21.6	4.8	19.0	38.0	154.7	23.2	11.20	11.70	10.20	11.00	283.3	de	C
T10	206	22.3	4.9	19.0	38.7	170.5	24.0	21.30	23.80	21.50	22.20	740.0	—	—

从表 7-46 来看，在同一胡麻密度下，带幅为 160 cm 的带型中玉米的产量最高，带幅为 170 cm 的次之，带幅为 140 cm 的产量最低。相同带型中，当胡麻密度从每亩 40 万株增加到 50 万株时，该带型中玉米的产量随密度的增加而增大，但当胡麻密度增加到 60 万株时，玉米的产量显著下降。这是由于在共生期胡麻密度过大，对该带幅水分、养分的竞争过大，影响了该带幅中玉米的生长，造成玉米的穗长、穗行数、百粒重和穗粒重下降所致。经方差分析，白银胡麻/玉米带田中，胡麻种植密度和带型间差异达极显著水平。多重比较得出处理 T8、处理 T9、处理 T2 与其他 6 个处理间的差异极显著，而处理 T8 与处理 T9、处理 T2 间差异达显著水平，而处理 T9 和处理 T2 之间差异不显著。从表 7-46 看出，处理 T8、处理 T9 和处理 T2 的玉米亩产分别达到 749.8kg、717.4kg 和 712.8kg，居 9 各处理的前三位。其产量分别达到了单作玉米的 76.9%、73.6% 和 73.1%。

表 7-46　白银市胡麻/玉米带田玉米组分产量及产量要素

Tab. 7-46　Component yield and yield factors of maize in flax/maize belt field in Baiyin

处理	株高 （cm）	果穗长 （cm）	果穗粗 （cm）	行数 （行）	行粒数 （粒）	穗粒重 （g）	百粒重 （g）	带Ⅰ产量 （kg）	带Ⅱ产量 （kg）	带Ⅲ产量 （kg）	平均产量 （kg·带⁻¹）	单位产量 （kg·亩⁻¹）	差异显著性 5%	差异显著性 1%
T1	205	20.3	5.0	14.0	35.5	184.4	37.1	6.44	6.56	6.44	6.48	617.2	d	FG
T2	217	21.1	5.0	15.0	38.6	223.5	38.6	8.63	8.58	8.45	8.55	712.8	b	BC
T3	197	22.1	4.9	14.0	38.5	212.9	39.5	8.65	8.91	8.50	8.69	681.3	c	CD
T4	197	19.6	5.0	15.0	34.5	190.4	36.8	6.27	6.09	6.17	6.18	588.3	e	G
T5	234	20.8	5.0	16.0	36.2	213.5	36.9	8.12	8.26	8.24	8.21	683.9	c	BCD
T6	222	20.4	4.8	14.0	35.7	188.4	37.7	8.38	8.52	8.42	8.44	662.0	c	DE
T7	192	22.2	5.0	14.0	37.5	193.7	36.9	7.02	6.50	6.57	6.70	637.8	d	EF
T8	217	23.7	4.9	16.0	38.2	240.4	39.3	9.00	8.91	9.08	9.00	749.8	a	A
T9	213	20.8	5.1	16.0	37.5	238.8	39.8	9.23	8.88	9.33	9.15	717.4	b	AB
T10	278	23.5	5.3	14.0	44.3	221.4	35.7	—	—	—	—	975.2	—	—

三、胡麻/玉米带田产量及经济效益分析

从表 7-47 来看，乌兰察布市胡麻/玉米带田产量明显低于白银市的产量，这是由于该年乌兰察布降雨偏多，胡麻倒伏严重，对产量影响较大。另外，该地区早霜比往年早 10 d 左右，玉米叶片被霜杀死，也影响到了玉米的产量。乌兰察布市和白银市的胡麻/玉米带田产值均明显比单作胡麻产值高，但除白银市试验点的处理 T8 以外，其他处理均低于单作玉米的产值。乌兰察布市带田中处理 T1、处理 T7、处理 T4 的亩产值分别为 1 075.2 元 1 026.4 元 1 023.4 元，居 9 个处理的前三位。白银带田中居前 3 位的处理为 T8、处理 T9、处理 T2，其亩产值分别为 2 178.9 元、2 137.0 元、2 078.6 元。以土地当量值来衡量带田的经济可行性，从表 7-44 看出，乌兰察布市所有处理的土地当量值均

没有大于 1；白银点除处理 T1 和处理 T4 外，其余处理的土地当量值均大于 1，说明在当地种植胡麻/玉米带田是可行的。

表 7-47　胡麻/玉米带田产量及经济效益

Tab. 7-47　Yield and economic benefit of oil flax/maize strip field

处理	带田胡麻（kg·亩⁻¹）		带田玉米（kg·亩⁻¹）		总产值（元·亩⁻¹）		土地当量值	
	乌兰察布市	白银市	乌兰察布市	白银市	乌兰察布市	白银市	乌兰察布市	白银市
T1	16.2	60.7	437.2	617.2	1 075.2	1 782.8	1.0	1.0
T2	15.3	72.9	354.8	712.8	887.7	2 078.6	0.8	1.2
T3	13.9	78.4	304.8	681.3	767.9	2 048.0	0.7	1.2
T4	20.3	56.4	400.6	588.3	1 023.4	1 689.2	1.0	1.0
T5	18.6	69.2	359.4	683.9	920.9	1 988.8	0.9	1.1
T6	19.8	73.9	293.5	662.0	784.3	1 973.9	0.8	1.1
T7	14.1	66.7	421.7	637.8	1 026.4	1 869.9	0.9	1.1
T8	11.1	75.6	356.6	749.8	862.2	2 178.9	0.7	1.2
T9	20.1	79.8	283.3	717.4	764.0	2 137.0	0.8	1.2
T10	44.3	—	740.0	—	310.1	1 117.2	—	—
T11	—	159.6	—	975.2	1 628.0	2 145.4	—	—

四、结论

（1）胡麻/玉米带田的光合时间分别比单作胡麻、玉米延长了 54 d 和 42 d。带田的叶面积指数显著高于单作胡麻，比单作玉米高 6.3%。同一密度下，不同带型的叶面积指数随带幅的增大而增大。在胡麻收获之前，对于带型相同，不同密度带田的叶面积指数随胡麻密度的增大而增大。在胡麻收获之后，带田叶面积指数随胡麻密度的增大而减小。但从带田全生育期来看，各处理间总的叶面积指数差异不大，这说明胡麻/玉米带田的群体调节能力强。

（2）同一密度下，不同带型中，胡麻和玉米的干物质积累量随带幅的增大而增大。相同带型中不同密度胡麻的干物质积累量随胡麻密度的增大而增大，进入生殖生长阶段，胡麻密度过大，造成群体内遮光严重，光合效率降低，胡麻干物质积累量反而下降，玉米各器官干物质积累量随胡麻密度的增大而减少。带田中，在时间、空间上合理搭配两种作物，可减小共生期对光热水肥的竞争，能够充分发挥各自的生产潜力。

（3）通过对 9 种不同带型、密度胡麻/玉米带田的叶面积指数、干物质积累量、产量要素、产量、产值、土地当量值得系统研究，总结提出适宜乌兰察布市和白银市的最佳胡麻/玉米带田种植模式。乌兰察布市和白银市的最佳种植模式分别为 T1 和 T8，这两种带型下，玉米对胡麻的遮阴较小，胡麻/玉米带田自我调节能力较强，将共生期间竞争造成的影响降到最低，能够将二者的优势充分发挥出来。乌兰察布市 T1 的亩产值分别为 1 075.2 元，比单种胡麻经济效益显著增加，土地当量值为 1.0。白银市 T8 的亩产值为 2 178.9 元，比单种胡麻和玉米产值分别增加 1 061.7 元和 33.5 元，土地当量值为 1.2。在耕地资源日益短缺的形势下，因地制宜地种植带田，能够有效提高土地的利用率，对增加农民收入具有重要作用。

第八章 胡麻轮作模式

农业生产必须连续，为此必须把用地养地结合起来。轮作倒茬是用地养地相结合的一种农业措施，大量研究表明，轮作倒茬可以有效协调作物之间养分吸收的局限性，使土壤养分有效性增加，通过改善根系分泌物质，自毒作用减少，改善根际微生物群落结构，提高土壤酶活性的同时降低土传病害的发生（蔡祖聪等，2016）。玉米—豌豆轮作比玉米连作产量增加5%~20%。并且轮作周期越长，增产效果越明显（Alvey et al，2003）。与轮作相对的是连作，人们为了追求利益，连作现象变得越来越普遍，这种现象对农业生产的影响很大，引起了学者们的高度关注。有研究表明，大豆连作可使其产量降低、品质下降、改变土壤微生物区系、土传病虫害加重等，但是不同作物对连作反应也存在着差异（Benson et al，1985）。通过对连作障碍机理进行了土壤养分、酶活性方面的研究表明，连作导致土壤理化特性恶化，酶活性降低，微生物多样性减少（Crookston et al，1991）。连作导致农田土壤有机质含量降低，土壤中某种元素过度消耗，从而导致土壤中某种营养元素消耗过多，易造成土壤营养失衡，产生缺素症，影响作物生长发育。连作不利于氮素的维持，而轮作换茬、能有效缓解土壤氮素消耗（Kurtz et al，1999）。本章针对干旱半干旱区农业的主要特征，结合当地的种植制度以及气候和降水特征，设计了以胡麻为主的轮作试验，研究不同轮作模式下土壤肥力以及土壤生物学活性的时空效应，揭示旱地农田土壤养分及其生物学特性对不同胡麻轮作模式的响应。

第一节 土壤理化性质对不同轮作模式的响应

一、土壤有机碳对不同轮作模式的响应

（一）不同轮作模式对土壤有机碳含量的影响

如表8-1所示，R、SD及R×SD间互作效应均对土壤有机碳含量的影响极显著（$P<0.01$）。从0~10 cm土层土壤有机碳含量来看，WPWF处理提高了该土层土壤有机碳含量，与轮作前、休闲和胡麻连作相比分别高出了16.65%、0.98%和3.56%。FWFP处理0~10 cm土层土壤有机碳含量最低，较其他处理降低了6.10%~15.55%。由10~30 cm土层土壤有机碳含量看出，休闲处理该土层土壤有机碳含量最高，与其他处理相比高出了3.40%~42.86%。FPFW处理10~30 cm土层土壤有机碳含量最低，与轮作前和休闲相比降低了15.68%和32.86%。由30~60 cm土层土壤有机碳含量看出，休闲田该土层土壤有机碳含量最高，比其他处理高出11.44%~78.78%，其次为PFWF处理，与轮作前和连作相比分别高出了18.97%和38.16%。FWPF处理该土层土壤有机碳含量最低，较其他处理降低了0.15%~78.87%。不同轮作模式对60 cm以下土层土壤有机碳含量无显著影响。

表8-1 不同轮作模式对土壤有机碳含量的影响

$(g \cdot kg^{-1})$

Tab. 8-1 Effects of different crop rotation on the content of soil carbon

处理	土层深度（cm）				
	0~10	10~30	30~60	60~90	90~150
轮作前	9.42	9.86	8.96	4.20	4.20
休闲	10.88	11.32	11.88	4.69	7.25
连作	10.61	9.19	7.72	5.30	4.37

（续表）

处理	土层深度（cm）				
	0~10	10~30	30~60	60~90	90~150
FWPF（胡麻-小麦-马铃薯-胡麻）	10.16	10.85	7.99	8.57	5.74
WPFF（小麦-马铃薯-胡麻-胡麻）	9.98	9.57	6.75	5.01	4.16
PFFW（马铃薯-胡麻-胡麻-小麦）	10.18	9.23	7.30	5.39	4.23
FFWP（胡麻-胡麻-小麦-马铃薯）	9.88	9.86	6.77	5.26	2.98
WFPF（小麦-胡麻-马铃薯-胡麻）	10.40	9.26	8.64	5.23	5.47
FPFW（胡麻-马铃薯-胡麻-小麦）	10.28	8.52	9.43	5.54	6.32
PFWF（马铃薯-胡麻-小麦-胡麻）	9.72	10.01	10.66	5.39	4.49
FWFP（胡麻-小麦-胡麻-马铃薯）	9.28	9.92	7.79	5.32	4.64
WPWF（小麦-马铃薯-小麦-胡麻）	10.99	10.22	9.21	5.57	5.71
PWFW（马铃薯-小麦-胡麻-小麦）	10.27	9.63	6.65	6.99	4.50
WFWP（小麦-胡麻-小麦-马铃薯）	10.32	10.48	7.41	6.26	4.29
FWPW（胡麻-小麦-马铃薯-小麦）	10.86	9.60	6.64	6.19	4.49
LSD$_{0.05}$	0.22	0.26	0.56	0.98	0.91
R			$P<0.01$		
SD			$P<0.01$		
R×SD			$P<0.01$		

注：R 表示轮作；SD 表示土层深度；R×SD 表示轮作与土层深度间的互作效应。下同。

（二）胡麻频率对土壤有机碳含量时空分布的调控作用

如图 8-1 所示，不同轮作模式中胡麻频率与土层深度对土壤有机碳含量的互作效应极显著（$P<0.01$）。与轮作前相比，各轮作系统不同程度地提高了各土层土壤有机碳含量，但与休闲相比，不同胡麻频率却降低了土壤有机碳含量。从 0~10 cm 土层来看，25%胡麻处理下该土层土壤有机碳含量最高，与轮作前和胡麻连作相比高出了 21.22%和 18.94%。不同处理该土层土壤有机碳含量高低关系表现为：25%胡麻>50%（Ⅰ）胡麻>休闲>50%（Ⅱ）胡麻>连作>轮作前。由 10~30 cm 土层可见，25%胡麻处理该土层土壤有机碳含量最高，除与休闲间无显著差异（$P>0.05$）外，较其他处理高 4.04%~11.86%。不同处理该土层土壤有机碳含量高低关系表现为：休闲 > 25%胡麻 > 连作 > 50%（Ⅱ）胡麻 > 轮作前 > 50%（Ⅰ）胡麻。从 30~60 cm 土层土壤有机碳含量看出，除休闲外，50%（Ⅱ）胡麻处理该土层土壤有机碳含量最高，与轮作前、胡麻连作、50%（Ⅰ）胡麻和 25%胡麻相比分别高出 26.15%、20.93%、23.45%和 21.69%，但与休闲没有显著差异。轮作前该土层土壤有机碳含量最低。不同处理对 60~150 cm 土层土壤有机碳含量无显著影响。

（三）胡麻轮作模式对 0~60 cm 土层土壤有机碳储量的影响

不同轮作模式对土壤有机碳处理影响显著（图 8-2），休闲处理土壤碳储量最高，与其他处理相比高出了 3.39%~39.68%。PFWF 处理土壤碳储量与休闲处理间无显著差异（$P>0.05$），与播前和胡麻连作处理相比高出 22.12%和 18.59%。PWFW 处理土壤碳处理最低，与播前和休闲相比降低了 8.79%和 30.57%。

（四）不同胡麻频率对 0~60 cm 土层土壤有机碳储量的影响

不同胡麻频率对土壤有机碳储量影响极显著（图 8-3）。休闲有机碳储量最高，比其他处理高 18.03%~27.38%。50%（Ⅱ）胡麻处理土壤有机碳储量仅次于休闲处理，比连作、50%（Ⅰ）和 25%胡麻处理分别高出 7.90%、7.90%和 7.92%。不同处理土壤有机碳储量表现为：休闲>50%（Ⅱ）

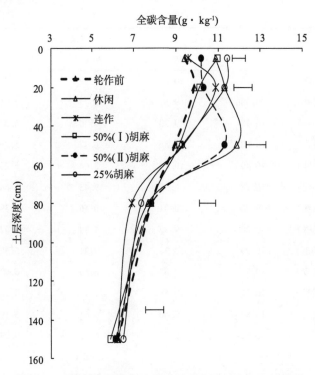

图 8-1　不同胡麻频率对土壤有机碳含量时空分布的影响

Fig. 8-1　**Effects of different oil flax frequency on the distribution of soil total carbon**

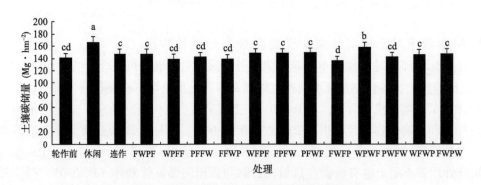

图 8-2　不同轮作模式对土壤有机碳储量的影响

Fig. 8-2　**Soil organic carbon storage in different crop rotation**

胡麻>50%（Ⅰ）胡麻>连作>25%胡麻>轮作前。

二、土壤养分含量对胡麻轮作模式的响应

（一）胡麻轮作模式对土壤全氮含量剖面分布的影响

由表 8-2 可见，R、SD 及 R×SD 对土壤全氮含量影响极显著。由 0～10 cm 土层看出，轮作前该土层土壤全氮含量最高，比其他处理高出 6.39%～76.02%。FFWP 处理该土层土壤全氮含量仅次于轮作前，与休闲和连作相比全氮含量分别高出 36.09% 和 56.16%。FWPF 处理该土层土壤全氮含量最低，较轮作前，休闲和连作分别降低了 76.03%、21.57% 和 5.95%。从 10～30 cm 土层看，FFWP 该土层土壤全氮含量最高，与轮作前、休闲和胡麻连作处理相比分别高出了 1.71%、43.63% 和 68.17%。WFWP 处理该土层土壤全氮含量最低，比轮作前、休闲和胡麻连作处理分别降低了 102.51%、43.41% 和 22.48%。从 30～60 cm 土层看出，轮作前处理该土层土壤全氮含量最高，与其他处理相比高出了 43.16%～97.86%。在不同轮作模式中，WFPF 处理该土层土壤全氮含量最高，与

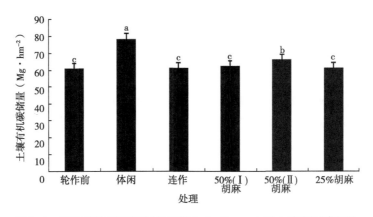

图 8-3 不同胡麻频率的轮作系统中 0~60 cm 土层土壤有机碳储量

Fig. 8-3 Soil organic carbon storage in different crop rotation systems which with different frequencies of oil flax

休闲和胡连作相比分别高出了 24.09% 和 30.30%。WFWP 处理该土层土壤全氮含量最低，比休闲和连作处理分别降低了 11.38% 和 6.07%。休闲处理 60~150 cm 土层土壤全氮含量最高，不同轮作模式对该土层土壤全氮含量无显著影响。

表 8-2 不同轮作模式对土壤全氮含量的影响 （g·kg⁻¹）

Tab. 8-2 Effects of different crop rotation on the content of soil total nitrogen

处理	土层深度				
	0~10cm	10~30cm	30~60cm	60~90cm	90~150cm
轮作前	1.23	1.22	1.14	0.98	0.78
休闲	0.85	0.86	0.64	0.64	0.56
连作	0.74	0.74	0.61	0.58	0.54
FWPF（胡麻-小麦-马铃薯-胡麻）	0.70	0.67	0.76	0.68	0.54
WPFF（小麦-马铃薯-胡麻-胡麻）	0.85	0.69	0.65	0.59	0.50
PFFW（马铃薯-胡麻-胡麻-小麦）	0.98	0.82	0.66	0.54	0.56
FFWP（胡麻-胡麻-小麦-马铃薯）	1.16	1.24	0.65	0.60	0.51
WFPF（小麦-胡麻-马铃薯-胡麻）	0.71	0.76	0.79	0.62	0.52
FPFW（胡麻-马铃薯-胡麻-小麦）	0.85	0.78	0.67	0.56	0.53
PFWF（马铃薯-胡麻-小麦-胡麻）	0.70	0.77	0.70	0.65	0.54
FWFP（胡麻-小麦-胡麻-马铃薯）	0.83	0.86	0.61	0.63	0.54
WPWF（小麦-马铃薯-小麦-胡麻）	0.79	0.70	0.62	0.55	0.53
PWFW（马铃薯-小麦-胡麻-小麦）	0.86	0.76	0.62	0.57	0.53
WFWP（小麦-胡麻-小麦-马铃薯）	0.83	0.60	0.57	0.53	0.53
FWPW（胡麻-小麦-马铃薯-小麦）	0.97	0.87	0.63	0.58	0.57
LSD$_{0.05}$	0.06	0.09	0.05	0.04	0.03
R			$P<0.01$		
SD			$P<0.01$		
R×SD			$P<0.01$		

（二）不同胡麻频率对土壤全氮含量的影响

如图 8-4 所示，随着种植年份的增加，土壤全氮含量逐渐降低。土壤全氮垂直分布情况是随着土层深度的加深而呈先增后减的变化趋势。从 0~10 cm 土层看出，同轮作前相比，各处理土壤全氮含量降低了 38.51%~66.15%。50%（Ⅰ）胡麻处理该土层土壤全氮含量最高，与休闲、连作、50%（Ⅱ）胡麻处理相比分别高出 3.49%、19.95% 和 17.42%。胡麻连作处理该土层土壤全氮含量最低，与其他处理相比降低了 2.70%~17.10%。由 10~30 cm 土层土壤全氮含量可见，与轮作前相比，各处理土壤全氮含量降低了 34.96%~65.33%。50（Ⅰ）% 胡麻处理该土层土壤全氮含量最高，比连作、50%（Ⅱ）胡麻和 25% 胡麻处理分别高出 22.50%、13.95% 和 21.13%。各处理 30~60 cm 土层土壤全氮含量均比轮作前降低了 40.10%~86.54%。但是其他处理之间差异不显著，说明各土壤全氮含量对各轮作系统响应最大的土层是 0~30 cm 土层，各处理对 30 cm 以下土层土壤全氮没有显著性影响。

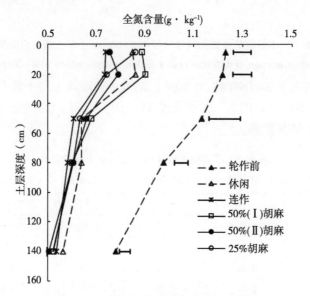

图 8-4　不同胡麻频率对土壤全氮的影响

Fig. 8-4　Effects of different frequency of oil flax on the content of soil total nitrogen

（三）胡麻轮作模式对 0~60 cm 土层土壤氮储量的影响

如图 8-5 所示，不同轮作模式对土壤全氮储量影响显著，与轮作前相比，种植作物 0~60 cm 土层土壤氮储量明显降低了 26.74%~88.65%。不同轮作模式中 FFWP 处理土壤氮储量最高，与休闲和连作相比分别高出了 24.21%~38.13%。WFPF 处理土壤氮储量最低，与其他处理相比降低了 12.53%~48.84%。说明，合理的胡麻轮作提高了土壤全氮储量，相同的作物以不同的顺序种植，对

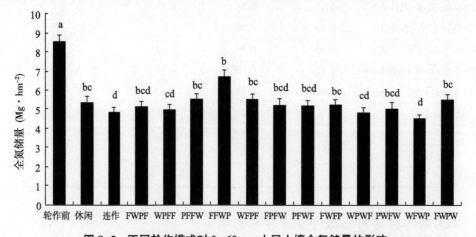

图 8-5　不同轮作模式对 0~60 cm 土层土壤全氮储量的影响

Fig. 8-5　Effects of different crop rotations on soil total N of 0~60 cm layer

土壤全氮含量的影响不同，胡麻连作降低了 0~60 cm 土层土壤全氮储量，消耗了该土层土壤全氮。同时，部分胡麻轮作模式也会降低土壤全氮储量。

（四）不同作物茬口及胡麻轮作模式对土壤硝态氮含量时空变化的影响

如表 8-3 所示，SB、SD 和 SB×SD 对土壤硝态氮含量影响极显著（$P<0.01$）。总体而言，各轮作系统播前土壤硝态氮含量低于收后硝态氮含量。从 2014 年播前土壤硝态氮看出，胡麻茬口 0~10 cm 土层土壤硝态氮含量最高，与小麦和马铃薯茬口相比高出 38.42% 和 6.56%。马铃薯茬口该土层硝态氮含量最低。小麦茬口 10~30 cm 土层硝态氮含量最高，马铃薯茬口 30~60 cm 土层硝态氮含量最高。从 2014 年收获后土壤硝态氮含量来看，FP 茬口 0~10 cm 土层硝态氮含量最高，与其他处理相比高出了 36.95%~195.14%，PW 茬口该土层硝态氮含量最低。WP 处理 10~30 cm 土层硝态氮含量最高，与其他处理相比高出了 176.55%~480.08%。PW 茬口该土层土壤硝态氮含量最低。PF 茬口 30~60 cm 土层硝态氮含量最高，比其他处理高出了 8.82%~131.25%，FW 茬口该土层硝态氮含量最低，仅为 1.71 mg·kg⁻¹。WF 茬口 60~90 cm 土层硝态氮含量最高，比其他处理高出了 9.79%~740.38%，FF 茬口该土层硝态氮含量最低。PW 处理 60~90 cm 土层土壤硝态氮含量最高，比其他处理高出了 71.13%~784.16%，FF 茬口该土层硝态氮含量最低。

从 2015 年播前各土层硝态氮含量可见，FF 茬口 0~10 cm 土层硝态氮含量最高，较其他茬口高出了 25.61%~115.74%，WP 茬口该土层硝态氮含量较其他除处理降低了 14.54%~53.65%。FP 茬口 10~30 cm 土层硝态氮含量最高，较其他处理提高了 41.98%~248.34%，FF 茬口最低。FP 茬口 30~60 cm 土层硝态氮含量比其他茬口高出了 11.09%~403.97%，WF 茬口该土层硝态氮含量最低。WP 处理 60~90 cm 土层土壤硝态氮含量最高，与其他处理相比高出了 6.14%~247.01%。

表 8-3　不同茬口及轮作模式对土壤硝态氮含量的影响　　　　　　　　　　　　　（mg·kg⁻¹）

Tab. 8-3　Effects of different stubble crops and crop rotation on soil nitrate nitrogen of soil

时间	不同茬口	土层深度				
		0~10cm	10~30cm	30~60cm	60~90cm	90~150cm
2014 年播前	W	16.19	10.09	10.88		
	F	22.41	9.76	6.95		
	P	21.03	9.70	12.26		
	LSD₀.₀₅	4.17	1.29	3.53		
	SB	$P<0.05$				
	SD	$P<0.0001$				
	SB×SD	$P<0.0001$				
2014 年收后	WF	10.56	4.72	3.63	4.37	3.36
	FP	19.42	5.16	5.21	3.60	2.49
	PF	14.18	3.89	5.92	4.40	2.56
	FW	6.97	5.11	1.71	1.47	1.35
	WP	9.45	14.27	3.64	3.98	1.92
	FF	8.35	3.22	5.44	0.52	0.65
	PW	6.58	2.46	2.56	3.59	13.75
	LSD₀.₀₅	4.43	2.03	0.83	0.81	2.30
	SB	$P<0.0001$				
	SD	$P<0.0001$				
	SB×SD	$P<0.0001$				

（续表）

时间	不同茬口	土层深度				
		0~10cm	10~30cm	30~60cm	60~90cm	90~150cm
2015 年播前	WF	21.71	8.71	2.77	2.89	
	FP	20.53	22.05	13.96	7.65	
	PF	14.79	10.83	4.18	2.58	
	FW	14.79	10.83	4.18	2.58	
	WP	12.64	15.53	12.57	8.12	
	FF	27.27	6.33	2.81	5.59	
	PW	20.70	7.70	5.86	2.34	
	LSD$_{0.05}$	3.76	2.88	2.32	1.27	
	SB	$P<0.0001$				
	SD	$P<0.0001$				
	SB×SD	$P<0.0001$				
2015 年收后	WFP	48.93	69.78	19.15	17.10	4.68
	FPF	5.68	4.05	13.86	3.65	5.67
	PFW	4.05	4.80	4.22	7.69	7.04
	FWF	4.44	6.30	4.54	7.25	3.22
	FWP	25.25	29.76	5.53	5.33	11.80
	WPF	9.65	7.20	2.57	6.57	5.47
	PFF	4.57	12.52	4.58	6.71	2.46
	FFW	3.17	2.34	3.36	2.47	3.85
	WPW	2.87	6.60	3.03	5.60	0.04
	PWF	3.61	6.59	4.74	3.67	6.32
	WFW	4.67	4.22	2.60	4.84	3.37
	LSD$_{0.05}$	5.37	7.54	2.03	2.65	1.18
	SB	$P<0.0001$				
	SD	$P<0.0001$				
	SB×SD	$P<0.0001$				
2016 年播前	WFP	15.10	36.18	27.96	2.16	4.73
	FPF	19.45	10.46	12.50	19.00	2.48
	PFW	10.58	11.08	18.25	5.50	3.48
	FWF	11.55	8.82	5.70	4.95	1.68
	FWP	27.00	25.56	8.39	7.42	6.43
	WPF	22.68	8.47	17.28	16.01	9.41
	PFF	14.05	9.09	8.57	0.73	3.59
	FFW	12.88	5.01	3.22	0.57	3.24
	WPW	6.62	20.41	6.36	4.94	1.76
	PWF	12.89	12.80	7.61	1.42	6.62
	WFW	6.23	8.98	3.76	2.14	6.66
	LSD$_{0.05}$	2.43	3.56	2.85	2.38	0.96
	SB	$P<0.0001$				
	SD	$P<0.0001$				
	SB×SD	$P<0.0001$				

（续表）

时间	不同茬口	土层深度				
		0~10cm	10~30cm	30~60cm	60~90cm	90~150cm
	WFPF	5.48	11.32	8.00	25.18	4.14
	FPFW	5.64	9.93	8.27	17.66	7.86
	PFWF	2.50	15.61	6.33	10.21	5.49
	FWFP	15.66	9.26	5.67	12.82	16.93
	FWPF	4.88	8.61	6.67	24.65	13.99
	WPFF	3.69	10.60	16.80	10.71	10.65
	PFFW	3.07	7.21	7.55	18.24	9.43
	FFWP	11.30	9.83	4.60	7.30	8.17
2016年收后	WPWF	4.40	9.96	18.87	24.05	7.05
	PWFW	2.01	1.34	6.31	10.61	5.49
	WFWP	2.68	4.43	8.88	8.63	5.42
	FWPW	13.44	36.32	7.55	56.69	7.58
	LSD$_{0.05}$	1.69	3.14	1.63	4.90	1.54
	R			$P<0.0001$		
	SD			$P<0.0001$		
	R×SD			$P<0.0001$		

注：SB 表示茬口；SD 表示土层深度；SB×SD 表示茬口和土层深度间的互作效应。下同。

2016 年轮作前各土层土壤硝态氮含量显示，FWP 茬口 0~10 cm 土层土壤硝态氮含量最高，比其他茬口高出了 19.08%~38.82%，WFW 茬口该土层硝态氮含量最低。WFP 茬口 10~30 cm 土层硝态氮含量最高，较其他处理高 41.55%~327.15%，FFW 茬口该土层硝态氮含量最低，仅为 5.01 mg·kg^{-1}。WFP 茬口 30~60 cm 土层硝态氮含量最高，与其他茬口相比高出了 53.21%~643.62%，FWF 茬口该土层硝态氮最低。WPF 茬口 90~150 cm 土层硝态氮含量最高，较其他处理高出了 41.29%~460.01%，FWF 茬口该土层硝态氮含量最低，较其他处理降低了 74.77%~82.15%。从 2016 年收获后可知，FWFP 处理 0~10 cm 土层土壤硝态氮含量最高，与其他处理相比高出 16.52%~679.10%，PWFW 该土层硝态氮含量最低，仅为 2.01mg·kg^{-1}。但是 PWFW 处理 10~30 cm 土层硝态氮含量最高，比其他处理高 30.17%~1716.41%。WPWF 处理 30~60 cm 土层硝态氮含量最高，比其他处理高 12.32%~310.21%。FWPW 处理 60~90 cm 土层硝态氮含量最高，较其他处理高出了 45.71%~402.60%，FFWP 处理该土层硝态氮含量最低。FWFP 处理提高了 90~150 cm 土层硝态氮含量，较其他处理高出了 45.71%~402.60%，WFPF 处理该土层硝态氮含量最低。

（五）不同胡麻频率对土壤硝态氮含量的影响

如图 8-6 所示，除播前和休闲外，其他不同胡麻频率的轮作系统土壤硝态氮含量随着土层深度的增加呈“增—减—增—减”的变化趋势。种植作物显著提高了 10~30 cm 和 60~90 cm 土层土壤硝态氮含量，休闲处理显著降低了 60~150 cm 下土层土壤硝态氮含量。50%（Ⅰ）胡麻处理 10~30 cm 和 60~90 cm 土层土壤硝态氮含量最高，较其他处理高出了 27.92%~80.45%。

（六）不同作物茬口和轮作模式对土壤铵态氮含量的影响

如表 8-4 所示，作物茬口、土层深度以及二者间的互作效应对土壤铵态氮含量影响显著。从 2014 年轮作前看，马铃薯茬口土壤铵态氮含量最高，较小麦和胡麻茬口分别高出了 46.50% 和 1.42%。胡麻茬口 10~30 cm 土层铵态氮较小麦和马铃薯茬口分别高出了 17.55% 和 21.26%。各茬

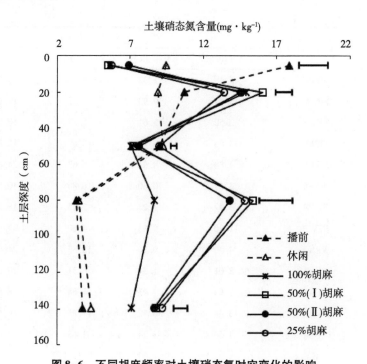

图 8-6　不同胡麻频率对土壤硝态氮时空变化的影响

Fig. 8-6　Effects of different oil flax on the temporal and spatial
variation of nitrate nitrogen of soil

口对 30~60 cm 土层土壤铵态氮含量无显著影响。从 2014 年收获后来看，FP 茬口 0~10 cm 土层铵态氮含量最高，与其他茬口相比高出了 74.73%~345.56%，FF 茬口该土层铵态氮含量最低。WF 茬口 10~30 cm 土层铵态氮含量最高，比其他处理高出了 9.25%~191.36%，FW 茬口该土层铵态氮含量最低。但是 FW 茬口提高了 30~60 cm 土层土壤铵态氮含量，与其他处理相比高出了 13.35%~157.42%，WF 茬口该土层铵态氮含量最低。FF 茬口 60~90 cm 土层铵态氮含量最高，较其他处理高出了 5.91%~179.22%。WP 茬口提高了 90~150 cm 土层铵态氮含量，较其他处理高出了 11.00%~138.19%，FP 处理该土层铵态氮含量最低。从 2015 年轮作前看，PF 茬口 0~10 cm 土层铵态氮含量最高，较其他处理高出了 28.16%~43.67%，PW 茬口该土层铵态氮量最低。WP 茬口提高了 10~30 cm 土层铵态氮含量，较其他处理高出了 18.13%~62.29%。PW 茬口 30~60 cm 土层铵态氮含量最高，较其他处理高出了 9.58%~59.86%，WF 茬口该土层土壤铵态氮含量最低。PF 处理提高了 60~90 cm 土层土壤铵态氮含量，较其他处理高出了 62.89%~187.50%。

2016 年轮作前，WPW 茬口 0~10 cm 土层铵态氮含量最高，与其他处理相比高出了 1.24%~990.16%。PWF 茬口提高了 10~30 cm 土层铵态氮含量，较其他处理高出了 613.68%~2209.28%，FFW 茬口该土层态氮含量最低。PWF 茬口 30~60 cm 土层铵态氮含量最高，较其他处理高出了 8.55%~8154.17%，PFF 该土层铵态氮含量最低。WPF 茬口 60~90 cm 土层铵态氮含量较其他处理高出了 17.24%~89.32%，FWF 茬口该土层铵态氮最低。2016 年收后，WFPF 处理 0~10 cm 土层铵态氮含量最高，较其他处理高出了 10.67%~487.78%，PWFW 该土层铵态氮含量最低。PFFW 处理提高了 10~30 cm 土层铵态氮含量，较其他处理高出了 30.62%~313.64%。FWPW 处理提高了 30~60 cm 土层铵态氮含量最高，与其他处理相比高出了 17.49%~305.66%。PFWF 处理提高了 60~90 cm 土层铵态氮含量，较其他处理高出了 37.23%~658.82%。PWFW 处理 90~150 cm 土层铵态氮含量最高，与其他处理相比高出了 57.03%~695.20%，FWPW 该土层铵态氮含量最低。

表 8-4　不同茬口及轮作模式对土壤铵态氮含量的影响　　　　　（mg · kg⁻¹）

Tab. 8-4　Effects of different stubble and crop rotation on the content of soil NH_4^+-N

时间	不同茬口	土层深度				
		0~10cm	10~30cm	30~60cm	60~90cm	90~150cm
2014 年播前	W	2.43	3.59	2.37	—	—
	F	3.51	4.22	2.52	—	—
	P	3.56	3.48	2.34	—	—
	LSD$_{0.05}$	0.42	0.53	0.26	—	—
	SB			0.356		
	SD			$P<0.0003$		
	SB×SD			0.206		
2014 年收后	WF	4.27	4.72	1.55	3.91	3.04
	FP	8.02	2.31	2.61	4.06	1.27
	PF	2.14	7.41	3.52	2.72	1.97
	FW	2.52	1.62	3.99	2.35	1.44
	WP	4.59	2.82	2.61	1.54	3.43
	FF	1.42	4.32	2.57	4.30	2.02
	PW	1.80	3.27	3.18	2.82	3.09
	LSD$_{0.05}$	1.20	1.13	0.44	0.59	0.49
	SB			$P<0.05$		
	SD			$P<0.0001$		
	SB×SD			$P<0.0001$		
2015 年播前	WF	5.72	4.46	2.79	2.00	2.19
	FP	5.89	5.09	4.07	3.01	2.48
	PF	7.04	4.95	3.48	5.75	2.79
	FW	5.48	3.50	2.76	3.36	3.30
	WP	6.28	6.71	3.32	2.84	2.94
	FF	5.60	4.95	3.91	3.53	2.42
	PW	4.90	5.68	4.46	2.98	3.17
	LSD$_{0.05}$	0.52	0.64	0.42	0.66	0.32
	SB			$P<0.004$		
	SD			$P<0.0001$		
	SB×SD			$P<0.0001$		
2015 年收后	WFP	44.26	45.47	10.61	22.99	14.44
	FPF	11.79	3.16	2.39	2.25	2.68
	PFW	13.98	5.75	3.07	3.56	3.73
	FWF	10.91	4.38	1.20	1.77	4.20
	FWP	34.65	37.87	23.17	39.94	22.4
	WPF	9.16	4.30	2.48	2.36	1.95
	PFF	8.82	2.74	1.55	1.84	1.76
	FFW	12.19	5.03	2.04	2.43	2.32
	WPW	11.17	3.95	3.55	3.64	3.59
	PWF	9.37	2.74	1.96	2.15	1.51
	WFW	8.51	3.12	6.96	2.46	6.65
	LSD$_{0.05}$	4.52	5.79	2.45	4.63	2.50
	SB			$P<0.0001$		
	SD			$P<0.0001$		
	SB×SD			$P<0.0001$		

（续表）

时间	不同茬口	土层深度				
		0~10cm	10~30cm	30~60cm	60~90cm	90~150cm
2016年播前	WFP	2.84	4.53	2.59	1.33	—
	FPF	3.52	2.49	1.77	0.28	—
	PFW	2.43	2.42	3.32	1.35	—
	FWF	2.60	1.50	1.42	0.07	—
	FWP	8.99	2.46	5.36	3.48	—
	WPF	27.35	3.18	18.25	23.08	—
	PFF	2.49	2.54	0.27	3.40	—
	FFW	6.47	1.40	0.57	2.39	—
	WPW	27.69	5.25	2.48	3.32	—
	PWF	3.21	32.33	19.81	0.43	—
	WFW	2.54	1.93	0.24	0.18	—
	LSD$_{0.05}$	3.70	3.39	2.67	2.50	—
	SB			$P<0.0001$		
	SD			$P<0.0001$		
	SB×SD			$P<0.0001$		
2016年收后	FWPF	4.36	1.92	1.29	0.79	3.22
	WFPF	5.29	1.37	1.35	0.85	2.50
	WPWF	4.37	0.79	1.41	1.75	5.70
	WPFF	4.78	1.81	1.83	0.74	6.33
	FPFW	1.69	2.01	1.50	1.20	7.52
	PWFW	0.90	0.80	0.53	1.31	9.94
	PFFW	1.87	2.73	1.52	1.88	1.53
	PFWF	2.61	1.24	1.50	2.58	1.25
	WFWP	1.54	2.09	1.03	0.34	1.88
	FFWP	1.34	0.66	0.54	0.46	2.38
	FWFP	2.61	0.71	1.13	1.70	2.61
	FWPW	1.73	1.87	2.15	1.88	1.59
	LSD$_{0.05}$	0.57	0.29	0.20	0.29	2.09
	R			<0.0091		
	SD			<0.0001		
	R×SD			<0.0151		

（七）不同胡麻频率对土壤铵态氮含量的影响

由图8-7所示，与轮作前相比，除胡麻连作外，其他各处理0~90 cm土层土壤铵态氮含量比轮作前降低了16.91%~59.11%。除休闲外，其他各处理90~150土层土壤铵态氮含量均高于轮作前。0~10 cm土层而言，胡麻连作处理该土层铵态氮含量最高，与其他处理相比高出了28.41%~74.76%，休闲处理该层土壤铵态氮含量最低。50%（Ⅱ）胡麻处理30~60 cm土层土壤铵态氮含量比其他处理高出了129.51%~198.30%。各处理60~90 cm土层土壤铵态氮含量比轮作前降低50.51%~101.62%。25%胡麻处理90~150 cm土层土壤铵态氮含量比胡麻连作和休闲处理提高了78.26%和1 117.89%。说明0~90 cm

土层土壤铵态氮含量随着时间的推移呈逐渐降低趋势，而90~150 cm土层土壤铵态氮含量逐年增加。胡麻连作能够明显提高0~10 cm土层土壤铵态氮含量，50%（Ⅱ）胡麻能够明显提高30~60 cm土层土壤铵态氮含量，25%胡麻处理明显提高了90~150 cm土层土壤铵态氮含量。

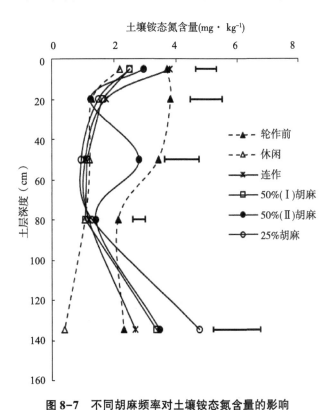

图8-7 不同胡麻频率对土壤铵态氮含量的影响

Fig. 8-7 Effects of different oil flax frequency on soil NH_4^+-N content

（八）不同轮作模式对土壤全磷含量的影响

R、SD和R×D对土壤全磷含量影响极显著（$P<0.001$）。土壤全磷含量随着土层的增加而降低（表8-5）。由0~10 cm土层可见，FPFW处理该土层土壤全磷含量最高，与轮作前、休闲和胡麻连作相比分别高出了29.58%、55.26%和23.82%，休闲田该土层土壤全磷含量最低。从10~30 cm土层可以看出，轮作前该土层土壤全磷含量最高，随着年份的推移，土壤全磷含量降低。各轮作模式中，PWFW处理土层全磷含量最高，与休闲和胡麻连作相比分别高出了20.38%和4.73%，FWPF处理该土层土壤全磷含量最低。对30~60 cm土层土壤全磷而言，休闲处理显著提高了该土层土壤全磷含量，与胡麻连作相比提高了25.32%，FWFP处理该土层全磷含量最低。各处理对60 cm以下土层土壤全磷含量无显著性影响。

表8-5 不同轮作模式对土壤全磷含量的影响　　　　　　　　　　　　　　（g·kg⁻¹）

Tab. 8-5 Effects of different crop rotation on soil total phosphorus content

处理	土层深度				
	0~10cm	10~30cm	30~60cm	60~90cm	90~150cm
轮作前	0.98	0.99	0.84	0.67	0.55
休闲	0.82	0.79	0.78	0.65	0.43
连作	1.03	0.91	0.62	0.62	0.49
FWPF	0.97	0.64	0.54	0.64	0.37
WPFF	0.99	0.88	0.61	0.42	0.25

（续表）

处理	土层深度				
	0~10cm	10~30cm	30~60cm	60~90cm	90~150cm
PFFW	0.84	0.79	0.72	0.46	0.37
FFWP	0.93	0.72	0.65	0.56	0.35
WFPF	0.98	0.87	0.58	0.51	0.37
FPFW	1.27	0.93	0.53	0.65	0.45
PFWF	0.89	0.75	0.63	0.47	0.36
FWFP	0.83	0.87	0.41	0.54	0.41
WPWF	1.09	0.94	0.44	0.49	0.43
PWFW	0.88	0.96	0.57	0.48	0.37
WFWP	1.03	0.76	0.54	0.62	0.52
FWPW	0.90	0.82	0.70	0.49	0.20
LSD$_{0.05}$	0.05	0.03	0.04	0.23	0.15
R			$P<0.001$		
SD			$P<0.0001$		
R×SD			$P<0.0001$		

（九）不同胡麻频率对土壤全磷含量的影响

如图 8-8 所示，胡麻连作 0~10 cm 土层土壤全磷含量最高，与其他处理相比，提高了 3.33%~25.39%。其中与轮作前和休闲处理相比分别提高了 4.65% 和 25.38%。休闲田该土层土壤全磷含量最低，仅为 0.82g·kg^{-1}。对 10~30 cm 土层而言，除轮作前外，胡麻连作该土层土壤全磷含量较其他处理明显高出 5.01%~20.61%，50%（Ⅰ）胡麻处理明显降低了该土层土壤全磷含量。对 30~60 cm 土层而言，除休闲和轮作前外，胡麻连作提高了该土层土壤全磷含量。休闲田明显提高 60 cm 以下土层

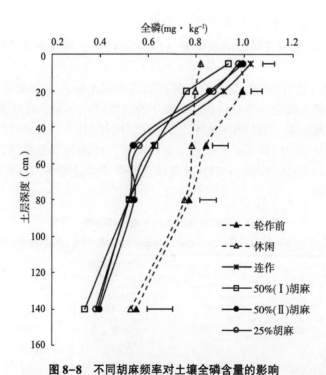

图 8-8　不同胡麻频率对土壤全磷含量的影响

Fig. 8-8　Effects of different oil flax frequency on soil total phosphorus content

土壤全磷含量，不同胡麻频率对 60 cm 以下土层土壤全磷含量无显著性影响。

（十）不同作物茬口及轮作模式对土壤速效磷含量的影响

如表 8-6 所示，不同茬口、茬口和土层深度间的互作效应对土壤速效磷含量影响显著，且总体而言，收后土壤速效磷含量大于播前。从 2014 年播前来看，马铃薯茬口 0~10 cm 土层速效磷含量最高，与小麦和胡麻茬口相比高出了 23.88% 和 26.39%。胡麻茬口 10~30 cm 土层速效磷含量最高，较小麦和马铃薯茬口高出了 7.95%~12.59%。2014 年收后来看，WP 茬口 0~10 cm 土层土壤速效磷含量最高，较其他处理高出了 26.79~97.04%。PW 茬口该土层土壤速效磷含量最低。FP 茬口 10~30 cm 土层速效磷含量最高，与其他茬口相比高出了 5.21%~83.41%，WF 茬口该土层速效磷含量最低。FF 茬口 30~90 cm 土层速效磷含量最高，较其他处理高出了 80.17%~178.38%。从 2015 播前看，FP 显著提高了 10~30 cm 土层速效磷含量，较其他处理高出了 36.99%~125.90%。PW 该土层速效磷含量最低。FP 茬口 30~60 cm、30~90 cm 土层土壤速效磷含量均最高。从 2015 年收后来看，FFW 茬口显著降低了 0~10 cm 土层土壤速效磷含量，WPF 茬口显著提高了该土层土壤速效磷含量。FWP 显著提高了 10~30 cm 土层土壤速效磷含量，FWF 显著降低了该土层土壤速效磷含量。PFF 茬口 30~60 cm 土层速效磷含量最高，FFW 该土层速效磷含量最低。从 2016 年播前看，WPF 茬口 0~30 cm 土层速效磷含量最高，PWF 茬口该土层速效磷含量最低。WPF 茬口 10~30 cm 土层土壤速效磷含量最高，FFW 茬口该土层速效磷含量最低。WPW 茬口 30~60 cm 土层速效磷含量显著高于其他处理。2016 年收后可见，FWPW 处理显著提高了 0~10 cm 土层土壤速效磷含量，较其他处理高出了 31.35%~555.58%。PWFW 显著提高了 10~30 cm 土层土壤速效磷含量，WPWF 显著提高了 30~60 cm 土层土壤速效磷含量。

表 8-6　不同茬口和轮作模式对土壤速效磷含量的影响　　　　　　　　　　　（mg·kg^{-1}）

Tab. 8-6　Effects of different stubbles and crop rotation on the content of available phosphorus

时间	不同茬口	土层深度				
		0~10cm	10~30cm	30~60cm	60~90cm	90~150cm
2014 年轮作前	W	22.11	23.27	7.98		
	F	21.67	26.20	8.31		
	P	27.39	24.27	10.23		
	LSD$_{0.05}$	3.60	1.46	1.22		
	SB	$P<0.000\ 1$				
	SD	$P<0.003\ 1$				
	SB×SD	$P<0.007\ 7$				
2014 年收后	WF	28.24	22.79	12.01	15.41	11.91
	FP	38.78	41.80	9.76	7.42	17.11
	PF	35.87	39.73	15.08	9.12	5.81
	FW	40.47	29.99	11.43	13.11	6.41
	WP	51.31	33.54	12.31	11.03	12.98
	FF	28.81	38.89	27.17	25.51	5.64
	PW	26.04	37.70	12.63	10.26	8.56
	LSD$_{0.05}$	9.18	4.36	3.01	3.11	2.28
	SB	$P<0.000\ 1$				
	SD	$P<0.000\ 1$				
	SB×SD	$P<0.000\ 1$				

（续表）

时间	不同茬口	土层深度				
		0~10cm	10~30cm	30~60cm	60~90cm	90~150cm
2015 年轮作前	WF	10.32	13.39	5.85	5.57	
	FP	13.43	22.07	12.51	13.37	
	PF	13.41	14.31	6.70	5.80	
	FW	9.59	11.30	3.82	2.79	
	WP	13.26	16.11	9.41	7.90	
	FF	10.51	12.47	5.98	7.65	
	PW	8.54	9.77	10.73	4.70	
	$LSD_{0.05}$	1.25	4.36	3.01	3.11	
	SB			$P<0.0001$		
	SD			$P<0.0001$		
	SB×SD			$P<0.0001$		
2015 年收后	WFP	17.86	13.00	8.58	5.38	3.71
	FPF	18.14	16.90	7.53	3.26	8.64
	PFW	14.04	7.94	5.81	3.99	3.58
	FWF	16.19	8.40	5.92	6.32	2.13
	FWP	13.82	19.25	6.56	3.63	7.01
	WPF	20.30	10.39	6.23	4.87	6.16
	PFF	12.96	10.68	8.02	0.57	6.45
	FFW	7.80	10.55	3.53	0.51	5.84
	WPW	14.49	12.79	6.39	5.08	5.53
	PWF	15.22	13.34	5.63	3.13	4.87
	WFW	9.58	10.04	2.55	1.81	5.79
	$LSD_{0.05}$	1.56	1.36	0.82	0.87	0.80
	SB			$P<0.0001$		
	SD			$P<0.0001$		
	SB×SD			$P<0.0001$		
2016 年轮作前	WFP	6.66	9.46	4.83	4.37	6.75
	FPF	12.60	7.53	6.66	5.47	4.23
	PFW	7.00	7.39	3.17	4.15	7.04
	FWF	8.26	9.60	3.63	2.70	2.43
	FWP	8.77	7.82	4.55	4.39	3.65
	WPF	13.89	12.06	5.92	3.64	6.83
	PFF	11.71	8.62	4.35	3.77	5.36
	FFW	9.22	6.43	3.28	3.64	5.65
	WPW	7.49	10.96	6.62	5.58	4.24
	PWF	6.65	10.45	6.47	2.68	4.49
	WFW	7.57	7.62	3.22	5.60	4.30
	$LSD_{0.05}$	1.09	0.80	0.78	0.49	0.69
	SB			$P<0.0001$		
	SD			$P<0.0001$		
	SB×SD			$P<0.0001$		

（续表）

时间	不同茬口	土层深度				
		0~10cm	10~30cm	30~60cm	60~90cm	90~150cm
	FWPF	19.75	7.11	7.73	3.06	
	WFPF	14.28	8.04	9.91	6.47	
	WPWF	8.02	8.49	14.87	5.74	
	WPFF	7.30	6.74	6.49	8.21	
	FPFW	14.45	8.26	5.49	8.18	
	PWFW	17.90	13.16	7.38	5.24	
	PFFW	16.32	6.70	9.41	5.87	
2016 年收后	PFWF	4.57	5.06	4.40	3.48	
	WFWP	22.81	9.96	14.70	7.33	
	FFWP	12.74	6.68	7.77	5.10	
	FWFP	10.59	3.55	12.73	9.88	
	FWPW	29.96	7.92	1.25	5.43	
	$LSD_{0.05}$	2.62	1.32	1.98	1.01	
	R			$P<0.0001$		
	SD			$P<0.0001$		
	R×SD			$P<0.0001$		

（十一）不同胡麻频率对土壤速效磷含量的影响

如图 8-9 所示，与轮作前相比，除 0~10 cm 土层外，各轮作系统和休闲其他各土层土壤速效磷含量均显著低于轮作前。25% 胡麻处理 0~10 cm 土层土壤速效磷含量最高，比其他处理提高了 17.49%~132.36%，连作处理 0~10 cm 土层土壤速效磷含量较休闲显著高出了 97.78%，但与轮作前没有显著性差异。不同胡麻频率对土壤速效磷的影响主要表现在 30~60 cm 土层。50%（Ⅰ）胡麻 30~60 cm 土层土壤速效磷含量比其他处理显著高出了 16.16%~273.85%，胡麻连作处理显著降低了该土层土壤速效磷含量。不同胡麻频率处理 60~90 cm 土层土壤速效磷含量显著高于休闲处理。

（十二）不同轮作模式对土壤速效钾含量的影响

R 和 SD 对土壤速效钾含量影响极显著，R×SD 对土壤速效钾含量影响不显著（表 8-7）。各处理各土层土壤速效钾含量均显著高于轮作前。土壤速效钾含量随着土层的加深而逐渐降低。就 0~10 cm 土层土壤速效钾而言，休闲处理该土层速效钾含量最高，与轮作前相比高出 76.56%。FPFW 处理 0~10 cm 土层速效钾含量最低，与其他轮作模式相比降低了 3.95%~14.07%。从 10~30 cm 土层土壤速效钾含量看出，在不同轮作模式中，FWPF 处理该土层土壤速效钾含量最高，与轮作前和胡麻连作相比分别高出了 52.22% 和 6.14%。PFFW 处理该土层速效钾含量最低，与其他处理相比降低了 1.81%~28.74%。就 30~60 cm 土层土壤速效钾而言，FPFW 处理该土层速效钾含量最高，与轮作前、休闲和胡麻连作相比分别高出了 49.07%、24.94% 和 31.70%。与轮作前、休闲和胡麻连作相比，PF-WF 处理该土层速效钾含量降低了 9.57%、24.21% 和 20.11%。从 60~90 cm 土层土壤速效钾看出，FWFP 处理该土层速效钾含量最高，较轮作前和连作处理分别高出了 23.93% 和 26.50%。其他轮作模式间差异不显著（$P>0.05$）。FPFW 处理 90~150 cm 土层土壤速效钾含量最高，与轮作前、休闲和连作相比分别高出了 21.92%、1.85% 和 20.55%。WFPF 处理该土层速效钾含量最低，较轮作前、休闲和连作处理降低了 7.63%、22.84% 和 8.68%。

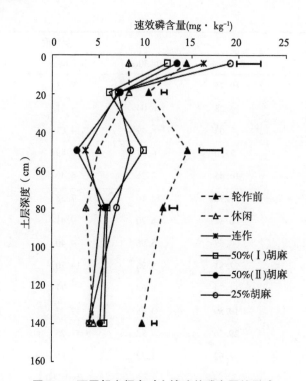

图 8-9　不同胡麻频率对土壤速效磷含量的影响

Fig. 8-9　Effects of different crop rotation on soil available phosphorus content

表 8-7　不同轮作模式对土壤速效钾含量的影响　　　　　　　　　（mg·kg^{-1}）

Tab. 8-7　Effects of different crop rotation on the content of soil available potassium

处理	土层深度				
	0~10cm	10~30cm	30~60cm	60~90cm	90~150cm
轮作前	113.65	102.98	114.26	94.68	90.22
休闲	200.67	186.67	136.33	116.33	108.00
连作	163.00	149.08	129.33	92.75	91.25
FWPF	173.00	165.00	137.00	96.67	85.00
WPFF	160.67	150.00	118.33	80.33	79.33
PFFW	162.67	145.00	138.67	90.33	88.00
FFWP	157.67	147.67	116.67	91.67	99.33
WFPF	161.67	161.67	151.33	86.00	83.33
FPFW	151.67	153.00	170.33	96.67	110.00
PFWF	172.00	151.67	103.33	94.67	89.67
FWFP	159.67	159.00	123.33	117.33	98.00
WPWF	160.33	148.33	108.33	96.33	91.33
PWFW	158.33	146.67	151.33	96.67	83.33
WFWP	161.00	162.67	131.33	92.00	91.00
FWPW	167.33	159.00	123.67	96.00	94.00
LSD$_{0.05}$	9.63	9.61	9.98	5.33	4.84
R			$P<0.0001$		
SD			$P<0.0001$		
R×SD			0.5805		

（十三）　不同胡麻频率对土壤速效钾含量的影响

如图 8-10 所示，休闲处理各土层土壤速效钾含量显著高于其他处理。休闲处理 0～10 cm 土层土壤速效钾的含量比轮作前显著高 76.56%，比其他处理显著高 23.73%～24.44%；10～30 cm 土层土壤速效钾的含量比轮作前高 81.26%，比其他处理显著高 19.20%～25.21%。不同胡麻频率对各土层土壤速效钾含量无显著影响。

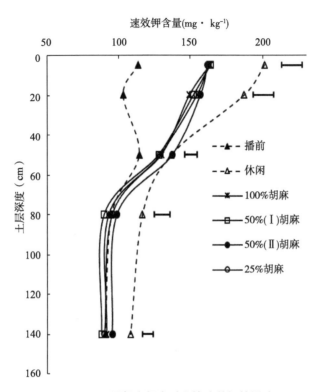

图 8-10　不同胡麻频率对土壤速效钾的影响

Fig. 8-10　Effects of different flax frequency on soil available potassium

（十四）　不同轮作模式对土壤 pH 值的影响

土层深度和轮作模式对土壤 pH 值影响显著。如图 8-11A 所示，FFWP 显著提高了 0～10 cm 土层土壤 pH 值，比 PFFW 处理显著高 0.56%，10～30 cm 土层比其他处理高 0.32%～1.32%。FWPF 处理显著降低了 10～30 cm 土层土壤 pH 值。图 8-11B 所示，WFPF 处理显著降低了 10～30 cm 土层土壤 pH 值，比其他处理显著低 0.98%～1.11%。其他土层各处理 pH 值差异不显著。图 8-11C 所示，WFWP 处理显著提高了 10～30 cm 土层土壤 pH 值，比其他处理显著高 0.69%～0.45%。其他处理间各土层 pH 值没显著性差异。

（十五）　不同胡麻频率对土壤 pH 值的影响

如图 8-12 所示，与轮作前和休闲相比，不同胡麻频率均显著提高了 0～10 cm 土层土壤 pH 值。胡麻连作处理 0～10 cm 土层土壤 pH 值比轮作前和休闲处理分别高出了 1.11% 和 1.36%。50%（Ⅰ）胡麻处理比轮作前和休闲分别高出了 1.01% 和 1.26%。50%（Ⅱ）胡麻处理比轮作前和休闲分别高出了 1.30% 和 1.55%。25%胡麻处理比轮作前显著高 1.23%，比休闲显著高 1.47%。不同胡麻频率对其他土层土壤 pH 值无显著性影响。

三、小结与讨论

土壤有机质是主要的肥力指标，同时也是全球碳循环中主要的源和汇。姜雨林等（2018）研究

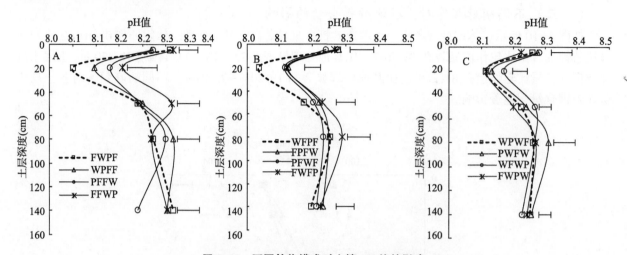

图 8-11　不同轮作模式对土壤 pH 值的影响

Fig. 8-11　Effects of different crop rotation on soil pH value

A：50%（Ⅰ）胡麻轮作系统；B：50%（Ⅱ）胡麻；C：25%胡麻。

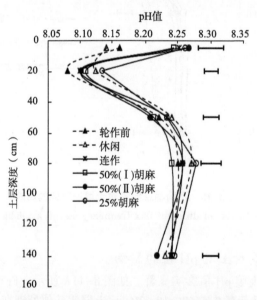

图 8-12　不同胡麻频率对土壤 pH 值的影响

Fig. 8-12　Effects of different oil flax frequency on the soil pH value

表明不同轮作模式碳汇速率整体表现为：麦—玉>麦—豆>麦—玉—春玉米>麦—玉—大豆>春玉米连作。Zuber 等（2018）研究发现，与豌豆连作相比，玉米—豌豆—小麦轮作显著提高了土壤有机碳含量。在轮作系统中，增加参与轮作作物的种类，有机碳的累积速率达 $10\text{g C} \cdot \text{m}^{-2} \cdot \text{year}^{-1}$，但是玉米连作和玉米—豌豆轮作对土壤碳的累积速率影响不显著。除此之外，轮作序列对土壤有机碳含量有显著的影响。休闲频率和作物频率是影响土壤碳库的众多因子之一，且在施肥条件下，土壤有机碳随着作物频率的上升而增加。本研究结果表明：与休闲相比，种植作物显著增加了 0~30 cm 土层土壤有机碳含量，降低了 30 cm 以下土层土壤有机碳含量。与轮作前和胡麻连作相比，25%胡麻轮作系统提高了 0~30 cm 土层土壤有机碳含量，在轮作系统中以产量相对较低的胡麻代替产量较高的小麦，会降低土壤有机碳含量。与休闲相比，种植作物致使土壤有机碳以 $2.98\sim4.19\ \text{kg} \cdot \text{hm}^{-2} \cdot \text{year}^{-1}$ 的速度降低，说明在种植作物的情况下有机碳的分解速度大于合成速度，可能的原因是：①种植作物促进了土壤有机碳的分解；②施肥加快了土壤有机碳的分解；③作物与肥料的共同作用使得土壤有机碳分解的速度加快。分析发现，不同胡麻频率的轮作系统中，有机碳分解速率的关系为：100%胡麻>25%胡麻>50%（Ⅰ）胡麻>50%（Ⅱ）胡麻，其中2个50%胡麻的轮作系统投入的化肥量相等，种植作物的种类相同，但由于各作物的种植顺序不同，导致其土壤碳的分解速率不同。不同胡麻频率对土壤有机碳含量的影响表现为：25%胡麻处理显著提高了0~30 cm土层土壤有机碳含量，50%（Ⅱ）胡麻处理显著提高了30~60 cm土层土壤有机碳含量。说明不同胡麻频率的轮作系统影响土壤有机碳的剖面分布。相同的胡麻频率，不同的轮作顺序也对土壤有机碳含量有显著的影响。

种植根系生物量较高的作物能够提高土壤全氮含量。Zuber等（2018）在豌豆轮作中研究表明，豌豆连作显著降低土壤全氮含量，玉米—豌豆—小麦轮作能够提高土壤全氮含量。轮作系统中含有生物量较低的豆科作物会降低土壤全氮含量，豆科作物的频率对土壤全氮影响显著。在一定程度上，轮作系统的生产率取决于系统内部的养分循环，包括氮素的循环。与小麦连作系统相比，苜蓿—小麦轮作可以显著提高土壤速效氮含量，种植苜蓿可以提高土壤中有效氮的水平。小麦长期轮作不利于土壤中氮素的积累，而轮作具有改善土壤中氮素的营养作用，长期施有机肥的轮作和连作均能增加土壤有效氮含量。在轮作系统中土壤有效氮含量提高的原因是转化酶活性增强所致。小麦—油菜轮作土壤全氮的绝对增长量可达0.06~0.07 g·kg^{-1}，春小麦—春小麦连作0~30 cm、30~60 cm土层土壤全氮含量呈不同程度的退化趋势（赵其国等，1996）。本研究结果中，胡麻连作显著降低了0~30 cm土层土壤全氮含量。不同轮作序列显著影响了0~60 cm土层土壤全氮空间分布。50%（Ⅰ）胡麻系统提高了0~60 cm土层土壤全氮含量，而50%（Ⅱ）胡麻的轮作后，该土层土壤全氮含量低于50%（Ⅰ）胡麻轮作系统。可能的原因是：①各轮作系统中相同的作物顺序不同，对氮素的消耗不同而造成的；②50%（Ⅰ）胡麻系统小麦和胡麻的总产量较高，作物残茬的生物量较大，造成该轮作系统氮含量提高；③50%（Ⅱ）胡麻轮作后土壤脲酶活性显著高于50%（Ⅰ）胡麻轮作系统，加快了土壤全氮的分解，进而降低了土壤全氮的含量。农田土壤中的硝态氮随作物的种植、生长、收获、耕作、施肥而发生变化。硝态氮在土壤剖面的累积是作物、降水、施肥等因素综合作用的结果。作物对硝态氮的吸收可以降低其在土壤剖面的累积，作物对土壤氮的利用量越大，土壤硝态氮累积越少，可见种植作物不同，土壤中硝态氮的残留量不同（袁新民等，2000）。小麦连作土壤硝态氮累积量>苜蓿连作>玉米连作，粮草轮作>粮豆轮作>粮饲轮作。残留在某一土层中的土壤硝态氮含量与作物产量和吸氮素量以及作物对氮肥的反应密切相关，作物不同，对氮素吸收以及对氮肥的反应不同。可见，一定土层的硝态氮是反映旱地土壤供氮素能力的可靠指标，具体深度与作物利用养分的能力和根系深度有关。不同作物种类对土壤氮素的反应及其吸收特性差异较大，所以对土壤残留硝态氮量和淋失影响不同。本试验研究发现，从第一年轮作前到收获后，0~60 cm土层土壤硝态氮含量逐渐降低，从收获后到下一年轮作前，该土层土壤硝态氮含量又恢复到上一年轮作前的水平。60~150 cm土层土壤硝态氮含量逐年逐层增加。随着年份的推移，胡麻连作对土壤硝态氮含量的提高幅度增加。不同胡麻频率轮作系统对土壤硝态氮含量的影响因时间空间而异。胡麻茬口显著提高了0~10 cm土层土壤硝态氮含量，小麦茬口提高了10~60 cm土层土壤硝态氮含量，可能由于胡麻和小麦残体的C/N比例均较低，且其根系在土层中分布不同，导致不同层次的土壤硝态氮增加。胡麻茬口种植马铃薯提高了0~10 cm土层土壤硝态氮含量，小麦茬口种植马铃薯提高了10~30 cm土层土壤硝态氮含量，而马铃薯茬口种植小麦降低了各土层土壤硝态氮含量，不仅缘于作物根系深度不同导致的土层养分利用量不同，进而造成不同茬口种植不同的作物后对土层土壤硝态氮含量的差异。各茬口经冬闲后，土壤硝态氮含量上升，具体表现为：2年胡麻连作>马铃薯茬口种植小麦>马铃薯茬口种植胡麻。结合胡麻连作土壤全氮的分解速率较大，说明胡麻连作主要对土壤全氮的消耗量大，导致土壤退化，肥力降低。连作显著降低了0~60 cm土层土壤全氮含量，同时提高了该土层土壤铵态氮含量，明显降低60 cm以下土层硝态氮含量。胡麻轮作0~60 cm土层全氮分解速率较连作和休闲降低了73.04%和103.43%，同时降低了各土层铵态氮含量，提高了60 cm以下土层土壤硝态氮含量。

胡麻连作能够明显提高0~10 cm土层土壤硝态氮含量，50%（Ⅱ）胡麻能够明显提高30~60 cm

土层土壤硝态氮含量，25%胡麻处理明显提高了 90~150 cm 土层土壤硝态氮含量。胡麻茬口能提高 0~10 cm 土层土壤硝态氮含量。胡麻茬口种植小麦显著提高了 0~10 cm 土层土壤硝态氮含量，胡麻连作显著提高了 0~30 cm 土层土壤硝态氮含量。说明胡麻茬口种植不同的作物，对各土层土壤硝态氮含量影响不同。以不同的前茬作物种植相同的后茬作物，对土壤硝态氮的影响不同。轮作对土壤无机磷和有机磷均有显著的影响。有牧草参与的轮作系统更有利于磷素的循环。与燕麦—小麦轮作相比，羽扇豆—小麦轮作显著提高土壤有效磷含量（Redel et al，2011）。不同的作物由于其生产能力不同，对土壤磷素的吸收能力也不同。当羽扇豆生活在低磷环境中时，会通过分泌酸性化合物，改变土壤酸性磷酸酶等方式提高对土壤磷的利用效率。禾本科作物，如小麦、大麦等主要改变土壤真菌，通过真菌分泌磷酸酶来促进作物对磷素的吸收。与轮作前和休闲相比，种植作物显著提高了 0~60 cm 土层土壤全磷含量，降低了 60~150 cm 土层土壤全磷含量。在相同胡麻频率的轮作系统中，作物的顺序不同，对不同土层土壤全磷含量影响不同。在整个轮作系统中，FPFW 与 FWFW、FWPF 与 FWFF 对 0~10 cm 土层土壤全磷含量影响不同。后两茬作物相同的情况下，前两茬作物相同，但顺序不同对 0~10 cm 土层土壤全磷含量影响不同。相同的前茬作物以及顺序，以不同的顺序种相同的后茬作物，对各土层土壤全磷的影响不同。各轮作系统速效磷含量表现为收后大于轮作前。马铃薯茬口经冬闲后显著提高了 0~10 cm 土层土壤速效磷含量，胡麻茬口显著提高了 10~30 cm 土层土壤速效磷含量。前茬作物的种类不同，对土壤速效磷含量的影响不同，前茬作物种类相同，种植顺序不同，对土壤速效磷含量的影响不同。与连作和休闲相比，胡麻轮作明显降低了 0~30 cm 土层土壤全磷含量，提高了该土层土壤速效磷含量，尤以 50%胡麻系统中 PFFW 处理变化幅度最大。

四、结论

（1）胡麻连作 0~60 cm 土层全氮分解速率高达 0.91 Mg·hm^{-2}·year^{-1}，同时降低了 0~30 cm 土层土壤全氮含量，提高了 0~10 cm 土层土壤铵态氮和 30~60 cm 土层土壤速效磷含量，0~10 cm 土层土壤 pH 值比轮作前和休闲处理分别高出了 1.11%和 1.36%。25%胡麻处理 0~10 cm 土层土壤有机碳和速效磷含量均最高，且明显提高了 90~150 cm 土层土壤铵态氮含量。50%（Ⅱ）胡麻处理 30~60 cm 土层土壤有机碳的含量最高，且明显提高了该土层土壤铵态氮含量。50%（Ⅰ）胡麻全氮分解速度最低，较其他处理降低了 12.52%~32.27%，且 0~30 cm 土层土壤全氮含最高，且提高了 0~10 cm 土层土壤 pH 值。

（2）WPWF 处理明显提高了 0~10 cm 土层土壤有机碳含量最高，10~30 cm 土层全磷含量。PWFW 处理降低了 0~10 cm 土层土壤有机碳含量。WFWP 处理土壤全氮分解速率最大，与其他处理相比提高了 9.63%~123.65%，提高了 10~30 cm 土层土壤 pH 值。说明轮作系统中作物序列不同，对 0~10 cm 土层土壤有机碳含量影响不同，不同作物序列对土壤全磷的影响与土层深度有关，不同轮作序列对土壤氮的分解速率影响不同。FWPF 明显提高了 10~30 cm 土层土壤速效钾含量。FFWP 处理 0~10 cm 土层土壤全氮含量仅次于轮作前，10~30 cm 土层土壤全氮含量最高，0~60 cm 土层土壤氮储量与休闲和连作相比分别高出了 24.21%~38.13%，全氮分解速率与休闲和胡麻连作相比分别降低了 73.04%~103.43%。

（3）不同作物茬口对土壤速效养分的影响不同，不同茬口的累积效应对土壤速效养分的影响不同。胡麻茬口 0~10 cm 土层土壤硝态氮含量最高，与小麦和马铃薯茬口相比高出了 38.42%和 6.56%，10~30 cm 土层铵态氮较小麦和马铃薯茬口分别高出了 17.55%和 21.26%；10~30 cm 土层速效磷含量最高，较小麦和马铃薯茬口高出了 12.59%~7.95%。马铃薯茬口 0~10 cm 土层硝态氮含量最低，0~10 cm 土层速效磷含量最高，与小麦和胡麻茬口相比高出了 23.88%和 26.39%，土壤铵态氮含量最高，较小麦和胡麻茬口分别高出了 46.50%和 1.42%。小麦茬口 10~30 cm 土层硝态氮含量最高。

第二节　不同轮作模式对土壤生物学特性的影响

一、土壤酶对不同轮作模式的响应

（一）不同轮作模式对土壤脲酶活性的影响

如图 8-13A 所示，PWFW 处理 0~10 cm 土层土壤脲酶活性比其他处理高 12.91%~853.80%（$P<$ 0.05）。FWPF 处理该土层土壤脲酶活性显著低于其他处理。FPFW、WPWF 和 PWFW 处理该土层脲酶活性无显著性差异。FWPF 和 WFPF 处理间该土层土壤脲酶活性无显著差异，说明前茬为小麦、胡麻与胡麻、小麦的情况下，后茬为马铃薯胡麻时，对土壤脲酶活性无显著影响。分析 WPFF 处理和 WPWF 处理发现，WPWF 处理土壤脲酶活性显著高于 WPFF 处理，说明小麦茬口对土壤脲酶活性的提高有促进作用。如图 8-13B 所示，总体而言，10~30 cm 土层土壤脲酶活性显著高于 0~10 cm 土层。WFPF 处理显著提高了 10~30 cm 土层土壤脲酶活性，比其他处理高出 5.66%~355.14%。WFPF 处理土壤脲酶活性显著高于 FWFP 处理，说明轮作系统种作物顺序显著影响土壤脲酶活性。WFPF 处理土壤脲酶活性较 FWPF 处理显著高出 85.94%，说明前两茬作物的顺序对土壤脲酶活性有显著的影响。通过比较 PFFW 处理和 PFWF 处理发现，后两茬作物顺序对土壤脲酶活性也有显著的影响，在后茬作物先种小麦比先种胡麻显著提高了土壤脲酶活性。

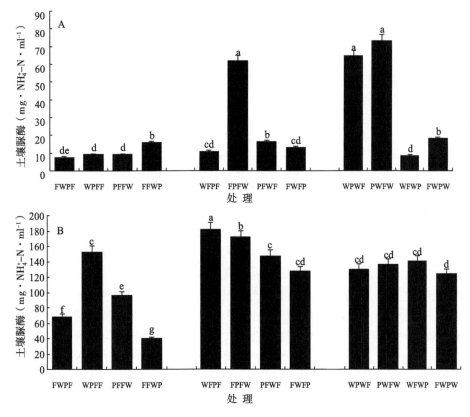

图 8-13　不同轮作模式对土壤脲酶的影响

Fig. 8-13　Effects of different crop rotation on the activity of urease

A：0~10 土层土壤脲酶；B：10~30 cm 土层土壤脲酶。

（二）不同胡麻频率对土壤脲酶活性的影响

如图 8-14A，25% 胡麻处理土壤脲酶活性比其他处理显著高出 34.27%~682.86%，比轮作前、休闲和连作分别高出了 437.65%、682.86%和 34.27%。图 8-14B 所示，各处理 10~30 cm 土层土壤脲酶活性显著高于 0~10 cm 土层。胡麻连作处理显著提高了 10~30 cm 土层土壤脲酶活性，比其他处理高出 2.06%~581.04%，并较轮作前和休闲分别高出 581.04%和 59.95%。

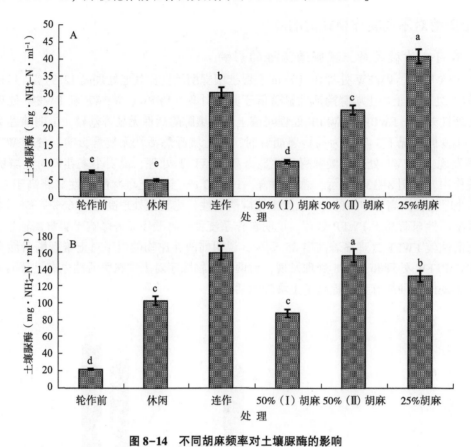

图 8-14　不同胡麻频率对土壤脲酶的影响

Fig. 8-14　Effects of different oil flax frequency on the activity of urease

A：0~10 土层土壤脲酶；B：10~30 cm 土层土壤脲酶。

（三）不同轮作模式对土壤过氧化氢酶的影响

如图 8-15A 所示，不同轮作模式对土壤过氧化氢酶影响显著。PWFW 处理 0~10 cm 土层土壤过氧化氢酶活性最高，比其他处理高出 27.14%~122.50%，FWPW 处理该土层过氧化氢酶活性最低。FWPF 处理土壤过氧化氢酶活性比 WFPF 处理显著高出 55.56%。PFFW 处理和 FPFW 处理间土壤过氧化氢酶活性无显著差异。WPWF 处理该土层土壤过氧化氢酶活性比 PFWF 高 10.91%。说明后两茬作物相同的情况下，前两茬作物的种类和顺序的互作效应对土壤过氧化氢酶活性影响显著。FWPF 处理该土层土壤过氧化氢酶活性比 FWPW 处理显著高 75.00%，说明最后一茬种胡麻比种小麦过氧化氢酶活性高。FFWP 处理和 WFWP 处理土壤过氧化氢酶活性无显著差异。PFWF 处理比 PFFW 处理 0~10 cm 土层土壤过氧化氢酶活性显著高出 5.77%。说明前两茬作物相同，后茬作物种类相同，种植顺序不同，对土壤过氧化氢酶活性的影响不同。综上所述，在胡麻频率相同的轮作系统中，不同的作物顺序对土壤过氧化氢酶的活性影响不同。

如图 8-15B 所示，不同轮作模式对 10~30 cm 土层土壤过氧化氢酶活性影响显著。WPFF 处理该土层土壤过氧化氢酶活性比其他处理高出 5.56%~61.11%。WPWF 处理该土层土壤过氧化氢酶活性最低。WPFF 处理土壤过氧化氢活性比 WPWF 处理显著高 38.09%。说明 4 年为一个周期的轮作系统中，第三茬种胡麻能够提高土壤过氧化氢酶活性。FWPW 处理土壤过氧化氢酶活性比 FWPF 处理显著高出 23.91%，说明最后一茬种小麦能够提高 10~30 cm 土层土壤过氧化氢酶活性。

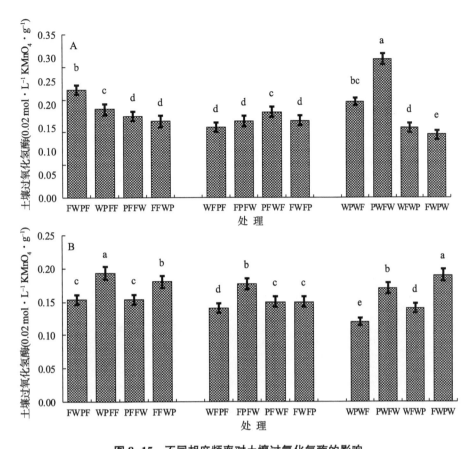

图 8-15 不同胡麻频率对土壤过氧化氢酶的影响

Fig. 8-15 Effects of different oil flax frequency on the activity of urease

A：0~10 土层土壤过氧化氢酶；B：10~30 cm 土层土壤过氧化氢酶。

（四）不同胡麻频率对土壤过氧化氢酶的影响

如图 8-16A 所示，不同轮作模式对土壤过氧化氢酶影响显著。PWFW 处理 0~10 cm 土层土壤过氧化氢酶活性最高，比其他处理高出 27.14%~122.50%，FWPW 处理该土层过氧化氢酶活性最低。FWPF 处理土壤过氧化氢酶活性比 WFPF 处理显著高出 55.56%。PFFW 处理和 FPFW 处理间土壤过氧化氢酶活性无显著差异。WPWF 处理该土层土壤过氧化氢酶活性比 PFWF 高 10.91%。说明后两茬作物相同的情况下，前两茬作物的种类和顺序的互作效应对土壤过氧化氢酶活性影响显著。FWPF 处理该土层土壤过氧化氢酶活性比 FWPW 处理显著高 75.00%，说明最后一茬种胡麻比种小麦过氧化氢酶活性高。FFWP 处理和 WFWP 处理土壤过氧化氢酶活性无显著差异。PFWF 处理比 PFFW 处理 0~10 cm 土层土壤过氧化氢酶活性显著高出 5.77%。说明前两茬作物相同，后茬作物种类相同，种植顺序不同，对土壤过氧化氢酶活性的影响不同。综上所述，在胡麻频率相同的轮作系统中，不同的作物顺序对土壤过氧化氢酶的活性影响不同。图 8-18B 所示，不同轮作模式对 10~30 cm 土层土壤过氧化氢酶活性影响显著。WPFF 处理该土层土壤过氧化氢酶活性比其他处理高出 5.56%~61.11%。WPWF 处理该土层土壤过氧化氢酶活性最低。WPFF 处理土壤过氧化氢活性比 WPWF 处理显著高 38.09%。说明 4 年为一个周期的轮作系统中，第三茬种胡麻能够提高土壤过氧化氢酶活性。FWPW 处理土壤过氧化氢酶活性比 FWPF 处理显著高出 23.91%，说明最后一茬种小麦能够提高 10~30 cm 土层土壤过氧化氢酶活性。

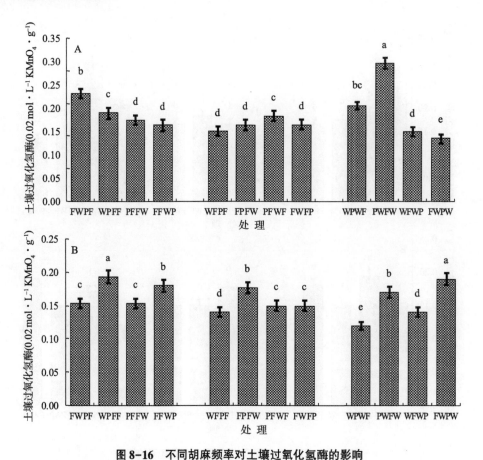

图 8-16　不同胡麻频率对土壤过氧化氢酶的影响

Fig. 8-16　Effects of different oil flax frequency on the activity of urease

A：0~10 土层土壤过氧化氢酶；B：10~30 cm 土层土壤过氧化氢酶。

二、微生物量碳（氮）对不同轮作模式的响应

（一）不同轮作模式对土壤微生物量碳的影响

如图 8-17A 所示，FPFW 处理 0~10 cm 土层土壤微生物量碳含量最高，比其他处理高出 83.96%~360.06%。WPWF 处理含量最低，仅为 128.39g·kg⁻¹。说明在 25% 胡麻的轮作系统中，作物种类相同，种植顺序不同，对土壤微生物量碳含量的影响不同。FWPF 处理比 FWFP 处理显著高出 20.62%，PFFW 处理比 PFWF 处理显著高出 36.04%。可见前两茬作物相同，后两茬作物相同，种植顺序不同对 0~10 cm 土层土壤微生物量碳含量影响不同。FWPF 处理比 FWPW 处理显著高出 47.38%，说明种植胡麻能够提高土壤微生物量碳含量。如图 8-17B 所示，PWFW 处理该土层土壤微生物量碳含量最高，比其他处理显著高出 12.51%~367.14%。FWPF 处理比 FWPW 处理显著高出 27.65%。说明种植胡麻同样能提高 10~30 cm 土层土壤微生物量碳含量。WFPF 处理比 FWPF 处理显著高 37.57%。说明后两茬作物种类和顺序相同，前两茬作物种类相同，顺序不同，对土壤微生物生物量碳含量影响不同。WPWF 处理比 WPFF 处理显著高 13.07%。说明在一个轮作系统中，任何一种作物都会影响土壤微生物量碳的含量。FWFP 处理比 FWPF 处理显著高 56.45%。说明前两茬口作物相同，后两茬口作物相同，顺序不同，对土壤微生物量碳含量的影响不同。

（二）不同胡麻频率对土壤微生物生物量碳的影响

如图 8-18 所示，50%（Ⅱ）胡麻处理 0~10 cm 土层土壤微生物量碳含量比其他处理显著高出 28.95%~70.46%，且较休闲、胡麻连作处理分别高出 70.46% 和 38.97%。50%（Ⅱ）胡麻处理 10~30 cm 土层土壤微生物生物量碳含量最高，比其他处理高出 1.06%~41.01%，并较休闲和胡麻连作处

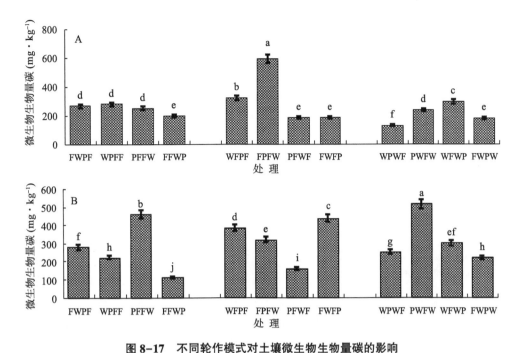

图 8-17　不同轮作模式对土壤微生物生物量碳的影响

Fig. 8-17　Effects of different crop rotation on soil microbial carbon content

A：0~10 土层土壤微生物生物量碳；B：10~30 cm 土层土壤微生物生物量碳。

理分别高出 41.01% 和 12.38%。25% 胡麻与 50%（Ⅱ）胡麻处理间无显著性差异。

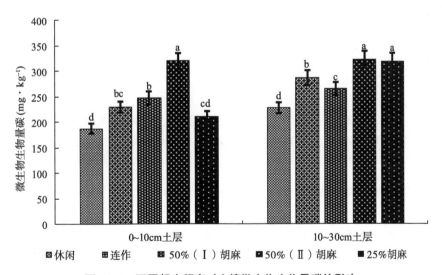

图 8-18　不同胡麻频率对土壤微生物生物量碳的影响

Fig. 8-18　Effects of different oil flax frequency on soil microbial carbon content

（三）不同轮作模式对土壤微生物量氮的影响

图 8-19A 所示，FPFW 处理 0~10 cm 土层土壤微生物量氮含量比其他处理显著高出 52.70%~913.18%。FWPF 处理比 FWPF 处理高出 25.80%，说明前两茬作物相同，后两茬作物种类相同，种植顺序不同对 0~10 cm 土层土壤微生物量氮含量影响不同。FPFW 处理比 PFFW 处理该土层土壤微生物量氮含量高出 250.34%，说明后两茬作物相同，前两茬作物种类相同，顺序不同对 0~10 cm 土层土壤微生物量氮含量影响不同。第一茬和最后一茬作物相同，中间两茬口作物种类相同，顺序不同，对 0~10 cm 土层土壤微生物氮含量无显著影响，如果中间两茬作物种类不同，则

显著影响该土层土壤微生物量氮含量。如图 8-19B 所示，FWPW 处理显示 10~30 cm 土层土壤微生物量氮含量最高，比其他处理高出 23.97%~785.86%，且差异显著。FWPW 处理 10~30 cm 土层土壤微生物量氮含量比 FWPF 处理高 125.84%。说明前三茬作物相同，最后一茬种小麦比种胡麻该土层土壤微生物量氮含量高。FWPF 处理比 FWFP 处理高出 82.17%，说明前两茬作物相同，后两茬以不同的顺序种植相同种类的作物明显影响土壤微生物量氮含量。第一茬和最后一茬作物相同，中间两茬作物无论种植不同作物还是以相同顺序种植相同的作物，均对该土层土壤微生物量氮含量影响显著。

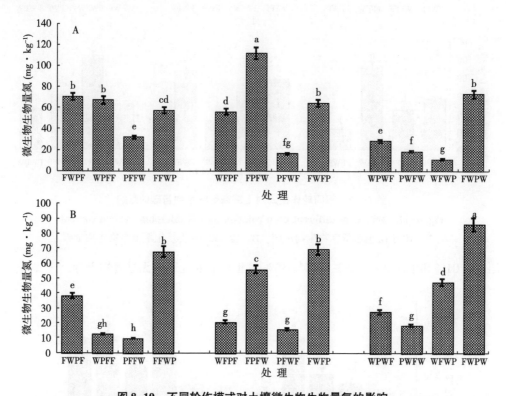

图 8-19　不同轮作模式对土壤微生物生物量氮的影响

Fig. 8-19　Effects of different crop rotation on soil microbial nitrogen content

A：0~10 土层土壤微生物生物量氮；B：10~30 cm 土层土壤微生物量氮。

（四）不同胡麻频率对土壤微生物生物量氮的影响

如图 8-20 所示，与休闲相比，种植作物能显著提高土壤微生物量氮的含量。胡麻连作能显著提高 0~30 cm 土层微生物生物量氮的含量，比其他处理高出 19.11%~405.12%，其中比休闲处理 0~10 cm 土层土壤微生物量氮含量明显高出 405.12%。土壤微生物生物量氮的含量随胡麻频率的降低而降低。胡麻连作处理 10~30 cm 土层比休闲显著高 227.94%。说明胡麻连作显著提高了该土层土壤微生物生物量氮的含量。休闲处理各土层土壤微生物氮含量明显低于其他处理，并且种植作物能够提高土壤微生物量氮的含量。

（五）不同轮作模式对土壤微生物熵和其碳氮比的影响

如表 8-8 所示，轮作模式对微生物熵和微生物生物量碳氮比影响显著。FPFW 处理下 0~10 cm 土层土壤微生物熵最高，比其他处理高出 86.05%~150.00%。WPWF 处理显著降低了该土层土壤微生物熵。FWPF 处理比 FWPW 处理微生物熵高出 47.90%。说明最后一茬作物对土壤微生物熵影响较大。PWFW 处理 10~30 cm 土层土壤微生物熵，比其他处理高出 17.69%~239.92%。说明不同的轮作模式对土壤微生物熵的影响因与土层深度有关。WFWP 处理 0~10 cm 土层土壤微生物生物量碳氮比

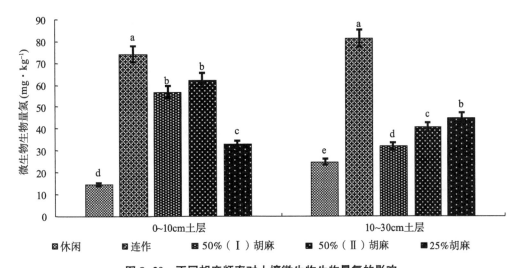

图 8-20　不同胡麻频率对土壤微生物生物量氮的影响

Fig. 8-20　Effects of different oil flax frequency on soil microbial nitrogen content

最高。FWPW 处理该土层土壤微生物生物量碳氮比最低。PFFW 处理 10~30 cm 土层土壤微生物生物量碳氮比例最高。

表 8-8　不同轮作模式对微生物熵的影响

Tab. 8-8　Effects of different crop rotations on the microbial quotient

处理	微生物熵（%）		微生物生物量碳/微生物生物量氮	
	0~10cm 土层	10~30cm 土层	0~10cm 土层	10~30cm 土层
FWPF	2.62	2.56	3.78	7.27
WPFF	2.79	2.29	4.15	17.43
PFFW	2.46	4.94	7.83	46.87
FFWP	2.06	1.11	3.43	1.62
WFPF	3.09	3.84	5.74	18.34
FPFW	5.74	3.72	5.28	5.66
PFWF	1.89	1.57	11.10	9.92
FWFP	1.98	4.53	2.85	6.24
WPWF	1.24	2.59	4.52	8.96
PWFW	2.30	5.33	12.75	27.74
WFWP	2.86	2.84	26.68	6.28
FWPW	1.77	2.26	2.46	2.52
$P_{0.05}$	0.73	0.86	4.34	8.25

（六）不同胡麻频率对土壤微生物熵的影响

如表 8-9 所示，休闲处理显著降低了 0~30 cm 土层土壤微生物熵，50%（Ⅱ）胡麻处理显著提高了该土层土壤微生物熵。休闲处理微生物熵最低，但土壤微生物生物量碳氮比最高。连作处理显著降低了土壤微生物生物量碳氮的比例。

表 8-9　不同胡麻频率对微生物熵的影响

Tab. 8-9　Effects of different oilseed flax frequency on the microbial quotient

处理	微生物熵（%）		微生物生物量碳/微生物生物量氮	
	0~10cm 土层	10~30cm 土层	0~10cm 土层	10~30cm 土层
休闲	1.71c	2.02d	12.79a	9.22a
连作	2.40b	2.64c	3.10c	3.53e
50%（Ⅰ）胡麻	2.26b	2.91b	4.37bc	8.28b
50%（Ⅱ）胡麻	3.14a	3.13a	5.14b	7.95c
25%胡麻	1.84c	2.82b	6.40b	7.10d

三、讨论与结论

土壤酶活性是表征土壤中各种生物化学过程的方向和强度，是评价土壤肥力的主要参数，土壤酶对土壤利用和管理方式反应灵敏。作物种植使得较多的碳投入土壤或者保持碳的投入，从而提高土壤酶活性（Shi et al，2006）。本研究结果表明，土壤脲酶活性与胡麻轮作系统中胡麻频率有关，与50%胡麻的轮作系统相比，25%胡麻轮作显著提高了 0~30 cm 土层土壤脲酶活性。但是 100%胡麻处理 0~10 cm 土层土壤脲酶活性显著高于 50%胡麻处理，与高扬等（2014）研究结果一致，可见，连作土壤脲酶活性高于轮作。种植作物 0~10 cm 土层土壤脲酶活性显著高于轮作前和休闲处理。同时，胡麻连作显著提高了 10~30 cm 土层土壤脲酶活性，50%（Ⅰ）胡麻处理显著降低了该土层土壤脲酶活性，并且2种类型的50%胡麻轮作系统土壤脲酶活性差异显著，说明作物茬口的累积效应及轮作序列均对土壤脲酶活性影响显著。脲酶通过水解有机质分子中的 C-N 键，将土壤中的有机碳转换为硝态氮，土壤中的氮素转换状况可以用土壤脲酶的活性来表征（Ennin et al，2001）。土壤脲酶活性提高说明土壤对氮的转换能力增强，连作土壤脲酶活性升高，说明胡麻轮作较胡麻连作有更强的转换能力。分析相同胡麻频率下不同轮作模式对土壤脲酶活性的影响发现，胡麻频率相同、轮作序列不同，对土壤脲酶的影响有所差异。

植物和微生物在生长发育过程中会积累过氧化氢，过氧化氢会严重伤害土壤微生物和植物，过氧化氢酶能通过分解过氧化氢而解除这种毒害。王丽红等（2016）研究表明，与休闲相比，小麦—豌豆—马铃薯轮作可提高过氧化氢酶活性。土壤过氧化氢酶活性随着花生连作年限的增加而降低。本研究结果表明，0~10 cm 土层土壤过氧化氢酶活性随胡麻频率的增加而降低。与某些轮作相比，休闲处理显著降低了土壤过氧化氢酶活性。休闲处理显著提高了 10~30 cm 土层土壤过氧化氢酶活性。土壤微生物生物量是评价土壤微生物活性的总体指标，同时是土壤肥力水平的评价指标之一，参与土壤中有机质分解、腐殖质的形成、土壤养分转化循环等各个过程。土壤微生物生物量作为生物指标已经被大家认可。土壤微生物生物量碳灵敏性极高，可以在土壤有机碳变化之前反映土壤微生物的变化，Holt（1997）研究发现，澳大利亚东部两类半干旱草原群落，重度放牧 6~8 年后土壤有机碳含量无显著变化，但土壤微生物生物量碳分别下降了 51%和 42%。关荫松等（1996）研究表发现，与有苜蓿参与的轮作系统相比，玉米或大豆连作显著降低了土壤微生物生物量碳氮的含量。本试验结果表明，胡麻连作显著降低了 0~30 cm 土层土壤微生物生物量碳的含量，50%（Ⅱ）胡麻轮作显著提高了该土层土壤微生物生物量碳的含量。休闲处理土壤微生物生物量碳含量显著低于种植作物处理。由此可知，两种50%胡麻的轮作系统微生物生物量碳含量差异显著，说明轮作序列对土壤微生物生物量碳影响显著，进而表明茬口的累积效应对土壤微生物生物量碳影响显著。并且后两茬作物种类和顺序相同、前两茬作物种类相同、顺序不同，与前后两茬口作物均相同、顺序不同对土壤微生物生物量碳含量的影响不同。

土壤有机碳中最为活跃的组分微生物氮是土壤氮素重要储备库，在土壤氮循环与转化过程中起重要的作用。尹睿等（2004）研究表明，水稻—油菜轮作显著降低了土壤微生物生物量氮的含量。与休闲相比，棉花田土壤微生物生物量氮含量增加，且各连作年限间差异显著，连作15年后土壤微生物生物量氮含量均低于轮作。本试验结果表明，与休闲相比，种植作物显著提高了0~30 cm土层土壤微生物生物量氮的含量，胡麻连作处理显著高于胡麻轮作。但是，胡麻连作对土壤微生物生物量氮的影响研究较少，作物不同，对土壤氮转化的影响不同，结合土壤连作对土壤全氮的消耗量最大，胡麻连作田土壤脲酶含量也高于其他处理，说明胡麻连作有利于土壤氮的转化。两种50%胡麻轮作系统中，土壤微生物生物量氮也有显著的差异，说明土壤微生物量氮受轮作序列和茬口累积效应的影响。通过分析不同轮作模式对土壤微生物生物量氮含量的影响表明：前两茬口作物相同，后两茬作物种类相同，种植顺序不同对0~10 cm土层土壤微生物生物量氮含量影响不同。后两茬作物相同，前两茬作物种类相同，顺序不同对0~10 cm土层土壤微生物生物量氮含量影响不同。第一茬和最后一茬作物相同，中间两茬口作物种类相同、顺序不同，对0~10 cm土层土壤微生物氮含量无显著影响，如果中间两茬作物种类不同，则显著影响该土层土壤微生物生物量氮含量。前三茬作物相同，最后一茬作物不同，对微生物熵的影响不同，最后一茬种胡麻比种小麦能显著提高微生物熵。主要得出如下结论：

（1）休闲提高了耕层土壤过氧化氢酶活性，降低了土壤微生物熵。胡麻连作明显提高了耕层土壤的土壤脲酶活性和微生物生物量氮，显著降低了土壤微生物碳氮比例和土壤微生物熵。25%胡麻处理土壤脲酶活性比其他处理显著高34.27%~682.86%，过氧化氢酶活性比其他处理显著高3.07%~63.19%。50%（Ⅱ）胡麻轮作系统明显提高了耕层土壤微生物生物量碳含量，进而提高了土壤微生物熵。

（2）不同轮作模式对土壤酶活性以及微生物生物量碳氮的影响不同。不同轮作模式对土壤酶以及生物量碳氮的影响与土层深度有关。PWFW明显提高了0~10 cm土层脲酶和过氧化氢酶活性，同时提高了10~30 cm土层土壤微生物生物量碳和微生物熵。FWPF明显降低了0~10 cm土层土壤脲酶活性。WFPF显著提高了10~30 cm土壤脲酶活性，降低了0~10 cm过氧化氢酶活性。FFWP同时降低了10~30 cm土层脲酶活性和过氧化氢酶活性。FWPW明显提高了10~30 cm土壤脲酶和过氧化物酶活性。WPWF降低了10~30 cm土壤过氧化氢酶活性和0~10 cm土层土壤微生物生物量碳。FPFW同时提高0~10 cm土层土壤微生物生物量碳氮含量，进而提高了该土层微生物熵。

第三节　不同胡麻轮作模式对土壤细菌群落多样性的影响

一、不同轮作模式下土壤微生物多样性

（一）不同轮作模式对土壤微生物α多样性的影响

由表8-10所示，FWFP处理Shannon指数显著低于其他处理，而其他处理之间Shannon指数没显著性差异。由丰富度指数Chao1可以看出不同轮作模式对土壤微生物丰富度影响显著。FWPF、FFWP和WFWP处理Chao1显著低于其他处理。综上所述，不同轮作模式只影响土壤微生物的丰富度，对土壤微生物多样性的影响不明显。

表8-10　各样品多样性指数
Tab. 8-10　Diversity index of each sample

轮作模式	香侬指数（Shannon index）	Chao1	操作单元
FWPF	8.41a	1 088 b	978 a
WPFF	8.34a	1 113 a	983a
PFFW	8.33a	1 106 a	981 a

（续表）

轮作模式	香侬指数（Shannon index）	Chao1	操作单元
FFWP	8.37 a	1 062 b	952 b
WFPF	8.33 a	1 115a	979 a
FPFW	8.42 a	1 107 a	973 a
PFWF	8.35 a	1 116 a	961b
FWFP	8.07 b	1 099 ab	958 b
WPWF	8.35 a	1 104 a	981 a
PWFW	8.39a	1 106 a	976 a
WFWP	8.34a	1 084 b	957 b
FWPW	8.33a	1 110 a	971 ab

（二）不同胡麻频率对土壤微生物 α 多样性的影响

由表 8-11 所示，各处理 Shannon 指数比轮作前显著高 4.28%~5.17%。说明种植作物能够提高土壤微生物的多样性，并随着种植年限的增加，土壤微生物的多样性增加。比较丰富度指数 Chao1 可知，与轮作前和休闲相比，各轮作系统显著提高了微生物物种的丰富度。说明各轮作系统对土壤微生物的丰度影响较大，对土壤微生物多样性影响较小。

表 8-11　各样品多样性指数

Tab. 8-11　Diversity index of each sample

处理	香侬指数（Shannon index）	Chao1	操作单元
轮作前	7.95 b	1 044 b	873 b
休闲	8.38 a	1 066 b	976 a
100%胡麻	8.30 ab	1 103 a	980 a
50%（Ⅰ）胡麻	8.36 a	1 092 b	973 a
50%（Ⅱ）胡麻	8.29 ab	1 109 a	968 a
25%胡麻	8.35 a	1 101 a	971a

（三）不同轮作模式对土壤微生物 β 多样性的影响

通过主成分分析发现，在 50%（Ⅰ）胡麻的轮作系统中，在 PCA1 轴上，轮作前与其他处理分布在不同的方向上，说明轮作前处理与各处理土壤微生物组成有较大差异（图 8-21）。在 PCA2 轴上，FWPF 处理分布在负方向上，休闲和其他处理均在正方向上，说明 FWPF 处理与休闲和除轮作前外的其他处理土壤微生物组成上存在大的差异。连作处理与其他处理土壤微生物土壤组成较相似。FWPF 处理与其他处理土壤微生物组成有较大的差异。在 50%（Ⅱ）胡麻的轮作系统中，轮作前和 WFPF 处理间、轮作前和其他处理及 WFPF 和其他处理间微生物组成差异显著，说明不同轮作模式影响了土壤微生物的组成，休闲和不同轮作模式间土壤微生物组成相似性高。在 25%的轮作系统中，轮作前与其他处理之间微生物组成差异显著，WPWF 处理和休闲处理土壤微生物组成相似性高，并与 FWPW 和 PWFW 处理间差异较大。综上所述，轮作前与休闲和各轮作模式土壤微生物组成差异大，不同轮作模式能够影响土壤微生物的组成（图 8-22。见书末彩图）。

二、不同轮作模式下土壤细菌丰度

（一）不同轮作模式对土壤细菌丰度的影响

如图 8-23（见书末彩图）所示，所有土壤样品中土壤细菌的 25 个门，其中包括：变形菌门

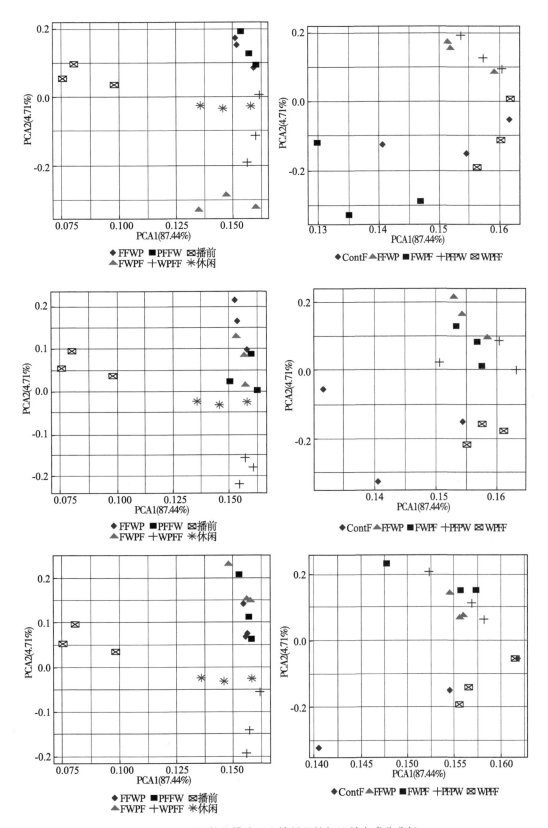

图 8-21 不同轮作模式下土壤样品的相似性主成分分析

Fig. 8-21 Principal component analysis based on similarity of different oilseed flax frequency

注：ContF 表示胡麻连作，下同。

（Proteobacteria）、放线菌门（Actinobacteria）、酸酐菌门（Acidobacteria）、芽单胞菌门（Gemmatimonadetes）、拟杆菌门（Bacteroidetes）、浮霉菌门（Planctomycetes）、绿弯菌门（Choroflexi）、疣微菌门（Verrucomicrobia）、厚壁菌门（Firmicutes）、消化螺旋菌门（Nitrospirae）、蓝细菌（Cyanobacteria）等，其所占比例分别为 29.97%、25.15%、12.20%、9.15%、6.74%、5.58%、4.01%、3.24%、1.19%1、1.00%。其中变形菌门、防线菌门、酸酐菌门、芽单胞菌和拟杆菌门的序列总数占全部序列的 88.90%。说明这些细菌为本试验中土壤的优势种群。Armatimonadetes、Chlamydiae、Deferribacteres 等为劣势种群，这些序列总数占全部序列的比例小于 0.5%。

如图 8-24A（见书末彩图）所示，不同轮作模式对土壤细菌丰度有明显的影响。FWPF 处理明显提高了节细菌属（Arthrobacter）的丰度，FPFW 处理节细菌属丰度最低。FWPF 处理节细菌属的丰度高于 FWFP 处理，说明前两茬作物相同，后两茬以不同的顺序种植相同的作物，会影响土壤节细菌属的丰度。从 FWPF 和 WFPF 处理可以看出，后两茬作物相同，以不同的顺序种前两茬口作物也改变了土壤节细菌属的丰度。不同轮作模式对单芽胞目 Kaistobacter 菌属丰度影响明显。PWFW 处理 Kaistobacter 菌属丰度高于其他处理，FWFP 处理 Kaistobacter 菌属的丰度显著低于其他处理。FWFP 处理比 FWPF 处理 Kaistobacter 菌属的丰度显著高。FWFP 处理 Skemanella 菌属显著高于其他处理。综上所述，不同轮作模式能够影响土壤细菌的丰度，在 4 年为 1 个周期的轮作系统中，作物相同、种植顺序不同明显影响土壤微生物的丰度，前两茬作物相同、后两茬以不同的顺序种植相同的作物明显影响了土壤微生物丰度。如图 8-24B（见书末彩图）所示，不同轮作模式对小于 0.5% 的土壤细菌丰度也有明显的影响。

（二）不同胡麻频率对土壤细菌丰度的影响

在属水平上，不同胡麻频率对所占比例大于 0.5% 的细菌群落结构的差异性，结果如图 8-25（见书末彩图）所示，节细菌属（Arthrobacter）在各个处理中所占比例最高，且各处理间均存在明显差异。节杆菌具有非常强的聚磷能力，并且有较高的降低苯胺的能力和较高的脱硫活性。休闲处理节杆菌丰度高于轮作前，说明随着时间的推移，节杆菌数量呈增加趋势。胡麻连作处理节杆菌丰度明显高于 50%（Ⅱ）胡麻处理和 25% 胡麻处理。说明胡麻频率能够影响土壤节杆菌的丰度，并且不同作物在轮作系统中的顺序也影响了该细菌的丰度。轮作前单芽胞目的 Kaistobacter 菌属明显高于休闲和其他处理，休闲处理该属的丰度最低，胡麻连作处理次之。抗锑斯科曼氏球菌（Skermanella）的丰度也随着播种年份的增加而降低。胡麻连作处理的粉红贫养杆菌（Modestobacter）的丰度显著高于其他处理，说明胡麻连作显著提高了粉红贫养杆菌的丰度，并且该菌随轮作系统中胡麻频率的下降呈降低趋势。随着年份的推进 Kaistobacter、Skermanella、Methylobacterium 的丰度逐渐降低，而 Modestobacter、Leatzea、Nitrospira 的丰度呈增加趋势。

三、不同轮作模式下土壤真菌变化

（一）不同轮作模式对土壤真菌的影响

如图 8-26A（见书末彩图）所示，在丰度>0.5% 水平上，不同轮作模式对土壤真菌丰度影响显著。PFWF 处理显著提高了 Fusarium 的丰度，FPFW 处理 Fusarium 的丰度显著高于 PWFW 处理，说明后两茬作物相同，前茬口作物不同，对 Fusarium 丰度的影响不同。与轮作前相比，各处理均显著降低了 Geomyces 的丰度，FWPW 处理 Geomyces 高于其他轮作系统。FWPF 处理显著降低了 Plectosphaerella 的丰度。WFPF 处理显著提高了 Phoma 的丰度，FWFP 处理显著降低了该真菌的丰度。FFWP 处理显著提高了 Alternaria 的丰度。PWFW、FWPF、FPFW 处理 Alternaria 丰度最低。如图 8-26B 所示，在丰度<0.5% 水平上，胡麻连作显著提高了 Thanatephorus 的丰度，其次是 WFPF 处理，其他轮作系统该真菌丰度几乎为 0。FFWP 处理显著提高了 Metarhizium 丰度，同时也提高了 Rhizoctonia 的丰度。

（二）不同胡麻频率对土壤真菌丰度的影响（>0.5%）

如图 8-27A 所示，与轮作前相比，种植作物镰刀菌丰度降低。这种真菌容易引起谷类作物的枯穗病。休闲能够显著降低镰刀菌丰度，其次是胡麻轮作，镰刀菌丰度也显著降低，有利于谷类作物的生长。耐冷菌属能够适应低温环境，并且还有较高的降解有机质的能力，对土壤有害物种有降解作用。如图 8-27B 所示，与轮作前相比，种植作物显著降低了耐冷菌的丰度。番茄组织球壳菌主要导致植株萎蔫和根部腐烂，病情加重时，全株萎蔫，叶片自上而下逐渐干枯、死亡，造成作物大量减产。如图 8-27C 所示，与轮作前和休闲相比，种植作物显著提高了番茄组织球壳菌的丰度，连作处理番茄组织球壳菌丰度比休闲和轮作前显著高 244.82% 和 7 868.61%。说明胡麻连作增加了这种有害真菌的丰度。图 8-27D 图所示，茎点霉菌是半知菌类腔孢纲球壳孢目的两个重要的植物病原真菌属，可引起叶斑、茎枯、果斑等多种症状类型的病害，与轮作前相比，休闲和种植作物均显著提个了茎点霉菌的丰度。50%（Ⅰ）胡麻显著提高了茎点霉菌的丰度，比其他处理显著高 32.90%~2524.39%。人参锈腐病菌也是常见的一种植物病害，如图 8-27E 所示，与轮作前和休闲相比，种植作物显著提高了人参锈腐病菌的丰度。胡麻连作显著提高了该真菌的丰度。如图 8-27F、图 8-27G、图 8-27H 所示，土壤中根串珠霉属、链格孢菌比轮作前均显著升高。综上所述，种植作物降低了土壤有益菌的丰度，增加了有害菌的丰度。

（三）不同胡麻频率对土壤真菌丰度的影响

旋孢腔菌（*Cochliobolus*）能够损伤叶片，杀死幼苗，导致种子过早成熟，并削弱茎秆使其易倒伏。胡麻连作显著降低了旋孢腔菌的丰度，这种真菌的丰度随胡麻频率的增加而降低（图 8-28。见书末彩图）。胡麻连作显著提高了绿僵菌属（*Metarhizium*）的丰度，它是能够寄生于多种害虫的杀虫真菌。同时，胡麻连作也显著提高了亡革菌属（*Thanatephorus*）的丰度，这种细菌能使胡麻患立枯病，从而降低了胡麻产量。胡麻连作提高了某些有益菌的丰度，同时也提高了有害菌的丰度，特别是亡革菌，引起胡麻立枯病，严重影响胡麻产量。

四、小结

微生物对作物的生长影响巨大，例如，土壤硝化作用可为作物生长提供可直接利用的硝态氮，是在微生物的驱动下进行的。微生物与作物之间相互作用：①作物先改变微生物，然后通过微生物改土壤环境，适应作物生长；②作物先改变土壤环境，然后通过土壤环境改变土壤微生物的种类与数量，适应作物生长。土壤微生物与土壤养分之间存在相互关系，微生物生长所需要的碳源和相关元素主要来自土壤和作物，同时微生物又分解土壤中的有机质进而增加土壤碳氮含量。尹睿等（2004）研究发现，菜田与稻麦轮作后土壤微生物种群结构发生显著性改善。程颢等（2002）研究发现，种植不同农作物农田中存在特殊的微生物。本研究结果表明，与轮作前相比，种植作物显著提高了土壤微生物多样性，由于休闲处理田间长有杂草，所以休闲处理土壤微生物多样性也高于轮作前。不同轮作模式对土壤微生物多样性及土壤微生物丰度均影响显著。经过典范对应分析（CCA）发现，胡麻轮作系统中微生物群落的稳定性高于胡麻连作系统，且不同轮作模式对土壤微生物的组成影响显著，这与罗影的研究结果一致。

本研究结果表明，种植作物对土壤微生物的影响主要表现在土壤微生物丰度上，对土壤微生物多样性的影响较低或没有影响。本试验中，所有土壤样品中土壤细菌包含 25 个门，包括：变形菌门（Proteobacteria）、放线菌门（Actinobacteria）、酸酐菌门（Acidobacteria）、芽单胞菌门（Gemmatimonadetes）、拟杆菌门（Bacteroidetes）、浮霉菌门（Planctomycetes）、绿弯菌门（Choroflexi）、疣微菌门（Verrucomicrobia）、厚壁菌门（Firmicutes）、消化螺旋菌门（Nitrospirae）、蓝细菌（Cyanobacteria）等，所占比例分别为：29.97%、25.15%、12.20%、9.15%、6.74%、5.58%、4.01%、3.24%、1.19%1、1.00%。其中变形菌门、放线菌门、酸酐菌门、芽单胞菌和拟杆菌门的序列总数占全部序列的 88.90%，说明这些细菌为本试验中土壤的优势种群。Armatimonadetes、Chlamydiae、Deferribacteres 等为劣势种群。本研究发现，休闲处理节杆菌丰度高于轮作前，胡麻频率与轮作序列均影响土壤节杆菌的丰度。轮作前单芽胞目的 *Kaistobacter* 菌属明显高于休闲和其他处理，休闲处理

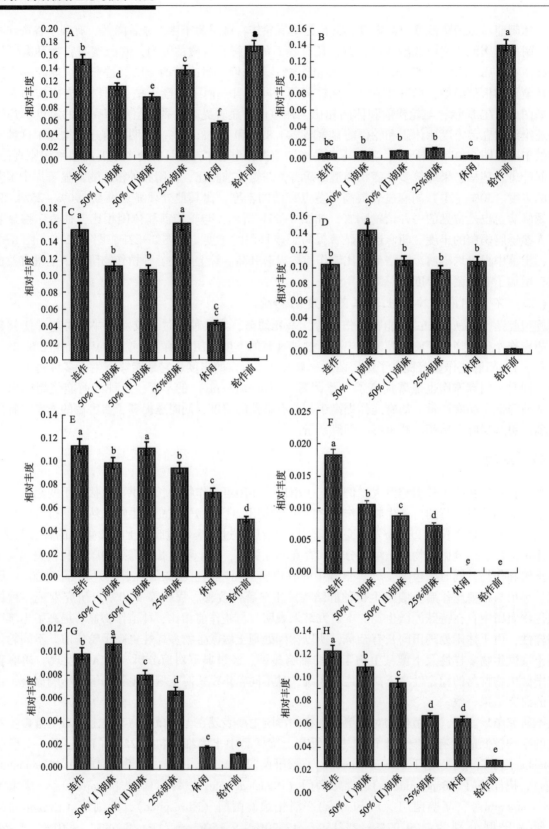

图 8-27　不同胡麻频率对属水平土壤真菌丰度的影响（>0.5%）

Fig. 8-27　Effects of different crop rotation on 0.5% greater richness of soil fungus on genus level（>0.5%）

图 A：镰刀菌；图 B：耐冷真菌；图 C：番茄组织球壳菌；图 D：茎点霉菌；图 E：人参锈腐病菌；

图 F：串珠霉属；图 G：链格孢菌；图 H：*Stagonosporopsis*

该属的丰度最低，胡麻连作处理次之。抗锑斯科曼氏球菌属（*Skermanella*）的丰度也随着播种年份的增加而降低。胡麻连作显著提高了粉红贫养杆菌的丰度，且该菌随轮作系统中胡麻频率的下降呈降低趋势。不同轮作模式能够影响土壤细菌的丰度，在 4 年为一个周期的轮作系统中，作物相同、种植顺序不同明显影响土壤微生物的丰度，前两茬作物相同、后两茬以不同的顺序种植相同的作物明显影响了土壤微生物丰度。

与轮作前相比，种植作物镰刀菌丰度降低。这种真菌容易引起谷类作物的枯穗病。休闲能够显著降低镰刀菌丰度，其次是胡麻连作，镰刀菌丰度也显著降低，有利于谷类作物的生长。耐冷菌属能够适应低温环境，并且还有较高的降解有机质的能力，对土壤有害物质有降解作用。与轮作前相比，种植作物显著降低了耐冷菌的丰度。番茄组织球壳菌主要导致植株萎蔫和根部腐烂，病情加重时，全株萎蔫，叶片自上而下逐渐干枯、死亡，造成作物大量减产。与轮作前和休闲相比，种植作物显著提高了番茄组织球壳菌的丰度，胡麻连作增加了这种有害真菌的丰度。茎点霉菌属是半知菌类腔孢纲球壳孢目的重要的植物病原真菌属，可引起叶斑、茎枯、果斑等多种症状类型的病害，与轮作前相比，休闲和种植作物显著提高了茎点霉菌的丰度。人参锈腐病菌也是常见的一种植物病害，与轮作前和休闲相比，胡麻连作显著提高了该真菌的丰度。旋孢腔菌能够损伤叶片，杀死幼苗，导致种子过早成熟，并削弱茎秆使其易倒伏。总体发现，胡麻连作显著降低了旋孢腔菌的丰度。这种真菌的丰度随胡麻频率的增加而降低。胡麻连作显著提高了绿僵菌属的丰度，它是能够寄生于多种害虫的杀虫真菌。同时，胡麻连作也显著提高了立枯丝核菌的丰度，这种细菌能使胡麻患立枯病，从而降低了胡麻产量。胡麻连作提高了某些有益菌的丰度，同时也提高了有害菌的丰度，特别是亡革菌（立枯丝核菌的有性形态），引起胡麻立枯病，严重影响胡麻产量。本研究得出的主要结论如下：

（1）所有土壤样品中土壤细菌的 25 个门，其中变形菌门、防线菌门、酸酐菌门、芽单胞菌和拟杆菌门的序列总数占全部序列的 88.90%。说明这些细菌为本试验中土壤的优势种群。与轮作前和休闲相比，种植作物能明显提高了土壤细菌多样性。胡麻连作明显提高了节杆菌属（*Arthrobacter*）、*Kaistobacter* 和粉红贫养杆菌属（*Modestobacter*）的丰度。随着年份的推进 *Kaistobacter*、*Skermanella*、*Methylobacterium* 的丰度逐渐降低，而 *Modestobacter*、*Leatzea*、*Nitrospira* 的丰度呈增加趋势。对土壤真菌而言，与轮作前和休闲相比，种植作物能降低了耐冷菌的丰度，提高番茄组织球壳菌和茎点霉菌的丰度。其中胡麻连作明显提高了番茄组织球壳菌、人参锈腐病菌丰度，50%（Ⅰ）胡麻显著提高了茎点霉菌的丰度。说明种植作物降低有益菌的丰度，提高了有害菌的丰度。

（2）轮作模式不同，对土壤微生物丰度的影响不同。FWPF 提高了节细菌属（*Arthrobacter*）的丰度，FPFW 处理节细菌属丰度最低。PWFW 处理 *Kaistobacter* 丰度显著高于其他处理，FWFP 处理 *Kaistobacter* 的丰度显著低于其他处理，FWFP 处理 *Skemanella* 显著高于其他处理。PFWF 处理显著提高了 *Fusarium* 的丰度，与轮作前相比，各处理均显著降低了 *Geomyces* 的丰度，FWPW 处理 *Geomyces* 高于其他轮作系统。FWPF 处理显著降低了 *Plectosphaerella* 的丰度。WFPF 处理显著提高了 *Phoma* 的丰度，FWFP 处理显著降低了该真菌的丰度。FFWP 处理显著提高了 *Alternaria* 的丰度。PWFW、FWPF、FPFW 处理 *Alternaria* 丰度最低。胡麻连作显著提高了 *Thanatephorus* 的丰度，其次是 WFPF 处理，FFWP 处理显著提高了 *Metarhizium* 丰度，同时也提高了 *Rhizoctonia* 的丰度。

第四节　土壤养分、生物化学特性以及微生物群落结构的相互关系

一、土壤化学性质与土壤细菌的关系

（一）土壤化学性质与土壤细菌的关系（门水平）

典范对应分析（CCA）是基于对应分析发展而来的一种排序方法，这种分析方法可以直观显示多变量间的多种相互作用关系。本文对不同轮作模式下土壤细菌与土壤化学性质矩阵进行 CCA 排序，

分析土壤细菌与环境之间的关系。图 8-29 表示丰度>0.5%的土壤微生物与土壤养分之间的关系，由此图可以看出，CCA1 轴与速效磷、硝态氮、硝态氮呈显著的正相关关系，有机碳含量与 CCA1 轴呈显著的负相关关系。土壤化学性质影响细菌门分类主要表现为速效磷与 Proteobacteria、Firmicutes 呈显著的正相关关系，PFFW 处理主要通过影响速效磷含量来影响这两种细菌。全氮含量与 Actinobacteria 呈显著的正相关关系，胡麻连作主要是通过影响土壤全氮含量来影响 Actinbacteria 的数量。土壤全磷含量与 Chloroflexi 有显著的负相关关系，土壤有机碳含量与 Nitrospire、Firmicutes 呈正相关。

图 8-30 表示丰度<0.5%的土壤微生物与土壤化学性质之间的关系，有机碳、速效磷和硝态氮与 CCA1 呈显著的正相关关系，全磷、全氮和硝态氮与 CCA1 呈显著的负相关关系。有机碳与 Fibrobacteres 呈显著的正相关，PFFW、FPFW 和 PWFW 处理对 Nitrospira 丰度的影响与有机碳有显著的相关性。土壤速效磷与 Chlorobi 和 TM7 处理呈显著的正相关关系。硝态氮含量与 TM6 和 X. Themi. 呈显著正相关。全磷和全氮含量与 Cyanobacteria 呈显著的负相关关系，胡麻连作处理对 Cyanobacteria 丰度的影响与土壤全磷和全氮的含量有明显的相关性。

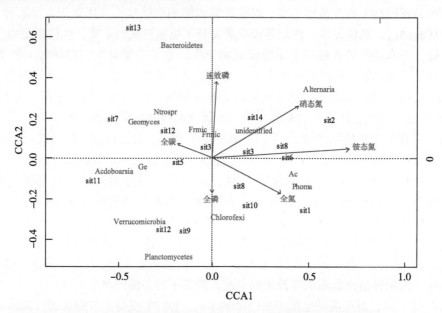

图 8-29　土壤化学性质与丰度>0.05%细菌群落的 CCA 分析

Fig. 8-29　CCA analysis of soil chemical property and bacterial abundance（>0.5%）

Sit1：胡麻连作；sit2：FWPF；sit3：WPFF；sit4：PFFW；sit5：FFWP；sit6：WFPF；sit7：FPFW；sit8：PFWF；sit9：FWFP；sit10：WPWF；sit11：PWFW；sit12：WFWP；sit13：FWPW；sit14：休闲。下同。

（二）土壤化学性质与土壤细菌的关系（属水平）

图 8-31 表示土壤化学性质与丰度>0.5%水平的土壤细菌的关系。从图可以看出，CCA1 与土壤全氮、全磷、硝态氮、硝态氮呈显著的正相关关系。基于 CCA1 的贡献率大于 CCA2，土壤全氮、全磷、硝态氮、硝态氮是影响细菌属的主要因子。土壤化学性质和不同轮作模式影响土壤微生物属分类主要表现为：胡麻连作对 *Nitrospira*、*Aeromicrobium*、*Kribbella* 丰度的影响与全氮有显著的正相关。WPFF 和 FWPF 处理对 *Arthrobacter*、*Nitrosovibrio*、*Flavisolibacter* 丰度的影响与土壤全磷、硝态氮和铵态氮有明显的相关性。图 8-32 反映了丰度<0.5%的土壤细菌与土壤化学性质之间的关系，图中速效磷、硝态氮和全氮含量与 CCA1 呈显著正相关，与 *Kaistobacter* 亦呈显著的正相关。

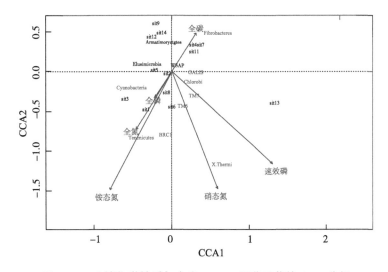

图 8-30 土壤化学性质与丰度<0.05%细菌群落的 CCA 分析

Fig. 8-30 CCA analysis of soil chemical property and bacterial abundance（<0.5%）

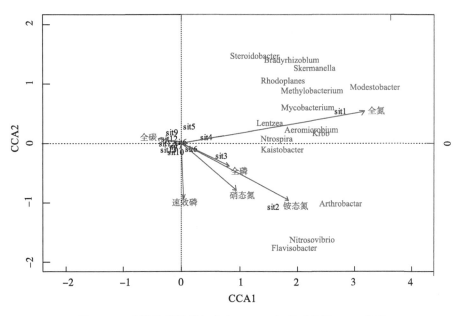

图 8-31 土壤化学性质与丰度>0.05%细菌群落的 CCA 分析

Fig. 8-31 CCA analysis of soil chemical property and bacterial abundance（>0.5%）

二、土壤生物学特性与土壤细菌的关系

（一）土壤生物学特性与土壤细菌的关系（门水平）

如图 8-33 所示，采用 CCA 分析方法，分析了丰度>0.5%的土壤微生物丰度与土壤生物学特性的关系发现：土壤脲酶、土壤微生物熵、土壤微生物生物量碳含量以及土壤碳氮比与 CCA2 呈显著的正相关。土壤生物学特性对土壤细菌的影响表现为：土壤碳氮比、微生物生物量碳、脲酶和微生物熵均与 Verrucomicrobia、Planctomycetes 呈显著的正相关，土壤微生物生物量氮和过氧化氢酶与 Proteobacteria、Gemmatimenadetes、Bacteroidetes 呈显著的负相关。图 8-34，丰度<0.5%的细菌与土壤生物学特性的关系表现为：土壤脲酶、土壤微生物熵、土壤微生物生物量碳含量以及土壤碳氮比与 CCA1 呈显著的正相关，并与 Fibrobacteria、Chlorobi、TM6 均呈显著的正相关关系。

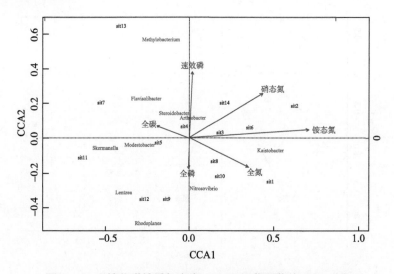

图 8-32　土壤化学性质与丰度<0.05％细菌群落的 CCA 分析

Fig. 8-32　CCA analysis of soil chemical property and bacterial abundance（<0.5％）

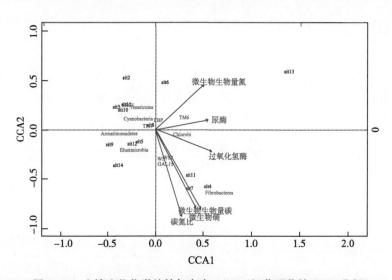

图 8-33　土壤生物化学特性与丰度>0.05％细菌群落的 CCA 分析

Fig. 8-33　CCA analysis of soil biology property and bacterial abundance（>0.5％）

（二）土壤生物学特性与土壤细菌的相关性（门水平）

如图 8-35 所示，在属水平（>0.5％）上分析土壤生物学特性与土壤细菌的关系发现，土壤脲酶、过氧化氢酶、微生物生物量碳、微生物熵以及微生物生物量碳氮比均与 CCA1 呈显著的正相关关系。脲酶对土壤微生物分布的影响远大于其他生物学特性。土壤微生物生物量氮与 Nitrosovibio、Flavisolibacter 呈显著正相关。微生物生物量碳和微生物熵与 Nitrospira、Kaistobacter 呈显著正相关。PWFW 处理对微生物组成的影响与土壤脲酶活性有显著的相关性。FPFW 和 PWFW 处理对土壤微生物组成的影响与土壤微生物生物量碳有明显的相关性。如图 8-36 所示，丰度<0.5％水平土壤生物学特性对土壤微生物的影响。土壤过氧化氢酶对该水平土壤微生物的影响最大。过氧化氢酶、微生物生物量氮、碳氮比、脲酶等生物学特性均与 CCA1 呈显著正相关。过氧化氢酶与 Devosia、Bacillus 呈显著正相关，FWPW 对土壤过氧化氢酶有显著的影响。

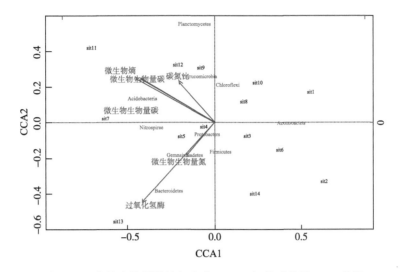

图 8-34　土壤生物学特性与丰度<0.05%细菌群落的 CCA 分析

Fig. 8-34　CCA analysis of soil biology property and bacterial abundance（<0.5%）

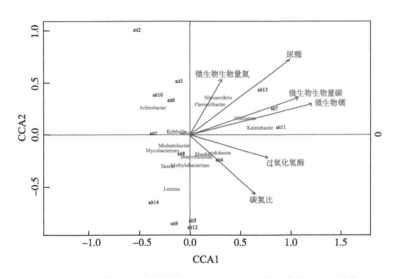

图 8-35　土壤生物学特性与丰度>0.05%细菌群落的 CCA 分析

Fig. 8-35　CCA analysis of soil biology property and bacterial abundance（>0.5%）

三、土壤生物学特性与土壤真菌的关系

（一）土壤真菌与土壤化学性质的相关性

图 8-37 表示丰度>0.5%的土壤真菌与土壤养分之间的关系，CCA1 轴与全磷、全氮、有机碳、pH 和土壤含水量呈显著的正相关关系，与硝态氮呈显著的负相关关系。土壤全磷、全氮、有机碳与 *Microdochium*、*Plectosphaerella*、*Geomyces*、*Llyonectria Fusarium* 呈显著的正相关关系，PWFW 处理对 *Microdochium*、*Plectosphaerella*、*Geomyces*、*Llyonectria* 和 *Fusarium* 数量的影响与土壤有机碳含量有明显的正相关关系。胡麻连作对 *Microdochium*、*Plectosphaerella*、*Geomyces*、*Llyonectria* 和 *Fusarium* 数量的影响与土壤全氮有显著的相关性。图 8-38 表示丰度<0.5%的土壤真菌与土壤化学性质之间的关系，pH 值与 CCA1 呈显著的正相关关系，有机碳、全磷、全氮、硝态氮和硝态氮与 CCA1 呈显著的负相关关系。胡麻连作对 *Thanatephorus* 数量的影响与土壤全氮含量有关。

（二）土壤生物化学特性与土壤真菌的关系

土壤真菌与土壤生物化学的直接关系如图 8-39 所示，土壤过氧化氢酶和微生物生物量碳氮比与

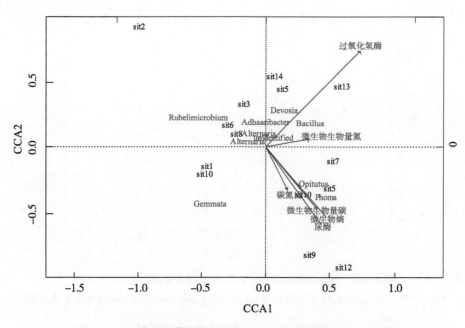

图 8-36　土壤生物学特性与丰度<0.05%细菌群落的 CCA 分析

Fig. 8-36　CCA analysis of soil biology property and bacterial abundance（<0.5%）

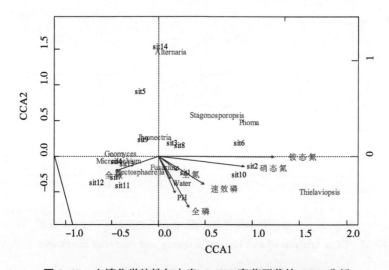

图 8-37　土壤化学特性与丰度>0.05%真菌群落的 CCA 分析

Fig. 8-37　CCA analysis of soil biology property and fungal abundance（>0.5%）

CCA2 呈显著的正相关关系，土壤微生物生物量碳、微生物生物量氮、脲酶以及微生物熵与 CCA2 呈显著的负相关。土壤 *Fusarium*、*Plectosphaerella*、*Llyonectria*、*Stagonosporopsis* 与土壤微生物生物量碳氮、脲酶呈显著的正相关性，其中微生物生物量碳对其作用明显。图 8-40 表示丰度<0.5%水平的土壤真菌与土壤生物化学性质的关系，表明胡麻连作处理对 *Thanatephorus* 数量的影响与土壤微生物生物量氮有关。土壤 *Rhizoctonia* 与土壤过氧化氢酶呈显著的正相关关系，FFWP 对该真菌有显著的影响。

四、小结

（1）土壤细菌与土壤理化性质、微生物学特性间的关系表现为：胡麻连作对 Actinbacteria、Nitrospira、Aeromicrobium、Kribbella、Cyanobacteria 数量的影响与土壤全氮含量有显著的相关性。土壤全

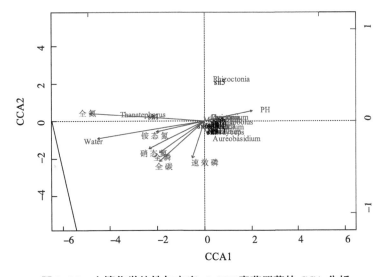

图 8-38　土壤化学特性与丰度<0.05%真菌群落的 CCA 分析

Fig. 8-38　CCA analysis of soil biology property and fungal abundance（<0.5%）

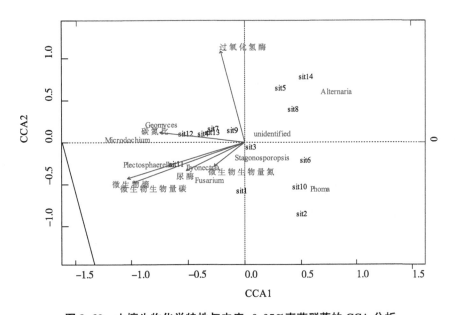

图 8-39　土壤生物化学特性与丰度>0.05%真菌群落的 CCA 分析

Fig. 8-39　CCA analysis of soil biology property and fungal abundance（>0.5%）

磷含量与 Chloroflexi 有显著的负相关关系，土壤有机碳含量与 Nitrospire、Firmicutes 呈正相关关系。土壤碳氮比、微生物生物量碳、脲酶和微生物熵均与 Verrucomicrobia、Planctomycetes 呈显著的正相关关系，土壤微生物生物量氮和过氧化氢酶与 Proteobacteria、Gemmatimenadetes、Bacteroidetes 呈显著的负相关关系。

（2）土壤真菌与土壤养分之间的关系中，土壤全磷、全氮、有机碳与 Microdochium、Plectosphaerella、Geomyces、Llyonectria Fusarium 呈显著的正相关关系，土壤 Fusarium、Plectosphaerella、Llyonectria、Stagonosporopsis 与土壤微生物生物量碳氮、脲酶呈显著的相关性，胡麻连作处理对 Thanatephorus 数量的影响与土壤微生物生物量氮有关。土壤 Rhizoctonia 与土壤过氧化氢酶呈显著的正相关关系。

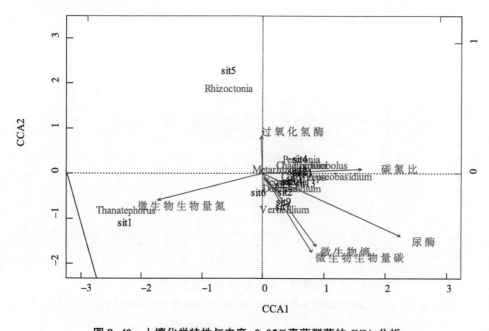

图 8-40 土壤化学特性与丰度<0.05%真菌群落的 CCA 分析

Fig. 8-40 CCA analysis of soil biology property and fungal abundance（<0.5%）

第五节 不同轮作模式对作物产量的影响

一、不同茬口对胡麻产量的影响

（一）小麦、马铃薯茬口对胡麻产量的影响

如图 8-41 所示，不同茬口对胡麻产量影响显著，马铃薯茬口种植胡麻产量最高，比小麦茬口种胡麻高 16.92%，比胡麻茬口种胡麻高 62.37%。

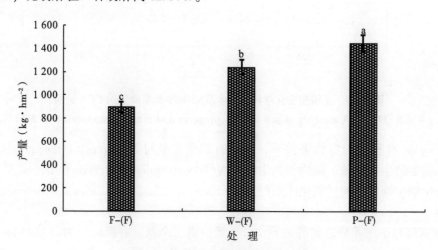

图 8-41 不同茬口对胡麻产量的影响

Fig. 8-41 Effects of different stubble on the yield of oil flax

（二）种植两茬作物的茬口对胡麻产量的影响

如图 8-42 所示，3 年胡麻连作胡麻产量比其他处理显著低 17.01%～82.33%。W-P-（F）处理胡麻产量高于 P-W-（F）处理，但差异不显著，说明同为马铃薯小麦前茬，马铃薯和小麦的种植顺

序不同，对胡麻产量影响不同，先种小麦比先种马铃薯的处理胡麻产量高。P-F-（F）处理比F-P-（F）处理产量高7.49%。P-W-（F）处理比F-W-（F）处理胡麻产量高47.96%。

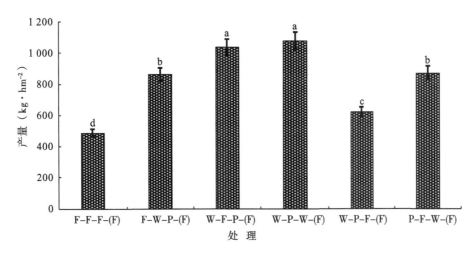

图8-42　不同茬口对小麦和马铃薯产量的影响
Fig. 8-42　Effects of different stubble on the yield of wheat and potato

（三）种植三茬作物的茬口对胡麻产量的影响

如图8-43所示，胡麻连作显著降低了胡麻产量。小麦和马铃薯对胡麻的增产效应因其在轮作系统中出现的顺序不同而不同。W-P-W-（F）处理胡麻产量最高，比其他处理高4.18%~121.59%。W-F-P-（F）的增产效果显著大于F-W-P-（F），F-W-P-（F）与P-F-W-（F）增产效果相当，W-P-F-（F）增产效果最低。

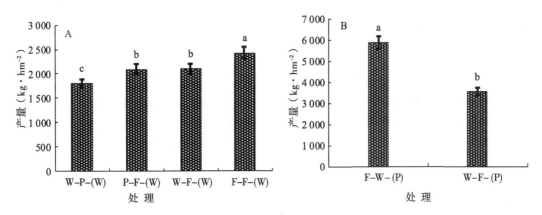

图8-43　不同茬口对胡麻产量的影响
Fig. 8-43　Effects of different stubble on the yield of oil flax

二、不同茬口对马铃薯和小麦产量的影响

（一）不同茬口对马铃薯和小麦产量的影响

如图8-44所示，胡麻茬口对小麦和马铃薯均有显著的增产效果。如8-44A所示，以胡麻为前茬种小麦比以马铃薯为前茬种小麦，小麦产量增加了22.47%。以胡麻为前茬种马铃薯，马铃薯产量比以小麦为前茬种马铃薯增加了4.31%。可见胡麻茬口有利于增加小麦和马铃薯的产量。

（二）种植两茬作物的茬口对小麦和马铃薯产量的影响

如图8-45A所示，2年胡麻连作显著提高了小麦产量，小麦产量比其他处理高15.63%~34.37%，并比小麦马铃薯茬口种小麦高34.37%。P-F-（W）处理和W-F-（W）处理小麦产量显

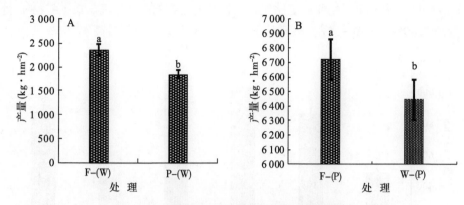

图 8-44　不同茬口对小麦和马铃薯产量的影响

Fig. 8-44　Effects of different stubble on the yield of wheat and potato

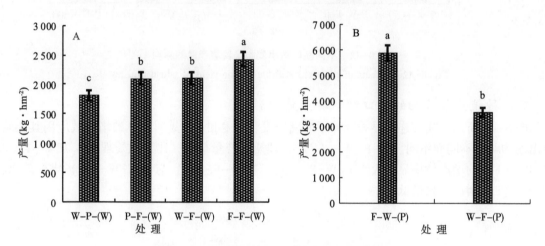

图 8-45　不同茬口对小麦和马铃薯产量的影响

Fig. 8-45　Effects of different stubble on the yield of wheat and potato

著高于 W-P-（W）处理，综上可知，在轮作系统中有胡麻参与，能够显著提高小麦产量。如图
8-45B 所示，胡麻与小麦轮作顺序不同，对马铃薯产量的影响不同。一茬胡麻二茬小麦比一茬小麦二
茬胡麻、马铃薯产量显著提高了 66.14%。说明胡麻轮作系统对其他作物的增产效应因胡麻在轮作系
统中出现的次序不同而不同。

（三）种植三茬作物的茬口对小麦和马铃薯产量的影响

如图 8-46A 所示，胡麻茬口能显著提高小麦产量。在由 2 年胡麻和 1 年马铃薯参与的轮作系统
中，马铃薯在轮作系统中的位置会影响小麦产量，但影响不显著。胡麻频率高的轮作系统对小麦的增
产作用高于胡麻低的轮作系统。如图 8-46B 所示，在 2 年胡麻与 1 年小麦的轮作系统中，小麦在轮
作系统的位置对马铃薯产量影响显著。前 2 年种植胡麻再种小麦的茬口显著提高了小麦产量。综上，
胡麻轮作能够提高小麦和马铃薯产量，其对小麦和马铃薯的增产效应与胡麻在轮作系统的次序以及其
频率有关。

三、不同轮作模式的产出

如表 8-12 所示，轮作模式与年份间的互作效应对作物年均产量影响显著。PFWF 处理作物年平
均产量最高，比其他处理提高了 1 100 ~ 9 706 kg·hm^{-2}·year^{-1}。除胡麻连作外，FWFP 年均产量最
低，与其他处理相比降低了 32.18% ~ 85.72%。轮作年均产量较连作提高了 770.00 ~
9 705.00 kg·hm^{-2}·year^{-1}。50%（Ⅰ）胡麻处理年均产量最高，与 100% 胡麻、50%（Ⅱ）胡麻和

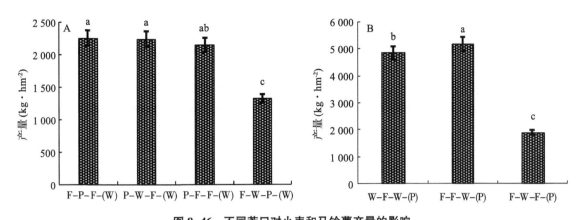

图 8-46 不同茬口对小麦和马铃薯产量的影响

Fig. 8-46 Effects of different stubble on the yield of wheat and potato

25%胡麻处理高出了 144.00 ~ 3 596.00 kg·hm^{-2}·year^{-1}。

表 8-12 各轮作系统年平均产量 (2013—2016)

Tab. 8-12 Average-annualized grain yield per rotation (2013—2016)

处理	年均产量* (kg·hm^{-2}·year^{-1})	相对连作 ContF 增产率 (%)
ContF	718e	0
FWPF	2 725d	280
WFPF	2 194d	206
WPWF	3 199 d	346
WPFF	2 709d	277
FPFW	2 620d	265
PWFW	8 216 b	1 044
PFFW	9 323ab	1 199
PFWF	10 423a	1 352
WFWP	2 842c	296
FFWP	2 327d	224
FWFP	1 488de	107
FWPW	2 423d	237
胡麻连作**	718c	0
50% (Ⅰ) 胡麻	4 314a	3 597
50% (Ⅱ) 胡麻	4 271a	3 554
25% 胡麻	4 170b	3 452

* 对每个轮作系统=将 4 年每个 phase 的产量加起来÷每个轮作系统 phase 的数量 [例如：FWPF =（2013 年胡麻产量+2014 年小麦产量+2015 年马铃薯产量+2016 年胡麻产量）÷4]。

** 按照胡麻在轮作系统中出现的频率，将轮作系统分为 4 个类型，其中：100% 胡麻是胡麻连作；50% (Ⅰ) 胡麻和 50% (Ⅱ) 胡麻是根据胡麻在轮作系统中的位置不同，将 50% 的胡麻轮作系统又分为两类。75% 胡麻：在完整的轮作系统中，胡麻占 75%，又根据胡麻在轮作系统位置的不同将其分为 3 种类型。

四、土壤理化性质与胡麻产量及构成的关系

从表 8-13 可见，单株籽粒重量与土壤有机碳和土壤含水量呈显著的正相关关系，相关系数分别

为 0.77 和 0.88。花蕾和蒴果的比例与土壤全氮和土壤含水量呈显著的正相关关系，相关系数分别为
0.90 和 0.88。蒴果籽粒数与土壤铵态氮含量呈显著的负相关关系。蒴果数与土壤脲酶活性呈显著的
负相关关系。胡麻产量与土壤微生物生物量碳和土壤全磷含量呈显著的负相关关系。

表 8-13　土壤理化性质与胡麻产量及构成的关系

Tab. 8-13　Relationship between soil chemical character and yield formation of oil flax

项目	单株籽粒重	花蕾/蒴果	蒴果籽粒数	蒴果数	分枝数	产量
碳氮比	0.26	0.05	0.10	-0.13	-0.50	-0.61
尿酶	-0.29	-0.64	0.54	-0.89*	-0.68	-0.76
过氧化氢酶	-0.77	-0.56	0.08	-0.62	-0.42	-0.09
微生物生物量氮	0.15	0.01	0.39	-0.79*	-0.42	-0.65
微生物生物量碳	0.28	0.01	0.45	-0.57	-0.63	-0.93**
有机碳	0.77*	0.55	-0.11	-0.26	-0.45	-0.73
铵态氮 NH_4^+-N	0.59	0.73	-0.81*	0.46	-0.08	0.03
全氮 TN	0.85	0.90**	-0.18	0.31	0.33	0.01
硝态氮 NO_3^--N	0.28	0.91	-0.56	-0.23	-0.36	-0.26
全磷 TP	0.66	0.29	0.30	-0.38	-0.41	-0.83**
速效磷 AVP	-0.11	-0.26	-0.48	-0.60	-0.80	-0.49
含水量	0.88*	0.84*	-0.32	0.22	0.18	-0.10
pH 值	-0.49	-0.54	0.21	0.31	0.20	0.33

注：* 表示达到 0.05 的显著水平；** 表示达到 0.01 的显著水平，下同。

五、土壤细菌与胡麻产量及构成的关系

如表 8-14 所示，胡麻单株籽粒数与 *Modestobacter*、*Methylobacterium*、*Aeromicrobium*、
Mycobacterium 均呈显著的正相关关系，相关系数分别为 0.75、0.89、0.82、0.85 和 0.86。花期花蕾
与蒴果的比例与 *Modestobacter* 和 *Kribbella* 呈显著的正相关关系，相关系数分别为 0.95 和 0.76。蒴果
籽粒数与 *Arthrobacter*、*Nitrosovibrio* 和 *Flavisolibacter* 呈显著的正相关，与 *Rhodoplanes*、*Steroidobacter* 呈
显著负相关。

表 8-14　土壤细菌与胡麻产量及构成的关系

Tab. 8-14　Relationship between soil bacteria community and yield formation of oil flax

项目	单株籽粒重	花蕾/蒴果	蒴果籽粒数	蒴果数	分枝数	产量
Arthrobacter	0.47	0.55	-0.77*	0.51	-0.09	0.07
Kaistobacter	-0.55	-0.19	-0.56	0.13	0.11	0.61
Skermanella	0.75*	0.32	0.32	0.08	0.10	-0.38
Modestobacter	0.89*	0.95**	-0.47	0.51	0.23	0.03
Methylobacterium	0.82*	0.52	0.08	0.07	-0.11	-0.52
Rhodoplanes	0.29	-0.17	0.91**	-0.33	0.21	-0.35
Nitrosovibrio	-0.03	0.12	-0.91*	0.38	-0.10	0.35
Lentzea	0.45	0.33	-0.18	-0.30	-0.72	-0.79*
Steroidobacter	-0.12	-0.48	0.91**	-0.72*	-0.25	-0.61
Flavisolibacter	-0.15	0.18	-0.92**	0.45	-0.16	0.35

（续表）

项目	单株籽粒重	花蕾/蒴果	蒴果籽粒数	蒴果数	分枝数	产量
Aeromicrobium	0.85*	0.69	−0.27	0.23	−0.12	−0.37
Kribbella	0.73	0.76*	−0.36	0.67	0.23	0.06
Bradyrhizobium	0.51	0.04	0.64	−0.39	−0.20	−0.72
Mycobacterium	0.86*	0.61	0.03	0.39	0.20	0.21
Nitrospira	−0.63	−0.27	−0.26	0.12	0.26	0.66

六、土壤真菌与胡麻产量及构成的关系

如表 8 - 15 所示，单株籽粒重与 *Aureobasidium* 呈显著负相关，相关系数为 - 0.78，与 *Thanatephorus* 呈显著正相关。花蕾与蒴果的比例也与 *Aureobasidium* 和 *Thanatephorus* 呈显著的正相关关系。蒴果籽粒数与 *Phoma* 和 *Thielaviopsis* 呈显著的负相关，相关系数分别为-0.82 和-0.74。胡麻蒴果数与 *Geomyces* 和 *Ilyonectria* 呈显著正相关，与 *Periconia*、*Chaetomium*、*Metarhizium* 呈显著负相关，相关系数分别为-0.81、−0.79 和-0.78。胡麻分枝数与 *Ilyonectria*、*Dokmaia*、*Neonectria* 和 *Verticillium* 呈显著的正相关关系。胡麻产量与 *Ilyonectria* 呈显著正相关关系，与 *Alternaria*、*Chaetomium* 和 *Rhizoctonia* 呈显著负相关关系，相关系数分别为-0.89、−0.84 和-0.86。

表 8-15　土壤真菌与胡麻产量及构成的关系
Tab. 8-15　Relationship between soil fungi and yield formation of oil flax

项目	单株籽粒重	花蕾/蒴果	蒴果籽粒数	蒴果数	分枝数	产量
Fusarium	0.48	−0.53	−0.62	0.74	0.56	0.6
Geomyces	−0.48	0.53	0.62	0.74*	0.56	0.60
Plectosphaerella	−0.17	0.13	−0.01	0.14	0.5	0.51
Phoma	0.06	0.21	−0.82*	0.09	−0.55	−0.15
Ilyonectria	0.23	0.3	0.02	0.84*	0.98**	0.81*
Microdochium	−0.61	−0.37	0.21	−0.35	0.05	0.2
Thielaviopsis	0.55	0.67	−0.74*	0.63	0.04	0.15
Alternaria	0.43	0.26	0.38	−0.47	−0.55	−0.89*
Stagonosporopsis	0.45	0.02	0.19	0.37	0.47	0.18
Dokmaia	0.02	0.24	0.10	0.43	0.79*	0.67
Cochliobolus	−0.70	−0.59	−0.59	−0.55	−0.30	0.04
Periconia	−0.42	−0.26	−0.51	−0.81*	−0.51	−0.61
Chaetomium	−0.17	−0.13	0.55	−0.79*	−0.72	−0.84*
Neonectria	0.13	−0.61	0.56	0.15	0.76*	0.40
Scytalidium	−0.31	−0.15	0.30	0.03	0.57	0.42
Verticillium	−0.37	−0.05	0.40	0.48	0.74*	0.72
Rhizoctonia	−0.02	−0.09	0.49	−0.68	−0.72	−0.86*
Metarhizium	−0.11	−0.73	0.22	−0.78*	−0.52	−0.67
Cordyceps	−0.53	−0.61	−0.24	−0.42	0.05	0.18
Aureobasidium	−0.78*	0.90*	−0.17	−0.51	−0.44	0.03
Thanatephorus	0.82*	0.82*	−0.05	0.31	0.35	0.01

七、结论与讨论

与连作相比，轮作能可持续提高作物产量。韩丽娜等（2012）研究表明，2 年轮作小麦平均产量比连作显著提高 45%。燕麦—大豆—玉米轮作模式能够提高作物产量，是内蒙古的最佳轮作模式。玉米、小麦连作是棉田良好前茬。张素梅（2017）研究发现，小麦茬口种植胡麻产量最佳，胡麻和油菜茬口不适宜种植胡麻。本试验结果表明，马铃薯茬口种胡麻产量最高，比小麦茬口种胡麻显著高 16.92%，比胡麻茬口种胡麻高 62.37%。3 年胡麻连作，胡麻产量比其他处理低 82.33%。小麦—马铃薯茬口种胡麻产量高于马铃薯—小麦茬口种胡麻，说明同为马铃薯小麦前茬，马铃薯和小麦的种植顺序不同，对胡麻产量影响不同，先种小麦比先种马铃薯胡麻产量高。马铃薯—胡麻为前茬口种胡麻比胡麻—马铃薯为前茬种胡麻显著提高了胡麻产量。胡麻连作降低胡麻产量的主要原因之一是增加了土壤中立枯丝核菌的丰度，其他轮作系统几乎没有这种真菌，同时也增加了番茄组织球壳菌等多种有害真菌的数量。而胡麻前茬又可增加小麦和马铃薯的产量，究其原因，发现立枯丝核菌这样的有害菌在种了马铃薯或小麦后其丰度降低几乎为 0。而胡麻田的有益菌，如耐冷菌属和绿僵菌属对后茬作物的生长发育有促进作用。同时胡麻茬口加速了土壤氮的转化，为下一茬口作物生长提供了较多的可利用氮。同时胡麻连作也增加了放线菌的数量，放线菌不仅在自然界物质循环中，更在污水及有机固体废物的生物处理中有积极的作用，还能促使土壤形成团粒结构而改善土壤。胡麻连作相对一些轮作模式显著降低了镰刀菌的数量，镰刀菌可以引起谷类作物的穗枯病，不同轮作序列显著影响了作物的年平均产量。PFWF 处理作物年平均产量比其他处理高 1 100 ~ 9 706 kg·hm^{-2}·year^{-1}，其与 PFFW 处理之间没有显著性差异。胡麻连作处理产量最低。说明轮作系统序列对系统的年均产量影响显著。轮作序列对系统平均产量的影响是由于各作物在轮作系统中出现的位置不同引起的。分析不同作物在各轮作系统的位置，发现在高产的轮作系统中，胡麻占整个轮作系统的 50%，并且胡麻在轮作系统中是与小麦和马铃薯隔年种植，第一年种的是马铃薯。在这样的轮作系统中才有可能获得整个系统的高产。以上分析说明，作物位置对轮作系统的平均年产量起到决定性作用。其次，通过分析轮作系统中作物出现的频率对整个系统年平均产量的影响发现，50% 的胡麻与小麦、马铃薯进行以 4 年为一个周期的轮作，年平均产量显著高于 25% 胡麻和 100% 胡麻轮作。以上结论说明，作物轮作的年产量首先与参与轮作的作物序列有关，不同轮作序列显著影响了轮作系统的年平均产量；其次，轮作系统的年平均产量与参与轮作的各个作物在轮作系统中的位置有关；最后，轮作系统的年平均产量与参与轮作的作物频率有关。本文得出的主要结论如下。

（1）马铃薯茬口胡麻产量比小麦茬口高 16.92%。与马铃薯茬口相比，胡麻茬口种小麦产量提高 22.47%。在本试验条件下，轮作系统中胡麻出现频率越高对小麦和马铃薯的增产作用越大。PFWF 处理作物年平均产量最高，比其他处理提高了 1 100 ~ 9 706 kg·hm^{-2}·year^{-1}。除胡麻连作外，FWFP 年均产量最低，与其他处理相比降低了 32.18% ~ 85.72%。轮作年均产量较连作提高了 770.00 ~ 9 705.00 kg·hm^{-2}·year^{-1}。50%（Ⅰ）胡麻处理年均产量最高，与 100% 胡麻、50%（Ⅱ）胡麻和 25% 胡麻处理高出了 144.00 ~ 3 596.00 kg·hm^{-2}·year^{-1}。

（2）单株籽粒重量与土壤有机碳和土壤含水量呈显著的正相关关系，相关系数分别为 0.77 和 0.88，与 *Modestobacter*、*Methylobacterium*、*Aeromicrobium*、*Mycobacterium* 均呈显著的正相关关系，相关系数分别为 0.75、0.89、0.82、0.85 和 0.86，与 *Aureobasidium* 呈显著负相关，相关系数为 −0.78，与 *Thanatephorus* 呈显著正相关。花蕾和蒴果的比例与土壤全氮和土壤含水量呈显著的正相关关系，相关系数分别为 0.90 和 0.88，与 *Modestobacter* 和 *Kribbella* 呈显著的正相关关系，相关系数分别为 0.95 和 0.76，与 *Aureobasidium* 和 *Thanatephorus* 呈显著的正相关关系，与 *Phoma* 和 *Thielaviopsis* 呈显著的负相关，相关系数分别为 −0.82 和 −0.74。蒴果籽粒数与土壤铵态氮含量呈显著的负相关关系，与 *Arthrobacter*、*Nitrosovibrio*、*Geomyces*、*Ilyonectria* 和 *Flavisolibacter* 呈显著的正相关，与 *Rhodoplanes*、

Steroidobacter、*Periconia*、*Chaetomium*、*Metarhizium* 呈显著负相关，相关系数分别为−0.84、−0.91、−0.81、−0.79 和−0.78。胡麻产量与土壤微生物生物量碳和土壤全磷含量呈显著的负相关关系，与 *Ilyonectria* 呈显著正相关关系，与 *Alternaria*、*Chaetomium* 和 *Rhizoctonia* 呈显著负相关关系，相关系数分别为−0.89、−0.84 和−0.86。

第九章　胡麻田杂草群落生态位及其化感作用

胡麻田间伴生杂草种类多，种群密度大，杂草与胡麻共生期长，胡麻又是一种密植作物，人工中耕除草难度较大。使用化学除草，虽具有高效、速效、操作方便、适应性广及经济效益显著等优点，但是使用化学除草剂不仅存在环境污染问题，还存在除草剂对当茬作物或后茬作物带来的药害问题以及杂草对除草剂产生的抗药性问题。加之适于胡麻田的除草剂种类有限，除草剂的使用剂量要求严格，多数农民不愿意使用。而人工除草费工费时，在目前农村劳动力有限的情况下，也很不现实。因此，胡麻田杂草危害相当严重，是胡麻减产和品质下降的重要因素之一。

化感作用是自然界中的一种普遍现象。农业生产中的轮作、间作套种、前后茬搭配，残茬的处置与利用以及作物与杂草的关系等，都存在化感作用。本研究拟利用生态位理论研究兰州地区胡麻田杂草群落组成和数量动态变化规律，进而确定杂草群落的生态位，揭示杂草群落的结构和种间关系，明确优势杂草与胡麻的竞争关系；同时，从优势杂草化感作用入手，研究优势杂草对胡麻的化感效应，确定其化感作用的主要部位及特点；然后以第一大优势杂草化感作用的主要部位为材料，研究其不同化感物质释放途径下化感物质对胡麻的化感效应和其水浸提液化感物质对胡麻的作用机理。拟通过上述研究，全面了解胡麻田杂草群落生态位特征及杂草的防除重点，对于筛选适于胡麻田间使用的新型安全、高效除草剂奠定基础；明确第一大优势杂草化感作用主要部位的挥发物、枯落物、腐解物等对胡麻影响的综合化感效应和其水浸提液化感物质对胡麻的作用机理。从而对胡麻田杂草的综合管理和除草剂的合理使用提供理论依据，确保最大限度地提高胡麻的产量和品质。

第一节　兰州地区胡麻田杂草种类、消长动态及群落生态位研究

一、胡麻田杂草群落组成

调查表明，兰州地区胡麻田常见杂草有 23 种，隶属 11 个科，其中，最主要的有禾本科、菊科、藜科、苋科和旋花科，这 5 科杂草共有 15 种，占杂草种类总数的 65.22%，豆科、十字花科、茜草科、茄科、蓼科、唇形科杂草共有 8 种，占杂草种类总数的 34.78%（表 9-1）。根据被子植物形态特征上的异同，杂草又可分为双子叶杂草和单子叶杂草。被调查的 23 种杂草中，其中单子叶杂草 4 种，全部为禾本科杂草，占杂草种类总数的 17.39%，其他为双子叶杂草，共 19 种，占杂草种类总数的 82.61%；从杂草发生量来看，4 种单子叶杂草占全部杂草总数的 43.11%，19 种双子叶杂草占全部杂草总量的 56.89%（表 9-2）。根据植物所具有的不同生活型和生长习性，杂草又被分为一年生杂草、越年生杂草和多年生杂草。被调查的 23 种杂草中，一年生杂草 13 种，占杂草种类总数的 56.52%，占总杂草发生量的 94.49%；越年生杂草 2 种，占杂草种类总数的 8.70%，占总杂草发生量的 0.43%；多年生杂草 6 种，占杂草种类总数的 26.07%，占总杂草发生量的 3.5%。多年生或越年生杂草 2 种，占杂草种类总数的 8.70%，占总杂草发生量的 1.58%（表 9-3）。

表 9-1　兰州地区胡麻田杂草种类

Tab. 9-1　Weed species in Lanzhou area oil flax field

杂草种类	科名	拉丁学名	危害程度
打碗花	旋花科	*Calystegia hederacea* Wall.	中度

（续表）

杂草种类	科名	拉丁学名	危害程度
篱打碗花	旋花科	*Calystegia sepium*（L）R. Br.	轻度
猪殃殃	茜草科	*Galium aparine* L. var. *tenerum*（Gren. et Godr.）Rcbb.	轻度
苣荬菜	菊科	*Sonchus brachyotus* DC.	中度
山苦荬	菊科	*Ixeris chinensis*（Thunb.）Nakai	轻度
刺儿菜	菊科	*Cephalanoplos segetum*（Bunge.）Kitam.	轻度
藜	藜科	*Chenopodium album* L.	重度
地肤	藜科	*Kochia scoparia*（L.）Schrad.	重度
猪毛菜	藜科	*Salsola collina* Pall.	轻度
稗草	禾本科	*Echinochloa crusgalli*（L.）Beauv.	重度
牛筋草	禾本科	*Eleusine indica*（L.）Gaertn.	轻度
狗尾草	禾本科	*Setaria Viridjs*（L.）Beauv.	重度
画眉草	禾本科	*Eragrostis pilosa*（L.）Beauv.	轻度
荠菜	十字花科	*Capsella bursa-pastoris*（L.）Medic.	轻度
龙葵	茄科	*Solanum nigrum* L.	中度
反枝苋	苋科	*Amaranthus retroflexus* L.	轻度
绿苋	苋科	*Amaranthus virdis* L.	重度
凹头苋	苋科	*Amaranthus lividus* L.	重度
小苜蓿	豆科	*Medicago minima*（L.）Lam.	轻度
救荒野豌豆	豆科	*Vicia cracca* L.	轻度
萹蓄	蓼科	*Polygonum aviculare* L.	中度
酸模叶蓼	蓼科	*Polygonum lapathifolium* L.	轻度
夏至草	唇形科	*Lagopsis supine*（Steph.）IK.-Gal. ex Knorring	中度

表 9-2　按子叶类型划分的杂草类型构成
Tab. 9-2　Weed species（According to cotyledon）

杂草类型	杂草名称	占杂草种类比例（%）	占总杂草发生量比例（%）
单子叶杂草	牛筋草、稗草、狗尾草、画眉草	17.39	43.11
双子叶杂草	打碗花、篱打碗花、猪殃殃、苣荬菜、山苦荬、刺儿菜、藜、猪毛菜、地肤、荠菜、龙葵、反枝苋、绿苋、凹头苋、小苜蓿、救荒野豌豆、萹蓄、酸模叶蓼、夏至草	82.61	56.89

表 9-3　按生长类型划分的杂草类型构成
Tab. 9-3　Weed species（According to growth types）

杂草类型		杂草名称	占杂草种类比例（%）	占总杂草发生量比例（%）
一年生杂草		藜、地肤、猪毛菜、稗草、牛筋草、狗尾草、画眉草、龙葵、反枝苋、绿苋、凹头苋、萹蓄、酸模叶蓼	56.52	94.49
越年生杂草	越年生或一年生杂草	猪殃殃、荠菜	8.70	0.43
	越年生或多年生杂草	救荒野豌豆、夏至草	8.70	1.58
多年生杂草		打碗花、篱打碗花、苣荬菜、山苦荬、刺儿菜、小苜蓿	26.07	3.50

二、优势杂草种群及其消长动态

(一) 根据杂草危害程度确定

该方法主要根据杂草密度占总杂草密度比例大小确定。本研究中杂草对胡麻的危害程度可分三种：重度危害（占2%以上）、中度危害（大于1%，且小于2%）、轻度危害（小于1%）。23种杂草中对胡麻重度危害的杂草有6种，占杂草总数的90.46%；中度危害的有5种，占杂草总数的7.53%；轻度危害的有12种，占杂草总数的2.01%（表9-4）。

表9-4　杂草危害程度

Tab. 9-4　Weed extent of injury

危害程度	杂草名称	占总杂草发生量比例（%）
重度	狗尾草、地肤、藜、稗、绿苋、凹头苋	90.46%
中度	打碗花、苣荬菜、萹蓄、龙葵、夏至草	7.53%
轻度	篱打碗花、猪殃殃、山苦荬、刺儿菜、猪毛菜、牛筋草、画眉草、荠菜、反枝苋、小苜蓿、救荒野豌豆、酸模叶蓼	2.01%

(二) 根据相对丰度值的大小确定

由于相对丰度值综合了杂草发生频率和杂草密度两个指标对杂草发生进行评价，因此常利用杂草相对丰度值的大小来确定优势杂草种群。本研究中取相对丰度值大于10%的为优势杂草，按照相对丰度值由大到小的顺序，兰州地区胡麻田优势杂草分别为：地肤、狗尾草、藜、苣荬菜、稗草和打碗花。由表9-5可以看出，这6种杂草属于藜科的有2种，相对丰度值和为60.89；属于禾本科的有2种，相对丰度值和为52.79；属于菊科、旋花科、蓼科、苋科、茄科、唇形科的各有1种。他们的发生频率和种群密度值均较大，在田间分布较广，对胡麻的危害较大。

表9-5　优势杂草相对丰度

Tab. 9-5　The relative abundance of dominant species

种名	科	杂草频度均值	种群密度均值（株·m^{-2}）	相对丰度（%）
地肤	藜科	81.82	27.75	36.64
狗尾草	禾本科	95.24	35.75	32.51
藜	藜科	67.78	14.67	24.25
苣荬菜	菊科	22.22	1.73	21.53
稗草	禾本科	61.21	7.17	20.28
打碗花	旋花科	14.44	1.51	14.81

三、杂草发生规律

通过对兰州地区胡麻田杂草发生出苗时期的分析，可以看出，杂草发生可以分为三个阶段：始发期和两个高峰期（图9-1）。4月中旬气温较低，杂草开始发生，此期杂草出苗主要以旋花科、菊科营养体繁殖的多年生杂草为主，如打碗花和苣荬菜。同时还有藜科、禾本科的一年生草本，如藜、稗草等，其中打碗花和苣荬菜在杂草中占绝对优势，分别达到6.93株·m^{-2}和4.27株·m^{-2}（表9-8）。此后随着气温的升高，杂草密度陡然增加。5月中旬出现第一个出草高峰期，5月11日总杂草发生量为126.94株·m^{-2}，其中主要为稗草和地肤，密度分别为51.47株·m^{-2}和42.13株·m^{-2}，此后杂草发生量稳中有升，到5月26日总杂草发生量为151.75株·m^{-2}，此时藜、地肤和狗尾草密度分别为

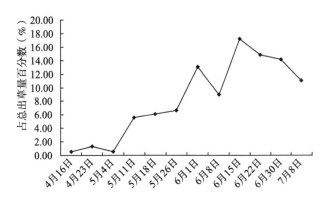

图 9-1　杂草发生动态变化曲线

Fig. 9-1　The graph of occurrence law and seasonal variation of weeds

53.6 株·m^{-2}、43.2 株·m^{-2} 和 23.73 株·m^{-2}，逐渐成为优势杂草。6 月中旬出现第二个出草高峰期，6 月 15 日总杂草发生量为 394.68 株·m^{-2}，狗尾草、地肤和藜密度分别达到 152.53 株·m^{-2}、116.53 株·m^{-2} 和 57.07 株·m^{-2}，此后杂草发生量逐渐减少，到 7 月 6 日总杂草发生量降至 253.83 株·m^{-2}。

从杂草的种类来看，一年生藜科杂草地肤和藜不仅发生量大，且持续时间长，从 4 月中下旬到 7 月上中旬胡麻收割，持续 4 个月，其中地肤的发生量为 636.79 株·m^{-2}，占总杂草发生量的 27.86%；藜的发生量为 336.53 株·m^{-2}，占总杂草发生量的 14.72%。禾本科杂草狗尾草持续时间虽较短，但发生量大，发生量为 820.25 株·m^{-2}，占总杂草发生量的 35.89%，这三类杂草占总杂草发生量的 78.47%。其次发生量依次为稗 164.53 株·m^{-2}、绿苋 67.47 株·m^{-2}、凹头苋 49.86 株·m^{-2}、夏至草 35.74 株·m^{-2}、打碗花 34.66 株·m^{-2}、萹蓄 31.73 株·m^{-2}、苣荬菜 30.95 株·m^{-2}、龙葵 30.94 株·m^{-2}，分别占总杂草发生量的 7.20%、2.95%、2.18%、1.56%、1.52%、1.39%、1.35% 和 1.35%。猪毛菜、荠菜、刺儿菜、牛筋草、小苜蓿、酸模叶蓼、篱打碗花、画眉草、猪殃殃、反枝苋、山苦荬、救荒野豌豆发生量最小，不到总草量的 1%。

图 9-2 为优势杂草在整个胡麻生育期间数量的动态变化情况。从图 9-1、图 9-2 可以看出，优势杂草种群密度的消长变化基本上与杂草总体的消长变化情况吻合，说明优势杂草种群密度的消长变化决定着整个群落的消长变化。

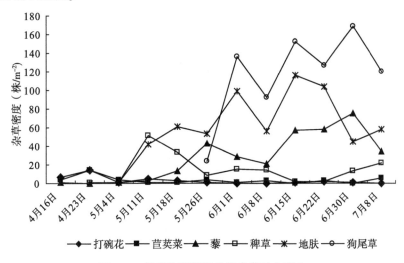

图 9-2　胡麻生育期间优势杂草动态变化

Fig. 9-2　The quantity dynamics of the growth and withering of the main weeds

四、优势杂草防除的理论分析

按照植物叶子宽窄和除草剂防除对象的分类来看，试验区优势杂草中有 4 种杂草属于阔叶草，相对丰度值和为 97.23，有 2 种属于单子叶杂草（窄叶杂草），其相对丰度值和为 52.79（表 9-6）。可以看出，阔叶杂草是防治的重点，但是两种单子叶杂草的防治也不容忽视。

表 9-6　优势杂草类型构成（按子叶类型）

Tab. 9-6　Dominant species（According to cotyledon）

杂草类型	杂草名称	杂草种类数	相对丰度值
单子叶杂草	狗尾草、稗草	2	52.79
双子叶杂草	地肤、藜、苣荬菜、打碗花	4	97.23

从植物生活史的角度来看，优势杂草中一年生的有 4 种，相对丰度值和为 113.6，多年生杂草有 2 种，相对丰度值和为 36.34（表 9-7）。一年生杂草种类较多，相对丰度值之和也远大于多年生的相对丰度值的和，按照相对丰度值来判断：一年生杂草是试验区的优势杂草群落，是杂草种防除的重点。对不同杂草密度与频度季节动态特征的比较分析发现，可以根据杂草频度季节变化特点，把打碗花、篱打碗花、藜、地肤、猪毛菜、绿苋、狗尾草、画眉草归为一类，它们在整个生长季节里发生频度都处于极高或较高水平，频度季节变化特征不明显，属高频度类型，但密度则存在一定的季节波动，因此，可根据密度指标的季节变化判断其有害程度大小（表 9-8、表 9-9）。另一种类型杂草（除高频度类型杂草和反枝苋、山苦荬、救荒野豌豆等偶发杂草外），它们的密度季节动态与发生频度季节动态特征十分吻合，因此，密度和频度都可以作为危害判别指标，但密度的测量相对于频度来说既费力又费时，故可根据频度的季节变化判断其有害程度大小。

表 9-7　优势杂草类型构成（按生活型）

Tab. 9-7　Dominant species（According to life form）

杂草类型	杂草名称	杂草种类数	相对丰度值
一年生	地肤、狗尾草、藜、稗草	4	113.68
多年生	苣荬菜、打碗花	2	36.34

表 9-8　杂草发生规律季节动态变化（密度）（株·m^{-2}）

Tab. 9-8　The occurrence law and seasonal variation of weeds（density）

杂草名称	4/16	4/23	5/4	5/11	5/18	5/26	6/1	6/8	6/15	6/22	6/30	7/8	总计	占总数（%）
打碗花	6.93	14.67	0.80	4.53	2.67	0.80	0.00	0.00	1.33	1.60	1.33	0.00	34.66	1.51
苣荬菜	4.27	13.87	4	1.33	1.07	3.47	1.07	2.40	0.27	2.40	0.00	5.60	30.95	1.73
猪殃殃	0.27	0	0.53	0.00	0.00	0.27	0.00	0.00	0.00	0.00	0.00	0.00	1.07	0.05
藜	0.53	0	0.53	3.20	13.60	43.20	28.80	21.33	57.07	58.40	75.47	34.40	336.53	14.67
萹蓄	0.53	0.27	0.27	1.33	7.20	1.07	1.33	2.13	7.47	5.07	1.33	3.73	31.73	1.38
稗草			0.53	1.33	51.47	33.60	8.80	14.93	14.67	1.60	2.13	13.60	21.87	164.53	7.17
地肤			0.27	0.80	42.13	60.80	53.60	98.93	56.53	116.53	104.27	44.53	58.40	636.79	27.75
酸模叶蓼		0.53		0.27	0.27	0.00	0.00	0.00	1.07	0.00	0.00	0.00	2.14	0.09
刺儿菜		0.53	0.27	1.60	0.53	0.27	2.13	1.33	0.53	0.27	0.27	0.80	8.53	0.37
荠菜			0.53	0.27	1.60	0.27	0.80	0.27	3.73	1.07	0.27	0.00	8.81	0.38

（续表）

杂草名称	观察日期（月/日）												总计	占总数（%）
	4/16	4/23	5/4	5/11	5/18	5/26	6/1	6/8	6/15	6/22	6/30	7/8		
牛筋草			1.33	5.60	0.00	0.00	0.00	0.00	0.00	0.00	0.00	0.00	6.93	0.30
龙葵			0.80	8.27	3.73	0.27	1.87	1.87	9.60	4.00	0.53	0.00	30.94	1.35
反枝苋			0.27	0.00	0.00	0.00	0.00	0.00	0.00	0.00	0.00	0.00	0.27	0.01
小苜蓿			0.80	0.00	0.53	0.00	0.00	0.00	0.27	1.87	0.00	0.00	3.47	0.15
猪毛菜				1.07	0.53	0.80	1.87	1.87	1.60	1.87	0.00	0.53	10.14	0.44
绿苋				5.33	6.67	14.93	10.67	10.13	19.47	0.00	0.27	0.00	67.47	2.94
山苦荬				0.27	0.00	0.00	0.00	0.00	0.00	0.00	0.00	0.00	0.27	0.01
夏至草				0.27	7.20	0.00	1.07	1.07	14.40	8.53	1.33	1.87	35.74	1.56
狗尾草						23.73	136.53	92.00	152.53	126.93	168.80	119.73	820.25	35.75
救荒野豌豆						0.27	0.00	0.00	0.00	0.00	0.00	0.00	0.27	0.01
篱打碗花							0.27	0.80	1.07	0.00	0.00	0.00	2.14	0.09
凹头苋									5.07	20.53	17.33	6.93	49.86	2.17
画眉草									1.07	1.07	0.00	0.00	2.14	0.09
总计	12.53	30.67	12.26	126.94	140	151.75	300.27	206.4	394.68	340.01	325.06	253.86	2 285.63	
占总数（%）	0.55	1.34	0.54	5.55	6.13	6.64	13.14	9.03	17.27	14.88	14.22	11.11		

表 9-9　杂草发生规律季节动态变化（频度）　　　　　　　（%）

Tab. 9-9　The occurrence law and seasonal variation of weeds（frequency）

杂草名称	观察日期（月/日）											
	4/16	4/23	5/4	5/11	5/18	5/26	6/1	6/8	6/15	6/22	6/30	7/8
打碗花	13.33	20.00	13.33	33.33	33.33	6.67	0.00	0.00	20.00	13.33	20.00	0.00
苣荬菜	40.00	53.33	40.00	13.33	20.00	33.33	6.67	13.33	6.67	26.67	0.00	13.33
猪殃殃	6.67	0	13.33	0.00	0.00	6.67	0.00	0.00	0.00	0.00	0.00	0.00
藜	13.33	0	13.33	46.67	60.00	100.00	100.00	93.33	86.67	100.00	100.00	100.00
萹蓄	13.33	6.67	6.67	33.33	73.33	20.00	20.00	40.00	53.33	60.00	26.67	53.33
稗草		13.33	20.00	100.00	100.00	66.67	100.00	60.00	26.67	40.00	66.67	80.00
地肤		6.67	13.33	100.00	93.33	100.00	100.00	100.00	86.67	100.00	100.00	100.00
酸模叶蓼		13.33	0.00	6.67	6.67	0.00	0.00	0.00	20.00	0.00	0.00	0.00
刺儿菜		6.67	6.67	13.33	6.67	6.67	13.33	6.67	13.33	6.67	6.67	13.33
荠菜			13.33	6.67	26.67	6.67	20.00	6.67	46.67	13.33	6.67	0.00
牛筋草			6.67	20.00	0.00	0.00	0.00	0.00	0.00	0.00	0.00	0.00
龙葵			20.00	20.00	66.67	6.67	33.33	26.67	60.00	53.33	13.33	0.00
反枝苋			6.67	0.00	0.00	0.00	0.00	0.00	0.00	0.00	0.00	0.00
小苜蓿			6.67	0.00	13.33	0.00	0.00	0.00	6.67	26.67	0.00	0.00
猪毛菜				20.00	13.33	20.00	33.33	33.33	40.00	33.33	0.00	13.33
绿苋				46.67	33.33	53.33	80.00	86.67	53.33	0.00	6.67	0.00
山苦荬				6.67	0.00	0.00	0.00	0.00	0.00	0.00	0.00	0.00
夏至草				6.67	73.33	0.00	13.33	20.00	80.00	66.67	26.67	26.67

（续表）

杂草名称	观察日期（月/日）											
	4/16	4/23	5/4	5/11	5/18	5/26	6/1	6/8	6/15	6/22	6/30	7/8
狗尾草						73.33	100.00	100.00	93.33	100.00	100.00	100.00
救荒野豌豆						6.67	0.00	0.00	0.00	0.00	0.00	0.00
篱打碗花							6.67	6.67	6.67	0.00	0.00	0.00
凹头苋									6.67	73.33	86.67	66.67
画眉草									13.33	20.00	0.00	0.00

五、杂草对胡麻影响的研究

为准确了解杂草对胡麻主要农艺性状、经济性状和品质性状的影响，特设置 2 种不同处理：全生育期不进行人工或化学除草、全生育期间断进行人工除草。胡麻成熟后每个小区随机选择有代表性的 20 株进行室内考种，最后测定不同处理胡麻的品质性状。

（一）杂草对胡麻主要农艺和经济性状的影响

由表 9-10 可以看出，人工除草区的胡麻平均株高、工艺长度、千粒重均比全生育期不除草处理的高，而有效分茎数、有效分枝数、单株果数、不实果数、每果粒数均比不除草处理的低。这可能是因为不除草处理时，由于胡麻苗期生长缓慢，易受杂草抑制，杂草与胡麻幼苗竞争水分和养分，致使一部分胡麻出苗困难或者不出苗，出苗率明显低于人工除草区，本区由于密度低，而使胡麻单株长得比较粗大，有效分茎数、有效分枝数、单株果数、不实果数、每果粒数均比不除草处理的高；已出苗部分由于受杂草抑制，株高和工艺长度明显降低。

表 9-10 胡麻农艺性状表

Tab. 9-10 The agronomic traits of oil oil flax

处理	株高 （cm）	工艺长度 （cm）	有效分茎数 （个）	有效分枝数 （个）	单株果数 （个）	不实果数 （个）	每果粒数 （粒）	千粒重 （g）
人工除草	59.64	35.03	0.12	3.72	19.03	0.93	7.05	6.66
不除草	55.52	30.15	0.60	5.85	24.82	3.68	7.51	5.00

（二）杂草对胡麻主要品质性状的影响

由表 9-11 可以看出，人工除草区的胡麻含油率、油酸含量、亚油酸含量、木酚素含量均比不除草区的高，而硬脂酸、棕榈酸、亚麻酸、碘值均比不除草区的低。可见杂草对胡麻品质的影响比较大。

表 9-11 胡麻品质性状表

Tab. 9-11 The quality traits of oil oil flax

处理	含油率 （%）	硬脂酸 （%）	棕榈酸 （%）	油酸 （%）	亚油酸 （%）	亚麻酸 （%）	碘值	木酚素 （mg·g⁻¹）
人工除草	40.44	5.54	5.27	36.50	15.43	39.31	171.36	10.01
不除草	38.17	6.31	6.22	35.47	14.72	41.06	172.07	9.15

六、杂草的生态位

(一) 杂草的生态位宽度

生态位宽度值是度量植物种群对资源环境利用状况的尺度，种群的生态位宽度值的大小说明它们在群落中的地位和作用，种群生态位宽度越大，它对环境的适应能力越强，对资源的利用越充分，在资源竞争中就有越强的竞争能力，在群落中常常处于优势地位。23 种杂草的生态位宽度见表 9-12。

表 9-12　23 种杂草在不同资源序列上的生态位宽度值

Tab. 9-12　23 kinds weeds of Niche breadth

序号	种名	时间生态位	水平生态位	垂直生态位	综合生态位
1	打碗花	0.690 4	0.392 5	0.307 4	1.390 3
2	苣荬菜	0.808 0	0.504 0	0.277 7	1.589 7
3	猪殃殃	0.418 4	0.075 5	0.405 6	0.899 5
4	藜	0.811 4	0.945 5	0.348 6	2.105 5
5	萹蓄	0.831 3	0.280 5	0.683 4	1.795 2
6	稗草	0.769 1	0.715 5	0.441 0	1.925 6
7	地肤	0.861 3	1.247 9	0.730 7	2.839 9
8	酸模叶蓼	0.488 2	0.047 4	0.875 0	1.410 6
9	刺儿菜	0.855 4	0.134 6	0.592 1	1.582 1
10	荠菜	0.700 7	0.112 2	0.361 5	1.174 4
11	牛筋草	0.197 0	0.139 9	0.000 0	0.336 9
12	龙葵	0.716 3	0.255 2	0.122 2	1.093 7
13	反枝苋	0.000 0	0.030 7	0.000 0	0.030 7
14	小苜蓿	0.465 6	0.086 0	0.647 9	1.199 5
15	猪毛菜	0.794 3	0.083 8	0.415 7	1.293 8
16	绿苋	0.692 2	0.342 4	0.066 5	1.101 1
17	山苦荬	0.000 0	0.004 8	0.000 0	0.004 8
18	夏至草	0.625 4	0.179 0	0.515 1	1.319 5
19	狗尾草	0.746 2	0.900 5	0.526 2	2.172 9
20	救荒野豌豆	0.000 0	0.004 1	0.000 0	0.004 1
21	篱打碗花	0.392 1	0.016 2	0.905 6	1.313 9
22	凹头苋	0.498 7	0.177 3	0.243 7	0.919 7
23	画眉草	0.278 9	0.012 6	0.000 0	0.291 5

根据综合生态位由大到小的顺序，23 种杂草依次为：地肤、狗尾草、藜、稗草、萹蓄、苣荬菜、刺儿菜、酸模叶蓼、打碗花等，与根据相对丰度计算的优势杂草稍有差别，但处于前 3 位的完全相同。

(二) 优势杂草的生态位宽度

根据相对丰度确定的优势杂草为：地肤、藜、狗尾草、稗草、苣荬菜和打碗花。由表 9-13 可知，时间生态位宽度由大到小依次为地肤、藜、苣荬菜、稗草、狗尾草和打碗花等，说明在胡麻生育期内，它们与胡麻的伴生时间依次由长到短；水平生态位宽度由大到小依次为：地肤、藜、狗尾草、稗草、苣荬菜和打碗花，说明在水平空间范围内，它们与胡麻争夺水分和养分的激烈程度也依次减少；垂直生态位宽度由大到小依次为：地肤、狗尾草、稗草、藜、打碗花和苣荬菜，说明在垂直空间上他们与胡麻争夺生长空间的激烈程度也依次减少；综合生态位宽度的大小反映了杂草在群落中的地位和对胡麻危害程度的大小，上述杂草中综合生态位由大到小处于前三位的依次为地肤、狗尾草和藜，他们的综合生态位均超过2.0，这与它们分布广泛，能适应多种不同的生境相吻合。因此，这三种杂草在群落中处于优势地位，对胡麻的危害程度较大，它们与胡麻竞争水分养分和生长空间均比较激烈。

表9-13　优势杂草在不同资源序列上的生态位宽度值

Tab. 9-13　Niche breadth of the main weeds

序号	种名	时间生态位	水平生态位	垂直生态位	综合生态位
1	打碗花	0.690 4	0.392 5	0.307 4	1.390 3
2	苣荬菜	0.808 0	0.504 0	0.277 7	1.589 7
3	藜	0.811 4	0.945 5	0.348 6	2.105 5
4	稗草	0.769 1	0.715 5	0.441 0	1.925 6
5	地肤	0.861 3	0.974 9	0.730 7	2.566 9
6	狗尾草	0.746 2	0.900 5	0.526 2	2.172 9

（三）优势杂草的生态位重叠

在群落中，复杂的生态关系使各种群的生态位通常表现为非离散型，总是倾向于分享其他种群的基础生态位部分，导致两个或更多的植物种群对某些资源的共同需求，使不同种群的生态位常处于不同程度的重叠状态。生态位重叠理论是解释自然群落中种间共存和竞争机制的基本理论和方法（姜琳琳等，2006）。生态位重叠值表明2个物种对资源（食物、营养成分、空间等）利用的相似性及其在一定程度上的竞争，其值越大，表明2个物种利用资源的能力越相似；在资源环境不足的情况下，2个物种间发生的竞争可能越剧烈；其值越小，表明2个物种利用资源的能力差异越大（马丽荣等，2007）。

1. 优势杂草的时间生态位重叠值

时间生态位重叠值的大小反映物种在时间发生上的重叠情况。从表9-14可知，狗尾草和地肤、藜、稗草的时间生态位重叠值在0.700 0以上，说明它们的生长期重叠时间长，对生态环境要求较相似。而事实上，地肤、藜和稗草的生长期在4月至8月（春夏季），而狗尾草主要发生在5月底至8月（夏季），生长时间重叠期较长；打碗花和藜的时间生态位重叠值最小，仅为0.199 2，是因为打碗花主要发生在4月，而藜主要发生在4月至8月，生长期间重叠时间短。

表9-14　主要杂草的时间生态位重叠值

Tab. 9-14　Time niche overlap of the main weeds

种名	打碗花	苣荬菜	藜	稗草	地肤	狗尾草
打碗花	1					
苣荬菜	0.466 8	1				
藜	0.199 2	0.383 4	1			
稗草	0.514 8	0.418 8	0.464 2	1		
地肤	0.502 5	0.446 0	0.654 6	0.580 7	1	
狗尾草	0.573 1	0.633 0	0.836 8	0.711 3	0.854 1	1

2. 优势杂草的水平生态位重叠值

水平生态位重叠值的大小反映物种在水平空间发生上的重叠情况。从表 9-15 可知,地肤和苣荬菜的水平重叠值最大,说明两者在水平空间资源上争夺激烈。其余杂草水平生态重叠值均小于 0.500 的,说明这些杂草水平空间资源争夺均不激烈,这可能是由于种群间的生态学特性不同,对资源要求的特异性不同决定的。

表 9-15　主要杂草的水平生态位重叠值
Tab. 9-15　Horizontal niche overlap of the main weeds

种名	打碗花	苣荬菜	藜	稗草	地肤	狗尾草
打碗花	1					
苣荬菜	0.411 5	1				
藜	0.130 3	0.137 9	1			
稗草	0.393 6	0.161 5	0.268 8	1		
地肤	0.455 2	0.729 9	0.187 4	0.034 3	1	
狗尾草	0.395 1	0.369 9	0.051 9	0.245 3	0.362 2	1

3. 优势杂草的垂直生态位重叠值

垂直生态位重叠值的大小反映物种在垂直高度发生上的重叠情况。表 9-16 显示,垂直生态位重叠值在 0.900 以上的有打碗花和苣荬菜、打碗花和藜、苣荬菜和藜、苣荬菜和稗草、藜和稗草、稗草和狗尾草,说明上述杂草间垂直生长空间竞争激烈,同样,肥力争夺也激烈。该群落优势种之间空间生态位重叠值较大,说明它们之间要么有相近的生态特性,要么对生境因子有互补性的要求。

表 9-16　主要杂草的空间生态位重叠值
Tab. 9-16　Vertical niche overlap of the main weeds

种名	打碗花	苣荬菜	藜	稗草	地肤	狗尾草
打碗花	1					
苣荬菜	0.945 5	1				
藜	0.922 5	0.969 9	1			
稗草	0.874 4	0.917 4	0.947 5	1		
地肤	0.740 7	0.741 4	0.771 4	0.824 0	1	
狗尾草	0.827 0	0.859 4	0.889 5	0.942 0	0.881 9	1

七、结论与讨论

(1) 通过对兰州地区胡麻生育期间田间杂草的调查,发现兰州地区胡麻田杂草群落中共有 23 种杂草,隶属 11 个科,其中,最主要的有禾本科、菊科、藜科、苋科和旋花科;根据被子植物形态特征上的异同和所具有的不同生活型和生长习性对杂草进行划分,发现胡麻田间以双子叶和(或)一年生杂草为主。因此,从除草剂防除对象的分类来看,阔叶杂草(按照植物叶子宽窄划分)或一年生杂草是(从植物生活史的角度划分)防治的重点。通过对优势杂草发生密度和发生频度的统计,确定了杂草消长动态变化为:4 月中旬杂草开始发生,5 月中旬和 6 月中旬为两个出草高峰期。

(2) 通过对所有杂草进行相对丰度计算,确定了 6 种优势杂草种群,即:地肤、狗尾草、藜、苣荬菜、稗草和打碗花。对这 6 种优势杂草进行生态位宽度和生态位重叠值计算,其中在胡麻生育期内,地肤、藜、苣荬菜、稗草、狗尾草和打碗花与胡麻的时间生态位宽度依次由大到小,表明他们与胡麻的伴生时间依次由长到短；地肤、藜、狗尾草、稗草、苣荬菜和打碗花与胡麻的水平生态位宽度依次由大到小，表明他们与胡麻争夺水分和养分的激烈程度也依次减少；地肤、狗尾草、稗草、藜、打碗花和苣荬菜与胡麻的垂直生态位宽度依次由大到小，表明他们在垂直空间上与胡麻争夺生长空间的激烈程度也依次减少；综合生态位由大到小处于前三位地依次为地肤、狗尾草和藜，这三种杂草与胡麻伴生期长，竞争水分养分和生长空间均比较激烈，在群落中处于优势地位，对胡麻的危害程度较大。通过对生态位重叠值的研究发现，地肤和狗尾草的时间生态位重叠值最大，他们在时间发生上的重叠时间长；与苣荬菜的水平生态位重叠值最大，他们在水平空间资源争夺激烈；而苣荬菜和藜的垂直生态位重叠值最大，他们在垂直生长空间竞争激烈。说明上述杂草相互之间利用资源的相似性较高。

谢强等（1998）认为，生态位宽度的涵义在于体现物种利用资源的幅度，生态位宽度较大的种群必须占有较多的资源位，如果同时在各资源位中均占有较大的资源量，那么此种群在群落中处于较大的优势地位。生态位宽度可以作为杂草对农田环境资源利用多样性的一种测度，反映了不同杂草在农田中的生态适应幅度。一般生态位较宽的杂草，对环境资源利用的多样性较高，适应性、生存力强，在农田发生面积广，数量多，成为本区的优势杂草，其危害严重。本研究中，地肤的时间、水平和垂直生态位宽度均最大，在各资源位中均占有较大的资源量，生存机会多，分布范围也广，数量多，在群落中处于绝对的优势地位，对胡麻危害严重；狗尾草和藜的时间、水平和垂直生态位宽度较大，在群落中处于优势地位。同时，田间调查也显示，这三种杂草无论是发生频度还是发生密度均较大，是名副其实的优势杂草，对胡麻的危害程度较大。

（3）从相对丰度值（RA）结果可以看出，兰州地区胡麻田群落中优势杂草种群有：地肤、狗尾草、藜、苣荬菜、稗草和打碗花，说明这些优势杂草与胡麻竞争生长空间、光照、水分及养分比较激烈。优势杂草的 RA 值和综合生态位宽度的排列基本吻合，因此无论是从杂草相对丰度还是从杂草生态位角度来确定胡麻田间优势杂草种群，其结果基本一致，说明这两项指标均能反映出杂草对胡麻的危害程度。

（4）胡麻田杂草消长动态及其生态位值只能说明在调查时间范围内的杂草分布情况，因胡麻田间生态因子具有多变性，故上述相关数据也会有所变动，但短时间内生态因子的改变不会改变杂草的优势种。虽然地肤在胡麻田群落中具有最大的生态位宽度值，但是它和其他的伴生杂草有较高的时间和空间生态位重叠值，这意味着现阶段的资源共享势必会变成资源竞争的态势。

（5）杂草对胡麻主要农艺性状和品质性状有重要影响：人工除草后胡麻的平均株高、工艺长度、千粒重、含油率、油酸含量、亚油酸含量、木酚素含量均比全生育期不除草处理的高，而有效分茎数、有效分枝数、单株果数、不实果数、每果粒数、硬脂酸、棕榈酸、亚麻酸、碘值均比不除草区的低。

第二节　两种优势杂草不同部位水浸提液对胡麻的化感效应研究

一、地肤对胡麻的化感作用

（一）地肤水浸提液对胡麻种子萌发的影响

1. 根系水浸提液对胡麻种子萌发的影响

3 种浓度的地肤根系水浸提液对胡麻种子的发芽势、发芽率、发芽指数和活力指数有不同程度的抑制作用（表 9-17），$0.100 \ g \cdot ml^{-1}$ 处理的发芽势和发芽率与对照间差异显著，其余 2 种浓度处理与对照间差异不显著；3 种浓度处理的发芽指数与对照间差异均极显著；$0.100 \ g \cdot ml^{-1}$ 和 $0.050 \ g \cdot ml^{-1}$ 处理的活力指数与对照间差异均极显著，而 $0.025 \ g \cdot ml^{-1}$ 处理与对照间差异显著。

2. 地上部茎叶水浸提液对胡麻种子萌发的影响

3 种浓度的地上部茎叶水浸提液对胡麻种子的发芽势、发芽率、发芽指数、活力指数均有不同程度的抑制作用，且抑制率随着浸提液浓度的升高而增大，在 0.100 g·ml⁻¹ 处理时上述 4 种指标的抑制率均达 100%。0.050 g·ml⁻¹ 和 0.025 g·ml⁻¹ 处理的发芽势、发芽率、发芽指数和活力指数与对照间差异均极显著（表9-17）。

3. 地肤全株水浸提液对胡麻种子萌发的影响

3 种浓度的地肤全株水浸提液对胡麻种子的发芽势、发芽率、发芽指数和活力指数有不同程度的抑制作用，且抑制率随着浸提液浓度的升高而增大，在 0.100 g·ml⁻¹ 处理时上述 4 种指标的抑制率均达 100%。而 0.050 g·ml⁻¹ 处理的发芽势和发芽率与对照间差异均极显著，0.025 g·ml⁻¹ 处理与对照间差异不显著；0.050 g·ml⁻¹ 和 0.025 g·ml⁻¹ 处理的发芽指数和活力指数与对照间差异均极显著（表9-17）。

表 9-17　不同浓度地肤水浸提液对胡麻种子萌发的影响

Tab. 9-17　Influence of different concentration aqueous extracts of *Kochia scoparia* （L.）Schrad. on oil flax seed germination

处理 （g·ml⁻¹）	发芽势 （%）	发芽势抑制率（RI） （%）	发芽率 （%）	发芽率抑制率（RI） （%）	发芽指数	发芽指数抑制率（RI） （%）	活力指数	活力指数抑制率（RI） （%）
根系浸提液								
0.1	57.33bA	−33.85	64.00bA	−30.43	21.10cC	−57.37	0.79cC	−63.81
0.05	74.67abA	−13.85	89.33aA	−2.90	32.18bBC	−34.96	1.64bBC	−24.97
0.025	81.33abA	−6.15	82.67abA	−10.14	33.56bB	−32.19	1.42bAB	−34.80
CK	86.67aA		92.00aA		49.49aA		2.18aA	
地上部浸提液								
0.1	0dD	−100.00	0dD	−100.00	0dD	−100.00	0cC	−100.00
0.05	17.33cC	−80.00	24.00cC	−73.91	6.13cC	−87.61	0.04cC	−97.98
0.025	62.67bB	−27.69	66.67bB	−27.54	22.88bB	−53.76	0.93bB	−57.57
CK	86.67aA		92.00aA		49.49aA		2.18aA	
全株浸提液								
0.1	0cC	−100.00	0cC	−100.00	0dD	−100.00	0cC	−100.00
0.05	33.33bB	−61.54	46.67bB	−49.28	12.82cC	−74.09	0.42cBC	−80.82
0.025	74.67aA	−13.85	86.67aA	−5.80	28.43bB	−42.54	1.04bB	−52.15
CK	86.67aA		92.00aA		49.49aA		2.18aA	

注：同列中相同字母表示在 $P>0.01$（大写字母）和 $P>0.05$（小写字母）时差异不显著（duncan's 法），下同。

（二）地肤水浸提液对胡麻幼苗生长的影响

1. 根系水浸提液对胡麻幼苗生长的影响

3 种浓度的地肤根系水浸提液对胡麻幼苗的根长和苗鲜重有不同程度的抑制作用（表9-18），且 0.050 g·ml⁻¹ 处理对根长和苗鲜重的抑制作用最小，分别为 54.72% 和 15.45%，其中 3 种浓度处理的根长与对照间差异均极显著，0.100 g·ml⁻¹ 处理的苗鲜重与对照间差异极显著，其余 2 种处理与对照间差异不显著；0.100 g·ml⁻¹ 和 0.050 g·ml⁻¹ 处理的苗高与对照间差异均达显著水平，但 0.100 g·ml⁻¹ 处理对苗高有抑制作用，而 0.050 g·ml⁻¹ 和 0.025 g·ml⁻¹ 处理对苗高有促进作用；0.050 g·ml⁻¹ 处理对根鲜重有微弱的促进作用，其余 2 种浓度处理对根鲜重均有抑制作用，但 3 种浓度处理的根鲜重均与对照间差异不显著。

2. 地上部茎叶水浸提液对胡麻幼苗生长的影响

不同浓度地上部茎叶水浸提液对胡麻幼苗的根长、苗高、根鲜重和苗鲜重均有不同程度的抑制作用，且随着浸提液浓度的升高，抑制作用越明显，0.100 g·ml⁻¹处理对上述指标有100%的抑制作用。
0.050 g·ml⁻¹和0.025 g·ml⁻¹处理的根长与对照间差异均极显著；0.050 g·ml⁻¹处理苗高、根鲜重
和苗鲜重与对照差异均极显著，0.025 g·ml⁻¹处理的苗鲜重与对照差异显著，0.025 g·ml⁻¹处理苗高
和根鲜重与对照差异不显著（表9-18）。

3. 地肤全株水浸提液对胡麻幼苗生长的影响

不同浓度地肤全株水浸提液对胡麻幼苗的根长、根鲜重、苗鲜重均有不同程度的抑制作用，同样
随着处理浓度的加大，抑制作用越明显。0.100 g·ml⁻¹处理对上述指标有100%的抑制作用。而
0.050 g·ml⁻¹处理的根长、苗高和根鲜重与对照间差异均显著，0.025 g·ml⁻¹处理与对照间差异均不
显著；除了0.025 g·ml⁻¹处理对苗高有促进作用外，其余2种处理均对苗高有抑制作用；
0.050 g·ml⁻¹和0.025 g·ml⁻¹处理的苗鲜重与对照间差异均不显著（表9-18）。

表9-18　不同浓度地肤水浸提液对胡麻幼苗生长的影响

Tab. 9-18　Influence of different concentration aqueous extracts of

Kochia scoparia（L.）Schrad. on oil flax seedlings growth

处理 （g·ml⁻¹）	根长 （cm）	根长抑 制率（RI） （%）	苗高 （cm）	苗高抑 制率（RI） （%）	根鲜重 （mg）	根鲜重 抑制率（RI） （%）	苗鲜重 （mg）	苗鲜重抑 制率（RI） （%）
根系浸提液								
CK	1.69aA		3.18bBC		49.37abA		4.01aA	
0.025	0.63bcB	-62.80	3.87abAB	21.68	37.96bA	-23.11	3.01aAB	-24.92
0.05	0.77bB	-54.72	4.51aA	41.68	53.3aA	7.97	3.39aAB	-15.45
0.1	0.33cB	-80.81	1.95cC	-38.85	37.62bA	-23.79	1.64bB	-59.14
地上部浸提液								
CK	1.69aA		3.18aA		49.37aA		4.01aA	
0.025	0.33bB	-80.78	3.05aA	-4.14	40.05aA	-18.88	2.53bA	-36.88
0.05	0.13bB	-92.13	0.52bB	-83.77	8.33bB	-83.12	0.47cB	-88.37
0.1	0bB	-100.00	0bB	-100.00	0bB	-100.00	0cB	-100.00
全株浸提液								
CK	1.69aA		3.18aA		49.37aA		4.01aA	
0.025	1.31abA	-22.83	3.33aA	4.71	36.2abA	-26.77	3.43aA	-14.45
0.05	0.37bcA	-78.35	1.53bAB	-51.83	27.5bA	-44.29	2.8aAB	-30.23
0.1	0cA	-100.00	0bB	-100.00	0cB	-100.00	0bB	-100.00

（三）不同浓度地肤水浸提液对胡麻影响的综合效应

地肤地上部茎叶和全株水浸提液对胡麻影响的综合效应均随着浸提液浓度的升高而增大（表9-
19），而根系水浸提液对胡麻影响的综合效应由大到小为：0.100 g·ml⁻¹、0.025 g·ml⁻¹和
0.050 g·ml⁻¹处理。从同一浓度处理来看，除了0.100 g·ml⁻¹地肤地上部茎叶和全株处理的综合效
应相等外，其余浓度处理均为：地上部茎叶综合效应最大，其次是全株，根系综合效应最小，表明茎
和叶片是集中表现地肤化感作用的特定部位。

表9-19　不同浓度地肤水浸提液对胡麻影响的综合效应（SE）

Tab. 9-19　The inhibition synthesis effect（SE）of different concentration aqueous extract

of *Kochia scoparia*（L.）Schrad. to oil flaxseed

浸提液浓度（g·ml⁻¹）	根系	地上部茎叶	全株
0.1	-48.51	-100.00	-100.00
0.05	-12.15	-85.86	-58.81
0.025	-21.56	-38.41	-21.71

二、藜对胡麻的化感作用

（一）藜不同部位水浸提液对胡麻种子萌发的影响

1. 藜根系水浸提液对胡麻种子萌发的影响

3 种浓度的藜根系水浸提液对胡麻种子的发芽率、发芽指数、发芽势和活力指数有不同程度的抑制作用，除发芽率的抑制率随处理浓度的升高而增大外，上述指标的抑制作用大小均为：$0.1 \text{ g} \cdot \text{ml}^{-1}$ 处理>$0.025 \text{ g} \cdot \text{ml}^{-1}$ 处理>$0.05 \text{ g} \cdot \text{ml}^{-1}$ 处理。方差分析及多重比较结果表明，$0.1 \text{ g} \cdot \text{ml}^{-1}$ 处理的发芽势与发芽率与对照间差异达极显著水平，$0.025 \text{ g} \cdot \text{ml}^{-1}$ 处理的发芽势与对照间差异达显著水平，$0.05 \text{ g} \cdot \text{ml}^{-1}$ 和 $0.025 \text{ g} \cdot \text{ml}^{-1}$ 处理的发芽率与对照间差异不显著。3 种浓度处理发芽指数和活力指数与对照差异达极显著水平（表 9-20）。

2. 藜地上部（茎叶）水浸提液对胡麻种子萌发的影响

3 种浓度的藜地上部水浸提液对胡麻种子的发芽率、发芽指数、发芽势和活力指数均有极显著的抑制作用，且抑制率随着浸提液浓度的升高而增大。而且在 $0.1 \text{ g} \cdot \text{ml}^{-1}$ 处理时，对上述四种指标的抑制率均达 100%。发芽势、发芽率、发芽指数在三种浓度处理间差异达显著水平，$0.1 \text{ g} \cdot \text{ml}^{-1}$ 和 $0.05 \text{ g} \cdot \text{ml}^{-1}$ 处理的活力指数差异不显著（表 9-20）。

3. 藜全株水浸提液对胡麻种子萌发的影响

3 种浓度的藜全株水浸提液对胡麻种子的发芽率、发芽指数、发芽势和活力指数有不同程度的抑制作用，抑制率随着浸提液浓度的升高而增大。在 $0.1 \text{ g} \cdot \text{ml}^{-1}$ 时处理时，对上述四种指标的抑制率均达 100%。$0.1 \text{ g} \cdot \text{ml}^{-1}$ 和 $0.05 \text{ g} \cdot \text{ml}^{-1}$ 处理的发芽率、发芽指数、发芽势和活力指数与对照间差异达极显著水平，$0.025 \text{ g} \cdot \text{ml}^{-1}$ 处理的发芽指数与对照间差异达显著水平，活力指数与对照间差异均达极显著水平，但发芽势和发芽率与对照间差异不显著（表 9-20）。

表 9-20　不同浓度藜水浸提液对胡麻种子萌发的影响

Tab. 9-20　Influence of different concentration aqueous extracts of *Chenopodium album* L. on oil flax seed germination

处理 （$\text{g} \cdot \text{ml}^{-1}$）	发芽势 （%）	发芽势抑 制率（RI） （%）	发芽率 （%）	发芽率抑 制率（RI） （%）	发芽 指数	发芽指数抑 制率（RI） （%）	活力 指数	活力指数抑 制率（RI） （%）
根系浸提液								
0.1	21.33cB	−76.47	49.33bB	−45.59	11.96cC	−79.23	0.39cC	−84.94
0.05	69.33abA	−23.53	82.67aA	−8.82	37.24bB	−35.35	1.46bB	−42.65
0.025	65.33bA	−27.94	85.33aA	−5.88	32.75bB	−43.15	1.23bB	−51.75
CK	90.67aA		90.67aA		57.6aA		2.55aA	
地上部浸提液								
0.1	0dC	−100.00	0dD	−100.00	0dC	−100.00	0cC	−100.00
0.05	20.00cBC	−77.94	22.67cC	−75.00	8.56cC	−85.14	0.14cBC	−94.46
0.025	45.33bB	−50	62.67bB	−30.88	20.78bB	−63.92	0.64bB	−74.95
CK	90.67aA		90.67aA		57.6aA		2.55aA	
全株浸提液								
0.1	0cC	−100.00	0cC	−100.00	0cC	−100.00	0cB	−100.00
0.05	34.67bBC	−61.76	41.33bB	−54.41	18.32cBC	−68.2	0.39bcB	−84.73
0.025	68.00aAB	−25.00	80.00aA	−11.76	35.18bAB	−38.92	0.87bB	−66.10
CK	90.67aA		90.67aA		57.6aA		2.55aA	

注：同列中相同字母表示在 $P>0.01$（大写字母）和 $P>0.05$（小写字母）时差异不显著（duncan's 法），下同。

（二）藜不同供体水浸提液对胡麻幼苗生长的影响

1. 藜根系水浸提液对胡麻幼苗生长的影响

3 种浓度的藜根系水浸提液对胡麻幼苗的苗高、苗鲜重、根长和根鲜重均有不同程度的抑制作用。其中 0.1 g·ml⁻¹ 处理的藜根系水浸提液对胡麻幼苗的根长、苗高、根鲜重和苗鲜重均有极显著的抑制作用，0.05 g·ml⁻¹ 和 0.025 g·ml⁻¹ 处理对苗高、根鲜重和苗鲜重有显著的抑制作用，而且 0.05 g·ml⁻¹ 处理对根长、苗高、根鲜重的抑制作用最小，对苗鲜重的抑制作用最大（表9-21）。

2. 藜地上部（茎叶）水浸提液对胡麻幼苗生长的影响

3 种浓度的藜地上部浸提液对胡麻幼苗的苗高、苗鲜重，根长和根鲜重均有不同程度的抑制作用，且抑制率随着浸提液浓度的升高而增大，0.1 g·ml⁻¹ 处理时对根长、苗高、根鲜重和苗鲜重有100%的抑制作用；0.05 g·ml⁻¹ 和 0.025 g·ml⁻¹ 处理的根长、苗高、根鲜重、苗鲜重均与对照间差异达极显著水平（表9-21）。

3. 藜全株水浸提液对胡麻幼苗生长的影响

3 种浓度的藜全株浸提液对胡麻幼苗的苗高、苗鲜重、根长和根鲜重均有不同程度的抑制作用，同样随着处理浓度的加大，抑制作用越明显。方差分析及多重比较结果表明，3 种浓度处理的根长、苗高、根鲜重、苗鲜重均与对照间差异达极显著水平，三种浓度处理间的根长和苗高差异达极显著水平；三种浓度处理间的根鲜重和苗鲜重差异达显著水平（表9-21）。

（三）不同浓度藜水浸提液对胡麻影响的综合效应

藜地不同部位水浸提液对胡麻影响的综合效应均随着浸提液浓度的升高而增大（表9-22）。从同一浓度处理来看，除了 0.100 g·ml⁻¹ 藜地上部茎叶和全株处理的综合效应相等外，其余浓度处理均为：地上部茎叶综合效应最大，其次是全株，根系综合效应最小。

表 9-21　不同浓度藜水浸提液对胡麻幼苗生长的影响

Tab. 9-21　Influence of different concentration aqueous extracts from *Chenopodium album* L. on the seedlings growth

处理 (g·ml⁻¹)	根长 (cm)	根长抑制率 (RI) (%)	苗高 (cm)	苗高抑制率 RI (%)	根鲜重 (mg)	根鲜重抑制率 (RI) (%)	苗鲜重 (mg)	苗鲜重抑制率 RI (%)
根系浸提液								
CK	3.15aA		6.23aA		5.38aA		50aA	
0.025	2.57aA	-18.39	5.08bA	-18.36	3.82bB	-29.00	39.06bAB	-21.88
0.05	2.66aA	-15.54	5.12bA	-17.83	2.57cBC	-52.17	36.04bB	-27.92
0.1	0.88bB	-71.99	2.20cB	-64.74	2.04cC	-62.08	36.19bB	-27.63
地上部浸提液								
CK	3.15aA		6.23aA		5.38aA		50aA	
0.025	1.09bB	-65.29	3.45bB	-44.59	1.18bB	-78.07	32.7bB	-34.6
0.05	0.90bB	-71.56	2.92bB	-53.16	0.96bB	-82.24	15.51cC	-68.98
0.1	0cC	-100.00	0cC	-100.00	0cC	-100.00	0dD	-100.00
全株浸提液								
CK	0dD	-100.00	0dD	-100.00	0cC	-100.00	0dC	-100.00
0.025	1.75cC	-44.50	3.00cC	-51.78	0.81bBC	-85.01	23.1cB	-54
0.05	2.28bB	-27.80	4.28bB	-31.26	1.33bB	-75.22	34.35bB	-31.31
0.1	3.15aA		6.23aA		5.38aA		50aA	

表 9-22 不同浓度藜水浸提液对胡麻影响的综合效应

Tab. 9-22 The inhibition synthesis effect (SE) of different concentration aqueous

extract of *C. Album* to oil flax seed

浓度 (g · ml⁻¹)	根系	地上部茎叶	全株
0.1	-64.08	-100.00	-100.00
0.05	-27.98	-75.27	-63.05
0.025	-27.04	-56.07	-38.42

三、小结

（1）2 种优势杂草——地肤和藜的根系、地上部茎叶和全株水浸提液对胡麻种子的发芽势、发芽率、发芽指数、活力指数及幼苗的根长、苗高、根鲜重和苗鲜重均有不同程度的抑制（促进）作用，而且地上部茎叶和全株水浸提液抑制率随着浸提液浓度的升高而增大，而根系水浸提液对胡麻的化感作用强度较小，且也不像地上部和全株处理那样随着处理浓度的增大抑制作用增强，这可能与植物根系和土壤系统之间的能量流和物质流有一定关系。这个试验充分说明这些伴生杂草不仅通过与胡麻竞争阳光、水分、养分和生存空间而影响胡麻生产，它们还可以通过淋溶释放化感物质抑制胡麻生长。

（2）从综合化感效应来看，2 种杂草同一浓度处理，除了 0.100 g · ml⁻¹ 地上部和全株处理为 100% 抑制外，其余不同浓度处理均以地上部茎叶综合效应最大，全株次之，根系综合效应最小，表明这 2 种杂草对胡麻的化感效应均以地上部化感作用最为显著，其次是全株，根系化感作用最弱。另外，由于本研究把叶和茎秆统一作为地上部处理，所以二者化感作用孰大孰小，不得而知，但全株的化感作用大于根系，与 Turk 和 Tawaha（2003）的研究结论一致；同时，这种不同部位的化感潜势及其强度的差异性，可能是由于植物合成、释放化感物质途径不同的缘故。

（3）2 种杂草地上部茎叶和全株水浸提液除了 0.100 g · ml⁻¹ 处理对发芽势、发芽率、发芽指数和活力指数是 100% 抑制外，地肤的其余 2 种浓度处理抑制率由大到小依次均为：活力指数、发芽势、发芽指数和发芽率，藜的这 2 种浓度处理抑制率由大到小依次均为：活力指数、发芽指数、发芽势和发芽率，抑制作用最大的均是活力指数；而根系水浸提液除了 0.050 g · ml⁻¹ 地肤处理对活力指数的抑制作用较小外，藜的 3 种浓度处理和地肤的其余 2 种浓度处理均对活力指数的抑制作用最大，说明根系水浸提液抑制胡麻种子萌发也主要是抑制了活力指数，表明 2 种优势杂草——地肤和藜的不同浓度、不同部位的水浸提液抑制胡麻种子萌发的原因是其抑制了活力指数。

（4）另外，这 2 种杂草除了 0.100 g · ml⁻¹ 全株及其地上部茎叶水浸提液对根长、苗高、根鲜重、苗鲜重是 100% 抑制外，地肤的其余 2 种浓度处理均对根长的抑制作用最大，藜的其余 2 种浓度处理均对根鲜重的抑制作用最大，说明这 2 种优势杂草地上部及其全株水浸提液抑制胡麻幼苗生长主要是抑制了根的生长；地肤的 3 种浓度根系水浸提液处理和藜的 0.100 g · ml⁻¹ 处理均对根长的抑制作用最大，而藜其余 2 种浓度处理均对根鲜重的抑制作用最大，表明根系水浸提液抑制胡麻幼苗生长也主要是抑制了根的生长。

（5）地肤和藜的地上部茎叶、根系和全株水浸提液对胡麻种子萌发和幼苗生长有不同程度的抑制作用，说明这些伴生杂草不仅可以通过与胡麻竞争生存空间、水分、阳光和养分而影响胡麻生产，还可以通过淋溶释放化感物质抑制胡麻生长。

第三节　地肤地上部化感物质对胡麻的化感效应研究

一、地肤地上部挥发物对胡麻的化感作用

（一）地上部挥发物对胡麻种子萌发的影响

3 种质量浓度的新鲜地肤地上部茎叶所产生的挥发物随处理的质量浓度的增大，对胡麻种子的发芽势、发芽率、发芽指数和活力指数均呈现由促进到抑制的作用，即"低促高抑"效应，且地肤的质量越大，抑制作用越强。除 100 g 处理的发芽势为抑制作用外，在 50 g 和 100 g 处理时，发芽势、发芽率、发芽指数和活力指数均促进作用，而到 150 g 处理时，以上所有指标均变为负值，变成了抑制作用，但各处理与对照间差异均不显著（表 9-23）。这表明地肤在自然界可以通过挥发途径对邻近其他植物产生化感作用，从而影响周围植物的生长。只不过化感效应较小而已，不像那种富含特殊气味的植物那样，挥发物含量高，化感效应大。

表 9-23　不同浓度地上部挥发物对胡麻种子萌发的影响

Tab. 9-23　Influence of different concentration of *Kochia scoparia*（L.）Schrad.

volatile matter on oil flax seed germination

处理		发芽势（%）	发芽势抑制率（RI）（%）	发芽率（%）	发芽率抑制率（RI）（%）	发芽指数	发芽指数抑制率（RI）（%）	活力指数	活力指数抑制率（RI）（%）
1	50g	94.67aA	4.41	100.00aA	8.70	53.13aA	23.72	2.61aA	7.44
	CK	90.67aA		92.00aA		42.94bA		2.43aA	
2	100g	92.00aA	-2.82	98.67aA	1.37	50.57aA	20.29	2.49aA	7.20
	CK	94.67aA		97.33aA		42.04aA		2.33aA	
3	150g	88.00aA	-2.94	90.67aA	-4.23	39.22aA	-12.84	2.11aA	-19.04
	CK	90.67aA		94.67aA		44.99bA		2.60aA	

注：同列中相同字母表示在 P>0.01（大写字母）和 P>0.05（小写字母）时差异不显著（duncan's 法），下同。

（二）地上部挥发物对胡麻幼苗生长的影响

所有处理均对苗高表现促进作用，对根长、根鲜重和苗鲜重有抑制作用，且随处理浓度的升高，抑制作用增大。100 g 和 150 g 处理的根长分别与对照间差异达显著和极显著水平；50 g 处理的苗鲜重和 150 g 处理的根鲜重分别与对照间差异达极显著水平。3 种处理均对苗高有一定的促进作用，但促进作用不显著（表 9-24），这可能与新鲜地肤茎叶自然释放的挥发物浓度较低有关。

表 9-24　不同浓度地上部挥发物对胡麻幼苗生长的影响

Tab. 9-24　Influence of different concentration of *Kochia scoparia*（L.）

Schrad. volatile matter on oil flax seedlings growth

处理		根长（cm）	根长抑制率（RI）（%）	苗高（cm）	苗高抑制率（RI）（%）	根鲜重（mg）	根鲜重抑制率（RI）（%）	苗鲜重（mg）	苗鲜重抑制率（RI）（%）
1	50g	10.69aA	-11.39	3.92aA	6.32	13.46aA	-21.11	35.72bB	-9.70
	CK	12.06aA		3.69aA		17.07aA		39.55aA	
2	100g	9.56bA	-13.12	3.94aA	6.11	12.52aA	-14.31	36.81aA	-9.51
	CK	11.00A		3.71aA		14.61aA		40.68aA	

（续表）

	处理	根长 （cm）	根长抑制 率（RI） （%）	苗高 （cm）	苗高抑 制率（RI） （%）	根鲜重 （mg）	根鲜重抑 制率（RI） （%）	苗鲜重 （mg）	苗鲜重抑制 率（RI） （%）
3	150g	9.31bB	−26.70	3.96aA	3.21	15.12bB	−12.99	38.56aA	−4.71
	CK	12.70aA		3.94aA		17.38aA		40.46aA	

（三）地上部挥发物对胡麻影响的综合效应

50 g 处理的综合效应为促进作用，100 g 和 150 g 处理的综合效应为抑制效应（表 9-25）。从以上结果可以看出，地肤地上部挥发物对胡麻种子萌发和幼苗生长具有化感效应。

表 9-25 不同浓度地肤地上部挥发物对胡麻影响的综合效应（SE）

Tab. 9-25 The inhibition synthesis effect（SE）of different concentration of *Kochia scoparia*（L.）Schrad. volatile matter to oil flax seed

浸提液浓度（g·ml⁻¹）	地上部挥发物的综合效应
50 g	1.05
100 g	−0.60
150 g	−10.05

二、地肤地上部枯落物对胡麻的化感作用

（一）地上部枯落物对胡麻种子萌发的影响

3 种浓度处理均对胡麻种子的发芽势、发芽率、发芽指数和活力指数有不同程度的抑制作用，且随着处理浓度的增大，抑制率增大。3 种浓度处理的发芽率与对照间差异不显著。0.0125 gDW·ml⁻¹ 处理的发芽势和 0.0063 gDW·ml⁻¹ 处理的活力指数与对照间差异达显著水平，0.0125 gDW·ml⁻¹ 处理的发芽指数、活力指数和 0.0063 gDW·ml⁻¹ 处理的发芽指数均与对照间差异均达极显著水平（表9-26）。

表 9-26 不同浓度地上部枯落物对胡麻种子萌发的影响

Tab. 9-26 Influence of different concentration of *Kochia scoparia*（L.）Schrad. litter on oil flax seed germination

处理 （g·ml⁻¹）	发芽势 （%）	发芽势抑 制率（RI） （%）	发芽率 （%）	发芽率抑 制率（RI） （%）	发芽 指数	发芽指数抑 制率（RI） （%）	活力 指数	活力指数抑 制率（RI） （%）
CK	92.00aA		92.00aA		57.80aA		2.87aA	
0.003 2	88.00abA	−4.35	88.00aA	−4.35	53.71aAB	−7.08	2.74aA	−4.70
0.006 3	85.33abA	−7.25	86.67aA	−5.80	46.08bB	−20.27	2.04bAB	−28.97
0.012 5	80.00bA	−13.04	85.33aA	−7.25	30.87cC	−46.59	1.26cB	−56.35

注：同列中相同字母表示在 $P>0.01$（大写字母）和 $P>0.05$（小写字母）时差异不显著（duncan's 法），下同。

（二）地上部枯落物对胡麻幼苗生长的影响

不同浓度的地肤地上部枯落物对胡麻幼苗的根长、苗高和苗鲜重均表现"低促高抑"的浓度效应（表9-27）。但 3 种浓度处理均对根鲜重有不同程度的抑制作用，抑制率随着浸提液浓度的升高而增大。除了 0.0125 gDW·ml⁻¹ 处理的幼苗根鲜重与对照间差异达显著水平外，其余不同浓度处理的根长、苗高、根鲜重和苗鲜重均与对照间差异不显著。

表9-27 不同浓度地上部枯落物对胡麻幼苗生长的影响

Tab. 9-27 Influence of different concentration of *Kochia scoparia*（L.）Schrad. litter on oil flax seedlings growth

处理 （g·ml⁻¹）	根长 （cm）	根长抑制 率（RI） （%）	苗高 （cm）	苗高抑制 率（RI） （%）	根鲜重 （mg）	根鲜重抑制 率（RI） （%）	苗鲜重 （mg）	苗鲜重抑制 率（RI） （%）
CK	11.15aA		3.43aA		14.90aA		34.84 abA	
0.003 2	11.22aA	0.69	3.87aA	12.84	13.37abA	-10.30	37.65 aA	8.07
0.006 3	8.46aA	-24.07	3.15aA	-8.17	11.99abA	-19.50	32.32abA	-7.23
0.012 5	6.63aA	-40.55	3.09aA	-9.92	9.77bA	-34.43	30.89bA	-11.34

（三）地上部枯落物对胡麻影响的综合效应

0.012 5 gDW·ml⁻¹、0.006 3 gDW·ml⁻¹和0.003 2 gDW·ml⁻¹处理对胡麻影响的综合效应均为负值，即为抑制效应，且随着处理浓度的增大，抑制效应越强（表9-28）。

表9-28 不同浓度地肤地上部枯落物对胡麻影响的综合效应（SE）

Tab. 9-28 The inhibition synthesis effect（SE）of different concentration of
Kochia scoparia（L.）Schrad. litter to oil flax seed

浸提液浓度（g·ml⁻¹）	地上部枯落物的综合效应
0.012 5	-27.43
0.006 3	-15.16
0.003 2	-1.15

三、地肤地上部腐解物对胡麻的化感作用

研究表明，植株残体及凋落物中的化感物质在土壤微生物的作用下逐步向环境释放，会对其周围的植物产生化感作用，因此植株残体及凋落物腐解也是化感物质的主要来源之一。然而到目前为止，地肤地上部凋落物在土壤中腐解后产生的化感物质对胡麻幼苗的化感效应评价未见报道。为此，本文研究了地肤地上部茎叶腐解3个月后，其化感物质对胡麻幼苗的影响，同时也可为地肤地上部新鲜茎叶翻入土壤后，确定适宜的时间段种植胡麻提供理论依据。本试验把新鲜地肤地上部与土壤以不同浓度混合，让地肤在土壤中腐解3个月后，其对胡麻种子幼苗生长的影响如下。

（一）地肤地上部腐解物对胡麻幼苗生长的影响

从表9-29和表9-30可以看出，3种浓度处理对胡麻的株高、根长、地上部鲜重和地上部干重有不同程度的抑制，对茎粗、根鲜重和根干重有不同程度的促进作用，且上述指标均随处理浓度的增大，抑制率减小，而促进作用增大，但所有处理均与对照间差异不显著。说明地肤地上部在土壤中腐解3个月后，其对胡麻幼苗生长的影响不显著。

表9-29 不同浓度地上部腐解物对胡麻的影响

Tab. 9-29 Influence of different concentration of *Kochia scoparia*（L.）Schrad. residues on oil flax seed

处理	株高 （cm）	株高抑制率 （%）	茎粗 （cm）	茎粗抑制率 （%）	根长 （cm）	根长抑制率 （%）
CK	15.647		1.333		6.760	
2.5%	14.243aA	-8.973	1.337aA	0.275	6.107aA	-9.660
5%	15.273aA	-2.390	1.340aA	0.525	6.320aA	-6.509
7.5%	15.623aA	-0.153	1.343aA	0.750	6.597aA	-2.411

表 9-30　不同浓度地上部腐解物对胡麻的影响

Tab. 9-30　Influence of different concentration of *Kochia scoparia*（L.）Schrad. residues on oil flax seed

处理	地上部		根系		处理	地上部		根系	
	鲜重（g）	鲜重抑制率（%）	鲜重（g）	鲜重抑制率（%）		干重（g）	干重抑制率（%）	干重（g）	干重抑制率（%）
CK	5.638		0.412		CK	0.880		0.120	
2.5%	3.923aA	−30.419	0.455aA	10.323	2.5%	0.654aA	−25.682	0.126aA	5.149
5%	4.658aA	−17.382	0.488aA	18.294	5%	0.772aA	−12.273	0.138aA	15.224
7.5%	4.969aA	−11.866	0.492aA	19.378	7.5%	0.803aA	−8.750	0.156aA	29.836

（二）地肤地上部腐解物对胡麻幼苗生长的综合效应

2.5%和5%的地肤地上部腐解物对胡麻幼苗生长的综合效应均为抑制作用，但7.5%的地肤地上部腐解物对胡麻幼苗生长的综合效应为促进作用。但无论促进或抑制作用，与其他释放途径的综合效应相比，地肤地上部腐解物对胡麻影响的综合效应小（表9-31）。说明腐解3个月后，地肤腐解物对胡麻幼苗生长影响较小。

表 9-31　不同浓度地肤地上部腐解物对胡麻影响的综合效应（SE）

Tab. 9-31　The inhibition synthesis effect（SE）of different concentration of
Kochia scoparia（L.）Schrad. in Decompose Process in the Soil on oil flax seed

浸提液浓度	地上部腐解物的综合效应
2.5%	−8.43
5%	−0.64
7.5%	3.83

四、结论与讨论

（1）目前已证明，植物可以通过挥发途径产生化感作用，从而对其他植物及自身的种子萌发和幼苗生长产生不同程度的抑制作用，对种群种子数量和未来种群密度产生一定影响。本研究模拟地肤地上部挥发物化感物质释放途径，表明地肤地上部茎叶挥发物对胡麻的种子萌发和幼苗生长均有影响，作用形式表现为促进作用和抑制作用多种形式并存，其中对发芽势、发芽率、发芽指数和活力指数随处理浓度的不同，呈现抑制或促进作用；对胡麻的根长和根鲜重、苗鲜重均表现抑制作用，对苗高均表现促进作用。其中3种质量浓度的新鲜地肤地上部茎叶所产生的挥发物随处理的质量浓度的增大，对胡麻种子的发芽势、发芽率、发芽指数和活力指数均呈现"低促高抑"效应，即地肤的质量小时，对上述指标具有促进作用，质量大时，具有抑制作用。对根长、根鲜重和苗鲜重有抑制作用，且随处理浓度的升高，抑制作用增大。但3种处理对胡麻萌发和生长的各指标均与对照间差异不显著，这一方面可能与新鲜地肤茎叶自然释放的挥发物浓度较低有关，另一方面可能是地肤地上部挥发物的化感效应较小，不像那种富含特殊气味的植物那样，挥发物含量高，化感效应大。另外，也与胡麻对其挥发物敏感性的强弱有关。从综合效应来看，综合化感效应随着处理质量浓度的变化呈"低促高抑"现象。说明地肤地上部茎叶的挥发物具有化感潜势，可影响其周围胡麻的生长。本研究结果表明，地肤地上部挥发物对根表现抑制作用，对苗则表现促进作用，与这一结果不一致，这可能是因为本试验由于每天仅浇4 ml水，胡麻植株基本完全暴露在空气中，而挥发物为气体分子，可以与根直接接触，可能最主要的是胡麻植株的根比胡麻苗（地上部茎叶）对地肤地上部茎叶挥发物的作用敏感，因此对根的抑制作用较大。由于本研究地肤的茎叶与受体植物没有直接接触，因此判断此抑制作用应该是由地肤的茎和叶产生的挥发性物质引起的。

（2）3 种浓度的地肤地上部枯落物对胡麻种子的发芽率、发芽指数、发芽势和活力指数有不同程度的抑制作用，且随着处理浓度的增大，抑制作用增大；对胡麻幼苗的根长、苗高和苗鲜重均表现"低促高抑"的浓度效应。但 3 种浓度处理均对根鲜重有不同程度的抑制作用，抑制率随着浸提液浓度的升高而增大。对胡麻影响的综合效应为随着处理浓度的增大，抑制效应越强。地上部枯落物水浸提液除了 0.003 2 g·ml^{-1} 处理对发芽指数和根鲜重的抑制率最大外，其余 2 种浓度处理均对活力指数和根长的抑制率最大，说明地肤地上部枯落物水浸提液抑制胡麻种子萌发主要是抑制了活力指数，抑制幼苗生长主要是抑制了根的生长。这些结论与其新鲜水浸提液对胡麻种子萌发和幼苗生长研究中得出的结论一致。

但地肤的枯落物及其鲜茎叶的浸提液之间的化感强度具有明显的差异，这些差异一方面可能与处理的浓度不同有关，另一方面可能与其化感物质的含量或种类有关。由于植物叶片在凋落之前，衰老叶片内的物质会向存活组织运输转移（苏波等，2000），其中也可能包括一些化感物质，从而导致枯落物中化感物质的含量较低，因而化感作用强度较新鲜茎叶的小。枯落物对胡麻种子萌发和幼苗生长的综合效应为抑制效应，且随着处理浓度的增大，抑制效应越强。

（3）植株残体中的化感成分在土壤微生物的作用下逐步向环境释放，会对其周围存在的植物产生化感作用。本文研究了腐解 3 个月后地肤地上部茎叶在腐殖土中的化感成分对胡麻种子的化感效应，结果表明地肤在土壤中腐解 3 个月后，3 种浓度处理对胡麻的株高、根长、地上部鲜重和地上部干重有不同程度的抑制，对茎粗、根鲜重和根干重有不同程度的促进作用，且上述指标均随处理浓度的增大，抑制率减小，而促进作用增大，但所有处理均与对照间差异不显著。说明地肤地上部在土壤中腐解 3 个月后，其对胡麻幼苗生长的影响不大。这可能是因为随着残体分解时间的延长，其分解过程中产生的化感物质，在土壤中经过一系列的物理、化学和生物过程的转变，使其化学组成和数量都发生了改变，从而降低了凋落物分解过程中的毒性（An et al，2001）。同时也说明残株腐解也是地肤释放化感物质的一个途径。这也为农业生产提供一个理论依据，即生长地肤的田块在翻耕后 3 个月种植胡麻，不会对胡麻发芽和生长造成严重影响。同时也证明农业生产上，从前一年 8—9 月胡麻收获完毕，对胡麻地进行秋耕，到第二年 3—4 月种植胡麻，期间相差 6 个月，在土壤微生物的作用下，腐解物产生的化感效应将会更小，因此通过这个时间段后，完全可以满足胡麻种植的需求而不致对胡麻幼苗生长造成伤害。

本试验前期曾把新鲜地肤地上部与土壤以不同浓度混合，结果土壤中地肤地上部浓度高的（15%）处理，胡麻全部没有出苗，浓度低的（5%）处理，虽有部分出苗，但是很快根部腐烂，最后全苗枯萎死亡。可见从生产上种植胡麻的角度来说，把胡麻直接种植在新翻地肤含量较高的土地上，是不可行的。植物残体或凋落物分解是土壤物质循环和能量转换的主要途径（Zhou，2003）。目前，国际上对于植物凋落物的化感作用进行了广泛的研究，表明凋落物在分解的初期表现出最严重的抑制效应，随着凋落物分解的继续其毒性慢慢降低，在分解的后期表现出明显的促进效应（Mason-Sedun et al，1988）。而植物的毒性动态与植物凋落物在分解过程中化感物质的浓度变化有关（Tang et al，1978）。Min 等（1997）研究表明：鼠茅凋落物浸提液的毒性随着分解时间的延长而增加，到分解的 60 d 达到最高值，以后逐渐降低。本研究由于时间有限，没有进行不同腐解时期对胡麻的化感效应研究。

王璞等（2001）认为，化感物质生物活性的大小首先由化感物质的浓度决定。本文模拟地肤化感物质释放途径均采用浓度梯度进行试验，5 种试验的化感效应均与处理浓度有关，这与王璞等的结论一致。一般来说，低浓度的化感物质对植物生理生化代谢及生长常常表现出促进作用，而高浓度的化感物质则表现为促进作用、抑制作用或无作用等多种形式（Suzuki et al，1987）。与本研究结果基本上一致。

植物化感物质的释放途径主要有挥发、雨雾淋溶、残株分解和根系分泌 4 种。本文研究表明，不同浓度的地肤地上部茎叶水浸提液、地上部挥发物、地上部枯落物、地上部腐解物均对胡麻种子萌发和幼苗生长有不同程度的抑制（或促进）作用，说明地肤这种伴生杂草不仅通过与胡麻竞争阳光、水分、养分和生存空间而影响胡麻生产，它还可以通过地上部淋溶、挥发、枯落物淋溶和残体腐解等途径释放化感物质，从而抑制胡麻生长。这对于地肤成为胡麻田间第一大优势杂草有着重要的意义。地肤种子小而且多，生长迅速，枝叶繁茂，密度大，凋落量也大，因此，其化感物质通过挥发、淋溶、根系分泌和腐解等途径进入环境中的量也会增大，从而对周围的植物的种子萌发和幼苗生长产生抑制作用，使自身在生长发育过程中处于优势，有利于其迅速扩散蔓延。

第四节　地肤地上部水浸提液化感物质对胡麻盛花期生理生化指标的影响

一、超氧化物歧化酶（SOD）活性变化

从时间效应来看，在 $0.1\ \text{g} \cdot \text{ml}^{-1}$、$0.05\ \text{g} \cdot \text{ml}^{-1}$ 和 $0.025\ \text{g} \cdot \text{ml}^{-1}$ 地肤地上部水浸提液胁迫下，胡麻 SOD 的活性均随着胁迫时间的延长呈先升高后降低的趋势（表 9-32）。但胁迫 24~36 h，$0.1\ \text{g} \cdot \text{ml}^{-1}$ 和 $0.05\ \text{g} \cdot \text{ml}^{-1}$ 处理的 SOD 活性瞬间受到抑制，且随着胁迫浓度的增大，SOD 酶活性下降，酶活抑制率变大。胁迫 36 h 后，SOD 活性迅速增大，变为促进作用，且随着胁迫浓度的增大，酶活性增大，促进作用增强，至 48 h 达最大。此时，3 种不同浓度处理下的 SOD 活性快分别比对照上升 20.67%、19.78% 和 11.17%。胁迫 60 h 时 SOD 活性开始下降，72 h 时接近 CK 水平。而 $0.025\ \text{g} \cdot \text{ml}^{-1}$ 处理，在 24~60 h 随胁迫时间的延长，SOD 活性均表现促进作用。24~48 h 促进作用逐渐变大，60 h 后开始下降，同样，至 72 h 时，SOD 活性接近 CK 水平（表 9-32）。

表 9-32　3 种浓度的地肤地上部水浸提液对胡麻 SOD 活性及其抑制率

Tab. 9-32　Different concentration of stem and leaf aqueous extracts of *Kochia scoparia*（L.）Schrad. on oil flax SOD activity and it's inhibiting rate

浓度 （$\text{g} \cdot \text{ml}^{-1}$）	24 h SOD		36 h SOD		48 h SOD		60 h SOD		72 h SOD	
	活性	抑制率 RI（%）	活性	抑制率 RI（%）	活性	抑制率 RI（%）	活性	抑制率 RI（%）	活性	抑制率 RI（%）
0.1	256.27	-2.53	261.96	-0.36	317.25	20.67	291.76	10.98	262.75	-0.06
0.05	259.8	-1.18	262.35	-0.21	314.90	19.78	270.00	2.70	255.49	-2.82
0.025	274.31	4.34	283.96	8.01	292.28	11.17	264.12	0.46	259.75	-1.20
CK	262.91		262.91		262.91		262.91		262.91	

二、过氧化物酶（POD）活性变化

过氧化物酶（POD）是普遍存在于植物组织中的一种氧化还原酶，以 H_2O_2 作为电子受体，氧化各种次生代谢过程中的物质，是植株体内的保护膜，不同的外界条件均可诱导 POD 活性及其同工酶发生变化，已被广泛用于植物的抗性和化感效应研究。从表 9-33 可以看出，从时间效应来看，在 3 种浓度的地肤地上部水浸提液的胁迫下，胡麻植株 POD 活性先上升后下降趋势，但无论是上升还是下降，POD 活性均大于对照，说明在地肤地上部水浸提液的胁迫下，胡麻的抗逆适应性增强了。而且 POD 活性的高峰也是出现在胁迫后 48 h，与 SOD 活性变化高峰相同。此时，对 POD 活性的促进作用最大，3 种浓度（由大到小）POD 活性分别促进了 81.01%、63.04% 和 53.37%。从浓度效应来看，在同一处理时间段，在 3 种浓度处理下，随着处理浓度的升高，POD 活性增大，POD 活性的促进作

用也增大（表9-33）。

表9-33　3种浓度的地肤地上部水浸提液对胡麻植株POD活性及其抑制率

Tab. 9-33　Different concentration of stem and leaf aqueous extracts of *Kochia scoparia*（L.）Schrad. on oil flax POD activity and it's Inhibiting Rate

浓度 (g·ml^{-1})	24 h POD		36 h POD		48 h POD		60 h POD		72 h POD	
	活性	抑制率 RI (%)	活性	抑制率 RI (%)	活性	抑制率 RI (%)	活性	抑制率 RI (%)	活性	抑制率 RI (%)
0.1	67.81	12.44	88.44	46.64	109.17	81.01	103.96	72.38	101.88	68.93
0.05	65.94	9.34	85.63	41.98	98.33	63.04	97.19	61.15	91.25	51.30
0.025	64.17	6.40	82.92	37.49	92.5	53.37	86.67	43.71	79.38	31.62
CK	60.31		60.31		60.31		60.31		60.31	

三、丙二醛（MDA）含量的变化

从表9-34可以看出，胡麻MDA含量随着地肤地上部水浸提液胁迫时间的延长呈平稳上升趋势。胁迫24h时，3种浓度（由高到低）MDA的含量分别比对照提高8.18%、6.82%和5.91%；胁迫72h时，3种浓度处理下的MDA含量分别比对照提高22.73%、23.64%和20.45%。MDA含量逐渐提高，表明地肤水浸液使胡麻体内活性氧产生积累，诱发了膜脂的过氧化。从浓度效应来看，在同一处理时间段，在3种浓度处理下，随着处理浓度的升高，MDA含量增大，表明在地肤地上部水浸提液胁迫24~72 h时，随着胁迫时间的延长，对胡麻生长的影响越大（表9-34）。

表9-34　3种浓度的地肤地上部水浸提液对胡麻叶片MDA含量的抑制率

Tab. 9-34　Inhibiting Rate of different concentration of stem and leaf aqueous extracts of *Kochia scoparia*（L.）Schrad. on oil flax MDA content

浓度 (g·ml^{-1})	24 h MDA		36 h MDA		48 h MDA		60 h MDA		72 h MDA	
	活性	抑制率 RI (%)	活性	抑制率 RI (%)	活性	抑制率 RI (%)	活性	抑制率 RI (%)	活性	抑制率 RI (%)
0.1	2.38	8.18	2.44	10.91	2.52	14.55	2.59	17.73	2.7	22.73
0.05	2.35	6.82	2.38	8.18	2.51	14.09	2.47	12.27	2.72	23.64
0.025	2.33	5.91	2.36	7.27	2.38	8.18	2.45	11.36	2.65	20.45
CK	2.2		2.2		2.2		2.2		2.2	

四、结论与讨论

（1）地肤地上部水浸提液化感物质对胡麻保护性酶系统和膜脂过氧化产物有重要影响。虽然 0.1 g·ml^{-1} 和 0.05 g·ml^{-1} 处理在24~36 h时，SOD活性瞬间低于对照，但从整个胁迫时间来看，在 0.1 g·ml^{-1}、0.05 g·ml^{-1} 和 0.025 g·ml^{-1} 地肤地上部水浸提液胁迫下，胡麻SOD的活性均随着胁迫时间的延长呈先升高后降低的趋势，至72 h时，SOD活性均接近对照水平。而且在同一处理时间段，随着处理浓度的升高，SOD活性抑制（促进）率变大；而胡麻植株POD活性呈先上升后下降趋势，活性高峰出现在胁迫后48 h。且POD活性均大于对照。在同一处理时间段，随着处理浓度的升高，POD活性增大，POD活性的促进作用也增大；MDA含量随着地肤地上部水浸提液胁迫时间的延长呈平稳上升趋势，在同一处理时间段，在3种浓度处理下，随着处理浓度的升高，MDA含量增大，MDA的促进作用增大。

（2）已有的研究表明，植物体内有氧代谢不断在叶绿体、线粒体、过氧化物酶体中产生活性氧，活性氧导致蛋白质、脂类和核酸氧化破坏（Devarshi et al，2006）。POD 和 SOD 共同组成植物体内一个有效的活性氧清除系统，两者协同抑制的共同作用能有效清除植物体内的自由基和过氧化物（Scandalios，1993）。植物在向环境释放化感物质的时候，化感物质通过抑制植物体内对自由基有重要猝灭作用的 SOD 和 POD 活性（邓国富等，2006），使细胞内自由基的产生和消除之间的平衡遭到破坏，膜脂中不饱和脂肪酸的双键受到自由基的攻击而被过氧化分解，最终引起膜的过氧化作用，膜脂过氧化产物 MDA 的含量增加。结合本研究结果，推测地肤地上部水浸提液在胁迫胡麻的过程中，释放化感物质到环境中，使胡麻体内产生高反应性活性氧，这种氧化胁迫诱导了胡麻体内抗氧化能力的增加，因此在胁迫前期，抗氧化酶 SOD、POD 活性迅速上升，但这种适应性的反应只能够在一定受害程度内发挥作用，当胡麻体内氧化产物累积到一定程度时，即化感物质所提供的逆境已超过 SOD、POD 的调节能力，达到对保护酶构成伤害的程度，导致膜脂过氧化作用加强（Roshehina et al，1993），各种酶不能正常发挥作用，导致酶活性下降，从而引起 SOD、POD 随着胁迫时间的延长，呈现先上升后下降趋势。这一结果与王硕（2006）的研究结果一致。

但在胁迫 24~36 h，$0.1 \ \mathrm{g \cdot ml^{-1}}$ 和 $0.05 \ \mathrm{g \cdot ml^{-1}}$ 处理的 SOD 活性瞬间受到抑制，且随着胁迫浓度的增大，SOD 酶活性下降，酶活抑制率变大。这可能是过多的自由基积累，破坏了保护酶的保护作用。48 h 后 SOD 活性才变为促进作用。而周艳虹等（2003）的研究表明，逆境条件下植物叶片中的 SOD 活性显著上升，且随处理时间延长活性增强，而后趋于平缓。本试验结果与此不同，这一方面可能是因为本试验逆境的胁迫较大，瞬间抑制了保护酶的活性。48 h 后 SOD 活性变为促进作用，说明胡麻植株通过提升 SOD 酶活力来抵御地肤化感物质对其产生的胁迫，但是随着胁迫时间的延长，到胁迫处理 72 h 时，酶活性又下降，可能是由于地肤水浸提液的胁迫程度超过了其耐受范围。同时试验受体和供体材料的不同也有可能是引起试验结果有差异的重要原因。

不同的化感物质都会对 SOD、POD 活性及 MDA 含量产生一定的影响，浓度及不同物质的互作关系明显影响这些指标的活性。化感胁迫下，$O_2^- \cdot$ 含量的增加使植株受害严重，体内 MDA 含量也因此增加，而 SOD 等保护性酶的活性也因为 $O_2^- \cdot$ 含量的变化而改变。本研究表明，地肤地上部水浸提液对胡麻植株的 SOD、POD 活性及 MDA 含量均产生一定的影响，而且存在时间效应和浓度效应。

（3）研究同时发现，在地肤水浸提液胁迫下，受体胡麻体内活性氧代谢系统失调，诱发活性氧产生积累，且随着处理浓度的增加胡麻叶片中 SOD、POD 活性呈先升后降趋势，MDA 含量持续增加。从而表明在地肤水浸液作用下，胡麻可通过提高 SOD 和 POD 活性有效清除活性氧，使活性氧维持较低水平；但当胁迫进一步加大时，超出了 SOD 和 POD 的调节范围，SOD 和 POD 不能全面有效清除活性氧而造成积累，启动膜脂发生过氧化，从而破坏膜的结构和功能。可见，使受体活性氧代谢失调导致膜结构和功能破坏是胡麻化感作用的一种重要方式。

参考文献

艾为党，李晓林，左元梅，等.2000.玉米、花生根间菌丝桥对氮传递的研究 [J].作物学报 (4)：473-81.

白玲，李俊华，褚贵新，等.2014.有机无机肥配施对棉花养分吸收及氮素效率的影响 [J].干旱地区农业研究，32 (5)：143-148.

鲍士旦.2000.土壤农化分析 [M].北京：中国农业出版社.

鲍思伟.2001.水分胁迫对蚕豆光合作用及产量的影响 [J].西南民族学院学报（自然科学版）(4)：446-9.

北条良夫，星川清亲.1983.作物的形态与机能 [M].郑丕尧，等译.北京：农业出版社.

卜玉山，苗果园，邵海林，等.2006.对地膜和秸秆覆盖玉米生长发育与产量的分析 [J].作物学报，32 (7)：1 090-1 093.

曹昌林，董良利，宋旭东，等.2011.氮、磷、钾肥对高粱籽粒淀粉含量的影响 [J].山东农业科学 (1)：56-58.

曹靖，胡恒觉.2000.不同肥料组合对冬小麦水分供需状况的研究 [J].应用生态学报，11 (5)：713-717.

柴强，黄高宝.2003.植物化感作用的机理、影响因素及应用潜力 [J].西北植物学报，23 (3)：509-515.

陈刚，王璞，陶洪斌，等.2012.有机无机配施对旱地春玉米产量及土壤水分利用的影响 [J].干旱地区农业研究，30 (6)：139-144.

陈莉.2009.氮磷钾肥不同施肥水平配施对小麦产量和品质的影响 [D].合肥：安徽农业大学.

陈双恩，杜汉强.2010.亚麻抗倒伏性状分析及培土对亚麻抗倒伏的影响 [J].中国油料作物学报，32 (1)：83-88.

陈晓光，石玉华，王成雨，等.2011.氮肥和多效唑对小麦茎秆木质素合成的影响及其与抗倒伏性的关系 [J].中国农业科学，44 (17)：3 529-3 536.

陈新军，戚存扣，浦惠明，等.2007.甘蓝型油菜抗倒性评价及抗倒性与株型结构的关系研究 [J].中国油料作物学报，29 (1)：54-57.

陈艳秋，宋书宏，张立军，等.2009.夏播菜用大豆生长动态及干物质积累分配的研究 [J].大豆科学，28 (3)：467-471.

陈志龙，陈杰，许建平，等.2013.有机肥氮替代部分化肥氮对小麦产量及氮肥利用率的影响 [J].江苏农业科学，41 (7)：55-57.

程宪国，汪德水，张美荣，等.1996.不同土壤水分条件对冬小麦生长及养分吸收的影响 [J].中国农业科学，29 (4)：71-74.

丛新军，吴科，钱兆国，等.2004.超高产条件下种植密度对泰山21号群体动态、干物质积累和产量的影响 [J].山东农业科学 (4)：16-18.

戴建军，赵久明，姜伯文.1999.钴肥对大豆根瘤固氮及产量影响的初报 [J].东北农业大学学报 (2)：25-28.

戴庆林，张金瑞.1981.胡麻氮磷钾营养特性的研究初报 [J].土壤肥料 (3)：36-38.

戴庆林，张金瑞.1982.胡麻磷素营养特性及合理施用的研究 [J].内蒙古农业科技 (3)：25-28.

党占海，赵蓉英，王敏，等.2010.国际视野下胡麻研究的可视化分析 [J].中国麻业科学，32 (6)：305-306.

邓国富，李扬瑞.2006.水稻的化感作用研究进展及展望 [J].西南农业学报，19 (5)：9.

董炳友，高淑英，吕正文.2002.不同施肥措施对连作大豆的产量及土壤 pH 值的影响 [J].黑龙江八一农垦大学学报，14 (4)：19-21.

董晓尧，王鸣华，武淑文，等.2005.小麦对直播稻田千金子的化感作用及化感物质的分离鉴定 [J].中国水稻科学，19 (6)：551-555.

杜晓玉，徐爱国，冀宏杰，等.2011.华北地区施用有机肥对土壤氮组分及农田氮流失的影响 [J].中国土壤与肥料 (6)：13-19.

樊高琼，李金刚，王秀芳，等.2012.氮肥和种植密度对带状种植小麦抗倒伏能力的影响和边际效应 [J].作物学报，38（7）：1 307-1 317.

樊虎玲，郝明德，李志西.2005.黄土高原旱地化肥和有机肥配施对小麦品质的影响［J］.干旱地区农业研究，23（5）：72-76.

樊廷录，周广业，王勇，等.2004.甘肃省黄土高原旱地冬小麦—玉米轮作制长期定位施肥的增产效果［J］.植物营养与肥料学报，10（12）：127-131.

方芳，郭水良，黄林兵.2004.入侵杂草加拿大一枝黄花的化感作用［J］.生态科学，23（4）：331-334.

丰光，刘志芳，吴宇锦，等.2010.玉米抗倒性与茎秆穿刺力和拉力关系的初步研究［J］.玉米科学，18（6）：19-23.

冯尚宗，王世伟，彭美祥，等.2015.种植密度和施氮量对高产夏玉米产量、干物质积累及氮素利用效率的影响［J］.河北农业科学（3）：18-26.

冯素伟，李淦，胡铁柱，等.2012.不同小麦品种茎秆抗倒性的研究［J］.麦类作物学报，32（6）：1 055-1 059.

傅兆麟，马宝珍，王光杰，等.2001.小麦旗叶与穗粒重关系的研究［J］.麦类作物学报，21（1）：92-94.

高鑫，高聚林，于晓芳.2012.高密植对不同类型玉米品种茎秆抗倒伏特性及产量的影响［J］.玉米科学，20（4）：69-70.

高扬，高小丽，马瑞瑞，等.2014.轮作连作荞麦田主要微生物类群及土壤酶活性变化［J］.中国农业大学学报，19（4）：47-53.

勾玲，黄建军，张宾，等.2007.群体密度对玉米茎秆抗倒伏能力学和农艺性状的影响［J］.作物学报，33（10）：1 688-1 695.

关松荫.1986.土壤酶及其研究法［M］.北京：农业出版社.

管建新，王伯仁，李冬初.2009.化肥有机肥配施对水稻产量和氮素利用的影响［J］.中国农学通报，25（11）：88-92.

管延安，李建和，任莲菊，等.1998.禾谷类作物倒伏性的研究［J］.山东农业科学（5）：50-53.

国家统计局农村社会经济调查司.中国农村统计年鉴［M］.北京：中国统计出版社.

郭天财，姚站军，王晨阳，等.2004.水肥运筹对小麦旗叶光合特性及产量的影响［J］.西北植物学报，24（10）：1 786-1 791.

郭玉华，朱四光，张龙步，等.2003.不同栽培条件对水稻茎秆材料学特性的影响［J］.沈阳农业大学学报，34（1）：4-7.

韩丽娜，丁静，韩清芳，等.2012.黄土高原区草粮（油）翻耕轮作的土壤水分及作物产量效应［J］.农业工程学报，28（4）：129-137.

韩利红，冯玉龙.2007.发育时期对紫茎泽兰化感作用的影响［J］.生态学报，27（3）：1 185-1 191.

韩晓增，邹文秀，尤梦阳.2011.减氮、加菌、改善土壤物理性状提高大豆固氮能力［J］.大豆科技（1）：14-16.

郝艳茹.2002.小麦、玉米间套复合群体的营养效应及超高产特性研究［D］.泰安：山东农业大学.

何军，崔远来，张大鹏，等.2010.不同水肥耦合条件下水稻干物质积累与分配特征［J］.灌溉排水学报，29（5）：1-5.

何琳，娄翼来，王玲莉，等.2008.烤烟连作对土壤养分状况的影响［J］.现代农业科技，25（5）：115-116.

何荣鹤，陆新苗，章相兵，等.1995.烯效唑防止水稻倒伏效果［J］.作物杂志（3）：17-18.

侯红乾，刘秀梅，刘光荣.2011.有机无机肥配施比例对红壤稻田产量和土壤肥力的影响［J］.中国农业科学，44（3）：516-523.

侯庆山.2008.生物有机肥在冬暖大棚番茄上应用效果的研究［J］.安徽农业科学，36（11）：4 584-4 585.

胡飞，孔垂华.2002.胜红蓟化感作用研究Ⅵ.气象条件对胜红蓟化感作用的作用［J］.应用生态学报，13（1）：76-80.

胡国智，张炎，李青军，等.2011.氮肥运筹对棉花干物质积累、氮素吸收利用和产量的影响［J］.植物营养与肥料学报，17（2）：397-403.

胡立勇.2005.油菜品质形成的生理生态基础研究［D］.武汉：华中农业大学.

胡晓军，李群，梁霞.2008.胡麻籽综合利用研究进展［J］.农产品加工（2）：38-40.

胡亚瑾，吴淑芳，冯浩，等.2015.覆盖方式对夏玉米土壤水分和产量的影响［J］.中国农业气象，36（6）：

699-708.

胡宗达, 叶充, 胡庭兴. 2008. 扁穗牛鞭草生长状况及其对土壤养分的影响 [J]. 水土保持研究, 15 (2): 120-123.

虎德钰, 毛桂莲, 许兴. 2014. 不同草田轮作方式对土壤微生物和土壤酶活性的影响 [J]. 西北农业学报, 23 (9): 106-113.

黄海, 常莹, 吴春胜, 等. 2014. 群体密度对玉米茎秆强度及相关生理指标的影响 [J]. 西北农林科技大学学报 (自然科学版), 42 (4): 81-87, 101.

黄建军. 2008. 不同耐密型玉米品种抗倒伏特性研究 [D]. 石河子: 石河子大学.

黄京华, 曾任森, 滕希峰, 等. 2001. 植物化感作用研究动态明 [J]. 佛山科学技术学院学报 (自然科学版), 19 (4): 61-65.

黄明丽, 邓西平, 白登忠. 2002. N、P营养对旱地小麦生理过程和产量形成的补偿效应研究进展 [J]. 麦类作物学报, 22 (4): 74-78.

黄增奎. 1989. 小麦施钾的抗倒伏效应 [J]. 土壤通报, 20 (3): 12-123.

黄智鸿, 王思远, 包岩, 等. 2007. 超高产玉米品种干物质积累与分配特点的研究 [J]. 玉米科学, 15 (3): 95-98.

霍中洋, 葛鑫, 张洪程, 等. 2004. 施氮方式对不同专用小麦吸收及氮肥利用率的影响 [J]. 作物学报, 30 (5): 449-454.

季尚宁, 肖玉珍, 田慧梅, 等. 1996. 土壤灭菌对连作大豆生长发育的影响 [J]. 东北农业大学学报 (4): 326-329.

贾辉辉, 冯国华, 刘东涛, 等. 2015. 长期定位施肥对不同筋力型小麦品质的影响 [J]. 麦类作物学报, 35 (6): 850-855.

贾小平, 董普辉, 张红晓, 等. 2015. 谷子抗倒伏性和株高、穗部性状的相关性研究 [J]. 植物遗传资源学报, 16 (6): 1 188-1 193.

姜东, 谢祝捷, 曹卫星, 等. 2004. 花后干旱和渍水对冬小麦光合特性和物质运转的影响 [J]. 作物学报 (2): 175-82.

姜东, 于振文, 李永庚, 等. 2000. 冬小麦开花前后茎和叶鞘中贮存的碳水化合物含量的变化 [J]. 植物生理学报, 36 (6): 507-511.

姜丽娜, 刘佩, 齐冰玉, 等. 2016. 不同施氮量及种植密度对小麦开花期氮素积累转运的影响 [J]. 中国生态农业学报 (2): 23-29.

姜雨林, 陈中督, 逄晋松, 等. 2018. 华北平原不同轮作模式固碳减排模拟研究 [J]. 中国农业科学 (1): 19-26.

焦晓光, 梁文举. 2003. 施用控释尿素后土壤尿素氮的转化及其对产量的影响 [J]. 农业系统科学与综合研究, 19 (4): 297-299.

荆志宇, 郭凤霞, 陈垣, 等. 2011. 蒙古黄芪种子灌浆特性研究 [J]. 草业学报, 20 (1): 161-166.

孔丽红, 赵玉路, 周福平. 2007. 简述小麦干物质积累运转与高产的关系 [J]. 山西农业科学, 8: 6-8.

乐菊梅, 刘厚诚, 张壁, 等. 2004. 超甜玉米籽粒乳熟期碳水化合物变化及食用品质 [J]. 华南农业大学学报, 24 (2): 9-11.

雷海霞, 陈爱武, 张长生, 等. 2011. 共生期与播种量对水稻套播油菜生长及产量的影响 [J]. 作物学报, 37 (8): 1 449-1 456.

黎建玲, 甘耀坤, 庞瑞媛. 2005. 不同的荔枝品种在不同季节叶片内可溶性糖的含量比较 [J]. 柳州师专学报, 20 (2): 124-126

李春杰, 南志标. 2000. 土壤湿度对蚕豆根病及其生长的影响 [J]. 植物病理学报 (3): 245-249.

李丛, 汪景宽. 2005. 长期地膜覆盖及不同施肥处理对棕壤有机碳和全氮的影响 [J]. 辽宁农业科学 (6): 8-10.

李得孝, 康宏, 员海燕. 2001. 作物抗倒伏性研究方法 [J]. 陕西农业科学 (自然科学版) (7): 20-22.

李国振. 2001. 不同灌溉对阜康地区冬小麦产量及土壤水分动态变化的影响 [J]. 干旱区地理, 24 (6): 1-4.

李合生. 2000. 植物生理生化实验原理和技术 [M]. 北京: 高等教育出版社.

李久生, 李蓓, 宿梅双, 等. 2005. 冬小麦氮素吸收及产量对喷灌施肥均匀性的响应 [J]. 中国农业科学, 38

（8）：1 600-1 607.

李菊梅，徐明岗，秦道珠，等. 2005. 有机肥无机肥配施对稻田氨挥发和水稻产量的影响 [J]. 植物营养与肥料学, 11（1）：51-56.

李绍文. 2001. 生态生物化学 [M]. 北京：北京大学出版社.

李书华，李仲芳，陈封政，等. 2009. 孑遗植物可溶性糖的种类及含量 [J]. 湖北农业科学, 48（6）：1 477-1 478.

李唯，毕玉蓉，刘伟，等. 2012. 植物生理学 [M]. 北京：高等教育出版社.

李文娟，何萍，金继运. 2009. 钾素营养对玉米生育后期干物质和养分积累与转运的影响 [J]. 植物营养与肥料学报, 15（4）：799-807.

李新旺，门明新，王树涛，等. 2009. 长期施肥对华北平原潮土作物产量及农田养分平衡的影响 [J]. 草业学报, 18（1）：9-16.

李银水，鲁建巍，廖星，等. 2011. 氮肥用量对油菜产量及氮素利用效率的影响 [J]. 中国油料作物学报, 33（4）379-383.

李银水，鲁剑巍，廖星，等. 2011. 磷肥用量对油菜产量及磷素利用效率的影响 [J]. 中国油料作物学报, 33（1）：52-56.

李玉山. 2001. 旱作高产田产量波动性和土壤干燥化 [J]. 土壤学报, 38（3）：353-356.

李玉英，胡汉升，程序，等. 2011. 种间互作和施氮对蚕豆/玉米间作生态系统地上部和地下部生长的影响 [J]. 生态学报,（6）：1 617-1 630.

李裕元，郭永杰，邵明安. 2000. 施肥对丘陵旱地冬小麦生长发育和水分利用的影响 [J]. 干旱地区农业研究, 18（1）：15-21.

李占，丁娜，郭立月，等. 2013. 有机肥和化肥不同比例配施对冬小麦—夏玉米生长、产量和品质的影响 [J]. 山东农业科学, 45（7）：71-77.

李桢，王宏芝，李瑞芬，等. 2009. 植物木质素合成调控与生物质能源利用 [J]. 植物学报, 44（3）：262-272.

李振高. 2008. 土壤与环境微生物研究法 [M]. 北京：科学出版社.

李志贤，柴守玺. 2010. 西北绿洲氮磷配施对冬小麦产量及养分利用效率的影响 [J]. 麦类作物学报, 30（3）：488-491.

李志玉，郭庆元，廖星，等. 2007. 不同氮水平对双低油菜中双 9 号产量和品质的影响 [J]. 中国油料作物学报, 29（2）：78-82.

林文雄，何华勤，郭玉春，等. 2001. 水稻化感作用及其生理生化特性的研究 [J]. 应用生态学报, 12（6）：871-875.

凌冰，张茂新，孔垂华，等. 2001. 飞机草挥发油的化学组成及其对植物、真菌和昆虫生长的影响 [J]. 应用生态学报, 14（5）：744-746.

令鹏. 2010. 密度和氮磷施用量对旱地胡麻产量的影响 [J]. 甘肃农业科技（9）：34-35.

刘栋，马建富，郭娜，等. 2015. 氮肥与密度互作对胡麻产量及农艺性状的影响 [J]. 河北农业科学（6）：14-18，22.

刘高远，郭天文，谭雪莲，等. 2014. 不同栽培方式下马铃薯土壤微生物区系的动态变化, 华中农业大学学报, 33（4）19-24.

刘金平，游明鸿. 2012. 生长抑制剂对老芒麦种群生物量结构、能量分配及倒伏率的影响 [J]. 草业学报, 21（5）：195-203.

刘小明，雍太文，苏本营，等. 2014. 减量施氮对玉米-大豆套作系统中作物产量的影响 [J]. 作物学报（9）：1 629-1 638.

刘晓娜，刘雪梅，杨传平，等. 2007. 木质素合成研究进展 [J]. 中国生物工程杂志, 27（3）：120-126.

刘晓燕，金继运，何萍，等. 2007. 氯化钾对玉米木质素代谢的影响及其与茎腐病抗性的关系 [J]. 中国农业科学, 40（2）：2 780-2 787.

刘兴堂. 1989. 高产田小麦倒伏原因及其防止措施 [J]. 新疆农垦科技（4）：1-2.

刘秀芬，胡小军. 2001. 化感物质阿魏酸对小麦幼苗内源激素水平的影响 [J]. 中国生态农业学报, 9（1）：96-98.

刘益仁，李想，郁洁，等. 2012. 有机无机肥配施提高麦-稻轮作系统中水稻氮肥利用率的机制 [J]. 应用生态学报（1）：81-86.

刘正芳，柴强. 2012. 带型及施氮对玉米间作豌豆光能利用率的影响 [J]. 农业现代化研究（3）：367-71.

龙岛康夫. 1965. 连作障碍—自毒作用的研究进展 [J]. 化学与生物，53（4）：530-535.

娄翼来，关连珠，王玲莉，等. 2007. 不同植烟年限土壤 pH 和酶活性的变化 [J]. 植物营养与肥料学报，13（3）：531-534.

卢昆丽. 2014. 施氮时期对小麦茎秆发育特性及抗倒伏性能的影响 [D]. 泰安：山东农业大学.

鲁彩艳，牛明芬，陈欣，等. 2007. 不同施肥制度培育土壤氮矿化势与供氮潜力 [J]. 辽宁工程技术大学学报，26（5）：773-775.

鲁剑巍，陈防，张竹青，等. 2005. 磷肥用量对油菜产量、养分吸收及经济效益的影响 [J]. 中国油料作物学报，27（1）：73-76.

路海东，薛吉全，马国胜，等. 2004. 不同基因型玉米品种源库调节对籽粒产量形成的影响 [J]. 西北农林科技大学学报（自然科学版）（9）：9-13.

路振广，邱新强，杨静敬，等. 2012. 不同灌水定额条件下夏玉米生长发育及耗水特性分析 [J]. 节水灌溉，12（1）：46-50.

罗丽萍，葛刚，陶勇，等. 1999. 芒萁对几种杂草和农作物的生化他感作用 [J]. 植物学通报，16（5）：591-597.

吕越，吴普特，陈小莉，等. 2014. 玉米/大豆间作系统的作物资源竞争 [J]. 应用生态学报（1）：139-146.

马丽荣，蔺海明，陈玉梁，等. 2007. 兰州引黄灌区玉米田杂草群落及生态位研究 [J]. 草业学报，16（2）：111-117.

马艳梅. 2006. 长期轮作连作对不同作物土壤磷组分的影响 [J]. 中国农学通报，22（14）：355-358.

孟磊，丁维新，蔡祖聪，等. 2005. 长期定量施肥对土壤有机碳储量和土壤呼吸影响 [J]. 地球科学进展，20（5）：687-692.

闵东红，王辉，孟超敏，等. 2001. 不同株高小麦品种抗倒伏性与其亚性状及产量相关性研究 [J]. 麦类作物学报，21（4）：76-79.

宁金花，霍治国，陆魁东，等. 2013. 不同生育期淹涝胁迫对杂交稻形态特征和产量的影响 [J]. 中国农业气象，34（6）：678-684.

钱成，蔡晓布，张永青. 2005. 旱地轮作对西藏中部土壤恢复过程的影响 [J]. 水土保持学报，19（4）：65-69.

乔海军，黄高宝，冯福学，等. 2008. 生物全降解地膜的降解过程及其对玉米生长的影响 [J]. 甘肃农业大学学报（5）：71-75.

秦晓霞. 2008. 河西走廊灌漠土制种玉米 NPK 适宜用量的研究 [J]. 中国种业（7）：42-44.

邱建军，李虎，王立刚. 2008. 中国农业施氮水平与土壤氮平衡的模拟研究 [J]. 农业工程学报，24（8）：40-44.

沈学善，屈会娟，李金才，等. 2012. 玉米秸秆还田和耕作方式对小麦养分积累与转运的影响 [J]. 西北植物学报，32（1）：143-149.

石玉，于振文. 2006. 施氮量及底追比例对小麦产量、土壤硝态氮含量和氮平衡的影响. 生态学报，26（11）：3 662-3 669.

松生满，田丰. 2007. 不同二铵施用量对胡麻产量的影响 [J]. 青海农林科技（4）：14-15，20.

宋海星，李生秀. 2003. 玉米生长量、养分吸收量及氮肥利用率的动态变化 [J]. 中国农业科学，36（1）：71-76.

孙世超. 2002. 大豆施用生物有机肥对产量及构成因素的影响 [J]. 大豆通报，4：11-12.

田保明，杨光圣. 2005. 农作物倒伏及其评价方法 [J]. 中国农学通报，21（7）：111-114.

田智慧，潘晓华. 2008. 氮肥运筹及密度对中优 752 干物质生产及运转的影响 [J]. 江西农业学报，20（7）：1-6.

王成雨，代兴龙，石玉华，等. 2012. 氮肥水平和种植密度对冬小麦茎秆抗倒性能的影响 [J]. 作物学报，38（1）：121-128.

王惠贞，赵洪亮，冯永祥，等. 2014. 北方水稻生育后期剑叶可溶性物质含量及植株生产力对 CO_2 浓度增高的响应 [J]. 作物学报，40（2）：320-328.

王丽红，郭晓冬，谭雪莲，等. 2016. 不同轮作方式对马铃薯土壤酶活性及微生物数量的影响 [J]. 干旱地区农业研究，34（5）：109-113.

王明东，王志强. 2011. 灌水对不同追氮水平下夏玉米氮代谢及产量的影响 [J]. 中国农学通报，27（18）：197-199.

王璞，赵秀琴. 2001. 几种化感物质对棉花种子萌发及幼苗生长的影响 [J]. 中国农业大学学报，6（3）：26-31.

王善仙，刘宛，沈其荣. 2000. 土壤肥料学通论 [M]. 北京：高等教育出版社.

王声斌，张起刚，彭根元. 2002. 灌溉水平对冬小麦氮素吸收及氮素平衡的影响 [J]. 核农学报，16（5）：310-314.

王硕，慕小倩，杨超. 2006. 黄花蒿浸提液对小麦幼苗的化感作用及其机理研究 [J]. 西北农林科技大学学报，6（34）：106-108.

王伟妮，鲁剑巍，鲁明星，等. 2011. 湖北省早、中、晚稻施氮增产效应及氮肥利用率研究 [J]. 植物营养与肥料学报，17（3）：545-553.

王文秀，聂宗顺，成马丽，等. 2004. 毕节地区马铃薯不同间套作栽培技术模式 [J]. 中国马铃薯（3）：157-158.

王秀凤，苗雨佳，陈富忠，等. 2006. 水稻茎秆抗倒性构成因素研究进展 [J]. 现代农业科技（4）：65-66.

王旭刚，郝明德，李建民，等. 2007. 氮磷配施对旱地小麦产量和吸肥特性的影响 [J]. 西北农林科技大学学报（自然科学版），35（2）：138-142.

王亚艺，蔡晓剑，李松龄. 2015. 有机肥与无机肥配施对作物产量和土壤养分含量的影响 [J]. 湖北农业科学（8）：1 813-1 815.

王艳玲，何小江，王正之，等. 1996. 腐植酸有机复混肥在小麦、蚕豆、胡麻上施用效果显著 [J]. 甘肃农业技（4）：4.

王莹，杜建林. 2001. 大麦根倒伏抗性评价方法及其倒伏系数的通径分析 [J]. 作物学报，27（6）：941-945.

王永宏，王克如，赵如浪，等. 2013. 高产春玉米源库特征及其关系 [J]. 中国农业科学，46（2）：257-269.

乌瑞翔，刘荣权，卢翠玲，等. 2001. 地膜玉米的最佳播期及其"两个学说"的应用 [J]. 中国农业学，34（4）：433-438.

吴国欣，王凌晖，梁惠萍，等. 2012. 氮磷钾配比施肥对降香黄檀苗木生长及生理的影响 [J] 浙江农林大学学报，29（2）：296-300.

吴萍萍，刘金剑，周毅，等. 2008. 长期不同施肥制度对红壤稻田肥料利用率的影响 [J]. 植物营养与肥料学报，14（2）：277-283.

吴瑞香，杨建春. 2011. 胡麻主要农艺性状的相关性及其聚类分析 [J]. 内蒙古农业科技（4）：52-54，68.

武杰，李宝珍，谌利，等. 2004. 不同施肥水平对甘蓝型黄籽油菜含油量的效应研究 [J]. 中国油料作物学报，26（4）：59-62.

向达兵，李静，范昱，等. 2014. 种植密度对苦荞麦抗倒伏特性及产量的影响 [J]. 中国农学通报，30（6）：242-247.

肖俊夫，刘战东，刘祖贵，等. 2011. 不同灌水次数对夏玉米生长发育及水分利用效率的影响 [J]. 河南农业科学，40（2）：36-40.

肖启银，任万军，杨文钰，等. 2006. 中籼迟熟杂交稻新组合籽粒灌浆特性的研究 [J]. 四川农业大学学报，24（4）：381-389.

肖庆生，夏志涛，周灿金，等. 2010. 氮磷钾肥对迟直播油菜产量和品质的影响 [J]. 中国油料作物学报，32（2）：263-269.

谢军，赵亚南，陈轩敬，等. 2016. 有机肥氮替代化肥氮提高玉米产量和氮素吸收利用效率 [J]. 中国农业科学，49（20）：3 934-3 943.

谢军红，李玲玲，张仁陟，等. 2018. 覆膜、沟垄作对旱作农田玉米产量和水分利用的叠加效应 [J]. 作物学报，44（4）：268-277.

谢泽宇，罗珠珠，李玲玲，等. 2017. 黄土高原不同粮草种植模式土壤碳氮及土壤酶活性 [J]. 草业科学，34（11）：2 191-2 199.

谢志良，田长彦. 2011. 膜下滴灌水氮耦合对棉花干物质积累和氮素吸收及水氮利用效率的影响 [J]. 植物营养与肥料学报，17（1）：160-165.

谢忠奎，王亚军，兰念军，等. 2000. 黑河地区土壤及小麦体内水分动态观测分析［J］. 高原气象，19（3）：385-390.

徐学选，穆兴民. 1999. 小麦水肥产量效应研究进展［J］. 干旱地区农业研究，17（3）：6-12.

徐正浩，何勇，王一平，等. 2004. 不同水层和密度条件下化感作用水稻对无芒稗的干扰控制作用［J］. 应用生态学报，15（9）：1 580-1 584.

杨长刚，柴守玺，常磊，等. 2015. 不同覆膜方式对旱作冬小麦耗水特性及籽粒产量的影响［J］. 中国农业科学，48（4）：661-671.

杨恒山，张玉芹，徐寿军，等. 2012. 超高产春玉米干物质及养分积累与转运特征［J］. 植物营养与肥料学报，18（2）：315-323.

杨红，杜辉，陶雪娟，等. 2013. 基于 VG 模型的生物有机肥对土壤水分特性的影响［J］. 华中农业大学学报，32（5）：66-71.

杨晴，刘奇勇，白岩，等. 2009. 冬小麦不同叶层叶绿素和可溶性蛋白对氮磷肥的响应［J］. 麦类作物学报，29（1）：128-133.

杨世民，谢力，郑顺林，等. 2009. 氮肥水平和栽插密度对杂交稻茎秆理化特性与抗倒伏性的影响［J］. 作物学报，35（1）：93-103.

杨艳华，朱镇，张亚东，等. 2011. 不同水稻品种（系）抗倒伏能力与茎秆形态性状的关系［J］. 江苏农业学报，27（2）：231-235.

杨勇，刘强，宋海星，等. 2011. 不同种植密度和施肥水平对油菜养分吸收和产量的影响［J］. 湖南农业大学学报（自然科学版），37（6）：586-591.

杨勇，刘强，宋海星，等. 2012. 氮磷钾配比对油菜养分吸收、碳氮代谢产物和籽粒产量的影响［J］. 浙江农业学报，24（1）：99-104.

姚槐应，黄昌勇. 2006. 土壤微生物生态学及其实验技术［M］. 北京：科学出版社.

叶景学，吴春燕，沈凌凌，等. 2004. 有机肥与化肥配施对结球白菜产量和品质的影响［J］. 吉林农业大学学报，26（2）：155-157.

易时来，何绍兰，邓烈，等. 2006. 中性紫色土施氮对小麦氮素吸收利用及产量和品质的影响［J］. 麦类作物学报，26（5）：167-169.

尹睿，张华勇，黄锦法，等. 2004. 保护地菜田与稻麦轮作田土壤微生物学特征的比较［J］. 植物营养与肥料学报，10（1）：57-62.

雍太文，杨文钰，任万军，等. 2009. 两种三熟套作体系中的氮素转移及吸收利用［J］. 中国农业科学，42（9）：3 170-3 178.

于广武，许艳丽，刘晓冰，等. 1993. 大豆连作障碍机制研究初报［J］. 大豆科学（3）：237-243.

于贵瑞，陆欣来，韩静淑，等. 1988. 大豆、向日葵等作物连作障碍与轮作效应机理的研究初报［J］. 生态学杂志（2）：1-8.

于亚军，李军，贾志宽，等. 2005. 旱作农田水肥耦合研究进展［J］. 干旱地区农业研究，23（3）：220-224.

于振文，梁晓芳，李延奇，等. 2007. 施钾量和施钾时期对小麦氮素和钾素吸收利用的影响［J］. 应用生态学报，18（1）：69-74.

余世孝，奥罗西 L. 1994. 物种多维生态位宽度测度［J］. 生态学报，14（1）：32-39.

袁静超，张玉龙，虞娜，等. 2011. 水肥耦合条件下保护地土壤硝态氮动态变化［J］. 土壤通报，42（6）：1 335-1 340.

袁新民，李晓林，张福锁，等. 2000. 粮田改种蔬菜后土壤剖面硝态氮的动态变化［J］. 中国生态农业学报，8（2）：31-33.

昝亚玲，王朝辉，Lyons G. 2010. 不同轮作体系土壤残留硒锌对小麦产量与营养品质的影响［J］，农业环境科学学报，29（10）：235-238.

曾任森，林象联，骆世明，等. 1996. 蟛蜞菊的生化他感作用及生化他感作用物的分离鉴定［J］. 生态学报，16（1）：20-27.

曾祥亮，宋秋来，张磊，等. 2011. 春大豆植株钾素积累与转运的研究［J］. 土壤通报，42（5）：1 169-1 174.

张凤翔，周明耀，徐华平，等. 2005. 水肥耦合对冬小麦生长和产量的影响［J］. 水利与建筑工程学报，3（2）：22-24.

张福锁，王激情，张卫峰，等. 2008. 中国主要粮食作物肥料利用率现状与提高途径［J］. 土壤学报，45（5）：915-924.

张桂国，董树亭，杨在宾. 2011. 苜蓿+玉米间作系统产量表现及其间竞争力的评定［J］. 草业学报，20（1）：22-30.

张辉，贾霄云，张立华，等. 2009. 我国油用亚麻产业现状及发展对策［J］. 内蒙古农业科技（4）：6-8，115.

张继宏，汪景宽，须相成，等. 1990. 覆膜栽培条件下有机肥对土壤氮和玉米生物量的影响［J］. 土壤通报，21（4）：162-166.

张剑国，杜素惠，王永珍，等. 1995. 地膜覆盖导致早甘蓝早衰的生理机制初探［J］. 中国蔬菜（5）：1-3.

张健，陈金城，唐章林，等. 2006. 油菜茎秆理化性质与倒伏关系的研究［J］. 西南农业大学学报（自然科学版），28（5）：763-765.

张均，刘建立，张佳宝. 2010. 施氮对稻麦干物质转运与氮肥利用的影响［J］. 作物学报，36（10）：1 736-1 742.

张礼军，鲁清林，白玉龙，等. 2017. 施肥和覆盖模式对旱地冬小麦花后干物质转移、糖代谢及其籽粒产量的影响［J］. 草业学报（3）：149-160.

张力文，钟国成，张利，等. 2012. 3种鼠尾草属植物光合作用—光响应特性研究［J］. 草业学报（2）：70-76.

张平平，刘婷婷，马鸿翔，等. 2012. 长江中下游小麦品种的灌浆速率及产量结构［J］. 西北农业学报，21（8）：68-71.

张睿，刘党校. 2007. 氮磷与有机肥配施对小麦光合作用及产量和品质的影响［J］. 植物营养与肥料学报，13（4）：543-547.

张素梅. 2017. 不同茬口对胡麻经济性状及营养品质的影响［J］. 农业开发与装备（4）：73-74.

张喜娟，李红娇，李伟娟，等. 2009. 北方直立穗型粳稻抗倒性的研究［J］. 中国农业科学，42（7）：2 305-2 313.

张秀芝，易琼，朱平，等. 2011. 不同施氮水平和密度对冬小麦产量和氮素利用率的影响［J］. 植物营养与肥料学报，17（4）：782-788.

张绪成，于显枫，王红丽，等. 2016. 半干旱区减氮增钾、有机肥替代对全膜覆盖垄沟种植马铃薯水肥利用和生物量积累的调控［J］. 中国农业科学，49（5）：852-864.

张学林，赵亚丽，赵胜超，等. 2013. 氮肥对夏玉米灌浆期地上部器官生物量分配的影响［J］. 西北农业学报，22（2）：39-46

张学文，刘亦学，刘万学，等. 2007. 植物化感物质及其释放途径［J］. 中国农学通报，23（7）：295-297.

张学昕，刘淑英，王平，等. 2012. 不同氮磷钾配施对棉花干物质积累、养分吸收及产量的影响［J］. 西北农业学报，21（8）：107-113.

张玉芹，杨恒山，高聚林，等. 2011. 超高产春玉米冠层结构及其生理特性［J］. 中国农业科学，44（21）：4 367-4 376.

张志才. 2006. 作物倒伏成因分析及抗倒伏对策研究进展［J］. 耕作与栽培（4）：1-2，26.

张志良，瞿伟菁. 2003. 植物生理学实验指导［M］. 北京：高等教育出版社.

章忠贵. 2010. 水稻株高突变系的农艺性状与抗倒伏研究［J］. 核农学报，24（3）：430-435.

赵波海，林琪，刘义国，等. 2010. 氮磷肥配施对超高产冬小麦灌浆期光合日变化及产量的影响［J］. 应用生态学报，21（10）：2 545-2 550.

赵春燕，孙军德，宁伟，等. 2001. 重金属对土壤微生物酶活性的影响［J］. 土壤通报，32（2）：93-94，98.

赵会杰，邹琦，郭天财，等. 2003. 密度和追肥时期对大穗型小麦~（14）C-同化作用及其分配的调控效应［J］. 核农学报，17（1）：67-72.

赵江涛，李晓峰，李航，等. 2006. 可溶性糖在高等植物代谢调节中的生理作用［J］. 安徽农业科学，34（24）：6 423-6 425，6 427.

赵静，曾强. 1996. 植物化感作用的研究对持续性农业建设的意义［J］. 农业环境与发展，13（3）：10-13.

赵其国. 1996. 现代土壤学与农业持续发展［J］. 土壤学报（1）：1-12.

赵秀兰. 2006. 春小麦籽粒灌浆期降落值动态规律及氮磷肥与播期效应的研究 [J]. 作物学报, 32 (4): 553-561.

赵佐平, 高义民, 刘芬, 等. 2013. 化肥有机肥配施对苹果叶片养分、品质及产量的影响 [J]. 园艺学报, 40 (11): 2 229-2 236.

中国农业年鉴编辑委员会. 2012. 中国农业年鉴 [M]. 北京: 中国农业出版社.

周可金, 肖文娜, 官春云. 2009. 不同油菜品种角果光合特性及叶绿素荧光参数的差异 [J]. 中国油料作物学报, 31 (3): 316-321.

周艳虹, 喻景权, 钱琼秋, 等. 2003. 低温弱光对黄瓜幼苗生长及抗氧化酶活性的影响 [J]. 应用生态学报, 14 (6): 921-924.

周志红, 骆世明, 牟子平. 1998. 番茄植株中几种化学成分的化感效应 [J]. 华南农业大学学报, 19 (3): 56-60.

朱珊, 李银水, 余常兵, 等. 2013. 密度和氮肥用量对油菜产量及氮肥利用率的影响 [J]. 中国油料作物学报, 35 (2): 179-184.

朱树秀, 季良, 阿米娜. 1994. 玉米单作及与大豆混作中氮来源的研究 [J]. 西北农业学报 (1): 59-61.

朱旺生, 沈益新. 2004. 白三叶和高羊茅不同品种对萝卜幼苗的化感作用 [J]. 南京农业大学学报, 27 (1): 28-31.

朱伟, 黎晓, 李会杰, 等. 2016. 黄土旱塬垄作覆膜栽培土壤水分及温度变化研究 [J]. 干旱地区农业研究, 34 (6): 32-40.

邹娟, 鲁剑巍, 陈防, 等. 2009. 氮磷钾硼肥对长江流域油菜产量和经济效益的影响 [J]. 作物学报, 35 (1): 87-92.

邹琦. 2000. 植物生理学实验指导 [M]. 北京: 中国农业出版社.

Akanbi W B, Togun A O. 2002. The influence of maize-stover compost and nitrogen fertilizer on growth, yield and nutrient uptake of amaranth [J]. Scientia Horticulturae, 93 (1): 1-8.

Alam S M, Shereen A. 2002. Effect of different levels of zinc and phosphorus on growth and chlorophyll content of wheat [J]. Asian J. Plant Sci, 1: 364-366.

Alvey S, Yang C H, Buerkert A, et al. 2003. Cereal/legume rotation effects on rhizosphere bacterial community structure in West African soils [J]. Biology & Fertility of Soils, 37 (3): 73-82.

Arduini I, Masoni A, Ercoli L, et al. 2006. Grain yield, and dry matter and nitrogen accumulation and remobilization in durum wheat as affected by variety and seeding rate [J]. European Journal of Agronomy the Official Journal of the European Society for Agronomy, 25 (4): 309-318.

Aynes D B, Dinnes D L, Meek D W, et al. 2004. Using the late spring nitrate test to reduce nitrate loss within a watershed. Journal of Environmental Quality, 33: 669-677.

Bakry A B, Elewa T A, Ali O A M. 2012. Effect of Fe Foliar Application on Yield and Quality Traits of Some Flax Varieties Grown Under Newly Reclaimed Sandy Soil Australian [J]. Journal of Basic and Applied Sciences, 6 (7): 532-536.

Baucher M, Chabbert B, Pilate G. 1996. Red xylem and higher lignin extractability by down-regulating cinna- moyl alcohol dehydrogenase in poplar (*Populus tremula* and *Populus alba*) [J]. Plant Physiol, 112: 1 479-1 490.

Ciampitti I A, Vyn T J. 2011. A comprehensive study of plant density consequences on nitrogen uptake dynamics of maize plants from vegetative to reproductive stages [J]. Field Crops Research, 121 (1): 2-18.

Cordell D, Drangert J O, White S. 2009. The story of phosphorus: global food security and food for thought [J]. Global Environ Change, 19: 292-305.

Crookston R K, Kurle J E, Copeland P J, et al. 1991. Lueschen, Rotational Cropping Sequence Affects Yield of Corn and Soybean, Agronomy Journal, 83 (1): 108-113.

Dhima K V, Lithourgidis A S, Vasilakoglou I B, et al. 2007. Competition indices of common vetch and cereal intercrops in two seeding ratio [J]. Field Crops Research, 100 (23): 249-256.

Ennin S A, Clegg M D. 2001. Effect of Soybean Plant Populations in a Soybean and Maize Rotation [J]. Agronomy Journal, 93 (2): 396-403.

Fred K Kanampiu, William R Raun, Gordon V Johnson. 1997. Effect of nitrogen rate on plant nitrogen loss in winter wheat varieties [J]. Journal of Plant Nutrition, 20 (2-3): 389-404.

Gan Y T, Campbell C A, Janzen H H, et al. 2010. Nitrogen accumulation in plant tissues and roots and N mineralization under oilseeds, pulses, and spring wheat [J]. Plant and Soil, 332: 451-461.

Gan Y, Liang C, Hamel C, et al. 2011. Strategies for reducing the carbon footprint of field crops for semiarid areas. A review [J]. Agronomy for Sustainable Development, 31 (4): 643-656.

Guo D, Dang T H, Long-Hai Q I. 2008. Process Study of Dry Matter Accumulation and Nitrogen Absorption Use of Winter Wheat under Different N-fertilizer Rates on Dry Highland of Loess Plateau [J]. Journal of Soil & Water Conservation, 22 (5): 138-141.

Hamdi H, Ibrahim M E, Foda S A. 1971. Fertilization of flax for oil and fibre production. U. A. R. J. Soil Sci., 11: 285-296.

Harada H, Yoshimura Y, Sunaga Y, et al. 2000. Variations in nitrogen uptake and nitrate-nitrogen concentration among sorghum groups [J]. Soil Science and Plant Nutrition, 46 (1): 97-104.

Haynes R J, Naidu R. 1998. Influence of lime, fertilizer and manure applications on soil organic matter content and soil physical conditions: a review [J]. Nutrient Cycling in Agroecosystems, 51 (2): 123-137.

Hocking P J, Kirkegaard J A, Angus J F, et al. 2002. Comparison of Canola, Indian mustard and Linola in two contrasting environments. III. Effects of nitrogen fertilizer on nitrogen uptake by plants and on soil nitrogen extraction [J]. Field Crops Res, 79, 153-172.

Iiyama K, Wallis A. 1988. An improved acetyl bromide procedure for determining lignin in woods and wood pulps [J]. Wood Sci Technol, 22: 271-280.

Inderjit K, Dakshini M M. 1992. Interference potenfial of *Pluchea lanceolata* (Asteraceae): growth and physiological responses of asparagus bean, *Vigna unguiculata* var. *sesquipedalis* Amer [J]. J. Bot. 79: 977-981.

Kaur G, Kler D S, Sirlgh S J, et al. 2001. Relationship of height, lodging score and silica content with grain yield of wheat (*Triticum aestivum* L.) under different planting techniques at higher nitrogen nutrition [J]. Environ Eco, 19 (2): 412-417.

Knobloch K H, Hahlbrock K. 1975. Isoenzymes of p-coumarate: CoA ligase from cell suspension cultures of *Glycine max* [J]. Eur J Bio-chem, 52: 311-320.

Kurtz L T, Boone L V, Peck T R, et al. 1999. Crop Rotations for Efficient Nitrogen Use [J]. Nitrogen in Crop Production, 28 (5): 841-844.

Li F S, Yu J M, Nong M L, et al. 2010. Partial root-zone irrigation enhanced soil enzyme activities and water use of maize under different ratios of inorganic to organic nitrogen fertilizers [J]. Agricultural Water Management, 97 (2): 231-239.

Li L, Sun J, Zhang F, et al. 2001. Wheat/maize or wheat/soybean strip intercropping: I. Yield advantage and interspecific interactions on nutrients [J]. Field Crops Research, 71 (2): 123-137.

Li W, Li L, Sun J, et al. 2003. Effects of nitrogen and phosphorus fertilizers and intercropping on uptake of nitrogen and phosphorus by wheat, maize, and faba bean [J]. Journal of Plant Nutrition, 26 (3): 629-642.

Liu E, Yan C, Mei X, et al. 2010. Long-term effect of chemical fertilizer, straw, and manure on soil chemical and biological properties in northwest China [J]. Geoderma, 158: 173-180.

Luckhaus D, Quack M. 2009. Pea-barley intercropping for efficient symbiotic N2-fixation, soil N acquisition and use of other nutrients in European organic cropping systems [J]. Field Crops Research, 113 (1): 64-71.

MacDonald G K, Bennett E M, Potter P A, et al. 2011. Agronomic phosphorus imbalances across the world's croplands [J]. P Natl Acad Sci USA, 108: 3 086-3 091.

Malhi S S, Gill K S, Harapiak J T, et al. 2003. Light fraction organic N, ammonium, nitrate and total N in a thin Black Chernozemic soil under bromegrass after 27 annual applications of different N rates [J]. Nutrient Cycling in Agroecosystems, 65 (3): 201-210.

Maydup M L, Antonietta M, Guiamet J J, et al. 2010. The contribution of ear photosynthesis to grain filling in bread wheat (*Triticum aestivum* L.) [J]. Field Crops Research, 119: 48-58.

Min A, Partley J E, Haig T. 1997. Phytotoxicity of Vulpia residues: Ⅰ. Investigation of aqueous extracts [J]. Journal of Chemical Ecology, 23 (8): 1 979-1 995.

Moerschbacher B M, Noll U M, Flott B E, et al. 1988. Lignin biosynthetic enzyme in stem rust infected resistant and susceptible near-isogenic wheat lines [J]. Physiological and Molecular Plant Pathology, 33: 33-46.

Mohsenabadi G R, Jahansooz M R, Chaichi M R, et al. 2008. Evaluation of Barley-Vetch Intercrop at Different Nitrogen Rates [J]. Journal of Agricultural Science & Technology, 10 (1): 23-31.

Morrison T A, Kessler J R, Hatfield R D, et al. 1994. Activity of two lignin biosynthesis enzymes during development of a maize internode [J]. Journal of the Science of Food and Agriculture, 65: 133-139.

Nikolic O, Zivanovic T, Jelic M, et al. 2012. Interrelationships between grain nitrogen content and other indicators of nitrogen accumulation and utilization efficiency in wheat plants [J]. Chilean Journal of Agricultural Research, 72 (1): 111-116.

Niu J F, Zhang W F, Chen X P, et al. 2011. Potassium fertilization on maize under different Production practices in the North China Plain [J]. Agronomy Journal, 103 (3): 822-829.

Olaniyi J O, Odedere M P. 2009. The effects of mineral N and compost fertilizers on the growth, yield and nutritional values of fluted pumpkin (Telfairia occidentalis) in south western Nigeria [J]. J Anim Plant Sci, 5 (1): 443-449.

Pali V, Mehta N. 2014. Evaluation of oil content and fatty acid compositions of flax (Linum usitatissimum L.) varieties of india [J]. Journal of Agricultural Science, 6: 1 916-9 760.

Pande, R C, Singh, M, Agrawal, S K, et al. 1970. Effect of different levels of irrigation, nitrogen and phosphorus on growth, yield and quality of linseed (Linum usitatissimum Linn.) [J]. Indian J. Agron., 15: 125-130.

Peng Z P, Li C J. 2005. Transport and partitioning of phosphorus in wheat as affected by P withdrawal during flag leaf expansion [J]. Plant Soil, 268: 1-11.

Qi W, Li F R, Zhang E H, et al. 2012. The effects of irrigation and nitrogen application rates on yield of spring wheat (longfu-920), and water use efficiency and nitrate nitrogen accumulation in soil [J]. Australian Journal of Crop Science, 6 (4): 85-91.

Qingmin P, Yongfei B, Jianguo W, et al. 2011. Hierarchical plant responses and diversity loss after nitrogen addition: testing three functionally-based hypotheses in the Inner Mongolia grassland [J]. Plos One, 6 (5): e20078.

Raminez-Vallejo P, Kelly J D. 1998. Traits related to drought resistance in common bean [J]. Euphytica, 99: 127-136.

Roshehina V V, Roshchina V D. 1993. The excretory function of higher Plant [M]. New York: Spinger-verlag, 213-215.

Scandalios J G. 1993. Oxygenstress and superoxide dismutase [J]. plant Physiol, 101 (1): 7-12.

Sinha S K, Saxena S S. 1965. Reproductive characters of linseed as affected by different levels of nitrogen, phosphorus and pH [J]. Can. J. Plant Sci., 45: 251-257.

Soltangheisi A, Ishak C F, Musa H M, et al. 2013. Phophorus and zinc uptake and their interaction effect on dry matter andchlorophyll content of sweet corn (Zea mays var. Saccharata) [J]. Journal of Agronomy, 12 (4): 187-192.

Suzuki K, Kawabata J, Mizitan J. 1987. New 3, 5, 4' - trihydroxystilbene oligomers from Carex fedia var. miyabei (Franchet) T. Koyama (Cyperaceae) [J]. Agric Boil Chem, 52: 2 947-2 948.

Swiader J M. 2002. SPAD-chlorophyll response to nitrogen fertilization and evaluation of nitrogen status in dryland and irrigated pumpkins [J]. Journal of Plant Nutrition, 25 (5): 1 089-1 100.

Tang C S, Waiss J A C. 1978. Short-chain fatty acids as growth inhibitors in decomposing wheat straw [J]. Journal of Chemical Ecology, 4: 225-232.

Teng S, Qian Q, Zeng D, et al. 2004. QTL analysis of leaf photosynthetic rate and related physiological traits in rice (Oryza sativa L.) [J]. Euphytica, 135 (1): 1-7.

Tikkoo A, Yadav S S, Kaushik N. 2013. Effect of irrigation, nitrogen and potassium on seed yield and oil content of Jatropha curcas in coarse textured soils of northwest India [J]. Soil & Tillage Research, 134: 142-146.

Tripathi S C, Sayre K D. 2003. Growth and morphology of wheat culms and their association with lodging: effects of genotypes, N levels and ethephon [J]. Field Crops Research, 84: 271-290.

Wiersma D W, Oplinger E S, Guy S O. 1986. Environment and cultivar effects on winter wheat response to ethep -hon plant growth regulator [J]. Agronomy Journal, 78: 761-764.

Williamson G, Richardson D. 1988. Bioassay for allelopathy: Measuring treatment response with independent control [J]. Journal of Chemical Ecology, 14: 181-188.

Yamada N, Ota Y, Nakamura H. 1960. Ecological effects of planting density on growth of rice plant [J]. Crop Sci, 29: 329-333.

Yau S K. 2007. Winter versus spring sowing of rain-fed safflower in a semi-arid, high-elevation Mediterranean environment [J]. Eur. J. Agron, 26, 249-256.

Zuber S, Behnke G, Nafziger E, et al. 2018, Carbon and Nitrogen Content of Soil Organic Matter and Microbial Biomass under Long-Term Crop Rotation and Tillage in Illinois USA [J]. Agriculture, 8 (37): 1-12.

图 6-1　不同品种胡麻倒伏情况

Fig. 6-1　The lodging situation of different varieties of oil flax

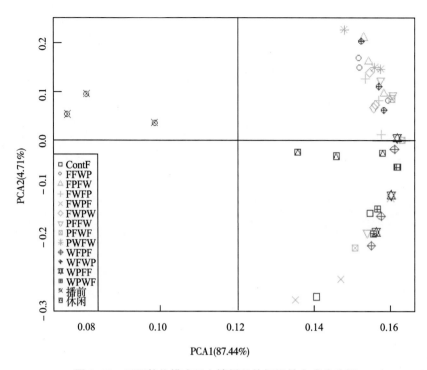

图 8-22 不同轮作模式下土壤样品的相似性主成分分析

Fig. 8-22 Principal component analysis based on similarity of different oilseed flax frequency

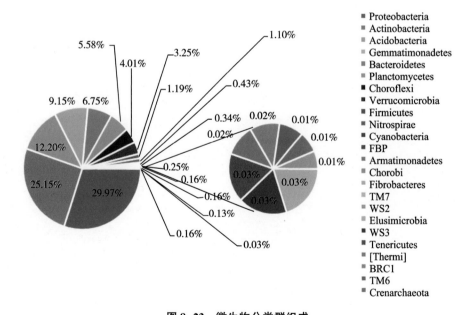

图 8-23 微生物分类群组成

Fig. 8-23 Composition of microbial taxonomic groups

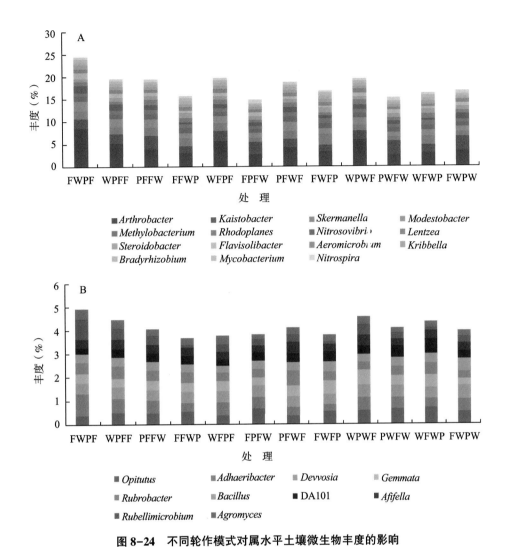

图 8-24　不同轮作模式对属水平土壤微生物丰度的影响

Fig. 8-24　Effects of different crop rotation on 0.5% greater richness of soil bacterial on genus level

A：丰度大于 0.5% 水平的土壤细菌丰度；B：丰度小于 0.5 水平土壤细菌丰度

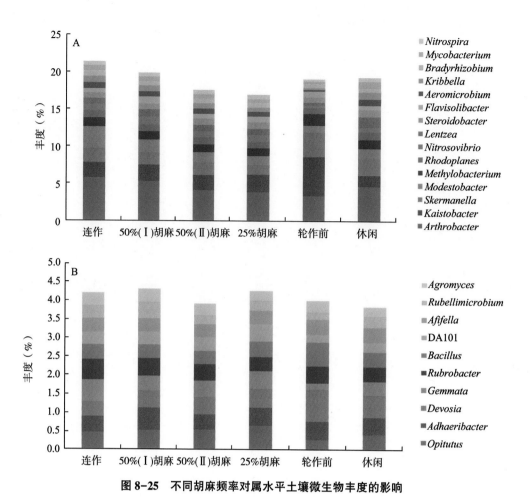

图 8-25　不同胡麻频率对属水平土壤微生物丰度的影响

Fig. 8-25　Effects of different oilseed flax frequency on 0.5% greater richness of soil bacterial on genus level

A：丰度大于 0.5% 水平的土壤细菌丰度；B：丰度小于 0.5 水平土壤细菌丰度

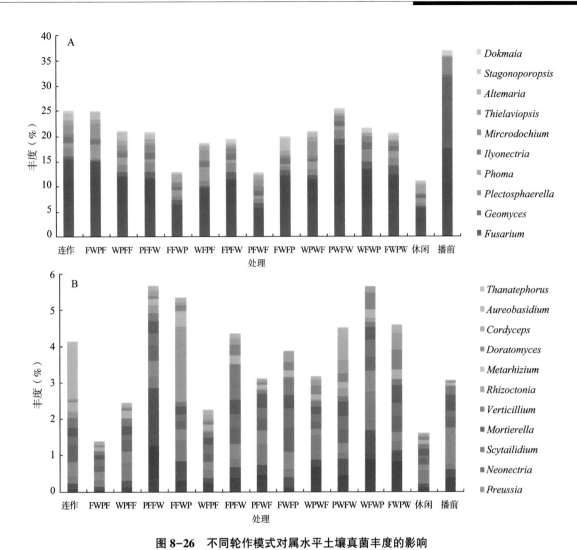

图 8-26 不同轮作模式对属水平土壤真菌丰度的影响

Fig. 8-26 Effects of different crop rotation on 0.5% greater richness of soil fungus on genus level

A：相对丰度>0.5%；B：相对丰度<0.5%

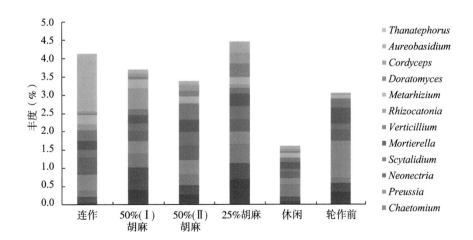

图 8-28 不同胡麻频率对属水平土壤真菌丰度的影响（<0.5%）

Fig. 8-28 Effects of different crop rotation on 0.5% greater richness of soil fungus on genus level（<0.5%）